水处理过程与设备丛书

SHUICHULI GUOCHENG YU SHEBEI CONGSHU

化学法水处理
过程与设备

廖传华　朱廷风　代国俊　许开明　编著

化学工业出版社

·北京·

本书是"水处理过程与设备丛书"中的一个分册，书中将化学法水处理工艺分为中和、化学混凝、化学沉淀、离子交换、常温化学氧化、湿式空气氧化、超临界水氧化法、焚烧、电化学法、光化学氧化等，并分别针对各处理方法的工艺过程及相关设备的设计与选型进行了介绍。

本书可作为污水处理厂、污水处理站的管理人员与技术人员、环保公司的工程设计、调试人员的参考用书。

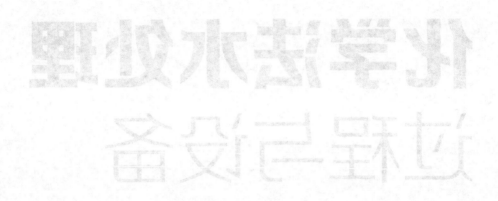

图书在版编目（CIP）数据

化学法水处理过程与设备/廖传华等编著. —北京：
化学工业出版社，2016.3（2020.1重印）
（水处理过程与设备丛书）
ISBN 978-7-122-25938-7

Ⅰ.①化… Ⅱ.①廖… Ⅲ.①水处理-化学处理-工艺学②水处理-化学处理-设备 Ⅳ.①TQ085

中国版本图书馆 CIP 数据核字（2015）第 315998 号

责任编辑：卢萌萌　仇志刚　　　　　　　装帧设计：刘丽华
责任校对：边　涛

出版发行：化学工业出版社（北京市东城区青年湖南街13号　邮政编码100011）
印　　装：北京盛通数码印刷有限公司
787mm×1092mm　1/16　印张22¼　字数610千字　2020年1月北京第1版第5次印刷

购书咨询：010-64518888　　　　　　售后服务：010-64518899
网　　址：http://www.cip.com.cn
凡购买本书，如有缺损质量问题，本社销售中心负责调换。

定　　价：78.00元　　　　　　　　　　　　　　版权所有　违者必究

前言

FOREWORD

　　水是生命之源，生产之要，生态之素，生活之基，人类社会的发展一刻也离不开水。当前我国水资源面临的形势十分严峻，随着经济社会的快速发展和人口的增长，水污染加剧、水生态环境恶化等问题日益突出，已成为制约经济社会可持续发展的主要瓶颈。由于水污染而产生的环境事件、公共安全事件甚至重大社会事件，严重影响人民的身体健康和社会的和谐稳定，直接威胁到人类的生存空间。

　　针对废水的水质特性及排放标准要求，本书系统介绍了化学法水处理工艺及相关设备。所谓化学处理方法，是通过化学反应使水或废水中呈溶解状态的无机物和有机物被氧化或还原为微毒、无毒的无机物，或者转化成容易与水分离的形态，从而达到处理的目的。化学处理过程的实质是通过采取不同的方法，包括投加药剂或氧化法、电化学法和光化学法而实现电子的转移。失去电子的过程称为氧化，失去电子的元素所组成的物质称为还原剂；得到电子的过程称为还原，得到电子的元素所组成的物质称为氧化剂。在氧化还原过程中，氧化剂本身被还原，而还原剂本身则被氧化。根据采用的方法不同，本书将化学法水处理工艺分为中和、化学混凝、化学沉淀、离子交换、常温化学氧化、湿式空气氧化、超临界水氧化法、焚烧、电化学法、光化学氧化等，并分别针对各处理方法的工艺过程及相关设备的设计与选型进行了介绍。

　　全书共分为12章。第1章概述性地介绍了我国当前的水资源分布、废水的水质特性及废水的化学处理方法；第2章介绍了中和法水处理工艺；第3章介绍了化学混凝法水处理工艺；第4章介绍了化学沉淀法水处理工艺；第5章系统介绍了中和法、化学混凝法、化学沉淀法工艺过程的共性设备；第6章介绍了离子交换法水处理工艺及相关设备；第7章介绍了常温化学氧化法水处理工艺及相关设备；第8章介绍了湿式空气氧化法水处理工艺及相关设备；第9章介绍了超临界水氧化法水处理工艺及相关设备；第10章介绍了焚烧法高浓度废水处理工艺及相关设备；第11章介绍了电化学法水处理工艺及相关设备；第12章介绍了光化学氧化法水处理工艺及相关设备。

　　本书由南京工业大学廖传华、朱廷风，中国石化化工销售有限公司江苏分公司代国俊，南京三方化工设备监理有限公司许开明编著，其中第1章、第2章、第3章、第9章、第11章由廖传华编著，第4章、第7章、第8章、第12章由朱廷风编著，第5章、第6章由代国俊编著，第10章由许开明编著。

　　全书的编著工作得到了南京工业大学副校长巩建鸣教授、南京工业大学副书记朱跃钊教授等领导的大力支持，南京清涛环境科技有限公司王丽红、南京三方化工设备监理有限公司赵清万、南通华安超临界萃取有限公司穆爱民、南京工业大学王重庆副教授对本书的编著工作提出了大量宝贵的建议，研究生高豪杰、张阔、李智超、郭丹丹、石鑫光、闫月婷、张龙飞、罗威、王慧斌、刘理力、金丽珠、朱亚松、赵忠祥、闫正文、王太东、李洋、刘状、汪威、李亚丽、廖炜、宗建军等在资料收集与处理方面提供了大量的帮助，在此一并表示衷心的感谢。

　　历时四年，终于成稿。虽经多次审稿、修改，但水处理过程涉及的知识面广，由于作者水平有限，不妥及疏漏之处在所难免，恳请广大读者不吝赐教，作者将不胜感激。

编著者

2015.10

目录
CONTENTS

第4章 化学沉淀

第5章 投药、混合、反应设备

第6章 离子交换

第7章　常温化学氧化

第8章　湿式空气氧化

第12章 光化学氧化

第①章

绪论

水是生命之源，生产之要，生态之素，生活之基，人类社会的发展一刻也离不开水。在现代社会中，水更是经济可持续发展的必要物质条件。然而，随着社会经济的快速发展、城市化进程的加快，由水污染的加剧而导致的水资源供需矛盾更加突出。在我国，水已成为制约可持续发展的重要因素，水危机比能源危机更为严峻，加强对水和废水的处理与回收利用，实现按质分级用水、减少污染物的排放已成为我国社会生存和可持续发展的重要前提之一。

1.1 中国的水资源现状

我国位于世界最大的大陆，即亚欧大陆的东侧，濒临世界最大的海洋，即太平洋，南北跨纬度 $50°$，东西跨经度 $60°$，土地面积约为 $960 \times 10^4 \text{km}^2$，地域辽阔、地形复杂、气候多样、江河众多、资源丰富，是一个人口众多，社会生产力正在迅速发展的国家。

1.1.1 水资源的分布

（1）河流水系

我国江河众多，流域面积 1000km^2 以上的河流约 5800 多条，因受地形、气候的影响，在地区上的分布很不均匀。绝大多数河流分布在我国东部气候湿润、多雨的季风区，西北内陆气候干燥、少雨，河流很少，有面积广大的无流区。

按照河川径流循环的形式，河流可分为直接注入海洋的外流河和不与海洋沟通的内陆河两大类。从大兴安岭西麓起，沿东北—西南走向，经内蒙古高原的阴山、贺兰山、祁连山、巴颜喀拉山、唐古拉山、冈底斯山，直至我国西端的国境线，为我国内陆河和外流河的主要分水界。在此分水界以东，除松辽平原、鄂尔多斯台地以及雅鲁藏布江南侧几块面积不大的闭流区外，河流都分别注入太平洋和印度洋。外流河区域约占全国土地总面积的 65%。在分水界以西，除额尔齐斯河下游流经俄罗斯入北冰洋外，其余的河流都属于内陆河，内陆河区域约占全国土地总面积的 35%。我国的河流水系和流域面积如表 1-1 所示。

表1-1 中国河流水系和流域面积

区域	水系	流域	流域面积/km²	占全国总面积的比例/%
外流河	太平洋	黑龙江及绥芬河	875342	9.25
		辽河、鸭绿江及沿海诸河	245207	2.59
		海河、滦河	319029	3.37
		黄河	752443	7.95
		淮河及山东沿海诸河	327443	3.46
		长江	1808500	19.11
		浙闽台诸河	241155	2.54
		珠江及沿海诸河	578141	6.11
		元江及澜沧江	240194	2.53
		小计	5387454	56.95
	印度洋	怒江及滇西诸河	154756	1.63
		雅鲁藏布江及藏南诸河	369588	3.90
		藏西诸河	52930	0.55
		小计	577274	6.10
	北冰洋	额尔齐斯河	50000	0.52
	合计		6014728	63.58
内陆河		内蒙古内陆河	309923	3.27
		河西内陆河	517822	5.47
		准噶尔内陆河	322316	3.40
		中亚细亚内陆河	79516	0.84
		塔里木内陆河	1121636	11.85
		青海内陆河	301587	3.18
		羌塘内陆河	701489	7.41
		松花江、藏南闭流河	90353	0.95
	合计		3444642	36.41
总计			9459370	100.00

① 外流河流 我国的外流河大都发源于青藏高原东、南部边缘地带；内蒙古高原、黄土高原、豫西山地和云贵高原的东、南地带；长白山地、山东丘陵、东南沿海低山地丘陵的3个地带。发源于青藏高原的河流都是源远流长、水量很大，蕴藏着巨大水力资源的巨川大河，主要有长江、黄河、澜沧江、怒江、雅鲁藏布江等。发源于内蒙古高原、黄土高原、豫西山地和云贵高原的河流，主要有黑龙江、辽河、滦河、海河、淮河、珠江、元江等河流，除黑龙江、珠江外，就长度、流域面积和水量而言，均次于源自青藏高原的河流。发源于东部沿海低山地的河流，主要有图们江、鸭绿江、沂沭泗河、钱塘江、瓯江、闽江、九龙江、韩江、东江和北江等河流，这些河流的长度和流域面积都较小，但大部分河流的水量和水力资源都十分丰富。

② 内陆河流 我国内陆河的水系，由于地理、地形和水源补给条件的不同，在水系发育、分布方面存在很大的差异，大致可划分为：内蒙古、河西、准噶尔、中亚细亚、塔里木、青海和羌塘等内陆河流域。内蒙古内陆河地形平缓，河流短促、稀少，存在着大面积无流区。河西、准噶尔、中亚细亚、塔里木内陆河，气候干燥，但地形起伏较大，在祁连山、天山、昆仑山等高山冰雪融化水和雨水的补给下，发育了一些比较长的内陆河，如塔里木河、伊犁河和黑河等。另有许多短小的河流顺山坡流到山麓，消失在山前或盆地的砂砾带中。青海柴达木盆地的地形和高寒气候使盆地四周分布着许多向中央汇集的短小河流，在盆地中广泛分布着盐湖和沼泽。藏北羌塘内陆河流域的特色是星罗棋布地分布着许多湖泊和以湖泊为汇集中心的许多小河。

我国主要江河的长度和流域面积见表1-2。

(2) 湖泊

我国是一个多湖泊的国家，据初步统计，面积在1km²以上的湖泊有2800多个，湖泊总

面积达 $75610km^2$，占全国总面积的 0.8% 左右；全国湖泊的储水量约为 $7510\times10^8m^3$，其中淡水的储量为 $2150\times10^8m^3$，仅占湖泊储水量的 28.7%。

表 1-2 中国主要江河的长度和流域面积

江河名称	长度/km	流域面积/km²	江河名称	长度/km	流域面积/km²
长江	6300	1808500	辽河	1390	219014
黄河	5464	752443	海河	1090	264617
黑龙江	3101	886950	淮河	1000	269150
澜沧江	2354	164766	滦河	877	54412
珠江	2210	442585	鸭绿江	790	32466
塔里木河	2179	198000	元江	686	75428
雅鲁藏布江	2057	240480	闽江	541	60992
怒江	2013	134882	钱塘江	410	41700
松花江	1956	545594			

注：国外部分的长度和流域面积不计在内。

我国的湖泊大致以大兴安岭、阴山、贺兰山、祁连山、昆仑山、唐古拉山和冈底斯山一线为界，此线的东南为外流湖泊区，以淡水湖为主，此线西北的湖泊为内陆湖泊区，以咸水湖或盐湖为主，但青藏高原还分布着一些淡水湖泊。

我国内流湖泊的总面积为 $38150km^2$，储水量为 $5230\times10^8m^3$，其中淡水的储量为 $390\times10^8m^3$；外流湖泊的总面积为 $37460km^2$，储水量为 $2270\times10^8m^3$，其中淡水的储量为 $1760\times10^8m^3$。外流湖泊的淡水储量为内流湖泊的 4.5 倍。

我国主要湖泊的面积和水量分布见表 1-3。

表 1-3 中国主要湖泊的面积和水量分布

湖泊分布地区	湖水面积/km²	占全国湖泊总面积的比例/%	储水量/10⁸m³	其中淡水储量/10⁸m³	占湖泊淡水总量的比例/%
青藏高原	36560	48.4	5460	880	40.9
东部平原	23430	31.0	820	820	38.2
蒙新高原	8670	11.5	760	20	0.9
东北平原	4340	5.7	200	160	7.4
云贵高原	1100	1.4	240	240	11.2
其他	1510	2.0	30	30	1.4
合计	75610	100.0	7510	2150	100.0

（3）冰川

我国是世界上中低纬度山岳冰川最多的国家之一，南起云南省的玉龙雪山（27°N），北抵新疆的阿尔泰山（49°10′N），纵横数千公里的西部高山，据初步查明现代冰川的面积约为 $56500km^2$，占亚洲中部山岳冰川面积的一半，其中昆仑山冰川覆盖面积最大，其次是喜马拉雅山，最小为阿尔泰山。分布于内陆河区域的冰川面积为 $33600km^2$，约占全国冰川面积的 60%；分布于外流河区域的冰川面积为 $22855km^2$，约占全国冰川面积的 40%。全国冰川的总储水量约为 $50000\times10^8m^3$。

我国冰川分为大陆性和季风海洋性两大类型。

① 大陆性冰川 它是在干冷的大陆性气候条件下形成的，具有降水少、气温低、雪线高、消融弱、冰川运动速度慢等特点，主要分布在喜马拉雅山中段的北坡和西段、昆仑山、帕米尔、喀喇昆仑山、天山、阿尔泰山、祁连山和唐古拉山等。

② 季风海洋性冰川 它是在季风海洋性气候条件下形成的，具有气候温和、降水充沛、气温高、消融强烈、冰川运动速度快等特点，主要分布在喜马拉雅山东段和中段、念青唐古拉山东段以及横断山脉部分地区。

我国各山系的冰川面积见表 1-4。冰川是"高山固体水库"，星罗棋布地分布在全国的西北、西南河流的源头。每当湿润年，山区大量的固态积水储存在天然水库中，而遇到干旱年，由于山区晴朗的天空，气温升高，消融增强，冰川释放大量融水以调节因干旱而缺水的河流。所以，对以冰川融水补给为主的河流具有干旱年不缺水，湿润年水量接近或略小于正常年的特点，这是冰川消融水补给占有相当比例的西北山区河流独具的特色。

表 1-4　中国各山系的冰川面积

山脉	主峰高度/m	雪线高度/m	冰川面积/km^2		
			内陆河	外流河	合计
祁连山	5826	4300~5240	1931.5	41	1972.5
阿尔泰山	4374	3000~3200		293.2	293.2
天山	7435	3600~4400	9549.7		9549.7
帕米尔	7579	5500~5700	2258		2258
喀喇昆仑山	8611	5100~5400	3265		3265
昆仑山	7160	4700~5800	11447.1	192	11639.1
喜马拉雅山	8848	4300~6200	989.4	10065.6	11055
羌塘高原	6547	5600~6100	3188		3188
冈底斯山	7095	5800~6000	845.9	1342.1	2188
念青唐古拉山	7111	4500~5700	122.8	7413.2	7536
横断山	7556	4600~5500		1456	1456
唐古拉山	6621	5200~5800		2082	2082
总计			33597.4	22885.1	56482.5
所占比例/%			59.48	40.52	100

1.1.2　水资源量

根据地形地貌特征，可将全国的水资源分布按流域水系划分为 10 大片和 69 个分区，各分区的名称及分区范围如表 1-5 所示。

我国河川年径流量（地表水资源量）居世界第六位，列在巴西、俄罗斯、加拿大、美国、印度尼西亚之后，平均年径流深 284mm，低于全世界的平均年径流深（314mm），人均占有河川径流量仅为世界人均占有量的 1/4，耕地亩均占有河川径流量仅为世界亩均占有量的 3/4。

根据水利部门水资源评价工作的结果，全国多年平均水资源总量为 $28412 \times 10^8 \mathrm{m}^3$，总的分布趋势是南多北少，数量相差悬殊。南方的长江、珠江、东南诸河、西南诸河流域片，平均年径流深均超过 500mm，其中，东南诸河超过 1000mm，淮河流域平均年径流深 225mm，黄河、海河、松辽河等流域的平均年径流深 100mm，内陆诸河平均年径流深仅有 32mm。从水资源地表径流模数来看，南方 4 个流域片平均为 $65.4 \times 10^4 \mathrm{m}^3/(\mathrm{km}^2 \cdot \mathrm{a})$，北方 6 个流域片平均为 $8.8 \times 10^4 \mathrm{m}^3/(\mathrm{km}^2 \cdot \mathrm{a})$，南北方相差 7.4 倍。全国平均年地表径流模数最大的是东南诸河流域片，为 $108.1 \times 10^4 \mathrm{m}^3/(\mathrm{km}^2 \cdot \mathrm{a})$，而最小的是内陆诸河流域片，为 $3.6 \times 10^4 \mathrm{m}^3/(\mathrm{km}^2 \cdot \mathrm{a})$，两者相差 30 倍。

我国水资源的地区分布与人口、土地资源、矿藏资源的配置很不适应。南方 4 个流域片，耕地占全国的 36%，人口占全国的 54.4%，拥有的水资源占到了全国的 81%，特别是其中的东南诸河流域片，耕地只占全国的 1.8%，人口占全国的 20.8%，人均占有水资源量为全国平均占有量的 15 倍。松辽河、海河、黄河、淮河 4 个流域片，耕地占全国的 45.2%，人口占全国的 38.4%，而水资源仅占全国的 9.6%。

表 1-5　中国的水资源分区

区　　域	计算面积/km²	范　　围
全国	9459370	
松花江区	875342	额尔古纳河、嫩江、松花江、黑龙江、乌苏里江、绥芬河
辽河区	245207	辽河、浑太河、鸭绿江、图们江及辽宁沿海诸河
海河区	319029	滦河、海河北系四河、海河南系三河、徒骇、马颊河及冀东沿海诸河
黄河区	752443	黄河及黄河闭流区（鄂尔多斯高原）
淮河区	327443	淮河、沂、沭、泗河及山东沿海诸河
长江区	1808500	金沙江、岷沱江、嘉陵江、乌江、长江、汉江及洞庭湖水系、鄱阳湖水系、太湖水系
珠江区	578141	南北盘江、红柳黔江、郁江、西江、北江、东江、珠江三角洲、韩江和粤东沿海诸河、桂南粤西沿海诸河、海南岛和南海诸岛
东南诸河区	241155	钱塘江、闽江和浙东诸河、浙南诸河、闽东沿海诸河、闽南诸河、台湾诸河
西南诸河区	577274	雅鲁藏布江、怒江、澜沧江、元江和藏西诸河、藏南诸河、滇西诸河
西北诸河区	3444642	内蒙古内陆诸河（包括河北省内陆河）、河西内陆河、准噶尔内陆河、中亚细亚内陆诸河、塔里木内陆诸河、羌塘内陆诸河、额尔齐斯河

　　我国大部分地区受季风影响较大，水资源的年际、年内变化大。我国南方地区最大的年降水量与最小的年降水量的比值达 2~4 倍，北方地区达 3~6 倍；最大年径流量与最小年径流量的比值，南方为 2~4 倍，北方为 3~8 倍。南方汛期的降水量可占全年降水量的 60%~80%，北方汛期的降水量可占全年降水量的 80% 以上。大部分水资源量集中在每年的 6~9 月（汛期），以洪水的形式出现，利用困难，而且易造成洪涝灾害。南方是伏秋干旱，北方是冬春干旱，降水量少，河道径流枯竭，甚至河流断流，造成旱灾。

1.2　水的循环

　　地球上的水总是处于川流不息的循环运动中。根据水循环的路径，水的循环可分为自然循环和社会循环两种。

1.2.1　水的自然循环

　　由于自然因素造成水由蒸汽转化为液态，又由液态转化为固态，反过来又相应地由固态转化为液态，进而转化为气态。这样，水蒸气→水→冰（或雪）周而复始地循环运动，通过云气运动或大气环流、地面径流、地下渗流、冷凝、冷冻等过程构成水的自然界大循环。影响水自然循环的因素有太阳辐照、冷却、地球重力作用等。水的自然循环如图 1-1 所示。

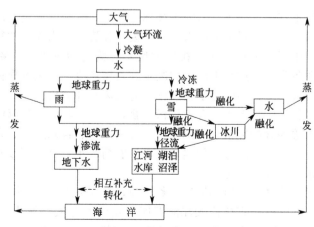

图 1-1　水的自然循环

1.2.2　水的社会循环

由于社会生活和生产活动的需要，人类往往从天然水体中汲取大量的水，按其用途不同可分为生活用水和生产用水。在生活和生产活动过程中随时都有杂质混入，使水体受到不同程度的污染，这构成了相应的生活污水和生产废水，随后又不断地排入天然水体中。这样由于人为因素，通过反复汲取和排放构成了水的社会循环，如图1-2所示。

图1-2　水的社会循环

在以上两个循环的每个环节中，或因自然因素，或因人为因素，致使水体受到不同程度的污染。特别在社会循环中，随着各国工农业生产的发展和用水标准的逐步提高，需水量迅速上升，生活污水和生产废水的排放量也不断增加。如不妥善处理废（污）水而任意排入天然水体中，水体污染将日益加剧，破坏原有自然生态环境引起环境问题，以致造成公害。众所周知的有1885年英国泰晤士河因河水水质污染造成水生生物绝迹，1955年日本由镉引起中毒的"骨痛病"，1956年汞中毒引起的"水俣病"等极为严重的公害事件。其他各国虽未发生如此严重的事件，但因污染造成的损失以及给人类健康带来的威胁也是相当巨大的。据美国环保局报道，1960年美国因水污染造成粮食损失达10亿美元，1960~1970年期间的统计数据显示全美因水污染而引起的死亡人数为20人。在20世纪80年代中期，美国的39个州有2.2×10^4km的河流、16个州约有0.26×10^4km^{2}的湖泊、8个州0.24×10^4km^{2}的河口受到有毒污染物的影响。20世纪70年代以来，尽管我国在水污染防治方面做了很大的努力，但水污染的发展趋势仍未得到有效遏制。由于污（废）水的处理率仅为40%~50%，相当数量的污（废）水未经处理直接或间接排入水体，严重污染了水资源。2004年的统计数据表明，全国有2/3的湖泊水体存在不同程度的富营养化；2005年发生的松花江水体的硝基苯污染事件，造成沿流域城市停水数天；2007年太湖蓝藻暴发，严重污染水质，引起周边城市用水困难。由此可见，虽然经过多年的努力，但我国污（废）水排放引起水体污染的状况目前还没有得到彻底改观，环境保护工作任重而道远。目前，世界各地水体的原有物理、化学和生物特性都已不同程度地发生了变化，水体污染已成为国际社会关注的重大环境问题。

1.3　废水的水质

污染后的水，特别是丧失了使用价值的水统称为废水，废水是人类生产或生活过程中废弃排出的水及径流雨水的总称，包括生活污水、工业废水和流入排水管渠的径流雨水等。在实际应用过程中往往将人们生活过程中产生和排出的废水称为生活污水，主要包括粪便水、洗涤水、冲洗水；将工农业各类生产过程中产生的废水称为生产废水。废水根据不同的分类，称谓很多，也较复杂。例如根据污染物的化学类别称为有机废水和无机废水，前者主要含有机污染物，大多数具有生物降解性；后者主要含无机污染物，一般不具有生物降解性。根据所含毒物的种类不同，可把废水称为含酚废水、含氰废水、含油废水、含汞废水、含铬废水等。还可根据生产废水的部门或生产工艺来划分，如焦化废水、农药废水、杀虫剂废水、洗涤剂废水、食品加工废水、电镀废水、冷却废水等。

目前我国每年的废水排放总量已达500多亿吨，并呈逐年上升的趋势，相当于人均排放40t，其中相当部分未经处理直接排入江河湖库。在全国七大流域中，太湖、淮河、黄河的水质最差，约有70%以上的河段受到污染；海河、松辽流域的污染也相当严重，污染河段占 60％以上。河流污染情况严峻，其发展趋势也令人担扰。从全国情况看，污染正从支流向干流延伸，从城市向农村蔓延，从地表向地下渗透，从区域向流域扩展。据检测，目前全国多数城市的地下水都受到了不同程度的点状和面状污染，且有逐年加重的趋势。在全国 118 个城市中，64％的城市地下水受到严重污染，33％的城市地下水受到轻度污染。从地区分布来看，北方地区比南方地区更为严重。日益严重的水污染不仅降低了水体的使用功能，而且进一步加剧了水资源短缺的矛盾，很多地区由资源性缺水转变为水质性缺水，对我国正在实施的可持续发展战略带来了严重影响，而且还严重威胁到城市居民的饮水安全和人民群众的健康。

水质是指水与水中杂质或污染物共同表现的综合特性。水质指标表示水中特定杂质或污染物的种类和数量，是判断水质好坏、污染程度的具体衡量尺度。为了满足水的特定目的或用途，对水中所含污染物的种类与浓度的限制和要求即为水质标准。

1.3.1　生活污水和城市污水的水质

（1）生活污水和城市污水水质

生活污水主要来自家庭、商业、机关、学校、旅游服务业及其他城市公用设施。城市污水是城市中的生活污水和排入城市下水道的工业废水的总称，包括生活污水、工业废水和降水产生的部分城市地表径流。因城市功能、工业规模与类型的差异，在不同城市的城市污水中，工业废水所占的比重会有所不同，对于一般性质的城市，其工业废水在城市污水中的比重大约为 10％～50％。由于城市污水中工业废水只占一定的比例，并且工业废水需要达到《污水排入城市下水道水质标准》后才能排入城市下水道（超过标准的工业废水需要在工厂内经过适当的预处理，除去对城市污水处理厂运行有害或城市污水处理厂处理工艺难以去除的污染物，如酸、碱、高浓度悬浮物、高浓度有机物、重金属等），因此，城市污水的主要水质指标有着和生活污水相似的特性。

生活污水和城市污水水质浑浊，新鲜污水的颜色呈黄色，随着在下水道中发生厌氧分解，污水的颜色逐渐加深，最终呈黑褐色，水中夹带的部分固体杂质，如卫生纸、粪便等，也分解或液化成细小的悬浮物或溶解物。

生活污水和城市污水中含有一定量的悬浮物，悬浮物浓度一般在 $100\sim350mg/L$ 范围内，常见浓度为 $200\sim250mg/L$。悬浮物成分包括漂浮杂物、无机泥沙和有机污泥等。悬浮物中所含有机物大约占生活污水和城市污水中有机物总量的 30％～50％。

生活污水中所含有机污染物的主要来源是人类的食物消化分解产物和日用化学品，包括纤维素、油脂、蛋白质及其分解产物、氨氮、洗涤剂成分（表面活性剂、磷）等，生活与城市活动中所使用的各种物质几乎都可以在污水中找到其相关成分。生活污水和城市污水所含有机污染物的生物降解性较好，适于生物处理。生活污水和城市污水的有机物含量为：一般浓度范围为 $BOD_5=100\sim300mg/L$，$COD=250\sim600mg/L$；常见浓度为 $BOD_5=180\sim250mg/L$，$COD=300\sim500mg/L$。由于工业废水中污染物的含量一般都高于生活污水，工业废水在城市污水中所占比例越大，有机物的浓度，特别是 COD 的浓度也越高。

生活污水中含有氮、磷等植物生长的营养元素。新鲜生活污水中氮的主要存在形式是氨氮和有机氮，其中以氨氮为主，它主要来自食物消化分解产物。生活污水和城市污泥的氨氮浓度（以 N 计）一般范围是 $15\sim50mg/L$，常见浓度是 $30\sim40mg/L$。生活污水中的磷主要来自合成洗涤剂（合成洗涤剂中所含的聚合磷酸盐助剂）和食物消化分解产物，主要以无机磷酸盐形式存在。生活污水和城市污水的总磷浓度（以 P 计）一般范围是 $4\sim10mg/L$，常见浓度是 $5\sim8mg/L$。

生活污水和城市污水中还含有多种微生物，包括病原微生物和寄生虫卵等。表1-6所示是典型的城市污水和生活污水的水质。

表1-6　典型的城市污水和生活污水水质　单位：mg/L

指　标	一般浓度范围	常见浓度范围	指　标	一般浓度范围	常见浓度范围
悬浮物	100~300	200~250	氨氮（以N计）	15~50	30~40
COD	250~600	300~500	总磷（以P计）	4~10	5~8
BOD$_5$	100~300	180~250			

（2）城市污水水质计算

在水处理设计计算中，城市污水的设计水质可以参照相似城市的水质情况，也可以根据规划人口、人均污染物负荷和工业废水的排放负荷进行计算。

生活污水总量可按综合生活污水定额乘以人口计算：

$$Q_d = \frac{q_w P}{1000} \tag{1-1}$$

式中　Q_d——生活污水总量，m^3/d；

$\quad\quad q_w$——综合生活污水定额，$L/(人 \cdot d)$，可按当地生活用水定额的80%~90%采用；

$\quad\quad P$——人口，人。

生活污水的污染可以通过人口当量计算。《室外排水设计规范》（GB 50014—2006）给出的生活污水的人口排放当量数据为：BOD$_5$人口排放当量为20~50g/（人·d），SS为40~65g/（人·d），总氮人口排放当量为5~11g/（人·d），总磷人口排放当量为0.7~1.4g/（人·d）。

排入城市污水的工业废水的污染负荷或水质水量可参照已有同类型工业的相关数据。

城市污水中污染物的浓度可按下式计算：

$$C = \frac{\alpha P + 1000F}{Q_d + Q_i} \tag{1-2}$$

式中　C——污染物浓度，mg/L；

$\quad\quad \alpha$——污染物人口排放当量，g/（人·d）；

$\quad\quad F$——工业废水的污染物排放负荷，kg/d；

$\quad\quad Q_i$——工业废水水量，m^3/d。

1.3.2　工业废水的水质

工业废水是指工厂厂区生产活动中的废弃水的总称，包括生产污水、厂区生活污水、厂区初期雨水和洁净废水等。设有露天设备的厂区初期雨水中往往含有较多的工业污染物，应纳入污水处理系统接受处理。工厂的洁净废水（也称生产净废水）主要是间接冷却水，所含污染物较少，一般可以直接排放。上述工业废水中的前三项（生产污水、厂区生活污水和厂区初期雨水）统称为工业污水。在一般情况下，"工业废水"和"工业污水"这两个术语经常混合用，本书主要采用"工业废水"这一术语。

工业废水的性质差异很大，不同行业产生的废水的性质不同，即使对于生产相同产品的同类工厂，由于所用原料、生产工艺、设备条件、管理水平等的差别，废水的性质也可能有所差异。几种主要工业行业废水的污染物和水质特点如表1-7所列。

对工业废水也可以按其中所含主要污染物或主要性质分类，如酸性废水、碱性废水、含酚废水、含油废水等。对于不同特性的废水，可以有针对性地选择处理方法和处理工艺。

表 1-7　几种主要工业行业废水的污染物和水质特点

行业	工厂性质	主要污染物	水质特点
冶金	选矿、采矿、烧结、炼焦、金属冶炼、电解、精炼	酚、氰、硫化物、氟化物、多环芳烃、吡啶、焦油、煤粉、As、Pb、Cd、Mn、Cu、Zn、Cr、酸性洗涤水	COD 较高，含重金属，毒性大
化工	化肥、纤维、橡胶、染料、塑料、农药、涂料、洗涤剂、树脂	酸、碱、盐类、氰化物、酚、苯、醇、醛、酮、氯仿、农药、洗涤剂、多氯联苯、硝基化合物、胺类化合物、Hg、Cd、Cr、As、Pb	BOD 高，COD 高，pH 变化大，含盐高，毒性强，成分复杂，难降解
石油化工	炼油、蒸馏、裂解、催化、合成	油、酚、硫、砷、芳烃、酮	COD 高，含油量大，成分复杂
纺织	棉毛加工、纺织印染、漂洗	染料、酸碱、纤维物、洗涤剂、硫化物、硝基化合物	带色，毒性强，pH 变化大，难降解
造纸	制浆、造纸	黑液、碱、木质素、悬浮物、硫化物、As	污染物含量高，碱性大，恶臭
食品、酿造	屠宰、肉类加工、油品加工、乳制品加工、蔬菜水果加工、酿酒、饮料生产	有机物、油脂、悬浮物、病原微生物	BOD 高，易生物处理，恶臭
机械制造	机械加工、热处理、电镀、喷漆	酸、油类、氰化物、Cr、Cd、Ni、Cu、Zn、Pb	重金属含量高，酸性强
电子仪表	电子器件原料、电信器材、仪器仪表	酸、氰化物、Hg、Cd、Cr、Ni、Cu	重金属含量高，酸性强，水量小
动力	火力发电、核电站	冷却水热污染、火电厂冲灰、水中粉煤灰、酸性废水、放射性污染物	水温高，悬浮物高，酸性，放射性

工业废水的总体特点是：

① 水量大——特别是一些耗水量大的行业，如造纸、纺织、酿造、化工等；

② 水中污染物的浓度高——许多工业废水所含污染物的浓度都超过了生活污水，个别废水，例如造纸黑液、酿造废液等，有机物的浓度达到了几万、甚至几十万毫克每升；

③ 成分复杂，不易处理——有的废水含有重金属、酸碱、对生物处理有毒性的物质、难生物降解有机物等；

④ 带有颜色和异味；

⑤ 水温偏高。

1.4　水污染物排放标准的分类与制定原则

水体受废物（废水）污染后会造成严重的环境问题。为保护水体环境，必须对水体的污染严加控制，制定水体卫生防护标准就是控制废水排放时的污染物种类和数量的有效措施。对已污染的水体必须借助一定的水质控制方法或水污染控制过程，以消除污染物及由污染物带来的危害，从而达到控制污染、保护水体的目的。

为防止污水和各类生产废水任意向水体排放、污染水环境，各国政府除颁布一系列法律规定外，还制定了水质污染控制标准。控制标准分排放标准和环境质量标准两类。污染物排放标准适用于污染源系统，是为实现水环境管理目标，确保水环境质量标准的实现，而对污染源排放污染物的允许水平所做的强制实行的具体规定；环境质量标准则是针对水环境系统，规定污染物在某一水环境中的允许浓度，以达到控制划定区域的水环境质量、间接地控制污染源排放的目标。

环境质量标准和排放标准是水环境管理的两个方面，环境质量标准是目标，排放标准可看作是实现环境质量目标的控制手段，两类标准各有不同的控制对象和不同的适用范围，但又是相互联系、互为因果的。如果水环境中污染物本底高，排放标准势必要求严格；反之，水环境中污染物本底低，则排放标准就能满足环境质量标准的要求。

我国的水污染物排放标准可分为国家污水综合排放标准、行业水污染物排放标准和地方水污染物排放标准三大类。

《污水综合排放标准》是一项最重要的水污染物排放标准,它是为了加强对污染源的监督管理而制定和发布的。现行的《污水综合排放标准》中已经包括了对许多行业的水污染物排放要求。根据综合排放标准与行业排放标准不交叉执行的原则,除了一些特定行业(目前有12个)执行相应的国家行业排放标准外,其他一切排放污水的单位一律执行国家《污水综合排放标准》。

在国家标准的基础上,地方还可以根据当地的地理、气候、生态特点,并结合地方的社会经济情况,制定地方排放标准。在执行国家标准不能保证达到地方水体环境质量目标时,地方(省、自治区、直辖市人民政府)可以制定严于国家排放标准的地方水污染物排放标准。地方排放标准不得与国家标准相抵触,即地方标准必须严于国家标准。

制定水污染物排放标准的原则是:

① 根据受纳水体的功能分类,按功能区制定宽严不同的标准,密切了解环境质量标准与排放标准的关系。

② 根据各行业的生产和排污特点,根据工艺技术水平和现有污染治理的最佳实用技术,实现宽严不同的标准,对技术上难以治理的行业污水,适当放宽排放标准。

③ 对于不同时期的污染源区别对待,对标准颁发一定时期后新建设项目的污染源要求从严。

④ 按污染物的毒性区分污染物,不同污染物执行宽严程度不同的标准值。对于具有毒性并且易在环境中或动植物体内蓄积的污染物,列为第一类污染物,从严要求。对于其他易在环境中降解或其长远影响小于第一类的污染物,列为第二类污染物。

⑤ 根据污染负荷总量控制和清洁生产的原则,对部分行业还规定了单位产品的最高允许排水量或最低允许水重复利用率。

1.4.1 《污水综合排放标准》

我国的第一部水污染物排放标准是1973年建设部发布的《工业三废排放试行标准》(GBJ 4—1973,"废水"部分)。1988年国家环保局发布了《污水综合排放标准》(GB 8978—88)。现行的《污水综合排放标准》(GB 8978—1996)于1996年修订,1996年10月4日由国家环境保护局和国家技术监督局联合发布,自1998年1月1日起实施,代替GB 8978—88和原17个行业的行业水污染物排放标准。

《污水综合排放标准》(GB 8978—1996)按照污水排放去向,分年限(1997年12月31日之前建设的单位和1998年1月1日之后建设的单位)规定了69种污染物(其中第一类污染物13种,第二类污染物56种)的最高允许排放浓度及部分行业最高允许排水量。

第一类污染物的种类共13种,主要为重金属、砷、苯并芘、放射性物质等,不分行业和污水排放方式,也不分受纳水体的类别,一律在车间或车间处理设施排放口处要求达标。第一类污染物的最高允许排放浓度见表1-8。

表1-8 《污水综合排放标准》(GB 8978—1996)中的第一类污染物的最高允许排放浓度

序号	污染物	最高允许排放浓度/(mg/L)	序号	污染物	最高允许排放浓度/(mg/L)
1	总汞	0.05	8	总镍	1.0
2	烷基汞	不得检出	9	苯并芘	0.00003
3	总镉	0.1	10	总铍	0.005
4	总铬	1.5	11	总银	0.5
5	六价铬	0.5	12	总α放射性	1Bq/L
6	总砷	0.5	13	总β放射性	10Bq/L
7	总铅	1.0			

第二类污染物的最高允许排放浓度按照污水排入的水域,分成三个不同级别的标准:

① 排入《地表水环境质量标准》（GB 3838—2002）中Ⅲ类水域（划定的保护区和游泳区除外）和排入《海水水质标准》（GB 3097—1997）中二类海域的污水，执行一级标准。

② 排入《地表水环境质量标准》（GB 3838—2002）中Ⅳ、Ⅴ类水域和排入（GB 3097—1997）中三类海域的污水，执行二级标准。

③ 排入设置二级污水处理厂的城镇排水系统的污水，执行三级标准。

④ 排入未设置二级污水处理厂的城镇排水系统的污水，必须根据排水系统出水受纳水域的功能要求，分别执行一级或二级标准。

⑤《地表水环境质量标准》（GB 3838—2002）中的Ⅰ、Ⅱ类水域和Ⅲ类水域中划定的保护区，《海水水质标准》（GB 3097—1997）中一类海域，禁止新建排污口，现有排污口应按水体功能要求，实施污染物总量控制，以保证受纳水体水质符合规定用途的水质标准。

第二类污染物的种类共56种，要求在排污单位的排放口处达标。第二类污染物的最高允许排放浓度（1998年1月1日后建设的单位）见表1-9。

表1-9　《污水综合排放标准》（GB 8978—1996）中的第二类污染物的最高允许排放浓度

（1998年1月1日后建设的单位）　　　　　　　　　　　　　　　mg/L

序号	污染物	适用范围	一级标准	二级标准	三级标准
1	pH 值	一切排污单位	6～9	6～9	6～9
2	色度(稀释倍数)	一切排污单位	50	80	
3	悬浮物(SS)	采矿、选矿、选煤工业	70	300	
		脉金选矿	70	400	
		边远地区砂金选矿	70	800	
		城镇二级污水处理厂	20	30	
		其他排污单位	70	150	400
4	五日生化需氧量(BOD₅)	甘蔗制糖、芒麻脱胶、湿法纤维板、染料、洗毛工业	20	60	600
		甜菜制糖、酒精、味精、皮革、化纤浆粕工业	20	100	600
		城镇二级污水处理厂	20	30	—
		其他排污单位	20	30	300
5	化学需氧量(COD)	甜菜制糖、合成脂肪酸、湿法纤维板、染料、洗毛、有机磷农药工业	100	200	1000
		味精、酒精、医药原料药、生物制药、芒麻脱胶、皮革、化纤浆粕工业	100	300	1000
		石油化工工业(包括石油炼制)	60	120	—
		城镇二级污水处理厂	60	120	500
		其他排污单位	100	150	500
6	石油类	一切排污单位	5	10	20
7	动植物油	一切排污单位	10	15	100
8	挥发酚	一切排污单位	0.5	0.5	2.0
9	总氰化合物	一切排污单位	0.5	0.5	1.0
10	硫化物	一切排污单位	1.0	1.0	1.0
11	氨氮	医药原料药、染料、石油化工工业	15	50	
		其他排污单位	15	25	—
12	氟化物	黄磷工业	10	15	20
		低氟地区(水体含氟量<0.5mg/L)	10	20	30
		其他排污单位	10	10	20
13	磷酸盐(以P计)	一切排污单位	0.5	1.0	
14	甲醛	一切排污单位	1.0	2.0	5.0
15	苯胺类	一切排污单位	1.0	2.0	5.0
16	硝基苯类	一切排污单位	2.0	3.0	5.0
17	阴离子表面活性剂(LAS)	一切排污单位	5.0	10	20
18	总铜	一切排污单位	0.5	1.0	2.0
19	总锌	一切排污单位	2.0	5.0	5.0

序号	污染物	适用范围	一级标准	二级标准	三级标准
20	总锰	合成脂肪酸工业	2.0	5.0	5.0
		其他排污单位	2.0	2.0	5.0
21	彩色显影剂	电影洗片	1.0	2.0	3.0
22	显影剂及氧化物总量	电影洗片	3.0	3.0	6.0
23	元素磷	一切排污单位	0.1	0.1	0.3
24	有机磷农药(以 P 计)	一切排污单位	不得检出	0.5	0.5
25	乐果	一切排污单位	不得检出	1.0	2.0
26	对硫磷	一切排污单位	不得检出	1.0	2.0
27	甲基对硫磷	一切排污单位	不得检出	1.0	2.0
28	马拉硫磷	一切排污单位	不得检出	5.0	10
29	五氯酚及五氯酚钠(以五氯酚计)	一切排污单位	5.0	8.0	10
30	可吸附有机卤化物(AOX)(以 Cl 计)	一切排污单位	1.0	5.0	8.0
31	三氯甲烷	一切排污单位	0.3	0.6	1.0
32	四氯化碳	一切排污单位	0.03	0.06	0.5
33	三氯乙烯	一切排污单位	0.3	0.6	1.0
34	四氯乙烯	一切排污单位	0.1	0.2	0.5
35	苯	一切排污单位	0.1	0.2	0.5
36	甲苯	一切排污单位	0.1	0.2	0.5
37	乙苯	一切排污单位	0.4	0.6	1.0
38	邻二甲苯	一切排污单位	0.4	0.6	1.0
39	对二甲苯	一切排污单位	0.4	0.6	1.0
40	间二甲苯	一切排污单位	0.4	0.6	1.0
41	氯苯	一切排污单位	0.2	0.4	1.0
42	邻二氯苯	一切排污单位	0.4	0.6	1.0
43	对二氯苯	一切排污单位	0.4	0.6	1.0
44	对硝基氯苯	一切排污单位	0.5	1.0	5.0
45	2,4-二硝基氯苯	一切排污单位	0.5	1.0	5.0
46	苯酚	一切排污单位	0.3	0.4	1.0
47	间甲酚	一切排污单位	0.1	0.2	0.5
48	2,4-二氯酚	一切排污单位	0.6	0.8	1.0
49	2,4,6-三氯酚	一切排污单位	0.6	0.8	1.0
50	邻苯二甲酸二丁酯	一切排污单位	0.2	0.4	2.0
51	邻苯二甲酸二辛酯	一切排污单位	0.3	0.6	2.0
52	丙烯腈	一切排污单位	2.0	5.0	5.0
53	总硒	一切排污单位	0.1	0.2	0.5
54	粪大肠菌群数	医院[①]、兽医院及医疗机构含病原体污水	500 个/L	1000 个/L	5000 个/L
		传染病、结核病医院污水	100 个/L	500 个/L	1000 个/L
55	总余氯(采用氯化消毒的医院污水)	医院[①]、兽医院及医疗机构含病原体污水	<0.5[②]	≥3(接触时间≥1h)	≥2(接触时间≥1.5h)
		传染病、结核病医院污水	<0.5[②]	≥6.5(接触时间≥1.5h)	≥5(接触时间≥1.5h)
56	总有机碳(TOC)	合成脂肪酸工业	20	40	—
		苎麻脱胶工业	20	60	—
		其他排污单位	20	30	—

① 指 50 个床位以上的医院。

② 加氯消毒后须进行脱氯处理,达到本标准。

注：其他排污单位指除在该控制项目以外所列的一切排污单位。

1.4.2 行业水污染物排放标准

为了加强对污染源的监督管理，综合并简化国家行业排放标准，大部分行业的水污染物排放标准已经纳入了《污水综合排放标准》（GB 8978—2002），目前仍单独执行国家行业水污染物排放标准的有 12 个行业，见表 1-10。

表 1-10 行业水污染物排放标准

序号	行 业	标 准
1	造纸工业	《制浆造纸工业水污染物排放标准》(GB 3544—2008)
2	船舶	《船舶污染物排放标准》(GB 3552—1983)
3	船舶工业	《船舶工业污染物排放标准》(GB 4286—1984)
4	海洋石油开发工业	《海洋石油勘探开发污染物排放浓度限值》(GB 4914—2008)
5	纺织染整工业	《纺织染整工业水污染物排放标准》(GB 4287—2012)
6	肉类加工工业	《肉类加工工业水污染物排放标准》(GB 13457—1992)
7	合成氨工业	《合成氨工业水污染物排放标准》(GB 13458—2013)
8	钢铁工业	《钢铁工业水污染物排放标准》(GB 13456—2012)
9	航天推进剂使用	《航天推进剂水污染物排放标准》(GB 14374—1993)
10	兵器工业	《兵器工业水污染物排放标准》(GB 14470.1～14470.2—2012 和 GB 14470.3—2011)
11	磷肥工业	《磷肥工业水污染物排放标准》(GB 15580—2011)
12	烧碱、聚氯乙烯工业	《烧碱、聚氯乙烯工业水污染物排放标准》(GB 15581—1995)

1.4.3 《污水排入城镇下水道水质标准》

除了以上污水综合排放标准和行业水污染物排放标准外，对于排入城镇下水道的生产废水和生活污水，为了保护下水道设施，尽量减轻工业废水对城镇污水水质的干扰，保障城镇污水处理厂的正常运行，为了防止没有城镇污水处理厂的城镇下水道系统的排水对水体的污染，建设部还制定了《污水排入城市下水道水质标准》。该标准于 1986 年首次制定，1999 年修订，现该标准废止，被 2010 年 7 月 29 日由住房和城乡建设部发布的《污水排入城镇下水道水质标准》（CJ 343—2010）代替。

该标准规定：严禁向城镇下水道排放腐蚀性污水、剧毒物质、易燃易爆物质和有害气体；严禁向城镇下水道倾倒垃圾、积雪、粪便、工业废渣和易于凝集造成下水道堵塞的物质；医疗卫生、生物制品、科学研究、肉类加工等含有病原体的污水必须经过严格消毒，以上污水以及放射性污水，除了执行该标准外，还必须按有关专业标准执行；对于超过标准的污水，应按有关规定和要求进行预处理，不得用稀释法降低浓度后排入下水道。

《污水排入城镇下水道水质标准》（CJ 343）规定了排入城镇下水道污水中 35 种有害物质的最高允许排放浓度，如表 1-11 所列。其中适用于设有城镇污水处理厂的城镇下水道的几项重要指标是：SS≤400mg/L，BOD_5≤300mg/L，COD≤500mg/L，氨氮（以 N 计）≤35mg/L，磷酸盐（以 P 计）≤8mg/L。以上限值的前三项与《污水综合排放标准》（GB 8978—1996）中三级标准的要求相同。

1.4.4 《城镇污水处理厂污染物排放标准》

城镇污水处理厂在水污染控制中发挥着重大作用。为了促进城镇污水处理厂的建设与管理，加强对污水处理厂污染物的排放控制和污水资源化利用，国家环境保护部和国家质量监督检验检疫总局于 2002 年 12 月 24 日发布了《城镇污水处理厂污染物排放标准》（GB 18918—2002），自 2003 年 7 月 1 日起实施。原《污水综合排放标准》（GB 8978—1996）中对城镇二级污水处理厂的限定指标不再执行。

表 1-11 污水排入城镇下水道水质标准 （CJ 343—2010）

序号	项目名称	单位	最高允许浓度	序号	项目名称	单位	最高允许浓度
1	pH 值		6.0～9.0	19	总铅	mg/L	1
2	悬浮物(15min)	mg/L	150(400)	20	总铜	mg/L	2
3	易沉固体	mg/L	10	21	总锌	mg/L	5
4	油脂	mg/L	100	22	总镍	mg/L	1
5	矿物油类	mg/L	20	23	总锰	mg/L	2.0(5.0)
6	苯系物	mg/L	2.5	24	总铁	mg/L	10
7	氰化物	mg/L	0.5	25	总锑	mg/L	1
8	硫化物	mg/L	1	26	六价铬	mg/L	0.5
9	挥发性酚	mg/L	1	27	总铬	mg/L	1.5
10	温度	℃	35	28	总硒	mg/L	2
11	生化需氧量(BOD$_5$)	mg/L	100(300)	29	总砷	mg/L	0.5
12	化学需氧量(COD$_{Cr}$)	mg/L	150(500)	30	硫酸盐	mg/L	600
13	溶解性固体	mg/L	2000	31	硝基苯类	mg/L	5
14	有机磷	mg/L	0.5	32	阴离子表面活性剂(LAS)	mg/L	10.0(20.0)
15	苯胺	mg/L	5	33	氨氮	mg/L	25.0(35.0)
16	氟化物	mg/L	20	34	磷酸盐(以 P 计)	mg/L	1.0(8.0)
17	总汞	mg/L	0.05	35	色度	倍	80
18	总镉	mg/L	0.1				

注：括号内的数值适用于有城镇污水处理厂的城镇下水道系统。

该标准规定了城镇污水处理厂出水、废水排放污泥处置中污染物的控制项目和标准值，适用于城镇污水处理厂污染物的排放管理，居民小区和工业企业内独立的生活污水处理设施污染物的排放管理也按该标准执行。

在水污染物的控制项目中，将污染物分为基本控制项目和选择控制项目两类。基本控制项目主要包括影响水环境和污水处理厂一般处理工艺可以去除的常规污染物（共 12 项）和部分第一类污染物（共 7 项）。选择控制项目共 43 项，由地方环境保护行政主管部门根据污水处理厂接纳的工业污染物的类别和水环境质量要求选择控制。

根据城镇污水处理厂排入地表水域的环境功能和保护目标，以及污水处理厂的处理工艺，将基本控制项目的常规污染物标准值分为一级标准、二级标准、三级标准，一级标准又分为 A 标准和 B 标准。第一类重金属污染物和选择控制项目不分级。标准执行条件如下：

① 当污水处理厂出水引入稀释能力较小的河流作为城镇景观用水和一般回用水等用途时，执行一级标准的 A 标准。

② 当出水排入 GB 3838—2002 地表水Ⅲ类功能水域（划定的饮用水水源保护区和游泳区除外）、GB 3097—1997 海水二类功能水域和湖、库等封闭或半封闭水域时，执行一级标准的 B 标准。

③ 当城镇污水处理厂出水排入 GB 3838—2002 地表水Ⅳ、Ⅴ类功能水域或 GB 3097—1997 海水三、四类功能海域时，执行二级标准。

④ 非重点控制流域和非水源保护区的建制镇的污水处理厂，根据当地经济条件和水污染控制要求，采用一级强化处理工艺时，执行三级标准。但必须预留二级处理设施的位置，分期达到二级标准。

《城镇污水处理厂污染物排放标准》基本控制项目的最高允许排放浓度如表 1-12 所示。与《污水综合排放标准》（GB 8978—1996）中原对城镇二级污水处理厂的排放要求相比，二级标准对总磷的浓度限值有所放宽，更为符合水处理技术现状和水环境要求的实际情况。

表 1-12 《城镇污水处理厂污染物排放标准》（GB 18918—2002）
基本控制项目的最高允许排放浓度（日均值） 单位：mg/L

序号	基本控制项目		一级标准		二级标准	三级标准
			A 标准	B 标准		
1	化学需氧量（COD_{Cr}）		50	60	100	120[①]
2	生化需氧量（BOD_5）		10	20	30	60[①]
3	悬浮物（SS）		10	20	30	50
4	动植物油		1	3	5	20
5	石油类		1	3	5	15
6	阴离子表面活性剂		0.5	1	2	5
7	总氮（以 N 计）		15	20		
8	氨氮（以 N 计）[②]		5(8)	8(15)	25(30)	
9	总磷（以 P 计）	2005 年 12 月 31 日前建设的	1	1.5	3	5
		2006 年 1 月 1 日起建设的	0.5	1	3	5
10	色度（稀释倍数）		30	30	40	50
11	pH 值		6～9			
12	粪大肠菌群数/（个/ L）		10^3	10^4	10^4	

① 下列情况下按去除率指标执行：当进水 COD 大于 350mg/L 时，去除率应大于 60%；当进水 BOD_5 大于 160mg /L 时，去除率应大于 50%。

② 括号外的数值为水温＞12℃时的控制指标，括号内的数值为水温＜12℃时的控制指标。

1.4.5 《城市污水再生利用》系列标准

为了贯彻水污染防治和水资源开发利用的方针，提高城市污水利用率，做好城市节约用水工作，合理利用水资源，实现城市污水资源化，促进城市建设和经济建设的可持续发展，建设部于 2002 年 12 月 20 日发布了《城市污水再生利用》系列标准，自 2003 年 5 月 1 日起实施。

《城市污水再生利用》系列标准包括：

① 《城市污水再生利用 分类》（GB/T 18919—2002）；
② 《城市污水再生利用 城市杂用水水质》（GB/T 18920—2002）；
③ 《城市污水再生利用 景观环境用水水质》（GB/T 18921—2002）；
④ 《城市污水再生利用 工业用水水质》（GB/T 19923—2005）；
⑤ 《城市污水再生利用 地下水回灌水质》（GB/T 19772—2005）；
⑥ 《城市污水再生利用 农田灌溉用水水质》（GB 20922—2007）；
⑦ 《城市污水再生利用 绿地灌溉水质》（GB/T 25499—2010）。

1.5 废水处理工艺

废水处理是在生活污水和生产废水排入水体前对其进行相应的处理，最终达到排放标准。废水处理的范畴包括：通过工艺改革减少废（污）水种类和数量；通过适当的处理工艺减少废（污）水中有毒、有害物质的量及浓度，直至达到排放标准；处理后的废（污）水的循环和再利用等。

1.5.1 废水处理程度的分级

废（污）水的性质十分复杂，往往需要由几种单元处理操作组合成一个处理过程的整体。合理配置其主次关系和前后位置，才能经济、有效地达到预期目标。这种单元处理操作的合理配置整体称为废水处理系统。在论述废水处理的程度时，常对处理程度进行分级表示。根据所去除污染物的种类和所使用处理方法的类别，废水处理程度的分级可以分为：

（1）预处理

预处理一般指工业废水在排入城市下水道之前在工厂内部的预处理。

（2）一级处理

废水（包括城市污水和工业废水）的一级处理，通常是采用较为经济的物理处理方法，包括格栅、沉砂、沉淀等，去除水中悬浮状固体颗粒污染物质。由于以上处理方法对水中溶解状和胶体状的有机物去除作用极为有限，废水的一级处理不能达到直接排入水体的水质要求。

（3）二级处理

废水的二级处理通常是指在一级处理的基础上，采用生物处理方法去除水中以溶解状和胶体状存在的有机污染物质。对于城市污水和与城市污水性质相近的工业废水，经过二级处理一般可以达到排入水体的水质要求。

（4）三级处理、深度处理或再生处理

这些处理是在二级处理的基础上继续进行的处理，一般采用物理处理方法和化学处理方法。对于二级处理仍未达到排放水质要求的难于处理的废水的继续处理，一般称为三级处理。对于排入敏感水体或进行废水回用所需进行的处理，一般称为深度处理或再生处理。

1.5.2　工业废水的处理方式

根据工业废水的水量规模和工厂所在位置，工业废水的处理方式有单独处理和与城市污水合并处理两大方式。

（1）工业废水单独处理方式

在工厂内把工业废水处理到直接排入天然水体的污水排放标准，处理后的出水直接排入天然水体。这种方式需要在工厂内设置完整的工业废水处理设施，属于在工业企业内进行处理的工业废水分散处理方式。

（2）工业废水与城镇污水合并处理方式

在工厂内只对工业废水进行适当的预处理，达到排入城镇下水道的水质标准。预处理后的出水排入城镇下水道，在城镇污水处理厂中与生活污水共同集中处理，处理后出水再排入天然水体。

在上述两大处理方式中，工业废水与城市污水集中处理的方式能够节省基建投资和运行费用，占地少，便于管理，并且可以取得比工业废水单独处理更好的处理效果，是我国水污染防治工作中积极推行的技术政策。

对于已经建有城镇污水处理厂的城市，城镇中产生污水量较小的工业企业应争取获得环保和城建管理部门的批准，在交纳排放费用的基础上，将工业废水排入城市下水道，与城市生活污水合并处理。对于不符合排入城市下水道水质标准的工业废水，在工厂内也只需做适当的预处理，在达到《污水排入城镇下水道水质标准》后，再排入城镇下水道。

为达到排入城镇下水道水质标准的要求，工业废水的厂内处理主要有以下几种方法：

① 酸性或碱性废水的中和预处理；

② 含有挥发性溶解气体的吹脱预处理；

③ 重金属和无机离子的预处理，如氧化还原、离子交换、化学沉淀等；

④ 对高浓度有机废水的预处理，如萃取、厌氧生物处理等；

⑤ 对高浓度悬浮物的一级处理，如沉淀、隔油、气浮等；

⑥ 对溶解性有机污染物的二级生物处理（必要时）等。

对于尚未设立城镇污水处理厂的城市中的工业企业和排放废水水量过大或远离城镇的工业企业，一般需要设置完整独立的工业废水处理系统，处理后的废水直接排放或进行再利用。

1.6　水和废水的化学处理方法

随着现代工业的迅猛发展，大量的有毒有害有机污染物通过各种途径进入水体中，这些溶解于废水中的有毒物质在使用物理法、生物法或其他方法难以处理时，可利用它在化学反应过程中被氧化或被还原的性质，通过改变废水中污染物的化学形态或物理形态，消除其毒性或使其从溶液、胶体或悬浮物状态转变为沉淀或漂浮状态，或从固体转变为气态而从水中除去，从而达到净化处理的目的，这种方法称为化学处理法。此法是废水最终处理的重要方法之一，主要用于含氰化物、硫化物、酚、Cr^{6+}、Hg^{2+}、Fe^{3+}、Mn^{2+} 等废水的深度处理。

1.6.1 化学处理方法的原理

化学处理方法是通过化学反应使废水中呈溶解状态的无机物和有机物被氧化或还原为微毒、无毒的无机物的物质，或者转化成容易与水分离的形态，从而达到处理的目的。化学处理方法是转化废水中污染物的有效方法，其实质是通过采取不同的方法（包括投加药剂法、电化学法和光化学法三大类）而实现电子的转移。失去电子的过程称为氧化，失去电子的元素所组成的物质称为还原剂；得到电子的过程称为还原，得到电子的元素所组成的物质称为氧化剂。在氧化还原过程中，氧化剂本身被还原，而还原剂本身则被氧化。

氧化还原反应是一种可逆反应，其过程可写成下列通式：

$$氧化剂 \ + \ 还原剂 === 还原剂 \ + \ 氧化剂$$
$$（氧化态 1）（还原态 1）（还原态 2）（氧化态 2）$$
$$被还原 \quad 被氧化 \quad 被氧化 \quad 被还原$$

因为氧化还原反应几乎有无数种可能的反应，因此没有反应的平衡常数表。某种物质能否表现出氧化剂或还原剂的作用，主要由反应双方氧化还原能力的相对强弱来决定。氧化还原能力是指某种物质失去或获得电子的难易程度，可以统一用标准氧化还原电势 $E^{\ominus}$ 作为指标。标准氧化还原电势 $E^{\ominus}$ 越大，物质的氧化性越强；$E^{\ominus}$ 越小，其还原性越强。水处理中常用物质的标准氧化还原电势见表 1-13。标准电势值由负值到正值，依次排列。凡位置在前者可以作为位置在后者的还原剂，放出电子；而位置在后者可以作为在前者的氧化剂，得到电子。

表 1-13　水处理中常用物质的标准氧化还原电势 $E^{\ominus}$

半反应式	$E^{\ominus}/V$	半反应式	$E^{\ominus}/V$
$Ca^{2+}+2e === Ca$	-2.87	$2CO_2+N_2+2H_2O+6e === 2CNO^-+4OH^-$	0.40
$Mg^{2+}+2e === Mg$	-2.37	$O_2+2H_2O+4e === 4OH^-$	0.401
$Mn^{2+}+2e === Mn$	-1.18	$I_2+2e === 2I^-$	0.535
$OCN^-+H_2O+2e === CN^-+2OH^-$	-0.97	$H_3AsO_4+2H^++2e === HAsO_2+2H_2O$	0.559
$SO_4^{2-}+H_2O+2e === SO_3^{2-}+2OH^-$	-0.93	$MnO_4^-+2H_2O+3e === MnO_2+4OH^-$	0.588
$Zn^{2+}+2e === Zn$	-0.763	$2HgCl_2+2e === Hg_2Cl_2+2Cl^-$	0.63
$Cr^{3+}+3e === Cr$	-0.74	$O_2+2H^++2e === H_2O_2$	0.682
$2CO_2+2H^++2e === H_2C_2O_4$	-0.49	$Fe^{3+}+e === Fe^{2+}$	0.771
$Fe^{2+}+2e === Fe$	-0.44	$NO_3^-+2^++e === NO_2+2H_2O$	0.79
$Cr^{3+}+e === Cr^{2+}$	-0.41	$Ag^++e === Ag$	0.799
$Cd^{2+}+2e === Cd$	-0.403	$Hg^{2+}+2e === Hg$	0.854
$Ni^{2+}+2e === Ni$	-0.25	$2Hg^{2+}+2e === Hg_2^{2+}$	0.92
$Sn^{2+}+2e === Sn$	-0.136	$NO_3^-+3H^++2e === HNO_2+H_2O$	0.94
$CrO_4^{2-}+4H_2O+3e^- === Cr(OH)_3+5OH^-$	-0.13	$NO_3^-+4H^++3e === NO+2H_2O$	0.96
$Pb^{2+}+2e === Pb$	-0.126	$Br_2+2e === 2Br^-$	1.087
$2H^++2e === H_2$	0.00	$ClO_2+e === ClO_2^-$	1.16
$S_4O_2^{2-}+2e === 2S_2O_3^{2-}$	0.08	$IO_3^-+6H^++5e === 0.5I_2+3H_2O$	1.195
$S+2H^++2e === H_2S$	0.141	$OCl^-+H_2O+2e === Cl^-+2OH^-$	1.2
$Sn^{4+}+2e === Sn^{2+}$	0.15	$O_2+4H^++4e === 2H_2O$	1.229
$Cu^{2+}+e === Cu^+$	0.153	$Cr_2O_7^{2-}+14H^++6e === 2Cr^{3+}+7H_2O$	1.33
$SO_4^{2-}+4H^++2e === H_2SO_4+H_2O$	0.17	$Cl_2+2e === 2Cl^-$	1.359
$Cu^{2+}+2e === Cu$	0.337	$HOCl+H^++2e === Cl^-+H_2O$	1.49
$Fe(CN)_6^{3-}+e === Fe(CN)_6^{4-}$	0.36	$MnO_4^-+8H^++5e === Mn^{2+}+4H_2O$	1.51
$SO_4^{2-}+8H^++6e === S+4H_2O$	0.36	$HClO_2+3H^++4e === Cl^-+2H_2O$	1.57

续表

半反应式	$E^{\ominus}/V$	半反应式	$E^{\ominus}/V$
$H_2O_2+2H^++2e\!=\!=\!2H_2O$	1.77	$F_2+2e\!=\!=\!2F^-$	2.87
$S_2O_8{}^{2-}+2e\!=\!=\!2SO_4^{2-}$	2.01	$F_2+2H^++2e\!=\!=\!2HF$	3.06
$O_3+2H^++2e\!=\!=\!O_2+H_2O$	2.07		

标准氧化还原电势 $E^{\ominus}$ 是在标准状况下测定的，但在实际应用中，反应条件往往与标准状况不同，在实际的物质浓度、温度和 pH 值条件下，物质的氧化还原电位可用能斯特方程来计算：

$$E=E^{\ominus}+\frac{RT}{nF}\ln\left[\frac{\text{氧化态的摩尔浓度}}{\text{还原态的摩尔浓度}}\right] \tag{1-3}$$

式中　n——反应中电子转移的数目；

R——气体常数，8.314J/(mol·K)；

T——绝对温度，K；

F——法拉第常数，96500C/mol。

应用标准电极电位 $E^{\ominus}$ 还可求出氧化还原反应的平衡常数 K 和自由能变化 $\Delta G^{\ominus}$：

$$K=\exp\left(\frac{nFE^{\ominus}}{RT}\right) \tag{1-4}$$

$$\Delta G^{\ominus}=-nFE^{\ominus}=-RT\ln K \tag{1-5}$$

以上两式表明氧化还原反应在热力学上的可能性和进行的程度。

从理论上说，按照氧化还原电势序列，每种物质都可相对地成为另一种物质的氧化剂或还原剂，但在水处理工程中，在选择药剂和方法时，应当遵循如下原则：

① 处理效果好，对水中特定的污染物有良好的氧化还原作用。

② 反应后的生成物应当无害或易于生物降解或易于与水分离。

③ 处理费用合理，所需药剂与材料价格合理，易于获得。

④ 操作特性好，能在常温或较宽的 pH 值范围内具有较快的反应速率；当提高反应温度和压力后，其处理效率和速率的提高能克服费用增加的不足；当负荷变化后，通过调整操作参数，可维持稳定的处理效果。

⑤ 与前后处理工序的目标一致，搭配方便。

与生物法相比，化学法需要较高的运行费用，因此，目前化学法仅用于饮用水处理、特种工业用水处理、有毒工业废水处理和以回用为目的的废水深度处理等有限场合。

对于有机物的氧化还原过程，往往难于用电子的转移来分析判断。因为碳原子经常是以共价键与其他原子相结合，电子的移动情况很复杂，许多反应并不发生电子的直接转移，只是周围的电子云密度发生变化。目前还没有建立电子云密度变化与氧化还原方向和程度之间的定量关系。因此，一般凡是加氧或去氢的反应称为氧化反应，而加氢或去氧的反应称为还原反应；凡是与强氧化剂作用使有机物分解成简单的无机物如 CO_2、H_2O 等的反应，可判定为氧化反应。

有机物氧化为简单无机物是逐步完成的，这个过程称为有机物降解。复杂有机物的可氧化性是不同的。经验表明，酚类、醛类、芳胺类和某些有机硫化物、不饱和烃类、碳水化合物等在一定条件（强酸、强碱和催化剂）下可以氧化；而饱和烃类、卤代烃类、合成高分子聚合物等难以氧化。

1.6.2　化学处理方法的分类

根据水中有毒有害物质在化学反应中被氧化或被还原的不同，化学处理方法又可分为化学氧化法和化学还原法两大类。

　　根据采取的方法不同，化学法可分为投加药剂法、电化学法和光化学法。投加药剂法是通过向待处理废水中投加药剂（包括氧化剂）而使污染物得到处理或分离。如中和法、化学混凝法、化学沉淀法以及各种化学氧化法［如空气氧化法、氯氧化法、芬顿（Fenton）氧化法、臭氧氧化法、湿式氧化、湿式催化氧化法、超临界水氧化法、燃烧法等］。电化学法和光化学法则分别采用电和光作为媒介而使水中的污染物发生化学反应而被处理或分离。

　　根据反应条件，化学处理过程可分为常温法和高温法两大类。常温条件下的化学处理方法很多，如化学中和、化学混凝、化学沉淀、化学还原、空气氧化法、氯氧化法、芬顿（Fenton）氧化法、臭氧氧化法、光化学氧化法和光催化氧化法等。常温化学处理方法虽然具有反应条件温和、过程操作管理方便、设备投资少等优点，但同时存在反应速率低、反应不彻底等缺点。为了克服常温化学处理过程的缺点，逐渐发展了高温化学处理，可大大提高过程的反应速率。目前应用和研究的高温高压化学处理过程主要有湿式氧化法、湿式催化氧化法、超临界水氧化法、燃烧法等，主要用于高浓度难降解有机废液的处理。

　　水和废水处理的常用化学方法见表 1-14。

表 1-14　水和废水处理的常用化学方法

	方　法	应　用	主要设备
常温	中和	控制水的 pH 值	投药设备
	混凝	去除水中悬浮物及胶体	混合设备
药剂法	化学沉淀	提高沉淀池中悬浮固体和 BOD 的去除率	反应设备
		脱氮、除磷；去除重金属	沉淀设备
	化学还原	去除金属离子	清泥设备
离子交换法		去除有害离子	离子交换设备
氧化法	空气氧化法	去除有机物和氨氮	传质设备
	臭氧氧化法		反应设备
	芬顿氧化法		
	氯氧化法	去除有机物；消毒	
光化学氧化	光化学氧化法		光发生器
	光催化氧化法		反应设备
高温	湿式氧化法	去除有机物和氨氮	高温高压反应器
氧化	湿式催化氧化法	去除有机物和氨氮	
	超临界水氧化法	去除有机物和氨氮	
	焚烧法	去除有机物和氨氮	
电化学法	电解（阴极）		电解槽
	电解（阳极）		

第❷章

中和

在各工业行业中，因为要大量使用酸或碱，所以酸性废水和碱性废水的排放十分普遍，尤其以酸性废水更为普遍。酸性废水中常含有硫酸、硝酸、盐酸、氢氟酸等无机酸和乙酸、甲酸、柠檬酸等有机酸，pH值在 $1\sim2$，含酸量可高达 $5\%\sim10\%$；碱性废水中常含有苛性钠、碳酸钠、硫化钠、胺类等。无论从数量还是危害程度上，酸性废水的处理都要比碱性废水更为重要。

当废水中存在游离酸或碱时，可利用添加碱或酸使酸和碱相互进行中和反应生成盐和水，这种利用中和过程处理废水的方法称为中和法。中和处理的目的就是中和废水中过量的酸和碱，以及调整废水中的酸碱度，使中和后的废水呈中性或接近中性，以适应下一步处理和外排的要求。通常采用的废水中和方法有均衡法和 pH 值直接控制法。均衡法是以废治废使酸性废水和碱性废水相互中和最理想的方法，它通过测定酸性废水和碱性废水相互作用的中和曲线求得两者的适宜配比，多余部分则另行处理。pH 值直接控制法是利用添加中和剂来控制废水 pH，使废水中的有害离子（如重金属离子）在此 pH 下以沉淀物的形式沉降，然后进行分离使水得以净化。酸性废水的中和剂主要有石灰、石灰石、白云石、电石渣、苏打、苛性钠等。碱性废水的中和剂通常采用硫酸、盐酸、烟道气。必须注意，中和处理和 pH 值调节有着本质的区别。中和处理的目的是中和废水中过量的酸或碱，以便使中和后的废水呈中性或接近中性，以适应下一步处理和外排的要求，而 pH 值调节的目的是为了某种特殊要求，把废水的 pH 值调整到某一特定值或某一范围。如把 pH 值由中性或碱性调至酸性，称为酸化；把 pH 值由中性或酸性调至碱性，称为碱化。

2.1 酸性废水与碱性废水

含酸废水和含碱废水是两种重要的工业废水，在许多企业生产过程中都会排出酸性或碱性废水，如化工厂、化学纤维厂、金属酸洗车间、电镀车间等在制酸或用酸过程中会排出酸性废水；造纸厂、化工厂、炼油厂等常排出含碱废水。

酸性废水中含有无机酸（硫酸、盐酸等）或有机酸（乙酸等），并可能同时含有其他杂质，如悬浮物、金属盐类、有机物等。碱性废水中含有碱性物质及悬浮物、有机物等。

酸性废水或碱性废水如不经回收和处理而直接排入下水道，将会腐蚀管道和构筑物，破坏废水生物处理系统的正常运行；直接排入水体将使水体的 pH 值发生变化，破坏自然缓冲作用，抑制微生物生长，妨碍水体自净，危害渔业生产，毁坏农作物。与此同时，酸和碱还会溶解土壤或底泥中的矿物质，大大增加水中一般无机盐类的浓度和水的硬度，而酸碱造成水体硬度的增加对地下水的影响尤为显著，如我国北方的一些城市北京、西安，其地下水的硬度在不断升高。因此酸性废水或碱性废水在排放前必须对其进行处理。

对不同浓度的酸性废水和碱性废水可采用不同的处理方法。酸含量大于 3‰～5‰ 的高浓度含酸废水，常称为废酸液；碱含量大于 1‰～3‰ 的高浓度含碱废水，常称为废碱液。对于这类浓度较高的废酸液或废碱液，一般首先考虑回收和综合利用，如采用蒸发浓缩过程回收氢氧化钠，用扩散渗析过程回收钢铁酸洗废液中的硫酸，制成硫酸亚铁、硫铵、石膏、硫化钠等，以降低生产成本和后续处理成本。例如对于较高浓度的金属酸洗废水（含 H_2SO_4 3‰～5‰，$FeSO_4$ 15‰～25‰），可采用图 2-1 所示的工艺路线进行生产硫酸亚铁，实现废水的回收和综合利用。

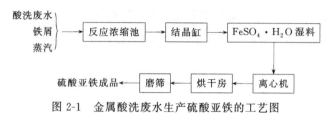

图 2-1 金属酸洗废水生产硫酸亚铁的工艺图

对于浓度较低的酸性废水和碱性废水，首先应考虑是否可能改进后处理工艺，如采用逆流漂洗技术，以提高废水中的酸碱含量，为综合利用创造条件。如果无法提高其酸碱浓度，由于回收成本高，一般就采用中和处理，达到中性后排放。

废水中酸和碱按化学计量进行化学反应，化学反应方程式如下：

$$酸 + 碱 \longrightarrow 盐 + 水$$

或

$$H^+ + OH^- \longrightarrow H_2O$$

废水处理中出现下列情况时，需要进行中和处理：

（1）废水排入受纳水体之前

因为水生物对 pH 值的变化十分敏感，因此在排放之前必须将废水调节到中性。

（2）工业废水排入城市下水道系统之前

对于排入设置二级污水处理厂的城市排水系统的工业废水，原则上应执行《污水排放综合标准》中的三级标准，即 pH 值应控制在 6～9 范围之内。因此在排入下水管道前，需要对酸性废水、碱性废水进行中和处理。

（3）废水进入生物处理系统之前

生物处理系统的 pH 值需要维持在 6.5～8.5 的范围内，以确保最佳的生物活力。

用化学过程去除废水中的酸或碱，使其 pH 达到中性左右的过程称为中和。处理含酸废水以碱性药剂为中和剂，处理含碱废水以酸性药剂为中和剂。中和药剂用量按化学计量点或后续处理过程及排放所要求的 pH 值进行计算。另外，由于在废水中存在其他杂质，特别是酸性废水往往含有一些重金属离子，这些杂质也与酸或碱起作用，使反应复杂化，所用酸、碱量要比单纯酸、碱中和的计量要大。如水体中存在较多的 Al^{3+} 等杂质时，由于反应过程中会有不溶性金属氢氧化物的生成，使得药剂用量比单纯酸、碱体系时大得多。

2.2 酸性废水的中和处理

酸性废水的中和方法主要有：用碱性废水或碱性废渣中和、投药中和以及过滤中和。

2.2.1 用碱性废水或碱性废渣中和

当有条件应用碱性废水或碱性废渣进行中和处理时应优先考虑以废治废，既可以节省处理费用和药剂消耗，又简便实用。表 2-1 是中和 1kg 不同的酸所需的碱性物质的量（理论计算值）。

表 2-1 中和 1kg 不同的酸所需的碱性物质的量

酸性物质	中和1kg酸所需要碱性物质的量/kg					酸性物质	中和1kg酸所需要碱性物质的量/kg				
	CaO	Ca(OH)$_2$	CaCO$_3$	MgCO$_3$	CaCO$_3$·MgCO$_3$		CaO	Ca(OH)$_2$	CaCO$_3$	MgCO$_3$	CaCO$_3$·MgCO$_3$
H$_2$SO$_4$	0.571	0.755	1.02	0.86	0.94	HNO$_3$	0.445	0.59	0.795	0.668	0.732
H$_2$SO$_3$	0.68	0.90	1.22	1.03	1.12	H$_3$PO$_4$	0.86	1.13	1.53	0.86	1.4
HCl	0.770	1.01	1.37	1.15	1.29	CH$_3$COOH	0.466	0.616	0.83	0.695	1.53

由于酸性废水的数量和危害比碱性废水大得多，因此处理出水应呈中性或弱碱性，即：

$$\sum Q_Z B_Z = \sum Q_S B_S \alpha K \qquad (2-1)$$

式中　Q_Z——碱性废水的流量，m^3/h；

B_Z——碱性废水的浓度，kg/m^3；

Q_S——酸性废水的流量，m^3/h；

B_S——酸性废水的浓度，kg/m^3；

α——药剂消耗比，即中和单位质量酸所需的碱量，见表 2-1；

K——反应不完全系数，一般取 $K=1.2\sim2.0$。

当进行中和反应的酸碱浓度相当时，二者恰好完全中和，叫作中和反应的化学计量点。由于酸碱相对强弱的不同，并考虑到生成盐的水解作用，化学计量点时溶液可能呈中性（强酸和强碱中和），也可能呈酸性（强酸和弱碱中和）或碱性（强碱弱酸中和）。pH 值的大小取决于所生成盐的水解度。

当酸性废水、碱性废水相互中和仍达不到处理要求时，可再补加药剂进行处理。

酸性废水、碱性废水中和所用的设备一般是根据酸碱废水的排放情况而确定。当酸、碱废水排放的水质、水量比较稳定并且酸碱含量又能相互平衡，或混合水需要水泵提升，或有相当长的出水管道可利用时，则不单独设置中和池。一般的情况下，当酸碱两种废水在进行中和时，其水质、水量均不易保持稳定，会给操作带来困难，此时应设置两种废水的均化池对水质进行均化，均化后的酸性废水和碱性废水再进入中和池进行中和反应。当酸性废水、碱性废水的水质、水量变化很大，废水本身的酸、碱含量难以平衡时，则需要补加酸或碱性中和剂。当出水水质要求很高，或废水中还含有其他的杂质、重金属离子时，连续流无法保证出水水质，较稳妥的方法是采用间歇式中和池，一般可设置两个，交替使用。

中和池的容积可按下式进行计算：

$$V = (Q_1 + Q_2)t \qquad (2-2)$$

式中　V——中和池的容积，m^3；

Q_1——酸性废水的设计流量，m^3/h；

Q_2——碱性废水的设计流量，m^3/h；

t——中和时间，一般取 $1\sim2$h。

利用碱性废渣中和酸性废水也是一种方便可行的方法，如电石渣中含有一定量的氢氧化钙 [Ca(OH)$_2$]，锅炉灰中含有 2%～20% 的氧化钙，石灰氧化法的软化站中含有大量的碳酸钙等，将这些废渣投入到酸性废水或利用酸性废水喷淋废渣，均可取得一定的中和效果。

2.2.2　投药中和

投药中和可以处理任何浓度、任何性质的酸性废水，中和过程容易调节，容许水量变化范围较大，是应用最为广泛的一种中和方法。常用的药剂中和处理工艺流程如图 2-2 所示。废水量少时宜采用间歇式处理，废水量大时宜采用连续式处理。为获得稳定的中和处理效果，可采用多级式自动控制系统。

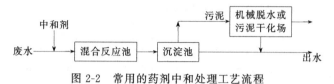

图 2-2　常用的药剂中和处理工艺流程

中和药剂的选择，不仅要考虑药剂本身的溶解性、反应速率、成本、二次污染、使用方法等因素，而且还要考虑中和产物的性质。

用于酸性废水的中和药剂有石灰（CaO）、石灰石（$CaCO_3$）、碳酸钠（Na_2CO_3）、苛性钠（NaOH）等，也可以利用其他工业行业部门排出的废渣（主要成分为碳酸钠、苛性钠）等，因地制宜地中和处理酸性废水。其缺点是对进水硫酸的浓度限制大，需定期倒床，劳动强度大。

石灰价廉易得，对废水中的杂质具有混凝效果，是最常用的酸性废水中和剂，当酸性废水中的酸主要是盐酸、硫酸、硝酸时，常采用石灰。但沉渣量大，且脱水较困难；需用大型消解投配设备，卫生条件较差。采用石灰对酸进行中和的反应式为：

$$CaO + H_2O \rightleftharpoons Ca(OH)_2 \tag{2-3}$$

$$2H^+ + Ca(OH)_2 \rightleftharpoons 2H_2O + Ca^{2+} \tag{2-4}$$

当酸性废水中的酸主要是乙酸、碳酸等弱酸时，由于弱酸盐如碳酸盐反应迟缓，中和反应时间长，一般采用氢氧化物中和。

$$2CH_3COOH + Ca(OH)_2 \rightleftharpoons Ca(CH_3COO)_2 + 2H_2O \tag{2-5}$$

氢氧化钠、碳酸钠易贮存，溶解度高，反应迅速，渣量小，但价格较贵。

中和药剂的理论计算可以根据化学反应式及等物质的量规则求得，然后再考虑所用的药剂或工业废料的纯度及反应效率，综合确定实际投加量。

石灰中和常采用湿投法，石灰的投加量可按下式进行计算：

$$G = \frac{QK}{1000\alpha}\left(c_s\alpha_s + \sum c_i \frac{E}{E_i}\right) \tag{2-6}$$

式中　G——中和药剂的消耗量，kg/h；

$\quad\quad Q$——酸性废水的流量，m^3/h；

$\quad\quad K$——反应不均匀系数（反应效率的倒数），一般取 1.1~1.2，用石灰中和硫酸时，干投为 1.4~1.5，湿投为 1.05~1.10，中和盐酸、硝酸时为 1.05；

$\quad\quad \alpha_s$——中和剂的比耗量，碱、酸性中和剂的比耗量可分别查表 2-2 和表 2-3；

$\quad\quad \alpha$——药品纯度，%，一般生石灰含有效 CaO 为 60%~80%，熟石灰中含 $Ca(OH)_2$ 为 65%~75%；

$\quad\quad c_s$——废水中酸的质量浓度，mg/L；

$\quad\quad E$——石灰的等物质量，其值为 28；

$\quad\quad c_i$——金属离子的浓度，mg/L；

$\quad\quad E_i$——金属离子的等物质量。

表 2-2　碱性中和剂的比耗量 α_s

碱性物质	中和 1kg 酸所需要碱性物质的量/kg						碱性物质	中和 1kg 酸所需要碱性物质的量/kg					
	H_2SO_4		HCl		HNO_3			H_2SO_4		HCl		HNO_3	
	100%	98%	100%	36%	100%	65%		100%	98%	100%	36%	100%	65%
NaOH	1.22	1.24	0.91	2.53	1.57	2.42	$Ca(OH)_2$	1.32	1.35	0.99	2.74	1.70	2.62
KOH	0.88	0.90	0.65	1.80	1.13	1.74	NH_3	2.88	2.94	2.14	5.95	3.71	5.71

表 2-3　酸性中和剂的比耗量 α_s

酸性物质	中和 1kg 碱所需要酸性物质的量/kg					酸性物质	中和 1kg 碱所需要酸性物质的量/kg				
	CaO	$Ca(OH)_2$	$CaCO_3$	$MgCO_3$	$CaCO_3 \cdot MgCO_3$		CaO	$Ca(OH)_2$	$CaCO_3$	$MgCO_3$	$CaCO_3 \cdot MgCO_3$
H_2SO_4	0.57	0.755	1.02	0.86	0.94	HNO_3	0.445	0.59	0.795	0.668	0.732
HCl	0.77	1.01	1.37	1.15	1.29	CH_3COOH	0.466	0.616	0.83	0.702	

如果酸性废水中只含有某一种酸时，中和药剂的消耗量可按下式计算：

$$G = \frac{Qc_s\alpha_s K}{1000\alpha} \qquad (2-7)$$

碱性废水中和药剂的计算方法与酸性废水的相同。

实际上工业废水中所含的酸并非只有一种，不能直接用化学反应式进行计算，这时需要测定废水的酸碱度（用 pH 表示），然后根据等物质的量原理进行计算。

若废水中氢离子的浓度 $[H^+]$ 以 mg/L 计，可导得 $[H^+] = 10^{(3-pH)}$，则有：

$$G = 28Q_s\left[10^{(3-pH)} + \sum\frac{c_i}{E_i}\right]\frac{K}{1000\alpha} \qquad (2-8)$$

水中一些过量金属离子，如铅（Pb^{2+}）、锌（Zn^{2+}）、铜（Cu^{2+}）、镍（Ni^{2+}）等，中和后会生成金属的氢氧化物沉淀，其反应的通式为（以 M^{2+} 代表二价的金属离子）：

$$M^{2+} + Ca(OH)_2 === M(OH)_2\downarrow + Ca^{2+} \qquad (2-9)$$

计算中和药剂的投加量时，应增加与重金属化合产生沉淀的药剂量。例如：

$$FeSO_4 + Ca(OH)_2 === Fe(OH)_2\downarrow + CaSO_4\downarrow \qquad (2-10)$$

补加的中和药剂数量可按化学当量计算。

采用石灰石中和硫酸时，产生石膏和 CO_2：

$$H_2SO_4 + CaCO_3 === CaSO_4\downarrow + H_2O + CO_2\uparrow \qquad (2-11)$$

由于生成的石膏溶解度小（温度在 20℃ 时只有 1.6g/L），因此当废水中的硫酸浓度大于 2g/L 时，将形成过饱和硫酸钙，尚未反应的石灰石表面将被石膏和二氧化碳所覆盖，影响中和效果。因此当废水中硫酸的浓度过大时，应将石灰石预先粉碎成 0.5mm 以下的颗粒再使用。

由于石灰不仅价格便宜，而且与水化合形成的氢氧化钙对废水中的杂质还具有凝聚作用，因此是中和酸性废水的首选药剂。但实际应用时，由于影响投药量的因素很多，最好通过试验确定石灰的用量。

石灰的投加方式可采用干投法和湿投法两种。干投法是根据废水中的含酸量将石灰直接投放到废水中去。干投时为了能使石灰均匀地投放到废水中，一般设置石灰投配器。干投法设备简单，药剂投配容易，但是反应速率缓慢，反应不彻底，药剂的投放量为理论投放量的 1.4～1.5 倍，并且石灰还要进行破碎、筛分，因而劳动强度大，环境条件差。石灰中和酸性废水大多采用湿投法，其一般流程如图 2-3 所示。

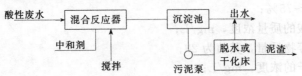

图 2-3　酸性废水的湿法投药中和流程

石灰湿投法中和酸性废水的装置主要有石灰乳制备与投加设备、混合反应池和中和沉淀池。首先将石灰在消解槽内消解成 40%～50% 的浓度后，流入乳液槽，经搅拌配制成 5%～10% 浓度的氢氧化钙乳液，投入混合反应池供中和反应用。消解槽和乳液槽需用机械搅拌或水泵循环搅拌。在混合反应池中废水与石灰乳进行混合反应时也需要进行搅拌，以防止石灰渣在混合反应池内沉淀。混合反应池可采用隔板式或设搅拌器，容积按水力停留时间 5min 设计。中和沉淀池容积按水力停留时间 1～2h 设计。中和沉淀产生的污泥体积为废水量的 10%～15%，含水率为 90%～95%，必须设置污泥脱水系统。

与干投法相比，湿投法的设备较多，但是湿投法反应迅速彻底，药剂的投加量少，为理论投加量的 1.05～1.1 倍。

工程上，一次性投药的中和处理效果远差于分批投药的中和处理效果，特别是酸碱度较大的废水。如果处理水量大时更应采取分批投药的方式，可设计两个或多个中和反应池或反应槽。

投药中和法有两种运行方式：①当废水量小或间歇排出时，可采用间歇式操作，并设置 2～3 个中和池交替工作；②当废水量大时，可采用连续式操作，并可采取多级串联运行，以获得稳定可靠的中和效果。中和处理应尽可能采用自动投药控制系统。

如果中和反应过程中产生了不溶于水的固体产物，可以采用沉淀过程去除。沉渣量可根据试验确定，也可按下式计算：

$$G' = G(\varphi + e) + Q(S - C - d) \tag{2-12}$$

式中　G'——沉渣量，kg/h；

　　　G——中和药剂的消耗量，kg/h；

　　　φ——消耗单位药剂产生的盐量，kg/kg；

　　　e——单位药剂中的杂质含量，kg/kg；

　　　Q——酸性废水的流量，m^3/h；

　　　S——废水中的悬浮物浓度，kg/m^3；

　　　C——中和后溶于废水中的盐量，kg/m^3；

　　　d——中和后出水中悬浮物浓度，kg/m^3。

2.2.3 过滤中和

过滤中和过程是利用难溶性的中和剂作原料，让酸性或碱性废水通过，利用中和剂与废水的反应达到中和的目的。该过程与药剂中和过程相比，具有操作方便、运行费用低及劳动条件好等优点，但不适于中和浓度高的酸性或碱性废水。同时，采用过滤中和时，要求对废水中的悬浮物、油脂等进行预处理，以防止堵塞。

酸性废水的过滤中和就是使酸性废水流过碱性滤料（如石灰石、白云石、大理石等）时得到中和的方法，一般适用于含酸量不大于 23g/L、生成易溶盐的各种酸性废水的中和处理。

（1）中和滤料

滤料的选择与废水中含何种酸和含酸浓度密切相关。因滤料的中和反应发生在滤料表面，如生成的中和产物溶解度很小，就会沉淀在滤料表面形成外壳，影响中和反应的进一步进行。

表 2-4　各种中和产物 20℃ 时在水中的溶解度

中和产物	硝酸钠	硝酸钙（水合物）	氯化钠	氯化钙	碳酸钠	碳酸钙	碳酸镁	硫酸钠（水合物）	硫酸钙	硫酸镁
溶解度/(g/L)	880	1293	380	745	215	难溶	难溶	194	2.03	355

酸性废水过滤中和常用的滤料有石灰石（$CaCO_3$）、大理石（$CaCO_3$）、白云石（$MgCO_3 \cdot CaCO_3$）等。表 2-4 为各种中和产物 20℃ 时在水中的溶解度。由表中数据可知，中和硝酸或盐酸时，所得的钙盐有较大的溶解度，因此可选用石灰石、大理石和白云石作中和滤料；而中和

碳酸时,一般不宜选用含钙或镁的中和剂,所以滤料中和过程不适于处理这类酸性废水;当中和硫酸时,若采用石灰石作滤料,允许的最大硫酸浓度可根据硫酸钙的溶解度计算得出,如超过此浓度就会生成硫酸钙外壳,使中和反应终止,此时可用中和后的出水回流稀释原水。若采用白云石作滤料时,由于镁的溶解度很大,产生的沉淀较少,因此废水含硫酸浓度可以适当提高,不过白云石的反应速率比石灰石慢,这影响了它的应用。

石灰石因其价格便宜、来源广泛,因此常用作酸性废水过滤中和的滤料。石灰石与酸的中和反应为

$$2H^+ + CaCO_3 \Longrightarrow H_2O + CO_2\uparrow + Ca^{2+} \tag{2-13}$$

由于中和盐酸生成的氯化钙($CaCl_2$)的溶解度高,石灰石可用于较高浓度盐酸废水的过滤中和。用石灰石中和硫酸时,由于石灰石与硫酸反应生成的石膏($CaSO_4$)溶解度很小(在20℃时只有1.6g/L),会包覆在石灰石颗粒的表面而阻碍中和反应的继续进行。为防止在滤料表面形成不溶性的硬壳,当采用石灰石中和硫酸废水时,可采取下列对策:

① 控制废水的硫酸浓度在最大允许浓度范围之内,理论上允许中和硫酸的浓度为$2\sim3$g/L。如果废水中含有的硫酸浓度超过最大允许值,可回流中和后的出水,用于稀释原水。

② 可采取机械措施防止石膏($CaSO_4$)沉积。

③ 当废水中硫酸浓度较高时,采用白云石作滤料要好于石灰石,因为用白云石作滤料与废水中的硫酸反应生成的硫酸镁易溶于水,而且生成的石膏也较少,仅为石灰石与硫酸反应时生成量的一半。但白云石的成本较高,反应速率较慢,因此水力停留时间较长。

过滤中和过程仅适用于酸性废水的中和处理。与石灰药剂过程相比,过滤中和过程具有操作方便、运行费用低及劳动条件好等优点,但不适于高浓度酸性废水的处理。

(2) 过滤中和设备

目前过滤中和过程设备主要有三种类型,即普通中和滤池(也称重力式中和滤池)、升流式膨胀中和滤池和滚筒式中和滤池。

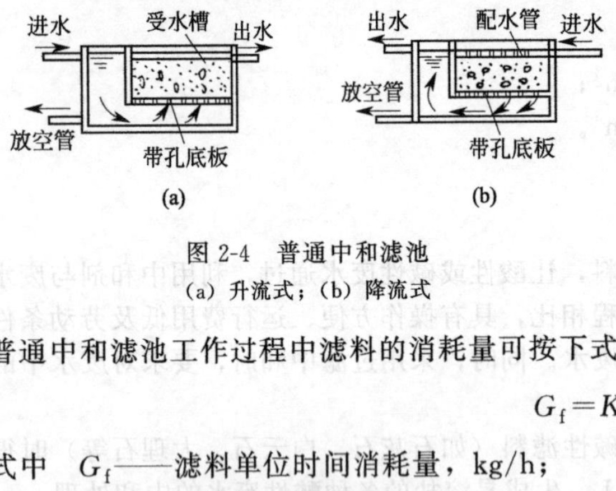

图 2-4 普通中和滤池
(a) 升流式;(b) 降流式

① 普通中和滤池 普通中和滤池为固定床式。按水流方向可分为平流式和竖流式两种。目前多用竖流式。竖流式又可分为升流式和降流式,如图 2-4 所示。

普通中和滤池的滤料粒径较大,一般为$30\sim80$mm,不能混有粉料杂质。当废水中含有可能堵塞滤料的杂质时,应进行预处理。

普通中和滤池工作过程中滤料的消耗量可按下式计算:

$$G_f = KQ\alpha c \tag{2-14}$$

式中 G_f——滤料单位时间消耗量,kg/h;

K——系数,一般取1.5;

Q——酸性废水的流量,m^3/h;

α——药剂比耗量,kg 滤料/kg 酸;

c——废水中酸的浓度,kg/m^3。

滤池的理论工作周期可按下式进行计算:

$$T = \frac{P}{G_f} \tag{2-15}$$

式中 T——滤池的理论工作周期,h;

P——滤料装载量,kg;

G_f——滤料单位时间消耗量,kg/h。

普通中和滤池的空塔滤速较低，一般小于 5m/h，当硫酸浓度较大时，易在颗粒表面结垢，且难清洗，将阻碍中和反应的进行，所以处理效果较差，现已很少采用。

② 升流式膨胀中和滤池 升流式膨胀中和滤池的构造如图 2-5 所示。工作时废水从滤池的底部进入，由下往上流经滤层，在 60～70m/h 的高流速的作用下，细粒径的滤料（0.3～3mm，平均 1.5mm）发生膨胀，滤料呈悬浮状态，因此即使是用石灰石中和硫酸废水，中和产生的硫酸钙和二氧化碳被高速水流带出池外，此外滤料的互相碰撞摩擦，也有利于生成的硫酸钙从滤料表面脱落，使中和过程不受阻碍。采用的滤料粒径较小，大大增加了表面积，因此中和时间也短了，有利于增加滤速。另外，滤床上部扩大，减小了废水流速，有利于细小滤料的沉降。

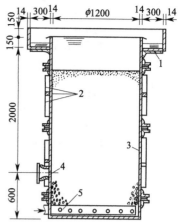

图 2-5 升流式膨胀中和滤池
1—排水槽；2—塑料板条加固；
3—硬聚氯乙烯板池壁；4—排渣孔；
5—空孔管 $DN50$，孔 $\phi12$

升流式膨胀中和滤池滤料层在运转初期采用 1m，滤料率采用 50%，滤池顶部的缓冲层采用 0.5～0.8m，滤池底部的卵石托层厚 0.15～0.2m，粒径为 20～40mm，底部配水采用大阻力穿孔管配水系统，以均匀布水，穿孔管孔径为 9～12mm。出水采用多环溢流堰，使出水均匀。滤料在中和过程中不断消耗，因此要不断补充，可采用间歇加料，也可采用连续加料。到一定时期后，废水出水水质呈酸性，pH<4.2 时，应将滤料倒床，更换新料。

升流式膨胀中和滤池又可分为恒滤速和变滤速两种。恒滤速升流式膨胀中和滤池内的操作流速保持恒定，操作管理较为方便，但缺点是下部大颗粒因不易膨胀而易结垢，上部的小颗粒易随水流失。为了使小粒径滤料不流失，并产生一定的涡流搅动，可将升流式膨胀中和滤池设计成变截面形式，上大下小，呈倒锥形，即为变滤速膨胀中和滤池。

③ 变速升流式膨胀中和滤池 图 2-6 所示为变速升流式膨胀中和滤池的构造示意图。由于中和滤池的直径下小上大，因此底部流速大，可使大颗粒滤料在高滤速（130～150m/h）条件下处于悬浮状态；上部流速小，保证未被作用的微小颗粒不流失。这样既可以避免产生的硫酸钙覆盖在滤料颗粒表面，又可以提高滤料的利用率，另外还可以提高进水的含酸量，而不产生堵塞现象。

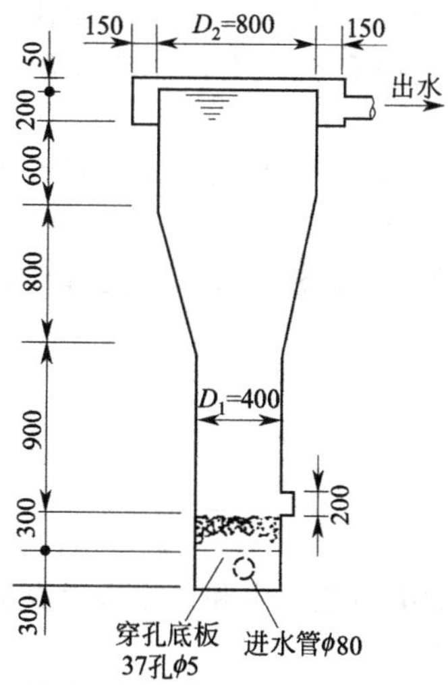

变速升流式膨胀中和滤池的底部进水区采用小阻力或大阻力配水系统，石灰石或白云石滤料的直径为 0.5～3mm，层厚为 1.0～1.2m，下部滤速为 60～70m/h，上部滤速为 15～18m/h，滤床的膨胀率为 12%～20%，水力损失为 1～1.5m。进水硫酸浓度 4g/L，出水 pH 值大于 4.5 时，白云石滤料的耗量为 1.2t/t 酸。中和滤池出水含有大量的 CO_2 气体，其 pH 值一般为 4.2～5.0。为使其 pH 值达到中性，必须进行二氧化碳的吹脱处理。吹脱后出水的 pH 值可至 6～6.5。表 2-5 为某厂升流式膨胀中和滤池的设计参数，可供参考。

图 2-6 变速升流式膨胀中和滤池

变速升流式膨胀中和滤池是目前使用最为广泛的过滤中和设备，其优点是：操作简单，处理费用低，出水稳定，工作环境好，沉渣远比石灰法少。缺点是：废水的硫酸浓度不能过高，需要定期倒床清除惰性残渣。另外，虽然变速升流式中和滤池处理废水的效果明显好于前两种，但其建造费用也较高。

表 2-5　某厂升流式膨胀中和滤池设计参数

名　称	参　数	规　格	材　料	说　明
滤池	直径/m	1.2	塑料	
	高度/m	2.9		
	垫层卵石直径/mm	20～50	卵石	
	垫层高度/mm	200		
	滤料粒径/mm	0.5～3	石灰石	
	滤料起始高度/mm	600		
	每次加料高度/mm	300		
	每次加料质量/kg	510		
	升流流速/(m/h)	60		实际运行滤速为 40～60m/h
	工作水头/m	>2.5		
布水管	干管直径/mm	150	塑料或不锈钢	大阻力布水系统
	支管直径/mm	50		
	支管对数	7		双排交错排列,45°朝下
	出水孔径/mm	9～12		
	出水孔孔距/mm	40		
环型集水槽	槽宽/m	0.3	塑料	
	槽深/m	0.4		
	直径/mm	200		
进水阀	直径/mm	200	衬胶	
反冲洗阀	直径/mm	100	衬胶	清水反冲洗

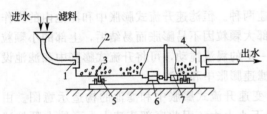

图 2-7　滚筒式中和滤池
1—进料口；2—滚筒；3—滤料；4—穿孔隔板；
5—支承轴；6—减速器；7—电机

④ 滚筒式中和滤池　滚筒式中和滤池的构造如图 2-7 所示。滚筒用钢板制成,内衬防腐层,壁上有挡板,卧置,长度为直径的 6～7 倍。运行时废水由滚筒的一端流入,由另一端流出。装在筒中的滤料体积占滚筒体积的一半,运行时随滚筒一起转动,使滤料相互碰撞,及时剥离由中和产物形成的覆盖层,可以加速中和反应速率。为避免中和剂流失,在滚筒出口处设有穿孔板。

滚筒式中和滤池的优点是能处理的废水含酸浓度可大大提高,尤其是能处理含硫酸浓度高的废水,而且中和剂也不必破碎到很小的粒径,因此可使用大粒径中和滤料。但它的构造较复杂,动力费用高;单位横截面积的处理负荷率低,约为 $36m^3/(m^2 \cdot h)$;运转时有噪声。

2.3　碱性废水的中和方法

对于碱性废水,最经济的方式是能直接利用酸性废水或废弃的酸液进行中和。如果没有酸性废水或废酸液可以利用时,一般可采用商品酸中和或废酸气中和。

商品酸处理碱性废水多采用无机酸,硫酸因其价格低廉,因此应用较广;盐酸的优点是反应产物溶解度大,泥渣少,但出水中的溶解固体物浓度高,在对溶解固体有严格要求时不宜采用。

目前碱性废水的处理最常用的是利用含工业酸性废气的烟道气进行中和。烟道气中含有 14%～24% 的二氧化碳,可以在中和过程中利用。采用烟道气中和碱性废水时,是将碱性废水作为湿法除尘器的喷淋水，当烟道气鼓泡通过碱性废液时，烟道气中所含的二氧化碳便形成碳酸，并与废水中的碱性物质发生中和反应。

　　利用烟道气中和碱性废水一般在喷淋塔中进行，如图 2-8 所示。喷淋塔可以是填料塔，也可用无填料塔，废水由塔顶布水器均匀喷出，烟道气则由塔底鼓入，两者在塔内逆流接触，完成中和过程，使碱性废水和烟道气都得到净化。也可将烟道气直接通入碱性废水池。烟道气中含有的二氧化碳（最高 14%）、二氧化硫、硫化氢等酸性组分可将废水中和至中性。此法的优点是把碱性废水的中和处理和废气的净化处理结合起来，处理成本低；缺点是沉渣量增大，处理后水中的悬浮物、硫化物、色度和 COD 均有较大增加，易引起二次污染，因此需进行补充处理后才能排放。

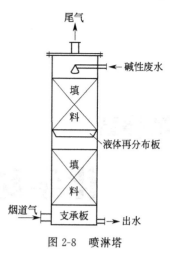

图 2-8　喷淋塔

参 考 文 献

[1]　唐受印，戴友芝 . 水处理工程师手册 ［M］. 北京：化学工业出版社，2001.
[2]　杨春晖，郭亚军主编 . 精细化工过程与设备 ［M］. 哈尔滨：哈尔滨工业大学出版社，2002.
[3]　廖传华，顾国亮，袁连山 . 工业化学过程与计算 ［M］. 北京：化学工业出版社，2005.
[4]　王郁，林逢凯 . 水污染控制工程 ［M］. 北京：化学工业出版社，2008.
[5]　张晓键，黄霞 . 水与废水物化处理的原理与工艺 ［M］. 北京：清华大学出版社，2011.

第3章

化学混凝

天然水体和废水中含有各种各样的杂质，如天然水体中含有大量细小的黏土颗粒，废水中含有的藻类、细菌、细小的颗粒物等，这些杂质按其尺寸可分为三类：悬浮颗粒（>0.1μm）、胶体（0.001~0.1μm）以及分子和离子（<1nm）。对于其中大部分密度比水大的悬浮颗粒杂质，可采用重力沉淀或离心沉淀的方法将其与水分离，但其中的胶体和部分细小悬浮物则不易沉降或上浮，这是因为细小颗粒受到双电层、表面活性剂等因素的保护，使其不易凝聚成大颗粒，这时可采用混凝沉降的办法进行处理。

混凝沉降法是工业废水处理中一种常用的方法，混凝的目的是通过向废水中投加某种化学药剂（常称之为混凝剂），使废水中利用自然沉淀法难以除去的细小的胶体状悬浮颗粒或乳状污染物质失去稳定后，由于互相碰撞以及集聚或聚合、搭接而形成较大的颗粒或絮状物，从而更易于自然下沉或上浮而被除去。混凝法处理的对象是废水中利用自然沉淀法难以除去的细小悬浮物及胶体微粒，可以用来降低废水的浊度和色度，去除多种高分子有机物、某些重金属毒物和放射性物质。此外，混凝法还可以改善污泥的脱水性能，所以它既可以作为独立的处理方法，又可以和其他处理方法结合起来一起使用，在工业废水处理中得到了广泛应用。

混凝法的优点是设备简单，操作易于掌握，处理效果好，间歇或连续运行均可。缺点是运行费用高，沉渣量大，且脱水困难。

混凝过程涉及三个方面的问题：水中胶体（包括微小悬浮物）的性质、混凝剂在水中的水解反应以及胶体颗粒与混凝剂之间的相互作用。

3.1 胶体的特性与结构

3.1.1 胶体的特性

胶体的特性包括光学性质、力学性质、表面性质和电学性质。

（1）光学性质

胶体颗粒的尺寸微小，它往往由多个分子或一个大分子组成，能够透过普通滤纸，在水溶液中能引起光的反射。

（2）力学性质

胶体的力学性质主要是指胶体的布朗运动。布朗运动是用超显微镜观测到的胶体颗粒所做的不规则的运动。这是由于处于热运动状态的水分子不断运动，并撞击这些胶体颗粒而引发的。布朗运动的强弱与颗粒的大小有关，如颗粒大，则周围受水分子的撞击瞬间可达几万甚至几百万次，结果各方向的撞击可以平衡抵消，并且颗粒本身的质量较大，受重力作用后能自然下沉；当颗粒较小时，来自周围水分子的撞击在瞬间不能完全抵消，粒子就朝合力方向不断改变位置，而产生布朗运动。胶体颗粒的布朗运动是胶体颗粒不能自然沉淀的一个原因。

（3）表面性质

由于胶体颗粒微小，比表面积大，因此具有巨大的表面自由能，从而使胶体颗粒具有特殊的吸附能力和溶解能力。

（4）电学性质

胶体的电学性质是指胶体在电场中产生的电动现象，包括电泳和电渗。二者都是由于外加电势差的作用引起的胶体溶液体系中固相与液相间产生的相对移动。

电泳现象是指将胶体溶液置于电场中，胶体微粒向某一个电极方向移动的现象。如图 3-1 所示，在一个 U 形立式管中放入一种胶体，在两端插上电极通电后，即可看到胶体微粒逐渐向某一电极移动。电泳现象说明胶体微粒是带电的，其移动方向与电荷的正负有关。当胶体微粒向阴极移动时，说明胶体微粒带正电，如氢氧化铝胶体；相反，如向阳极移动，则说明胶体微粒带负电，如黏土、细菌或蛋白质等胶体。胶体微粒带电是保持其稳定性的重要原因之一。由于胶体微粒的带电性，当它们相互靠近时，就会产生排斥力，因此使它们不能聚合。

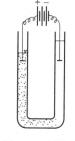

图 3-1　电泳现象示意图

在电泳现象发生的同时，也可以认为一部分液体渗透过了胶体微粒间的孔隙而移向相反的电极。在图 3-1 中，胶体微粒在阳极附近浓缩的同时，阴极处的液面升高，这种液体在电场中透过多孔性固体的现象称为电渗。

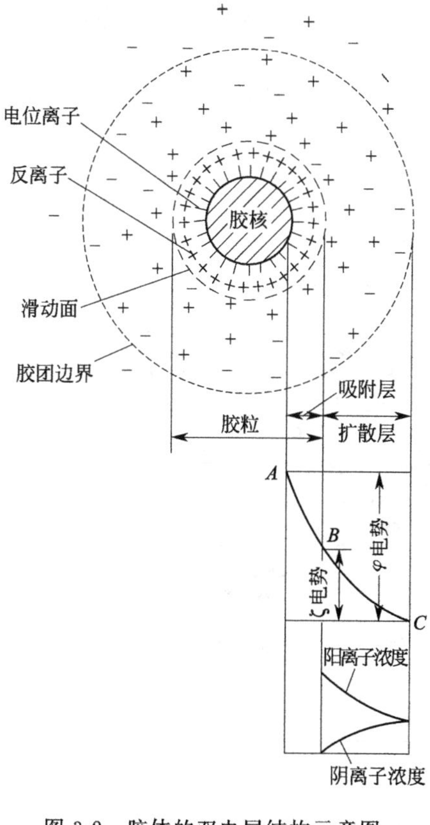

3.1.2　胶体的结构

（1）胶体的双电层结构

图 3-2 所示是胶体的双电层结构示意图。粒子的中心是胶核，由数百及至数千个分散相固体物质分子组成。在胶核表面吸附了某种离子（电势形成离子）而带有电荷。由于静电引力的作用，势必吸引溶液中的异性离子（反离子）到微粒周围。这些异性离子同时受到两种力的作用：一种是微粒表面电势形成离子的静电引力，吸引异性离子贴近微粒；另一种是异性离子本身热运动的扩散作用及液体对这些异性离子的溶剂化作用力，它们使异性离子均匀散布到液相中去。这两种力综合的结果，使得靠近胶体微粒表面处这些异性离子的浓度大，而随着与胶体微粒表面距离的增加，浓度逐渐减小，直至等于溶液中离子的平均浓度。电势形成的离子层和反离子层构成了胶体的双电层结构。废水中的胶体微粒质量轻、直径小，在胶体微粒外面吸附着阴、阳离子层，称之为双电层。由于胶体微粒本身带电，同类胶体微粒因带有同类电荷，相互排斥，不能结合成较大的颗粒而下沉。另外，许

图中标注：电位离子、反离子、滑动面、胶团边界、胶核、吸附层、扩散层、胶粒、φ 电势、ζ 电势、阳离子浓度、阴离子浓度、A、B、C

图 3-2　胶体的双电层结构示意图

多水分子被吸附在胶体微粒的周围形成氧化膜，阻碍了胶体微粒与带相反电荷的粒子结合，妨碍了颗粒之间接触并下沉。这一特性称为胶体的稳定性。因此，废水中的细小悬浮物和胶体微粒不易下沉，总保持着分散和稳定的状态。要使胶体微粒下沉，就必须破坏胶体的稳定性，即脱稳定作用。

胶体微粒表面吸附了电势形成的离子和部分反离子，这部分反离子紧附在胶体微粒表面随其移动，称为束缚离子，组成吸附层。吸附层只有几个离子的大小，约一个分子的尺寸。其他反离子由于热运动和液体溶剂化作用而向外扩散时，与固体表面脱开而与液体一起运动，它们包围着吸附层形成扩散层，称为自由反离子。

由于扩散层中的反离子与胶体微粒所吸附的离子间的吸附力很弱，所以微粒运动时，扩散层中大部分离子脱开微粒，这个脱开的界面称为滑动面。最紧的滑动面就是吸附层边界，一般情况下，滑动面在吸附层边界外，但在胶体化学中常将吸附层边界当做滑动面。

通常将胶核与吸附层合在一起称胶粒，胶粒再与扩散层组成胶团（即胶体粒子）。胶团的结构如图 3-3 所示。

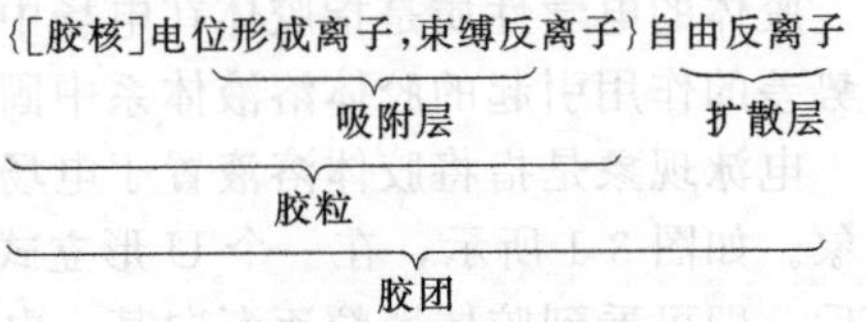

$$\overbrace{\underbrace{[胶核]}\underbrace{电位形成离子,束缚反离子}_{吸附层}}^{胶粒}\underbrace{自由反离子}_{扩散层}$$

$$\underbrace{\qquad\qquad\qquad\qquad\qquad\qquad\qquad}_{胶团}$$

图 3-3 胶团的结构

由于胶核表面吸附的离子总比吸附层里的反离子多，所以胶粒是带电的，而胶团是电中性的。胶核表面上的离子和反离子之间形成的电势称总电势，即 φ 电势。而胶核在滑动时所具有的电势（在滑动面上）称为 ζ 电势（在水处理领域，习惯称 ζ 电位）。总电势 φ 对于某类胶体而言是固定不变的，它无法测出，也没有实用意义。而 ζ 电势可以通过电泳或电渗的速度计算出来，它随温度、pH 值及溶液中反离子浓度等外部条件而变化，在水处理研究中 ζ 电势具有重要的意义。

天然水中的胶体杂质通常是负电荷胶体，如黏土、细菌、病毒、藻类、腐殖质等。黏土胶体的 ζ 电势一般为 $-15\sim-40\mathrm{mV}$；细菌的 ζ 电势在 $-30\sim-70\mathrm{mV}$；藻类的 ζ 电势在 $-10\sim-15\mathrm{mV}$ 范围内。

图 3-4 绘出了一个想象中的天然水中的黏土胶团组成。图中胶核的尺寸大大地缩小了，吸

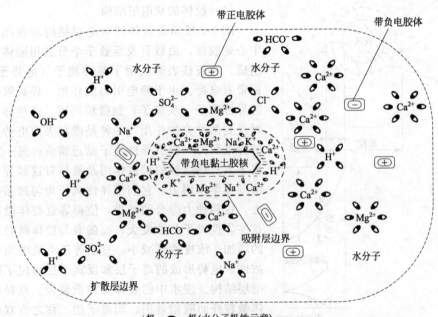

图 3-4 天然水中的黏土胶团组成

附层与扩散层的厚度也不成比例，只是示意。黏土的主要成分是 SiO_2，所以黏土微粒带负电荷。由于胶粒带负电，所以必然在其外围吸引了许多带正电的离子，而这些离子可能是水中常见的 Ca^{2+}、Mg^{2+}、Na^+、K^+ 等。在吸附层中，可能还有一层水分子，吸附层的厚度很薄，大约只有 $2\sim3\text{Å}$（$1\text{Å}=0.1\text{nm}$）。在扩散层中不仅有正离子及正离子周围的水分子，而且还可能有比胶核更小的带正电荷的胶粒。扩散层比吸附层厚得多，有时可能是吸附层的几百倍厚，并随离子种类和浓度、水温、pH 等因素而异。扩散层厚度约为胶核的 $1/100\sim1/10$。

（2）憎水胶体与亲水胶体

凡是在吸附层中离子直接与胶核接触，水分子不直接接触胶核的胶体称为憎水胶体。一般无机物的胶体颗粒，如氢氧化铝、二氧化硅等都属于此类。

凡胶体微粒直接吸附水分子的称为亲水胶体。亲水胶体的颗粒绝大多数都是相对分子质量很大的高分子化合物或高聚合物，它们的相对分子质量从几万到几十万，甚至达几百万。一个有机物高分子往往就是一个胶体颗粒，它们的分子结构具有复杂的形式，如线形、平面形、立体形等。亲水胶体直接吸附水分子是由于颗粒表面存在某些极性基团（如 $-OH$、$-COOH$、$-NH_2$ 等）而引起的。这些基团的电荷分布都是不均匀的，在一端带有较多的正电荷或负电荷，所以称极性基团。极性基团能吸引许多极性分子。以蛋白质为例，蛋白质的相对分子质量可达 $10000\sim300000$ 以上，它的一个分子就相当于一个胶体微粒。蛋白质分子上有许多 $-COOH$ 与 $-NH_2$ 的极性基团，由于溶解和吸附的作用也能产生带负电的 $-COO^-$ 的部位和带正电的 $-NH_3^+$ 的部位，同样会吸引很多水分子，使蛋白质外围包上一层水壳。这层水壳则与蛋白质胶核组成蛋白质胶团，随胶体微粒一起移动，滑动面就是水壳的表面。蛋白质分子上带负电部位与带正电部分数目代数和的数值决定了胶体的带电符号，在一般 pH 值范围内，负电荷的数目多，所以蛋白质是带有负电荷的胶体。

由上所述，憎水胶体具有双电层，亲水胶体则有一层水壳。双电层和水壳都有一个厚度，这个厚度是决定胶体是否稳定的主要因素。

3.1.3 胶体的稳定性

所谓"胶体的稳定性"，是指胶体颗粒在水中长期保持分散悬浮状态的特性。从胶体化学的角度而言，胶体溶液并非真正的稳定系统，但从水处理工程的角度而言，由于胶体颗粒和微小悬浮物的沉降速率十分缓慢，因而均被认为是"稳定"的。例如，粒径为 $1\mu m$ 的黏土颗粒，沉降 10cm 约需 20h 之久，在停留时间有限的水处理构筑物中是不可能沉降下来的，因此它们的沉降性可以忽略不计。

胶体的稳定性与"动力学稳定性"和"聚集稳定性"两个方面有关。

（1）动力学稳定性

动力学稳定性是指胶体颗粒的布朗运动对抗重力影响的能力。大颗粒悬浮物如泥砂等，在水中的布朗运动很微弱甚至不存在，因此在重力作用下很快会下沉，这种大颗粒的动力学不稳定。而胶体颗粒很小，布朗运动剧烈，同时由于本身质量小，所受重力作用小，布朗运动足以抵抗重力影响，因此能长期悬浮在水中，这种胶体颗粒动力学稳定。颗粒越小，动力学稳定性越高。

（2）聚集稳定性

聚集稳定性是指胶体颗粒之间不能相互聚集的特性。胶体颗粒很小，具有巨大的表面自由能，有较大的吸附能力，又具有布朗运动的特性，似乎颗粒间有相互碰撞的机会，可黏附聚合成大的颗粒，然后受重力作用而下沉。但由于胶体粒子表面同性电荷的静电斥力作用或水化膜的阻碍作用，这种自发聚集不能发生。对于憎水胶体而言，聚集稳定性主要取决于胶体颗粒表面的电动势，即电势。电势越高，同性电荷斥力越大，聚集稳定性就越高。因此，如果胶体颗粒的表面电荷或水化膜消除，便会失去聚集稳定性，小颗粒便可相互聚集成大的颗粒，从而动力学稳定性也就随之破坏，沉淀就会发生。因此，胶体稳定性的关键在于聚集稳定性。

3.1.4 胶体的凝聚

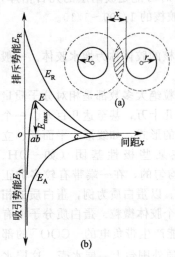

图 3-5 两胶体之间的
作用关系示意图

憎水胶体的稳定性可以从两个胶体粒子之间的相互作用力及其与两胶体粒子之间的距离关系来进行评价。德加根（Derjaguin）、兰道（Landon）、伏维（Verwey）和奥贝克（Overbeek）各自从胶体粒子之间的相互作用能的角度阐明了胶体粒子相互作用理论，简称理论DLVO。该理论认为，当两个胶体粒子相互接近以至双电层发生重叠时，便产生静电斥力。该静电斥力与两个胶体粒子之间的距离 x 有关，用排斥势能 E_R 表示。该排斥势能随 x 增大而按指数关系减少，如图 3-5 所示。胶体粒子间的距离越小，这种排斥力就越大。另外，两个胶体粒子间除存在静电斥力外，还存在范德华引力，用吸引势能 E_A 表示。吸引势能与两个胶体粒子之间距离的 6 次方成反比。将排斥势能 E_R 和吸引势能 E_A 相加即为总势能 E。相互接近的两个胶体粒子能否凝聚，取决于总势能 E 的大小。

由图 3-5 可以看出，总势能随胶体粒子间的距离而变化。当两胶体粒子间的距离很近，即 $x<oa$ 时，吸引势能 E_A 占优势，两个颗粒可以相互吸引，胶体失去稳定性。当胶体粒子间的距离较远，如当 $oa<x<oc$ 时，排斥势能 E_R 占优势，两个颗粒总是处在相斥状态。对于憎水性胶体颗粒而言，相碰时它们的胶核表面间隔着两个滑动面内的离子层厚度，使颗粒总处于相斥状态，这就是憎水胶体保持稳定性的根源。亲水胶体颗粒也是因为所吸附的大量分子构成的水壳，使它们不能靠近而保持稳定。当 $x=ob$ 时，排斥势能最大，称排斥能峰，用 E_{max} 表示。一般情况下，胶体颗粒布朗运动的动能不足以克服这个排斥能峰，所以胶体粒子不能聚合。

从图 3-5 还可以看出，当 $x>oc$ 时，两个胶体粒子表现出相互吸引的趋势，可以发生远距离的相互吸引。但由于存在排斥能峰这一屏障，两个胶体粒子仍无法靠近。只有当 $x<oa$ 时，吸引势能随间距急剧增大，凝聚才会发生。

胶体的聚集稳定性并非都是由静电斥力引起的。胶体表面的水化作用往往也是重要的因素。某些胶体（如黏土胶体）的水化作用一般是由胶粒表面电荷引起的，且水化作用较弱，因而这些胶体的水化作用对聚集稳定性影响不大。但对亲水性胶体而言，水化作用是胶体聚集稳定性的主要原因。它们的水化作用主要来源于粒子表面极性基团对水分子的强烈吸附，使粒子周围包裹一层较厚的水化膜，这层水化膜阻碍了胶体粒子的相互靠近，因而使范德华引力不能发挥作用。实践证明，虽然亲水胶体也存在双电层结构，但电势对胶体稳定性的影响远小于水化膜的影响。因此，亲水胶体的稳定性尚不能用 DLVO 理论予以描述。

3.2 水的混凝过程

3.2.1 混凝过程

在水处理中，"混凝"的工艺过程分为"凝聚"与"絮凝"两个过程，对应的工艺或设备称为"混合"与"反应"。

（1）凝聚

在水处理工艺中，凝聚主要是指加入混凝剂后的化学反应过程（胶体的脱稳）和初步的絮凝过程。在凝聚过程中，向水中加入的混凝剂发生了水解和聚合反应，产生带正电的水解与高价聚合离子和带正电的氢氧化铝或氢氧化铁胶体，它们会对水中的胶体产生压缩双电层、吸附电中和的作用，使水中黏土胶体的电动电位下降，胶体脱稳，并开始生成细小的矾花（通常小于 $5\mu m$）。

凝聚过程要求对水进行快速搅拌，以使水解反应迅速进行，并使反应产物与胶体颗粒充分接触。此时因生成的矾花颗粒尺度很小，颗粒间的碰撞主要为异向碰撞。凝聚过程需要的时间较短，一般在 2min 内就可完成。

进行凝聚过程的设备称为混合池或混合器。

（2）絮凝

絮凝是指细小矾花逐渐长大的物理过程。在絮凝过程中，通过吸附电中和、吸附架桥、沉淀物的网捕等作用，细小的矾花相互碰撞凝聚逐渐长大，最后可以长大到 0.6～1mm，这些大矾花颗粒具有明显的沉速，可在后续的沉淀池中被有效去除。

因在絮凝过程中颗粒的尺度较大，颗粒间的碰撞主要为同向絮凝。絮凝过程要求对水体的搅拌强度适当，并随着矾花颗粒的长大，搅拌强度应从大到小。如搅拌强度过大，则矾花会因水的剪力而破碎。絮凝过程需要的时间较长，一般为 10～30min。

进行絮凝过程的设备称为反应池、絮凝池或絮凝反应池。

3.2.2 混凝剂

混凝剂种类很多，按化学成分可分为无机和有机两大类。无机混凝剂品种较少，主要是铁盐、铝盐及其聚合物，在水处理中应用最为广泛。有机混凝剂品种很多，主要是高分子物质，但在水处理中的应用比无机的少。在全国混凝剂销售中，传统无机混凝剂占 20%，无机高分子混凝剂占 70%，有机高分子混凝剂约占 10%。

3.2.2.1 无机混凝剂

能够使水中的胶体微粒相互凝聚的物质称为混凝剂。它主要用来除去废水中的细小微粒，具有破坏胶体稳定性和促进胶体絮凝的功能。混凝剂一般可分为无机和有机两大类，如表 3-1 所示。

表 3-1 混凝剂分类

分类			混 凝 剂
无机类	低分子	无机盐类	铝系：硫酸铝$[Al_2(SO_4)_3 \cdot 18H_2O]$、聚合硫酸铝$\{PAS:[Al_2(OH)_n(SO_4)_{3-n/2}]_m\}$、聚合氯化铝$\{PAC:[Al_2(OH)_nCl_{6-n}]_m\}$、明矾$[Al_2(SO_4)_3 \cdot K_2SO_4 \cdot 24H_2O]$
			铁系：三氯化铁$(FeCl_3 \cdot 6H_2O)$、硫酸铁$[Fe_2(SO_4)_3]$、硫酸亚铁$(FeSO_4 \cdot 7H_2O)$、聚合硫酸铁$\{[Fe(OH)_n(SO_4)_{3-n/2}]_m\}$、聚合氯化铁$\{[Fe(OH)_nCl_{6-n}]_m\}$
			无机复合：聚合硫酸铝铁（PFAS）、聚合氯化铝铁（PFAC）、聚合铝硅（PASi）、聚合硫酸氯化铁（PFSC）、聚合铁硅（PFSi）、聚合硅酸铝（PSA）、聚合硅酸铁（PSF）
			无机-有机复合：聚合铝/铁-聚丙烯酰胺、聚合铝/铁-天然有机高分子、聚合铝/铁-甲壳素、聚合铝/铁-其他合成有机高分子
		酸、碱类金属电解物	碳酸钠、氢氧化钠、氧化钙、硫酸、盐酸、氢氧化铝、氢氧化铁
	高分子	阴离子型	活性硅酸
		阳离子型	聚合硫酸铝、聚合氯化铝

分　类		混 凝 剂
表面活性剂	阴离子型	月桂酸钠、硬脂酸钠、油酸钠、松酸钠、十二烷基磺酸钠
	阳离子型	十二烷基酸乙酸、十八烷基胺乙酸、松香胺乙酸、烷基三甲基、氯化铵、十八烷基二甲基二苯乙二酮
有机类　低聚合度高分子	阴离子型	藻蛋白酸钠、羧甲基纤维钠盐
	阳离子型	水溶性苯胺树脂盐酸盐、聚乙烯亚胺
	非离子型	淀粉、水溶性脲醛树脂
	两性型	动物胶、蛋白质
高聚合度高分子	阴离子型	聚丙烯酸钠、聚丙烯酰胺、马来酸共聚物
	阳离子型	聚乙烯吡啶盐、乙烯吡啶共聚物
	非离子型	聚丙烯酰胺、聚氧化乙烯

（1）铝盐

① 硫酸铝　硫酸铝有固、液两种形态，固体产品为白色、淡绿色或淡黄色片状或块状，液体产品为无色透明至淡绿或淡黄色，常用的是固态硫酸铝。硫酸铝按用途分为两类：Ⅰ类适用于饮用水的处理；Ⅱ类适用于工业用水、废水和污水的处理。固态硫酸铝Ⅰ类和Ⅱ类产品的 Al_2O_3 含量均不小于 15.6%，不溶物含量不大于 0.15%，铁含量不大于 0.5%。硫酸铝Ⅰ类产品对铅、砷、汞、铬和镉的含量还有相应的规定。

硫酸铝使用方便，混凝效果较好，但当水温低时硫酸铝水解困难，形成的絮体较松散。硫酸铝可干式或湿式投加。湿式投加时一般采用 10%～20% 的浓度。硫酸铝使用时的有效 pH 范围较窄，约在 5.5～8 之间。

② 聚合铝　聚合铝包括聚合氯化铝（PAC）（在水处理剂的相关国家标准中，2003 年以后"聚合氯化铝"更名为"聚氯化铝"）和聚合硫酸铝（PAS）等。目前使用最多的是聚合氯化铝。20 世纪 60 年代，日本开始研制聚合氯化铝。我国于 20 世纪 70 年代开始研制，目前已得到广泛应用。

聚合氯化铝的化学式表示为 $[Al_2(OH)_nCl_{6-n}]_m$，式中 $0 < m < 3n$。从安全考虑，产品标准对生活饮用水用聚合氯化铝原料做了限制。产品分为固体和液体两种，其中有效成分以氯化铝的质量分数表示，用于生活饮用水的，液体产品中的含量不小于 10%，固体产品中的含量不小于 29%；用于工业给水、废水和污水及污泥处理的，液体产品中的含量不小于 6%，固体产品中的含量不小于 28%。

PAC 作为混凝剂用于处理水时具有下列优点：适用范围广，对污染严重或低浊度、高浊度、高色度的原水均可达到较好的混凝效果；水温低时，仍可保持稳定的混凝效果；适宜的 pH 值较高，一般在 5～9 之间；矾花形成快，颗粒大而重，沉淀性能好，投药量比硫酸铝低。

PAC 的作用机理与硫酸铝相似，但它的效能优于硫酸铝。实际上，聚合氯化铝可看成是氯化铝在一定条件下经水解、聚合后的产物。一般铝盐在投入水中后才进行水解聚合反应，因此反应产物的形态受水的 pH 值及铝盐浓度的影响，而聚合氯化铝在投入水中前的制备阶段既已发生水解聚合，投入水中后也可能发生新的变化，但聚合物成分基本确定。其成分主要决定于羟基（OH）和铝（Al）的物质的量之比，通常称为盐基度，以 B 表示：

$$B = \frac{[OH]}{3[Al]} \times 100\% \tag{3-1}$$

盐基度对混凝效果有很大的影响。用于生活饮用水净化的聚合氯化铝的盐基度一般为 40%～90%；用于工业给水、废水和污水及污泥处理的聚合氯化铝的盐基度一般为 30%～95%。

PAS 也是聚合铝类混凝剂之一。PAS 中的硫酸根离子具有类似羟基的架桥作用，促进铝盐的水解聚合反应。

（2）铁盐

① 三氯化铁 三氯化铁（$FeCl_3 \cdot 6H_2O$）是铁盐混凝剂中最常用的一种。和铝盐相似，三氯化铁溶于水后，铁离子（Fe^{3+}）通过水解聚合可形成多种成分的配合物或聚合物，其混凝机理也与铝盐相似，但混凝特性与铝盐略有区别。一般地，铁盐适用的 pH 值范围较宽，在 5～11 之间；形成的絮凝体比铝盐絮凝体密实，沉淀性能好；处理低温或低浊水的效果比铝盐效果好。但其缺点是溶液具有较强的腐蚀性，固体产品易吸水潮解，不易保存，处理后的水的色度比用铝盐的高。

三氯化铁有固体和液体两种形态。三氯化铁按用途分为两大类：Ⅰ类，饮用水处理用；Ⅱ类，工业用水、废水和污水处理用。固体三氯化铁Ⅰ类和Ⅱ类产品中 $FeCl_3$ 的含量分别达 96%和 93%以上，不溶物含量分别小于 1.5%和 3%。液体三氯化铁的Ⅰ类和Ⅱ类产品中 $FeCl_3$ 的含量分别为 41%和 38%以上，不溶物含量小于 0.5%。

② 硫酸亚铁 硫酸亚铁（$FeSO_4 \cdot 7H_2O$）是半透明绿色结晶体，俗称绿矾，易溶于水。硫酸亚铁在水中离解出的 Fe^{2+} 只能生成简单的单核络合物，因此不具有 Fe^{3+} 的优良混凝效果。残留于水中的 Fe^{2+} 会使处理后的水带色，特别是与水中有色胶体作用后，将生成颜色更深的不易沉淀的物质。因此采用硫酸亚铁作混凝剂时，应先将 Fe^{2+} 氧化成 Fe^{3+} 后使用。氧化方法有空气氧化、氯氧化等方法。

当水的 pH 值大于 8.0 时，加入的 Fe^{2+} 易被水中的溶解氧氧化成 Fe^{3+}：

$$4Fe(OH)_2 + 2H_2O + O_2 = 4Fe(OH)_3 \tag{3-2}$$

当水的 pH 值小于 8.0 时，可通过加入石灰去除水中的 CO_2：

$$Ca(OH)_2 + CO_2 = CaCO_3 + H_2O \tag{3-3}$$

当水中没有足够的溶解氧时，可加氯或漂白粉予以氧化：

$$6FeSO_4 \cdot 7H_2O + 3Cl_2 = 2Fe_2(SO_4)_3 + 2FeCl_3 + 7H_2O \tag{3-4}$$

理论上，1mg/L $FeSO_4$ 需加氯 0.234mg/L。

③ 聚合铁 聚合铁包括聚合硫酸铁（PFS）和聚合氯化铁（PFC）。

聚合硫酸铁是碱式硫酸铁的聚合物，其化学式为 $[Fe(OH)_n(SO_4)_{3-n/2}]_m$，其中 $n<2$，$m>10$。聚合硫酸铁有液、固两种形态，液体呈红褐色，固体呈淡黄色。制备聚合硫酸铁的方法有好几种，但目前基本上都是以硫酸亚铁为原料，采用不同的氧化方法将硫酸亚铁氧化成硫酸铁，同时控制总硫酸根和总铁的物质的量之比，使氧化过程中部分羟基（OH）取代部分硫酸根而形成碱式硫酸铁 $Fe(OH)_n(SO_4)_{3-n/2}$。碱式硫酸铁易于聚合而产生聚合硫酸铁。聚合硫酸铁的盐度需要控制在较低范围内，一般 [OH]/[Fe] 控制在 8%～16%。

聚合硫酸铁具有优良的混凝效果，其腐蚀性远小于三氯化铁。

聚合氯化铁的研制始于 20 世纪 80 年代的日本。试验表明，聚合氯化铁的混凝效果一般高于聚合硫酸铁，但由于聚合氯化铁产品稳定性较差，在聚合后几小时至一周内即会发生沉淀，从而使混凝效果降低。

无机混凝剂除了上述常用的铝盐、铁盐混凝剂外，还有镁盐混凝剂，如硫酸镁、碳酸镁等，其特点是形成的絮凝体大且重，易沉淀，而且可以重复利用。但因其价格昂贵，国内很少采用。

（3）其他无机聚合物/复合物

目前，新型无机混凝剂的研究趋向于聚合物及复合物，如铁-铝、铁-硅、铝-硅复合物。此外，无机与有机复合物的研制也成为热点课题。与传统混凝剂相比，这些无机聚合物及无机与有机复合物混凝剂的优点可概括为：

① 对于低浊水、高浊水、有色水、严重污染水、工业废水等都有十分优良的混凝效果；

② 投加量少；

③ 投加后原水 pH 值和碱度降低程度低，药剂的腐蚀性减弱；

④ 适且 pH 范围较宽；

⑤ 混凝效果稳定，适应各种条件的能力强。

3.2.2.2 有机高分子混凝剂

有机高分子混凝剂又分为天然和人工合成两类。天然有机高分子混凝剂有淀粉、蛋白质、纤维素、木刨花、动物胶、树胶、甲壳素等，它们都具有混凝或助凝作用。在水处理中，人工合成的有机高分子混凝剂种类日益增多并居主要地位。有机高分子混凝剂一般都是线性高分子聚合物，分子呈链状，并由许多链节组成，每一链节为一化学单体，各单体以共价键结合。聚合物的相对分子质量为各单体的相对分子质量的总和，单体的总数称为聚合度。高分子混凝剂的聚合度即链节数，约为 1000~5000，低聚合度的相对分子质量从一千至几万，高聚合度的相对分子质量从几千至几百万。

按高分子聚合物中含有的官能团的带电与离解情况，可分为以下四种：官能团离解后带正电的称为阳离子型高分子混凝剂；官能团离解后带负电的称为阴离子型；分子中既含正电基团又含负电基团的称为两性型；分子中不含离解基团的称为非离子型。水处理中常用的是阳离子型、阴离子型，两性型使用极少。

高分子混凝剂中使用最多的是聚丙烯酰胺（PAM，包括其水解产品）和聚氧化乙烯（PEO），它们是非离子型聚合物，其絮凝效果比无机絮凝剂好几十倍。其次还有阴离子型的高分子混凝剂如聚丙烯酸（PAA）、水解聚丙烯酰胺（HPAM）、聚磺基苯乙烯和阳离子型的高分子混凝剂如丁基溴聚乙烯吡啶、聚二丙烯二甲基胺等。

聚丙烯酰胺的聚合度可达 20000~90000，相对分子质量可高达 150 万~600 万。作为絮凝剂使用的聚丙烯酰胺，相对分子质量最好在 500 万左右。高分子混凝剂的混凝效果主要在于对胶体表面具有强烈的吸附作用，在胶体粒子之间起到吸附架桥作用。为了使高分子混凝剂能更好地发挥吸附架桥作用，应尽可能使高分子的链条在水中伸展开。为此，通常将聚丙烯酰胺在碱性条件下（pH＞10）使其部分水解，生成阴离子型水解聚合物（HPAM）：

$$-(CH_2-CH)_n- +mH_2O \xrightarrow{NaOH} -(CH_2-CH)_{n-m}-(CH_2-CH)_m- +mNH_3$$
$$\quad\quad |\quad\quad\quad\quad\quad\quad\quad\quad\quad\quad\quad\quad |\quad\quad\quad\quad\quad |$$
$$\quad CONH_2 \quad\quad\quad\quad\quad\quad\quad\quad\quad\quad\quad CONH_2 \quad COO^-$$

聚丙烯酰胺经部分水解后，部分酰胺基转化为羧酸基，带负电荷，在静电斥力作用下，高分子链条得以在水中充分伸展开来。由酰胺基转化成羧酸基的百分数称为水解度。水解度过高或过低都不利于获得良好的混凝效果，一般水解度控制在 30%~40%。通常将无机絮凝剂和有机絮凝剂配合使用，效果会更好。如将聚丙烯酰胺作为助凝剂配合铝盐或铁盐混凝剂使用，效果会更显著。使用时一般分别溶解，先后加药。当处理颗粒直径在 50μm 以下时，一般先加入无机絮凝剂，再加入有机絮凝剂；当处理颗粒直径在 50μm 以上时，则应先加入聚丙烯酰胺，再加入无机絮凝剂。若将无机、有机两种絮凝剂先混合再处理，一般来说混凝效果较差。

阳离子型聚合物通常带有氨基（—NH₃⁺）、亚氨基（—CH₃—NH₂⁺—CH₂—）等基团。由于水中的胶体一般带负电荷，因此阳离子型聚合物具有优良的混凝效果。阳离子型高分子混凝剂在国外的使用有日益增多的趋势，在我国也开始研制，但由于价格较昂贵，实际使用还较少。

有机高分子混凝剂使用中的毒性问题始终为人们关注。聚丙烯酰胺是由丙烯酰胺聚合而成的，在产品中含有少量未聚合的丙烯酰胺。丙烯酰胺对人体有危害，属于可能对人体有致癌性的物质，国外对饮用水中的丙烯酰胺设立了严格要求。《世界卫生组织饮用水水质准则》（第 3 版）和我国现行《生活饮用水卫生标准》（GB 5749—2006）对其的浓度限值是 0.5μg/L。对于聚丙烯酰胺产品，我国现行国家标准《水处理剂——聚丙烯酰胺》（GB 17514—2008）规定，饮用水处理中所用的聚丙烯酰胺产品中丙烯酰胺单体的残留量不大于 0.025%，用于污水处理的不大于 0.05%。

3.2.3 助凝剂

在废水处理中，只使用一种混凝剂往往不能取得良好的效果，因此在投加混凝剂的同时，还要加入一些辅助药剂以强化或改善混凝剂的作用效果，这些辅助药剂就称为助凝剂。助凝剂本身可以起混凝作用，也可不起混凝作用，但与混凝剂一起使用时，能促进混凝过程，产生大而结实的矾花，增加絮凝体的密实性与沉降性，使污泥具有较好的脱水性，或者用于调整 pH值，破坏对混凝物质有干扰作用的物质。

按照功能，助凝剂一般可分为以下三大类。

（1）酸碱类

当处理的水的 pH 值不符合工艺要求时，常需投加酸碱，如石灰、氢氧化钙、碳酸钠、碳酸氢钠等碱性物质或硫酸等酸性物质，用以调整水的 pH 值，控制良好的反应条件，改善混凝条件。

（2）絮体结构改良剂

絮体结构改良剂用以加大矾花的粒度和结实性，改善矾花的沉降性能。如活化硅酸（$SiO_2 \cdot nH_2O$）、骨胶、活性炭以及各种黏土、高分子絮凝剂如聚丙烯酰胺等，均可以加快矾花的形成，改善絮凝体的结构和沉降性。

（3）氧化剂类

氧化类助凝剂可用来破坏对混凝作用有干扰的有机物，如投加 Cl_2、O_2 等氧化有机物，可以提高混凝效果。

3.2.4 混凝效果的影响因素

影响混凝效果的因素比较复杂，包括水温、水的化学特性、水中杂质的性质和浓度以及水力条件等。

（1）水温

水温对混凝效果有明显影响。通常在低温时，絮凝体形成缓慢，絮凝颗粒细小、松散。其主要原因有：

① 混凝剂水解多是吸热反应，水温低时，水解速率慢、不完全。特别是硫酸铝，水温降低 10℃，水解速率常数约降低 2～4 倍；当水温低于 5℃时，水解速率非常缓慢。

② 温度影响矾花的形成速率和结构。水温低时，胶体颗粒的水化作用增强，妨碍胶体凝聚。尽管增加投药量，絮体的形成还是很缓慢，而且结构松散，颗粒细小，难以去除。

③ 低温时，水的黏度大，致使水中杂质颗粒的布朗运动减弱，颗粒间的碰撞概率减少，不利于脱稳胶粒的凝聚。同时，水黏度大时，水流剪力增大，不利于絮凝体的成长，难以形成较大的絮体。

低温水的混凝是水处理中的难题之一，常用的改善办法是增加混凝剂投加量或投加助凝剂。常用的助凝剂有活化硅酸等。也可采用气浮法或过滤法代替沉淀法作为混凝的后续处理。

④ 温度太高，易使高分子絮凝剂老化或分解生成不溶性物质，反而降低混凝效果。

（2）水的 pH 值和碱度

水的 pH 值对混凝效果的影响程度视混凝剂品种而异。对于无机盐类混凝剂，水的 pH 值直接影响其在水中的水解和聚合，即影响无机盐水解产物的存在形态。不同的混凝剂，最佳的 pH 值范围不同：对硫酸铝而言，用以去除浊度时，最佳 pH 值在 6.5～7.5 之间，絮凝作用主要是氢氧化铝聚合物的吸附架桥和羟基络合物的电性中和作用；用以去除水的色度时，pH 值在 4.5～5.5 之间。采用三价铁盐混凝剂时，用以去除水的浊度时，pH 值在 6.0～8.4 之间；用以去除水的色度时，pH 值在 3.5～5.0 之间。

如果采用高分子混凝剂，由于其聚合物形态在投入水中前已基本确定，因此其混凝效果受水的 pH 值影响较小。

对于无机盐类混凝剂的水解，由于不断产生 H^+，从而导致水的 pH 值下降。要使 pH 值保持在最佳范围内，水中应有足够的碱性物质与 H^+ 中和：

$$H^+ + OH^- \Longrightarrow H_2O \tag{3-5}$$

$$H^+ + HCO_3^- \Longrightarrow H_2CO_3 \tag{3-6}$$

当原水碱度不足或混凝剂投加量甚高时，水的 pH 值将大幅度下降，以致影响混凝剂继续水解。为此，应投加碱剂如石灰等以中和混凝剂水解过程中产生的 H^+，反应如下：

$$Al_2(SO_4)_3 + 3H_2O + 3CaO \Longrightarrow 2Al(OH)_3 + 3CaSO_4 \tag{3-7}$$

$$2FeCl_3 + 3H_2O + 3CaO \Longrightarrow 2Fe(OH)_3 + 3CaCl_2 \tag{3-8}$$

将水中原有碱度考虑在内，石灰的投加量按下式估算：

$$[CaO] = 3a - x + \delta \tag{3-9}$$

式中　$[CaO]$——纯石灰的投加量，mmol/L；

　　　　a——混凝剂的投加量，mmol/L；

　　　　x——原水碱度，按 mmol/L（CaO）计；

　　　　δ——保证反应顺利进行的剩余碱度，一般取 0.25～0.5mmol/L（CaO）。

应当注意的是，石灰的投加不可过量，否则形成的 $Al(OH)_3$ 会溶解为负离子 $Al(OH)_4^-$ 而使混凝效果恶化。一般情况下，石灰的投加量最好通过试验确定。

（3）水中杂质的成分、性质和浓度

水中杂质的成分、性质和浓度对混凝效果有明显的影响。

① 水中含有二价以上的正离子时，对天然水中黏土颗粒的双电层压缩有利。

② 水中黏土杂质、粒径细小而均匀者，混凝效果较差。杂质颗粒级别越单一均匀、越细，越不利于混凝，大小不一的颗粒将有利于混凝。

③ 颗粒浓度过低将不利于颗粒间碰撞而影响混凝，低浊水的混凝效果不佳，是水处理领域的难题之一。回流沉淀物或投加助凝剂可提高混凝效果。

④ 水中含有大量的有机物时，能被黏土微粒吸附，使微粒具备有机物的高度稳定性，从而对胶体会产生保护作用，需要投加较多的混凝剂才能产生混凝效果。

⑤ 水中的盐类也能影响混凝效果，如水中 Ca^{2+}、Mg^{2+}、硫、磷化合物一般对混凝有利，而某些阴离子、表面活性物质却有不利影响。

总之，水中杂质的浓度和成分不一样，混凝效果不同，适宜的混凝剂种类和投加量也是不一样的，从理论上只能做些定性分析，在实际生产中可通过混凝试验来进行评价。

（4）混凝剂种类

混凝剂的选择主要取决于胶体和细微悬浮物的性质和浓度。如水中污染物主要呈胶体状态，且 ζ 电位较高，则应先选无机混凝剂使其脱稳聚凝；如絮体细小，还需投加高分子混凝剂或配合使用活化硅酸等助凝剂。很多情况下，将无机混凝剂与高分子混凝剂并用，可明显提高混凝效果，扩大应用范围。对于高分子而言，链状分子上所带电荷量越大，电荷密度越高，链越能充分延伸，吸附架桥的空间范围也就越大，絮凝作用就越好。

（5）混凝剂投加量

任何混凝处理都存在最佳混凝剂和最佳投药量，应通过试验确定。一般的投药量范围是：普通铁盐、铝盐为 10～100mg/L；聚合盐为普通盐的 1/3～1/2；有机高分子混凝剂 1～5mg/L。投量过多可能造成胶体再脱稳。

（6）混凝剂的投加顺序

当使用多种混凝剂时，其最佳投加顺序应通过试验确定。一般而言，当无机混凝剂与有机混凝剂并用时，先投加无机混凝剂，再投加有机混凝剂。但当处理的胶粒在 $50\mu m$ 以上时，常先投加有机混凝剂吸附架桥，再加无机混凝剂压缩双电层而使脱体脱稳。

(7) 水力条件

水力条件对混凝有重要影响。在混合阶段，要求混凝剂与水迅速均匀地混合，而到了反应阶段，既要创造足够的碰撞机会和良好的吸附条件让絮体有足够的成长机会，又要防止生成的小絮体被打碎，因此搅拌强度要逐步减小，反应时间要长。

3.2.5 混凝试验

不同的原水水质的适宜的混凝剂品种和最佳的混凝工艺条件，可以通过混凝烧杯试验来确定。混凝烧杯试验所用的主要设备是六联搅拌机（如图 3-6 所示），试验方法分为单因素试验和多因素试验。一般应在单因素试验的基础上采用正交设计等数学统计法进行多因素重复试验。

试验时应注意：①试验原水与实际水质完全相同；②混凝剂的种类、投量、投加顺序、水温、pH 等因素需要同时考察；③试验的搅拌条件是对实际过程的模拟，两者的 GT 值应相近。

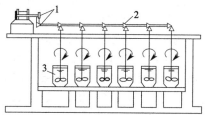

图 3-6 混凝烧杯试验装置
1—调速装置；2—调速轴；3—螺旋桨

混凝搅拌试验的 GT 值按下述方法计算。

如果桨板搅拌叶片与烧杯及水体之间的尺寸符合图 3-7 所示的关系，其搅拌功率 $W(\text{kg} \cdot \text{m/s})$ 为：

$$W = 14.35d^{4.38}n^{2.69}\rho^{0.69}\mu^{0.31} \tag{3-10}$$

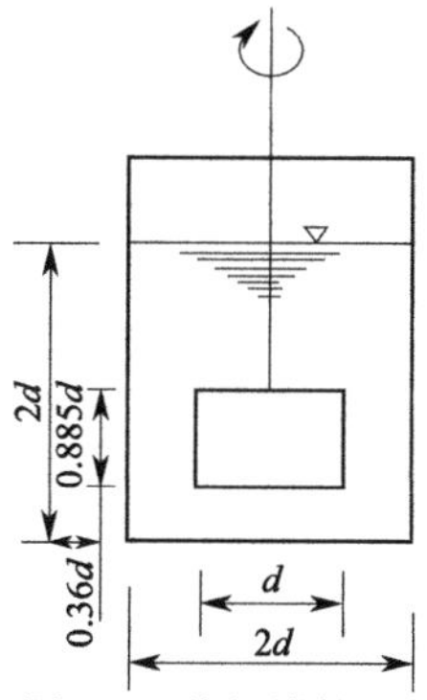

式中　n——叶片转速，r/s；

　　　d——叶片直径，m；

　　　ρ——水的密度（=1000/9.81），$\text{kg} \cdot \text{s}^2/\text{m}^4$；

　　　μ——水的动力黏度，$\text{kg} \cdot \text{s}/\text{m}^2$。

此式适用的雷诺数在 $1 \times 10^2 \sim 5 \times 10^4$。

当搅拌叶片和水体之间的尺寸关系与图 3-7 不符时，按上式计算所得的功率应乘以校正系数 K：

$$K = \left(\frac{D}{3d}\right)^{1.1}\left(\frac{H}{D}\right)^{0.6}\left(\frac{4h}{d}\right)^{0.3} \tag{3-11}$$

图 3-7 桨板搅拌的
尺寸关系

式中　D——搅拌筒（即烧杯）的直径，m；

　　　H——搅拌筒（即烧杯）的水深，m；

　　　h——叶片的高度，m。

校正系数 K 的适用范围：$D/d = 2.5 \sim 4$；$H/D = 0.6 \sim 1$；$h/d = 1/5 \sim 1/3$。

每立方米水的搅拌功率为：$P = 1000\text{kW}$

速度梯度为：$G = (P/\mu)^{0.5}$

3.3 混凝过程的机理

废水中的胶体微粒质量轻、直径小，在胶体微粒外面吸附着阴、阳离子层，称之为双电层。由于胶体微粒本身带电，同类胶体微粒因带有同类电荷，相互排斥，不能结合成较大的颗粒而下沉。另外，许多水分子被吸附在胶体微粒的周围形成氧化膜，阻碍了胶体微粒与带相反电荷的粒子中和，妨碍了颗粒之间接触并下沉，这一特性称为胶体的稳定性。因此，废水中的细小悬浮物和胶体微粒不易下沉，总保持着分散和稳定的状态。要使胶体微粒下沉，就必须破坏胶体的稳定性，即脱稳定作用，这就需要加入混凝剂促使其进行凝聚。凝聚是瞬间的，只需将化学药剂全部分散到水中即可。与凝聚作用不同，絮凝需要一定的时间去完成，但一般情况下两者不好决然分开，因此一般将能起凝聚与絮凝作用的药剂统称为混凝剂。

目前从理论上解释混凝作用的机理，应用较多的有双电层压缩理论、吸附架桥作用机理、吸附电中和作用机理和网捕或卷扫机理。

3.3.1 双电层压缩理论

如前所述，憎水胶体的聚集稳定性主要取决于胶粒的 ζ 电势。根据 DLVO 理论，要使胶粒通过布朗运动相撞聚集，必须降低 ζ 电势，以降低或消除排斥能峰。在水中投加电解质（混凝剂）可以达到这种目的。

例如对天然水中带负电荷的黏土胶体，在投入铝盐或铁盐等混凝剂后，混凝剂提供的大量正离子会涌入胶体扩散层甚至吸附层。因为胶核表面的总电势不变，增加扩散层及吸附层中的正离子浓度相当于压缩双电层，使扩散层减薄，从而使胶体滑动面上的 ζ 电势降低（如图 3-8 所示）。当大量正离子涌入吸附层以致扩散层完全消失时，ζ 电势为零，此时称为等电状态。理论上等电状态时排斥势能消失，胶体粒子最易发生凝聚，但实际上，ζ 电势只要降低到一定程度（如 $\zeta = \zeta_k$，见图 3-8）而使胶体粒子间的排斥能峰 $E_{max} = 0$ 时，胶体粒子就开始产生明显的聚集，此时的电势称为临界电势。胶体粒子因 ζ 电势降低或消除以致失去稳定的过程，称为胶体脱稳。脱稳的胶体相互聚结，称为凝聚。

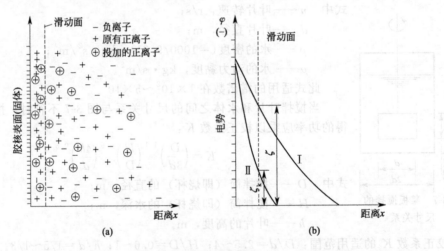

图 3-8 双电层压缩理论

双电层压缩理论是在 20 世纪 60 年代以前提出的阐明胶体凝聚的一个重要理论，成功地解释了胶体的稳定性及其凝聚作用，特别适用于无机盐混凝剂所提供的简单离子的情况。利用该理论可以较好地解释港湾处的沉积现象，因淡水流进海水时，水中的盐类增加，离子浓度增大，淡水夹带的胶体的稳定性降低，所以在港湾处黏土和其他胶体颗粒易发生沉积。

压缩双电层混凝机理与叔采-哈代（Schulze-Hardy）法则是一致的，即电解质的凝聚能力与电解质离子价数的 6 次方成正比。表 3-2 为不同电解质的凝聚能力的试验结果。从表中数据可以看出，凝聚能力随离子价态的增大而增强很快。高价电解质压缩胶体双电层的效果远比低价电解质好。对负电荷胶体而言，为使胶体失去稳定性即脱稳，所需不同价数的正离子浓度之比为：$[M^+]:[M^{2+}]:[M^{3+}] = 1:(1/2)^6:(1/3)^6$。

表 3-2 不同电解质的凝聚能力

电解质	在浓度相同时对胶体的相对凝聚能力		电解质	在浓度相同时对胶体的相对凝聚能力	
	带正电胶体	带负电胶体		带正电胶体	带负电胶体
NaCl	1	1	$AlCl_3$	1	1000
Na_2SO_4	30	1	$Al_2(SO_4)_3$	30	>1000
Na_3PO_4	1000	1	$FeCl_3$	1	1000
$BaCl_2$	1	30	$Fe_2(SO_4)_3$	30	>1000
$MgSO_4$	30	30			

但是双电层理论不能解释水处理中的一些混凝现象，如混凝剂投加量过多时胶体会重新稳定。因为根据该理论，当溶液中外加电解质很多时，至多达到 $\zeta=0$ 状态，而不可能出现胶粒电荷改变的情况。但实际上，三价铝盐或铁盐混凝剂投加过多时凝聚效果反而下降，胶体粒子甚至重新稳定；又如在等电状态，混凝效果应该好，但生产实践却表明，混凝效果最佳时的 ζ 电势常大于零；与胶体粒子带相同电荷的聚合物或高分子有机物可能有好的凝聚效果等。这些复杂的现象与胶体粒子的吸附能力有关，基于单纯的静电现象的双电层压缩理论就难以解释了。

3.3.2 吸附电中和作用机理

吸附电中和作用是指胶核表面直接吸附异性离子、异性胶体粒子或链状高分子带异性电荷的部位等来降低 ζ 电势。这种吸附能力绝非单纯的静电力，一般认为还存在范德华引力、氢键及共价键等。混凝剂投加量适中时，通过胶核表面直接吸附带相反电荷的聚合离子或高分子物质，ζ 电势可达到临界电势 ζ_k。但当混凝剂投加量过多时，胶核表面吸附过多的相反电荷的聚合离子，导致胶核表面电荷变号（见图 3-9）。

吸附电中和作用机理理论是在对传统铝、铁盐混凝剂的特点进行系统分析的基础上发展而来的。以铝盐为例，当 pH>3 时，水中便会出现聚合离子及多核羟基络合物。这些物质往往会吸附在胶核表面，分子质量越大，吸附作用就越强。

图 3-10 为吸附电中和作用的示意图，图 3-10（a）表示高分子的带电部位与胶核表面所带异性电荷的中和作用；图 3-10（b）则表示小的带正电的胶体粒子被带负电的大胶体粒子表面所吸附。

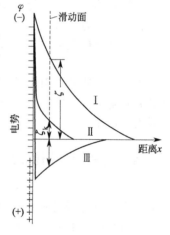

图 3-9 吸附电中和 ζ 电势的变化

吸附电中和理论解释了压缩双电层理论所不能解释的现象，并已广泛用于解释金属盐混凝剂对胶体颗粒的凝聚作用。

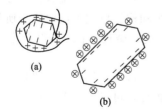

图 3-10 吸附电中和作用的示意图

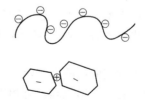

图 3-11 吸附架桥作用示意图

3.3.3 吸附架桥作用机理

吸附架桥作用主要是指高分子物质与胶体粒子的吸附架桥与桥连，还可理解成两个大的同性胶体粒子中间由于有一个异性胶体粒子而连接在一起，如图 3-11 所示。高分子絮凝剂具有线形结构，它们具有能与胶体粒子表面某些部位起作用的化学基团，当高分子聚合物与胶体粒子接触时，高分子链的一端由于基团能与胶体粒子表面产生特殊反应而吸附某一胶体粒子后，

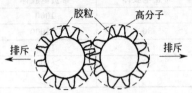

图 3-12　胶体保护示意图

另一端又吸附另一胶体粒子，形成"胶体粒子-高分子-胶体粒子"的絮凝体。高分子聚合物在这里起了胶体粒子与胶体粒子之间相互结合的桥梁作用。高分子投加量过少时，不足以形成吸附架桥。但当高分子物质的投加量过多，胶体粒子相对少时，吸附了某一胶体粒子的高分子物质的另一端粘接不到第二个胶体粒子，而是被原先的胶体粒子吸附在其部位，进而产生"胶体保护"作用（如图 3-12 所示），使胶体又处于稳定状态。即当全部胶体粒子的吸附面均被高分子覆盖后，两个胶体粒子接近时，就会受到高分子的阻碍而不能聚集。这种阻碍来源于高分子之间的相互排斥。因此，只有在高分子物质投加量适中时，即胶体粒子只有部分表面覆盖时，才能在胶体粒子间产生有效的吸附架桥作用并获得最佳絮凝效果。一般认为高分子在胶体粒子表面的覆盖率在 1/3～1/2 时絮凝效果最好。但在实际水处理中，胶体粒子的表面覆盖率无法测定，因此高分子混凝剂的投加量通常需由试验确定。已经架桥絮凝的胶体粒子，如受到长时间的剧烈搅拌，架桥聚合物可能从另一胶体粒子表面脱开，重新卷回原所在胶体粒子的表面，造成再稳定状态。

起架桥作用的线性高分子一般需要一定的长度，长度不够不能起到胶体粒子间的架桥作用，只能被单个分子吸附。聚合物在胶体粒子表面的吸附来源于各种物理化学作用，如范德华引力、静电斥力、氢键、配位键等，取决于聚合物同胶体粒子表面化学结构的特点。

利用这个机理可解释非离子型或带同性电荷的离子型高分子絮凝剂能得到好的絮凝效果的现象。

高分子物质若为阳离子型聚合电解质，对带负电荷的黏土胶体而言，既具有电性中和作用又具有吸附架桥作用；若为非离子型（不带电荷）或阴离子型（带负电荷）聚合电解质，只能起吸附架桥作用。

3.3.4　网捕或卷扫机理

当金属盐混凝剂的投加量大到足以形成大量的氢氧化物沉淀时，水中的胶体粒子可被这些沉淀物在形成时所网捕或卷扫。水中胶体颗粒本身可作为这些金属氢氧化物沉淀物形成的核心。所以混凝剂的最佳投加量与被去除物质的浓度成反比，即胶体颗粒越多，所需的混凝剂投加量越少，反之亦然。

以上各种混凝机理从不同角度解释了混凝剂与胶体颗粒的相互作用。这些作用在水处理中常不是孤立的，混凝过程实际是以上几种机理综合作用的结果，只是在一定情况下以某种现象为主而已，如低分子电解质以基于双电层压缩原理产生凝聚为主，高分子聚合物则以吸附架桥连接作用而产生絮凝为主，这一过程总称为混凝。混凝效果和作用机理不仅取决于所使用的混凝剂的物理化学特性，而且与所处理水的水质特性，如浊度、碱度、pH 值以及水中杂质等有关。

水处理中常用的混凝剂有铝盐和铁盐。硫酸铝是使用历史最长、目前应用仍较广泛的一种无机混凝剂，它的作用机理具有相当的代表性。根据上述机理，可对铝盐混凝剂在不同条件下的混凝机理进行分析。

3.3.5　铝盐在水中的化学反应及其混凝机理

硫酸铝 $[Al_2(SO_4)_3 \cdot H_2O]$ 溶于水后，立即离解出铝离子，且常以 $[Al(H_2O)_6]^{3+}$ 的水合形态存在。当水溶液的 pH<3 时，在水中这种水合铝离子是主要形态。如 pH 值升高，

水合铝离子就会发生配位水分子离解（即水解过程），生成各种羟基铝离子。pH值再升高，水解逐级进行，从单核单羟基水解成单核三羟基，最终将产生氢氧化铝化学沉淀物而析出。这个过程中发生的反应如下：

$$Al(H_2O)_6^{3+} \rightleftharpoons [Al(OH)(H_2O)_5]^{2+} + H^+ \tag{3-12}$$

$$[Al(OH)(H_2O)_5]^{2+} \rightleftharpoons [Al(OH)_2(H_2O)_4]^+ + H^+ \tag{3-13}$$

$$[Al(OH)_2(H_2O)_4]^+ \rightleftharpoons Al(OH)_3(H_2O)_3 + H^+ \tag{3-14}$$

实际上铝盐在水中的反应比上面的反应要复杂得多。当pH>4时，羟基离子增加，各离子的羟基之间可发生架桥连接（羟基架桥）产生多核羟基络合物，即发生高分子缩聚反应，例如：

$$2[Al(OH)(H_2O)_5]^{2+} \rightleftharpoons 2[Al(OH)_2(H_2O)_8]^{4+} + 2H_2O \tag{3-15}$$

上式中的生成物 $[Al(OH)_2(H_2O)_8]^{4+}$ 还可进一步被羟基架桥成 $[Al_3(OH)_4(H_2O)_{10}]^{5+}$。与此同时，生成的多核聚合物还会继续水解：

$$[Al_3(OH)_4(H_2O)_{10}]^{5+} \rightleftharpoons [Al_3(OH)_5(H_2O)_9]^{4+} + H^+ \tag{3-16}$$

所以水解与缩聚两种反应交错进行，最终产生聚合度极大的中性氢氧化铝。当其浓度超过其溶解度时，即析出氢氧化铝沉淀物。

在上述反应过程中，铝离子通过水解、聚合产生的物质分为四类：未水解的水合铝离子、单核羟基络合物、多核羟基络合物或聚合物、氢氧化铝沉淀物。各种水解物的相对含量与水的pH值和铝盐的投加量有关。

图3-13是一组试验曲线，给出在水中无其他复杂离子干扰的情况下，投入高氯酸铝 $Al(ClO_4)_3$，控制浓度为 10^{-4} mol（相当于325.5mg/L，其中含铝27mg/L），在达到化学平衡状态时，每一pH值下相应的各种水解产物所占的比例。图中只绘出了各种单核形态的水解产物，其多核形态的水解产物可能主要包括在 $Al(OH)_3$ 部分中。由图可知，当pH<3时，水中的铝离子以 $[Al(H_2O)_6]^{3+}$ 形态存在，即不发生水解反应；当pH=4~5时，水中将出现 $[Al(OH)(H_2O)_5]^{2+}$、$[Al(OH)_2(H_2O)_4]^+$ 以及少量的

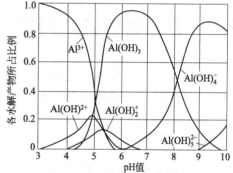

图3-13 pH值对铝盐水解形态的影响

$[Al(OH)_3(H_2O)_3]$；当pH=7~8时，水中主要是中性的 $[Al(OH)_2(H_2O)_3]$ 沉淀物；当pH>8.5时，由于氢氧化铝是典型的两性化合物，它又重新溶解为 $[Al(OH)_2(H_2O)_4]^-$，反应如下：

$$[Al(OH)_3(H_2O)_3] + H_2O \rightleftharpoons [Al(OH)_2(H_2O)_4]^- + OH^- \tag{3-17}$$

综上所述，铝离子的主要存在形态随溶液pH的变化呈一定的变化规律。在一定的pH范围内各种不同形态的化合物都存在，只是所占比例不一，每个pH值下都以一种形态为主，其他形态为辅。

当pH<3时，铝盐混凝剂在水中以简单的水合离子 $[Al(H_2O)_6]^{3+}$ 为主，主要起压缩双电层的作用，但在水处理中，这种情况十分少见。pH值在4.5~6.0范围内，铝盐混凝剂的水解产物主要是多核羟基络合物，对负电荷胶体起吸附电中和作用，产生的凝聚体比较密实。pH值在7~7.5范围内，电中性氢氧化铝聚合物 $[Al(OH)_3]_n$ 可起吸附架桥作用，同时也存在某些羟基络合物的电性中和作用。天然水的pH值一般在6.5~7.8之间，铝盐的混凝作用主要是吸附架桥和电性中和，两者以何为主，取决于铝盐的投加量。当铝盐投加量超过一定量时，会产生"胶体保护"作用，使脱稳的胶体颗粒电荷变号或者使胶体颗粒被包卷而重新稳定。当铝盐投加量再次增大，超过氢氧化铝溶解度而产生大量氢氧化铝沉淀物时，则起网捕和卷扫作用。实际上，在一定的pH值下，几种混凝作用都可能同时存在，只是程度不同，这与铝盐的投加量和水中胶体颗粒的含量有关。

根据铝盐投加量与 pH 值条件划分的混凝区域如图 3-14 所示。由该图可以看出，最佳卷扫混凝区发生在 pH 值为 7~8，铝盐投加量为 20~60mg/L。

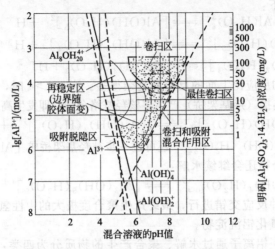

图 3-14　不同 pH 条件下铝盐的混凝区域

3.4　混凝过程的动力学

在混凝过程中，投加混凝剂，压缩胶体颗粒的双电层，降低电势，是实现胶体脱稳的必要条件，但要进一步使脱稳胶体形成大的絮凝体，关键在于保持颗粒间的相互碰撞。颗粒间的相互碰撞是颗粒之间或颗粒与混凝剂之间发生凝聚和絮凝的必要条件。颗粒间的碰撞速率和混凝速率问题属于混凝动力学。

3.4.1　碰撞速率与混凝速率

造成水中颗粒相互碰撞的动力来自两方面：颗粒在水中的布朗运动；在水力或机械搅拌下所造成的流体流动。颗粒由布朗运动造成的碰撞聚集称为"异向絮凝"（perikinetic flocculation），由流体湍动造成的碰撞聚集称为"同向絮凝"（orthokinetic flocculation）。

（1）异向絮凝

在水分子热运动的撞击下，颗粒所作的布朗运动是无规则的。这种无规则运动必然导致颗粒间发生相互碰撞。颗粒的絮凝速度决定于碰撞速率。假定颗粒为均匀球体，根据菲克（Fick）定律，可导出颗粒的碰撞速率公式：

$$N_p = 8\pi d D_B n^2 \tag{3-18}$$

式中　N_p——单位体积中的颗粒在异向絮凝中的碰撞速率，$m^3 \cdot s^{-1}$；

　　　n——颗粒数量浓度，个/m^3；

　　　d——颗粒直径，m；

　　　D_B——布朗运动扩散系数，m^2/s。

扩散系数 D_B 可用斯托克斯（Stokes）-爱因斯坦（Einstein）公式表示：

$$D_B = \frac{KT}{3\pi d\nu\rho} \tag{3-19}$$

式中　K——波尔兹曼（Boltzmann）常数，$1.38 \times 10^{-23} kg \cdot m^2/(s^2 \cdot K)$；

　　　T——水的热力学温度，K；

ν——水的运动黏度，m^2/s；

ρ——水的密度，kg/m^3。

将式(3-19)代入式(3-18)中，可得：

$$N_p = \frac{8}{3\nu\rho}KTn^2 \qquad (3\text{-}20)$$

由式(3-20)可知，由布朗运动引起的颗粒碰撞速率与颗粒的数量浓度平方和水温成正比，与颗粒尺寸无关。而布朗运动只在颗粒很小时才表现显著。随着颗粒粒径增大，布朗运动逐渐减弱。当颗粒粒径大于$1\mu m$时，布朗运动基本消失。因此，由布朗运动造成的异向絮凝只有在脱稳胶体的颗粒很小时才起作用。要使较大的颗粒进一步碰撞聚集，还要靠流体湍动来促使颗粒相互碰撞，即进行同向絮凝。

（2）同向絮凝

同向絮凝是由水流湍动造成的，在整个混凝过程中占有十分重要的地位。有关同向絮凝的理论，目前仍处于不断发展之中，至今尚无统一认识。最初描述同向絮凝的理论公式是基于水流层流状态导出的。

假设水中只有粒径为d_1和d_2的两种颗粒，初始浓度分别为n_1和n_2。图3-15为两个颗粒所处水流的流速分布和碰撞示意图。图3-15(a)表示在dy长度内，流速u没有增量，即$du=0$的情况下，两个颗粒继续前进时，仍然保持dx距离，因此不能相撞。图3-15(b)表示在dy长度内，流速u增量$du \neq 0$的情况下，d_1颗粒的速率为$u+du$，$du>0$，因此当它们继续前进时，d_1颗粒会追上d_2颗粒，但两个颗粒要发生相撞，还需满足$dy \leqslant 1/[2(d_1+d_2)]$的条件。

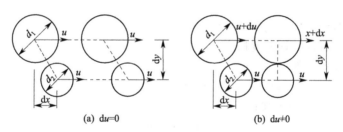

(a) $du=0$　　　　　　　　(b) $du \neq 0$

图 3-15　颗粒碰撞示意图

甘布（T. R. Camp）和斯泰因（P. C. Stein）的研究认为，两颗粒间的碰撞速率N_0为：

$$N_0 = \frac{1}{6}n_1 n_2 (d_1+d_2)^3 G \qquad (3\text{-}21)$$

假设$d_1 = d_2$，则

$$N_0 = \frac{4}{3}n^2 d^3 G \qquad (3\text{-}22)$$

$$G = \frac{du}{dy} \qquad (3\text{-}23)$$

式中　G——速度梯度，s^{-1}。

在实际水流中颗粒组成及水流的紊动情况十分复杂，颗粒间的碰撞速率不可能用简单的数学公式进行计算，但式(3-22)表明，在颗粒浓度和粒径一定的条件下，颗粒间碰撞速率与水流速度梯度有关。速度梯度作为控制混凝效果的重要水力条件，在混合、反应设备的设计和运行管理上具有实际意义。但应该指出的是，速度梯度基于层流的概念，在理论上存在缺陷。

3.4.2　速度梯度的计算

速度梯度是指两相邻水层的水流速度差和它们之间的距离之比。如图3-16所示，有一无

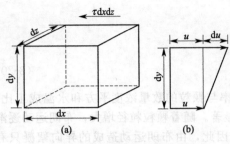

图 3-16 速度梯度计算示意图

穷小的立方体 $dxdydz$，设上层 $dxdz$ 界面上的流速为 $u+du$，下层 $dxdz$ 界面上的流速为 u，则相距为 dy 的界面间水流速度梯度为 $G=\dfrac{du}{dy}$。

速度梯度可由外加功率或水流本身势能的消耗所提供。根据水力学牛顿内摩擦定律，相邻两水层间由于速度梯度而产生的剪切力 τ 为

$$\tau=\mu\frac{du}{dy}=\mu G \tag{3-24}$$

以图 3-16(a) 为例，上层界面相对于速度梯度而产生的内摩擦力即总剪切力为 $\tau dxdz$，该剪切力单位时间内所做的功 P 等于剪切力与相对速度的乘积：

$$P=\tau dxdz du=\mu G^2 dxdydz \tag{3-25}$$

单位体积水流所耗功率为

$$p=\frac{P}{dxdydz}=\mu G^2 \tag{3-26}$$

式中　p——单位体积水流所耗功率，即施于单位体积水流的外加功率，W/m^2；

μ——水的黏度，$Pa\cdot s$；

G——速度梯度，s^{-1}。

设混凝设备（混合池或反应池）的有效容积为 V，则公式(3-26) 可写成：

$$G=\sqrt{\frac{P}{\mu V}} \tag{3-27}$$

式中　P——在混凝设备中水流所耗功率，W；

G——混凝设备的平均速度梯度，s^{-1}；

V——混凝设备有效容积，m^3。

当混凝设备采用机械搅拌时，式(3-27) 中的 P 由机械搅拌器提供。当采用水力混凝设备时，P 应为水流本身的能量消耗：

$$P=\rho g Q h \tag{3-28}$$

$$V=QT \tag{3-29}$$

式中　Q——混凝设备中的流量，m^3/s；

ρ——水的密度，kg/m^3；

g——重力加速度，$9.8m/s^2$；

h——混凝设备中的水头损失，m；

T——水流在混凝设备中的停留时间，s。

将式(3-28) 和式(3-29) 代入式(3-27)，可得：

$$G=\sqrt{\frac{\rho g h}{\mu T}}=\sqrt{\frac{\rho g}{\nu T}} \tag{3-30}$$

式中　ν——水的运动黏度，m^2/s。

式(3-27) 和式(3-30) 就是著名的甘布公式。虽然甘布公式中的 G 值反映了能量消耗概念，但仍使用"速度梯度"这一概念，且一直沿用至今。

尽管甘布公式可用于湍流条件下 G 值的计算，但将甘布公式用于式(3-22) 计算颗粒碰撞速率，仍未避开层流概念。因此，近年来，不少专家学者试图直接从湍流理论出发来探讨颗粒碰撞速率的计算。列维奇（Levich）等根据科尔摩哥罗夫（Kolmogoroff）局部各向同性湍流理论来推求湍流条件下的同向絮凝动力学方程。各向同性湍流理论认为，存在各种尺度不等的涡旋。外部施加的能量（如搅拌）造成大涡旋的形成，其主要起两个作用：一是使流体各部

分相互掺混，使颗粒均匀扩散于流体中；二是将从外界获得的能量输送给小涡旋。小涡旋又将一部分能量传输给更小的涡旋。随着小涡旋的产生和逐渐增多，水的黏性影响开始增强，从而产生能量损耗。在这些不同尺度的涡旋中，大涡旋往往使颗粒作整体移动而不会使颗粒产生相互碰撞，而涡旋尺度过小则往往不足以推动颗粒碰撞。因此只有尺度与颗粒尺寸相近（或碰撞半径相近）的涡旋才会引起颗粒间的相互碰撞。由于小涡旋在流体中也是作无规则的脉动，因此由这些小涡旋造成的颗粒相互碰撞可按类似异向絮凝中布朗扩散所造成的颗粒碰撞来考虑，即由式（3-18）形式，可导出各向同性湍流条件下颗粒的碰撞速率 N_0：

$$N_0 = 8\pi dDn^2 \tag{3-31}$$

式中　D——湍流扩散和布朗扩散系数之和。

但在湍流中，布朗扩散远小于湍流扩散，因此 D 可近似作为湍流扩散系数，可用下式表示：

$$D = \lambda u_\lambda \tag{3-32}$$

式中　λ——涡旋尺度（或脉动尺度）；

u_λ——相应于 λ 尺度的脉动速度，可用下式表示：

$$u_\lambda = \frac{1}{\sqrt{15}}\sqrt{\frac{\varepsilon}{\nu}\lambda} \tag{3-33}$$

ε——单位时间、单位体积流体的有效能耗，$W/(m^3 \cdot s)$；

ν——水的运动黏度，m^2/s；

λ——涡旋尺度，m。

设涡旋尺度与颗粒直径相等，即 $\lambda = d$，将式（3-33）和式（3-32）代入式（3-31），可得

$$N_0 = \frac{8\pi}{\sqrt{15}}\sqrt{\frac{\varepsilon}{\nu}}d^3 n^2 \tag{3-34}$$

如果令 $G = (\varepsilon/\nu)^{1/2}$，对比式（3-34）和式（3-22），发现两式仅是系数不同。$G = (\varepsilon/\nu)^{1/2}$ 与公式 $G = (p/\mu)^{1/2}$ 相似，只不过 p 表示单位体积所耗总功率，包括平均流速和脉动流速所耗功率；而 ε 表示脉动流速所耗功率，即造成颗粒碰撞的小涡旋所耗的有效功率。

虽然式（3-34）是按湍流条件导出的，理论上更趋合理，但有效功率消耗很难确定。另外，从理论上讲，水中颗粒尺寸大小不等且在混凝过程中不断增大，而涡旋尺度也大小不等且随机变化，这就使式（3-34）的应用受到局限。近年来，水处理专家学者们为此还在做进一步的探讨。

根据式（3-22）或式（3-34），在混凝过程中，所施功率或 G 值越大，颗粒碰撞速率越大，絮凝效果越好。但 G 值增大时，水流剪力也随之增大，已形成的絮凝体有被破碎的可能。絮凝体的破碎涉及絮凝体的形状、尺寸和结构密度以及破裂机理等。许多学者对此进行了专门研究，但鉴于问题的复杂性，至今尚无法用数学公式描述。理论上，最佳 G 值——既达到充分絮凝效果又不会致使絮凝体破裂的 G 值，仍有待研究。

3.4.3 混凝控制指标

混凝过程包括自混凝剂投加到水中与水均匀混合起直至大颗粒絮凝体形成为止，相应的混凝设备包括混合设备和絮凝反应设备。

在混合阶段，水中杂质颗粒微小，存在颗粒同向絮凝。对水流进行剧烈搅拌的目的主要是使投加的混凝剂快速均匀地分散于水中以利于混凝剂快速水解、聚合及颗粒脱稳。由于上述过程进行得很快（特别对铝盐和铁盐混凝剂而言），因此混合要求快速剧烈，通常要求在 $10\sim30s$，至多不超过 $2min$ 内完成。搅拌强度按速度梯度计，一般在 $500\sim1000s^{-1}$ 之间。

在絮凝阶段，脱稳胶体相互碰撞形成大的絮凝体。在此阶段，以同向絮凝为主，由机械或水力搅拌提供颗粒碰撞絮凝的动力。同向絮凝的效果不仅与 G 值有关，而且还与絮凝时间 T

有关。因此，通常以 G 值和 GT 值作为控制指标。在絮凝过程中，絮凝体尺寸逐渐增大，粒径变化可从微米级增到毫米级，变化幅度达几个数量级。由于大的絮凝体容易破碎，故 G 值应随絮凝体的逐渐增大而渐次减小。采用机械搅拌时，搅拌强度应逐渐减弱；采用水力絮凝池时，水流速度应逐渐减小。絮凝阶段，平均 G 在 $20\sim70\mathrm{s}^{-1}$ 范围内，平均 GT 在 $1\times10^4\sim1\times10^5$ 范围内。

3.4.4 混凝工艺一般流程及设计要点

混凝工艺流程如图 3-17 所示，包括混凝剂配制、定量投加、混合、反应及固液分离几个步骤。

图 3-17 混凝工艺流程

① 混凝剂迅速向水中扩散，并与全部水混合均匀的过程称为混合。胶粒与混凝剂作用，通过压缩双电层和电中和等机理，失去或降低稳定性，生成微粒或微絮粒的过程称为凝聚。凝聚生成的微粒和微絮粒在架桥物质和水流搅动下，通过吸附架桥和沉淀物网捕等机理成长为大絮体的过程称为絮凝。混合、凝聚和絮凝结合起来称为混凝。凝聚和絮凝在反应池中完成。

② 设计混凝工艺应着重考虑：

a. 根据混凝处理的目的，通过试验选择混凝剂品种、用量和 pH 值；

b. 选择合适的混凝剂投加位置和方式，调制、投加浓度和设备；

c. 选择合适的混合、反应方法和设备；

d. 考虑与上、下游构筑物的衔接。

③ 混合过程是絮凝和固液分离的前提，要求在加药后迅速完成。混合搅拌时间一般为 $10\sim30\mathrm{s}$，工业应用常取 2min，适宜的速度梯度是 $G=500\sim1000\mathrm{s}^{-1}$。

④ 反应池的平均流速梯度值 G 一般为 $10\sim60\mathrm{s}^{-1}$。絮体形成的水流速度为 $15\sim30\mathrm{mm/s}$，反应时间为 $15\sim30\mathrm{min}$。絮体反应（絮凝）池应尽可能紧邻或与沉淀池合建。

⑤ 当原水胶体浓度、碱度和水温均较低时，宜投加助凝剂，尽量降低流速，增加絮凝时间。

3.5 混凝的应用

3.5.1 给水处理

天然水中含有大量的各类悬浮物、胶体、细菌等杂质，其水质距生活和工业用水的水质要求还存在差距，因此需采用适宜的方法对天然水进行处理，以去除水中的杂质，使之符合生活饮用水或工业使用所要求的水质。

以地表水为水源的生活饮用水的常规处理工艺是"混凝→沉淀→过滤→消毒"，混凝是其中的重要单元，主要去除水中的胶体和部分微小悬浮物，从表观来看主要是去除产生浊度的物质。天然水经混凝沉淀后一般浊度可降低到 10NTU 以下。由于细菌也属于胶体类物质，经过混凝沉淀，大肠菌可以去除 $50\%\sim90\%$。

3.5.2 废水处理

3.5.2.1 混凝法处理废水的特点

混凝法不仅可以去除废水中呈胶体和微小悬浮物状态的有机和无机污染物，还可以去除废水中的某些溶解性物质，如砷、汞等，以及导致水体富营养化的磷元素。因此，混凝在工业废水处理中应用非常广泛，既可作为独立的处理单元，也可以和其他处理法联合使用，进行预处理、中间处理或最终处理。近年来，由于污水回用的需要，混凝作为城市污水深度处理常用的一种技术得到了广泛应用。此外，混凝法还可以改善污泥的脱水性能，在污泥脱水工艺中是一种不可缺少的前处理手段。

与给水处理中的天然水相比，由于工业废水和生活污水的性质复杂，利用混凝法处理废水的情况更为复杂。有关混凝剂品质和混凝条件的确定因废水种类和性质而异，需要通过试验才能确定适宜的混凝剂种类和投加量。

混凝法处理废水的优点是设备简单，基建费用低，易于实施，处理效果好，但缺点是运行费用高，产生的污泥量大。

3.5.2.2 应用举例

（1）印染废水处理

印染废水的特点是色度高，水质复杂多变，含有悬浮物、染料、颜料、化学助剂等污染物。对于在废水中呈胶体状态的染料、颜料等污染物，可用混凝法加以去除。混凝剂的选择与染料种类有关，需要根据混凝试验确定。对于直接染料，一般可用硫酸铝和石灰作混凝剂；对于还原染料或硫化染料，可以采用酸将 pH 调节到 $1 \sim 2$ 使还原染料析出。聚合氯化铝对直接染料、还原染料和硫化染料都有较好的混凝效果，但对活性染料、阳离子染料的效果则较差。

某针织厂染色废水，含直接染料、活性染料、酸性染料等，悬浮物（SS）浓度为 $80 \sim 140 mg/L$，COD 浓度为 $64.9 \sim 88.3 mg/L$。采用聚合氯化铝作混凝剂，投加量为 $0.05\% \sim 0.1\%$。经混凝沉淀后，色度去除 90%，出水 SS 浓度为 $2.5 \sim 3.5 mg/L$，COD 浓度为 $8.7 \sim 19.0 mg/L$。

（2）含乳化油废水处理

石油炼厂、煤气发生站等产生的废水中含有大量的油类污染物、悬浮物等，其中乳化油颗粒小，表面带电荷，隔油池去除效果不佳，可以采用混凝法予以去除。通过投加混凝剂，改变胶体粒子表面的电荷，破坏乳化油的稳定体系，形成絮凝体。通常混凝法能够使废水的含油量从数百毫克每升降到 5mg/L 左右。

国内一些炼油污水处理厂采用混凝加气浮的方法处理含油废水，效果良好。如兰州某炼油厂废水原水含油浓度 $50 \sim 100 mg/L$，采用聚合氯化铝作为混凝剂，经混凝和一级气浮处理后，含油浓度降低到 $20 \sim 30 mg/L$，再经混凝和二级气浮后，含油浓度降低到 10mg/L 以下。

（3）城市污水深度处理

城市污水经二级生物处理后，出水 COD 浓度在 $50 \sim 100 mg/L$，SS $< 30 mg/L$，尚不满足污水回用的指标要求。可以采用混凝法对二级生物处理的出水进行深度处理，经混凝沉淀后，出水一般可达到市政杂用水水质的要求。

参 考 文 献

[1] 陈洪钫，刘家祺．化工分离过程 [M]．北京：化学工业出版社，1995．

[2] 陈敏恒，等．化工原理（上册）[M]．北京：化学工业出版社，1999．

[3] 唐受印，戴友芝．水处理工程师手册 [M]．北京：化学工业出版社，2001．

[4] 周立雪，周波主编．传质与分离技术［M］．北京：化学工业出版社，2002.

[5] 杨春晖，郭亚军主编．精细化工过程与设备［M］．哈尔滨：哈尔滨工业大学出版社，2002.

[6] 宋业林，宋襄翎．水处理设备实用手册［M］．北京：中国石化出版社，2004.

[7] 廖传华，柴本银，黄振仁．分离过程与设备［M］．北京：中国石化出版社，2008.

[8] 王郁，林逢凯．水污染控制工程［M］．北京：化学工业出版社，2008.

[9] 张晓键，黄霞．水与废水物化处理的原理与工艺［M］．北京：清华大学出版社，2011.

[10] 中国石油和化学工业联合会，中国化工经济技术发展中心编．石油和化工设备选型指南［M］．北京：中国财富出版社，2012.

第4章

化学沉淀

化学沉淀法就是利用各物质在水中的溶解度不同,向废水中投加某种称之为沉淀剂的化学药剂,使其与废水中的溶解性物质发生互换反应生成难溶于水的盐类,形成沉淀物,然后进行固液分离,从而除去废水中的污染物的方法。采用化学沉淀法可以处理废水中的重金属离子(如汞、铬、镉、铅、锌等)、碱土金属(如钙、镁等)和非金属(如砷、氟、硫、硼等)。对于危害性很大的重金属废水,化学沉淀法是常采用的一种方法,多用于除去废水中的重金属离子,也可用于除去营养性物质。

4.1 基本原理

化学沉淀法是向水中投加某种易溶的化学药剂,使之与废水中的某些溶解物质发生直接的化学反应,形成难溶的固体物(沉淀物,如盐、氢氧化物或络合物),然后进行固液分离,从而除去水中污染物的一种化学方法。物质在水中的溶解能力用溶解度表示,溶解度的大小主要取决于物质和溶剂的本性,也和温度、盐效应、晶体的结构和大小等有关。习惯上将溶解度大于 $1g/100gH_2O$ 的物质称为易溶物,而将溶解度小于 $0.1g/100gH_2O$ 的物质称为难溶物,介于二者之间的物质称为微溶物。化学沉淀法主要用于处理废水之中能形成难溶物的杂质。

4.1.1 沉淀的化学平衡

在一定温度下,难溶化合物在溶液中同时存在着离子的析出沉淀反应和固体的溶解反应。如以 M^{n+} 代表价态为 n 的阳离子,以 N^{m-} 代表价态为 m 的阴离子,以 M_mN_n 表示其沉淀物,则溶解沉淀反应的通式可以表示为:

$$M_mN_n \Longleftrightarrow mM^{n+} + nN^{m-} \tag{4-1}$$

其中,由离子析出固体物 M_mN_n 的沉淀析出速率 ν_1 为:

$$\nu_1 = k_1 [M^{n+}]^m [N^{m-}]^n S \tag{4-2}$$

由固体物 M_mN_n 溶解为离子的溶解速率 ν_2 为:

$$\nu_2 = k_2 S \tag{4-3}$$

式中　ν_1——沉淀速率;

　　　ν_2——溶解速率;

k_1——沉淀速率常数；

k_2——溶解速率常数；

S——沉淀物固体表面积；

[ ]——物质的量浓度。

对于饱和溶液，固体的溶解与析出处于平衡状态，即：

$$\nu_1 = \nu_2$$

$$k_1[M^{n+}]^m[N^{m-}]^nS = k_2S$$

经整理可得到：

$$[M^{n+}]^m[N^{m-}]^n = \frac{k_2}{k_1} = K_{sp} \tag{4-4}$$

式(4-4)中的 K_{sp} 称为溶度积，对任何一种难溶化合物都是成立的。根据溶度积可初步判断沉淀的生成与溶解，判断水中离子是否能用化学沉淀法进行处理以及处理程度。

① 当 $[M^{n+}]^m[N^{m-}]^n < K_{sp}$ 时，溶液为不饱和溶液，无沉淀析出，难溶物质继续溶解；

② 当 $[M^{n+}]^m[N^{m-}]^n = K_{sp}$ 时，溶液处于溶解刚好饱和的状态，无沉淀物析出，溶解与沉淀之间建立了多相离子动态平衡；

③ 当 $[M^{n+}]^m[N^{m-}]^n > K_{sp}$ 时，溶液处于过饱和状态，沉淀从溶液中析出，沉淀后溶液中所余离子浓度仍保持式(4-4)的关系。

化学沉淀过程就是利用上述原理处理废水的。为了去除废水中的金属离子 M^{n+}，可以向其中投加具有 N^{m-} 的化合物作为沉淀剂，使 $[M^{n+}]^m[N^{m-}]^n > K_{sp}$ 产生 M_mN_n 沉淀，从而达到去除或降低废水中 M^{n+} 离子浓度的目的。对于金属离子 M^{n+} 的化学沉淀处理是否能产生 M_mN_n 沉淀，以及 M^{n+} 的处理程度，由 $[M^{n+}]^m[N^{m-}]^n$ 与 K_{sp} 的比较来决定，与难溶化合物的溶解度无关。水中某些难溶化合物的溶度积常数（25℃）见表4-1。

表 4-1　水中某些难溶化合物的溶度积常数（25℃）

分　子　式	溶　度　积	分　子　式	溶　度　积
$Al(OH)_3$	1.3×10^{-33}	$CaSO_4$	2.5×10^{-5}
$BaCO_3$	5.1×10^{-9}	CaF_2	4.0×10^{-11}
$BaCrO_4$	1.2×10^{-10}	$Cu(OH)_2$	5.0×10^{-20}
$CaCO_3$	4.8×10^{-9}	$Cd(OH)_2$	2.2×10^{-14}
$Ca(OH)_2$	5.5×10^{-6}	CdS	7.9×10^{-27}
CuS	6.3×10^{-36}	$Mg(OH)_2$	1.8×10^{-11}
$Cr(OH)_3$	6.3×10^{-31}	$Ni(OH)_2$	2.0×10^{-15}
$Fe(OH)_2$	1.0×10^{-15}	$PbCO_3$	1.0×10^{-13}
$Fe(OH)_3$	3.2×10^{-38}	$Pb(OH)_2$	1.5×10^{-15}
FeS	3.2×10^{-18}	PbS	2.5×10^{-27}
$Hg(OH)_2$	4.8×10^{-26}	$ZnCO_3$	1.5×10^{-11}
Hg_2S	1.0×10^{-45}	$Zn(OH)_2$	7.1×10^{-18}
HgS	4.0×10^{-53}	ZnS	1.6×10^{-24}
$MgCO_3$	1.0×10^{-5}		

K_{sp} 的大小受很多因素的影响，分析和认识这些影响因素，对控制沉淀过程意义很大，主要包括以下几点：

① 各类化合物的本性　即不同的药剂与废水中生成的沉淀物溶解度大小不一，因此对同一污染物而言，总要选择使生成物 K_{sp} 较小的化学药剂作为处理废水的沉淀剂，因此要在不同的化合物之间加以选择。

② 溶液的 pH 值　这是使生成物取得最小溶解度的外界条件，对生成难溶的氢氧化物而言，溶液的 pH 值为沉淀过程的关键条件，必须选择最佳 pH 值来控制沉淀过程。

③ 温度　温度的变化会影响难溶化合物的溶解度，但对水处理过程而言，通过改变温度来影响 K_{sp} 在经济上是不合理的，因此常常以室温时生成物的 K_{sp} 大小作为考虑的根据。

④ 盐效应　如果在溶液中有其他盐类存在，将增加难溶化合物的溶解度，溶液离子强度越大，沉淀组分的离子电荷越高，则盐效应越明显。因此在实际废水处理中，必须考虑盐效应在沉淀处理中的不利效果。

⑤ 同离子效应　在难溶化合物的饱和溶液中，如果加入含有同离子的强电解质，则沉淀-溶解平衡向着沉淀方向移动，使难溶化合物溶解度降低，在废水处理中这种同离子效应是值得利用的，为此在投加化学药剂时可采用过量的化学药剂或另外投加同离子的其他化合物来达到这一目的。

⑥ 不利的副反应伴生　由于废水成分的复杂性，加入的化学药剂和污染物会发生络合反应、氧化还原反应、中和反应等副反应，易与沉淀物组分离子生成可溶性化合物，从而降低沉淀过程的处理效果。因此在选择沉淀剂时必须要全面考虑避免上述副反应的伴生。

降低废水中的有害离子 A 的浓度，可以采取下列方法：

① 向水中投加沉淀剂离子 C，以形成溶度积很小的化合物 AC，从水中分离出去；

② 利用同离子效应向水中投加同离子 B，使 A 与 B 的离子浓度增大，离子积大于其溶度积，使平衡向沉淀方向移动；

③ 如果废水中有多种离子存在，加入沉淀剂时，离子积先达到溶度积的优先沉淀，这种现象称为分步沉淀。各种离子分步沉淀的次序取决于溶度积和有关离子的浓度。

4.1.2　化学沉淀法的分类

废水处理中常用化学沉淀法按其所用的沉淀剂的不同，可分为氢氧化物沉淀法、硫化物沉淀法、碳酸盐沉淀法和铁氧体沉淀法等。最常用的沉淀剂是石灰，其他如氢氧化钠、碳酸钠、硫化氢、碳酸钡等也有应用。

化学沉淀法的工艺流程和设备与混凝法相类似，主要步骤包括：①选择相应的沉淀剂并进行配制和投加；②沉淀剂与原水充分混合，进行反应；③进行固液分离；④泥渣处理与利用。

化学沉淀法所用的设备有加药泵、反应器、沉淀池、气浮池、刮泥机等。

4.2　氢氧化物沉淀法

水中的金属离子很容易生成各种氢氧化物，其中包括氢氧化物及各种羟基络合物。这些金属的氢氧化物和羟基络合物都是难溶于水的，尤其重金属离子铜、铬、镉、铅等的氢氧化物，它们在水中的溶解度和溶度积都很小，因此可以采用氢氧化物沉淀法除去。

如果以 M^{n+} 代表废水中的 n 价金属阳离子，则其氢氧化物的溶解平衡为：

$$M(OH)_n \rightleftharpoons M^{n+} + nOH^- \tag{4-5}$$

金属离子 M^{n+} 与 OH^- 能否生成难溶的氢氧化物沉淀，取决于溶液中金属离子 M^{n+} 的浓度和 OH^- 的浓度。根据金属氢氧化物 $M(OH)_n$ 的沉淀溶解平衡：$[M^{n+}][OH^-]^n = K_{sp}$，以及水中的离子积：$K_w = [H^+][OH^-]$（在室温下，通常采用 $K_w = 1 \times 10^{-14}$），可以得到：

$$K_{sp} = [M^{n+}][OH^-]^n \tag{4-6}$$

因而

$$[M^{n+}] = \frac{K_{sp}}{[OH^-]^n} \tag{4-7}$$

这是与氢氧化物沉淀共存的饱和溶液中的金属离子浓度，也就是溶液在任一 pH 值条件下可以存在的最大金属离子浓度。

对式(4-6)两边取对数,可得

$$lgK_{sp} = lg[M^{n+}] + nlg[OH^-]$$
$$= lg[M^{n+}] - npOH$$
$$= lg[M^{n+}] - n(14-pH)$$
$$= lg[M^{n+}] - 14n + npH$$

即

$$lg[M^{n+}] = lgK_{sp} + 14n - npH \tag{4-8}$$

式(4-8)中,$lg[M^{n+}]$与pH为直线关系,截距为($lgK_{sp}+14n$),斜率为$-n$。由式(4-8)可见:①金属离子浓度相同时,溶度积越小,则开始析出氢氧化物沉淀的pH值越低;②对于同一金属离子,浓度越大,开始析出沉淀的pH值越低;③对于同一种金属离子,其在水中的剩余浓度随pH值的增高而下降;④对于n价金属离子,pH值每增大1,金属离子的浓度降低10^n倍。例如,在氢氧化物沉淀中,pH值增加1,二价金属离子的浓度可降低100倍,三价金属离子的浓度可降低1000倍。

在氢氧化物沉淀过程中,对某一废水中的金属离子而言,废水的pH值是沉淀金属化合物的关键条件。根据各种金属氢氧化物的K_{sp}值,可计算出某一pH值时溶液中金属离子的饱和浓度,如图4-1所示。

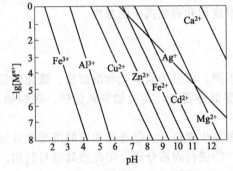

图 4-1 金属氢氧化物的溶解度对数图

许多金属离子和氢氧根离子不仅可以生成氢氧化物沉淀,而且还可以生成各种可溶性羟基络合物。在与金属氢氧化物呈平衡的饱和溶液中,不仅有游离的金属离子,而且有配位数不同的各种羟基络合物,它们都参与沉淀-溶解平衡。显然,各种金属羟基络合物在溶液中存在的数量和比例都直接同溶液的pH值有关,根据各种平衡关系可以进行综合计算。

以Zn(Ⅱ)为例,其氢氧化物[$Zn(OH)_2$]在高pH值时可能重新溶解,产生羟基络合物[如$Zn(OH)_4^{2-}$、$Zn(OH)_3^-$]。其羟基络合物的生成反应及平衡常数K_1、K_2、K_3、K_4如下:

$$Zn^{2+} + OH^- \rightleftharpoons Zn(OH)^+$$
$$K_1 = [Zn(OH)^+]/([Zn^{2+}][OH^-]) = 5.0 \times 10^5 \tag{4-9}$$
$$lgK_1 = 5.7$$
$$Zn(OH)^+ + OH^- \rightleftharpoons Zn(OH)_2(液)$$
$$K_2 = [Zn(OH)_2(液)]/([Zn(OH)^+][OH^-]) = 2.7 \times 10^4 \tag{4-10}$$
$$lgK_2 = 4.43$$
$$Zn(OH)_2(液) + OH^- \rightleftharpoons Zn(OH)_3^-$$
$$K_3 = [Zn(OH)_3^-]/([Zn(OH)_2(液)][OH^-]) = 1.26 \times 10^4 \tag{4-11}$$
$$lgK_3 = 4.10$$
$$Zn(OH)_3^- + OH^- \rightleftharpoons Zn(OH)_4^{2-}$$
$$K_4 = [Zn(OH)_4^{2-}]/([Zn(OH)_3^-][OH^-]) = 1.82 \times 10 \tag{4-12}$$
$$lgK_4 = 1.26$$

在有沉淀物$Zn(OH)_2$(固)共存的饱和溶液中,沉淀固体与各络合离子之间也同样都存在着溶解平衡:

$$Zn(OH)_2(固) \rightleftharpoons Zn^{2+} + 2OH^- \tag{4-13}$$

$$K_{s0}=[\text{Zn}^{2+}][\text{OH}^-]^2=7.1\times10^{-18} \tag{4-14}$$
$$\lg K_{s0}=-17.15$$

$$\text{Zn(OH)}_2(\text{固})\Longleftrightarrow\text{Zn(OH)}^++\text{OH}^- \tag{4-15}$$

$$K_{s1}=[\text{Zn(OH)}^+][\text{OH}^-]=K_{sp}K_1=3.55\times10^{-12} \tag{4-16}$$
$$\lg K_{s1}=-11.45$$

$$\text{Zn(OH)}_2(\text{固})\Longleftrightarrow\text{Zn(OH)}_2(\text{液}) \tag{4-17}$$

$$K_{s2}=[\text{Zn(OH)}_2(\text{液})]=K_{s1}K_2=9.8\times10^{-8} \tag{4-18}$$
$$\lg K_{s2}=-7.02$$

$$\text{Zn(OH)}_2(\text{固})+\text{OH}^-\Longleftrightarrow\text{Zn(OH)}_3^- \tag{4-19}$$

$$K_{s3}=[\text{Zn(OH)}_3^-]/[\text{OH}^-]=K_{s2}K_3=1.2\times10^{-3} \tag{4-20}$$
$$\lg K_{s3}=-2.92$$

$$\text{Zn(OH)}_2(\text{固})+2\text{OH}^-\Longleftrightarrow\text{Zn(OH)}_4^{2-} \tag{4-21}$$

$$K_{s4}=[\text{Zn(OH)}_4^{2-}]/[\text{OH}^-]^2=K_{s3}K_4=2.19\times10^{-2} \tag{4-22}$$
$$\lg K_{s4}=-1.665$$

由上述平衡关系可综合计算各种金属羟基化合物在溶液中存在的数量和比例，从而知道其对沉淀过程的影响。

由上述关系同样可以求得 Zn 的各种形态的对数浓度与溶液 pH 值之间的关系。

$$-\lg[\text{Zn}^{2+}]=2\text{pH}+\text{p}K_{sp}-2\text{p}K_w=2\text{pH}-10.85 \tag{4-23}$$

$$-\lg[\text{Zn(OH)}^+]=\text{pH}+\text{p}K_{s1}-\text{p}K_w=\text{pH}-2.55 \tag{4-24}$$

$$-\lg[\text{Zn(OH)}_2(\text{液})]=\text{p}K_{s2}=7.02 \tag{4-25}$$

$$-\lg[\text{Zn(OH)}_3^-]=-\text{pH}+\text{p}K_{s3}+\text{p}K_w=-\text{pH}+16.92 \tag{4-26}$$

$$-\lg[\text{Zn(OH)}_4^{2-}]=-2\text{pH}+\text{p}K_{s4}+2\text{p}K_w=-2\text{pH}+29.66 \tag{4-27}$$

根据以上各式，可以求出五条对数浓度斜率和截距，并作出如图 4-2 所示 $-\lg[\text{Zn(II)}]$ 与 pH 值的关系图。图中阴影线所围的区域代表生成固体 Zn(OH)_2 沉淀的区域。由图可见，当 pH<10.2 时，Zn(OH)_2（固）的溶解度随 pH 值升高而降低；当 pH>10.2 以后，随 pH 值升高而增大。其他可生成两性氢氧化物的金属也具有类似的性质，如 Cr^{3+}、Al^{3+}、Fe^{3+}、Cd^{2+}、Cu^{2+}、Pb^{2+} 等，见图 4-3。

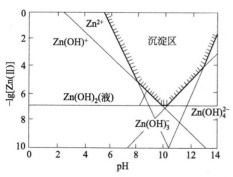

图 4-2　氢氧化锌溶解平衡区域图

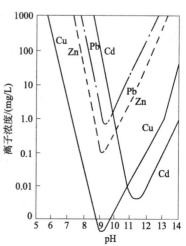

图 4-3　铜、锌、铅、镉的氢氧化物的溶解平衡图

实际水处理中，共存离子体系复杂，影响氢氧化物沉淀的因素很多，必须控制 pH 值，使其保持在最优沉淀区域内。因为溶液的 pH 对金属氢氧化物的沉淀有影响，所以工业上采用氢氧化物沉淀法处理废水中的金属离子时，其沉淀物析出的 pH 值范围如表 4-2 所示。

表 4-2　金属氧化物沉淀析出的最佳 pH 值范围

金属离子	Fe^{3+}	Al^{3+}	Cr^{3+}	Zn^{2+}	Ni^{2+}	Pb^{2+}	Cd^{2+}	Fe^{2+}	Mn^{2+}	Cu^{2+}
最佳 pH 值	5～12	5.5～8	8～9	9～10	>9.5	9～9.5	>10.5	5～12	10～14	>8
加碱溶解的 pH 值		>8.5	>9	10.5		>9.5		>12.5		

当水中存在 CN^-、NH_3、S^{2-} 及 Cl^- 等配位体时，能与金属离子结合成可溶性络合物，增大金属氢氧化物的溶解度，对沉淀不利，应通过预处理去除。

采用氢氧化物沉淀法去除金属离子时，沉淀剂为各种碱性物质，常用的沉淀剂有石灰、碳酸氢钠、氢氧化钠、石灰石、白云石、电石渣等，可根据金属离子的种类、废水的性质、pH值、处理水量等因素来选用。石灰沉淀法的优点是经济、简便，药剂来源广，因而应用最多，但石灰品质不稳定，消化系统劳动条件差，管道易结垢（$CaSO_4$ 与 CaF_2）与腐蚀，沉渣量大且多为胶体状态，含水率高达 95%～98%，极难脱水。当处理量小时，采用氢氧化钠可以减少沉渣量。用碳酸钠生成的碳酸盐沉渣比氢氧化物沉渣易脱水。

4.3　硫化物沉淀法

许多金属硫化物在水中的溶解度和溶度积也都很小，因此工业上还常采用硫化物从废水中除去金属离子。溶度积越小的物质，越容易生成硫化物沉淀析出，主要金属硫化物的沉淀顺序如下：

$$Hg^{2+}>Ag^+>As^{3+}>Cu^{2+}>Pb^{2+}>Cd^{2+}>Zn^{2+}>Fe^{2+}$$

通常采用的沉淀剂有 H_2S、Na_2S、$NaHS$、CaS_x、MnS、$(NH_4)_2S$、FeS 等。H_2S 有恶臭，是一种无色剧毒气体，因此使用时必须要注意安全，防止其逸出而污染空气。

硫化物沉淀的生成与溶液的 pH 值有较大的关系。金属硫化物的溶解平衡式为：

$$MS \Longleftrightarrow M^{2+}+S^{2-} \tag{4-28}$$

$$[M^{2+}]=K_{sp}/[S^{2-}] \tag{4-29}$$

以硫化氢为沉淀剂时，硫化氢分两步电离，其电离方程式如下：

$$H_2S \Longleftrightarrow H^++HS^- \tag{4-30}$$

$$HS^- \Longleftrightarrow H^++S^{2-} \tag{4-31}$$

电离常数分别为：

$$K_1=\frac{[H^+][HS^-]}{[H_2S]}=9.1\times10^{-8} \tag{4-32}$$

$$K_2=\frac{[H^+][S^{2-}]}{[HS^-]}=1.2\times10^{-15} \tag{4-33}$$

由式（4-32）和式（4-33）可得：

$$\frac{[H^+]^2[S^{2-}]}{[H_2S]}=1.1\times10^{-22} \tag{4-34}$$

$$[S^{2-}]=\frac{1.1\times10^{-22}[H_2S]}{[H^+]^2} \tag{4-35}$$

因此，

$$[M^{2+}]=\frac{K_{sp}[H^+]^2}{1.1\times10^{-22}[H_2S]} \tag{4-36}$$

在 0.1MPa，25℃的条件下，硫化氢在水中的饱和浓度为 0.1mol/L（pH<6），因此有：

$$[M^{2+}] = \frac{K_{sp}[H^+]^2}{1.1 \times 10^{-23}} \tag{4-37}$$

$$[S^{2-}] = \frac{1.1 \times 10^{-23}}{[H^+]^2} \tag{4-38}$$

由上式可见，用硫化物沉淀法处理含金属离子的废水时，水中剩余金属离子的饱和浓度也与 pH 值有关，随 pH 值的增高而降低，见图 4-4。

采用硫化物沉淀法处理含 Hg^+、Cu^{2+}、Cd^{2+}、Zn^{2+}、Pb^{2+} 等重金属离子的废水具有去除率高、可分步沉淀、泥渣中的金属品位高、便于回收利用、适用 pH 值范围大等优点，因此在生产上均得到了应用。但过量 S^{2-} 会造成二次污染；当 pH 值降低时，可产生 H_2S。有时金属硫化物的颗粒很小，导致分离困难，此时可投加适量絮凝剂（如聚丙烯酰胺）进行共沉。

但硫化物沉淀法除汞只适用于无机汞，对于有机汞，必须先用氧化剂（如氯等）将其氧化成无机汞，再用硫化物沉淀法处理。其反应式为：

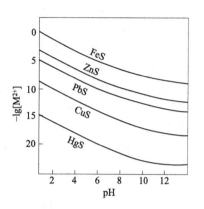

图 4-4 金属硫化物溶解度和 pH 的关系

$$Hg^{2+} + S^{2-} = HgS\downarrow \tag{4-39}$$

$$2Hg^+ + S^{2-} = Hg_2S\downarrow = HgS\downarrow + Hg\downarrow \tag{4-40}$$

在用硫化物沉淀除汞的过程中，提高沉淀剂 S^{2-} 的浓度有利于硫化汞沉淀的析出，但是 S^{2-} 过量会增加水体的 COD，还能与硫化汞沉淀生成可溶性络合阴离子 $[HgS_2]^{2-}$，降低汞的去除率。因此，在反应过程中要补投 $FeSO_4$ 溶液，以除去过量硫离子，这样不仅有利于汞的去除，而且有利于沉淀的分离。

如果废水中含有卤素离子（F^-、Cl^-、Br^-、I^-）、CN^- 和 SCN^- 时，它们会与 Hg^{2+} 生成络合离子，如 $[HgCl_4]^{2-}$、$[Hg(CN)_4]^{2-}$ 和 $[Hg(SCN)_4]^{2-}$，不利于汞的沉淀，应先将上述离子除去。

4.4 碳酸盐沉淀法

碳酸盐沉淀法是通过向水体中加入某种沉淀剂，使其与水中的金属离子生成碳酸盐沉淀，从而将废水净化。对于不同的处理对象，碳酸盐法一般有三种不同的应用方式，适用于不同的处理对象。

① 投加可溶性碳酸盐如碳酸钠，使水中的金属离子生成难溶于水的碳酸盐沉淀。这种方法可去除废水中的重金属离子和非碳酸盐硬度。如对于含锌废水，可采用投加碳酸钠的方法将水中的锌离子转化为碳酸锌沉淀，进而与水分离。

② 投加难溶碳酸盐如碳酸钙，利用沉淀转化，使水中的重金属离子生成溶解度更小的碳酸盐沉淀析出。例如可采用白云石过滤含铅废水，将水中溶解性的铅离子转化为碳酸铅沉淀，而后从废水中去除。

③ 投加石灰，使之与水中的碳酸盐硬度，如 $Ca(HCO_3)_2$、$Mg(HCO_3)_2$ 等生成难溶于水的碳酸钙和氢氧化镁而沉淀析出，这种方法可除去水中的碳酸盐硬度，主要用于工业给水的软化处理，称为石灰软化法。

4.4.1 水的化学软化

化学软化大多是和混凝、沉淀或澄清过程同时进行的，也称沉淀软化过程。水中含有的硬度或碱性物质，在添加化学药剂后，转变成难溶的化合物，形成沉淀而除去。根据原水水质和对出水水质的要求，并结合当地当时的有关规定可选用一种药剂或同时使用几种药剂。最常用的化学药剂为石灰，有时还辅以纯碱、石膏等。

（1）石灰软化法

当原水的非碳酸盐硬度较小时，可采用石灰软化法。用于工业给水软化的石灰软化法属于化学沉淀，其原理是向水中加入石灰乳，石灰乳是碱性药剂，与水中的重碳酸根发生反应，生成碳酸根。碳酸根再与水中的钙离子生成难溶的碳酸钙而沉淀析出。水中的镁离子则与石灰乳所产生的氢氧根生成难溶的氢氧化镁而沉淀析出，进而实现去除水中钙、镁离子，对水进行软化的目的。

石灰软化反应的化学反应式如下：

$$CaO + H_2O \xrightarrow{\quad\quad} Ca(OH)_2 \tag{4-41}$$
$$CO_2 + Ca(OH)_2 \xrightarrow{\quad\quad} CaCO_3 \downarrow + H_2O \tag{4-42}$$
$$Ca(HCO_3)_2 + Ca(OH)_2 \xrightarrow{\quad\quad} 2CaCO_3 \downarrow + 2H_2O \tag{4-43}$$
$$Mg(HCO_3)_2 + Ca(OH)_2 \xrightarrow{\quad\quad} MgCO_3 + CaCO_3 \downarrow + 2H_2O \tag{4-44}$$
$$MgCO_3 + Ca(OH)_2 \xrightarrow{\quad\quad} Mg(OH)_2 \downarrow + CaCO_3 \downarrow \tag{4-45}$$

石灰加入水中后，首先与水发生式（4-41）所示的石灰消解反应，然后发生式（4-42）所示的去除水中游离二氧化碳的反应，然后再与 $Ca(HCO_3)_2$ 和 $Mg(HCO_3)_2$ 发生式（4-43）、式（4-44）和式（4-45）所示的去除钙、镁离子的反应。应注意的是：由于 $MgCO_3$ 的溶解度比 $CaCO_3$ 的大得多，要使 Mg^{2+} 沉淀下来，必须增加石灰用量以生成 $Mg(OH)_2$，所以石灰的用量需增大 1 倍，即 1mol 的 Mg^{2+} 的去除需要 2mol 石灰，其反应式为式（4-44）和式（4-45）。

当水中碱度大于硬度（即出现负硬度）时，此时水中含有钠盐碱度，如 $NaHCO_3$。在石灰软化的同时，还可以降低钠盐碱度，反应如下：

$$2NaHCO_3 + Ca(OH)_2 \xrightarrow{\quad\quad} CaCO_3 \downarrow + Na_2CO_3 + 2H_2O \tag{4-46}$$

理论上，经石灰软化后，废水的硬度可降低至 $CaCO_3$ 和 $Mg(OH)_2$ 溶解度的数值，但实际上 Ca^{2+} 和 Mg^{2+} 的残留量常高于理论值，这是因为总有少量沉淀物呈胶体状态悬浮于水中。为此，常常需要投加混凝剂，一般采用铁盐。

（2）石灰投量的计算

采用石灰软化法时，所需石灰投量的计算方法如下：

① 不加混凝剂，只要求去除 $Ca(HCO_3)_2$，不要求去除 $Mg(HCO_3)_2$。石灰主要与 CO_2 及 $Ca(HCO_3)_2$ 起反应，则石灰的投加量 D_1 为：

$$D_1 = [CO_2] + [Ca(HCO_3)_2] \tag{4-47}$$

式中　　　D_1——石灰的投加量，$[H^+]$ mmol/L；

　　　$[CO_2]$——CO_2 在原水中的浓度，$[H^+]$ mmol/L；

$[Ca(HCO_3)_2]$——$Ca(HCO_3)_2$ 在原水中的浓度，$[H^+]$ mmol/L。（物质的量的基本单元为 $[H^+]$，即能提供或接受 1mol H^+ 的物质称为 1 $[H^+]$mol，这样一个氢离子摩尔实际上就等于一个当量）。

② 不加混凝剂，要求去除 $Ca(HCO_3)_2$ 和 $Mg(HCO_3)_2$（原水中碱度大于硬度）。石灰除与 CO_2 及 $Ca(HCO_3)_2$ 反应外，还与 $Mg(HCO_3)_2$ 及 $NaHCO_3$ 起反应。石灰的投加量 D_2 为：

$$D_2 = [CO_2] + [Ca(HCO_3)_2] + [NaHCO_3] + 2[Mg(HCO_3)_2] + \alpha \tag{4-48}$$

式中　　　D_2——石灰的投加量，$[H^+]$ mmol/L；

$[CO_2]$——CO_2 在原水中的浓度，$[H^+]$ mmol/L；

$[Ca(HCO_3)_2]$——$Ca(HCO_3)_2$ 在原水中的浓度，$[H^+]$ mmol/L；

$[NaHCO_3]$——$NaHCO_3$ 在原水中的浓度，$[H^+]$ mmol/L；

$[Mg(HCO_3)_2]$——$Mg(HCO_3)_2$ 在原水中的浓度，$[H^+]$ mmol/L；

α——过剩石灰加量，一般可按 $0.2\,[H^+]$ mmol/L 计。

③ 同时加混凝剂，只要求去除 $Ca(HCO_3)_2$。铝或铁盐混凝剂（以铁为例）与原水中的 HCO_3^- 发生以下反应：

$$Fe^{3+} + 3HCO_3^- \longrightarrow Fe(OH)_3 + 3CO_2 \tag{4-49}$$

如果加入的 Fe^{3+} 为 $x[H^+]$mmol/L，则水中 HCO_3^- 的减少量为 $3x[H^+]$mmol/L，CO_2 的增加量为 $3x[H^+]$mmol/L。则石灰投加量按以下两种情况估算：

a. 原水中 $Ca^{2+}[H^+]$mmol/L 近似等于 $HCO_3^-[H^+]$mmol/L 时，约为：

$$D_{3a} = D_1 + D_A \tag{4-50}$$

b. 原水中 $HCO_3^-[H^+]$mmol/L$\geqslant Ca^{2+}[H^+]$mmol/L 时，约为：

$$D_{3b} = D_1 + 2D_A \tag{4-51}$$

式中　D_A——混凝剂的投加量，以 Al^{3+} 或 Fe^{3+} 计，$[H^+]$ mmol/L。

④ 同时加混凝剂，要求去除 $Ca(HCO_3)_2$ 和 $Mg(HCO_3)_2$（原水中碱度大于硬度）。石灰投加量约为：

$$D_4 = D_2 + D_A \tag{4-52}$$

以上的石灰投加量 D_1、D_2、D_{3a}、D_{3b}、D_4 均是理论计算的消耗量，它小于实际的消耗量，因为所投加的石灰在一般情况下不会百分之百地参加反应，只有一部分得到利用，因此除投加过剩量外，还应考虑石灰的有效利用率。有效利用率与石灰的质量和投加条件有关，一般为 $50\%\sim80\%$。

石灰软化法的特点是：只能去除碳酸盐硬度，不能去除非碳酸盐硬度；软化后，水中阳离子浓度、阴离子浓度和总含盐量均降低；处理后残余硬度较高，其原因是，水中可能存在非碳酸盐硬度，对应所形成的沉淀析出物总有少量以溶解状态存在，沉淀效率也不可能是百分之百。

石灰软化法的设备包括：石灰乳配制系统和混凝沉淀过滤系统。石灰软化的混凝沉淀设备与给水处理中的混凝沉淀设备基本相同，处理流程如图 4-5 和图 4-6 所示。

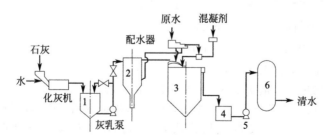

图 4-5　石灰软化系统（澄清过滤）流程
1—石灰乳贮槽；2—饱和器；3—澄清池；4—水箱；5—泵；6—压力过滤器

4.4.2　石灰-纯碱软化法

对于非碳酸盐硬度较高的水，可采用石灰-纯碱软化法，即同时投加石灰和纯碱。石灰-纯碱软化法可以是冷法、温热法或热法。冷法的操作温度为生水温度；热法的操作温度≥98℃；

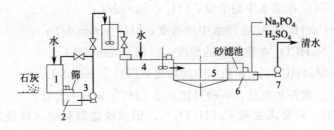

图 4-6　石灰软化系统（平流沉淀池）流程

1—化灰桶；2—灰乳池；3—灰乳泵；4—混合池；5—平流式沉淀池；6—清水池；7—泵

温热法的操作温度介于两者之间，通常是 50℃。纯碱软化反应如下：

$$CaSO_4 + Na_2CO_3 == CaCO_3 \downarrow + Na_2SO_4 \tag{4-53}$$

$$CaCl_2 + Na_2CO_3 == CaCO_3 \downarrow + 2NaCl \tag{4-54}$$

$$MgSO_4 + Na_2CO_3 == MgCO_3 \downarrow + Na_2SO_4 \tag{4-55}$$

$$MgCl_2 + Na_2CO_3 == MgCO_3 + 2NaCl \tag{4-56}$$

$$MgCO_3 + Ca(OH)_2 == CaCO_3 \downarrow + Mg(OH)_2 \tag{4-57}$$

$$Ca(OH)_2 + Na_2CO_3 == CaCO_3 \downarrow + 2NaOH \tag{4-58}$$

用石灰-纯碱法时，加药量必须正确，$Ca(OH)_2$ 或 Na_2CO_3 过量会发生自反应而增加水中 NaOH 的含量。过量的纯碱本身在蒸汽锅炉中会发生如下水解反应：

$$Na_2CO_3 + H_2O \xrightarrow{\triangle} 2NaOH + CO_2 \uparrow \tag{4-59}$$

水解生成的 NaOH 可能成为锅炉苛性脆化或碱性腐蚀的一个因素，CO_2 则会导致凝结水管路发生腐蚀。一般根据软化出水水质控制药剂过剩程度。

石灰控制：2 倍酚酞碱度与甲基橙碱度之差 $= 0.1 \sim 0.3[H^+]$mmol/L。

纯碱控制：甲基橙碱度与硬度之差 $= 0.4 \sim 0.8[H^+]$mmol/L。

在含 CO_2 高的生水中用此法时，可在软化前先进行曝气处理，更为经济。

采用石灰-纯碱软化法，同时投加混凝剂，其药剂用量为：

$$CaO = 28(CO_2 + H_T + H_{Mg} + D_A + 0.2) \tag{4-60}$$

$$Na_2CO_3 = 53(H_F + D_A + A_C) \tag{4-61}$$

式中　CaO——CaO 的投加量，g/cm^3；

$\quad$ Na_2CO_3——Na_2CO_3 的投加量，g/cm^3；

$\quad$ CO_2——原水中 CO_2 的量，$[H^+]$mmol/L；

$\quad$ H_T——原水的碳酸盐硬度，$[H^+]$mmol/L；

$\quad$ H_{Mg}——原水的镁硬度，$[H^+]$mmol/L；

$\quad$ D_A——混凝剂的投加量，$[H^+]$mmol/L；

$\quad$ H_F——原水中非碳酸盐硬度，$[H^+]$mmol/L；

$\quad$ A_C——残余碱度，一般为 $0.5 \sim 0.75[H^+]$mmol/L。

石灰-纯碱软化法所产生的碳酸钙和氢氧化镁虽然是难溶的，但实际操作中还是会有少量钙、镁剩留于溶液中。采用石灰-纯碱软化法处理后的出水硬度在冷法时通常为 $0.5 \sim 0.8$ mmol/L（$1.0 \sim 1.6[H^+]$mmol/L）；温热法时为 $0.3 \sim 0.6$mmol/L（$0.6 \sim 1.2[H^+]$mmol/L）；热法时为 $0.05 \sim 0.2$mmol/L（$0.1 \sim 0.4[H^+]$mmol/L）。硬度还可能更高，这与所用药量及软化要求达到的程度有关。非碳酸盐硬度一般采用离子交换法去除。

4.4.3　石灰-石膏软化法

当原水的碱度大于硬度时，水中无非碳酸盐硬度，而只有 $NaHCO_3$ 存在。对于这种水，采用石灰-石膏（或 $CaCl_2$）软化法比较好，其反应如下：

$$2NaHCO_3 + CaSO_4 + Ca(OH)_2 == 2CaCO_3\downarrow + Na_2SO_4 + 2H_2O \qquad (4-62)$$

4.5 铁氧体沉淀法

铁氧体是一类具有一定晶体结构的复合氧化物，其晶体组织中可以容纳各种不同的金属。它不溶于水，也不溶于酸、碱、盐溶液，具有高的导磁率和高的电阻率（其电阻比铜的大 $10^{13} \sim 10^{14}$ 倍），是一种重要的磁性介质。其制造过程和机械性能与陶瓷品很类似，因此也称磁性瓷。

铁氧体的磁性强弱及其他特性与其化学组成和晶体构成有关。铁氧体的晶格类型有 7 种，组成通式为 $(B'_x B''_{1-x})O \cdot (A'_y A''_{1-y})_2 O_3$。尖晶石型铁氧体是人们最熟悉的铁氧体，其化学组成主要是由二价金属氧化物和三价金属氧化物所构成，可表示为 $BO \cdot A_2 O_3$，其中 B 代表 2 价金属，如 Fe、Mg、Zn、Co、Ni、Ca、Cu、Hg、Bi、Sn 等，A 代表 3 价金属，如 Fe、Al、Cr、Mn、Co、Bi、Ga、As 等。磁铁矿（$FeO \cdot Fe_2 O_3$）就是一种天然的尖晶石型铁氧体。由于阳离子的种类及数量不同，铁氧体有上百种之多。

铁氧体经简单的包覆处理后即使在酸、碱以及盐溶液和水中，铁氧体中的重金属也不会被浸出，没有二次污染。铁氧体沉淀法就是采用适宜的处理工艺，使废水中的各种金属离子形成不溶性的铁氧体晶体而沉淀析出以除去金属离子。

铁氧体沉淀过程是 1973 年在日本电器公司首先提出，并于 20 世纪 70 年代发展起来的一种废水净化方法，主要是利用重金属离子形成不溶性的铁氧体晶粒而沉淀析出，用于含重金属离子（如 Cr^{3+}、Cd^{2+}、Hg^{2+}、Pb^{2+}、Cu^{2+}、Zn^{2+}、Ni^{2+}、Mn^{2+}、As^{3+}）废水的处理。

用铁氧体沉淀法处理废水的工艺过程包括 5 个步骤：

（1）投加亚铁盐

为了形成铁氧体，需要有足量的 Fe^{2+} 和 Fe^{3+}。投加亚铁盐（$FeSO_4$ 或 $FeCl_2$）的作用有 3 个：①补充 Fe^{2+}；②通过氧化，补充 Fe^{3+}；③如水中含有 Cr^{6+}，则将其还原为 Cr^{3+}，作为形成铁氧体的原料之一。如在含铬废水中所形成的铬铁氧体中，Fe^{2+} 和（$Fe^{3+} + Cr^{3+}$）的摩尔比为 $1:2$，而在还原 Cr^{6+} 时 Fe^{2+} 的耗量为 $3molFe^{2+}:1molCr^{6+}$。因此，废水含 $1molCr^{6+}$，理论需要投加的亚铁盐为 5mol，实际投加量稍大于理论值，约 1.15 倍。

（2）加碱沉淀

含重金属离子的废水常呈酸性，加硫酸亚铁后，由于水解作用使 pH 进一步下降，不利于金属氢氧化物沉淀的生成，所以要根据重金属离子的不同，将 pH 值控制在 8～9，各种难溶金属氢氧化物可同时沉淀析出。但不能用石灰调 pH，因为石灰的溶解度小且杂质多，未溶解的颗粒及杂质混入沉淀中，会影响铁氧体的质量。

（3）充氧加热，转化沉淀

为了调整 2 价和 3 价金属离子的比例，通常向废水中通入空气，使部分 Fe(Ⅱ) 转化为 Fe(Ⅲ)。此外，加热可促进反应的进行，同时使氢氧化物胶体破坏和脱水分解，逐渐转化为具有尖晶石结构的铁氧体：

$$Fe(OH)_3 \xupwards{\triangle} FeOOH + H_2O \qquad (4-63)$$

$$FeOOH + Fe(OH)_2 == FeOOH \cdot Fe(OH)_2 \qquad (4-64)$$

$$FeOOH \cdot Fe(OH)_2 + FeOOH \xupwards{\triangle} FeO \cdot Fe_2 O_3 + 2H_2O \qquad (4-65)$$

废水中的其他金属氢氧化物的反应大致与此相同。2 价金属离子占据部分 Fe(Ⅱ) 的位置，3 价金属离子占据部分 Fe(Ⅲ) 的位置，从而使其他金属离子均匀地混杂到铁氧体晶格结构中去，形成特性各异的铁氧体。

加热温度 60~80℃，时间 20min，比较合适。

充氧加热的方式有 2 种：一是对全部废水加热充氧；二是先充氧，然后将组成调整好的氢氧化物沉淀分离出来，再对沉淀物加热。

(4) 固液分离

分离铁氧体沉渣的方法有 3 种：沉淀过滤、离心分离和磁分离。由于铁氧体的密度较大（4.4~5.2g/cm³），采用沉淀过滤和离心分离都能迅速分离。铁氧体微粒多少带点磁性，也可以采用磁力分离机（如高梯度大磁分离机）进行分离。

(5) 沉渣处理

根据沉渣组成、性能及用途的不同，处理方式也不同。若废水成分单纯，浓度稳定，则沉渣可作铁淦氧磁体的原料，此时，沉渣应进行水洗，除去硫酸钠等杂质。

图 4-7 所示是用铁氧体沉淀法处理含铬废水的工艺流程。废水中主要含铁离子和六价铬离子，初始 pH 值为 3~5。废水由调节池进入反应槽，按 $FeSO_4 \cdot 7H_2O : CrO_3 = 16:1$（质量比）投加硫酸亚铁。经搅拌使 Cr^{6+} 与 Fe^{2+} 进行氧化还原反应，然后用 NaOH 调节 pH 值至 7~9，产生氢氧化物沉淀，加热至 60~80℃，通空气曝气 20min。当沉淀呈现黑褐色时，停止通气。之后进行固液分离，铁氧体废渣送去利用，废水经检测达标后排放。

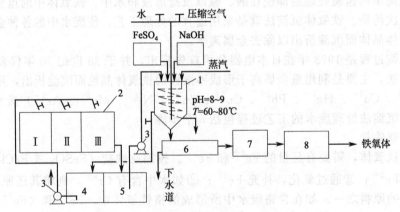

图 4-7 铁氧化沉淀法处理含铬废水的工艺流程

1—反应槽；2—清洗槽；3—泵；4—清水池；5—调节池；6—废渣池；7—离心脱水；8—烘干

铁氧体沉淀法处理废水具有如下优点：①能一次脱除废水中的多种金属离子，出水能达到排放标准；②设备简单，适用范围广，投资少，操作方便；③硫酸亚铁的投量范围大，对水质的适应性强；④沉渣分离容易，可以综合利用或贮存。但铁氧体沉淀过程也存在一些缺点：①不能单独回收有用金属；②需要消耗相当多的硫酸亚铁、一定数量的碱（氢氧化钠）和热能，处理成本高；③出水中硫酸盐的浓度高。

4.6 其他沉淀法

除前述各种常用的沉淀法外，用于废水处理的沉淀法还包括钡盐沉淀法、卤化物沉淀法、磷酸盐沉淀法、磷酸铵镁沉淀法和有机试剂沉淀法等。

4.6.1 钡盐沉淀法

钡盐沉淀法仅限于含 Cr(Ⅵ) 废水的处理，其工艺流程如图 4-8 所示。采用的沉淀剂有

$BaCO_3$、$BaCl_2$ 和 BaS 等，生成铬酸钡（$BaCrO_4$）。铬酸钡的溶度积 $K_{sp}=1.2\times10^{-10}$。

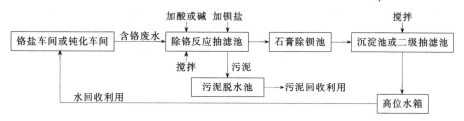

图 4-8　钡盐法除铬工艺流程示意图

钡盐法处理含铬废水要准确控制 pH 值。铬酸钡的溶解度与 pH 值有关：pH 值越低，溶解度越大，对去除铬不利；但 pH 值太高时，CO_2 气体难于析出，也不利于除铬反应的进行。采用 $BaCO_3$ 作沉淀剂时，用硫酸或乙酸调整溶液的 pH 值至 4.5～5，反应速率快，除铬效果好，药剂用量少。但不能用 HCl 调整 pH 值，以防止残氯的影响。采用 $BaCl_2$ 作沉淀剂时，生成的 HCl 会使溶液的 pH 值降低。此时 pH 值应控制高些（6.5～7.5）。

为了促进沉淀，沉淀剂常投加过量，但出水中含过量的钡，也不能排放，一般通过一个以石膏碎块为滤料的滤池，使石膏中的钙离子置换水中的钡离子而生成硫酸钡沉淀。

钡盐法形成的沉渣中主要含铬酸钡，最好回收利用。可向泥渣中投加硝酸和硫酸，反应产物有硫酸钡和铬酸，铬酸的比例约为沉渣∶硝酸∶硫酸＝1∶0.3∶0.08。

4.6.2　卤化物沉淀法

卤化物沉淀法是通过向废水中投加易溶解的卤化物，使其与水中的金属离子反应生成难溶的卤化物沉淀而去除污染物的方法。根据产生的沉淀的种类，卤化物沉淀法可分为：

（1）氯化银沉淀法除银

含银废水主要来源于镀银和照相工艺，通过向废水中投加氯化物可以沉淀回收银。这种方法常用来回收废水中的银。

氰化银镀液中的含银浓度高达 13～45g/L，一般先用电解法回收银，将银的浓度降至 100～500mg/L，然后再用氯化物沉淀法将银的浓度进一步降至几毫克每升。如果在碱性条件下与其他金属氢氧化物共沉淀，可使银的浓度降至 0.1mg/L。当出水中氯离子浓度为 0.5mg/L 时，理论计算的银离子最大浓度为 1.35mg/L。氯离子的浓度越高，则银的浓度越低，但氯离子过量太多时，会生成 $AgCl_2^-$ 络离子，使沉淀又重新溶解。

废水中含有多种金属离子时，调整废水的 pH 值至碱性，同时加氯化物，则其他金属离子形成氢氧化物沉淀，银形成氯化银沉淀。用酸洗沉渣，将氢氧化物沉淀溶出，仅剩下氯化银，实现分离和回收银。镀银废水中常含氰，一般先加氯氧化氰，放出的氯离子又可以与银生成沉淀。据报道，当银和氰质量相等时，投氯量为 3.5mg/mg(CN⁻)，氯化 10min 后，调整 pH 值至 6.5，氰完全氧化，再加氯化铁，以石灰调整 pH 值至 8，沉淀分离后出水中银的浓度由最初的 0.7～40mg/L 降至几乎为 0。

（2）氟化物沉淀法

当废水中含有比较单纯的氟离子时，可通过投加石灰，将废水的 pH 值调整至 10～12，生成 CaF_2 沉淀：

$$Ca^{2+}+2F^+ \longrightarrow CaF_2 \downarrow \qquad (4-66)$$

利用此方法可使废水中的氟浓度降至 10～20mg/L。

如果废水中同时还含有其他金属离子，如 Mg^{2+}、Fe^{3+}、Al^{3+}，则同时会生成金属氢氧化物沉淀，由于吸附共沉淀作用，可使溶液中的氟浓度降至 8mg/L 以下。如果加石灰的同时加入磷酸盐（如过磷酸钙、磷酸氢二钙），则可与氟离子形成难溶的磷灰石沉淀，反应方程式如下：

$$3H_2PO_4^- + 5Ca^{2+} + 6OH^- + F^- = Ca_5(PO_4)_3F\downarrow + 6H_2O \qquad K_{sp} = 6.8\times10^{-60}$$

$$(4-67)$$

当石灰投量为理论量的 1.3 倍，过磷酸钙的投量为理论量的 2～2.5 倍时，可使氟的浓度降至 2mg/L。

4.6.3　磷酸盐沉淀法

含可溶性磷酸盐的废水可以通过加入铁盐或铝盐生成不溶性的磷酸盐沉淀除去。加入铁盐除去磷酸盐时会伴随如下过程发生：①铁的磷酸盐 $[Fe(PO_4)_x(OH)_{3-x}]$ 沉淀；②在部分胶体状的氧化铁或氢氧化铁表面上磷酸盐被吸附；③多核氢氧化铁（Ⅲ）悬浮体的凝聚作用，生成不溶于水的金属聚合物。

科研人员对利用加入 $FeCl_3 \cdot 6H_2O$、$FeCl_3 + Ca(OH)_2$、$AlCl_3 \cdot 6H_2O$ 和 $Al_2(SO_4)_3 \cdot 18H_2O$ 来处理含磷酸盐的废水已经进行了研究并用于实际的生产中。

沉淀剂的加入量应根据亚磷酸的总量来调整，即以亚磷酸对铁或铝的化学比为基础。如果加入的 $FeCl_3$ 或 $AlCl_3$ 水合物的化学计量比为 1.5，则可去除 90% 以上的磷酸盐，加入 2 倍化学计量的 $Al_2(SO_4)_3 \cdot 18H_2O$ 也可以得到同样的结果。利用 $FeCl_3 \cdot 6H_2O + Ca(OH)_2$ 组成的混合沉淀剂，用 0.8 倍化学计量的铁与 100mg/L 的 $Ca(OH)_2$，可将废水中的磷酸盐去除 90% 以上，此种沉淀法的沉淀物可作为肥料。

pH 对沉淀剂有影响，用铁盐来沉淀正磷酸盐时，最好的反应 pH 值是 5；当用铝盐作沉淀剂时，最好的 pH 值是 6；而用石灰时，最好的 pH 值在 10 以上。这些 pH 值也与相应的纯磷酸盐的最小溶解度一致。

也可以采用其他一些盐作沉淀剂。工业上采用连续沉淀工艺，可使废水中残留的磷酸盐达到 $4\mu g/L$。

4.6.4　磷酸铵镁沉淀法

氨氮是导致水体富营养化的主要原因之一，对水中的鱼类等水生生物有直接的危害。严格控制氨氮的排放是目前废水治理的一项重要任务。磷酸铵镁化学沉淀过程去除废水中氨氮具有处理效果好、工艺简单、不受温度限制等优点；对于无法应用生物处理的强毒性废水中氨氮的去除，该过程也能取得很好的效果；如果废水中同时含有较高的 PO_4^{3-}，该过程还可同时起到除磷的作用。由于以上诸多优点，早在 20 世纪 70 年代就有应用该方法去除氨氮的研究报道。

一般情况下，铵根离子形成的盐均为易溶的，但某些复盐难溶于水，如 $MgNH_4PO_4$、$MnNH_4PO_4$、$NiNH_4PO_4$ 等，利用这些复盐可以将氨氮以沉淀的形式从水中分离去除。Mn、Ni、Zn 为重金属，对人及其他生物有毒害作用，通常不可以作为沉淀剂使用，但镁离子可以作为沉淀剂使用。在废水中同时存在氨氮离子、镁离子和磷酸根离子时，就会生成 MAP，其反应方程式如下：

$$Mg^{2+} + NH_4^+ + PO_4^{3-} + 6H_2O \longrightarrow MgNH_4PO_4 \cdot 6H_2O\downarrow \qquad (4-68)$$

将沉淀与废水分离，就可以实现对氨氮的去除。关于磷酸铵镁脱氮的研究有不少报道，主要集中在沉淀剂和沉淀条件的选择上，pH 值、反应物种类、反应物配比等因素都会影响除氮效果。

4.6.5　有机试剂沉淀法

该过程主要是利用有机试剂和废水中的无机或有机污染物发生反应，形成沉淀从而分离。

有机废水中的含酚废水，可用甲醛作沉淀剂将苯酚缩合成酚醛树脂而沉淀析出，在此过程中，酚的回收率可达 99.2%。重金属废水和有机试剂会反应生成金属有机络合物，如用二甲胺原酸钠与 Ni 和 Cu 络合沉淀。

该过程去除污染物的效果较好，但试剂往往较昂贵，同时为避免二次污染，对有机试剂的用量必须进行较为准确的计量。

4.7 化学沉淀法在废水处理中的应用

化学沉淀过程所涉及的设备包括投药系统、化学沉淀反应系统和沉淀分离系统三个部分。化学沉淀过程的药剂投加系统及沉淀分离系统与化学中和、化学混凝过程的投药系统和沉淀分离系统相同；而化学沉淀反应器需要根据不同的化学反应类型和反应时间来综合考虑。

目前，化学沉淀法在废水处理中已得到了广泛的应用。

(1) 处理含酚、含醌废水

向废水中加入沉淀剂形成溶解度很小的碳酸酯、磺酸酯或磷酸酯而去除，或用甲醛缩合成聚合物或与乌洛托品形成包络物而去除。

用苯磺酰氯、戊基磺酰氯或 RSO_2Cl 作沉淀剂，在碱性环境下进行反应。例如，苯磺酰氯可将水中酚的浓度从 1500mg/L 降到 10mg/L 左右，去除率达到 93%。用超声波强化可使酚的残余量降低到 2mg/L，同时还能去除废水中的 CN^- 和 SCN^-。如果选用戊基磺酰氯作沉淀剂，酚的浓度可由 90.0mg/L 降至 0.5mg/L，去除率高达 99.4%，在碱性环境下，温度为 25℃左右搅拌 30min 即可完成本反应。

某些酚可以通过加热生成聚合物而采用沉淀法去除，例如处理含对亚硝基苯酚的废水，先对废水进行加热，使其中的对亚硝基苯酚发生热缩聚反应，进而以缩聚物的形式从废水中析出，这样色度已下降 87%，并回收苯酚 56%，COD 去除 78%，然后再用磷酸三丁酯进行萃取，进一步降低 COD 及酚的含量。

在含酚废水中加入乌洛托品，使苯酚与乌洛托品形成包络物而使之析出，废水得到处理。例如煤气厂的含酚废水可加入乌洛托品，使之成为苯酚-乌洛托品而析出，如 20L 含酚废水，78L 循环母液，加入 340g 乌洛托品，冷至室温，即可回收所形成的包络物。母液浓缩后可循环使用。

(2) 处理含淀粉废水

氧化钙可作为淀粉废水的处理药剂，所得沉淀经焚烧后可回收氧化钙供循环使用。例如，5000mg/L 的氧化钙加到含淀粉（COD 为 5500mg/L 左右）的废水中，经搅拌过滤，COD 可降低至 20mg/L，分出的污泥焚烧后可回收氧化钙。

也可以在淀粉废水中加入黏土、聚合氧化铝及非离子高分子絮凝剂而得到去除，可使淀粉含量从 2500mg/L 降低至 20mg/L，COD 由 1750mg/L 降低到 14mg/L，SS 从 22mg/L 降低到小于 10mg/L。

可用硫酸、氢氧化钠或石灰调整淀粉废水的 pH 值至 8～8.5，然后加入三氯化铝或有机絮凝剂如 Aquofloc、Eddfloc 等，淀粉被分离出来。

在工业实践中，淀粉厂、酒厂、食品加工厂的含淀粉废水处理经常用铝盐作沉淀剂，并配合使用海藻酸钠或羧甲基纤维素。例如 1L 洗水废水含有大约 2000mg/L 的 SS，加入 100mg/L 的铝矾，用氢氧化钠调整 pH 至中性，如果加入 10mg/L 的海藻酸钠，絮凝体的沉降速率为 13cm/s，出水中 SS≤10mg/L；如果不加海藻酸钠，沉降速率只有 5cm/s，出水中 SS＜65mg/L。

(3) 除磷

磷是植物生长的营养元素，生活污水和部分工业废水中含有磷，排入水体环境易产生水体富营养化问题。废水除磷技术有生物除磷和化学除磷两大类，其中化学除磷的原理就是化学沉淀法。

废水中的磷主要以正磷酸盐 PO_4^{3-} 的形式存在。常用的沉淀剂有：

铁盐——以三氯化铁、硫酸亚铁等铁盐为沉淀剂，生成磷酸铁沉淀。使用铁盐作沉淀剂时必须注意，亚铁要先氧化成三价铁（活性污泥法可在曝气池前投加亚铁混凝剂，用溶解氧氧化二价铁为三价铁），才能生成磷酸铁沉淀。钢铁企业的含铁酸洗废液可以作为铁盐沉淀剂用于城市污水的化学法除磷。

铝盐——以三氯化铝、硫酸铝等铝盐为沉淀剂，生成磷酸铝沉淀。

钙盐——以石灰为沉淀剂，生成磷酸钙沉淀。

废水化学除磷一般与废水处理的主要构筑物结合进行。对于活性污泥法污水处理工艺，铁盐或铝盐除磷沉淀剂一般在曝气池中或二沉池前投加，所形成的磷酸铁、磷酸铝沉淀物在二沉池中与活性污泥共沉淀，最终以剩余污泥的形式排出。如在初沉池前投加，因铝盐或铁盐又是混凝剂，所需投加量较大，产生的污泥量也大，且除磷效果不如在后面投加。部分生物除磷与化学除磷相结合的城市污水处理系统需单独设置除磷池。

化学沉淀法除磷只适用于去除正磷酸盐，对于以聚磷酸盐和有机磷形式存在的磷，需先转化为正磷酸盐后才能用化学沉淀法去除。

(4) 除锌

对于含锌废水，可采用碳酸钠作沉淀剂，将它投加于废水中，经混合反应后，可生成碳酸锌沉淀物而从水中析出。沉渣经清水漂洗、真空抽滤，可回收利用。

(5) 除铅

对于含铅废水，可采用碳酸钠作沉淀剂，使其与废水中的铅反应生成碳酸铅沉淀物，再经砂滤，在 pH 值为 $6.4 \sim 8.7$ 时，出水的总铅含量为 $0.2 \sim 3.8 mg/L$，可溶性铅为 $0.1 mg/L$。

(6) 除铜

用化学沉淀法处理含铜废水时，可用碳酸钠作沉淀剂，当废水在碱性条件下，发生式(4-69)所示的化学反应，使铜离子生成不溶于水的碱式碳酸铜沉淀而从水中分离出来：

$$2Cu^{2+} + CO_3^{2-} + 2OH^- = Cu_2(OH)_2CO_3 \downarrow \tag{4-69}$$

4.8 化学还原法

通过投加还原剂，将废水中的有毒物质转化为无毒或毒性较小的物质的方法称为还原法。常用的还原剂有铁屑、锌粉、硼氢化钠、亚硫酸钠、亚硫酸氢钠、水合肼（$N_2H_4 \cdot H_2O$）、硫酸亚铁、氯化亚铁、硫化氢、二氧化硫等。

因为化学还原过程中往往产生不溶性沉淀物，因此也称其为还原沉淀法，将其归属于化学沉淀过程。

4.8.1 化学还原法的分类

在废水处理中，化学还原法主要用于含铬废水和含汞废水的处理，经常使用的还原剂有金属还原剂和盐类还原剂。

(1) 金属还原法

金属还原法是以固体金属为还原剂，用于还原废水中的污染物，特别是汞、铬、镉等重金属离子。常用的金属还原剂有铁、锌、铜、镁等，其中铁、锌因其价格便宜而作为首选的药剂。

用铁屑、铁粉处理废水主要利用铁的还原性、电化学性和铁离子的絮凝吸附作用。一般认为铁在处理废水过程中所能达到的处理效果是这3种性质共同作用的结果。铁在废水处理工程上的应用形式有铁屑过滤法、铁曝法、铁碳法等，其中铁碳法在处理高浓度COD、生物难降解废水方面应用广。

应用铁屑还原法处理含汞废水时，废水自上而下通过铁屑滤床过滤器，铁屑一般采用旋屑或刨屑，废水中的汞离子与铁屑可进行如下反应：

$$Hg^{2+} + Fe \longrightarrow Hg\downarrow + Fe^{2+} \tag{4-70}$$
$$3Hg^{2+} + 2Fe \longrightarrow 3Hg\downarrow + 2Fe^{3+} \tag{4-71}$$

析出的汞在过滤器底部收集。采用铁屑处理废水中的汞时，废水的pH值控制在6~9的范围内，能使单位质量的铁置换出更多的汞；pH<5时，有氧气放出，会影响铁屑的有效表面积。pH值为9~11的含汞废水可用锌粒还原处理。pH值在1~10的范围内可采用铜屑还原。

（2）盐类还原法

盐类还原法是利用一些化学药剂作为还原剂，将有毒物质转化为无毒或低毒物质，并进一步将其除去，使废水得到净化。

在生产实践中，采用盐类还原法处理六价铬时，一般常选用硫酸亚铁作为还原剂和石灰作为碱性药剂，这是因为其价廉易得，经济实用，但石灰中杂质含量较多，产生的泥渣也多。当水量小时，也可以采用氢氧化钠和亚硫酸氢钠，其价格较贵，但泥渣量少。如果有二氧化硫和硫化氢废气时，也可以利用尾气还原法，其特点是以废治废，费用低，设备也简单。

4.8.2 还原法除铬

电镀、制革、冶炼、化工等工业废水中含有剧毒的Cr(Ⅵ)。在酸性条件下（pH<4.2），六价铬主要以$Cr_2O_7^{2-}$形式存在；在碱性条件下（pH>7.6），主要以CrO_4^{2-}形式存在，两种形式之间存在以下转换：

$$2CrO_4^{2-} + 2H^+ == Cr_2O_7^{2-} + H_2O \tag{4-72}$$
$$Cr_2O_7^{2-} + 2OH^- == 2CrO_4^{2-} + H_2O \tag{4-73}$$

六价铬的毒性要比三价铬大100倍左右，国家规定，六价铬的最高允许排放浓度为0.05mg/L。

通常把还原法除铬分两步：第一步还原反应是利用六价铬在酸性条件下氧化反应快的特性，用还原剂将Cr(Ⅵ)还原为毒性较低的Cr(Ⅲ)。一般如果要求反应时间小于30min，反应液的pH值要小于3。第二步碱化反应是在碱性条件下将Cr(Ⅲ)生成$Cr(OH)_3$沉淀去除。常用的还原方法有以下几种。

（1）铁屑（或锌粉）过滤

查标准氧化还原电势可知，$E^{\ominus}(Fe^{2+}/Fe) = -0.44V$，$E^{\ominus}(Zn^{2+}/Zn) = -0.763V$，有较大的负电势，可作为较强的还原剂。工程上常用铁刨花（或锌粉）装入滤柱，处理含铬、汞、铜等重金属的废水。含铬废水在酸性条件下进入铁屑滤柱后，铁放出电子，产生亚铁离子，可将Cr(Ⅵ)还原成Cr(Ⅲ)。化学反应如下：

$$Fe == Fe^{2+} + 2e \tag{4-74}$$
$$Cr_2O_7^{2-} + 6e + 14H^+ == 2Cr^{3+} + 7H_2O \tag{4-75}$$
$$Cr_2O_7^{2-} + 6Fe^{2+} + 14H^+ == 2Cr^{3+} + 6Fe^{3+} + 7H_2O \tag{4-76}$$

随着反应的不断进行，水中消耗了大量的H^+，使OH^-的浓度增高，当其达到一定的浓度时，产生下列反应：

$$Cr^{3+} + 3OH^- \rightleftharpoons Cr(OH)_3 \downarrow \tag{4-77}$$

$$Fe^{3+} + 3OH^- \rightleftharpoons Fe(OH)_3 \downarrow \tag{4-78}$$

氢氧化铁具有絮凝作用，将氢氧化铬吸附凝聚在一起，当其通过铁屑滤柱时，即被截留在铁屑孔隙中，这样使废水中的 Cr(Ⅵ) 及 Cr(Ⅲ) 同时被去除，达到排放标准。当铁屑吸附饱和失去还原能力后，可用酸碱再生，使 Cr(OH)₃ 重新溶解于再生液中：

$$Cr(OH)_3 + 3H^+ \rightleftharpoons Cr^{3+} + 3H_2O \tag{4-79}$$

$$Cr(OH)_3 + OH^- \rightleftharpoons CrO_2^- + 2H_2O \tag{4-80}$$

如用 5% 盐酸作再生液，再生后的残液中含有剩余酸及大量 Fe^{2+}，可用来调整原水的 pH 值及还原 Cr(Ⅵ)，以节省运行费用。

目前还有铁碳还原法，处理效果比单用铁要好，这是由于铁碳形成原电池，加速了氧化还原过程。

（2）硫酸亚铁-石灰还原法

硫酸亚铁-石灰还原法处理含铬废水具有处理效果好、运行费用低等优点。该法主要是利用 Fe^{2+} 的还原性，在 pH 值小于 3 的条件下将 Cr(Ⅵ) 还原为 Cr(Ⅲ)，同时生成 Fe^{3+}，反应式同式(4-76)。

当硫酸亚铁投加量大时，水解能降低溶液的 pH 值，可以不加硫酸。当 Cr(Ⅵ) 浓度大于 100mg/L 时，可按照理论药剂量 Cr(Ⅵ)：$FeSO_4 \cdot 7H_2O$ = 1：16（质量比）投加；当 Cr(Ⅵ) 浓度小于 100mg/L 时，实际用量在 1：(25～32)。碱化反应用石灰乳在 pH 值为 7.5～8.5 的条件下进行中和沉淀。反应式如下：

$$2Cr^{3+} + 3SO_4^{2-} + 3Ca^{2+} + 6OH^- \rightleftharpoons 2Cr(OH)_3 \downarrow + 3CaSO_4 \downarrow \tag{4-81}$$

$$2Fe^{3+} + 3SO_4^{2-} + 3Ca^{2+} + 6OH^- \rightleftharpoons 2Fe(OH)_3 \downarrow + 3CaSO_4 \downarrow \tag{4-82}$$

该法的最终沉淀物为铁铬氢氧化物和硫酸钙的混合物。泥渣量很大，回收利用率低，出水色度很高，容易造成二次污染。

（3）亚硫酸盐还原法

亚硫酸盐还原法是用亚硫酸钠或亚硫酸氢钠作为还原剂，在 pH=1～3 的条件下还原 Cr(Ⅵ)，实际投药比为 Cr(Ⅵ)：$NaHSO_3$ = 1：(4～8)。其处理含铬废水的反应式为：

$$Cr_2O_7^{2-} + 3HSO_3^- + 5H^+ \rightleftharpoons 2Cr^{3+} + 3SO_4^{2-} + 4H_2O \tag{4-83}$$

$$Cr_2O_7^{2-} + 3SO_3^{2-} + 8H^+ \rightleftharpoons 2Cr^{3+} + 3SO_4^{2-} + 4H_2O \tag{4-84}$$

Cr(Ⅵ) 还原后用中和剂 NaOH、石灰，在 pH=7～9 之间以沉淀形式将 Cr^{3+} 去除：

$$2Cr^{3+} + 3SO_4^{2-} + 3Ca^{2+} + 6OH^- \rightleftharpoons 2Cr(OH)_3 \downarrow + 3CaSO_4 （用中和剂石灰） \tag{4-85}$$

$$Cr^{3+} + 3OH^- \rightleftharpoons Cr(OH)_3 \downarrow （用中和剂 NaOH） \tag{4-86}$$

用 NaOH 作为中和剂生成的 Cr(OH)₃ 沉淀纯度较高，可以通过过滤回收，综合利用。石灰中和时生成的泥量较大，难于综合利用。

（4）其他方法

含铬废水处理中还有水合肼（$N_2H_4 \cdot H_2O$）还原法，利用其在中性或微碱性条件下的强还原性直接还原六价铬并生成 Cr(OH)₃ 沉淀去除。反应方程式为：

$$4CrO_3 + 3N_2H_4 \rightleftharpoons 4Cr(OH)_3 \downarrow + 3N_2 \uparrow \tag{4-87}$$

4.8.3 还原法除汞

氯碱、炸药、制药、仪表等工业废水中常含有剧毒的 Hg^{2+}。主要的处理方法是将 Hg^{2+} 还原为 Hg 加以分离回收。目前主要的还原剂有硼氢化钠、比汞活泼的金属（铁屑等）和醛类。

(1) 硼氢化钠还原法

用 $NaBH_4$ 处理含汞废水，可将废水中的汞离子还原成金属汞回收，出水中的含汞量可降到难以检出的程度。为了完全还原，有机汞化合物需先转换成无机盐。硼氢化钠要求在碱性介质中使用。反应如下：

$$Hg^{2+} + BH_4^- + 2OH^- \Longrightarrow Hg + 3H_2 \uparrow + BO_2^- \tag{4-88}$$

图 4-9 为某含汞废水的处理流程。将硝酸洗涤器排出的含汞洗涤水的 pH 值调整到 7~9，使有机汞转化为无机盐。将 $NaBH_4$ 溶液投加到碱性含汞废水中，在混合器中混合并进行还原反应（此时的 pH 值应控制在 9~11 之间），然后送往水力旋流器，可除去 80%~90% 的汞沉淀物（粒径约为 $10\mu m$），汞渣送往真空蒸馏，而废水从分离罐出来后送往孔径为 $5\mu m$ 的过滤器过滤，将残余的汞滤除。H_2 和汞蒸气从分离罐出来后送到硝酸洗涤器，返回原水进行二次回收。1kg $NaBH_4$ 约可回收 2kg 的金属汞。

(2) 金属还原法

用金属还原汞，通常在滤柱内进行。废水与还原剂金属接触，汞离子被还原为金属汞析出。可用作还原剂的金属有铁、锌、锡、铜等，以 Fe 作还原剂为例，其还原反应的方程式如下：

$$Fe + Hg^{2+} \Longrightarrow Fe^{2+} + Hg \downarrow \tag{4-89}$$

$$2Fe + 3Hg^{2+} \Longrightarrow 2Fe^{3+} + 3Hg \downarrow \tag{4-90}$$

上述反应的发生必须将反应温度严格控制在 20~30℃ 范围内。这是因为温度太高时，容易导致汞蒸气逸出。铁屑还原效果与废水的 pH 值有关，当 pH 值低时，由于铁的电极电势比氢的电极电势低，则废水中的氢离子也将被还原为氢气而逸出：

$$Fe + 2H^+ \Longrightarrow Fe^{2+} + H_2 \uparrow \tag{4-91}$$

结果使得铁屑的耗量增大，另外，析出的氢包围在铁屑表面，也会影响反应的进行。因此，一般控制溶液的 pH 值在 6~9 较好。

4.8.4 还原法除铜

工业上含铜废水的还原法处理一般用的还原剂有甲醛、铁屑等。甲醛还原法是利用甲醛在碱性溶液中呈强还原性的特性，将 Cu^{2+} 还原成金属 Cu。反应方程式如下：

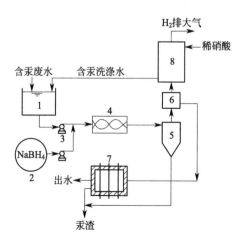

图 4-9 硼氢化钠处理含汞废水

1—集水池；2—$NaBH_4$ 溶液槽；3—泵；
4—混合器；5—水力旋流器；6—分离罐；
7—过滤器；8—硝酸洗涤器

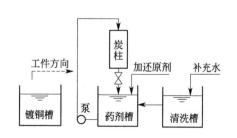

图 4-10 含铜废水还原法槽内处理工艺流程

$$HCHO + 3OH^- \Longrightarrow HCOO^- + 2H_2O + 2e \tag{4-92}$$

$$HCOO^- + 3OH^- \Longrightarrow CO_3^{2-} + 2H_2O + 2e \tag{4-93}$$

$$Cu^{2+} + 2e \Longrightarrow Cu \downarrow \tag{4-94}$$

图 4-10 所示是还原法处理电镀含铜废水的工艺流程，药剂槽用于还原镀液析出铜离子。实际采用的还原剂为：甲醛（36%~38%）1mL/L，氢氧化钾 1g/L，酒石酸钾钠 2g/L。该还原溶液的 pH 值为 12 左右。氢氧化钾主要用于中和镀液带出的酸性溶液，酒石酸钾钠则用于络合 Cu^{2+}，防止发生式(4-95)所示的副反应而生成 $Cu(OH)_2$ 沉淀。

$$Cu^{2+} + 2OH^- \Longrightarrow Cu(OH)_2 \downarrow \tag{4-95}$$

还原后的含铜废水经活性炭吸附，再用硫酸溶液清洗，在有氧条件下，使 Cu 再氧化成硫酸铜回收利用。其反应式为：

$$2Cu + 2H_2SO_4 + O_2 \Longrightarrow 2CuSO_4 + 2H_2O \tag{4-96}$$

参 考 文 献

[1] 张晓健，黄霞. 水与废水物化处理的原理与工艺 [M]. 北京：清华大学出版社，2011.

[2] 唐受印，戴友芝. 水处理工程师手册 [M]. 北京：化学工业出版社，2001.

[3] 吴浩汀. 制革工业废水处理技术及工程实例 [M]. 北京：化学工业出版社，2002.

[4] 王郁，林逢凯. 水污染控制工程 [M]. 北京：化学工业出版社，2008.

第5章

投药、混合、反应设备

废水的化学中和过程、化学混凝过程、化学沉淀过程（包括药剂法化学还原过程）的共同要求是将一定量的药剂投加至待处理废水中，使其与待处理废水充分混合并发生反应，同时使反应产生的沉淀物沉积在反应池底，并定时清理。因此，上述几个操作过程都会涉及投药设备、混合设备、反应设备、沉淀设备与清泥设备。

5.1 投药设备

化学中和过程、化学混凝过程、化学沉淀过程中使用的药剂包括固态、液态和气态三种类型，相应的，药剂投加方法可分为干投法和湿投法，加药系统也可分为干式、湿式（液式）和气式加药三种形式。各种形式加药机的分类如图5-1所示。

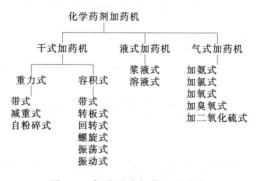

图 5-1　各种形式加药机的分类

5.1.1 药剂投加方法

药剂投加于水中可以采用干投法和湿投法。干投法是将固体药剂磨成粉末后直接投加到水中，其流程是：药剂输送→粉碎→提升→计量→加药混合。由于干投法的投配量难以控制，对机械设备要求高，劳动强度也大，这种方法目前使用较少。

湿投法是将药剂配制成一定浓度的溶液后再定量投加到水中，是目前最常用的方法。两种投药方法的比较见表5-1。

表 5-1　干式与湿式投药方法的比较

方法	优点	缺点
干投法	①设备占地面积小;②投配设备无腐蚀问题;③药剂较为新鲜	①当用药量大时,需要一套破碎药剂设备;②当用药量小时,不易调节;③药剂与水不易调节;④劳动条件差;⑤不适用吸湿性药剂
湿投法	①容易与水充分混合;②适用于各种药剂;③投量易于调节;④运行方便	①设备较复杂,占地面积大;②设备易受腐蚀;③当要求投药量突变时,投量调整较慢

湿法投配药剂溶液的调配方法及适用条件见表 5-2,各种投药方法的比较见表 5-3。

表 5-2　湿法投配药剂溶液的调配方法及适用条件

调配方法	适用条件	一般规定
水力	① 易溶解的药剂 ② 可利用给水系统的压力(约 1.96×10^5 Pa),节省能耗	① 药剂调配槽容积约为药剂的 3 倍 ② 系统水压力需 2×10^5 Pa
机械	各种水量和药剂	搅拌叶轮可用电机带动或水轮带动,桨板转速 $70\sim140$ r/min,设备防腐
压缩空气	较大水量和各种不同的药剂	鼓风强度 $8\sim10$ L/(s·m²);管内气速 $10\sim15$ m/s;孔眼流速 $20\sim30$ m/s;孔眼 $3\sim4$ mm,不宜作较长时间的石灰乳连续搅拌

表 5-3　各种投药方法的比较

方法		作用原理	优缺点	适用情况
重力投加		建造高位药液池,利用重力作用把药剂投入加药点	优点:管理操作简单,投加安全可靠 缺点:必须建高位池	适用于中小型污水处理厂和自来水厂输液管线不宜过长,以免沿程水力损失过大,防止在管线中絮凝
压力投加	水射器	利用高压水在水射器喷嘴处形成的负压将药液射入压力管	优点:设备简单,使用方便 缺点:效率较低,可能引起堵塞	适用于不同规模的污水处理厂或自来水厂,水射器来水压力应≥2.5×10^5 Pa
	加药泵	泵在溶液池内直接吸取药液,加入压力水管内	优点:可以定量投加,不受管压力所限 缺点:价格较贵,泵易堵塞,养护麻烦	适用于大中型污水处理厂或自来水厂

5.1.2　药剂干式投配设备

采用干法投加药剂时,须配备药剂的粉碎设备,一般应具有投配 5kg/h 以上的规模。

(1) 容量式投配设备

容量式投配设备如图 5-2 所示,只限于粉状药剂。以容量计算,边投配边计量。质量稳定时,误差约为 5%。

(2) 重力式投配设备

重力式投配设备如图 5-3 所示,靠重力投加,边投配边计量,投配误差约为 1% 左右。

5.1.3　药剂湿式投配设备

采用湿式投加药剂时,须首先将药剂配制成药剂溶液,因此,湿式投配须配置一套溶解、搅拌、计量和投加设备。

(1) 药剂溶解池

药剂是在溶解池中进行溶解的。为加速药剂的溶解,溶解池应有搅拌设备。常用的搅拌方式有机械搅拌、压缩空气搅拌和水泵搅拌。对无机盐类药剂的溶解池、搅拌设备和管配件,均应考虑防腐措施或用防腐材料。当使用硫酸铁药剂时,由于腐蚀性较强,尤其需要注意。

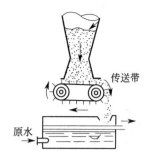

图 5-2 干式容量式投配设备

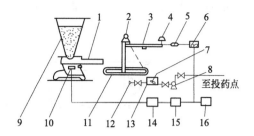

图 5-3 重力式干式连续投配设备

1—药剂输送器；2—传动电动机；3—磅秤；4—重锤；
5—可动铁片；6—检验线圈；7—搅拌机；8—投配泵；
9—漏斗；10—振动调节器；11—传送带；12—溶药用水；
13—溶解槽；14—闸流管；15—相位变换部分；16—手动调节器

溶解池一般建于地面以下以便操作，池顶一般高出地面 0.2m 左右，其容积 W_1 按下式计算：

$$W_1 = (0.2 \sim 0.3) W_2 \tag{5-1}$$

式中 W_2——溶液池容积。

将在溶解池完全溶解后的浓液送入溶液池，用清水稀释到一定浓度以备投加。溶液池的容积 W_2 按下式计算：

$$W_2 = \frac{24 \times 100 aQ}{1000 \times 1000 cn'} = \frac{aQ}{417 cn'} \tag{5-2}$$

式中 Q——处理水量，m^3/h；

a——药剂最大投加量，kg/m^3；

c——药剂质量分数，无机药剂溶液一般用 $10\% \sim 20\%$，有机高分子药剂溶液一般用 $0.5\% \sim 1.0\%$；

n'——每日调制次数，一般为 $2 \sim 6$ 次。

（2）药剂溶液计量设备

药剂溶液计量设备多种多样，应根据具体情况选用，如转子流量计、电磁流量计、计量泵、孔口计量设备等。

① 孔口计量设备 孔口计量设备是常用的简单计量设备，如图 5-4 所示。箱中的水位靠浮球阀保持恒定。在恒定液位下药液从出液管恒定流出。出液管装有苗嘴或孔板，分别如图 5-5 中的（a）和（b）所示。通过更换苗嘴或改变孔板的出口断面，可以调节加药量。

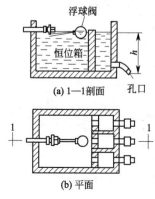

(a) 1—1 剖面

(b) 平面

图 5-4 孔口计量设备

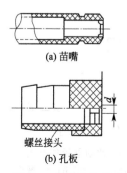

(a) 苗嘴

(b) 孔板

图 5-5 苗嘴和孔板

② 转子流量计计量系统　应根据投药量大小选择合适的转子流量计。

③ 三角堰计量系统　三角堰计量系统如图 5-6 所示，适用于大、中流量的计量。

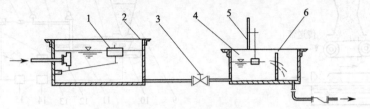

图 5-6　三角堰计量系统

1—浮球阀；2—恒位箱；3—调节阀；4—计量槽；5—浮球标尺；6—三角堰板

（3）药剂溶液投加设备

① 泵前重力投配设备　泵前重力投加方式可以采用图 5-7 所示的装置，直接将药剂溶液投入管道内或水泵吸水管喇叭口处。具有投加安全可靠、操作简单等特点。

② 罐式投配设备　罐式投配设备如图 5-8 所示，仅限于明矾和结晶碳酸钠的投加，药剂充填在罐内，并溶解成溶液。依水的流量按比例投加，投加量不够准确。

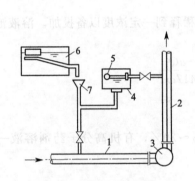

图 5-7　泵前重力投加方式

1—吸水管；2—出水管；3—水泵；
4—水封箱；5—浮球阀；6—溶液；7—漏斗

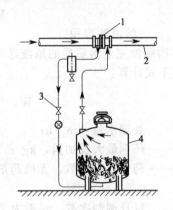

图 5-8　罐式投配设备

1—孔板；2—干管；3—控制阀门；4—药剂溶液罐

③ 水射器投配设备　药剂溶液可采用如图 5-9 所示的水射器向压力管道内投药。水射器的结构如图 5-10 所示。水射器投加设备简单，使用方便，但效率较低。

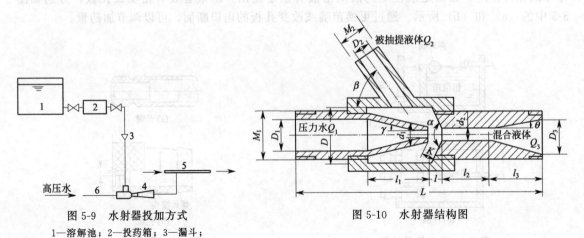

图 5-9　水射器投加方式

1—溶解池；2—投药箱；3—漏斗；
4—水射器；5—压水管；6—高压水管

图 5-10　水射器结构图

④ 计量泵直接投加　如图 5-11 所示，用柱塞泵或螺杆泵定量投加，投药量可通过改变柱塞行程而控制。计量泵直接投加可不必另设计量设备，灵活方便，运行可靠，一般适用于大型城市给水厂和污水处理厂。

⑤ 虹吸式定量投配设备　虹吸式定量投配设备如图 5-12 所示，通过改变虹吸管进口和出口的高度差而实现投量控制。

⑥ 石灰消化投加系统　石灰消化投加系统如图 5-13 所示。

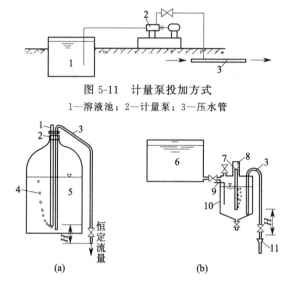

图 5-11　计量泵投加方式
1—溶液池；2—计量泵；3—压水管

图 5-12　虹吸式定量投配设备
1—通气管；2—密封瓶口；3—虹吸管；4—空气泡；
5—药剂溶液；6—溶液箱；7—空气管；8—流量标尺；
9—液位报警器；10—密闭投药箱；11—漏斗

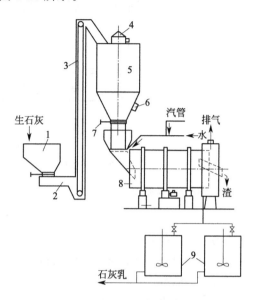

图 5-13　石灰消化投加系统
1—受料槽；2—电磁振动输送机；3—斗式提升机；
4—料仓过滤器；5—料仓；6—振动器；7—插板闸；
8—消石灰机；9—搅拌罐

5.2　混合设备

常用的混合方式有机械搅拌混合、水力混合和水泵混合。几种混合设备的比较见表 5-4。

表 5-4　几种混合设备的比较

混合池型式	优点	缺点	适用条件
桨板式机械混合槽	混合效果良好，水力损失较小	维护管理较复杂	各种水量
分流隔板混合槽	混合效果较好	水力损失大，占地面积大	大中水量
水泵混合	设备简单，混合较为充分，效果好，不消耗动能	管理较复杂，特别是在吸水管较多时，不宜在距离太长时使用	各种水量

5.2.1　机械搅拌混合

机械搅拌混合是在混合池内安装搅拌装置，由电动机驱动进行强烈搅拌，如图 5-14 所示。电动机的功率按照混合阶段对速度梯度的要求进行选配。搅拌装置可以是平直叶桨式、螺旋桨式、涡轮式、直叶桨框式、透平式或船舶推进式。机械混合的优点是混合效果好，搅拌强度随时可调，使用灵活方便，适用于各种规模的水处理厂。缺点是机械设备存在维修问题。

机械搅拌混合搅拌器的线速度为：桨式 1.5～3m/s；推进式 5～15m/s。混合搅拌时间（t）一般为 10～30s，工业应用常取 2min。搅拌池流量 Q 不限，有效容积 $V=Qt$，池深 2～5m，液面

高度 $H = 4V/(\pi D^2)$。计算如下：

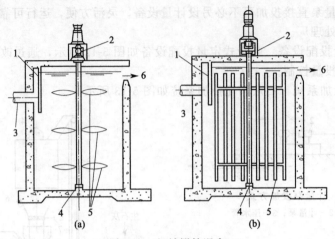

图 5-14 机械搅拌混合

1—挡板；2—电机；3—进水管；4—轴座；5—旋转叶片；6—旋转桨

(1) 混合池容积 $V(\mathrm{m}^3)$

$$V = \frac{QT}{60n} \tag{5-3}$$

式中　Q——设计流量，m^3/h；

　　　T——混合时间，$\min$，$T = 1\min$；

　　　n——池数，个。

(2) 垂直轴转速 $n_0(\mathrm{r/min})$

$$n_0 = \frac{60v}{\pi D_0} \tag{5-4}$$

式中　D_0——桨板外缘直径，m；

　　　v——桨板外缘线速度，$1.5 \sim 3\mathrm{m/s}$。

(3) 需要轴功率 $N_1(\mathrm{kW})$

$$N_1 = \frac{\mu V G^2}{1000} \tag{5-5}$$

式中　μ——水的动力黏度，$\mathrm{N \cdot s/m^2}$；

　　　V——搅拌池的有效容积，m^3；

　　　G——设计速度梯度，$500 \sim 1000\mathrm{s}^{-1}$。

(4) 计算轴功率 $N_2(\mathrm{kW})$

$$N_2 = C\frac{\gamma \omega^3 ZeBR_0^4}{408g} \tag{5-6}$$

式中　C——阻力系数，$0.2 \sim 0.5$；

　　　γ——水的容重，$1000\mathrm{kg/m}^3$；

　　　ω——旋转的角速度，弧度/s，$\omega = \dfrac{2v}{D_0}$；

　　　Z——搅拌器叶数；

　　　e——搅拌器层数；

　　　B——搅拌器宽度，m；

　　　R_0——搅拌器半径，m。

(5) 调整，使 $N_1 \approx N_2$。

(6) 如 N_1 与 N_2 相差甚大，则需改用推进式搅拌器，其电动机功率 $N_3(\mathrm{kW})$

$$N_3 = \frac{N_2}{\sum \eta_n} \tag{5-7}$$

式中 η_n——传动机械效率，一般取 0.85。

5.2.2 水力混合

水力混合是借助水流的动能使药剂溶液与水混合的。目前使用的水力混合设备有分流隔板混合槽和管道静态混合器。

分流隔板混合槽的结构如图 5-15 所示，隔板间距一般为 0.6～1m，流速大于 1.5m/s，转弯处的过水断面积为平流部分过水断面积的 1.2～1.5 倍。

管道静态混合器如图 5-16 所示。在该混合器内，按要求安装若干固定混合单元，每一个混合单元由若干固定叶片按一定的角度交叉组成。当水流和药剂流过混合器时，被单元体多次分隔、转向并形成涡旋，以达到充分混合的目的。静态混合器的特点是构造简单，安装方便，混药过程快速而均匀。

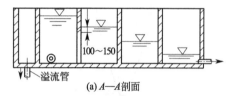

(a) A—A 剖面

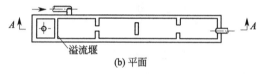

(b) 平面

图 5-15 分流隔板混合槽的结构

图 5-16 管道静态混合器

各种水力混合设备的特点及设计要点如下：

（1）隔板混合池

隔板混合池如图 5-17 所示，其特点及设计要点为：

① 利用水体曲折行进所产生的湍流进行混合；

② 一般为设有三块隔板的窄长形水槽，两隔板的间距为槽宽的 2 倍；

③ 最后一道隔板后的槽中水深不少于 0.4～0.5m，该处的槽中流速 v 为 0.6m/s；

④ 缝隙处的流速 v_0 为 1m/s，每个缝隙处的水力损失为 $0.13v_0^2$m；一般其总水力损失为 0.39m；

⑤ 为避免进入空气，缝隙必须具有淹没水深 100～150mm。

（2）跌水混合池

跌水混合池如图 5-18 所示，其特点及设计要点为：

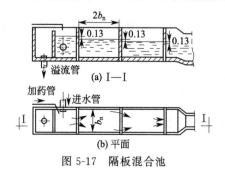

图 5-17 隔板混合池

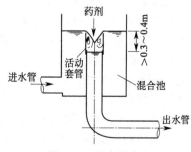

图 5-18 跌水混合池

① 利用水流在跌落过程中产生的巨大冲击达到混合的效果；

② 其构造为在混合池的输水管上加装一活动套管，混合的最佳效果可通过调节活动套管的高低来达到；

③ 套管内外水位差至少应保持 0.3～0.4m，最大不超过 1m。

（3）水跃式混合池

水跃式混合池如图 5-19 所示，其特点及设计要点为：

① 适用于有较多水头的大、中型水厂，利用 3m/s 以上的流速迅速流下时产生的水跃进行混合；

② 水头差至少要在 0.5m 以上。

（4）涡流式混合池

涡流式混合池如图 5-20 所示，其特点及设计要点为：

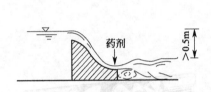

图 5-19 水跃式混合池

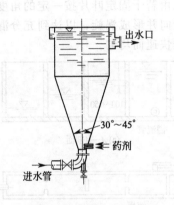

图 5-20 涡流式混合池

① 适用于中小型水厂，特别适合于石灰乳的混合，其单池处理能力为 1200～1500m³/h；

② 其平面形状呈正方形或者圆形，与此相适应的下部呈倒金字塔形或者圆锥形，其中心角 α 为 30°～45°；

③ 进口处上升流速为 1～1.5m/s，混合池上口处流速为 25mm/s；

④ 停留时间 ≤2min，一般可采用 1～1.5min。

（5）穿孔混合池

穿孔混合池如图 5-21 所示，其特点及设计要点为：

① 适用于规模在 1000m³/h 以下的水厂，不适用于石灰乳或者有较大渣子的药剂混合，以免石灰粒子或渣子堵塞孔眼；

② 穿孔混合池为设有三块隔板的矩形水槽，板上具有较多的孔眼，以造成较多的涡流；

③ 最后一道隔板后的槽中水深最少为 0.4～0.5m；该处的槽中流速 v 一般采用 0.6m/s；

④ 两道隔板间的距离等于槽宽；

⑤ 为避免进入空气，孔眼必须具有淹没水深 100～150mm；孔眼处的流速 v_0 可取 1m/s，孔眼直径 d 一般采用 20～120mm，孔眼距为 (1.5～2)d。

（6）廊道式隔板混合池

廊道式隔板混合池如图 5-22 所示，其特点及设计要点为：

① 适用于规模大于 30000m³/d 的水厂；

② 隔板数为 6～7 块，隔板间距不小于 0.7m，停留时间 1.5min；

③ 水在隔板间的流速 v 约为 0.9m/s；

④ 混合池的水力损失 h 为：

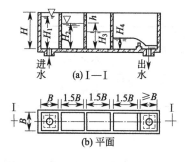

图 5-21 穿孔混合池

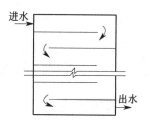

图 5-22 廊道式隔板混合池

$$h = 0.15v^2 s \tag{5-8}$$

式中 s——转弯数。

5.2.3 水泵混合

水泵混合是一种常用混合方式,其加药位置如图 5-23 所示。药剂溶液投加到水泵吸水管上或吸水喇叭口处,利用水泵叶轮高速转动产生的水流紊动来达到药剂与水快速而剧烈地混合。这种混合方式混合效果好,不需另建混合设备,节省投资和运行费用,适用于大、中、小型水厂。但使用三氯化铁作为药剂且投加量较大时,药剂对水泵叶轮有一定的腐蚀作用,因此需在水泵吸入口和出水管内壁涂加耐腐蚀材料。

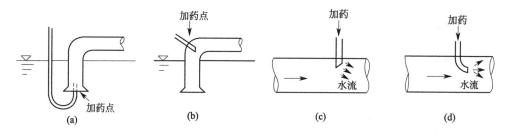

图 5-23 水泵混合的加药位置

(a),(b) 泵前加药点位置;(c),(d) 管道加药示意图

水泵混合适用于取水泵房与药剂处理构筑物相距不远的场合。当两者相距较远时,经水泵混合后的原水在长距离输送过程中可能会在管道中过早地形成絮凝体或沉淀物。过早形成的絮凝体在管道出口处一旦破碎往往难于重新聚集,而不利于后续的絮凝;过早产生的沉淀物会黏附于管道上,造成管道堵塞。

5.3 反应设备

反应设备的主要功能是使经混合后的原水与药剂充分反应。反应设备的形式多种多样,主要有水力隔板反应池、涡流反应池和机械搅拌反应池三大类。几种反应设备的比较见表 5-5。

表 5-5 几种反应设备的比较

反应池型式	优点	缺点	适用条件
平流式隔板反应池 竖流式隔板反应池	反应效果好,构造简单,施工方便	容积较大,水力损失大	水量大于 1000m³/h 且变化较小
回转式隔板反应池	反应效果较好,水力损失较小,构造简单,管理方便	池较深	水量大于 1000m³/h 且变化较小,改建或扩建旧设备

续表

反应池型式	优点	缺点	适用条件
涡流反应池	反应时间短,容积小,造价低	池较深,截头圆锥形池底难于施工	水量小于 $1000 \mathrm{m}^3/\mathrm{h}$
机械搅拌反应池	反应效果好,水力损失小,可适应水质水量的变化	部分设备处于水下,维护较难	各种水量

5.3.1 水力隔板反应池

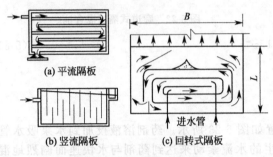

(a) 平流隔板

(b) 竖流隔板　　(c) 回转式隔板

图 5-24　隔板反应池

水力隔板反应池(包括平流式隔板反应池、竖流式隔板反应池和回转式隔板反应池)的应用历史很长,目前仍是一种常用的絮凝反应池。根据构造,隔板反应池有往复式隔板反应池和回转式隔板反应池两种,往复式又可分为平流式隔板反应池和竖流式隔板反应池两种,如图 5-24 所示。

隔板絮凝反应池的设计要求与隔板混合池相同,其设计计算步骤如下:

(1) 总容积 $V(\mathrm{m}^3)$

$$V = \frac{QT}{60} \tag{5-9}$$

式中　Q——设计水量,m^3/h;

　　　　T——反应时间,min。

(2) 每池平面面积 $F(\mathrm{m}^2)$

$$F = \frac{V}{nH_1} + f \tag{5-10}$$

式中　H_1——平均水深,m;

　　　　n——池数,个;

　　　　f——每池隔板所占面积,m^2。

(3) 池子长度 $L(\mathrm{m})$

$$L = \frac{F}{B} \tag{5-11}$$

式中　B——池子宽度,一般采用与沉淀池等宽,m。

(4) 隔板间距 $a_n(\mathrm{m})$

$$a_n = \frac{Q}{3600 n v_n H_1} \tag{5-12}$$

式中　v_n——该段廊道内流速,$\mathrm{m/s}$。

(5) 各段水力损失 $h_n(\mathrm{m})$

$$h_n = \xi S_n \frac{v_0^2}{2g} + \frac{v_n^2}{C_n^2 R_n} l_n \tag{5-13}$$

式中　v_0——该段隔板转弯处的平均流速,$\mathrm{m/s}$;

　　　　S_n——该段廊道内水流转弯次数;

　　　　R_n——廊道断面的水力半径,m;

　　　　C_n——流速系数,根据水力半径 R_n 和池底及池壁粗糙系数而定,通常按满宁公式 $C_n = \frac{1}{\sigma} R_n^{1/6}$ 计算或直接查水力计算表;

ξ——隔板转弯处的局部阻力系数,往复隔板为3.0,回转隔板为1.0;

l_n——该段廊道的长度之和,m。

按各廊道内的不同流速,分成数段分别进行计算后求和,即可求得总水力损失。

(6) 总水力损失 h (m)

$$h = \sum h_n \tag{5-14}$$

根据絮凝反应池容积的大小,往复式絮凝反应池的总水力损失一般在0.3~0.5m,回转式絮凝反应池的总水力损失比往复式的小40%左右。

(7) 平均速度梯度 G (s⁻¹)

$$G = \sqrt{\frac{\gamma h}{60\mu T}} \tag{5-15}$$

式中 γ——水的密度,1000kg/m³;

μ——水的动力黏度,N·s/m²。

隔板絮凝反应池的主要设计参数如下:

① 池数一般不少于2个,絮凝时间一般为20~30min。

② 絮凝池隔板间的流速应沿程递减,起端部分为0.5~0.6m/s,末端部分为0.2~0.3m/s。廊道的分段数一般为4~6,根据分段数确定各段流速。为达到流速递减的目的,有两种措施:一是将隔板间距从起端到末端逐段放宽,池底相平;二是保持隔板间距不变,池底从起端至末端逐渐降低。因施工方便,一般采用前者较多。

③ 为减少水流转弯处的水力损失,转弯处的过水断面应为廊道过水断面的1.2~1.5倍。

④ 为便于施工和检修,隔板净间距一般大于0.5m,池底应有0.02~0.03的坡度并设直径不小于0.15m的排泥管。

隔板絮凝反应池通常适用于大、中型水厂,其优点是构造简单,管理方便;缺点是流量变化大时絮凝效果不易控制,需较长絮凝时间,池容较大。为保证絮凝效果,可把往复式和回转式两种形式组合使用,往复式在前,回转式在后。因为在絮凝初期,絮凝体尺寸较小,无破碎之虑,采用往复式较好;在絮凝后期,絮凝体尺寸较大,易破碎,采用回转式较好。

5.3.2 涡流反应池

涡流反应池如图5-25所示,池体呈锥形,底部锥角30°~60°,锥体截面积逐渐增大,上端设周边集水槽。水流由池底涡旋而上,上升流速由大逐渐减小,形成粗大絮体。其设计要点为:反应时间6~10min,入口流速0.7m/s,上端圆柱部分的上升流速4~6m/s,每米工作水力损失为0.02~0.05m。其设计计算步骤如下:

(1) 圆柱部分面积 f_1 (m²)

$$f_1 = \frac{Q}{3600nv_1} \tag{5-16}$$

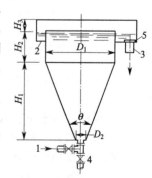

式中 v_1——上部圆柱部分上升流速,m/s;

Q——设计水量,m³/h;

n——池数,个。

(2) 圆柱部分直径 D_1 (m)

$$D_1 = \sqrt{\frac{4f_1}{\pi}} \tag{5-17}$$

图5-25 涡流反应池
1—进水管;2—周边集水槽;
3—出水管;4—放水阀;
5—格栅

式中 f_1——圆柱部分面积,m²。

(3) 圆锥底部面积 f_2 (m²)

$$f_2 = \frac{Q}{3600nv_2} \tag{5-18}$$

式中　v_2——底部入口处流速，m/s。

（4）圆锥底部直径 $D_2(\mathrm{m}^2)$

$$D_2 = \sqrt{\frac{4f_2}{\pi}} \tag{5-19}$$

式中　f_2——圆锥底部面积，m^2。

（5）圆柱部分高度 $H_2(\mathrm{m})$

$$H_2 = \frac{D_1}{2} \tag{5-20}$$

式中　D_1——圆柱部分直径，m。

（6）圆锥部分高度 $H_1(\mathrm{m})$

$$H_1 = \frac{D_1 - D_2}{2} \cot\frac{\theta}{2} \tag{5-21}$$

式中　θ——底部锥角。

（7）每池容积 $V(\mathrm{m}^3)$

$$V = \frac{\pi}{4}D_1^2 H_2 + \frac{\pi}{12}(D_1^2 + D_1 D_2 + D_2^2)H_1 + \frac{\pi}{4}D_2^2 H_3 \tag{5-22}$$

式中　H_3——池底部立管高度，m。

（8）反应时间 $T(\mathrm{min})$

$$T = \frac{60}{q} \tag{5-23}$$

式中　q——每池设计水量，m^3/h。

（9）水力损失 $h(\mathrm{m})$

$$h = h_0(H_1 + H_2 + H_3) + \xi\frac{v^2}{2g} \tag{5-24}$$

式中　h_0——每米工作高度的水力损失，m；

　　　ξ——进口局部阻力系数；

　　　v——进口流速，m/s。

5.3.3　机械搅拌反应池

在机械搅拌反应池中，采用机械搅拌装置对水流进行搅拌，水流能量消耗来源于搅拌机功率的输入。搅拌速度可以通过使用变速电动机或变速箱进行调节。根据搅拌轴的安装位置，机械搅拌反应池分为水平轴式和垂直轴式，分别见图 5-26 中的（a）和（b）。水平轴式常用于大型水厂，垂直轴式一般用于中、小型水厂。搅拌器有桨板式和叶轮式等，目前我国常用前者。

机械搅拌反应池的设计计算步骤如下：

（1）每池容积 $V(\mathrm{m}^3)$

$$V = \frac{QT}{60n} \tag{5-25}$$

式中　Q——设计水量，m^3/h；

　　　T——反应时间，一般为 15～20min；

　　　n——池数，个。

（2）水平轴式池子长度 $L(\mathrm{m})$

$$L \geqslant aZH \tag{5-26}$$

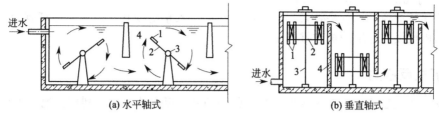

图 5-26　机械搅拌反应池
1—桨板；2—叶轮；3—转轴；4—隔板

式中　α——系数，一般采用 $1.0\sim1.5$；

　　　Z——搅拌轴排数，$3\sim4$ 排。

（3）水平轴式池子宽度 $B(\mathrm{m})$

$$B=\frac{W}{LH} \tag{5-27}$$

式中　H——平均水深，m。

（4）搅拌器转速 $n_0(\mathrm{r/min})$

$$n_0=\frac{60v}{\pi D_0} \tag{5-28}$$

式中　v——叶轮桨板中心点的线速度，m/s；

　　　D_0——叶轮桨板中心点的旋转直径，m。

（5）每个叶轮旋转时克服水的阻力所消耗的功率 $N_0(\mathrm{kW})$

$$N_0=\frac{ykl\omega^3}{408}(r_2^4-r_1^4) \tag{5-29}$$

$$\omega=0.1n_0 \tag{5-30}$$

$$k=\frac{\psi\gamma}{2g} \tag{5-31}$$

式中　y——每个叶轮上的桨板数目，个；

　　　l——桨板长度，m；

　　　r_2——叶轮半径，m；

　　　r_1——叶轮半径与桨板宽度之差，m；

　　　ω——叶轮旋转的角速度，弧度/s；

　　　k——系数；

　　　γ——水的密度，$1000\mathrm{kg/m^3}$；

　　　ψ——阻力系数，$1.10\sim2.00$。

（6）转动每个叶轮所需要电动机功率 $N(\mathrm{kW})$

$$N=\frac{N_0}{\eta_1\eta_2} \tag{5-32}$$

式中　η_1——搅拌器机械总效率，一般采用 0.75；

　　　η_2——传动效率，一般采用 $0.6\sim0.95$。

机械搅拌反应池的主要设计参数如下：

① 每台搅拌器上桨板总面积为水流截面积的 $10\%\sim20\%$，不宜超过 25%。以免池水随桨板同步旋转而减弱搅拌效果。桨板长度不大于叶轮直径的 75%，宽度为 $0.1\sim0.3\mathrm{m}$。

② 搅拌机转速按叶轮半径中心点线速度通过计算确定。絮凝池一般设 $3\sim4$ 格，第一格叶轮中心点线速度为 $0.4\sim0.5\mathrm{m/s}$，逐渐减少至最末一格的 $0.2\mathrm{m/s}$。

③ 絮凝时间通常为 $15\sim20$min。

机械搅拌反应池的优点是效果好，能适应水质、水量的变化，能应用于任何规模的水厂，但需专门的机械设备并增加机械维修工作。

5.3.4 折板反应池

折板反应池是近几年来在国内发展起来的一种新型反应池，它是利用在池中加设一些扰流单元以达到絮凝所要求的絮凝状态，使能量损失得到充分利用，能耗与药耗有所降低，停留时间缩短。折板反应池具有多种形式，常用的有多通道和单通道的平折板、波纹板等。折板反应池可布置成竖流式或平流式，目前以采用竖流式为多。折板反应池要有排泥设施。

竖流式平折板反应池适用于中、小型水厂，折板可采用钢丝网水泥板或其他材质制作。

平折板反应池一般分为三段（也可多于三段）。三段中的折板布置可分别采用相对折板、平行折板及平行直板，如图 5-27 所示。各段的 G 值和 T 值可参照下列数据：

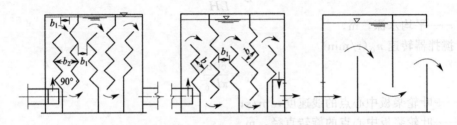

图 5-27　折板反应池的折板布置

第一段（相对折板）：$G=100\mathrm{s}^{-1}$，$T\geqslant120\mathrm{s}$
第二段（平行折板）：$G=50\mathrm{s}^{-1}$，$T\geqslant120\mathrm{s}$
第三段（平行直板）：$G=25\mathrm{s}^{-1}$，$T\geqslant120\mathrm{s}$
GT 值 $\geqslant2\times10^{4}$

第一、二段折板夹角采用 $90°$；折板宽度为 0.5m，折板长度为 $0.8\sim1.0$m；第二段平行折板的间距小于第一段相对折板的峰距。

5.3.5 其他形式反应池

反应池的形式还有多种，也有不同的使用组合。

图 5-28 所示为多级旋流絮凝反应池的示意图。它由若干个方格组成，方格四角抹圆。每一格为一级，一般可分为 $6\sim12$ 级。水流沿池壁切线方向进入后形成旋流。进水孔口上、下交错布置。第一格孔口最小，流速最大，可为 $2\sim3$m/s，而后逐级递减，末端孔口流速为 0.15m/s 左右。絮凝时间为 $15\sim25$min。

多级旋流絮凝反应池的优点是结构简单，施工方便，造价低，可用于中、小型水厂或与其他形式的絮凝池组合应用。缺点是受流量变化影响较大，因此絮凝效果欠佳，池底易产生积泥现象。

各种形式的絮凝反应池都各有其优缺点。不同形式的絮凝反应池组合应用往往可以取长补短，因此在生产中的应用日益增多。如往复式和回转式隔板絮凝反应池可以组合应用，多级旋流与隔板絮凝反应池也可以组合应用。图 5-29 是隔板絮凝反应池和机械絮凝反应池的组合。当水质、水量发生变化时，可以调节机械搅拌强度以弥补隔板絮凝反应池运行不灵活的不足。而一旦机械搅拌设备发生故障，停运检修时，隔板絮凝反应池仍可继续运行。实践证明，不同形式的絮凝反应池组合使用，可保证絮凝效果良好稳定，但设备形式增多，需根据具体情况确定。

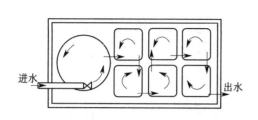

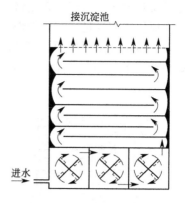

图 5-28 多级旋流絮凝反应池   图 5-29 隔板絮凝反应池和机械絮凝反应池的组合

5.4 沉淀池

沉淀池的作用是为中和、混凝、化学沉淀、化学还原过程中产生的不溶性颗粒物质的沉降提供场合，使其与处理后的水分离。

沉淀池多为钢筋混凝土的水池，一般分为普通沉淀池和斜板（管）式沉淀池两大类。普通沉淀池是废水处理中分离悬浮颗粒的最基本的构筑物，应用十分广泛。根据池内水流方向的不同，普通沉淀池可分为平流式沉淀池、竖流式沉淀池、辐流式沉淀池三种。斜板（管）式沉淀池又分为异向流式和同向流式两种。

5.4.1 平流式沉淀池

5.4.1.1 构造

平流式沉淀池应用很广，特别是在城市给水处理厂和污水处理厂中被广泛采用。平流式沉淀池为矩形水池，如图 5-30 所示，原水从池的一端进入，在池内做水平流动，从池的另一端流出。其基本组成包括：进水区、沉淀区、存泥区和出水区 4 部分。

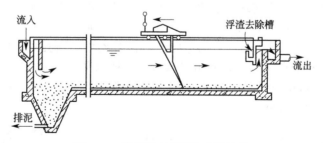

图 5-30 设刮泥车的平流式沉淀池

平流式沉淀池的优点是：沉淀效果好；对冲击负荷和温度变化的适应能力较强；施工简单；平面布置紧凑；排泥设备已定型化。缺点是：配水不易均匀；采用多斗排泥时，每个泥斗需要单独设排泥管各自排泥，操作量大；采用机械排泥时，设备较复杂，对施工质量要求高。平流式沉淀池主要适用于大、中、小型给水和污水处理厂。

（1）进水区

进水区的作用是使水流均匀地分配在沉淀池的整个进水断面上，并尽量减少扰动。

在给水处理中，沉淀单元可以与混凝单元联合使用，但在经过反应后的矾花进入沉淀池时，要尽量避免被湍流打碎，否则将显著降低沉淀效果。因此，反应池与沉淀池之间不宜用管渠连接，而应使水流经过反应后缓慢、均匀地直接流入沉淀池。为防止来自絮凝池的原水中的絮凝体破碎，通常可采用如图 5-31 所示的穿孔花墙将水流均匀地分布于沉淀池的整个断面，孔口流速不宜大于 $0.15\sim0.2\mathrm{m/s}$；孔口断面形状宜沿水流方向逐渐扩大，以减少进口的射流。

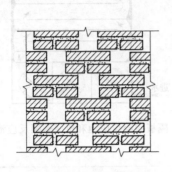

图 5-31 进水穿孔花墙

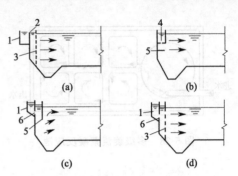

图 5-32 沉淀池进水方式
1—进水槽；2—溢流墙；3—有孔整流墙；
4—底孔；5—挡流板；6—浸没孔

在污水处理工艺中，进水可采用：溢流式入水方式，并设置多孔整流墙 [穿孔墙，见图 5-32(a)]；底孔式入流方式，底部设有挡流板 [大致在 1/2 池深处，见图 5-32(b)]；浸没孔与挡板的组合见图 5-32(c)；浸没孔与有孔整流墙的组合 [见图 5-32(d)]。原水流入沉淀池后应尽快消能，防止在池内形成短流或股流。

（2）沉淀区

为创造一个有利于颗粒沉降的条件，应降低沉淀池中水流的雷诺数和提高水流的弗劳德数。采用导流墙将平流式沉淀池进行纵向分隔可减小水力半径，改善沉淀池的水流条件。

沉淀区的高度与前后相关的处理构筑物的高程布置有关，一般约为 $3\sim4\mathrm{m}$。沉淀区的长度取决于水流的水平流速和停留时间，一般认为沉淀区的长宽比不小于 4，长深比不小于 8。在给水处理中，水流的水平流速一般为 $10\sim25\mathrm{mm/s}$；在废水处理中，对于初次沉淀池一般不大于 $7\mathrm{mm/s}$，对于二次沉淀池一般不大于 $5\mathrm{mm/s}$。

（3）出水区

沉淀后的水应尽量在出水区均匀流出，一般采用溢流出水堰，如自由堰 [见图 5-33(a)] 和锯齿三角堰 [见图 5-33(b)]，或采用浸没式出水孔口 [见图 5-33(c)]。其中锯齿三角堰应用最普遍，水面宜位于齿高的 1/2 处。为适应水流的变化或构筑物的不均匀沉降，在堰口处需设置能使堰板上下移动的调节装置，使出口堰口尽可能水平。堰前应设置挡板，以阻拦漂浮物，或设置浮渣收集和排出装置。挡板应当高出水面 $0.1\sim0.15\mathrm{m}$，浸没在水面下 $0.3\sim0.4\mathrm{m}$，距出水口 $0.25\sim0.5\mathrm{m}$。

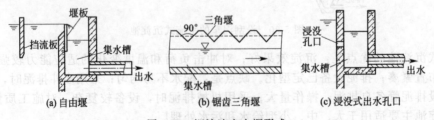

图 5-33 沉淀池出水堰形式

为控制平稳出水，溢流堰单位长度的出水负荷不宜太大。在给水处理中，一般应小于 $5.8\mathrm{L/(m \cdot s)}$。在废水处理中，对初沉池，不宜大于 $2.9\mathrm{L/(m \cdot s)}$；对二次沉淀池，不宜大于 1.7L/(m·s)。为了减少溢流堰的负荷，改善出水水质，溢流堰可采用多槽布置，如图 5-34 所示。

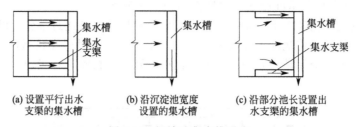

(a) 设置平行出水
支渠的集水槽

(b) 沿沉淀池宽度
设置的集水槽

(c) 沿部分池长设置出
水支渠的集水槽

图 5-34 沉淀池集水槽形式

（4）存泥区及排泥措施

沉积在沉淀池底部的污泥应及时收集并排出，以不妨碍水中颗粒的沉淀。污泥的收集和排出方法有很多，一般可采用设置泥斗，通过静水压力排出 ［见图 5-35(a)］。泥斗设置在沉淀池的进口端时，应设置刮泥车和刮泥机（见图 5-36），将沉积在全池的污泥集中到泥斗处排出。链带式刮泥机装有刮板，当链带刮板沿池底缓慢移动时，把污泥缓慢推入到污泥斗中，当链带刮板转到水面时，又可将浮渣推向出水挡板处的排渣管槽。链带式刮泥机的缺点是机械长期浸没于水中，易被腐蚀，且难维修。桁车刮泥小车沿池壁顶的导轨往返行走，使刮板将污泥刮入污泥斗，浮渣刮入浮渣槽。由于整套刮泥车都在水面上，不易腐蚀，易于维修。

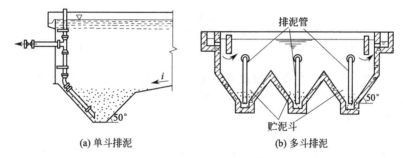

(a) 单斗排泥

(b) 多斗排泥

图 5-35 沉淀池泥斗排泥

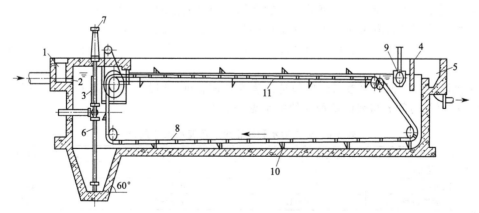

图 5-36 设链带刮泥机的平流式沉淀池

1—进水槽；2—进水孔；3—进水挡板；4—出水挡板；5—出水槽；6—排泥管；
7—排泥阀门；8—链带；9—排渣管槽（能转动）；10—刮板；11—链带支撑

如果沉淀池体积不大，可沿池长设置多个泥斗。此时无需设置刮泥装置，但每个污泥斗应设单独的排泥管及排泥阀，如图 5-35(b) 所示。排泥所需要的静水压力应视污泥的特性而定，如为有机污泥，一般采用 1.5~2.0m，排泥管直径不小于 200mm。

此外，也可以不设泥斗，采用机械装置直接排泥。如采用多口虹吸式吸泥机排泥（如图 5-37 所示）。吸泥动力是利用沉淀池水位所能形成的虹吸水头。刮泥板 1、吸口 2、吸泥管 3、排泥管 4 成排地安装在桁架 5 上，整个桁架利用电机和传动机械通过滚轮架设在沉淀池壁的轨道上行走。在行进过程中将池底积泥吸出并排入排泥沟 10。这种吸泥机适用于具有 3m 以上虹吸水头的沉淀池。由于吸泥动力较小，池底积泥中的颗粒太粗时不易吸起。

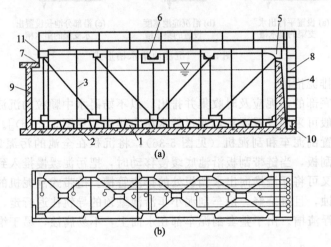

图 5-37　多口虹吸式吸泥机

1—刮泥板；2—吸口；3—吸泥管；4—排泥管；5—桁架；
6—电机和传动机构；7—轨道；8—梯子；9—沉淀池壁；10—排泥沟；11—滚轮

除多口吸泥机外，还有一种单口扫描式吸泥机。其特点是无需成排的吸口和吸管装置，当吸泥机沿沉淀池纵向移动时，泥泵、吸泥管和吸口沿横向往复行走吸泥。

5.4.1.2　工艺设计计算

（1）设计参数的确定

沉淀池设计的主要控制指标是表面负荷和停留时间。如果有悬浮物沉降试验资料，表面负荷 q_0（或颗粒截留沉速 u_0）和沉淀时间 t_0 可由沉淀试验提供。需要注意的是，对于 q_0 或 u_0 的计算，如沉淀属于絮凝沉降，沉淀柱试验水深应与沉淀池的设计水深一致；对于 t_0 的计算，不论是自由沉淀还是絮凝沉淀，沉淀柱水深都与实际水深一致。同时考虑实际沉淀池与理想沉淀池的偏差，应对试验数据进行一定地放大，获得设计表面负荷 q（或颗粒截留沉速 u）和设计沉淀时间 t。

如无沉降试验数据，可参考经验值选择表面负荷和沉淀时间，如表 5-6 所示。沉淀池的有效水深 H、沉淀时间 t 与表面负荷 q 的关系见表 5-7。

表 5-6　城市给水和城市污水沉淀池设计数据

沉淀池类型		表面负荷/[m³/(m²·h)]	沉淀时间/h	堰口负荷/[L/(m·s)]
给水处理（混凝后）		1.0~2.0	1.0~3.0	≤5.8
初次沉淀		1.5~4.5	0.5~2.0	≤2.9
二次沉淀	活性污泥法后	0.6~1.5	1.5~4.0	≤1.7
	生物膜法后	1.0~2.0	1.5~4.0	≤1.7

表 5-7　沉淀池的有效水深 H、沉淀时间 t 与表面负荷 q 的关系

表面负荷 /[m³/(m²·h)]	沉淀时间 t/h				
	$H=2.0m$	$H=2.5m$	$H=3.0m$	$H=3.5m$	$H=4.0m$
2.0	1.0	1.3	1.5	1.8	2.0

续表

表面负荷/[m³/(m²·h)]	沉淀时间 t/h				
	$H=2.0$m	$H=2.5$m	$H=3.0$m	$H=3.5$m	$H=4.0$m
1.5	1.3	1.7	2.0	2.3	2.7
1.2	1.7	2.1	2.5	2.9	3.3
1.0	2.0	2.5	3.0	3.5	4.0
0.6	3.3	4.2	5.0		

（2）设计计算

平流式沉淀池的设计计算主要是确定沉淀区、污泥区、沉淀池总高度等。

① 沉淀区 可按表面负荷或停留时间来计算。从理论上讲，采用前者较为合理，但以停留时间作为指标积累的经验较多。设计时应两者兼顾，或者以表面负荷控制，以停留时间校核，或者相反也可。

第一种方法——按表面负荷计算，通常用于有沉淀试验资料时。

沉淀池的面积为

$$A=\frac{Q}{q} \tag{5-33}$$

式中 A——沉淀池面积，m²；

　　　Q——沉淀池设计流量，m³/s；

　　　q——沉池设计表面负荷，m³/(m²·s)。

沉淀池的长度为

$$L=vt \tag{5-34}$$

式中 L——沉淀池长度，m；

　　　v——水平流速，m/s；

　　　t——停留时间，s。

沉淀池的宽度为

$$B=\frac{A}{L} \tag{5-35}$$

式中 B——沉淀池宽度，m。

沉淀池水深为

$$H=\frac{Q'}{A} \tag{5-36}$$

式中 H——沉淀区水深，m。

第二种方法——以停留时间计算，通常用于无沉淀试验资料时。

① 沉淀池有效容积 V 为

$$V=Qt \tag{5-37}$$

根据选定的有效水深，计算沉淀池宽度为

$$B=\frac{V}{LH} \tag{5-38}$$

② 污泥区 污泥区容积视每日进入的悬浮物量和所要求的贮泥周期而定，可由下式进行计算：

$$V_s=\frac{Q(C_0-C_e)100t_s}{\gamma(100-W_0)} \tag{5-39}$$

$$V_s=\frac{SNt_s}{1000} \tag{5-40}$$

式中 V_s——污泥区容积，m^3；

C_0、C_e——沉淀池进、出水的悬浮物浓度，kg/m^3；

γ——污泥密度，如是有机污泥，由于含水率高，γ 可近似采用 $1000kg/m^3$；

W_0——污泥含水率，%；

S——每人每日产生的污泥量，$L/(人 \cdot d)$，生活污水的污泥量见表 5-8；

N——设计人口数；

t_s——两次排泥的时间间隔，d，初次沉淀池一般按不大于 2d，采用机械排泥时可按 4h 考虑，曝气池后的二次沉淀池按 2h 考虑。

表 5-8 城市污水沉淀池污泥产量

沉淀池类型		污泥量		污泥含水率/%
		/[g/(人·d)]	/[L/(人·d)]	
初次沉淀池		14~27	0.36~0.83	95~97
二次沉淀池	活性污泥法后	10~21		99.2~99.6
	生物膜后	7~19		96~98

③ 沉淀池总高度

$$H_T = H + h_1 + h_2 + h_3 + h_3' + h_3''$$ (5-41)

式中 H_T——沉淀池总高度，m；

H——沉淀区有效水深，m；

h_1——超高，至少采用 0.3m；

h_2——缓冲区高度，无机械刮泥设备时一般取 0.5m，有机械刮泥设备时其上缘应高出刮泥板 0.3m；

h_3——污泥区高度，m，根据污泥量、池底坡度、污泥斗几何高度以及是否采用刮泥机决定，一般规定池底纵坡不小于 0.01，机械刮泥时纵坡为 0；污泥斗倾角：方斗不宜小于 60°，圆斗不宜小于 55°；

h_3'——泥斗高度，m；

h_3''——泥斗以上梯形部分高度，m。

5.4.2 竖流式沉淀池

5.4.2.1 构造

竖流式沉淀池可设计成圆形、方形或多角形，但大部分为圆形。图 5-38 为圆形竖流式沉淀池。原水由中心管下口流入池中，通过反射板的拦阻向四周分布于整个水平断面上，缓慢向上流动。由此可见，在竖流式沉淀池中水流方向是向上的，与颗粒沉降方向相反。当颗粒发生自由沉淀时，只有沉降速度大于水流上升速度的颗粒才能沉到污泥斗中而被去除，因此沉淀效果一般比平流式沉淀池和辐流式沉淀池低。但当颗粒具有絮凝性时，则上升的小颗粒和下沉的大颗粒之间相互接触、碰撞而絮凝，使粒径增大，沉速加快。另外，沉速等于水流上升速度的颗粒将在池中形成一悬浮层，对上升的小颗粒起拦截和过滤作用，因而沉淀效率将有提高。澄清后的水由沉淀池四周的堰口溢出池外。沉淀池贮泥斗倾角为 45°~60°，污泥可借静水压力由排泥管排出。排泥管直径为 0.2m，排泥静水压力为 1.5~2.0m，排泥管下端距池底不大于 2.0m，管上端超出水面不少于 0.4m。可不必装设排泥机械。

竖流式沉淀池的直径与沉淀区的深度（中心管下口和堰口的间距）的比值不宜超过 3，使水流较稳定和接近竖流。直径不宜超过 10m。沉淀池中心管内流速不大于 30mm/s，反射板距中心管口采用 0.25~0.5m，如图 5-39 所示。

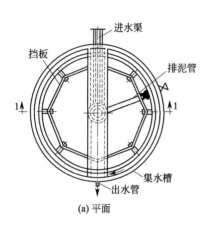

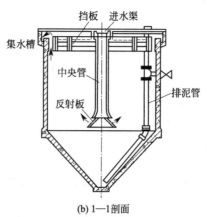

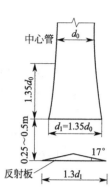

图 5-38　圆形竖流式沉淀池

图 5-39　竖流式沉淀池
中心管出水口

竖流式沉淀池的优点是：排泥方便，管理简单，占地面积较小。缺点是：池深较大，施工困难；对冲击负荷和温度变化的适应能力较差；池径不宜过大，否则布水不匀，因此仅适用于中、小型给水和污水处理厂。

5.4.2.2　设计计算

设计的内容包括沉淀池各部尺寸。

（1）中心管面积与直径

$$f_1 = \frac{Q'}{v_0} \tag{5-42}$$

$$d_0 = \sqrt{\frac{4f_1}{\pi}} \tag{5-43}$$

式中　f_1——中心管截面积，m^2；

Q'——每个池设计流量，m^3/s；

v_0——中心管内的流速，m/s，一般不大于 30mm/s；

d_0——中心管直径，m。

（2）沉淀池的有效沉淀高度，即中心管高度

$$H = vt \tag{5-44}$$

式中　H——有效沉淀高度，m；

v——污水在沉淀区的上升流速，m/s，如有沉淀试验资料，v 不能大于设计的颗粒截留速度 u，后者通过沉淀试验确定 u_0 后求得；如无沉淀试验资料，对于生活污水，v 一般可采用 0.5～1.0mm/s；

t——沉淀时间，s。

（3）中心管喇叭口与反射板之间的缝隙高度

$$h_2 = \frac{Q'}{v_1 \pi d_1} \tag{5-45}$$

式中　h_2——中心管喇叭口与反射板之间的缝隙高度，m；

v_1——中心管喇叭口与反射板之间缝隙的流速，m/s，在初次沉淀池中不大于 20mm/s，在二次沉淀池中不大于 15mm/s；

d_1——喇叭口直径（等于 $1.35d_0$），m。

（4）沉淀池总面积和池径

$$f_2 = \frac{Q'}{v} \tag{5-46}$$

$$A = f_1 + f_2 \tag{5-47}$$

$$D = \sqrt{\frac{4A}{\pi}} \tag{5-48}$$

式中　f_2——沉淀区面积，m^2；

　　　A——沉淀池面积（含中心管面积），m^2；

　　　D——沉淀池直径，m。

（5）污泥斗及污泥斗高度

污泥斗的高度与污泥量有关。污泥斗的高度 h_4 用截圆锥公式：

$$V_1 = \frac{\pi h_4}{3}(r_u^2 + r_u r_d + r_d^2) \tag{5-49}$$

式中　V_1——截圆锥部分容积，m^3；

　　　h_4——污泥斗截圆锥部分高度，m；

　　　r_u——截圆锥上部半径，m；

　　　r_d——截圆锥下部半径，m。

（6）沉淀池总高度

$$H_T = H + h_1 + h_2 + h_3 + h_4 \tag{5-50}$$

式中　H_T——沉淀池总高度，m；

　　　h_1——池超高，m；

　　　h_2——中心管喇叭口与反射板之间的缝隙高度，m；

　　　h_3——缓冲层高度，m，一般为 0.3m。

5.4.3　辐流式沉淀池

5.4.3.1　构造

辐流式沉淀池呈圆形或正方形。直径较大，一般为 20～30m，最大直径达 100m，中心深度为 2.5～5.0m，周边深度为 1.5～3.0m。池直径与有效水深之比不小于 6，一般为 6～12。辐流式沉淀池内水流的流态为辐射形，为达到辐射形的流态，原水由中心或周边进入沉淀池。

中心进水周边出水辐流式沉淀池如图 5-40(a) 所示，在池中心处设有进水中心管。原水从池底进入中心管，或用明渠自池的上部进入中心管，在中心管的周围常有穿孔挡板围成的流入区，使原水能沿圆周方向均匀分布，向四周辐射流动。由于过水断面不断增大，因此流速逐渐变小，颗粒在池内的沉降轨迹是向下弯的曲线（如图 5-41 所示）。澄清后的水从设在池壁顶端的出水槽堰口溢出，通过出水槽流出池外，见图 5-42。为了阻挡漂浮物质，出水槽堰口前端可加设挡板及浮渣收集与排出装置。

周边进水的向心辐流式沉淀池的流入区设在池周边，出水槽设在沉淀池中心部位的 $R/4$、$R/3$、$R/2$ 处或设在沉淀池的周边，俗称周边进水中心出水向心辐流式沉淀池［如图 5-40(b) 所示］或周边进水周边出水向心辐流式沉淀池［如图 5-40(c) 所示］。由于进、出水的改进，向心辐流式沉淀池与普通辐流式沉淀池相比，其主要特点有：

① 出水槽沿周边设置，槽断面较大，槽底孔口较小，布水时水力损失集中在孔口上，使布水比较均匀。

② 沉淀池容积利用系数提高。据试验资料，向心辐流式沉淀池的容积利用系数高于中心进水的辐流式沉淀池。随出水槽的设置位置，容积利用系数的提高程度不高，从 $R/4$ 到 R 的设置位置，容积利用系数分别为 85.7%～93.6%。

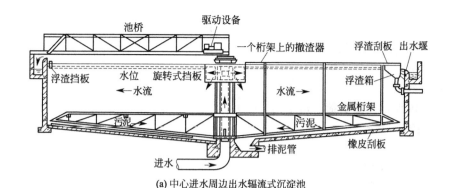

(a) 中心进水周边出水辐流式沉淀池

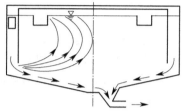

(b) 周边进水中心出水向心辐流式沉淀池　　　　(c) 周边进水周边出水向心辐流式沉淀池

图 5-40　辐流式沉淀池

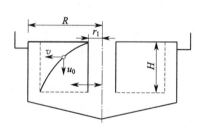

图 5-41　辐流式沉淀池中颗粒沉降轨迹

图 5-42　辐流式沉淀池出水堰

③ 向心辐流式沉淀池的表面负荷比中心进水的辐流式沉淀池提高约 1 倍。

辐流式沉淀池大多采用机械刮泥。通过刮泥机将全池的沉积污泥收集到中心泥斗，可借静水压力或污泥泵排出。刮泥机一般是一种桁架结构（见图 5-43），绕中心旋转，刮泥刀安装在桁架上，可采用中心驱动或周边驱动。当池径小于 20m 时，采用中心传动；当池径大于 20m 时，采用周边传动。池底以 0.05 的坡度坡向中心泥斗，中心泥斗的坡度为 0.12～0.16。

如果沉淀池的直径不大（小于 20m），也可在池底设多个泥斗，使污泥自动滑进泥斗，形成斗式排泥。

图 5-43　辐流式沉淀池机械刮泥装置

辐流式沉淀池的主要优点是：机械排泥设备已定型化，运行可靠，管理较方便。但设备复杂，对施工质量要求高，适用于大、中型污水处理厂，用作初次沉淀池或二次沉淀池。

5.4.3.2　设计计算

（1）每座沉淀池表面积

$$A = \frac{Q}{nq} \tag{5-51}$$

式中　A——沉淀池表面积，m^2；

　　　Q——沉淀池设计流量，m^3/s；

　　　n——池数；

　　　q——沉淀池表面负荷，$\text{m}^3/(\text{m}^2 \cdot \text{s})$。

（2）沉淀池有效水深

$$H = qt \tag{5-52}$$

式中　H——有效水深，m；

　　　t——停留时间，s。

（3）沉淀池总高度

$$H_T = H + h_1 + h_2 + h_3 + h_4 \tag{5-53}$$

式中　H_T——沉淀池总高度，m；

　　　h_1——池超高，m，一般取 0.3m；

　　　h_2——缓冲层高，m，非机械排泥时宜为 0.5m；机械排泥时，缓冲层上缘宜高于刮泥板 0.3m；

　　　h_3——沉淀池底坡落差，m；

　　　h_4——污泥斗高度，m。

沉淀池虽然能比较有效地去除废水中的悬浮物，但还不能将其全部去除，一般去除率在 $40\% \sim 60\%$。另外，沉淀池的体积较大，占地面积也较大。

为了提高沉淀池的分离效果和处理能力，从原水水质入手，改变废水中悬浮物质的状态，使之易于与水分离沉淀，预曝气就是最常采用的一种方法，即在废水进入沉淀池之前，先进行 $10 \sim 20\text{min}$ 的曝气过程。目前采用的预曝气方式主要有两种：一是单纯曝气，即曝气时不加入任何物质，进行的是自然絮凝。这种方法可使沉淀池的工作效率提高 $5\% \sim 8\%$，每平方米污水的曝气量为 0.5m^3；二是在曝气的同时加入生物处理单元排出的活性污泥，利用活性污泥较大的生物絮凝作用，可使沉淀池的沉淀效率达到 80% 以上，BOD_5 的去除率可增加 15% 以上。活性污泥的投入量一般为 $100 \sim 400\text{mg/L}$。另外，从沉淀池的结构方面着手，创造更宜于颗粒分离的边界条件，通常采用对普通池进行改进后的各种新型沉淀池，如根据"浅层理论"开发和研制出的一种沉淀效率是普通沉淀池 10 倍以上的斜板（管）式沉淀池，目前已在污水处理系统中得到了广泛应用。

5.4.4　斜板(管)式沉淀池

5.4.4.1　基本原理

由理想沉淀池的特性分析可知，沉淀池的工作效率仅与颗粒的沉降速度和沉淀池表面负荷有关，而与沉淀池的深度无关。

如图 5-44 所示，将池长为 L、水深为 H 的沉淀池分隔成 n 个水深为 H/n 的沉淀池。设计水平流速（v）和沉速（u_0）不变，则分层后的沉降轨迹线坡度不变。如仍保持与原来沉淀池相同的处理水量，则所需的沉淀池长度可减少为 L/n。这说明，减少沉淀池的深度可以缩短沉淀时间，从而减少沉淀池体积，也就可以提高沉淀效率。这便是 1904 年 Hazen 提出的浅层沉淀理论。

沉淀池分层和分格还将改善水力条件。在同一个断面上进行分层或分格，使断面的湿周增大，水力半径减小，从而降低雷诺数，增大弗劳德数，降低水的紊乱程度，提高水流稳定性，增大沉淀池的容积利用系数。

根据上述的浅层沉淀理论，过去曾经把普通的平流式沉淀池改建为多层多格的池子，使沉淀面积增加。但在工程实际应用中，采用分层沉淀、排泥十分困难，因此一直没有得到应用。将分层隔板倾斜一个角度，以便能自行排泥，这种形式即为斜板式沉淀池。如各斜隔板之间还进行分格，即成为斜管式沉淀池。

斜板（管）的断面形状有圆形、矩形、方形和多边形。除圆形以外，其余断面均可同相邻断面共用一条边。斜板（管）的材料要求轻质、坚固、无毒、价廉，目前使用较多的是厚 $0.4 \sim 0.5mm$ 的薄塑料板（无毒聚氯乙烯或聚丙烯）。一般在安装前将薄塑料板制成蜂窝状块体，块体平面尺寸通常不宜大于 $1m \times 1m$。块体用塑料板热轧成半六角形，然后黏合，其黏合方法如图 5-45 所示。

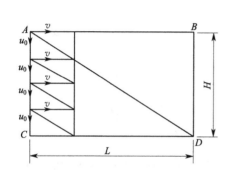

图 5-44 沉淀池分层后长度的缩小

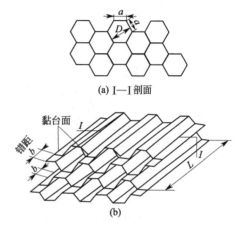

(a) I—I 剖面

(b)

图 5-45 塑料片正六角形斜管黏合示意图

5.4.4.2 斜板（管）式沉淀池的分类

根据水流和泥流的相对方向，可将斜板（管）式沉淀池分为异向流（逆向流）、同向流、横向流（侧向流）三种类型，如图 5-46 所示。

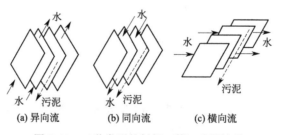

(a) 异向流　　　(b) 同向流　　　(c) 横向流

图 5-46 三种类型的斜板（管）式沉淀池

逆向流的水流向上，泥流向下。斜板（管）倾角为 60°。

同向流的水流、泥流都向下，靠集水支渠将澄清水和沉泥分开（见图 5-47）。水流在进、出水压差（一般在 10cm 左右）的推动下，通过多孔调节板（平均开孔率在 40% 左右），进入集水支渠，再向上流到池子表面的出口集水系统，流出池外。集水装置是同向流斜板（管）的关键装置之一，它既要取出清水，又不能干扰沉泥。因此，该处的水流必须保持稳定，不应出现流速的突变。同时在整个集水横断面上应做到均匀集水。同向流斜板（管）的优点是：水流促进泥向下滑动，保持板（管）的清洁，因而可以将斜板（管）倾角减为 30°~40°，从而提高沉淀效果。缺点是构造比较复杂。

横向流的水流水平流动，泥流向下，斜板（管）的倾角为 60°。横向流斜板（管）水流条件比较差，板间支撑也较难于布置，在国内很少应用。

斜板（管）的长度通常采用 $1 \sim 1.2\text{m}$。同向流斜板（管）的长度通常采用 $2 \sim 2.5\text{m}$，上部倾角为 $30° \sim 40°$，下部倾角为 $60°$。为了防止污泥堵塞及斜板变形，板间垂直间距不能太小，以 $80 \sim 120\text{mm}$ 为宜；斜管内切圆直径不宜小于 $35 \sim 50\text{mm}$。

5.4.4.3 计算

（1）异向流斜板（管）

设斜板（管）长度为 l，倾斜角为 α。原水中颗粒在斜板（管）间的沉降过程可看作是在理想沉淀池中进行。颗粒沿水流方向的斜向上升流速为 v，受重力作用往下沉降的速度为 u_0，颗粒沿两者的矢量之和的方向移动（如图 5-48 所示）。当颗粒由 a 点移动到 b 点，假设碰到斜板（管）就认为是结束了沉降过程，可理解为颗粒以 v 的速度上升 $(l + l_1)$ 的同时以 u_0 的速度下沉 l_2 的距离，两者在时间上相等，即

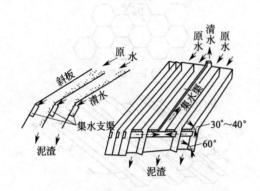

图 5-47 同向流斜板（管）沉淀装置

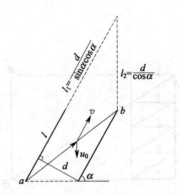

图 5-48 颗粒在异向流斜板间的沉降

$$\frac{l_2}{u_0} = \frac{l + l_1}{v} \tag{5-54}$$

设共有 m 块斜板（管），断面间的高度为 d，则每块斜板（管）的水平间距为 $x = \dfrac{L}{m} = \dfrac{d}{\sin\alpha}$（板厚忽略）。式(5-54)可变化成下式：

$$\frac{v}{u_0} = \frac{l + \dfrac{d}{\sin\alpha\cos\alpha}}{\dfrac{d}{\cos\alpha}} = \frac{l\cos\alpha\sin\alpha + d}{d\sin\alpha} \tag{5-55}$$

斜板（管）中的过水流量为与水流垂直的过水断面面积乘以流速：

$$Q = vLBd\sin\alpha$$

即

$$v = \frac{Q}{LBd\sin\alpha} = \frac{Q}{mdB} \tag{5-56}$$

式中　B——沉淀池宽度，m；

L——沉淀池长度，m。

将式(5-56)代入到式(5-55)，并移项整理，可得：

$$Q = u_0\left(mlB\cos\alpha + \frac{md}{\sin\alpha}B\right) = u_0(mlB\cos\alpha + LB) = u_0(A_{斜} + A_{原}) \tag{5-57}$$

式中　$A_{斜}$——全部斜板（管）的水平断面投影；

$A_{原}$——沉淀池的水表面积。

与未加斜板（管）的沉淀池的出流量 $u_0A_{原}$ 相比，斜板（管）沉淀池在相同的沉淀效率下，可大大提高处理能力。

考虑到在实际沉淀池中，由于进出口构造、水温、沉积物等的影响，不可能全部利用斜板（管）的有效容积，故在设计斜板（管）沉淀池时，应乘以斜板效率 η，此值可取 0.6～0.8，即

$$Q_{设} = \eta u_0 (A_{斜} + A_{原}) \tag{5-58}$$

（2）同向流斜板（管）

如图 5-49 所示，设颗粒由 a 点移动到 b 点，则颗粒以 v 的速度流经 ad 的距离所需时间应和以 u_0 的速度沉降 ac 的距离所需要的时间相同。因此可列出下式：

$$\frac{l_2}{u_0} = \frac{l - l_1}{v}$$

即

$$\frac{v}{u_0} = \frac{l - \dfrac{d}{\sin\alpha\cos\alpha}}{\dfrac{d}{\cos\alpha}} = \frac{l\cos\alpha\sin\alpha - d}{d\sin\alpha} \tag{5-59}$$

仿照异向斜板（管）公式的推导，可以得到：

$$Q = u_0 (A_{斜} - A_{原}) \tag{5-60}$$

$$Q_{设} = \eta u_0 (A_{斜} - A_{原}) \tag{5-61}$$

（3）横向流斜板（管）

横向流斜板（管）沉淀池的沉淀情况如图 5-50 所示。

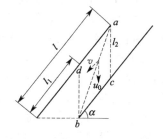

图 5-49　颗粒在同向流斜板（管）间的沉降　　　图 5-50　横向流斜板（管）沉淀池的沉淀

由相似定律，得

$$\frac{v}{u_0} = \frac{L}{l_2} = \frac{L}{\dfrac{d}{\cos\alpha}} \tag{5-62}$$

沉淀池的处理流量为

$$Q = mldv \tag{5-63}$$

将式(5-62)代入到式(5-63)中，并整理，可得

$$Q = mld \frac{u_0 L\cos\alpha}{d} = u_0 A_{斜} \tag{5-64}$$

$$Q_{设} = \eta u_0 A_{斜} \tag{5-65}$$

斜板（管）内的水流速度 v，对于异向流，宜小于 3mm/s；对于同向流，宜小于 8～10mm/s。颗粒截留速度 u_0 根据静置沉淀试验确定。如无试验资料，对于给水处理，可取 $u_0 = 0.2～0.4$mm/s。

5.5　清泥设备

为了保证沉淀池的正常运行，必须连续或定期地将沉淀池中沉积的污泥清排。常用机械方

式清泥。根据清除污泥的方式，清泥机械可分为刮泥机和吸泥机两种。

5.5.1 刮泥机和浓缩机

刮泥机是将沉淀池中的污泥刮到一个集中部位（或沉淀池进水端的集泥斗）的设备，多用于污水处理厂的初次沉淀池，用在重力式污泥浓缩池时称为浓缩机。常用的刮泥机有链条刮板式刮泥机、桁车式刮泥机和回转式刮泥机及浓缩机。

5.5.1.1 链条刮板式刮泥机

链条刮板式刮泥机在两根主链上每隔一定间距装有一块刮板。二条节数相等的链条连成封闭的环状，由驱动装置带动主动链轮转动，链条在导向链轮及导轨的支承下缓慢转动，并带动刮板移动，刮板在池底将沉淀的污泥刮入池端的污泥斗，在水面回程的刮板则将浮渣导入渣槽。

链条刮板式刮泥机的特点是移动的速度可调，常用速度为 0.6～0.9m/min。由于刮板的数量多，工作连续，每个刮板的实际负荷较小，因此刮板的高度只有 150～200mm，它不会使池底污水形成紊流。由于利用回程的刮板刮浮渣，因此浮渣必须设置在出水堰一端。整个设备大部分在水中运转。缺点是单机刮板宽度只有 4～7m；水中运转部件较多，维持困难；大修设备有时需更换所有主链条，成本较高（约占整机成本的 70％以上）。

链条刮板式刮泥机的驱动装置为一台三相异步电动机和一部减速比较大的摆线行星针轮减速器。减速器的输出端安装一只驱动链轮，用驱动链轮带动主动轴转动。这种形式的驱动装置，机械效率约为 75％。主动轴是一根横贯沉淀池的长轴，用普通钢材制造，两端的轴承座固定在池壁上，作用是将驱动链轮传来的动力传到主链轮。为了适应长轴的挠曲，一般采用调心式滚动轴承。由于主动轴在水面以下运行，为了方便加油或者加脂，两个轴承都有通到水面上的加油管。主动链轮按规定的链距安装在主动轴上，用以驱动主链条的运动，主动轴的转速约为 1r/min。导向链轮的轴承座固定在混凝土构筑物上，导向链轮一般没有贯通全池的长轴。由于导向轮都在较深的水下运转，经常加油是非常困难的，因此一般都是采用水润滑的滑动轴承。为了使两根主链条有适当的张紧度，在一对导向轮上还安装了螺旋张紧装置，通过调整导向链轮相对位置来调节链条的张紧度。主链条采用可锻铸铁、不锈钢或高强度塑料制造。刮泥板用柏木、塑料及不锈钢型材制造。刮板导轨用于保持刮板及链条的正确刮泥、刮渣位置。池底的导轨用聚氯乙烯板固定于池底，上面的导轨用聚氯乙烯板固定于钢制的支架上。

链条式刮泥机的机械安全装置大多采用剪切销，主链轮的运动出现异常阻力时，设置在驱动链轮上的剪切销会被切断，使驱动装置与主动轴脱开，用于保证整个设备的安全。在操作中如发生剪切销切断的情况，应首先检查造成过扭矩的原因，例如主链轮及各链轮有无卡死的现象，刮泥板有无歪斜及脱落，池底的泥是否沉积时间过长或者含砂量太大。当造成过扭矩的原因排除后，方可更换剪切销；注意剪切销应使用原厂备件，不可临时加工代用。另外，安装剪切销的链轮上有 1～3 个黄油环，应常加注黄油，以防止锈死。在污水处理厂，使用这种剪切销的机械安全装置还广泛用于格栅除污机、螺旋泵组、螺旋输送机及各种搅拌设备等处。

管式浮渣撇除装置常用一根 $\phi250～300mm$ 的金属管，上面切去 1/4，管子可以由人工控制转动。平时管子的四分之一缺口朝上，水无法流入管内。每隔一段时间，当刮板刮来一定数量的浮渣时，操作人员可朝来渣方向转动横管，使其缺口低于水面，聚集在横管前的浮渣便随水冲入管内，并通过与横管相连的另一管道排出池外。这种装置的关键是横管一端的凸缘轴承，它一方面要转动自如，另一方面又要有一定程度的密封。横管转动失灵或轴承漏水是较常见的故障。另外，撇渣装置的横管是固定的，其缺口浸没于水中，管道靠一只球阀来控制是否排放浮渣。一般每日定时 1～3 次排渣，勿使浮渣聚集太多而造成管道堵塞。

链条式刮泥机的电控制装置很简单，包括一套开关及过载保护系统，以及可调节的定量开关系统。操作者可根据实际需要，控制每一天的间歇运行时间。

5.5.1.2 桁车式刮泥机

桁车式刮泥机安装在矩形平流沉淀池上，往复运动。每一个运行周期包括一个工作行程和一个不工作的返回行程。这种刮泥机的优点是在工作行程中，浸没于水中的只有刮泥板及浮渣刮板，而在返回行程中全机都提出水面，给维修保养带来了很大的方便；由于刮泥与刮渣都是正面推动，因此污泥在池底停留时间短，刮泥机的工作效率高。缺点是运动较为复杂，故障率相对较高。

桁车式刮泥机的结构部分主要包括横跨沉淀池的大梁、轮架以及供操作人员行走的走道、扶手等。目前生产和使用的刮泥机大部分是钢制结构，也有铝合金结构的大梁、轮架。铝合金架比钢铁结构要轻，只有同尺寸钢铁件的 1/3，因而在运行中消耗的动力要比钢铁结构的节省1/2 以上，仅此每年每台机组可节约电能万度以上；而且铝的防腐性能良好，省去了每两年一次的防腐维护费用，整洁美观。缺点是成本高，热胀冷缩现象比钢铁机架要明显。

工作装置主要包括刮泥板、浮渣刮板及其提升装置。提升方式主要有铰盘钢绳式及液压式两种。前者由电动机、摆线针轮减速机、电机制动器、钢绳卷筒及卷筒轴等构成。为了使同一台刮泥机的几个刮泥板同步升降，几个钢绳卷由一台电机驱动。刮板的三个位置由行程开关控制。考虑到污水对钢丝绳的腐蚀，一般采用镀锌钢绳或不锈钢绳。对于这种形式的刮板提升机械，操作人员应时常观察其刮泥板的三个装置，如有偏差应调整钢丝绳的长度及行程开关的触发位置。同时还应保证电机制动器有效工作，因为制动器是为使刮板保持应用位置而设置的。液压式刮板提升装置靠齿轮油泵提供高压油，由电磁阀门控制油路，由液压油缸来提升刮泥板及浮渣刮板。油缸的动作平稳，可以完成较为复杂的动作及保护，特别适用于自动操作，因此液压系统在桁车式刮泥机上使用较多。

桁车往复行走的驱动装置主要由驱动电机、减速机及连接机构组成。驱动电机一般采用双速三相异步电机，在工作行程时用 1500r/min 的转速转动，在返回行程时以 3000r/min 的速度运转，返回速度增加一倍，以节约非工作行程的时间。刮泥机的运行速度很慢，在工作行程时的运动速度为 0.5～1.2m/min，返回行程的速度为 1～2.5m/min。因此驱动减速机的减速比都很大，一般在 1:1000 以上。为了能达到这样的减速比，刮泥机常常使用两级摆线针轮行星减速机或多级齿轮减速机。

摆线针轮行星减速机是国产刮泥机常常采用的减速机，它的减速比大，结构简单，故障率低，但噪声较大。多级齿轮减速机是欧洲产品常采用的机型，常常需要经过 6～7 级减速才能达到需要的减速比，因此结构较复杂，但这种减速机运行平稳，噪声低，效率高。

桁车车轮的驱动方式有分别驱动式和集中驱动式（长轴驱动）两种。分别驱动是每个驱动轮分别用独立的驱动装置驱动，几个驱动装置均以相同的机件组成。为避免桁车走偏，要求几个驱动装置同步运行。一般在桁车跨距较大时采用四只驱动装置；中小跨距时采用两只驱动装置。集中驱动是中小跨距桁车常用的驱动装置，通常由一台电机、一台减速机、传动长轴、轴承座和联轴器等组成。驱动电机及减速机位于长轴的跨中位置，以保证两端驱动轮同步运转。减速器输出轴与长轴之间一般采用链传动。

行走轮按功能有主动行走轮、从动行走轮及导向轮。主动行走轮是通过联轴器与减速机连接在一起的；从动行走轮不与动力装置相连；导向轮一般横向安装，作用于沉淀池的侧壁或中隔墙的导向面上，用于防止桁车运行中的偏斜。按结构分为钢轮和实心橡胶轮两种。钢轮必须在专门铺设在沉淀池两边的钢轨上行驶，优点是导向性好（不需要导向轮）、负重能力强、能支承几十吨重的桁车行走。缺点是运行中振动大，桁架及钢轨在温度变化时的热胀冷缩现象会造成轮距及轨距的误差，从而发生钢轮与钢轨的干涉，即啃轨现象。安装橡胶轮的刮泥机运转平稳，能适应热胀冷缩的变化，但承载能力小，本身没有导向作用，要靠导向轮来保持其运行位置。刮泥机的行走轮一般采用滚动轴承，润滑方式为脂润滑。

行走着的刮泥机必须同外界有电缆连接，以便向机桥传入动力电源和控制信号，传出监测信号。桁车式刮泥机通常使用滑线电缆式或电缆鼓式。滑线电缆式连接可靠，吊在滑线上的电缆一头与刮泥机的控制柜直接相连，另一头与沉淀池边的配电箱相连，数只套在滑线上的滑环使刮泥机在行走中电缆不乱，不拖地。它没有电刷接触，不会发生电弧。尽管这种方式有时有碍池面的美观与整洁，但仍然被相当一部分桁车式刮泥机、吸泥机采用。

电缆鼓由线鼓、扭矩电机、减速机、集电环箱及保护开关构成。扭矩电机与减速机使线鼓产生一个使电缆绕紧的扭矩。当桁车在工作行程时，在桁车的拖动下电缆鼓将电缆展开，使其平铺在地面或电缆槽中。当桁车在返回行程时，电缆又被整齐地绕回鼓上。扭矩电机产生的转矩总是使电缆保持适当的张紧状态。集电环箱中的集电环和电刷将转动的电缆鼓上的信号与电源传给平动着的桁车。如果在运行中电缆绕乱或电缆落入池中，将触动一只电缆鼓保护开关，整机停止运行并报警。电缆鼓无高架的线杆及滑线，使整个池面整齐美观，连接也较为可靠，缺点是结构复杂，其中仍有滑动接触，用久了会发生电刷的烧蚀、磨损，继而造成接触不良。

往复运行的桁车式刮泥机与链条式刮泥机相比，工作程序要复杂得多。它有工作行程与返回行程，并需对这两个行程准确定位；有刮泥板及浮渣刮板的升降及定位；有各种延时及定时开关功能；有过载保护、超定位保护、刮泥板及浮渣刮板保护、电缆鼓保护、油压保护、漏电保持等数种保护功能；有远程监控、自动与手动切换等功能。因此刮泥机上有一个内部结构较为复杂的控制柜，与之连接的传感器、行程开关、保护开关、电磁制动器等形成一套完整的电气控制系统。这套系统还可以通过电缆与污水处理厂的控制室联网，实现远距离监控，并通过控制室实现与污泥泵、浮渣泵等的联动。集成化的可编程控制器（PLC）的应用使得电控系统的功能更加完善，但由于精密度较高，任何一部分失调或损坏都会造成停机事故。

5.5.1.3 回转式刮泥机及浓缩机

在辐流式沉淀池和圆形污泥浓缩池上使用的回转式刮泥机和浓缩机，除了具有刮泥及防止污泥板结的作用外，还利用很多纵向的栅条对池中污泥进行搅拌，用于促进泥水分离。

（1）全跨式与半跨式

半跨式（或单边式）回转式刮泥机在池半径上布置刮泥板，桥架的一端与中心主柱上的旋转支座相接，另一端安装驱动机构和滚轮，桥架做回转运动，每转一圈刮一次泥。其特点是结构简单，成本低，适用于直径 30m 以下的中小型沉淀池。全跨式（或双边式）回转式刮泥机具有横跨直径的工作桥，旋转式桁架为对称的双臂式结构，刮泥板也是对称布置的。对于直径大于 30m 的沉淀池，刮泥机运转一周需 30～100min，采用全跨式可每转一周刮两次泥，可减少污泥在池底的停留时间。有些刮泥机在中心附近与主刮泥板的 90°方向上再增加几个刮泥板，在污泥较厚的部位每回转一周刮四次泥。

（2）中心驱动式与周边驱动式

中心驱动式刮泥机的桥架是固定的，桥架所起的作用是固定中心架位置与安置操作、维修人员走道，驱动装置安置在中心，电机通过减速机使悬架转动。悬架的转动速度非常慢，如果要求外周的刮泥速度为 1.5r/min，对于直径在 20m 以上的沉淀池，则每 40min 转一周。如果驱动电机的转速为 1500r/min，那么减速机的减速比则为 1：60000。通常是使用大减速比的二级摆线针轮行星减速机加一级蜗轮减速装置。由于减速比大，主轴的转矩也非常大，可达 10000～30000N/m。为了防止因刮板阻力大引起的超扭矩而造成的破坏，联轴器上都安装了剪切销。刮泥板安装在悬架下部，为了保证刮泥板与池底的距离并增加悬架的支承力，刮泥板下部都安装有支承轮（一般用尼龙制成）。中心驱动式刮泥机的最大直径一般不超过 30m。

周边驱动式刮泥机的桥架绕中心轴转动，驱动装置与桁车式刮泥机的相似，安装在桥架的两端（单边是一端）。这种刮泥机的刮板与桥架通过支架固定在一起，随桥架绕中心转动。由于周边传动使刮泥机受力状况改善，因此它的回转直径最大可达 60m。

周边驱动式需要在池边的环形轨道上行驶。如果行走轮是钢轮，则需设置环形钢轨；如果是胶轮，则只需要一圈平整的水泥环形池边即可。

由于周边驱动式刮泥机的控制柜及驱动电机都安装在转动的桥架上，它与外界动力电缆、信号电缆的连接要靠集电环，集电环装在桥架的中心，外界电缆通过池下预埋的管子从中心支座通向集电环箱，再由集电环引向控制柜。

（3）斜板式刮泥板与曲线式刮泥板

刮泥板有多种形式，使用较为广泛的是斜板式和曲线式两种。斜板式由多个倾斜安装的刮泥板组成，当斜板绕中心转动时，就产生了一个使污泥向沉淀池中心运动的分力，加之漏斗形的池底也使污泥的重力有一个向中心运动的分力，二力使污泥在随刮板转动时向中心流动。当污泥脱离这个刮板后，靠近中心的另一个刮板又接着刮，使污泥逐级流动，最终进入泥斗。缺点是刮泥板与悬架刚性连接，如果池底出现板结或有较大异物时，会造成阻力急剧增加而导致破坏，长时间停机后开机，应特别注意；另一缺点是刮泥逐级进行，外圈污泥进入泥斗的时间较长，可能会不同程度地发生厌氧分解。

曲线式刮泥板常用的线型有对数螺旋形和外摆线形，安在池底有数个小轮支承，由几根浮动的钢索牵引，随机桥转动。污泥在随刮板转动的同时，在刮板曲线的各点都受到一个使之向中心运动的分力，使污泥沿刮板缓慢向中心流动，最后进入中心泥斗。由于刮板浮动安装，因此当污泥阻力变大时刮板可抬起，避免了刚性连接阻力急剧增加所引起的破坏。另外，污泥是沿刮板连续流动，可以在较短的时间内进入泥斗，但这种刮泥机的直径不宜过大，一般在30m以下。

（4）浮渣排除系统

回转式刮泥机的浮渣排除系统包括刮板及浮渣斗。当浮渣随固定浮渣刮板转动时，浮渣刮板向浮渣施加一个向池边运动的分力，加之转动时的离心力，使浮渣集中于外圈的出水堰附近，通过浮渣斗时被浮渣刮板刮入斗内。浮渣斗上装有冲洗阀门，可通过手动或自动将斗内浮渣冲入池外的浮渣井。

位于漏斗形池底中心的泥斗与排泥管和污泥泵相连，需保持污泥的流动性，为此在泥斗内设置小型刮泥板，刮泥板随着刮泥机转动，缓慢搅拌泥斗中的沉泥，以防止板结。

三角形出水堰的堰口常被一些浮渣堵塞，或生长一些藻类，影响出水均匀，因此刮泥机上常安装一两只转刷，随桥车旋转，清洗出水堰。

（5）浓缩机

浓缩机的作用是促进泥水的分离，使污泥进一步沉淀、浓缩；将浓缩的污泥刮入浓缩池中心的泥斗，以协助污泥泵将泥抽到下一道工序；不停地搅拌沉入浓缩池底的污泥，保持其流动性，防止板结。

回转式浓缩机与回转式刮泥机在结构上的不同是在斜板式刮泥板的上方加了一些纵向栅条，栅条间隔100～300mm。通过栅条缓慢转动时的搅拌作用，促进污泥颗粒的聚结，加快污泥的沉降过程。在运转管理方面，它与刮泥机的区别是浓缩池的进泥往往是间歇的，而浓缩机却应连续运转，以保持泥的流动性。如因维修等原因造成较长时间停机后，在池中有泥时，重新启动应特别注意，板结在池底的泥可能造成很大阻力。

（6）控制系统

与桁车式刮泥机相比，回转式刮泥机的控制是非常简单的，主要包括驱动电机的继电器及空气开关、转刷电机的开关及保护系统等。另外，控制柜还通过集电环和电缆与总控制室相连，实现远距离监控。有的控制系统中安装了时间继电器，以控制其间歇运行。

5.5.2　吸泥机

吸泥机是将沉淀于池底的污泥吸出的机械设备，一般用于二次沉淀池，吸出活性污泥回流至曝气池。大部分吸泥机在吸泥过程中有刮泥板辅助，因此也称为刮吸泥机。吸泥机的吸泥方式有以下几种：

（1）静压式

适用于回转式刮吸泥机。

这种装置将数根吸泥管的上端与一个集泥槽相连，集泥槽半浸入水中使其底面低于沉淀池的水面，每个吸泥管与集泥槽的连接部位安装一个锥形阀门。当泥水满罐时打开锥形阀，由液位差形成的压力使池底的活性污泥不断地经吸泥管流入集泥槽，再由集泥槽通过中心泥罐流入配水井或者回流至污泥泵房。

静压式吸泥的优点是操作方便，每个吸泥管的吸泥量可用锥形阀控制，只要池中液面高于中心泥罐的液面即可工作。缺点是由于结构限制，液位差不能很大，特别是靠近边缘的吸泥管压力差更小一些，吸取较稠的污泥时有一定的困难，有时需要借助其他方式来强制提升污泥。另外，桁车式吸泥机无法使用静压式吸泥。

气提是静压式吸泥的一种辅助手段，它的主要作用是疏通被堵塞的吸泥管，当因故障停机造成池底污泥变稠时，大量上升的气泡有助于污泥与水混合，有助于污泥向上流动。气提装置的气源来自两个方面：一种是主动式，即利用每台吸泥机上安装的气泵供气；一种是被动式，即压力空气直接从鼓风机房用管道引来，这需要在池底敷设管道。压力空气用一根根软管从机桥引到吸泥管下端。

（2）虹吸式

利用虹吸的原理将污泥抽到辐流池底的中心罐或平流池的边侧泥槽中。形成虹吸的条件是虹吸管出口的液面应低于沉淀池的液面。使用这种方式需要在初始时将虹吸管充满水。

（3）泵吸式

在吸泥机上安装一台或数台污水泵直接吸取池底污泥。这种方式由于可以把液面提高到曝气池内，因此不需要有液位差，打开水泵即可抽泥，甚至省去了回流污泥泵及剩余污泥泵。如果沉淀池排空系统失效，这些泵可以把池水抽空作排空泵使用。

（4）静压式与虹吸式、泵吸式配合吸泥

利用静压式吸泥原理使污泥自动流入集泥槽后，再利用虹吸管或吸泥泵从泥槽中将污泥吸到池外。这种方式的适应面广，在不适用静压式吸泥的桁车式吸泥机上也能应用，还可以使用气提协助提升污泥，用锥形阀来调节污泥的流量与浓度。

废水处理中常用的吸泥机是回转式吸泥机与桁车式吸泥机，前者用于辐流式二沉池，后者用于平流式二沉池。

5.5.2.1 桁车式吸泥机

这种吸泥机的结构与桁车式刮泥机相似，也包括桥架和使桥架往复行走的驱动系统，只是将可升降的刮泥板换成了固定于桥架上的污泥吸管。在沉淀池一侧或双侧装有导泥槽，用以将吸取的污泥引到配泥井或回流污泥泵房及剩余污泥泵房。这种吸泥机往复行走，其来回两个行程的速度相同。桁车式吸泥机的运行速度应根据入流污水量、污泥量、池子的深度等诸多因素综合考虑确定，一般为 0.3～1.5m/min，速度过快会使流态产生扰动而影响污泥的沉淀。

（1）向吸泥管集泥的主要形式

每台吸泥机都有两根或多根吸泥管，但吸泥管的吸口不可能将池底完全覆盖，每个吸泥管之间会有很大的空间。为了使空间中的污泥向吸泥管处集中，桁车式吸泥机采取了下述三种方式。

① V 形槽。这种方法是将混凝土的池底做出一些纵向的 V 槽，沉淀于池底的污泥由于重力作用向 V 形槽的底部流动。吸泥管的管口深入槽的底部，沿槽的方向往复行走，吸取槽底集中的泥。

为了克服吸泥机往返行程内吸取污泥浓度不均匀的现象，还有一种回转式吸泥管，即在往返两个行程内，每个吸泥管是在不同的两个 V 形槽中吸泥，吸泥机行走到池子的一端即将返回时吸泥管会自动转到临近的一个 V 形槽内，返回时吸取另一个槽内的沉泥。这种形式的优点是每一个吸泥管吸取污泥时，槽内的污泥的沉降时间是一样的，可使吸区的污泥浓度在一个周期内尽可能均匀。在同样的沉降条件下，采用回转式吸附管，比前一种方法的运行速度快一倍。缺点是结构较为复杂，要求几个吸泥管在到达准确的位置后自动同步转位，还要求回转轴承既能灵活转动，又不能有一点泄漏。工作不协调会导致吸泥口与 V 形槽的干涉，造成损失。

② X 形刮板。这种方法是在固定的吸泥管口安装分布成 X 状的四个小刮板，这样，吸泥机运行的两个方向都可以利用刮板将污泥刮拢到吸泥管口。它的优点是池底可以做成水平的，降低了土建费用，且收集污泥的效果好。缺点是刮泥板会增加运行时的阻力。另外，这种形式出泥的浓度是不均匀的，呈周期性变化。当桁车从进水端向出水端返回时，浓度突然减少，然后逐渐加大，而当从出水端返回时浓度最小，有时甚至类似于清水。

③ 扁平吸口。这种方法是将吸泥管口扩大成扁平的，以扩大吸泥宽度，池底仍可做成水平的。缺点与 X 形刮板一样，出泥浓度不均匀，呈周期性变化。

（2）浮渣的排除

吸泥机上也装有可升降的浮渣刮板，其升降方式也有液压式、电磁式及钢绳式三种。浮渣槽装在进水端的水面，在从进水端向出水端运行时，刮板脱离水面，回程时刮板入水，其排渣过程与桁车式刮泥机的基本相同。

（3）吸泥的方式

桁车式吸泥机的吸泥方式有两种，一种是虹吸式，另一种是泵吸式。

BX 型桁车式泵吸泥机用于平流沉淀池排泥；BXX 型适用于矩形斜管（板）沉淀池排泥，都采用水下无堵泵直接吸泥。

5.5.2.2　回转式吸泥机

回转式吸泥机按驱动方式分中心驱动和周边驱动两种。中心驱动式的驱动电机、减速机等都安装在吸泥机的中心平台上。减速机带动固定在转动支架上的大齿圈，驱动机架旋转。机架的结构形式有两种：一种是桥式，桥架的两端有支承轮与环形轨道，机桥绕中心转动时带动吸泥管转动；另一种是悬式，在桥架的中心有一塔状支架，数根钢索从支架牵住桥架，有些桥架上还设置了浮箱，用于在运行时减轻钢索的拉力。另一种的桥架是固定的，吸泥管固定在旋转支架上，随旋转支架转动。

中心驱动式吸泥机由于其结构的限制，一般仅安装在直径 30m 以下的中小型沉淀池上。

周边驱动式比中心驱动式应用广泛，直径 30m 以上的大型吸泥机一般都采用这种驱动方式。它完全采用桥式结构，在桥架的一端或两端安装驱动电机及减速机，用以带动驱动钢轮或胶轮运转，从而使整个桥架转动。吸泥管、导泥槽、中心泥罐等一起随桥架转动。

回转式吸泥机主要由以下几部分组成。

（1）桥架

桥架分旋转桥架和固定桥架两种，钢或铝合金制造，它起着支承吸泥管，安装泥槽，安装水泵或真空泵，操作维修人员的走道，以及固定控制柜等作用。

（2）端梁

它是周边驱动式吸泥机上用以支承桥架及安装驱动装置及主动和从动行走轮的，中心驱动式吸泥机较少使用端梁。

（3）中心部分

中心部分包括中心集泥罐、稳流筒、中心轴承、集电环箱等。中心集泥罐用于收集吸出的污泥，与泥槽或虹吸管相连，下部有管道通过池底与回流污泥泵房相连。有的中心集泥罐是固定的，虹吸管出泥口围绕其旋转，有的则与集泥槽相连并随桥架一起转动。稳流筒在集泥槽的下部，使进水均匀进入沉淀池，防止产生紊流。中心轴承是维持桥架或旋转支架绕中心轴转动的大型轴承。由于吸泥机驱动方式及运转方式的不同，轴承的类型、规格及安装方式也不尽相同，有的采用滚动轴承，少部分采用滑动轴承。操作人员应保证定期加注润滑脂。集电环及集电环箱是周边驱动式的重要部件。外界的动力电源及监控信号通过埋在池底的电缆从集电环传到转动的吸泥机上去。

（4）工作部分

由固定于桥架或旋转支架上的若干根吸泥管、刮泥板及控制每根吸泥管出泥量的阀门组成。当采用静压式吸泥时，中心泥罐与各个吸泥管由泥槽相连接。由于回转式吸泥机是只朝一个方向转动的，因此多数这种吸泥机的刮板呈 V 形安装在吸泥管口，用于向管口收集污泥。

回转式吸泥机的吸泥管是以其所处位置的半径绕中心转动，每个吸泥管运动的线速度和路程的长短是不一样的。靠近中心的吸泥管的线速度较慢，每一圈行走的路程也短，所控制的池底环形面积也小，而靠近中心边缘的吸泥管则相反。辐流式沉淀池在径向中心部位积泥最多，池中和池周则较少，因此，要使各个吸泥管吸取的污泥浓度尽量一致，操作时应调整每个吸泥管的阀门。如发现某个吸泥管出泥量小，浓度大，就应将阀门开大；如果某个吸泥管出泥太稀，则应将阀门关小。

（5）驱动装置、浮渣排除装置、电气控制系统、出水堰清洗刷等

与回转式刮泥机的基本相同，其中出水堰清洗刷比初沉池更为重要，因为最终沉淀池的出水堰上更容易生长一些苔藓及藻类，影响出水均匀，也影响美观。

参 考 文 献

[1] 陈洪钫，刘家祺. 化工分离过程 [M]. 北京：化学工业出版社，1995.
[2] 陈敏恒，等. 化工原理（上册）[M]. 北京：化学工业出版社，1999.
[3] 唐受印，戴友芝. 水处理工程师手册 [M]. 北京：化学工业出版社，2001.
[4] 周立雪，周波主编. 传质与分离技术 [M]. 北京：化学工业出版社，2002.
[5] 杨春晖，郭亚军主编. 精细化工过程与设备 [M]. 哈尔滨：哈尔滨工业大学出版社，2002.
[6] 宋业林，宋襄翎. 水处理设备实用手册 [M]. 北京：中国石化出版社，2004.
[7] 廖传华，柴本银，黄振仁. 分离过程与设备 [M]. 北京：中国石化出版社，2008.
[8] 王郁，林逢凯. 水污染控制工程 [M]. 北京：化学工业出版社，2008.
[9] 张晓键，黄霞. 水与废水物化处理的原理与工艺 [M]. 北京：清华大学出版社，2011.
[10] 中国石油和化学工业联合会，中国化工经济技术发展中心编. 石油和化工设备选型指南 [M]. 北京：中国财富出版社，2012.

第6章

离子交换

离子交换是利用带有可交换离子（阴离子或阳离子）的不溶性固体与溶液中带有同种电荷的离子之间置换离子而除去水中有害离子的单元操作。含有可交换离子的不溶性固体称为离子交换剂，其中带有可交换阳离子的交换剂称为阳离子交换剂；带有可交换阴离子的交换剂称为阴离子交换剂。

离子交换的实质是离子交换剂的可交换离子与废水中其他同性离子的交换反应，是一种特殊的吸附过程，但与吸附相比，离子交换法主要吸附水中的离子化物质，并进行等物质的量的离子交换。

离子交换分离技术与其他分离技术相比具有如下特点：

① 离子交换操作是一种液-固非均相扩散传质过程，所处理的溶液一般为水溶液。

② 离子交换是水溶液中的被分离组分与离子交换剂中可交换离子进行离子置换反应的过程，且离子交换反应是定量进行的，即有 1mol 的离子被离子交换剂吸附，就必然有 1mol 的另一同性离子从离子交换剂中释放出来。

③ 离子交换剂在使用后，其性能逐渐消失，需经酸、碱再生而恢复使用，同时也将被分离组分洗脱出来。

④ 离子交换分离技术具有优势的分离选择性和很高的浓缩倍数，操作方便，效果突出。

离子交换分离技术最早应用于以沸石类天然矿物为交换剂净化水质。离子交换法具有去除率高、可浓缩回收有用物质、设备简单、操作控制容易等优点，因此离子交换技术很快就推广到许多现代工业的分离过程中，如化学、医药、食品、水处理、湿法冶金、环境保护以及核燃料后处理等方面。但目前应用范围还受到离子交换剂品种、性能、成本的限制，对预处理要求较高，离子交换剂的再生和再生液的处理有时也是一个难题。随着新型离子交换剂的不断开发，特别是离子交换树脂的出现使离子交换技术进入了飞速发展的新阶段，离子交换分离技术作为一种新型提取、浓缩、精制手段，得到了广泛应用，展示了美好前景。

在工业用水处理中，通过离子交换可以制取软化水、脱盐水和纯水；在工业废水处理中，离子交换法主要用于回收有用物质和贵重、稀有金属，如金、银、铜、镉、铬、锌等，也用于放射性废水和有机废水的处理。

6.1 离子交换法的基本原理

6.1.1 离子交换平衡

离子交换反应是一个可逆过程，以 A 型树脂交换溶液中的 B 离子为例，动态平衡反应可用下式表示：

$$Z_B RA + Z_A B \rightleftharpoons Z_B RB + Z_A A \tag{6-1}$$

上式自左向右正向进行时为交换反应，而自右向左进行时为再生反应，离子交换对不同组分显示出的不同平衡特性，是离子交换分离的基础。

此交换反应达到动态平衡时，A 交换 B 的选择性系数 K_A^B 为：

$$K_A^B = \frac{[RB]^{Z_A}(A)^{Z_B}}{[RA]^{Z_B}(B)^{Z_A}} = \left(\frac{A}{RA}\right)^{Z_B} \Big/ \left(\frac{B}{RB}\right)^{Z_A} \tag{6-2}$$

式中　(i)——i 离子的活度；

　　　Z_A——A 离子的价数；

　　　Z_B——B 离子的价数。

显然，若 $K_A^B = 1$，则树脂对任一离子均无选择性；若 $K_A^B > 1$，树脂对 B 离子有选择性，数值越大，选择性越强；若 $K_A^B < 1$，树脂对 A 离子有选择性。

在稀溶液中，各种离子的活度系数接近于 1，式(6-2)中的 (A)、(B) 均可用各自的摩尔浓度表示。若将树脂内液相中离子的活度系数的影响也归并入选择性系数 K 中，则式(6-2)可写为：

$$K = \frac{[RB]^{Z_A}[A]^{Z_B}}{[RA]^{Z_B}[B]^{Z_A}} \tag{6-3}$$

式中　[i]——i 离子的浓度。

设反应开始时，树脂中的可交换离子全部为 A，[A] 等于树脂总交换容量 q_0（mmol/g 干树脂），[RB] $= 0$，水中 [B] $= c_0$（初始浓度，mmol/L），[A] $= 0$；当交换反应达到平衡时，水中 [B] 减小到 c_B，树脂上交换了 q_B 的 B，即 [RB] $= q_B$，则树脂上的 [RA] $= q_0 - q_B$，水中的 [A] $= c_0 - c_B$。由式(6-3) 可得到：

$$K\left(\frac{q_0}{c_0}\right)^{Z_B - Z_A} = \frac{(1 - c_B/c_0)^{Z_B}}{(c_B/c_0)^{Z_A}} \times \frac{(q_B/q_0)^{Z_A}}{(1 - q_B/q_0)^{Z_B}} \tag{6-4}$$

式中 q_0、c_0 和 Z_A、Z_B 已知，只要测定溶液中的 [A] 或 [B]，即可由上式求得 K。

式(6-4)适用于各种离子之间的交换。当 $Z_A = Z_B = 1$ 时，上式简化为：

$$\frac{q_B/q_0}{1 - q_B/q_0} = K \frac{c_B/c_0}{1 - c_B/c_0} \tag{6-5}$$

式中　q_B/q_0——树脂的失效率；

　　　c_B/c_0——溶液中离子残留率。

若以 q_B/q_0 为纵坐标，以 c_B/c_0 为横坐标，作图可得某一 K 值下的等价离子交换理论等温平衡线，如图 6-1 所示。

虽然实际等温平衡线因浓度的影响而与上述理论等温平衡线有一定的差别，但仍然可以利用平衡线图来判断交换反应进行的方向和大致程度以及估算去除一定量离子所需要的树脂量。

图 6-1 中，D 点表示初始状态，若 K 为 0.5，则体系达到平衡时，D 点应移动到 K 为 0.5

的平衡线上。根据树脂和溶液量的不同，平衡点应处在 D_S 和 D_R 两点之间，如 D' 点。移动结果，c_B/c_0 减小，q_B/q_0 增大，反应 RA+B $\rightleftharpoons$ RB+A 向右进行。如果初始点为 D''，平衡时也移动到 D' 点，则 q_B/q_0 减小，c_B/c_0 增大，反应向左进行（再生）。

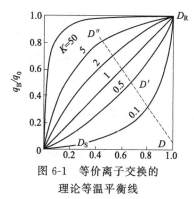

图 6-1　等价离子交换的
理论等温平衡线

由图 6-1 可见，当 q_B/q_0 相同时，K 值越大，c_B/c_0 越小，即水中目的离子浓度越低，交换效果越好。当 $K>1$ 时，平衡线上的 $q_B/q_0>c_B/c_0$，说明目的离子 B 易于交换到树脂上去，树脂对 B 离子有选择性，此种平衡称为有利平衡；反之，当 $K<1$ 时，平衡线上的 $q_B/q_0<c_B/c_0$，称不利平衡；当 $K=1$ 时，称线性平衡。

6.1.2　离子交换速率

离子交换过程可以分为 5 个连续的步骤：①电解质离子由溶液向树脂表面扩散，穿过液膜至树脂表面；②电解质离子进入树脂内部的交联网孔，并在内孔中扩散至某一活性基团位置；③电解质离子与交换剂上可交换离子进行离子交换反应；④交换下来的离子从树脂结构内部向外扩散；⑤交换下来的离子扩散穿过液膜进入水流主体。

因上述第③步速率很快，而第①、②、④、⑤步即离子扩散过程的速率一般较慢，因此离子交换过程的速率主要取决于离子扩散速率。第②步和第④步是离子通过交换剂内部的孔道，即孔道扩散；第①步和第⑤步为液膜扩散。

根据 Fick 定律，液膜扩散速率可写成：

$$\frac{dq}{dt}=D^\circ\frac{c_1-c_2}{\delta} \tag{6-6}$$

式中　c_1、c_2——分别表示扩散界面层两侧的离子浓度，$c_1>c_2$；

　　　　δ——界面层厚度，相当于总扩散阻力的厚度；

　　　　D°——总扩散系数。

单位时间单位体积树脂内扩散的离子量是上述扩散速率与单位体积树脂表面积 S 的乘积，即

$$\frac{dq}{dt}=D^\circ\frac{c_1-c_2}{\delta}S \tag{6-7}$$

式中的 S 与树脂颗粒的有效直径 ϕ、孔隙率 ε 有关，

$$S=B\frac{1-\varepsilon}{\phi} \tag{6-8}$$

式中 B 是与粒度均匀程度有关的系数。由式(6-7)和式(6-8)可得：

$$\frac{dq}{dt}=\frac{D^\circ B(c_1-c_2)(1-\varepsilon)}{\phi\delta} \tag{6-9}$$

据此，可以分析影响离子交换扩散速率的因素：

① 树脂的交联度越大，网孔越小，孔隙度越小，则内孔扩散越慢。大孔树脂的内孔扩散速率比凝胶树脂快得多。

② 树脂颗粒越小，由于内孔扩散距离缩短和液膜扩散的表面积增大，使扩散速率增快。研究表明，液膜扩散速率与粒径成反比，内孔扩散速率与粒径的高次方成反比。但颗粒不宜太小，否则会增加水流阻力，且在反洗时易流失。

③ 溶液离子浓度是影响扩散速率的重要因素，浓度越大，扩散速率越快。一般来说，在树脂再生时，$c_0>0.1$ mol/L，整个交换速率偏向受内孔扩散控制；而在交换制水时，$c_0<$

0.003mol/L，过程偏向受膜扩散控制。

④ 提高水温能使离子的动能增加，水的黏度减小，液膜变薄，因此有利于离子扩散。

⑤ 交换过程中的搅拌或流速提高，使液膜变薄，能加快液膜扩散，但不影响内孔扩散。

$$\delta \approx \frac{0.2r_0}{1+70vr_0} \tag{6-10}$$

式中　r_0——颗粒半径，m；

　　　v——空塔流速，m/h。

⑥ 被交换离子的电荷数与水合离子的半径越大，内孔扩散速率越慢。试验证明，阳离子每增加一个电荷，其扩散速率就减慢到约为原来的1/10。

根据上述对扩散速率影响因素的分析，E. Helfferich 提出判断扩散控制步骤的准数 H_e：

$$H_e = \frac{\left(\dfrac{dq}{dt}\right)'}{\left(\dfrac{dq}{dt}\right)} = \frac{\dfrac{D'}{r_0^2}}{\dfrac{Dc_0}{q_0\delta r_0}}(5+2\alpha) = \frac{D'q_0\delta}{Dc_0r_0}(5+2\alpha) \tag{6-11}$$

式中　$\left(\dfrac{dq}{dt}\right)' = \dfrac{D'}{r_0^2}$——内孔扩散速率；

　　　$\left(\dfrac{dq}{dt}\right) = \dfrac{Dc_0}{q_0\delta r_0}$——液膜扩散速率；

　　　D——液膜扩散系数；

　　　D'——内孔扩散系数；

　　　α——分离系数，当 A、B 离子的价数相等时，$\alpha = 1/K$；

　　　K——选择性系数。

当 $H_e > 1$ 时，过程为液膜扩散控制；当 $H_e < 1$ 时，过程为内孔扩散控制；当 $H_e = 1$ 时，两种扩散同时控制。判断速率控制步骤的目的是为工程上寻求强化传质的措施提供指导。根据上述分析，树脂高交换容量、低交联度（即 D' 大）、小粒径，溶液低浓度、低速流（即 δ 大），均为倾向于液膜扩散控制的条件。

6.2　离子交换剂与离子交换树脂

离子交换法的核心是离子交换剂和离子交换树脂。

6.2.1　离子交换剂

离子交换剂是一种带有可交换离子的不溶性固体。它具有一定的空间网络结构，在与水溶液接触时，就与溶液中的离子进行交换，即其中可交换离子由溶液中的同性离子取代。不溶性固体骨架在这一交换过程中不发生任何化学变化。

离子交换剂的种类很多，根据母体材质的不同，离子交换剂可分为无机质离子交换剂和有机质离子交换剂两大类。离子交换剂的分类见表 6-1。

表 6-1　离子交换剂的分类

名称	无机			有机				
	天然	合成	碳质	合成				
				阳离子交换树脂		阴离子交换树脂		其他
				强酸性	弱酸性	强碱性	弱碱性	
	海绿砂	合成沸石	磺化煤					

（1）无机质离子交换剂

无机质类离子交换剂又可分为天然的（如海绿砂、沸石）和人造的（如合成沸石），沸石对 Ca^{2+}、Mg^{2+}、NH_4^+ 等离子有吸附交换能力。

天然无机质离子交换剂最常见的是沸石，又称结晶性金属铝硅酸盐，其化学式为：

$$\{x(M_{z/n}O)\}\{Al_2O_3\}\{ySiO_2\}\{z(H_2O)\}$$

式中　M——金属；

　　　　n——金属 M 的离了价；

x、y、z——分别为各成分的系数。

沸石的构造是位于 $(SiAl)O_4$ 四面体 4 个顶点的所有氧原子均为硅和铝所共用，形成了在三维空间内互相联结的结构，而且在晶格中形成了有规则的空隙。钠、钾、钙等离子即存在于这种空间中。与水中离子交换时，只有那些能通过晶格空间的离子才能向颗粒内扩散，所以利用这种细孔也能对水中的特定成分进行分离。沸石类的矿物有方沸石、菱沸石、斜发沸石、交沸石、片沸石、钠沸石等。沸石不适用于酸性水质。

合成沸石与天然沸石类似，由于它们能够用其均匀的孔隙结构筛除大分子，因此又称为分子筛，大规模应用的分子筛有 Linde AW400（合成毛沸石）、Linde AW500（合成菱沸石）、Linde AW300（合成丝光沸石）等。此外，现已用磷酸锆盐及锡、钛、钍的化合物制备出许多很有希望的离子交换剂。

（2）有机质离子交换剂

有机质类离子交换剂是一种高分子聚合物电解质，也称为离子交换树脂，是目前使用最广泛的离子交换剂。

天然有机阳离子交换剂主要是磺化煤，是用浓硫酸磺化处理烟煤或褐煤制成，它成本适中，但交换容量低，机械强度和化学稳定性较差。目前在水处理中广泛应用的是有机合成的离子交换树脂，它是一种高分子聚合物，具有多孔状结构，外形为小球。这种高聚物的主要特征是带有许多可以在水中电离的可交换基团，如含有—$SO_3^-H^+$、—COO^-H^+ 等，称为阳树脂；含有—$N(CH_3)_3^+OH^-$、—$N(CH_3)_2C_2H_4^+OH^-$ 等，称为阴树脂。与其他离子交换剂相比，树脂的交换容量大（是沸石和磺化煤的 8 倍以上），阻力小，交换速率快，机械强度高，化学稳定性好，但成本较高。

6.2.2　离子交换树脂的结构

给水处理和工业废水处理中所使用的离子交换剂有离子交换树脂、沸石等，目前所用的主要是离子交换树脂，尤其是人工合成的有机离子交换树脂，由于其不溶于酸、碱溶液及有机溶剂，稳定性强而得到广泛的应用。

离子交换树脂是一类具有离子交换功能的有机高分子聚合电解质材料，形状一般为疏松的具有多孔结构的固体球状颗粒，不溶于水也不溶于电解质，在交联结构的高分子基体上分别以化学键结合着许多交换基团的固定离子和以离子键结合的与固定离子符号相反的离子。

离子交换树脂的化学结构可分为不溶性的树脂母体（骨架）和活性交换基团。作为离子交换剂的树脂母体是有机化合物和交联剂组成的具有线性结构的高分子聚合物，多以苯乙烯的聚合物为原料。交联剂的作用是使树脂母体形成主体的网状结构。交联剂与单体质量比的百分数称为交联度。

树脂具有空间网架多孔结构，外形呈球状颗粒，按粒径分为三种：大粒径树脂（0.6～1.2mm）、中粒径树脂（0.3～0.6mm）和小粒径树脂（0.02～0.1mm）。例如苯乙烯系树脂小球，聚合中以苯乙烯为单体，二乙烯苯为交联剂（常用交联度为 7%），聚合后形成凝胶树脂小球。凝胶树脂是软化除盐常用的树脂母体。除此之外，还有大孔树脂，即在凝胶树脂的生产中加入致孔剂，使树脂含有更多的孔隙，对水中高分子有机物具有较好的吸附去除功能，但交换能力降低。

活性基团由起交换作用的离子和与树脂母体联结的固定离子组成。根据不同用途，树脂上再引入不同的活性交换基团，使其具有交换功能，成为离子交换树脂。

制造离子交换树脂的方法有两种。一是直接聚合有机电解质，如由异丁烯酸和二乙烯苯（交联剂）直接聚合成羧酸型阳离子交换树脂。这种方法制备的树脂质量均匀。二是先聚合单体有机物，然后在聚合物上接入活性交换基团，如先用苯乙烯和二乙烯苯（交联剂）共聚得交联聚苯乙烯，此时的聚合物没有活性交换基团，称为白球。将白球在浓硫酸中加热到100℃，以1%硫酸银为催化剂进行磺化，把聚苯乙烯树脂苯环上的部分 H^+ 置换为磺酸基团（—SO_3H），就得到了强酸性苯乙烯系阳离子交换树脂，其中—SO_3H 是活性基团，H^+ 是可交换离子。如将白球氯甲基化和胺化，则得到阴离子交换树脂。

由此可见，采用第二种方法制备离子交换树脂可以灵活选择活性基团，不受单体性质限制，且易于控制交联度。

6.2.3 离子交换树脂的类型

按照可交换的反离子是酸性基团或碱性基团，离子交换树脂可分为阳离子交换树脂与阴离子交换树脂两类，见表 6-2。阳离子交换树脂内的活性基团是酸性的，它能与废水中的阳离子进行交换。阴离子交换树脂内的活性基团是碱性的，它能够与废水中的阴离子进行交换。根据酸性基团或碱性基团强弱的不同，离子交换树脂又分为强酸性的、弱酸性的、强碱性的、弱碱性的。

表 6-2 离子交换树脂的分类

树脂名称	交换基团		符号	备注
	名称	化学式		
强酸性阳离子交换树脂	磺酸基	—SO_3H	RH	最常用
弱酸性阳离子交换树脂	羧酸基	—COOH	$R_弱H$	
强碱性阴离子交换树脂	季氨基	≡NOH	ROH	最常用
弱碱性阴离子交换树脂	叔氨基	NHOH	$R_弱OH$	
	仲氨基	—NH_2OH		
	伯氨基	—NH_3OH		

强酸性阳离子交换树脂 RH 以 H^+ 交换 Na^+ 后所形成的树脂符号标为 RNa，2 个 RH 以 H^+ 交换 Ca^{2+} 后符号为 R_2Ca，其他交换的符号相似。

（1）强酸性阳离子交换树脂

强酸性阳离子交换树脂是指在交联结构的高分子基体上带有磺酸基（—SO_3H）的离子交换树脂。若以 R 代表高分子基体，这种树脂可用 R—SO_3H 表示，它在水溶液中解离如下：

$$R—SO_3H \Longrightarrow R—SO_3^- + H^+ \tag{6-12}$$

其酸性相当于硫酸、盐酸等无机酸，它在碱性、中性甚至酸性介质中都显示离子交换功能。以苯乙烯-二乙烯共聚球体为基础的强酸性阳离子交换树脂，是用途最广、用量最大的一种离子交换树脂，这是用浓硫酸或发烟硫酸、氯磺酸等磺化以上共聚体而得。

（2）弱酸性阳离子交换树脂

弱酸性阳离子交换树脂是指含有羧酸基（—COOH）、磷酸基（—PO_3H_2）、酚基（—C_6H_5OH）的离子交换树脂，其中以含羧酸基的弱酸性树脂用途最广。含羧酸基的阳离子树脂和有机羧酸一样在水中解离程度较弱，呈弱酸性，其在水溶液中解离如下：

$$R—COOH \Longrightarrow R—COO^- + H^+ \tag{6-13}$$

它仅能在接近中性和碱性介质中才能解离而显示离子交换功能。含羧酸基的弱酸性离子树脂常用甲基丙烯酸或丙烯酸与二乙苯进行悬浮共聚合，或甲基丙烯酸甲酯或丙烯酸甲酯与二乙烯苯悬浮共聚合而后水解的方法制得。

（3）强碱性阴离子交换树脂

强碱性阴离子交换树脂是指以季氨基为交换基团的离子交换树脂，其在水中解离如下：

$$R—N(CH_3)_3OH \Longrightarrow R—N(CH_3)_3^+ + OH^- \tag{6-14}$$

其碱性较强而相当于一般季铵碱，它在酸性、中性甚至碱性介质中都可显示离子交换功能。常用的强碱性离子交换树脂是苯乙烯-二乙烯苯共聚球粒经氯甲基化和叔氨氨化而得，当用二甲氨氨化时得到Ⅰ型强碱性阴离子交换树脂；用二甲基乙醇氨氨化，得到Ⅱ型强碱性阴离子交换树脂。Ⅰ型强碱性树脂的碱性比Ⅱ型更强，用途更广泛。

（4）弱碱性阴离子交换树脂

弱碱性阴离子交换树脂是指以伯氨基（—NH$_2$）或仲氨基（—NHR）、叔胺基（—NR$_2$）为交换基团的离子交换树脂。这种树脂在水中解离程度很小而呈弱碱性：

$$R—NH_2 + H_2O \Longrightarrow R—NH_3^+ + OH^- \tag{6-15}$$

它只在中性及酸性介质中才显示离子交换功能。这种树脂可通过聚合或缩聚的方法而得，而常用的弱碱性阴离子树脂是使苯乙烯-二乙烯共聚球粒经氯甲基化而后伯胺或仲胺化制得的。因这种树脂碱性很弱，只能交换盐酸、硫酸、硝酸这样的无机酸阴离子，而对硅酸等弱酸几乎没有交换吸附能力。

除上述常见的四种外，还有一些具有特殊活性基团的离子交换树脂，如含有氨羧基团的螯合树脂，含有氧化还原基团的氧化还原树脂，同时含有羧酸基和叔氨基的两性树脂。

离子交换树脂具有立体网状结构，按树脂的类型和孔结构的不同，离子交换树脂可分为凝胶型和大孔型两种。两者的区别在于结构中孔隙的大小。凝胶型树脂不具有物理孔隙，只有在与废水充分接触时才显示其分子链间的网状孔隙，而大孔型树脂无论在干态和湿态时都可用显微镜看到孔隙，其孔径为 $(200\sim10000)\times10^{-10}$ m，而凝胶型树脂的孔径仅为 $(20\sim40)\times10^{-10}$ m。因此，大孔型树脂具有吸附能力大、交换速率快、溶胀性小等优点而被广泛采用。

6.2.4 离子交换树脂的命名和型号

国际上离子交换树脂的品种很多，型号不一。我国早期也存在这种情况，用户极不方便。为此，国家颁发了《离子交换树脂命名系统和基本规范》（GB/T 1631—2008），对命名原则进行了如下规定：

离子交换树脂的全名称由分类名称、骨架（或基团）名称、基本名称组成。孔隙结构分凝胶型和大孔型两种，凡具有物理孔结构的称大孔型树脂，在全名称前加"大孔"。分类属酸性的应在名称前加"阳"，分类属碱性的在名称前加"阴"。例如大孔强酸性苯乙烯系阳离子交换树脂。

离子交换产品的型号以三位阿拉伯数字组成，第一位数字代表产品的分类，第二位数字代表骨架的差异，第三位数字为顺序号，用以区别基团、交联剂等的差异。树脂的分类代号和骨架代号如表 6-3 所示。

表 6-3 树脂的分类代号和骨架的代号

代号	0	1	2	3	4	5	6
分类名称	强酸性	弱酸性	强碱性	弱碱性	螯合性	两性	氧化还原性
骨架名称	苯乙烯系	丙烯酸系	酚醛系	环氧系	乙烯吡啶系	脲醛系	氯乙烯系

（1）凝胶型离子交换树脂

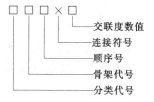

（2）大孔型离子交换树脂

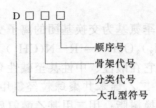

大孔型树脂在型号前加"D"，凝胶型树脂的交联度值可在型号后用"×"号连接阿拉伯数字表示。例如，001×7 即为凝胶型强酸性苯乙烯系阳离子交换树脂，交联度为 7%；D111 即为大孔型弱酸性丙烯酸系阳离子交换树脂。

6.2.5 离子交换树脂的物理性能

（1）外观

常用凝胶型离子交换树脂为透明或半透明球体，大孔树脂为乳白色或不透明球体，颜色有黄、白、赤褐等。优良的树脂圆球率高，无裂纹，颜色均匀，无杂质。

（2）粒度，单位：mm

一般为 0.3～1.2mm（相当于 50～16 目），有效粒径（d_{10}）为 0.36～0.61mm，均匀系数（K）为 1.22～1.66。所谓有效粒径是指 10% 的树脂颗粒通过，90% 的树脂颗粒保留在筛上的筛孔直径；均匀系数是指通过 60% 的筛孔直径 d_{60} 与 d_{90} 的比值，即

$$K = d_{60}/d_{90} \tag{6-16}$$

均匀系数一般大于 1，越接近于 1，则粒度组成越均匀。

树脂粒度对交换速率、水流阻力和反洗有很大影响。粒度大，交换速率慢，交换容量低；粒度小，水流阻力大；粒度不均匀，小颗粒夹在大颗粒孔隙中，会增大水流阻力，也不利于反洗。因此粒度要适当，分布要均匀。

（3）密度，单位：g/cm^3

树脂的密度一般用含水状态下的湿视密度（堆积密度）和湿真密度表示。

① 湿视密度，单位：g/cm^3。湿视密度是单位体积内堆积的湿树脂质量，用来计算树脂在交换容器中的用量。

$$湿视密度 = \frac{湿树脂质量}{湿树脂的堆积体积} \tag{6-17}$$

各种商品树脂的湿视密度约为 0.6～0.86g/cm^3。

② 湿真密度，单位：g/cm^3。湿真密度是树脂在水中吸收了水分后的颗粒密度。

$$湿真密度 = \frac{湿树脂质量}{湿树脂颗粒本身的体积} \tag{6-18}$$

注意，上式中树脂颗粒本身的体积不包括颗粒间孔隙的体积。湿真密度一般为 1.04～1.3g/cm^3。通常阳树脂为 1.3g/cm^3，阴树脂为 1.10g/cm^3。

湿真密度用来确定树脂床的反冲洗强度。此外，湿真密度在混合树脂床中还与反冲洗后树脂的分层有关，阴离子交换树脂轻，反冲洗分层后在上层；阳离子交换树脂重，反冲洗分层后在下层。

树脂在使用过程中，因基团脱落、骨架中链的断裂，其密度略有减小。

（4）含水率，单位：%

含水率是指湿树脂（在水中充分吸水并膨胀后）所含水分的质量分数，一般在 50% 左右。含水率主要取决于树脂的交联度、活性基团的类型和数量等，交联度越小，树脂中的孔隙就越大，含水率也相应增高。

(5) 溶胀性，单位：%

树脂由于吸水或转型等条件改变而引起的体积变化称为溶胀。溶胀是由于活性基团因遇水而电离出的离子起水合作用而生成水合离子，从而使交联网孔胀大所致。干树脂接触溶剂后的体积增大称绝对溶胀度，而湿树脂由一种离子型转为另一种离子型时的体积变化称为相对溶胀度，也叫转型膨胀率。

$$绝对溶胀度 = \frac{溶胀前的体积 - 溶胀后的体积}{溶胀前的体积} \tag{6-19}$$

$$相对溶胀度（或转型膨胀率）= \frac{转型前的体积 - 转型后的体积}{转型前的体积} \tag{6-20}$$

树脂的交联度越小，活性基团越易电离，交换容量越大，溶胀度越大；树脂上可交换离子的水合半径越大，水中电解质浓度越小，树脂的溶胀度越大。强酸性阳离子树脂和强碱性阴离子树脂在不同离子形态时的溶胀度大小顺序分别为：

阳离子：$H^+ > Na^+ > NH_4^+ > K^+ > Ag^+$

阴离子：$OH^- > HCO_3^- \approx CO_3^{2-} > SO_4^{2-} > Cl^-$

苯乙烯系阳离子树脂从 RNa 转型为 RH（以 RNa→RH 表示）的转型膨胀率约为 5%～10%，苯乙烯系阴离子交换树脂 RCl→ROH 的转型膨胀率约为 10%～20%，丙烯酸系弱酸性阳离子交换树脂的转型膨胀率很高，$R_{弱}H → R_{弱}Na$ 的转型膨胀率约为 60%～70%。

由于树脂都存在一定程度的溶胀，因此在交换容器的设计时需预留空间。对于高转型膨胀率的树脂，使用中经反复胀缩，树脂易老化。

(6) 孔隙率和比表面积

目前使用的 D001×14～D001×20 系列树脂，其平均孔径为 10～15.4nm，孔隙率（指单位树脂颗粒内所具有的孔隙体积）为 0.09～0.21mL/g，比表面积为 16～36.4m^2/g（干）。凝胶型树脂的比表面积不到 1m^2/g。

(7) 交联度，单位：%

交联度是树脂在制造中所用交联剂的比例。例如苯乙烯系树脂是以苯乙烯为单体进行聚合，以二乙烯苯为交联剂，交联度指二乙烯苯在树脂中的质量分数。交联度对树脂的许多性能有影响，交联度越大，树脂的机械强度越大，在水中越不易溶胀。交联度的改变将引起树脂交换容量、含水率、溶胀度、机械强度等性能的改变。水处理用的离子交换树脂的交联度以7%～10%为宜，此时，树脂网架中平均孔隙的大小为 2～4mm。

(8) 机械强度

机械强度反映树脂保持颗粒完整性的能力。树脂在使用中受到冲击、碰撞、摩擦以及溶胀作用，会发生破碎。因此，树脂应有足够的强度，要求树脂的年损耗量<3%。

(9) 耐热性

各种树脂均有一定的工作温度范围，超过上限，树脂会发生热分解，低至 0℃，树脂内水分冻结，使颗粒破碎。通常控制树脂的贮藏和使用温度为 5～40℃。

(10) 导电性

干树脂不导电，湿树脂因有解离的离子可以导电。

6.2.6　离子交换树脂的化学性质

(1) 交换容量

交换容量是指一定量树脂中所含交换基团或可交换离子的摩尔数，以每千克（或毫升）湿树脂的摩尔数表示。交换容量又可分为全交换容量（理论交换容量）E_T 和工作交换容量 E_W 两种。

① 全交换容量 E_T，单位：mmol/g 或 mmol/（cm³ 干树脂）。全交换容量表示树脂理论上总的交换能力的大小，等于交换基团的总量。例如，001×7 型强酸性阳离子交换树脂的全交换容量为 4.5mmol/g 或 1.9mmol/（cm³ 干树脂），201×7 型强碱性阴离子交换树脂的全交换容量为 3.6mmol/g 或 1.4mmol/（cm³ 干树脂）。

② 工作交换容量 E_W，单位：mmol/cm³ 或 mmol/（g 干树脂）。工作交换容量是树脂在使用中实际可以交换的容量。工作交换容量远小于全交换容量，例如强酸性阳离子交换树脂的工作交换容量一般为 0.8～1.0mmol/cm³，与树脂的全交换容量相比，只有约 40%～50%。造成这种现象的原因是存在交换平衡，再生与交换反应均不完全；交换柱穿透时柱中交换带中仍有部分树脂未交换等。

在实际使用中，E_W 更为重要，其值随使用条件而变化，一般可由试验确定，也可参考下式计算：

$$E_W = E_T n \tag{6-21}$$
$$n = [n_1 - (1 - n_2)] = [n_2 - (1 - n_1)] \tag{6-22}$$

式中 　n——树脂利用率，等于交换前后的饱和程度之差，一般 $n = 60\% \sim 70\%$；

n_1——树脂交换后的饱和程度；

n_2——树脂的再生度。

(2) 酸碱度

H 型和 OH 型在水中电离后，表现出酸碱性。强酸、强碱树脂的活性基团电离能力强，其交换容量基本上与溶液的 pH 无关。强酸性树脂在水中 pH 值低时不电解或仅有部分电离，只有在碱性溶液中才会有较高的交换能力。弱碱性树脂则相反，各种树脂在使用时都有适当的 pH 值范围，如表 6-4 所示。

表 6-4　各种类型树脂有效 pH 值范围

树脂类型	强酸性阳树脂	弱酸性阳树脂	强碱性阴树脂	弱碱性阴树脂
有效 pH 值范围	1～14	5～14	1～12	0～7

(3) 选择性

树脂对水中某种离子能优先交换的性能称为选择性，它是决定离子交换法处理效率的一个重要因素，本质上取决于交换离子与活性基团中固定离子的亲合力大小。在常温和稀溶液中，离子价数越高，选择性越好；原子序数越大，即离子水合半径越小，选择性越好。

根据以上规律，由文献报道的资料，排列出离子交换的选择性顺序为：

阳离子：$Th^{4+} > La^{3+} > Ni^{3+} > Co^{3+} > Fe^{3+} > Al^{3+} > Ra^{2+} > Hg^{2+} > Pb^{2+} > Sr^{2+} > Ca^{2+} > Ni^{2+} > Cd^{2+} > Cu^{2+} > Co^{2+} > Zn^{2+} > Mg^{2+} > Ba^{2+} > Tl^+ > Ag^+ > Cs^+ > Rb^+ > K^+ > NH_4^+ > Na^+ > Li^+$

当采用 RSO_3H 树脂时，Tl^+ 和 Ag^+ 的选择性顺序将分别提前至 Pb^{2+} 左右。

阴离子：$C_6H_5O_7^{3-} > Cr_2O_7^{2-} > SO_4^{2-} > C_2O_4^{2-} > C_4H_4O_6^{2-} > AsO_3^{3-} > PO_4^{3-} > MoO_4^{2-} > ClO_4^- > I^- > NO_3^- > CrO_4^{2-} > Br^- > SCN^- > HSO_4^- > NO_2^- > Cl^- > HCOO^- > CH_3COO^- > F^- > HCO_3^- > HSiO_3^-$

应当指出，由于试验条件不同，各研究者所得出的选择性顺序不完全相同。

H^+ 和 OH^- 的选择性决定于树脂活性基团的酸碱性强弱。对强酸性阳树脂，H^+ 的选择性介于 Na^+ 和 Li^+ 之间。但对弱酸性阳树脂，H^+ 的选择性最强。同样，对强碱性阴树脂，OH^- 的选择性介于 CH_3COO^- 与 F^- 之间，而对弱酸性阴树脂，OH^- 的选择性最强。

离子的选择性，除上述同它本身及树脂的性质有关外，还与温度、浓度和 pH 值等因素有关。

在水处理中部分常用离子交换树脂的基本性能见表 6-5。

表 6-5 常用离子交换树脂的基本性能

型态	凝胶型				大孔型			
型号	001×7	111	201×7	301×2	D001	D111	D201	D301
类型	强酸性苯乙烯阳离子	弱酸性丙烯酸阳离子	强碱性苯乙烯阴离子	弱碱性苯乙烯阴离子	强酸性苯乙烯阳离子	弱酸性丙烯酸阳离子	强碱性苯乙烯阴离子	弱碱性苯乙烯阴离子
颜色	淡棕黄色半透明	乳白色透明	淡黄色至金黄色半透明	淡黄色	灰褐色至深褐色不透明	白色不透明	乳白色至黄色不透明	乳白色至黄色不透明
全交换容量/(mmol/g)	4.3~4.5	9.0~10.0	3.2~3.6	5~9	4.0	9.0	3.0	4.0
湿真密度/(g/cm³)	1.24~1.28	1.1~1.2	1.06~1.11	1.0~1.1	1.23~1.27	1.17~1.19	1.05~1.10	1.05~1.07
湿视密度/(g/cm³)	0.73~0.87	0.7~0.8	0.65~0.75	0.65~0.75	0.80~0.85	0.70~0.85	0.65~0.75	0.65~0.70
含水率/%	45~53	40~60	40~60	40~60	50~55	40~45	50~60	55~65
有效粒径/mm	0.4~0.6	0.4~0.6	0.4~0.6	0.4~0.6	0.4~0.6	0.3~0.5	0.4~0.6	0.4~0.6
均匀系数 ≤	1.7	1.7	1.7	1.7	1.7	1.7	1.7	1.7
转型膨胀率/%	Na→H 约5	H→Na 约70	Cl→OH 5~15	Cl→OH 约15	Na→H 约5	H→Na 60~70	Cl→OH 8~15	OH→Cl 25~30
允许 pH	0~14	4~14	1~14	1~9	0~14	4~14	0~14	1~9
允许温度/℃	120	100	80	80~100	150	100	60~80	100

6.2.7 离子交换树脂的选用

合理选择离子交换树脂具有重要意义,一方面是因为离子交换树脂的品种多、性能各异,价格差别也较大;另一方面,废水种类多、成分复杂、执行的排放标准不同。因此在选用树脂时应综合考虑废水的水质、处理要求、交换工艺以及投资和运行费用等因素,再通过一定的试验来确定合理的离子交换树脂型号和工艺流程。

① 应选择交换容量大的树脂,单位设备体积交换的离子多,一个交换周期的制水量大。弱树脂比强树脂的交换容量大。

② 要根据原水中要去除离子的性质来选择树脂。在有机废水的处理中,应考虑各类型交换树脂的有效 pH 值范围。当分离无机阳离子或有机碱性物质时,宜选用阳离子交换树脂;分离无机阴离子或有机酸性物质时,宜选用阴离子交换树脂;对氨基酸等两性物质的分离,既可以选用阳离子交换树脂,也可以选用阴离子交换树脂;对某些贵金属和有毒金属离子(如 Hg^{2+})可选用螯合树脂交换回收;对有机物(如酚),宜选用低交联度的大孔树脂,当去除交换性弱的离子时,必须选用强树脂。当水中多种离子共存时,可利用交换性的差别进行多级回收,如不需回收,可用阴阳树脂混床处理。

有些特殊类型的树脂对某种或某几种离子有特殊的选择性,如在聚苯乙烯树脂母体中引入一个共振的胺基形成的新树脂,与贵金属铂、金等离子有很强的结合力,而可使其他金属如铜、铁、钙、钠等离子漏过。又如带有亚胺二乙酸官能团的聚苯乙烯型螯合树脂,对 Hg^{2+}、Cu^{2+} 有特殊的选择性,所以当溶液中有一价阳离子与 Cu^{2+} 共存时,用螯合树脂就很容易把 Cu^{2+} 分离浓缩出来,达到回收铜的目的。

树脂的选择还要考虑有毒或有害物质在废水中的形态,如六价铬在废水中是以 $Cr_2O_4^{2-}$ 和 $Cr_2O_7^{2-}$ 的形态存在的,所以去除六价铬要选择阴离子交换树脂。弱碱性阴离子交换树脂的交换容量大,再生容易,对 $Cr_2O_7^{2-}$ 的交换效果也很好。但凝胶型离子交换树脂在强氧化剂(如 $H_2Cr_2O_7$)的作用下,稳定性差,而大孔型的抗氧化能力很强,所以在有条件的地方,以选用大孔型弱碱性阴离子交换树脂去除六价铬为宜。

③ 要根据出水水质的要求来选择树脂。如果只需部分除盐,可以选用强酸性阳离子交换树脂和弱碱性阴离子交换树脂配合使用。对于必须完全脱盐的纯水或高纯水系统,要选用强酸性阳离子交换树脂和强碱性阴离子交换树脂配合使用。

④ 要考虑原水中杂质成分，如有机物较多或要去除的离子半径较大，应选用交联网孔较大的树脂。

⑤ 对于混合床的树脂，比较多的是强酸-强碱树脂组合，但要考虑混合床树脂再生时分层容易，因此要求两种树脂的湿真密度差不小于 15%～20%。还要考虑混合床运行时流速较大，要选用耐磨性好的树脂。

⑥ 要根据交换工艺来选用树脂。对双室床，选用强弱树脂组合，因为弱树脂容易再生，对再生剂的质量要求也低，可以利用强树脂再生后的再生液来再生弱树脂。

6.2.8　树脂的保存

树脂宜在 0～40℃条件下存放，当环境温度低于 0℃，或发现树脂脱水后，应向包装袋内加入饱和食盐水。对长时期停运而闲置在交换器中的树脂应定期换水。

6.2.9　新树脂的使用

新树脂在使用前应进行适当的预处理，以除去杂质。最好分别用水、5%的 HCl、2%～4%的 NaOH 反复浸泡清洗 2 次，每次 4～8h，溶液体积约为树脂体积的 2 倍。如采用 3m/h 流速的流动方式处理，效果更好。有的树脂在使用前还需要转型。

6.2.10　树脂的鉴别

水处理中常用的四大类树脂往往不能从外观鉴别。根据其化学性能，可用表 6-6 所示的方法区分。

表 6-6　未知树脂的鉴别

操作(1)	取未知树脂样品 2 mL,置于试管中			
操作(2)	加浓度为 1mol/L 的 HCl 5mL,摇 1～2min,重复 2～3 次			
操作(3)	水洗 2～3 次			
操作(4)	加浓度为 10%的 CuSO₄(其含 1%H₂SO₄)5mL,摇 1min,放 5min			
检查	浅绿色为阳树脂		不变色为阴树脂或白球	
操作(5)	加 5mol/L 氨液 2mL,摇 1min,水洗		加浓度为 1mol/L 的 NaOH 5mL,摇 1min,水洗,加酚酞,水洗	
检查	深蓝	颜色不变	红色	不变色,加 1mol/L HCl
结果	强酸性阳树脂	弱酸性阳树脂	强碱性阴树脂	弱碱性阴树脂(桃红色)白球(不变色)

6.3　水中常见溶解离子与软化除盐浓度表示方法

6.3.1　水中常见溶解离子

天然水中所含的溶解性物质包括溶解的无机离子、少量的溶解气体、微量的溶解性有机物等。水的软化除盐主要是去除水中某些溶解的无机离子和在处理过程中可能产生的溶解性二氧化碳气体。

天然水中溶解性阳离子主要有钙离子（Ca^{2+}）、镁离子（Mg^{2+}）、钠离子（Na^+）、钾离子（K^+）等。在中性条件下，水中氢离子（H^+）的浓度很低，但在软化除盐的处理过程中，可能会产生较多的氢离子。其他阳离子的浓度很低，在软化除盐中不需单独考虑。对于含铁、锰的地下水，进行软化除盐前需要先进行除铁除锰处理。

天然水中溶解性阴离子主要有碳酸氢根离子（HCO_3^-）、硫酸根离子（SO_4^{2-}）、氯离子

（Cl^-）等。在中性条件下，水中的碳酸根和氢氧根离子的浓度很低，但在软化除盐的处理过程中可能会产生较多的碳酸根和氢氧根离子。工业锅炉用水对水中微量的硅酸盐有严格限制，在除盐处理工艺中应加以考虑。水中其他阴离子的浓度很低，在软化除盐中不需单独考虑。

6.3.2 水的硬度的表示方法

水中硬度由钙、镁离子构成。

我国现行的水的硬度计量单位是以 $CaCO_3$ 计。例如，《生活饮用水卫生标准》中规定"饮用水的总硬度（以 $CaCO_3$ 计）≤450mg/L"。此前曾用过的标准是≤250mg/L（以 CaO 计）或≤25°（德国度），其硬度标准的水质与现在的相同，只是表示方法不同。硬度（德国度）的原始定义是 $1°=10mgCaO/L$。

6.3.3 水的纯度的表示方法

工业用纯水要求离子的浓度极低，除盐水离子总浓度小于几个毫克每升，纯水、超纯水不到1mg/L。对于这样的水，用离子质量浓度来表示就不方便了，一般用水的导电指标来表示，水的纯度越高，水中的离子就越少，其导电能力就越差，水的电阻就越大。

水的纯度的表示方法有：

（1）电阻率，常用单位：$10^6\Omega \cdot cm$（欧·厘米）

电阻率的物理意义是断面面积 $1cm^2$，间距1cm的水的电阻。我国规定测量以水温25℃为标准。理论上的纯水（即水中离子仅为水中电离的氢离子和氢氧根离子）的电阻率约等于 $18.3\times10^6\Omega \cdot cm$（25℃）。高纯水的电阻率可以在 $10\times10^6\Omega \cdot cm$，已接近理论纯水。

（2）电导率，常用单位：$\mu S/cm$［微西（门子）/厘米］

纯水的电阻率数字很大，为方便起见，常用电阻率的倒数表示，称为电导率。表示纯水电导率的常用单位是 $\mu S/cm$。电导的单位为 S［西（门子）］，$1S=1\Omega^{-1}$。

除盐水、纯水、高纯水的指标如表 6-7 所示。

表 6-7 除盐水、纯水、高纯水的指标

项目	除盐水	纯水	高纯水	理论纯水
电导率/($\mu S/cm$)	1～10	0.1～1	<0.1	0.055
残余含盐量/(mg/L)	1～5	1	0.1	约0

6.3.4 软化除盐计算的离子浓度常用单位

软化除盐中浓度单位的使用比较混乱，主要原因是原来普遍使用当量单位，后来要求使用国际单位制（SI 制）后改用摩尔单位。但常用的以物质的量为基础的摩尔单位不便于计算，在实践中需要使用以当量粒子原理为基础的当量粒子摩尔单位。软化除盐所用的摩尔单位与化学中常用的摩尔单位不同，具有特殊性，在计算中必须予以注意。

传统的软化除盐计算是以当量浓度为基础的。根据我国以 SI 制为基础的国家标准计量单位，应统一采用物质的量（单位为 mol）和物质的量浓度（单位为 mol/L，或 mmol/L），当量浓度不再采用。

但是对于水的软化除盐，采用常规的物质的量浓度进行计算很不方便，也不便于理解。在目前的应用中，为了解决这个问题，又根据当量定律引入了当量粒子（基本单元）的概念，使软化除盐反应中各反应物的物质的量浓度符合反应中各物质是等当量进行的规律。在此基础上摩尔单位与原来的当量单位完全相同。所采用的基元当量粒子如下：

① 阳离子：H^+、Na^+、K^+、$1/2Ca^{2+}$、$1/2Mg^{2+}$

② 阴离子：OH^-、HCO_3^-、$1/2CO_3^{2-}$、$1/2SO_4^{2-}$、Cl^-
③ 酸、碱、盐：HCl、$1/2H_2SO_4$、$NaOH$、$1/2CaO$、$1/2CaCO_3$
软化除盐有关的阳离子、阴离子、酸、碱、盐的当量粒子摩尔质量见表 6-8。

表 6-8　软化除盐有关的当量粒子摩尔质量　　　　单位：mg/mmol

阳离子	当量粒子摩尔质量	阴离子	当量粒子摩尔质量	酸、碱、盐	当量粒子摩尔质量
H^+	1	HCO_3^-	61	HCl	36.5
$1/2Mg^{2+}$	24/2=12	$1/2SO_4^{2-}$	96/2=48	$1/2H_2SO_4$	98/2=49
Na^+	23	Cl^-	35.5	$NaOH$	40
K^+	39	$1/2CO_3^{2-}$	60/2=30	$1/2CaO$	56/2=28
$1/2Ca^{2+}$	40/2=20	OH^-	17	$1/2CaCO_3$	100/2=50

6.3.5　水中阴阳离子的关系

水中各种离子之间存在着一定的关系。
① 阳离子同阴离子的正负电荷相平衡，各种阳离子当量粒子物质的量浓度的总和等于各种阴离子当量粒子物质的量浓度的总和。
② 如果将水加热或逐渐浓缩，水中离子将按溶解度的大小组成化合物，从水中析出。
阳离子按下列顺序与阴离子组合：$Ca^{2+} > Mg^{2+} > Na^+$（包括 K^+）；
阴离子按下列顺序与阳离子组合：$CO_3^{2-} > HCO_3^- > SO_4^{2-} > Cl^-$。

6.4　离子交换反应的特性及其软化除盐原理

6.4.1　软化与除盐的目的及基本方法

水的软化和除盐处理主要是去除水中的溶解离子或改变其组成，从而满足某些工业用水或生活用水的要求。
根据去除对象的不同，所进行的处理可分为软化处理和除盐处理。
（1）软化处理
软化处理的目的是去除水中产生硬度的钙离子（Ca^{2+}）和镁离子（Mg^{2+}），满足低压锅炉、印染工业、造纸工业等的用水要求（工业软化水），处理硬度超标的饮用水（过硬饮用水原水的软化）等。
软化处理的基本方法是：药剂软化法、离子交换法等。其中药剂软化法中最常用的是石灰软化法。日常生活中饮用水的加热煮沸也具有软化的功能，但用于工业则能耗过高，无法实际应用。
（2）除盐处理
除盐处理的目的是去除水中溶解离子，满足中高压锅炉、医药工业、电子工业等的用水要求（除盐水、纯水、高纯水等），满足饮用纯水的要求（饮用纯净水）等；某些只要求部分去除水中溶解离子、降低含盐量的除盐处理又称为淡化，如海水淡化、苦咸水淡化等。
除盐处理的基本方法有：离子交换法、反渗透法、电渗析法、蒸馏法等，其中，离子交换法可用于各种规模，反渗透法现阶段主要用于中小规模，电渗析法主要用于小规模。蒸馏法的应用主要集中在大规模的海水淡化，如在中东地区，但其他地区应用较少，并正让位于反渗透法。

6.4.2　离子交换反应特性

离子交换反应具有如下特性：

(1) 离子交换树脂对水中离子的选择性

离子交换树脂对于水中某种离子能选择交换的性能称为离子交换树脂的选择性。它和离子的种类、离子交换基团的性能、水中该离子的浓度有关。在天然水的离子浓度和温度条件下，离子交换选择性有如下规律：

对于强酸性阳离子交换树脂，与水中阳离子交换的选择性次序为：

$$Fe^{3+} > Al^{3+} > Ca^{2+} > Mg^{2+} > K^+ = NH_4^+ > Na^+ > H^+$$

即，如采用 H 型（指树脂交换基团上的可交换离子为 H^+）强酸性阳离子交换树脂，树脂上的 H^+ 可以与水中以上排序在 H^+ 左侧的各种阳离子交换，使水中只剩下 H^+。如采用 Na 型（指树脂交换基团上的可交换离子为 Na^+）强酸性阳离子交换树脂，树脂上的 Na^+ 可以与水中以上排序在 Na^+ 左侧的各种阳离子交换，使水中只剩下 Na^+ 和 H^+。

对于弱酸性阳离子交换树脂，与水中阳离子交换的选择性次序为：

$$H^+ > Fe^{3+} > Al^{3+} > Ca^{2+} > Mg^{2+} > K^+ = NH_4^+ > Na^+$$

对于强碱性阴离子交换树脂，与水中阴离子交换的选择性次序为：

$$SO_4^{2-} > NO_3^- > Cl^- > HCO_3^- > OH^- > HSiO_3^-$$

即，如采用 OH 型（指树脂交换基团上的可交换离子为 OH^-）强碱性阴离子交换树脂，树脂上的 OH^- 可以与水中以上排序在 OH^- 左侧的各种阴离子交换，使水中只剩下 OH^-（实际上 $HSiO_3^-$ 也可以去除）。

对于弱碱性阴离子交换树脂，与水中阴离子交换的选择性次序为：

$$HSiO_3^- > SO_4^{2-} > NO_3^- > Cl^- > HCO_3^- > OH^-$$

(2) 离子交换的交换平衡与可逆性

离子交换的过程是固相的离子交换剂中的反离子与溶液中的溶质离子进行交换，而这种离子的交换为一按化学计量比进行的可逆化学反应过程：

阳离子交换过程的化学反应式为：$R^- A^+ + B^+ \rightleftharpoons R^- B^+ + A^+$ \hfill (6-23)

阴离子交换过程的化学反应式为：$R^+ C^- + D^- \rightleftharpoons R^+ D^- + C^-$ \hfill (6-24)

式中　　R——树脂本体；

A^+、C^-——树脂上可被交换的离子；

B^+、D^-——溶液中的交换离子。

在离子交换反应中，反应会向哪个方向进行主要取决于离子交换树脂对溶液中各离子的相对亲和力。利用树脂对各种离子的不同的亲和力即选择性，可将溶液中某种杂质除去。

离子交换的过程通常可分为 5 个阶段：第一阶段，交换离子从溶液中扩散到颗粒表面；第二阶段，交换离子在树脂内部扩散；第三阶段，交换离子与结合在树脂活性基团上的交换离子发生反应；第四阶段，被交换下来的离子在树脂内部扩散；第五阶段，被交换下来的离子在溶液中扩散。

当正反应速率和逆反应速率相等时，溶液中各种离子的浓度就不再变化而达到平衡，即称为离子交换平衡。通常利用质量作用定律描述离子交换的平衡关系。例如，RH 与水中 Na^+ 的反应为

$$RH + Na^+ \rightleftharpoons RNa + H^+$$ \hfill (6-25)

存在平衡关系式：

$$\frac{[RNa][H^+]}{[RH][Na^+]} = K_{H^+}^{Na^+}$$ \hfill (6-26)

表 6-9　H 型强酸性阳离子交换树脂的选择性系数

离子种类	Li^+	H^+	Na^+	NH_4^+	K^+	Mg^{2+}	Ca^{2+}
选择性系数	0.8	1.0	2.0	3.0	3.0	26	42

式中，平衡常数 $K_{H^+}^{Na^+}$ 称为离子交换树脂的选择性系数。表6-9所列为 H 型强酸性阳离子交换树脂的选择性系数。

式（6-25）的反应，$K_{H^+}^{Na^+}=2.0$。用 RH 处理含有低浓度 Na^+ 的水，因水中 $[H^+]/[Na^+]<1$，但 $K_{H^+}^{Na^+}>1$，所以式（6-25）的反应向右进行，直至反应平衡时，$[RNa]/[RH]>1$，即大部分树脂从 H 型转化为 Na 型。此时如改用很高浓度的 H^+ 的溶液，如 $3\%\sim4\%$ 的 HCl 通过上述已经交换饱和的树脂，则式（6-25）的反应被逆转向左进行，直至达到新的反应平衡时，$[RNa]/[RH]<1$，实现树脂的再生。

6.4.3 离子交换软化除盐基本原理

离子交换软化除盐的基本原理如下。

（1）离子交换软化

用 Na 型强酸性阳离子交换树脂 RNa 中的 Na^+ 交换去除水中的 Ca^{2+}、Mg^{2+} 硬度，饱和的树脂再用 $5\%\sim8\%$ 的食盐 NaCl 溶液再生。软化反应的反应式见式（6-27）（以 Ca^{2+} 硬度为例，Mg^{2+} 硬度的反应形式完全相同），软化反应的离子组合见图6-2。

$$2RNa+Ca^{2+}\underset{\text{再生}(5\%\sim8\%NaCl)}{\overset{\text{软化}}{\rightleftharpoons}}R_2Ca+2Na^+ \tag{6-27}$$

（2）离子交换除盐

先用 H 型强酸性阳离子交换树脂 RH 中的 H^+ 交换去除水中的所有金属阳离子（以符号 M^{m+} 代表），饱和的树脂用 $3\%\sim4\%$ 的盐酸溶液再生；RH 出水吹脱除去由 HCO_3^- 生成的 CO_2 气体；再用 OH 型强碱性阴离子交换树脂 ROH 中的 OH^- 交换去除水中的除 OH^- 外的所有阴离子（以符号 N^{n-} 代表），饱和的树脂用 $2\%\sim4\%$ 的 NaOH 溶液再生。最后所产生的 H^+ 与 OH^- 合并为水分子。除盐反应的反应式见式（6-28）和式（6-29），除盐处理的离子组合见图6-3。

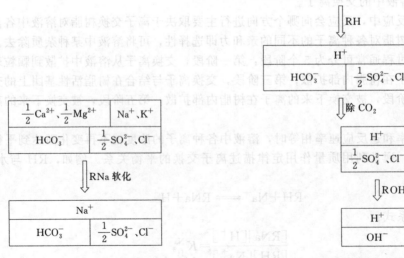

图6-2 RNa反应的离子组合　　　　图6-3 离子交换除盐处理的离子组合

$$mRH+M^{m+}\underset{\text{再生}(3\%\sim4\%HCl)}{\overset{\text{用 }H^+\text{交换水中其他金属阳离子}}{\rightleftharpoons}}R_mM+mH^+ \tag{6-28}$$

$$HCO_3^-+H^+=\!=\!=H_2CO_3=\!=\!=CO_2\uparrow+H_2O \tag{6-29}$$

$$nROH + N^{n-} \xrightleftharpoons[\text{再生}(2\%\sim 4\%NaOH)]{\text{用 OH}^- \text{交换水中其他阴离子}} R_n N + nOH^- \tag{6-30}$$

6.5 离子交换法软化与除盐工艺

6.5.1 软化与除碱工艺流程

离子交换法软化的工艺分为只去除硬度的软化工艺和同时去除硬度和碱度的软化除碱工艺。

（1）钠树脂（RNa）软化

含有硬度成分（Ca^{2+} 和 Mg^{2+}）的水常用 Na 离子和 H 离子交换器软化。如果原水碱度不高，软化的目的只是为了降低 Ca^{2+} 和 Mg^{2+} 的含量，则软化工艺可以采用单级或二级钠型强酸性阳离子交换树脂。单级钠离子交换软化一般适用于总硬度小于 5mmol/L 的原水，出水残余硬度小于 0.5mmol/L，可以达到低压锅炉补给水的水质要求。二级钠离子交换软化适用于进水碱度较低（一般小于 1mmol/L）的原水，出水残余硬度小于 0.05mmol/L，一般可以达到低中压锅炉补给水对硬度的要求。

该工艺的特点是：

① 去除碳酸盐硬度和非碳酸盐硬度；

② 出水的含盐量以 mmol/L 为单位，数值不变；

③ 出水碱度不变；

④ 出水的残余硬度比石灰软化工艺小。

当原水碱度比较高，必须在降低 Ca^{2+} 和 Mg^{2+} 的同时降低碱度，此时多采用 H-Na 离子器联合处理工艺。

（2）氢-钠树脂（RH-RNa）并联软化除碱系统

中高压锅炉对补给水的碱度也有要求。含碱度的水进入锅炉后，在高温高压条件下，水中的重碳酸盐会被浓缩并发生分解和水解反应，使锅炉水中的苛性碱浓度大为增加，其反应式为：

$$2NaHCO_3 = Na_2CO_3 + H_2O + CO_2 \uparrow \tag{6-31}$$

$$Na_2CO_3 + H_2O = 2NaOH + CO_2 \uparrow \tag{6-32}$$

因此会造成锅炉水的碱性增加，产生锅炉水系统的碱腐蚀，增大排污率。而且由于蒸汽中 CO_2 含量增加，会造成蒸汽和冷凝水系统的酸腐蚀。对于碱度高于 2mmol/L 的原水，需采用软化除盐系统。

该系统采用 RH-RNa 关联或串联，其中 RNa 采用钠型强酸性阳离子交换树脂，用 NaCl 再生；RH 采用同样的强酸性阳离子交换树脂，但是用 HCl 再生，再生后树脂为 H 型。除碱原理是用 RH 产生的 H^+ 中和水中的 HCO_3^-，反应过程见式(6-29)，所生成的游离 CO_2 再用除二氧化碳器吹脱去除。

RH-RNa 并联和串联软化除碱系统的流程示意图分别如图 6-4 和图 6-5 所示。

在设计运行中，通过 RH 离子交换器的水量比例关系如下：

设通过 RH 离子交换器的水量为总处理水量的 $H\%$，原水的碱度（HCO_3^-）为 $A_\text{原}$，强酸根（SO_4^{2-} 和 Cl^-）的总浓度为 S，系统出水的碱度为 $A_\text{残}$。锅炉补给水为了避免混合后的软水呈酸性，在计算水量分配时，总是让混合后的软水仍带一点碱度，此碱度称为残余碱度，一般控制在 $0.3\sim 0.7$mmol/L。

根据原水中的碱度被 RH 出水的 H^+ 所中和的关系：

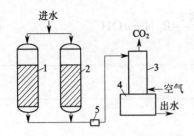
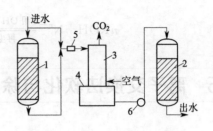

图 6-4　RH-RNa 并联软化除碱系统流程示意图

1—H 离子交换器；2—Na 离子交换器；

3—除 CO_2 器；4—水箱；5—混合器

图 6-5　RH-RNa 串联软化除碱系统流程示意图

1—H 离子交换器；2—Na 离子交换器；

3—除 CO_2 器；4—水箱；5—混合器；6—水泵

$$QA_原 - QH\% (A_原 + S) = QA_残 \qquad (6-33)$$

可以得到 RH-RNa 软化除碱系统流量分配的计算公式：

$$H\% = \frac{A_原 - A_残}{A_原 + S} \qquad (6-34)$$

以上计算关系是 RH 离子交换器以漏 Na^+ 为运行终点的，如果以漏硬为运行终点，交换器还可能多运行一段时间。但在实际操作中，因所能再利用的容量有限，且此时混合水的碱度高，一般多以漏 Na^+ 为终点。

RH-RNa 串联软化除碱系统实际上是一个部分串联系统，因部分水量（$H\%Q$）经过了二级软化，出水水质比 RH-RNa 并联系统好，但所需 RNa 离子交换器因要处理全部水量，设备比 RH 大。

（3）氢型弱酸性阳树脂和钠型强酸性阳树脂（$R_弱$ H-RNa）串联的软化除碱系统

该系统采用氢型弱酸性阳离子交换树脂 $R_弱$ H 作为第一级。根据弱酸性阳离子交换树脂的性质，$R_弱$ H 只能去除水中的碳酸盐硬度，产生的 CO_2 经除二氧化碳器脱气后，出水再经第二级的钠型强酸性阳离子交换树脂进行交换，除去水中的 $CaCl_2$、$MgCl_2$、$CaSO_4$、$MgSO_4$ 等非碳酸盐硬度。

该系统的特点是：

① 氢型弱酸性阳离子交换树脂容量大，容易再生，对于碳酸盐硬度较高的原水，采用该系统较为有利。

② 强酸性阳离子交换树脂（RH-RNa）需配水、混合，并且 RH 出水为酸性，对设备腐蚀性强。弱酸性阳离子交换树脂（$R_弱$ H-RNa）系统不需配水，$R_弱$ H 出水不呈酸性，因此设备简单，运行可靠。

③ 但弱酸性阳离子交换树脂价格较贵，致使初期投资较大。

磺化煤是一种混合型离子交换剂，在上述系统中可取代弱酸 H 树脂。失效后用理论量的再生剂再生（贫再生），使上层的磺化煤再生为 H 型，而下层仍有相当量的 Ca、Mg、Na 型。运行时，当水流过上层时，所有阳离子都被交换，生成强酸和弱酸；当水流至下层时，水中的强酸发生交换，而碳酸不交换，结果只去除碳酸盐硬度，而非碳酸盐由 Na 交换器除去。

贫再生 H 交换器再生用 HCl 量 G（kg）可按下式计算：

$$G = \frac{36.5 E_A V}{1000} = \frac{36.5 Q (A_原 - A_残)}{1000} \qquad (6-35)$$

式中　36.5——HCl 的等摩尔量（如用 H_2SO_4，则为 49）；

E_A——磺化煤去除碱度时的工作交换容量，mol/L；

Q——周期制水量，m^3；

$A_原$、$A_残$——进出水碱度，mmol/L；

V——磺化煤体积，m^3。

6.5.2 复床、混床除盐工艺流程

当需要对原水进行除盐处理时，则流程中既要有阳离子交换器，又要有阴离子交换器，以去除所有阳离子和阴离子。离子交换法除盐的基本流程是：

① 一级复床：原水依次经过一次阳离子交换器和一次阴离子交换器处理，称为一级复床除盐。通过一级复床除盐处理，出水的电导率可达 $10\mu S/cm$ 以下，$SiO_2<0.1mg/L$。

② 二级复床：当处理水质要求更高时，则需要二级复床处理。

③ 一级复床——混床。

④ 其他更为复杂的组合。

在以上工艺中，一级复床由阳离子交换单元、除二氧化碳器、阴离子交换单元三部分组成。对于二级复床系统，因第二级的阳离子交换树脂出水中已经没有多少二氧化碳了，因此不再设置除二氧化碳器。

除盐系统都采用强型树脂。弱碱性树脂只能交换强酸阴离子而不能交换弱酸阴离子（如硅酸根），也不能分离中性盐，但它们对 OH^- 的吸附能力强，所以极易用碱再生。不论用强碱还是弱碱作再生剂，都能获得满意的再生效果，而且它抗有机污染的能力也较强碱性树脂强。因此对含强酸阴离子较多的原水，采用弱碱性树脂去除强酸阴离子，再用强碱性树脂去除其他阴离子，不仅可以减轻强碱性树脂的负荷，而且还可以利用再生强碱性树脂的废碱液来再生弱碱性树脂，既节省用碱量（25%～50%），又减少了废碱的排放量。

上述阳离子交换单元可以是一个或几个交换设备，例如阳离子交换单元可以用一个强酸性阳离子树脂交换器，也可由弱酸性阳离子交换树脂和强酸性阳离子交换树脂两个交换设备串联组合而成。

在一级复床中，总是阳离子交换树脂在前，阴离子交换树脂在后，这是因为 RH 出水中 H_2CO_3 吹脱后可以降低 ROH 的去除负荷；如果 ROH 在前，因产生的 OH^- 会生成 $CaCO_3$ 和 $Mg(OH)_2$ 沉淀析出物，阻塞树脂孔隙；ROH 在酸性条件下交换能力强，并能去除硅酸。

复床除盐的出水水质可达到初级纯水，如果要制取纯度更高的水，可续接混床除盐，混床出水的电导率达 $0.2\mu S/cm$ 以下，$SiO_2<20\mu g/L$，流速约 20m/h。

混合床是把阳离子交换树脂和阴离子交换树脂（体积比例一般为 1：2）装在一个交换器内，混合均匀后运行。水通过混床，同时完成阳、阴离子交换，即

$$RH+ROH+NaCl \longrightarrow RNa+RCl+H_2O \tag{6-36}$$

由于混合床消除了逆反应的影响，可使交换进行得更为彻底。混床的流速可选用40～60m/h。

混床在再生前通过反冲洗，靠阴阳树脂的密度差把树脂分层，分别再生；然后在运行前用压缩空气把两种树脂进行搅拌，形成混合床。水从混合床中流过，相当于通过无数级复床。

根据原水水质和出水要求，可以进行各处理单元的组合，构成离子交换除盐系统。常用的固定床离子交换除盐系统及其出水水质和适用情况如表 6-10 所示。

表6-10 常用的固定床离子交换除盐系统及其出水水质和适用情况

序号	系统	出水质量		适用情况	备注
		电导率/$(\mu S/cm)$	二氧化硅/(mg/L)		
1	H → D → OH	<10	<0.1	中压锅炉补给水率高	当进水碱度<0.5mmol/L 或有石灰预处理时可考虑省去除二氧化碳器
2	H → D → OH → H/OH	<0.2	<0.02	高压及以上汽包锅炉和直流炉	系统较简单，出水水质稳定

续表

序号	系统	出水质量 电导率 /(μS/cm)	出水质量 二氧化硅 /(mg/L)	适用情况	备注
3	$\frac{W}{H}$—H—D—OH	<10	<0.1	①同本表序号1系统 ②碱度较高,过剩碱度较低 ③酸耗低	当采用阳双层(双室)床,进口水的硬度与碱度的比值在1~1.5为宜。阳离子交换器串联再生
4	$\frac{W}{H}$—H—D—OH—OH	<0.2	<0.02	同本表序号2、3系统	同本表序号3系统
5	H—D—$\frac{W}{OH}$—OH	<1	<0.02	①适用于高含盐量水 ②两级交换器均采用强型树脂	①阴、阳离子交换器分别串联再生 ②一级强碱性阴离子交换器可选用II型树脂
6	H—D—$\frac{W}{OH}$—OH—$\frac{H}{OH}$	<0.2	<0.02	同本表序号2、5系统	水质稳定,设备多
7	$\frac{W}{H}$—H—D—$\frac{W}{OH}$—OH	<10	≪0.1	①同本表序号1系统 ②进水中有机物与强酸阴离子含量高时	阴离子交换器串联再生
8	$\frac{W}{H}$—H—D—$\frac{W}{OH}$—OH—$\frac{H}{OH}$	<1	<0.02	进水中强酸性阴离子含量高且二氧化硅含量低	
9	H—D—$\frac{W}{OH}$—OH—$\frac{H}{OH}$	<0.2	<0.02	同本表序号2、7系统	同本表序号7系统
10	H—D—OH—H—OH—$\frac{H}{OH}$	<10	<0.1	进水碱度高,强酸根离子含量高	条件适合时,可采用双层(双室)床 阴阳离子交换器分别串联再生
11	H—D—$\frac{W}{OH}$—$\frac{H}{OH}$	<0.2	<0.02	同本表序号2、10系统	

注: 1. 表中所列均为顺流再生设备,当采用对流再生设备时,出水质量比表中所列的数据要高。

2. 离子交换树脂可根据进水有机物含量情况选用凝胶或大孔型树脂。

3. 表中符号:H——强酸性阳离子交换器;$\frac{W}{H}$——弱酸性阳离子交换器;OH——强碱性阴离子交换器;$\frac{W}{OH}$——弱碱性阴离子交换器;D——除二氧化碳器;$\frac{H}{OH}$——强酸、强碱混合离子交换器。

当要求制取高纯水时,必须采用反渗透→复床→混床流程,如图6-6所示。

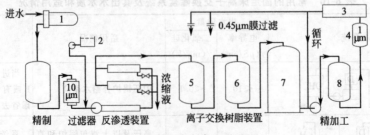

图 6-6 高纯水制备工艺流程

1—加热器;2—投药槽;3—紫外线照射;4—滤器;5—阳离子交换器;6—阴离子交换器;7—贮水槽;8—混合床

6.6 离子交换器的工作过程

离子交换器的交换过程包括交换和再生两个步骤。若这两个步骤在同一设备中交替进行，则为间歇过程，即当树脂交换饱和后，停止进原水，通再生液再生，再生完成后，重新进原水交换。采用间歇过程，操作简单，处理效果可靠，但当处理量大时，需多套设备并联运行。如果交换和再生分别在两个设备中连续进行，树脂不断在交换和再生设备中循环，则构成连续过程。

6.6.1 固定床离子交换器间歇工作过程

6.6.1.1 交换

将离子交换树脂装于交换器内，以类似过滤的方式运行。交换时树脂层不动，则构成固定床操作。

如图 6-7 所示，开启进水阀和出水阀，当含有 B 离子浓度为 C_0 的废水自上而下通过 RA 树脂层时，顶层树脂中 A 离子首先和 B 离子进行交换，达到交换平衡时，这层树脂被 B 离子饱和而失效。此后进水中的 B 离子不再和失效树脂交换，交换作用便移至下一树脂层。B 离子浓度将为 C_x。在交换区内，每个树脂颗粒均交换部分 B 离子，因上层树脂接触的 B 离子浓度高，故其离子交换量大于下层树脂的交换量。经过交换区，B 离子浓度自 C_x 降至接近于 0。C_x 是与饱和树脂中 B 离子浓度呈平衡的液相 B 离子浓度，可视同 C_0。从交换区流出的是经处理的不含 B 离子的水，所以交换区以下的床层未发挥作用，为新鲜树脂，水质也不发生变化。继续运行时，失效区逐渐扩大，交换区向下移动，未用区逐渐缩小。当交换区下缘到树脂层底

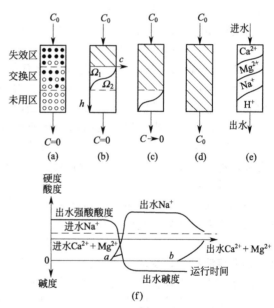

图 6-7 离子交换柱工作过程

部时，出水中开始有 B 离子漏出，此时称为树脂层穿透。再继续运行时，出水中 B 离子浓度迅速增加，直至与进水 C_0 相同。此时，全塔树脂饱和。

从交换开始到穿透为止，树脂所达到的交换容量为工作交换容量，其值一般为树脂总交换容量的 $60\%\sim70\%$。

在床层穿透以前，树脂分属于饱和区、交换区和未用区，真正工作的只有交换区内树脂。交换区的上端面处液相 B 离子浓度为 C_0，下端处为 0。如果同时测定各树脂层的液相 B 离子浓度，可得交换区内的浓度分布曲线，如图 6-7(b) 所示。浓度分布曲线也是交换区中树脂的负荷曲线。曲线上面的面积 Ω_1 表示利用了的交换容量，而曲线下面的面积 Ω_2 则表示尚未利用的交换容量。Ω_1 与总面积 $(\Omega_1+\Omega_2)$ 之比称为树脂的利用率。

交换过程主要与交换区厚度、进水速率、废水浓度、所选的树脂类型以及再生的效率等因素有关。

交换区的厚度取决于所用的树脂、B 离子的种类和浓度以及工作条件。当前两者一定时，

则主要取决于水流速度。这可用离子供应速度和离子交换速度的相对大小来解释。单位时间内流入某一树脂层的离子数量称为离子供应速度 v_1。在进水浓度一定时，流速越大，则离子供应越快。单位时间内交换的离子数量称为离子交换速度 v_2。对于给定的树脂和 B 离子，交换速度基本上是一个常数。当 $v_1 \leqslant v_2$ 时，交换区的厚度小，树脂利用率高；当 $v_1 \geqslant v_2$ 时，进入的 B 离子来不及交换就流过去了，因此交换区厚度大，树脂利用率低。合适的水流速率通常由试验确定，一般为 $10 \sim 30 \mathrm{m/h}$。交换区厚度除可实测外，也常用经验公式估算。如用磺化煤作交换剂进行水质软化时，其交换区厚度 $h(\mathrm{m})$ 为：

$$h = 0.015 V d_{80}^2 \lg \frac{C_H}{C_u} \tag{6-37}$$

式中　V——水通过树脂层的空塔速度，$\mathrm{m/h}$；

　　　d_{80}——80%重量的树脂能通过的筛孔孔径，mm；

　　　C_H、C_u——分别为进水和出水的硬度，$\mathrm{mmol/L}$。

上述讨论仅限于原水中只含有 B 离子一种离子，实际原水中常含有多种可与树脂交换的离子。天然原水中常见的阳离子有 Ca^{2+}、Mg^{2+}、Na^+。如用 RH 树脂处理，这些阳离子都可以与之交换。按照选择性顺序 $Ca^{2+} > Mg^{2+} > Na^+$，树脂依次交换 Ca^{2+}、Mg^{2+}、Na^+。某一时刻树脂层液相中三种离子的浓度分布曲线如图 6-7 (e) 所示。交换器出水浓度随时间变化如图 6-7 (f) 所示。随着进水量增加，穿透离子的顺序依次为 Na^+、Mg^{2+}、Ca^{2+}。

图 6-7(f) 表明，制水初期，进水中所有阳离子均交换出 H^+，生成相当量的无机酸，出水酸度保持定值。运行至 a 点时，Na^+ 首先穿透，且迅速增加，同时酸度降低，当 Na^+ 泄漏量增大到与进水中强酸阴离子含量总和相当时，出水开始呈碱性；当 Na^+ 增加到与进水阳离子含量总和相等时，出水碱度也增加到与进水碱度相等。此时，H^+ 交换结束，交换器开始进行 Na^+ 交换，稳定运行至 b 点之后，硬度离子开始穿透，出水 Na^+ 含量开始下降，最后出水硬度接近进水硬度，出水 Na^+ 含量接近进水 Na^+ 含量，树脂层全部饱和。

6.6.1.2　再生

树脂失效后，必须再生才能再使用。通过树脂再生，一方面可恢复树脂的交换能力，另一方面可回收有用物质。化学再生是交换的逆过程。根据离子交换平衡式，$RA + B \rightleftharpoons RB + A$，如果显著增加 A 离子的浓度，在浓差作用下，大量 A 离子向树脂内扩散，而树脂内的 B 离子则向溶液扩散，反应向左进行，从而达到树脂再生的目的。

固定床再生操作包括反洗、再生和正洗三个过程。

① 反洗。反洗是逆交换水流方向通入冲洗水和空气，以松动树脂层，使再生时的再生液能分布均匀，同时也清除积存在树脂层内的杂质、碎粒和气泡。反洗前先关闭排气阀和出水阀，打开反洗进水阀，然后再逐渐开大反洗排水阀进行反洗，用废水反洗。反洗使树脂层膨胀50%左右。反冲流速可控制在 $2 \mathrm{m/h}$ 以内，历时大约 $15 \mathrm{min}$。反洗完毕后关闭反洗进水阀和反洗排水阀。

② 再生。经反洗后，将再生剂以一定流速（$4 \sim 8 \mathrm{m/h}$）通过树脂层，再生一定时间（不小于 $30 \mathrm{min}$）当再生液中 B 离子浓度低于某个规定值后，停止再生，通水正洗。其操作过程为：首先打开排气阀及正洗排水阀，使水面升至离树脂层表面 $10 \mathrm{cm}$ 左右，再关闭正洗排水阀门，开启进再生液阀门，排出交换器内空气后，关闭排气阀，再适当开启正洗排水阀，进行再生。再生完毕后关闭进再生液阀门。

③ 正洗。正洗是为了洗掉树脂层内的再生废水，保证出水水质。正洗时开启进水阀和正洗排水阀进行清洗。正洗时水流方向与交换时水流方向相同。正洗用水最好用未被污染的水或交换处理后的净水。

图 6-8 所示为固定床顺流再生示意图。有时再生后还需要对树脂作转型处理。

影响再生效果和再生处理费用的因素如下。

（1）再生剂的种类

对于不同性质的原水和不同类型的树脂，应采用不同的再生剂。选择的再生剂既要有利于再生液的回收利用，又要求再生效率高，洗脱速度快，价廉易得。如用 Na 型阳树脂交换纺丝酸性废水中的 Zn^{2+}，用芒硝（$Na_2SO_4 \cdot 10H_2O$）作再生剂，再生液的主要成分是浓缩的 $ZnSO_4$，可直接回用于纺丝的酸浴工段。再如用烟气（CO_2）作为弱酸性阳树脂的再生剂也可以得到很好的再生效果。一般对强酸性阳树脂用 HCl 或 H_2SO_4 等强酸及 NaCl、Na_2SO_4 再生；对弱酸性阳树脂用 HCl、H_2SO_4 再生；对强碱性阴树脂用 NaOH 等强碱及 NaCl 再生；对弱碱性阴树脂用 NaOH、Na_2CO_3、$NaHCO_3$ 等再生。弱树脂用 NH_3 再生，虽然再生效率低，但价格低廉。

（2）再生剂用量

树脂的交换和再生均按等当量进行。理论上，1mol 的再生剂可以恢复树脂 1mol 的交换容量，但实际上再生剂的用量要比理论值大得多，通常为 2～5 倍。试验证明，再生剂用量越多，再生效率越高。但当再生剂用量增加到一定值后，再生效率随再生剂用量增长不大。因此再生剂用量过高既不经济也无必要。图 6-9 所示为用 2％的 NaOH 对交换了 Cr^{6+} 的强碱性树脂的再生情况。由图可知，以控制 95％的再生效率较为合适。

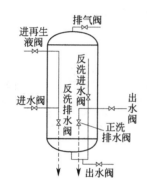

图 6-8 固定床顺流再生示意图

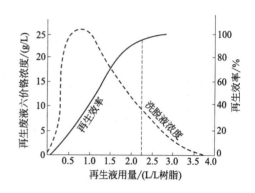

图 6-9 再生液用量与再生效率、含铬浓度的关系

（3）再生液浓度

当再生剂用量一定时，适当增加再生剂浓度，可以提高再生效率。但再生剂浓度太高，会缩短再生液与树脂的接触时间，反而降低再生效率，因此存在最佳浓度。如用 NaCl 再生 Na 型树脂，最佳盐浓度范围在 10％左右。一般顺流再生时，酸液浓度以 3％～4％，碱液浓度以 2％～3％为宜。

（4）再生时间

再生时间通常不少于 0.5h，再生液流速以 4～8m/h 为宜。

（5）再生剂纯度

目前离子交换树脂常用工业盐酸和工业液碱再生，其中含有大量杂质，尤以工业液碱为甚（含有 3％～5％NaCl）。这些杂质在再生中起了反离子的作用，影响再生效果。因此水质要求高的部门可选用纯度较高的药剂，这样不仅能提高水质，树脂的交换容量也有较大幅度的提高。

（6）再生液温度

试验证明，再生液温度的提高可强化再生过程，这在阴树脂的再生中表现得更为明显，考虑到阴树脂的热稳定性，再生液温度以不超过 40℃为宜。

（7）再生方式

固定床的再生主要有顺流和逆流两种方式。再生剂流向与交换时水流方向相同的称为顺流再生，反之称为逆流再生。顺流再生的优点是设备简单，操作方便，工作可靠，缺点是再生剂用量多，再生效率低，交换时，出水水质差；逆流再生时，再生剂耗量少（比顺流法少40%左右），再生效率高，而且能保证出水质量，但设备较复杂，操作控制较严格。采用逆流再生，切忌搅乱树脂层，应避免进行大反洗，再生液的流速通常小于2m/h。也可采用气顶压、水顶压或中间排液法操作。

几种逆流再生操作方法的比较见表6-11。

表6-11 几种逆流再生操作方法的比较

操作方法	条件	优点	缺点
气顶压法	①空气压力0.03~0.05MPa,应稳定 ②气量0.2~0.3m³/(m²·min) ③再生液流速5m/h左右	①不易乱层 ②操作容易掌握 ③耗水量少	需设置净化压缩空气系统
水顶压法	①水压0.01~0.03MPa ②顶压水量为再生液流量的1~1.5倍	操作简单	再生废液量大,增加处理工作量
低流速法	再生液流速2m/h左右	设备及辅助系统简单	再生时间长
无顶压法	①中排液装置小孔流速应不大于0.1m/s ②再生流速5m/h左右	①操作简单 ②外部管系简单 ③不需任何顶压系统	

以气顶法为例，逆流再生操作步骤如图6-10所示。各步骤的要点如下：

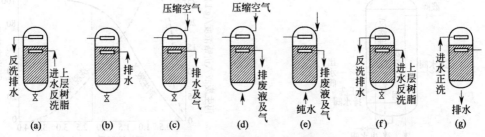

图6-10 逆流再生操作步骤

(a) 小反洗；(b) 放水；(c) 顶压；(d) 进再生液；(e) 置换；(f) 小反洗；(g) 正洗

① 小反洗。目的是清洗压脂层中的悬浮杂质，反洗水从中排进入交换器，从交换器上部排出。小反洗时，中排以下床层呈压实状态，压脂层膨胀呈悬浮状态，反洗至出水澄清，一般需10~15min。

② 放水。打开进气阀，将中排管以上的水由中排管放出，直至中排管中无水排出为止。此时压脂层内及以上空间的水全部排尽，保证压实效果，

③ 顶压。排水后从交换器顶部送入经过净化的压缩空气，使气压维持在0.03~0.05MPa，顶压一直维持到置换结束。其间气压应稳定。

④ 进再生液。以大约5m/h的流速将再生液自下而上流过树脂层，由中排管排出。由于逆流再生所用药剂的量比顺流再生少，因此药液浓度应略低，以保证进液时间不少于30min。复床再生液应采用除盐水配制。

⑤ 置换。置换时水的流速和流向与再生时相同，阳床置换至出水酸度小于3~5mmol/L，阴床置换至出水碱度小于0.3~0.5mmol/L，置换结束后应先关进水阀停止进水，然后停止顶压，防止乱层。

⑥ 小反洗。操作方法同①。在进再生液时不可避免地有少量再生废液进入压脂层，再次采用小反洗的目的是将这部分废液自交换器上部排出，而不至于在下一步正洗时污染树脂层。此步骤也可改为小正洗，即从上部进水，中排出水。

⑦ 正洗。关闭中排阀门，正洗水由交换器上部进入，流经树脂床层，由底部排水阀排出。流速可与运行时相同，直至出水水质符合要求。

小反洗和正洗可采用前级水,即阳床可用清水,阴床可用阳床出水。

混合床再生有两种方法:体外再生和体内再生。体外再生即是在混合床失效后,将树脂用水力移送到交换器外的专用再生装置中进行再生,树脂再生后再移回交换器中。树脂失效后在交换器内进行再生的称体内再生。但无论是体外再生还是体内再生,其基本点是相同的。在再生前首先要将混合在一起的阳、阴树脂分离,然后再用酸、碱分别对其进行再生、清洗,然后再将阳、阴树脂进行混合。图 6-11 为混合床再生步骤示意图。

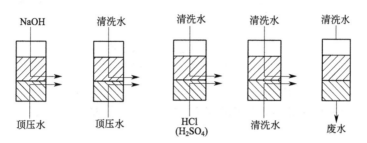

图 6-11　混合床再生步骤示意图

失效后的混合树脂可用水流反洗的方法,利用阳、阴树脂湿真密度的差异在反洗和沉降中分离。反洗分层是混合床再生的关键步骤,如分离效果不佳,混杂在阳树脂中的阴树脂会在再生时受到酸的污染,混杂在阴树脂中的阳树脂受到碱的污染。

开始反洗时,由于树脂床层在运行中压得很紧,水速应小些,等树脂层松动后,逐渐加大水速至全部床层松动,并展开 $50\%\sim80\%$,大约 $10\sim15min$ 后,阳、阴树脂就可分离,反洗停止后,阳、阴树脂自然沉降,形成一清晰的界面层,阳树脂在下,阴树脂在上。

为提高分层效果,可在分层前通以 $6\%\sim10\%$ 的 NaOH 对树脂转型,以增大阳、阴树脂的密度差,同时消除静电相吸现象。

将交换器内的水放至阴树脂表面约 10cm,然后从上部进碱液,少量顶压水从下部进,防止碱液进入阳树脂层,一起从中排管排出。以除盐水清洗置换阴树脂,直至排水中 OH⁻ 碱度 $<0.5mmol/L$。从底部进酸液,顶部进少量清洗水。以除盐水清洗阳树脂至排水酸度 $<0.5mmol/L$。串联清洗直至排水电导率 $<1.5\mu S/cm$。将器内水放至距树脂层表面 $10\sim15cm$,从下部通入已净化的空气 $(0.1\sim0.15MPa)$,约 5min。树脂混匀后,从底部迅速排水,最后以 15m/h 的除盐水正洗,直至电导率 $<0.2\mu S/cm$,硅酸根 $<20\mu g/L$。

6.6.2　一级复床的工作过程

阳床的工作过程见图 6-7(e) 和图 6-7(f)。阴床的工作与阳床的状态有关,出水水质见图6-12。

当阴床先失效时,如图 6-12(a) 所示,由于硅酸根离子在强碱阴树脂下的选择顺序中排于最后,也就是说阴树脂对它的吸着能力最差,因此最先泄漏的是 H_2SiO_3,随后才会是 H_2CO_3 漏出,最后是各种强酸,H_2SiO_3 的酸性很弱,所以在失效的初期,水质 pH 的变化不大,但很快就会明显下降。电导率先略有下降,而后再上升,这是由于在正常运行时,水中有微量 OH⁻,水呈弱碱性,失效初期水质 pH 下降,OH⁻ 为其他阴离子所取代,电导率下降。当水呈中性时,电导率下降至最低点,当 pH 继续下降,H⁺ 浓度增加,电导率迅速增高。

阳床先失效,如图 6-12(b) 所示,出水中钠离子含量首先升高,于是阴离子交换器出水中就会含有相应数量的 NaOH,pH 值、电导率也同步上升。从图 6-12(b) 可以看出,当阳床失效时,虽然阴树脂并未失效,但出水中的 SiO_2 含量却上升了。分析阴树脂对 H_2SiO_3 的交换过程,当阴床进水中的阳离子仅为 H⁺ 时,阴树脂对硅酸化合物的交换可用下式表示:

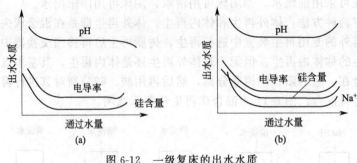

图 6-12　一级复床的出水水质
(a) 阴床先失效；(b) 阳床先失效

$$ROH + H_2SiO_3 \longrightarrow RHSiO_3 + H_2O \tag{6-38}$$

这个反应就像中和反应那样，生成电离度很小的水，因此除硅很完全。当阴床进水中有 Na^+ 时，上述反应式为：

$$ROH + NaHSiO_3 \longrightarrow RHSiO_3 + NaOH \tag{6-39}$$

由于产物 NaOH 为强电解质，导致交换反应向左移动，使出水 SiO_2 含量增高。阳床漏 Na 量越大，阴床出水 SiO_2 含量也越大。

目前复床运行终点的控制指标主要是电导率和含硅量，电导率测定简单易行，监控十分方便。

在工业废水处理中，对于浓集了大量有毒而又有用物质的树脂再生洗脱液，有的可直接回收利用，有的需做进一步的浓缩分离处理（如蒸发浓缩、结晶分离等）才能回收利用。对有些没有回收利用价值的，则必须进行妥善处理，使其不再在环境中扩散污染。如用离子交换法处理放射性废水时，对于高浓度放射性裂变产物的废液，有的采用密封直接埋入地下或废矿井中，有的则制成混凝土块弃之海底等。

6.6.3 连续式离子交换器工作过程

固定床离子交换器内树脂不能边饱和边再生，因树脂层厚度比交换区厚度大得多，故树脂和容器的利用率都很低；树脂层的交换能力使用不当，上层的饱和程度高，下层低，而且生产不连续，再生和冲洗时必须停止交换。为了克服上述缺陷，发展了连续式离子交换设备，包括移动床和流动床。

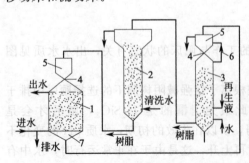

图 6-13　三塔式移动床
1—交换塔；2—清洗塔；3—再生塔；4—浮球阀；
5—贮树脂斗；6—连通管；7—排树脂部分

图 6-13 所示为三塔式移动床系统，由交换塔、再生塔和清洗塔组成。运行时，原水由交换塔下部配水系统流入塔内，向上快速流动，把整个树脂层承托起来并与之交换离子。经过一段时间后，当出水离子开始穿透时，立即停止进水，并由塔下排水。排水时树脂层下降（称为落床），由塔底排出部分已饱和的树脂，同时浮球阀自动打开，放入等量已再生好的树脂。注意避免塔内树脂混层。每次落床时间很短（约 2min）。之后又重新进水，托起树脂层，关闭浮球阀。失效树脂由水流输送至再生塔。再生塔的结构及运行与交换塔大体相同。

经验表明，移动床的树脂用量比固定床少，在相同产水量时，约为后者的 $1/3 \sim 1/2$，但树脂磨损率大。能连续产水，出水水质也较好，但对进水变化的适应性较差，设备小，投资省，但自动化程度要求高。

移动床操作有一段落床时间，并不是完全的连续过程。若让饱和树脂连续流出交换塔，由塔顶连续补充再生好的树脂，同时连续产水，则构成流动床处理。流动床内树脂和水流方向与移动床相同，树脂循环可用压力输送或重力输送。为了防止交换塔内树脂混层，通常设置2～3块多孔隔板，将流化树脂层分成几个区，也起均匀配水的作用。

移动床是一种较为先进的床型，树脂层的理论厚度就等于交换区厚度，因此树脂用量少，设备小，生产能力大；而且对原水预处理要求低。但由于操作复杂，目前运用不多。

6.7 离子交换器

离子交换器是进行离子交换反应的设备，是离子交换处理的核心设备。工业上的离子交换过程一般包括：原料液中的离子与固体离子交换剂中可交换离子间的离子置换反应，饱和的离子交换剂用再生液再生后循环使用等步骤。为了使离子交换过程得以高效进行，离子交换设备应具有如下特点。

① 离子交换是液-固非均相传质过程，为了进行有效的传质，溶液与离子交换剂之间应接触良好。

② 离子交换设备具有适宜的结构，以保证离子交换剂在设备内有足够的停留时间以达到饱和并能与溶液之间进行有效的分离。

③ 控制离子交换剂投用量以及水相流速，尽量缩短溶液在设备中的停留时间，并保持较高的分离组分的回收率，使设备结构紧凑，降低设备投资费用。

④ 在连续逆流离子交换过程中，能够精确测量和控制离子交换剂的投入量及转移速率。

⑤ 饱和的离子交换剂用酸、碱再生后，离子交换剂与洗脱液能进行有效的分离。设备具有一定的防腐能力。

⑥ 由于离子交换剂价格较贵，操作过程中能够尽量减少或避免树脂的磨损与破碎。

目前，已投产应用的工业规模的离子交换设备种类很多，设计各异。按结构类型分有罐式、塔式和槽式；按操作方式分为间歇式、周期式和连续式；按两相接触方式分有固定床、移动床和流化床。而流化床又分为液流流化床、气流流化床、搅拌流化床；固定床又分为单床、多床、复床、混合床、正流操作型与反流操作型以及重力流动型与加压流动型等。离子交换器的详细分类见图6-14。

离子交换设备多采用具有橡胶防腐衬里的钢罐，或硬聚氯乙烯交换柱（用于小型处理），有多种定型产品可供选购。

6.7.1 固定床离子交换器

固定床离子交换器通常用高径比不大（$H/D=2\sim5$）的圆柱形设备，具有圆形或椭圆形的顶与底。离子交换剂处于静止状态，原料液由设备上部引入，通过树脂处理后的水由底部排出。经过一定时间运行后，树脂饱和失效，需进行再生处理。

固定床离子交换设备的优点是：结构简单，操作方便，树脂磨损少，适宜于处理澄清料液。缺点是：由于吸附、反洗、洗脱（再生）等操作步骤在同一设备内进行，管线复杂，阀门多，不适宜于处理悬浮液。树脂利用率比较低，交换操作的速度较慢，虽然操作费用低，但投资费用高，因此应用受到一定限制。

固定床离子交换器中使用最广泛的是顺流再生和逆流再生两种，浮动床是近年来发展起来的一种固定床运行方式。

6.7.1.1 逆流再生固定床离子交换器

逆流再生固定床离子交换器的基本构造见图6-15。

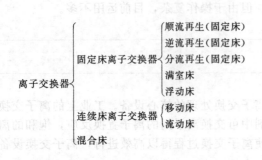

图 6-14　离子交换器的详细分类

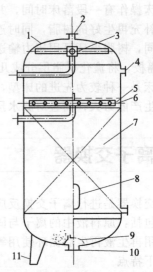

图 6-15　逆流再生固定床离子交换器的基本结构
1—壳体；2—排气孔；3—上布水装置；4—树脂卸料口；
5—压胀层；6—中排液管；7—树脂层；8—视镜；
9—下布水装置；10—出水管；11—底脚

（1）筒体

筒体高度应包括树脂层、压脂层占有的高度和树脂层反洗膨胀高度。膨胀高度一般应为树脂层与压脂层高度的 50%～80%。筒体材料应满足交换柱强度及耐柱内构造液腐蚀的要求。常用的材料有有机玻璃、硬 PVC、内涂防腐涂料或衬橡胶碳钢等。一般前两种适用于较小口径、构造压力较低的场合，内涂涂料碳钢一般用于钠型软化系统。

筒体上的附件有进出水管、排气管、树脂装卸口、视镜、人孔等，均根据工艺操作的需要布置。如视镜的位置应能观察树脂下部动态及颜色变化情况、树脂层面是否波动和树脂层反洗膨胀后的层面等。

（2）上布水装置

上布水装置的常用形式如图 6-16 所示。

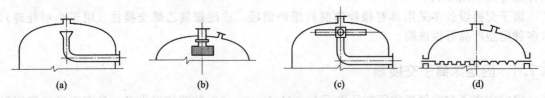

图 6-16　上布水装置的常用形式
(a) 漏斗型；(b) 喷头型；(c) 十字穿孔管型；(d) 多孔板排水帽型

① 漏斗型。结构简单，制作方便，适用于小型设备。漏斗的角度一般为 60°或 90°，漏斗的顶部距设备上封头约 200mm，漏斗口直径为进水管的 1.5～3 倍。安装时要防止倾斜，否则易发生偏流，操作时应注意控制树脂层的膨胀高度，防止树脂流失。

② 喷头型。有多孔外包滤网及开细缝隙两种。常用材料为不锈钢或工程塑料。进水管内流速为 1.5m/s 左右，小孔或缝隙流速为 1～1.5m/s。

③ 十字穿孔管型。穿孔管有多孔外包滤网及开细缝隙式（0.3～0.4mm）两种，布水较前两种均匀。设计流速、常用材料同前。

④ 多孔板排水帽型。布水均匀性好，但构造复杂，一般用于中小型交换设备，常用排水

帽有塔式（K 型）、水革型、片叠式等，多孔板材料有碳钢涂耐腐蚀涂料、碳钢内衬橡胶或工程塑料等。

（3）中排水装置

中排水装置是逆流再生固定床内部的主要部件，对交换柱的实际运行效果有很大影响。对中排水装置的要求是：能均匀排除再生废液，防止树脂流失，具有足够的机械强度。安装时必须在交换柱内呈水平状态。常用的中排水装置形式见图 6-17。

母管支管式是目前中排液装置中用得最多的形式，有母管、支管处于同一平面与在不同平面、总管在上或在下几种形式。图 6-17（a）为母管与支管处于不同平面，总管在上的中液装置。常用材料有硬 PVC 与不锈钢，在钠离子交换柱中也有用碳钢涂防腐涂料。

为阻止离子交换树脂流失，支管有细缝（0.3～0.4mm）与多孔外包滤网两种形式。常用滤网为 40～60 目，滤网有不锈钢丝网、涤纶丝网（有良好的耐酸性能，适用于盐酸再生的 H 型阳离子交换柱）、锦纶丝网（有良好的耐碱性能，适合于 OH 型阴离子交换柱）等。

管插式：插入树脂层的支管长度一般与压脂层厚度相同，其所用材料及防止树脂流失的方式、材料与母管支管式相同。

支管式：一般均用于小直径离子交换柱（Φ600mm 以下），支管的数量可用 1～3 根，该交换柱直径选择、所用材料及防止树脂流失的方式均与母管支管式相同。

（4）下布水装置

下布水装置的配水均匀性影响设备的运行及再生效果，在选用时应予以重视。常用形式见图 6-18。

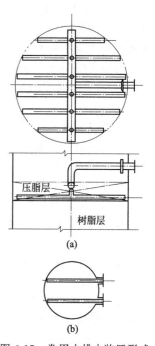

图 6-17　常用中排水装置形式
（a）母管支管式；（b）支管式

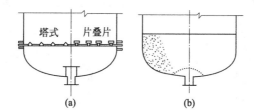

图 6-18　下布水装置
（a）多孔板排水帽型；（b）石英砂垫层型

① 多孔板排水帽型。与上布水装置中的多孔板排水帽型相同。

表 6-12　石英砂垫层的级配与层高

石英砂粒径/mm	砂层高度/mm		
	交换柱直径Φ1600	交换柱直径Φ1600～3200	交换柱直径Φ3200
1～2	200	200	200
2～4	100	150	150
4～8	100	100	100
8～16	100	150	200
16～32	250	250	300
砂层总厚度	700	850	950

② 石英砂垫层型。支撑石英砂垫层的装置有穹形多孔板与大排水帽两种形式，两者的布水均匀性都较好。图 6-18（b）中石英砂垫层的支撑装置为穹形多孔板式。石英砂垫层的级配

与层高见表 6-12。在支撑穹形多孔板直径为交换柱直径的 1/3 时，上述级配组成的石英砂垫层均匀性可达 95%。在反冲洗流速 15～30m/h 的条件下，上述级配的石英砂垫层稳定，面层砂粒不浮动。对石英砂的要求是：SiO_2 含量必须大于 99%，使用前应用 10%～20% 的盐酸浸泡 12～24h。实践表明，此种垫层当再生碱液的温度在 40℃ 以下时硅成分稳定，对出水中 SiO_2 泄漏量没有影响。支撑装置材料为：穹形多孔板常用材料有碳钢涂防腐蚀涂料、碳钢衬胶、不锈钢等，大排水帽常用硬质 PVC 等工程塑料，均应根据设备的耐腐蚀要求选择。

逆流再生离子交换器在安装时应注意如下几点：

① 离子交换器内部装置的技术要求应符合设计要求，设计无规定时，可参照下述规定执行：

a. 离子交换器的集水、排水装置（进水挡板、石英石垫层、叠片式水帽等）的装配允许偏差为：与筒体中心线的偏差不大于 5mm；水平偏差不大于 4mm。

b. 离子交换器采用支、母管式集水、排水装置时，其支管的水平偏差及支管与母管中心线的垂直偏差允许值为：水平偏差不大于 4mm；垂直偏差不大于 3mm；相邻支管中心线距离偏差不大于 ±2mm。

c. 离子交换器的再生装置应水平安装，再生管的喷嘴应垂直向上，在进行通水检查时应无堵塞情况。

② 离子交换器的压脂层厚度应符合设计要求。如设计无要求的，其压脂层厚度按 150～200mm 填加。

③ 交换床器壁的防腐层应完好无损；两层衬胶的龟裂深度不大于 3mm，起泡面积不大于 $50cm^2$；环氧树脂防腐涂层无起层、脱落；用电火花探伤仪对器壁检查，应无漏电情况。

④ 交换器其他部分应灵活好用：阀门开关灵活，无卡涩；取样槽无泄漏，取样管平直，支架牢固；衬胶管道完好，支吊架齐全。

6.7.1.2 顺流再生固定床离子交换器

在顺流再生固定床离子交换器中，运行（交换）时水的流动和再生时再生液的流动方向均为由上向下，故称之为顺流。图 6-19 所示为常用的顺流再生固定床离子交换器的结构示意图。

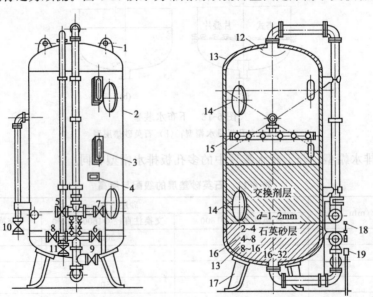

图 6-19 顺流再生固定床离子交换器的结构示意图

1—吊耳；2—罐体；3—窥视孔；4—标牌；5—进水管；6—出水管；7—反洗排水管；8—正洗、再生排水管；
9—反洗排水管；10—进再生液管；11—排空气管；12—进水装置；13—上、下封头；14—上、下人孔门；
15—进再生液装置；16—排水装置（在石英砂层内，图中未示）；17—支腿；18—压力表；19—取样槽

交换器内由上而下分别为：进水装置、再生液分配装置、交换层（离子交换树脂层）、石英砂垫层和排水装置。工作过程是：运行、反洗、再生、置换、正洗五个步骤。运行滤速为 $15\sim20\text{m/h}$，再生液的流速为 $4\sim6\text{m/h}$，再生剂的耗量为：Na 型强酸性阳离子交换树脂 $110\sim120\text{gNaCl/mol}$，H 型强酸性阳离子交换树脂 $70\sim80\text{gHCl/mol}$ 或 $100\sim150\text{gH}_2\text{SO}_4/\text{mol}$，强碱性阴离子交换树脂 $100\sim120\text{gNaOH/mol}$。

顺流再生固定床离子交换器的特点是：设备结构及操作较简单；再生度较低的树脂处于出水端，因此出水水质较差；再生剂的用量大，再生度低，导致树脂的工作交换容量偏低。

顺流再生固定床与逆流再生固定床的不同点为：顺流再生固定床无中排液装置及压脂层；在较大内径的顺流再生固定床中，树脂层面上 $150\sim200\text{mm}$ 处设有再生液分布装置，常用的再生液分布装置有环形管式与母管支管式两种（简图如图 6-20 所示）。在内径较小的顺流再生固定床中，再生液通过交换柱顶部的上布水装置分布，不再设再生液分布装置。

6.7.2 移动床离子交换器

移动床离子交换设备的特点是离子交换树脂在交换、反洗、再生、清洗等过程中定期移动。如图 6-21 所示为一种典型的移动床离子交换设备——希金斯连续离子交换设备。其外形为加长的垂直环形结构，环形结构由交换段、洗脱段、脉冲段构成。此设备的操作包括运行和树脂转移两个步骤。在运行阶段，环路中的全部阀门都关闭。1 段中原料经交换用树脂交换，交换尾液由该段底部排出。4 段中是交换后的饱和树脂贮存段。在贮存段底部，用反洗水升流流化，洗去树脂中夹带的细泥和碎屑树脂。3 段是脉冲段，洗脱剂加到环路下端的洗脱段中，对饱和树脂进行水力脉冲。2 段是洗脱段，对脉冲后的饱和树脂用洗脱剂洗脱，再用漂洗水洗去洗脱剂。树脂进入 1 段树脂转移阶段。各段进行后，除 3 段顶部阀关闭，其他阀门均打开。用清水进入 3 段脉冲下，3 段树脂移入 2 段，2 段树脂移入 1 段，1 段树脂移入 4 段，再进入运行阶段。往复上述操作。

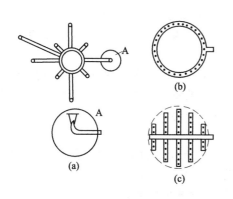

图 6-20 再生液分布装置

（a）辐射型；（b）圆环型；（c）母管支管型

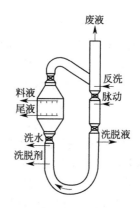

图 6-21 希金斯连续离子交换设备

移动床离子交换设备的优点是：树脂用量少，只为固定床的 15%；树脂利用率高、设备生产能力大；操作速度很高，废液少，费用低。缺点是：树脂在环形设备中的转移通过高压水力脉冲作用实现，各段间的阀门开启频繁，结构复杂，树脂易破碎，不适用于处理悬浮液或矿浆。

6.7.3 连续床离子交换器

在连续床离子交换器中，离子交换树脂层周期性地移动（移动床）或连续移动（流动床），排出一部分已经失效的树脂和补充等量的再生好的树脂，被排出的树脂在另一设备中进行再生。图 6-22 所示为几种不同方式的连续床离子交换系统。

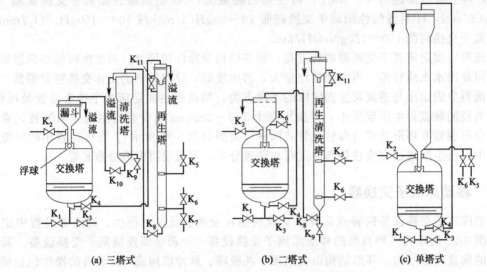

(a) 三塔式   (b) 二塔式   (c) 单塔式

图 6-22　几种不同方式的连续床离子交换系统

K₁—进水阀；K₂—出水阀；K₃、K₇、K₉—排水阀；K₄—失效树脂输出阀；K₅—进再生液阀；
K₆—进置换水或清洗水阀；K₈—再生后树脂输出阀；K₁₀—清洗好树脂输出阀；K₁₁—连通阀

连续床的优点是：运行流速高，可达 $60\sim100\mathrm{m/h}$，单台设备的处理水量大，总的树脂用量少。不足之处是：系统复杂，再生剂耗量高，树脂的磨损大等。

6.7.4　混合床离子交换器

混合床离子交换器的结构如图 6-23 所示，其特点是在离子交换树脂层的中间增加了一套中间排水装置（排出再生废液）和在底部装有进压缩空气的装置（用于混层搅拌）。工作过程是：分层反洗、分别再生、树脂混合、正洗、交换运行。

混合床的优点是：出水水质好，工作稳定，设备数量比复床少等。缺点是：树脂的交换容量利用率低，树脂磨损大，再生操作复杂等。根据混合床的特点，混合床一般设在一级复床之后，对除盐起"精加工"作用，并可采用较高的流速（一般为 $50\sim100\mathrm{m/h}$）。

虽然混合床离子交换器与逆流再生固定床相似，但两者之间存在着许多不同：

① 筒体高度应保证在反洗时树脂有 $50\%\sim80\%$ 以上的展开空间，以保证反洗分层的效果。

② 中排装置应处于阳、阴树脂的交界面，采用母管支管式的居多。

③ 大中型装置应在树脂层面以上 $150\sim200\mathrm{mm}$ 处设置碱再生液分布装置，一般也采用母管支管式，小型装置碱液由进水装置进入，酸液由底部排水装置进入，无需另设装置。

④ 大中型混合床底部的树脂与垫层交界处设有压缩空气分布装置，用于树脂的混合，常用母管支管型。采用多孔板排水装置的混合床，排水装置兼作空气分配。

6.7.5　浮动床离子交换器

浮动床离子交换器简称浮床，属对流再生离子交换器的一种。在浮动床内树脂层上填充一层惰性树脂，下部填充一层级配石英砂。运行时被处理的原水由底部以约 $30\mathrm{m/h}$ 的速度自下而上穿过砂层，由于向上水流的作用将树脂浮起，在砂层与树脂层间形成一浮动状的树脂层，因而称之为浮动床。在浮动层上至顶部的出水装置为压缩树脂层。浮床的树脂层较高，一般为

1.2～3.5m，填充率（再生型）为 98%～100%，运行失效时，树脂体积收缩，形成约有 50～200mm 的水垫层。

浮动床离子交换器除了具有对流再生床的出水水质好、再生比耗低（一般为 1.1～1.5）等优点外，还有运行流速高、水流阻力小、自用水量小（一般低于 5%）、再生操作简单等优点，但要求进水 SS<3mg/L，树脂需体外反洗。

按使用用途，浮动床离子交换器可分为阳浮床（主要指 H 型）、阴浮床（OH 型）和钠浮床三种。浮床的主体是一个密闭的圆柱形壳体，壳体内设有下部进水装置、上部排水装置和相应的管道与阀门。

图 6-24 所示为单室浮动床阴、阳离子交换器的构造示意图。当用于离子交换软化，进水总硬度小于 9mmol/L 时可选用浮动床离子交换器；当用于离子交换除盐，进水总含盐量为 150～300mg/L，总阳离子量小于 2mmol/L，总阴离子量小于 1.0～2.5mmol/L 时可选用浮动床离子交换器。

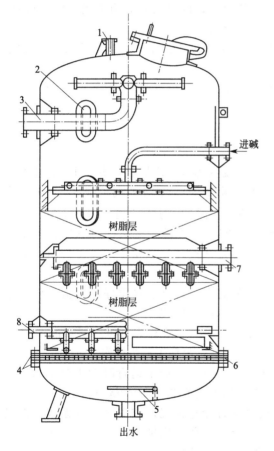

图 6-23　混合床离子交换器的结构

1—放空气管；2—窥视孔；3—进水装置；4—多孔板；

5—挡水板；6—滤布层；7—中间排水装置；

8—进压缩空气装置

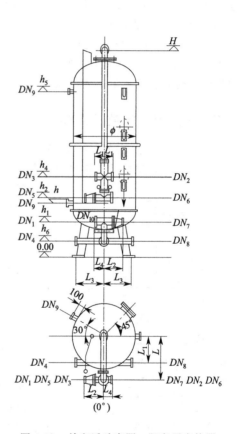

图 6-24　单室浮动床阴、阳离子交换器

单室浮动床离子交换器在安装时应注意如下几点：

① 离子交换器内部装置的技术要求应符合设计要求，设计无规定时，可参照下述规定执行：

a. 离子交换器的集水、排水装置（进水挡板、石英石垫层、叠片式水帽等）的装配允许偏差为：与筒体中心线的偏差不大于 5mm；水平偏差不大于 4mm。

b. 离子交换器采用支、母管式集水、排水装置时，其支管的水平偏差及支管与母管中心线的垂直偏差允许值为：水平偏差不大于4mm；垂直偏差不大于3mm；相邻支管中心线距离偏差不大于±2mm。

c. 离子交换器的再生装置应水平安装，再生管的喷嘴应垂直向上，在进行通水检查时应无堵塞情况。

② 离子交换器采用弧形母管支管式排水装置时，弧形支管或出水装置应达到下述要求：

a. 支管的弧度应与床体封头的弧度一致，弧形管与封头衬胶的间隙为2～5mm，最大间隙为10mm，支管间不平行差不大于2mm。

b. 支管与母管连接后，螺栓丝扣应完好，紧力适中，旋入长度不大于20mm。

c. 支管处包两层涤纶网应达到下述要求：

支管内层的网套为10目，紧贴在支管的外壁上；支管外层的网套为50～60目，网套的直径应大于内套直径3～5mm。网套表面无跳线，网目偏差不大于±2目；无老化现象。

d. 网套应选用涤纶、锦纶、高压聚氯（苯）乙烯材质，网目尺寸必须准确，安全可靠。在选用网套时应使用机织产品，不要选用手工制的粗糙网套。

③ 交换床器壁的防腐层应完好无损：两层衬胶的龟裂深度不大于3mm，起泡面积不大于50cm^2；环氧树脂防腐涂层无起层、脱落情况。

④ 交换器其他部分应灵活好用：阀门开关灵活，无卡涩；取样槽无泄漏，取样管平直，支架牢固；衬胶管道完好，支吊架齐全。

6.7.6　双室浮动床离子交换器

双室浮动床离子交换器简称双室浮床，它是在离子交换器床体内加装一块多孔板，将交换床分成上下两室，将两种不同密度、粒度和交换特性的树脂（如强树脂与弱树脂）放在同一个交换器中，形成双室床。强型离子交换树脂置于上室，弱型离子交换树脂置于下室，采用浮床运行，向下流的再生方式。图6-25所示为双室双层浮动床阴、阳离子交换器的示意图。

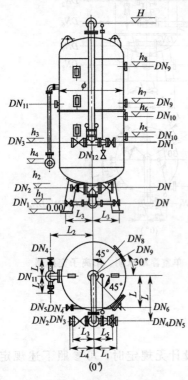

图6-25　双室双层浮动床阴、阳离子交换器

双室浮床离子交换器除了出水水质好，树脂工作容量大，再生比耗低外，还有其独特性：

① 树脂填满床体，弱树脂层高为总树脂层高的30%以上，省去了再生前的反洗，简化了再生操作。

② 由于采用浮床运行，降低了运行时的水流阻力，增大了运行中可以变化的流速范围（7～40m/h）。

③ 可以根据原水含盐量情况调整流速（即原水含盐量大，可以取低速运行；原水含盐量小，可以取高速运行），扩大了离子交换器的适用范围。

④ 不会发生树脂"混层"情况。

⑤ 对进床水的浊度要求严格。

⑥ 由于离子交换树脂在床内不能进行反洗，因而需要增设体外清洗设备。

双室浮动床离子交换器在安装时应注意如下几点：

① 离子交换器内部装置的技术要求应符合设计要求，设计无规定时，可参照下述规定执行：

a. 交换器内部的多孔板应水平，其偏差允许值最大不得超过 8mm。

b. 离子交换器的集水、排水装置（进水挡板、石英石垫层、叠片式水帽等）的装配允许偏差为：与筒体中心线的偏差不大于 5mm；水平偏差不大于 4mm。

离子交换器采用支、母管式集水、排水装置时，其支管的水平偏差及支管与母管中心线的垂直偏差允许值为：水平偏差不大于 4mm；垂直偏差不大于 3mm；相邻支管中心线距离偏差不大于±2mm。

② 离子交换器壁防腐层应完好无损：两层衬胶的龟裂深度不大于 3mm，起泡面积不大于 50cm^2；环氧树脂防腐涂层无起层、脱落；用电火花探伤仪对器壁检查，应无漏电情况。

③ 交换器内填装的树脂应型号正确，树脂的粒度、密度及填装比例应符合设计要求。

④ 交换器其他部分应灵活好用：阀门开关灵活，无卡涩；取样槽无泄漏，取样管平直，支架牢固；衬胶管道完好，支吊架齐全。

除了双室床外，还有三室床和三层混床离子交换器。

三室床：用两块多孔隔板将床层分成 3 室，上下两室装阳树脂，中间室装阴树脂，构成三室床。三室床渗透冲击力小，阴树脂受高价离子的污染小；树脂受力较小，流速可达 300m/h。

三层混床：在强酸强碱树脂中间加一层惰性树脂（白球），形成三层混床。加入白球后，避免了阳、阴树脂在再生时的交叉污染，即阳树脂不受 NaOH、阴树脂不受 HCl(H_2SO_4) 的污染，保证了交换时的出水质量。白球也起到均匀布水的作用。

6.7.7　回程式离子交换器

回程式离子交换器是固定床逆流再生离子交换器的又一种形式，它的结构是在交换器中间设置一块隔板（小直径可采用套筒式），将交换器床体分为左右两个室，处理水与再生液均为上进上出，即在再生时，再生液在床体内改变流向，呈 U 形通过交换器。由于床内树脂"失效层"与"保护层"被隔板有效地隔开，无"混层"现象，因此可以无顶压逆流再生，再生流速也不受限制。同时由于中间排水装置，也简化了再生操作；在进行运行操作时，水流也呈 U 形通过树脂层，相当于两个离子交换器串联，因而出水水质也好。由于交换床被隔成两个室，设备高度降低，也便于布置。

生产实践表明，回程式离子交换器有系统简化、便于操作、出水质量好，可以实现无顶压逆流再生等特点，广泛用于工业锅炉、纺织、印染、造纸、化工、电镀及饮料等行业的各种用水的处理。

回程式离子交换器的构造如图 6-26 所示。

回程式离子交换器在安装时应注意如下几点：

① 离子交换器内部装置的技术要求应符合设计要求，设计无规定时，可参照下述规定执行：

a. 离子交换器的集水、排水装置（进水挡板、石英石垫层、叠片式水帽等）的装配允许偏差为：与筒体中心线的偏差不大于 5mm；水平偏差不大于 4mm。

b. 离子交换器采用支、母管式集水、排水装置时，其支管的水平偏差及支管与母管中心线的垂直偏差允许值为：水平偏差不大于 4mm；垂直偏差不大于 3mm；相邻支管中心线距离偏差不大于±2mm。

c. 交换器的再生装置应水平安装，再生管的喷嘴应垂直向上，在进行通水试验时应无堵塞情况。

② 离子交换器的内壁应光滑，无锈蚀、毛刺等。防腐层应完好无损：两层衬胶的龟裂深度不大于 3mm，起泡面积不大于 50cm^2；环氧树脂防腐涂层无起层、脱落；用电火花探伤仪对器壁检查，应无漏电情况。

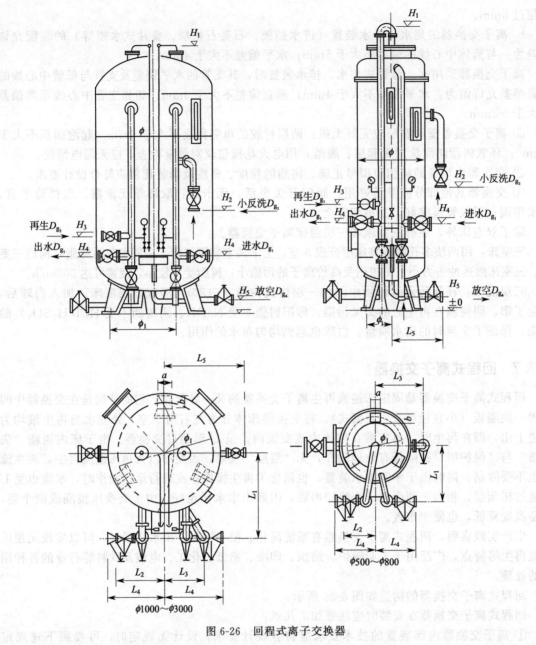

图 6-26 回程式离子交换器

③ 交换器内填装的交换树脂应粒度均匀，机械强度好，型号正确，其数量和规格应符合设计要求。

④ 交换器其他部分应灵活好用：阀门开关灵活，无卡涩；取样槽无泄漏，取样管平直，支架牢固；衬胶管道完好，支吊架齐全。

6.7.8 离子交换柱

离子交换柱一般是指直径小于 1m 的离子交换器，多用于电子、医药、制剂及实验室等的纯水制备或小型锅炉用水的软化处理。

离子交换柱大多由塑料（例如有机玻璃、硬聚氯乙烯等）制成。加工容易，材料来源广，耐腐蚀，对水质的纯度影响小，但承受的内压也小。

目前离子交换柱主要有顺、逆流再生阴、阳离子交换柱；混合离子交换柱和再生柱三大类。阴、阳离子交换柱可组成阳-阴或阳-阴-阳混合柱串联用于纯水制备等水处理工艺；阳离子交换柱可单独用于锅炉用水的软化处理。图 6-27 所示为有机玻璃离子交换柱的结构示意图。

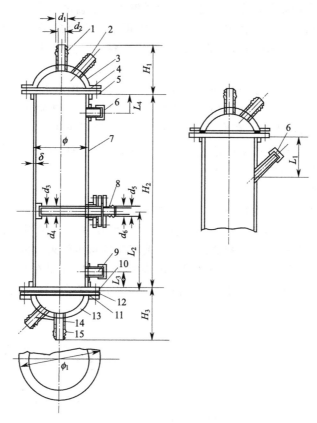

图 6-27　有机玻璃离子交换柱

1—进水口；2—放气口；3—上盖；4、10—胶圈；5、11—法兰；6—装料口；7—柱体；
8—进酸管；9—卸料口；12—网板；13—下盖；14—再生液出口；15—出水口

6.8　再生液系统和除二氧化碳器

工业应用的离子交换装置除离子交换器外，还包括再生液系统和除二氧化碳器。

6.8.1　再生液系统

离子交换软化除盐的再生液系统包括：盐液再生系统、酸液再生系统和碱液再生系统。

（1）盐液再生系统

盐液再生系统用于 Na 型阳离子交换器的再生，以工业食盐（工业 NaCl）作为再生剂。

系统的构成包括盐液制备系统和输送系统两大部分。其中，盐液制备系统有食盐溶解系统（适用于小型离子交换器）和食盐溶解池两种形式，室温下饱和盐液的浓度为 $23\%\sim26\%$。盐液输送系统由泵和水射器、计量箱等组成。水射器是一种常用的流体输送设备，水射器用压力水作为介质，所以在输送盐液的同时，稀释了盐液。树脂再生液中 NaCl 的浓度控制在 $5\%\sim$

8%。使用中只要用计量箱和水射器之间的阀门就可以调节所需要的稀释程度，设备简单，操作方便。

(2) 酸液再生系统

阳离子交换树脂需要用酸再生，可以采用工业盐酸或工业硫酸作为再生剂。

用盐酸作再生剂比较简单，先用泵把地下储酸槽中的浓盐酸送至高位酸槽，再依靠重力流入计量箱，再生时用水射器直接稀释成 3%~4% 的再生液送至离子交换器中。因工业盐酸的浓度较低 (30% 左右)，此法所需盐酸的用量 (体积) 较大，并且盐酸的腐蚀性较大，对设备的要求较高。

用硫酸作再生剂时，因工业硫酸的浓度高 (96% 左右)，用量少，并且由于碳钢耐浓硫酸，可以直接用碳钢容器存放，防腐问题小，成本低。但对再生液的配制浓度必须控制，否则会在树脂中产生 $CaSO_4$ 沉淀析出物。在实际生产中，多采用分步再生法，即先用低浓度高流速的硫酸再生液再生，然后逐步提高硫酸浓度，降低流速。再生液的浓度视原水中 Ca^{2+} 的含量和所占水中阳离子的比例，计算或调试确定。

(3) 碱液再生系统

阴离子交换树脂的再生剂为烧碱 (氢氧化钠)。

工业氢氧化钠产品有固体和液体两种，液体的浓度为 30%，使用较为方便，其再生系统和设备与盐酸再生系统相同。为了提高阴离子交换树脂的再生效果，再生时多对碱液加热使用 (在水射器前用蒸汽将压力水加热)。若采用固体烧碱 (NaOH 含量在 95% 以上)，则需先将其溶解配制成 30%~40% 的碱液后再使用。图 6-28 所示为某离子交换除盐的酸、碱液再生系统布置的实例。

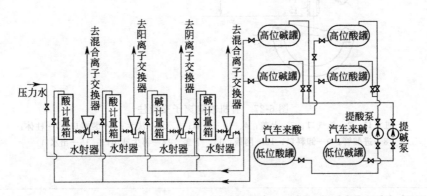

图 6-28　离子交换除盐的酸、碱液再生系统布置的实例

6.8.2　除二氧化碳器

除二氧化碳器简称除碳器，是除去水中游离二氧化碳的设备。

除二氧化碳器有两类：鼓风式除碳器和真空式除碳器。

鼓风式除碳器主要由外壳、填料、中间水箱、风机等组成，设备如图 6-29 所示，一般可以将水中的游离 CO_2 降至 5mg/L 以下。

真空式除碳器的原理是用真空泵或水射器从除碳器的上部抽真空，从水中除去溶解的 CO_2 气体。此法还能除去溶解的 O_2 等气体，有利于防止树脂氧化和设备腐蚀。

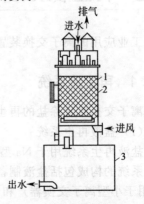

图 6-29　鼓风式除碳器的结构
1—除碳器；2—填料；3—中间水箱

6.9　离子交换装置的计算与设计

6.9.1　设计依据

根据用户要求确定出水水质和水量；根据进出口水质和水量，进行技术经济分析后确定最佳处理系统和设备；通过工艺计算确定设备的工艺尺寸、规格、树脂用量、交换柱工作周期，估算再生时反洗、正洗水量，再生剂消耗量及其他技术经济指标。

6.9.2　系统的参数计算

6.9.2.1　产水量

根据用户要求和系统自用水量并考虑到最大用水量，确定产水量。

6.9.2.2　离子交换设备参数

（1）设备总工作面积

$$F = Q/v \tag{6-40}$$

式中　F——设备的总工作面积，m^2；

　　　Q——设备的总产水量，m^3/h；

　　　v——交换柱中的水流速度，m/h；一般阳床的正常流速为 $20m/h$，瞬时最大流速可达 $30m/h$；混合床流速为 $40m/h$，瞬时最大流速可达 $60m/h$。

（2）一台设备的工作面积

$$f = F/n \tag{6-41}$$

式中　f——一台设备的工作面积，m^2；

　　　n——设备的台数。

为了保证系统安全和正常运行，复床除盐系统的离子交换设备宜不少于 2 台，当一台设备再生或检修时，另一台的供水量应能满足正常供水和自用水量的要求。

（3）设备直径

$$D = 1.13\sqrt{f} = 1.13\sqrt{\frac{QC_0 T}{nE_0 h_R}} \tag{6-42}$$

式中　D——设备的直径，m。

（4）一台设备一个工作周期的离子交换容量

$$E_c = Q_1 C_0 T \tag{6-43}$$

式中　E_c——一台设备一个工作周期的离子交换容量；

　　　Q_1——一台设备的产水量，m^3/h；

　　　C_0——进水中需除去的离子总量；

　　　T——交换柱运行一个周期的工作时间，h。

（5）一台设备装填树脂量

$$V_R = \frac{E_c}{E_0} \tag{6-44}$$

式中　V_R——一台设备装填树脂量，m^3；

　　　E_0——树脂的工作交换容量。

（6）交换床内树脂层装填高度

$$h_R = \frac{V_R}{f} \tag{6-45}$$

式中 h_R——交换床内树脂层装填高度，m，一般 $h_R \geqslant 1.2m$。

（7）反洗水流量

$$q = v_2 f \tag{6-46}$$

式中 q——反洗水流量，m^3/h；

v_2——反洗流速，m/h，阳树脂 15m/h，阴树脂 6～10m/h。

（8）反洗耗水量

$$V_2 = \frac{qt}{60} \tag{6-47}$$

式中 V_2——反洗耗水量，m^3；

t——反洗时间，min，一般取 15min。

（9）再生剂需要量

$$G = \frac{V_R E_0 N\omega}{1000} = V_R L \tag{6-48}$$

式中 G——再生剂的需要量，kg；

N——再生剂当量值；

ω——再生剂比耗，即实际用量与理论值之比，通常为 2～5；

L——单位体积树脂的再生剂用量，kg/m^3。

（10）正洗水量

$$V_Z = \alpha V_R \tag{6-49}$$

式中 V_Z——正洗水的耗量，m^3；

α——正洗水的比耗，m^3/m^3。一般强酸树脂 $\alpha = 4\sim6$，强碱树脂 $\alpha = 10\sim12$，弱树脂 $\alpha = 8\sim15$。

交换器筒体的高度包括树脂层高、底部排水区高和上部水垫层高三部分。设计时应首先确定交换剂层高度。树脂层越高，树脂的交换容量利用率越高，出水水质好，但阻力损失大，投资增多。通常树脂层高可选用 1.5～2.5m。塔径越大，层高越高，一般层高不得低于 0.7m。对于进水含盐量较高的场合，塔径和层高都应适当增加，以保证运行周期不低于 24h。树脂层上部水垫层的高度主要取决于反冲洗时的膨胀高度和保证配水的均匀性，顺流再生时膨胀率一般采用 40%～60%，逆流再生时这个高度可以适当减小。底部排水区高度与排水装置的形式有关，一般取 0.4m 左右。

离子交换树脂的质量可以由上述树脂层高、塔截面积和树脂密度计算得到。如果测定了离子交换的平衡线和操作线，也可以由传质速率方程积分求解。

根据计算得出的塔径和塔高选择合适尺寸的离子交换器，然后进行水力核算。

6.10 离子交换树脂的变质、污染及其防治

离子交换树脂在使用过程中，其性能往往会有所变化。造成这种现象的原因有两种：一是交换树脂的化学结构受到破坏，二是外来杂质的污染。前一种情况称为变质，是无法恢复的，后一种可采用适当的方法进行树脂的复苏。但污染严重时，树脂的性能往往也难以恢复。

6.10.1 树脂的变质

（1）老化

离子交换树脂是一种高分子化合物，随着使用时间的增加，会发生老化现象。阳树脂的稳定性要优于阴树脂。而树脂的离子形态与稳定性有关，如对强酸性阳树脂来说，盐型的稳定性要优于氢型，而盐型中又以钠型为最好。对强碱性阴树脂来说，盐型的稳定性比氢氧型好。树脂的老化速度与运行温度有关。温度越高，老化速度越快。因此对运行温度要有所限定。

（2）氧化

进水中含有的氧化剂（如 Cl_2、O_2、$H_2Cr_2O_7$、HNO_3 等）会使树脂氧化变质。在除盐系统中，受害的主要是阳树脂。水中的氧化剂主要为游离氯和硝酸根，如水中有重金属离子，会加快氧化变质的过程。阳树脂的氧化结果会发生碳链断裂、降解，表现为树脂的体积增大并破碎，树脂的交换容量下降，水流阻力增大，同时会产生一些低分子可溶性有机物，污染后面的阴树脂。因此规定进水中游离氯的含量，并需有防止重金属离子污染的措施。

阴树脂氧化的危害程度一般比阳树脂轻，氧化的结果会使季氨基逐渐转变为叔、仲、伯氨基，从而使它的碱性减弱。

6.10.2　树脂的污染及防治

（1）悬浮物污染

悬浮物污染以阳树脂为多见，树脂颗粒被悬浮物包住，会降低它的交换能力，严重时树脂会产生结块现象，产生偏流，造成部分树脂的交换能力未被利用，使周期制水量减少。悬浮物污染还会增大水流阻力，降低产水量。

防止悬浮物污染主要应加强生水的预处理，减少交换器进水的悬浮物含量。其次，应做好交换器的反洗工作，必要时可送入压缩空气对树脂进行空气擦洗。特别要指出的是交换器进水装置不能因担心在反洗时跑树脂而加装网套，这会使陆续进入交换器的悬浮物无法在反洗时清除掉。

（2）高价金属离子污染

铝、铬、铁污染可能发生在软化系统的阳树脂，也可能发生在除盐系统的阴树脂，其原因是管道锈蚀，胶态或悬浮态的金属氧化物将树脂表面包裹起来。再生用碱中如含有金属氧化物也会污染阴树脂。被铁污染后的树脂外观颜色变深，工作交换容量下降。

判断树脂是否被铁污染，可取出 $200\sim300g$ 再生后的树脂放在烧杯中，加入浓度为 10% 的 HCl，浸泡一昼夜，并定期搅拌，然后测定溶液中的铁，如 $100g$ 阳树脂中有 $150mg$ 的铁，可认定树脂已经被铁污染。

当预处理系统中用铝盐作混凝剂，加药量过大时，也会使树脂遭受铝的污染，其后果与铁污染相似。

避免铁污染的措施主要是防止管道和设备的锈蚀，降低进水的含铁量。当采用含铁量高的水源时，应采取除铁措施。清除树脂中铁的化合物的方法是用高浓度的盐酸（$10\%\sim15\%$）浸泡数小时，用柠檬酸、EDTA 等络合剂进行处理也有较好的效果。

（3）有机物污染

有机物污染往往发生在强碱阴树脂中，其污染源主要来自进水中的有机物，此外阳树脂的裂解产物也会造成阴树脂的污染。树脂被有机物污染的机理比较复杂，有分子间的作用力，有离子交换作用，也有大分子堵塞离子交换通道的作用。树脂吸附了有机物后，在再生过程中不能将它们洗脱下来，以至在树脂内部越积越多。阴树脂污染后的表现为工作交换容量下降，正洗水量增加。

防止有机物污染的措施主要有以下几点：

① 采用抗有机物污染的大孔树脂和丙烯酸系强阴树脂，这些树脂之所以能抗有机物污染是因为它们吸附的有机物易于在再生时解吸。

② 采用弱、强阴树脂的组合系统，弱阴树脂吸附有机物的能力虽然不如强阴树脂，但很容易洗脱，因此保护了强阴树脂不受或少受污染。

③ 加强除盐系统的预处理，如在除盐系统前加设活性炭装置或大孔吸附剂，降低进水的有机物含量。

④ 采用复苏的方法，将有机物清洗出离子交换树脂，恢复其物理化学性能。

常用的方法是用 NaOH（1%～4%）和 NaCl（5%～12%）的混合液浸泡树脂 24h。如果将盐碱液加热到 40℃效果会更好。也有资料表明，在盐碱液中加入少许表面活性剂可增加复苏的效果。表面活性剂的种类和剂量应通过实验室试验确定，其作用是增加树脂颗粒的亲水性，使复苏液的作用更有效。

6.11 离子交换法工业废水处理流程及其应用

6.11.1 离子交换法处理工业废水的特点

工业废水水质复杂，常含有各种悬浮物、油类和溶解盐类，在采用离子交换法处理前需要进行适当的预处理。

离子交换法的处理效果受 pH 和温度的影响较大。pH 会影响某些离子在废水中的形态，并影响树脂交换基团的离解。必要时需预先进行 pH 的调整。温度高有利于交换速率的增加，但过高的水温对树脂有损害，应适当降温。

高价金属离子会引起离子交换树脂的中毒，即由于高价离子与树脂交换基团的结合能力极强，再生下来极为困难。因此，对于处理含有 Fe^{3+} 等高价离子的树脂，需要定期用高浓度的酸再生。

对于含有氧化剂的废水，应尽量采用抗氧化性好的树脂。

对于同时含有有机污染物的废水，可以采用大孔型树脂对有机物进行吸附。

废水处理的再生残液中污染物的含量很高，应考虑回收利用。再生剂的选择要便于回收。离子交换处理只是一种浓缩过程，并不改变污染物的性质，对再生残液必须进行妥善处理。

6.11.2 离子交换法处理工业废水的应用

离子交换树脂在工业废水处理中主要用于回收金属离子和进行低浓度放射性废水的预浓缩处理。

6.11.2.1 回收金属离子

离子交换法处理工业废水的重要用途是回收有用金属。

（1）离子交换法处理含铬废水

废水来源：电镀件漂洗水，含 $Cr^{6+} \leqslant 50mg/L$。

除铬流程：含铬废水首先经过过滤除去悬浮物，再经过强酸性阳离子（RH）交换柱，除去金属离子（Cr^{3+}、Fe^{3+}、Cu^{2+} 等），然后进入强碱性阴离子（ROH）交换柱，除去铬酸根（CrO_4^{2-}）和重铬酸根（$Cr_2O_7^{2-}$），出水中含 Cr^{6+} 浓度小于 0.5mg/L，达到排放标准，并可以作为清洗水循环使用。阳离子交换树脂失效后用 4%～5% HCl 再生，HCl 的用量为树脂体积的 2 倍。阴离子（ROH）交换柱采用双柱串联，使前一级柱充分饱和后再进行再生，以节省再生剂用量，并提高再生残液中 Na_2CrO_4 的浓度。阴离子交换树脂容量约为 65gCr^{6+}/L。阴树脂失效后用 8% NaOH 再生，用量为树脂体积的 1.2～2 倍。离子交换法废水除铬部分的流程如图 6-30 所示。

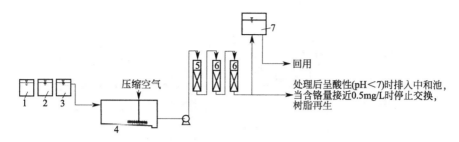

图 6-30　离子交换法废水除铬部分的流程

1—电镀槽；2—回收槽；3—清洗槽；4—含铬污水调节池；5—阳柱；6—阴柱；7—高位水箱

　　再生液回收铬酸流程：阴离子交换树脂再生洗脱液中含大量 Na_2CrO_4，再用一个专用的强酸性阳离子交换树脂柱脱去再生残液中的钠离子，即得到重铬酸（$H_2Cr_2O_7$），经蒸发浓缩后回用。再生液回收铬酸部分的流程如图 6-31 所示。脱钠的 RH 阳离子交换柱用 4%～5% HCl 再生，用量是树脂体积的 2 倍。　［注意，在碱性和中性条件下，Cr^{3+} 以铬酸的形式（H_2CrO_4）存在；在酸性条件下，以重铬酸的形式（$H_2Cr_2O_7$）存在。］

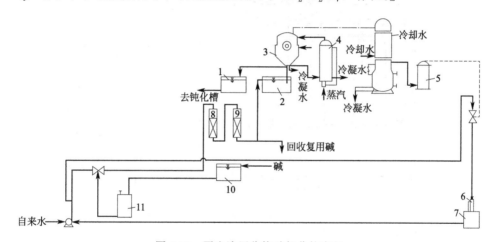

图 6-31　再生液回收铬酸部分的流程

1—浓铬酸槽；2—稀铬酸槽；3—蒸发罐；4—加热薄膜蒸发器；5—真空罐；
6—缓冲罐；7—循环水箱；8—阴柱；9—再生阳柱；10—化碱槽；11—碱液槽

　　图 6-32 所示为废水离子交换法除铬装置的工艺组成图。该装置主要由阴、阳离子交换柱、除酸柱、除钠柱等组成。电镀含铬废水通过 H 型阳离子交换柱去除金属阳离子后，再经阴离子交换柱去除重铬酸根（$Cr_2O_7^{2-}$）。当吸附 $Cr_2O_7^{2-}$ 的饱和树脂层达到预定高度时，将饱和树脂移至再生柱用食盐溶液再生。再生排出液经脱钠柱脱钠，并回收稀重铬酸液，可再回用。

　　整个处理设备为集装式柜式结构，设备紧凑，工艺简化。阳柱、阴柱采用体外再生，水射器配制再生液，不需设置高位槽及配置酸、碱液系统；阴柱再生脱钠一步完成，简化了中间产物铬酸钠的收集与排放等。适用于镀铬工艺含铬废水的处理。

　　图 6-33 所示为采用上述工艺离子交换除铬装置的构造示意图。图 6-34 所示为上述离子交换法除铬装置的接管系统。

　　该离子交换除铬装置在安装时需注意以下几点：

　　① 离子交换除铬装置安装于一般地面的室内，不需设立专门的基础，设备与地面间应铺设塑料板防腐，室内地面四周应有排水沟通下水井。

　　② 废水及处理水管道均采用硬聚氯乙烯管及管件。

　　③ 安装除铬装置的室内温度应在 5～20℃，以利树脂再生。

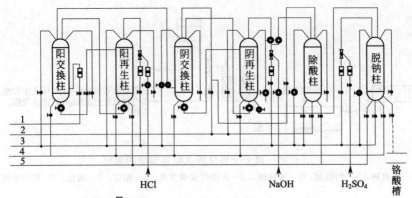

图例：□ 流量计；← 树脂阀；☒ 喷射器；← 截止阀

图 6-32 废水离子交换法除铬装置的工艺组成图

1—废水进水管；2—出水管；3—自来水（或淋洗水）；4—废水排放管；5—至中和池

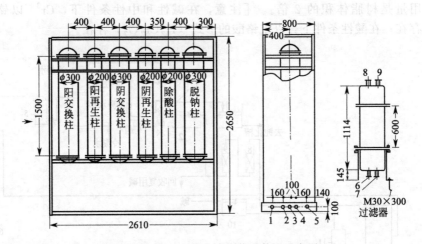

图 6-33 离子交换法除铬装置外形示意图

1—废水管（D_g32）；2—处理出水管（D_g32）；3—自来水管（D_g32）；4—回流至废水池（D_g32）；

5—至中和池（D_g32）；6—自来水进口（D_g50）；7—废水出口（D_g50）；

8—废水进口（D_g50）；9—反冲洗水出口（D_g50）

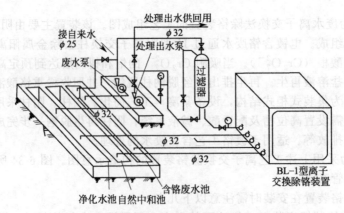

图 6-34 离子交换法除铬装置的接管系统

（适用于与水池、水泵距离较近时）

④ 除铬装置应配置以下设施：含铬废水池 1 座，$5\sim8m^3$；处理出水池 1 座，$5\sim8m^3$；自

然中和池 1 座，2～3m³。

⑤ 除铬装置如使用含氯低的碱液再生阴树脂，所回收的铬酸可满足镀槽液的要求，具体情况可通过试验确定。

（2）离子交换法除铜除镍

对于各种含镍电镀废水和含铜酸性废水，可采用离子交换法进行除铜除镍处理，处理后的水可循环使用，并可回收硫酸镍、氯化镍、硫酸铜等溶液。

图 6-35 所示为 NT 型离子交换法除铜除镍装置的结构示意图。该装置主要由离子交换柱、再生柱、过滤柱及酸、碱槽等组成。进水中的 Ni^{2+} 浓度＜100mg/L，Cu^{2+} 浓度＜100mg/L。处理后出水中的 Ni^{2+} 浓度≤1.0mg/L，Cu^{2+} 浓度≤1.0mg/L。回收液中，$NiSO_4 \cdot 7H_2O$ 的浓度为 100～400g/L，$NiCl_2 \cdot 7H_2O$ 的浓度为 100～400g/L，$CuSO_4 \cdot 5H_2O$ 的浓度为 100～300g/L。

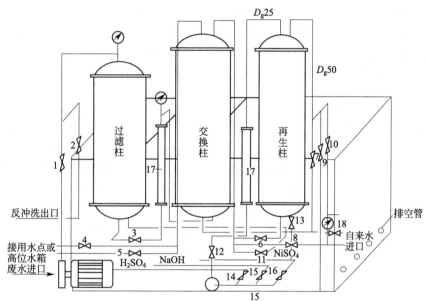

图 6-35　NT 型离子交换法除铜除镍装置的结构示意图

1—废水进口阀门；2—反冲洗出口阀门；3—交换柱进口阀门；4—用水槽进口阀门；5—高位槽进口阀门；6—再生柱进口阀门；7、10—放空阀门；8、9—自来水阀门；11—反冲洗阀门；12—磁力泵出口阀门；13—再生柱排空阀门；14—H_2SO_4 阀门；15—NaOH 阀门；16—$NiSO_4$ 阀门；17—流量计；18—排空阀

NT 型离子交换器在安装时需注意如下几点：

① NT 型含铜废水离子交换设备宜在室内，设备与地面之间应铺设塑料板防腐。室内地面四周应有排水沟通往下水道。

② 交换设备应水平安装，基础找正后应使设备的水平偏差不大于±2mm。

③ 安装除铜离子交换设备的室内温度不能低于 5℃，最好在 20℃ 左右，以利于树脂的再生。

④ 废水及处理水管道可采用硬聚氯乙烯管道和管件。

（3）离子交换法处理含钼再生液

我国钼湿法冶炼行业中在预处理和酸沉降工序中会产生大量含钼酸性废液。采用大孔径弱碱性阴离子交换树脂可回收钼，只要树脂选择、交换流程和工艺参数设置得当，回收的含钼溶液可以直接进入主流程生产成品。

6.11.2.2　废水处理

（1）离子交换法处理含酚废水

用离子交换技术可以从废水中去除苯酚。因为苯酚是酸性的化合物，可以选用阴离子交换树脂。废水中含酚浓度在 $100\sim600mg/L$ 之间就可经济地用离子交换树脂进行回收。离子交换树脂去除酚的效果与离子交换树脂的形式、所含的活性基团、树脂吸附的稳定性、吸附物质的离解程度及废水的 pH 值等有关。在用阴离子吸附酚时，在酸性或碱性条件时效果较好，但在中性介质中效果较差。强酸性阳离子随 pH 值的上升而吸附量下降，如 1L 磺化阳离子交换树脂可交换 8L 含酚废水，起始浓度为 $2000mg/L$，出水浓度为 $30mg/L$。苯酚及取代苯酚一般采用多孔弱碱丙烯腈阴离子交换树脂处理。

使用含吡啶基团的离子交换树脂去除酚的效果很好，其吸附量为 $7\sim8mol/g$，当进水浓度为 $1000mg/L$ 时，出水浓度可降至 $8mg/L$ 左右，去除率高达 99.2%。MVP-3 是一种常用的含吡啶基团的离子交换树脂，由 2-甲基-乙烯基吡啶与三甘醇二甲基丙烯酸酯而来的共聚物，可用来处理由磺化法制酚过程中产生的含酚废水。经过预处理后，以 $100mL/h$ 的速率通过 MVP-3，当含酚废水呈中性时，酚的吸附量为树脂质量的 55%～60%，再生可用 10%～20% 的氢氧化钠溶液。在处理酚性树脂废水中，总交换量为 $320\sim480g/L$（酚/树脂），而苯酚浓度可从 3%～6% 降至 $1\sim3mg/L$。吸附饱和后，树脂可用甲醇作淋洗剂，淋洗液中的苯酚可达到 50% 左右，经蒸馏可回收甲醇及苯酚。

（2）离子交换法处理含胺类废水

因为胺类化合物是一种碱性的有机物质，可以通过离子交换法予以回收处理。

当去除含六亚甲基四胺及三乙胺的废水时，可以采用阳离子交换树脂，如果将流速确定为 $10m/h$，交换容量可达 $300mg/L$。树脂可用 5% 的酸液再生，再生液经中和后可焚烧处理。如果要回收胺，可采用另一种方法。例如要从树脂上回收六亚甲基四胺，可先用 5% 氨水再生树脂来回收六亚甲基四胺，之后再用 5% 的盐酸再生。氨水再生液可以反复使用，直到再生液中六亚甲基四胺的含量达到 $70g/L$，而三乙胺可以通过蒸馏法进行分离回收。离子交换树脂一般采用强酸性树脂，如 Lewatit S-100，它可用 14% 的氨水淋洗，再用 $1mol/L$ 的硫酸再生，在离子交换过程中，六亚甲基四胺不会分解。如果含六亚甲基四胺的废水 100mL，折合 COD 为 $436mg/L$，六亚甲基四胺的浓度为 $50mg/L$，与 50mg 的强酸性树脂作用后，COD 值可降至 $7.5mg/L$。用这种方法能取得较好的处理效果。

（3）离子交换法处理印刷线路板生产废水

用阳离子交换树脂处理印刷线路板生产废水，废水不需预处理，处理工艺流程短，设备结构简单，运行费用低，不产生二次污染，还可从再生废液中回收铜，具有一定的经济价值。

参 考 文 献

[1] 唐受印，戴友芝 . 水处理工程师手册 [M] . 北京：化学工业出版社，2001.
[2] 张晓健，黄霞 . 水与废水物化处理的原理与工艺 [M] . 北京：清华大学出版社，2011.
[3] 王郁，林逢凯 . 水污染控制工程 [M] . 北京：化学工业出版社，2008.
[4] 宋业林，宋襄翎 . 水处理设备实用手册 [M] . 北京：中国石化出版社，2004.

第7章

常温化学氧化

随着科技的发展，人工合成的化学品数量不断增加，许多处理和未处理的生产和生活废物进入环境，其中很多物质难于被自然界的生物反应和各种化学反应降解，造成环境污染。化学氧化法是处理各种形态污染物的有效方法，通过化学反应，可以将液态或气态的无机物和有机物转化成微毒、无毒的物质，或将其转化成易于分离的形态。与生物氧化法相比，化学氧化法的运行费用较高，但通过选择氧化剂，控制接触时间和氧化剂投加量等条件，化学氧化法几乎可以处理所有的污染物，因此常常用于生物难降解的污染物的去除。化学氧化剂的强氧化性对微生物、细菌、病毒具有灭活作用，因此它们往往也是良好的消毒剂。

化学氧化是指通过向水中加入适当的化学氧化剂而使水中的有毒有害污染物发生氧化反应而得以处理或分离。投加化学氧化剂可以处理废水中的 CN^-、S^{2-}、Fe^{2+}、Mn^{2+} 等离子。采用的氧化剂包括以下几类：

① 在接受电子后还原成负离子的中性分子，如 Cl_2、ClO_2、O_2、O_3；

② 非正电荷的离子，接受电子后还原成负离子，如漂白粉和次氯酸中的 Cl^+ 变为 Cl^-；

③ 带正电荷的离子，接受电子后还原成带较低正电荷的离子，如 MnO_4^- 中的 Mn^{7+} 变为 Mn^{2+}，Fe^{3+} 变为 Fe^{2+} 等。

根据所选择的氧化剂，对应的氧化过程分别称为空气氧化、臭氧氧化、过氧化氢氧化、氯氧化、高锰酸盐氧化、高铁酸钾氧化。因这些氧化过程一般都在常温条件下进行，所以又称之为常温化学氧化。

7.1 空气氧化

空气氧化法就是在向废水中鼓入空气，利用空气中的氧气氧化水中的有害物质。

7.1.1 空气氧化的机理

从热力学上分析，空气氧化具有以下特点：

① 电对 O_2/O^{2-} 的半反应中有 H^+ 或 OH^- 参加，因而氧化还原电势与 pH 值有关。

在强碱性（pH＝14）溶液中，半反应式为：

$$O_2 + 2H_2O + 4e =\!=\!= 4OH^-,\ E^{\ominus} = 0.41V \tag{7-1}$$

在中性（pH＝7）溶液中，半反应式为：

$$O_2+4H^++4e\Longrightarrow2H_2O, E^\ominus=0.815V \tag{7-2}$$

在强酸性（pH＝1）溶液中，半反应式为：

$$O_2+4H^++4e\Longrightarrow2H_2O, E^\ominus=1.229V \tag{7-3}$$

由此可见，降低 pH 值，有利于空气氧化的进行。

② 在常温常压和中性溶液条件下，分子 O_2 为弱氧化剂，反应性很低，因此常用来处理易氧化的污染物，如 S^{2-}、Fe^{2+}、Mn^{2+} 等。

③ 提高温度和氧分压，可以增大氧化还原电势；添加催化剂，可以降低反应活化能，都利于氧化反应的进行。

7.1.2 地下水除铁和锰

在缺氧的地下水中往往含有溶解性的 Fe^{2+} 和 Mn^{2+}，可通过曝气，利用空气中的氧气将它们分别氧化成 $Fe(OH)_3$ 和 MnO_2 沉淀物，从而加以去除。

7.1.2.1 空气氧化除铁

对于空气氧化除铁，反应式为：

$$2Fe^{2+}+\frac{1}{2}O_2+5H_2O\Longrightarrow2Fe(OH)_3\downarrow+4H^+ \tag{7-4}$$

考虑到水中的碱度作用，总反应式可写为：

$$4Fe^{2+}+8HCO_3^-+O_2+2H_2O\Longrightarrow4Fe(OH)_3\downarrow+8CO_2 \tag{7-5}$$

按此式计算，每氧化 1mg/L 的 Fe^{2+}，需 0.143mg/L 的 O_2。但分子氧在化学上是相当惰性的，在常温常压下反应性更低。

根据试验研究，Fe^{2+} 氧化的动力学方程式如下：

$$\frac{d[Fe^{2+}]}{dt}=k[Fe^{2+}][OH^-]^2p_{O_2} \tag{7-6}$$

式中 p_{O_2}——空气中氧气的分压。

式(7-6)表明，Fe^{2+} 的氧化速率与氢氧根离子浓度的二次方成正比，即水的 pH 值每升高 1 单位，氧化速率将增大 100 倍。在 $pH\leqslant6.5$ 的条件下，氧化速率很慢。因此，当水中含 CO_2 浓度较高时，应加大曝气量以驱除 CO_2，提高 pH 值，加速氧化。当水中含有大量的 SO_4^{2-} 时，$FeSO_4$ 的水解将产生 H_2SO_4，此时可以用石灰进行碱化处理，同时曝气除铁。

对式(7-6)进行积分，可得：

$$\int_{[Fe^{2+}]_0}^{[Fe^{2+}]_t}\frac{d[Fe^{2+}]}{[Fe^{2+}]}=\int_0^t k[OH^-]^2p_{O_2}dt \tag{7-7}$$

由式(7-7)可以求得水中二价铁从初始浓度 $[Fe^{2+}]_0$ 降低至 $[Fe^{2+}]_t$ 时，所需要的氧化反应时间 t(min) 为：

$$t=\frac{\ln\dfrac{[Fe^{2+}]_0}{[Fe^{2+}]_t}}{k[OH^-]^2p_{O_2}} \tag{7-8}$$

式中，k 为反应速率常数，为 $1.5\times10^8 L^2/(mol\cdot Pa\cdot min)$。当 pH 分别为 6.0 和 7.2，空气中氧分压为 $2\times10^4 Pa$，水温为 20℃ 时，欲使 Fe^{2+} 的去除率达 90%，所需时间分别为 43min 和 8min。

7.1.2.2 空气氧化除锰

地下水除锰比除铁困难。实践证明，Mn^{2+} 在 pH＝7 左右的水中很难被溶解氧氧化成 MnO_2，要使 Mn^{2+} 被溶解氧氧化成 MnO_2，需将水的 pH 提高到 9.5 以上。在 pH＝9.5、氧分压为 0.1MPa、水温为 25℃时，欲使 Mn^{2+} 去除 90%，需要反应 50min。若利用空气代替氧气，即使总压力相同，反应时间需增加 5 倍。可见，在相似条件下，Mn^{2+} 的氧化速率明显慢于 Fe^{2+}。

为了更有效地除锰，需要寻找催化剂或更强的氧化剂。研究表明，MnO_2 对 Mn^{2+} 的氧化具有催化作用，大致反应历程如下：

氧化：

$$Mn^{2+} + O_2 \xrightarrow{慢} MnO_2(s) \tag{7-9}$$

吸附：

$$Mn^{2+} + MnO_2(s) \xrightarrow{快} Mn^{2+} + MnO_2(s) \tag{7-10}$$

氧化：

$$Mn^{2+} + MnO_2(s) + O_2 \xrightarrow{很慢} 2MnO_2 \tag{7-11}$$

根据上述研究成果，开发了曝气-过滤（或称曝气接触氧化）除锰工艺。先将含锰的地下水强烈曝气，尽量除去 CO_2，提高 pH 值，再流入装有天然锰砂或石英砂的过滤器，利用接触氧化的原理将水中的 Mn^{2+} 氧化成 MnO_2，产物逐渐附着在滤料表面形成一层能起催化作用的活性滤膜，加速除锰过程。

MnO_2 对 Fe^{2+} 的氧化也具有催化作用，使 Fe^{2+} 的氧化速率大大加快：

$$3MnO_2 + O_2 \xrightarrow{} MnO + Mn_2O_7 \tag{7-12}$$

$$4Fe^{2+} + MnO + Mn_2O_7 + 2H_2O \xrightarrow{} 4Fe^{3+} + 3MnO_2 + 4OH^- \tag{7-13}$$

当地下水中同时含有 Fe^{2+}、Mn^{2+} 时，在输水系统中就有铁细菌生存。铁细菌以水中的 CO_2 为碳源，无机氮为氮源，靠氧化 Fe^{2+} 为 Fe^{3+} 而获得生命活动的能量：

$$Fe^{2+} + H^+ + \frac{1}{4}O_2 \longrightarrow Fe^{3+} + \frac{1}{2}H_2O + 71.2kJ \tag{7-14}$$

铁细菌进入滤器后，在滤料表面和池壁上接种繁殖，对 Mn^{2+} 的氧化起生物催化作用。

当水中含有一定量的铁盐时，不仅影响嗅觉和水的味道，而且会给某些生产工艺带来不良影响。如 Fe^{2+} 极易污染离子交换树脂，造成树脂因铁中毒而降低其交换容量。当用含铁的水作为锅炉补给水时，则容易在锅炉受热面结垢，不仅影响传热效果，浪费燃料，还会产生垢下腐蚀。

7.1.2.3　空气氧化除铁除锰工艺流程

除铁除锰的方法很多。地下水除铁除锰通常采用曝气-过滤流程，利用曝气时进入水中的溶解氧作为氧化剂，依靠有催化作用的锰砂滤料对低价铁、锰进行离子交换吸附和催化氧化，达到除铁除锰的目的。曝气方式可采用莲蓬头喷水、水射器曝气、跌水曝气、空气压缩机充气、曝气塔等。过滤器可采用重力式或压力式，如无阀滤池、压力滤池等。滤料粒径一般为 0.6~2mm，高度 0.7~1m，滤速 10~20m/h。图 7-1 为适用于 Fe^{2+} <10mg/L，Mn^{2+} < 1.5mg/L，pH>6 的地下水除铁除锰流程。当原水含铁锰量更大时，可采用多级曝气和多级过滤的组合流程进行处理。

7.1.2.4　除铁除锰设备

（1）CTM 型除铁除锰过滤器

CTM 型除铁除锰过滤器是采用接触氧化法，即采用射流器向深井水泵吸入口加入空气，经水气混合后，水中二价铁即被氧化成三价铁，再经过滤器内滤料（锰砂或石英砂）的过滤吸附，三价铁被截留在过滤层中，从而达到除铁、除锰的目的。

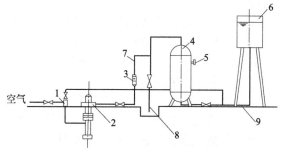

图 7-1　空气氧化除铁除锰的工艺流程

1—射流器；2—深井泵；3—流量计；4—除铁除锰装置；
5—人孔；6—水塔；7—进水管；8—反冲洗排水管；9—出水管

CTM 型除铁除锰过滤器适用于中、小城镇及农村供水；工矿企业自备水源的地下水除铁处理。对于原水中含铁量小于 10mg/L，pH 值不低于 6 的地下水有较好的处理效果。当水中含铁量大于 10mg/L，含锰量大于 1mg/L 时，可将单级除铁除锰过滤器改为双级除铁除锰过滤器，即可满足处理要求。除铁后水中含铁量小于 0.3mg/L，含锰量小于 0.1mg/L，符合国家饮用水标准。

如果原水的 pH 值和碱度较低时，可在充氧工序中加入石灰乳溶液，以提高过滤器的除铁除锰效果。

单级 CTM 型除铁除锰过滤器和双级 CTM 型除铁除锰过滤器的构造分别如图 7-2 和图 7-3 所示。

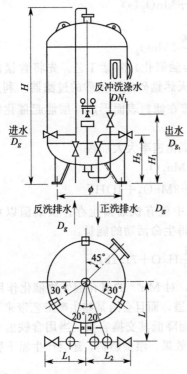

图 7-2 单级 CTM 型除铁除锰过滤器

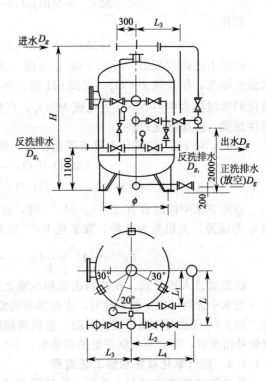

图 7-3 双级 CTM 型除铁除锰过滤器

（2）DCT 型除铁除锰装置

DCT 型除铁除锰装置采用曝气装置和锰砂接触氧化过滤的方法去除水中的超标铁离子和锰离子，装置内筒采用新型防腐材料玻璃钢，解决了钢筒的腐蚀问题，也降低了腐蚀对出水水质的污染。

DCT 型除铁除锰装置的外形尺寸如图 7-4 所示。

DCT 型除铁除锰装置的主要技术指标为：

工作压力：0.06～0.15MPa；滤速：6～10m/h；反冲洗强度：10～12L/（m² · s）；滤料：天然锰砂；滤层厚度：0.75～0.90m。

DCT 型除铁除锰装置在安装时需注意如下几点：

① 除铁除锰装置安放应垂直。基础找平后，应使除铁除锰装置的垂直偏差不超过±2mm。

② 除铁除锰装置的进水管、出水管、反冲洗管、排污管等的安装应与装置中心线相互垂直或平行，其允许偏差不应大于±2mm。

③ 除铁除锰装置的上部进水、下部排水装置应水平，其偏差不得大于 8mm。

④ 除铁除锰装置的所有构件的连接处均应接合严密，内部防腐层应符合设计要求。

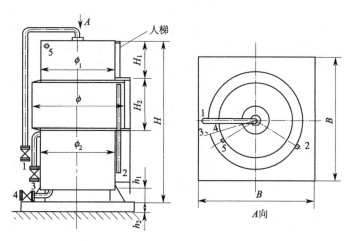

图 7-4 DCT 型除铁除锰装置的外形尺寸

1—原水进水管；2—清水出水管；3—反冲洗排水管；4—过滤池排污管；5—溢流管

⑤ 除铁除锰装置的锰砂滤料和承托层滤料的高度和规格应符合设计要求，并应保证除铁除锰装置运行后工作周期不小于 8h。

（3）SDM 型压力式除铁除锰装置

SDM 型压力式除铁除锰装置利用曝气接触氧化法除铁，适用于含铁量不大于 10mg/L，含锰量不大于 1.5mg/L，pH 值不低于 6.0 的地下水处理。在原水中铁含量大于 10mg/L、锰含量大于 1.5mg/L 时，可以根据水质，采用多级串联除铁除锰工艺。

SDM 型压力式除铁除锰装置的设备构造如图 7-5 所示。

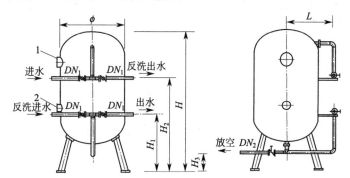

图 7-5 SDM 型压力式除铁除锰装置的设备构造

1—人孔；2—手孔

SDM 型压力式除铁除锰装置的技术指标为：

进水水质：含铁量≤10mg/L；含锰量≤1.5mg/L；pH≥6.0；

滤料：锰砂或石英砂；滤层厚度：1.0m；滤速：6～9m/h。

SDM 型压力式除铁除锰装置在安装时需注意以下几点：

① 过滤器应垂直安装，外壳的垂直误差不得超过其高度的 0.25%。壳体找正后，应将支脚与垫铁点焊牢固后方可进行二次灌浆。

② 过滤器的配水系统、排水系统的支管与母管中心线应互相垂直，支管的水平偏差不得大于±2mm。

③ 排水装置的中心线应与过滤器罐体的平面垂直，其允许偏差应不超过 2mm。

④ 过滤器的滤料规格和数量应符合图纸要求，级配准确，高度适宜，并进行反冲洗试验。

（4）TM 型除铁除锰装置

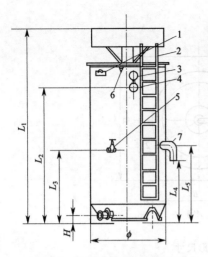

图 7-6 TM 型除铁除锰装置
的设备构造

1—吊环；2—人梯；3—压力表；
4—进水管（接曝气阀出口）；5—表
冲管；6—溢流管；7—反冲排水管

TM 型除铁除锰装置以优质锰砂为载体，采用活性生物滤膜接触氧化法除铁除锰。由于采用高吸气装置，因此装置成本低，运行过程中无噪声，并可减轻管道及设备的腐蚀，适用于含铁量不大于 15mg/L，含锰量不大于 1mg/L，pH≥5.5 的地下水除铁及软化水预处理，处理后出水中的含铁量小于 0.3mg/L。

TM 型除铁除锰装置的设备构造如图 7-6 所示。其技术指标如下：

进水水质：含铁量≤15mg/L，含锰量≤1mg/L，pH≥5.5；进水压力：0.12MPa；

出水水质：含铁量≤0.3mg/L；

滤速：6.5～10.5m/h；滤层厚度：0.9m；反冲洗强度：18L/(m²·s)；反冲洗压力：0.08MPa。

TM 型除铁除锰装置在安装时应注意如下几点：

① 除铁除锰装置安放应垂直，基础找平后，应使除铁除锰装置的垂直偏差不超过±2mm。

② 除铁除锰装置的进水管、出水管、反冲洗管、排污管等的安装应与装置中心线相互垂直或平行，其允许偏差不应大于±2mm。

③ 除铁除锰装置的上部进水、下部排水装置应水平，其偏差不得大于 8mm。

④ 除铁除锰装置的所有构件的连接处均应接合严密，内部防腐层应符合设计要求。

⑤ 除铁除锰装置的锰砂滤料和承托层滤料的高度和规格应符合设计要求，并应保证除铁除锰装置运行后工作周期不小于 8h。

7.1.3 空气氧化除硫

含硫废水来自于石油炼制厂、石油化工厂、皮革厂、制药厂等的排放。在这些含硫废水中，硫化物一般以钠盐或铵盐的形式存在，如 NaHS、Na$_2$S、NH$_4$HS、(NH$_4$)$_2$S 等。在酸性废水中，也以 H$_2$S 的形式存在。当含硫量不大、无回收价值时，可采用空气氧化法脱硫。

各种硫的氧化还原电势如下：

酸性溶液：

$$H_2S \xrightarrow{E^{\ominus}=0.14} S \xrightarrow{0.5} S_2O_3^{2-} \xrightarrow{0.4} H_2SO_3 \xrightarrow{0.17} H_2SO_4 \tag{7-15}$$

碱性溶液：

$$S^{2-} \xrightarrow{E^{\ominus}=-0.508} S \xrightarrow{-0.74} S_2O_3^{2-} \xrightarrow{-0.58} SO_3^{2-} \xrightarrow{-0.93} SO_4^{2-} \tag{7-16}$$

由此可见，在酸性条件下，不同价态的硫元素都具有较强的氧化能力；在碱性条件下，不同价态的硫元素都具有较强的还原能力。因此，利用空气氧化硫化物，宜在碱性条件下进行。

在除硫过程中，一般同时向废水中注入空气和蒸汽（水温升至 80～90℃），硫化物可被氧化成无毒的硫代硫酸盐或硫酸盐：

$$2HS^- + 2O_2 = S_2O_3^{2-} + H_2O \tag{7-17}$$

$$2S^{2-} + 2O_2 + H_2O = S_2O_3^{2-} + 2OH^- \tag{7-18}$$

$$S_2O_3^{2-} + 2O_2 + 2OH^- = 2SO_4^{2-} + H_2O \tag{7-19}$$

由上述反应式可计算出，理论上将 1kg 硫化物氧化生成硫代硫酸盐约需氧气 1kg，相当于需空气 3.7m³，但由于少部分（约 10%）硫代硫酸盐会进一步氧化成硫酸盐，使需氧量增加到 4.0m³ 空气。实际上空气用量为理论值的 2～3 倍。

空气氧化脱硫设备多采用密闭的脱硫塔，所用的塔型一般有空塔、板式塔、填料塔等。图 7-7 为某炼油厂废水空气氧化脱硫的工艺流程。含硫废水经隔油沉渣后与压缩空气及水蒸气混合，升温至 80～90℃，从塔底送至脱硫塔。塔径一般不大于 2.5m，分四段，每段高 3m。每段进口处设喷嘴，雾化进料。塔内气水体积比不小于 15。增大气水比，则气液的接触面积加大，有利于空气中的氧向水中扩散，加快氧化速率。废水在脱硫塔内的平均停留时间是 1.5～2.5h。

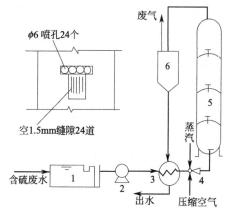

图 7-7 某炼油厂废水空气氧化脱硫
的工艺流程
1—隔油池；2—泵；3—换热器；4—射流器；
5—空气氧化塔；6—分离器

国内某厂的试验表明，当操作温度为 90℃，废水含硫量为 2900mg/L 左右时，脱硫效率达 98.3%，处理费用为 0.9 元/m³（废水）；当操作温度降为 64℃，其他条件相同时，脱硫率为 94.3%，处理费用为 0.6 元/m³（废水）。

在制革工业中，常用石灰、硫化钠脱毛，由此而产生了碱性含硫废水，这类废水的 pH＝9～13，含硫化物 100～1000mg/L，甚至更高，可以用空气氧化处理。为了提高氧化速率，缩短处理时间，常添加锰盐（如 $MnSO_4$）作催化剂。国内某制革厂将高浓度含硫废水（S^{2-} 4000mg/L，pH＝12～13，200m³/d）经格栅处理后，用泵抽入射流曝气池氧化，投加浓度 500mg/L 的 $MnSO_4$ 作催化剂，曝气时间为 3.5h，气水比为 15，出水中的 S^{2-} 含量降低为 3～5mg/L，处理费用为 0.5～0.6 元/m³（废水）。

7.2 臭氧氧化

臭氧是一种强氧化剂，空气或氧气经无声放电可产生臭氧。自从 1973 年氯化反应的副产物三卤甲烷（THMs）类物质发现以来，臭氧在水处理中的研究和应用引起了人们的广泛重视。

7.2.1 臭氧的理化性质

臭氧的分子式是 O_3，是由 3 个氧原子组成的氧的一种同素异形体，在常温常压下，较低浓度的臭氧是无色无味的，当浓度达到 15% 时，臭氧是一种具有鱼腥味的淡紫色气体，具有特殊臭味。在标准状况下，其沸点是 −112.5℃，密度为 2.144kg/m³，是氧气的 1.6 倍。

7.2.1.1 臭氧在水中的溶解度

臭氧在水中的溶解度要比纯氧高 10 倍，比空气高 25 倍。和其他气体一样，臭氧在水中的溶解度符合亨利定律

$$C = K_H p_{O_3} \tag{7-20}$$

式中　C——臭氧在水中的溶解度，mg/L；

p_{O_3}——臭氧化空气中臭氧的分压，kPa；

K_H——亨利常数，mg/(L·kPa)。

温度、气压、气体中的纯臭氧浓度以及水中污染物质的性质和含量是影响臭氧在水中溶解

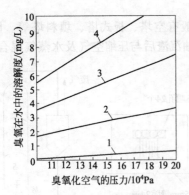

图 7-8 压力对臭氧溶解度的影响

1—1g O₃/m³ 空气；2—5g O₃/m³ 空气；

3—10g O₃/m³ 空气；4—15gO₃/m³ 空气

度的主要因素。压力对臭氧溶解度的影响如图 7-8 所示。在常压下，20℃时的臭氧在水中的浓度和在气相中的平衡浓度之比为 0.285。臭氧气体向水中的传递能力主要与气液两相中的传递系数、气水接触面积以及气液间的浓度差有关。

在生产中，多以空气为原料制备臭氧化空气。在臭氧化空气中，臭氧只占 0.6%～1.2%（体积比）。根据气态方程及道尔顿定律，臭氧的分压也只有臭氧化空气的 0.6%～1.2%。因此，当水温为 20℃时，将臭氧化空气注入水中，臭氧的溶解度为 3～7mg/L。

7.2.1.2 臭氧的分解

（1）臭氧在空气中的分解

臭氧极不稳定，在常压下容易自行分解为氧气并放出热量，其分解反应为：

$$2O_3 \Longrightarrow 3O_2 + 284kJ \tag{7-21}$$

由于新生态氧的强氧化作用，因此臭氧是一种极强的氧化剂，可用于水的除色、除臭、除铁、除锰、降解有机物、降低 COD 和杀菌等。

MnO_2、PbO_2、Pt、C 等催化剂的存在或经紫外辐射都会促使臭氧分解。臭氧在空气中的分解速率与臭氧的浓度和温度有关。浓度为 1% 的臭氧，在常温常压的空气中分解的半衰期为 16h 左右。当浓度在 1% 以下时，其分解速率如图 7-9 所示。由图 7-9 可知，随着温度升高，其分解速率加快；随着臭氧浓度提高，其分解速率加快。

由于分解时放出大量能量，当臭氧浓度在 25% 以上时容易发生爆炸，但一般臭氧化空气中的臭氧浓度不超过 10%，因此不会有爆炸的危险。

（2）臭氧在水中的分解

臭氧在水溶液中的分解速率比在空气中快得多，并与温度和 pH 值有关。臭氧在蒸馏水中的分解速率如图 7-10 所示。由此可见，温度和 pH 值越高，臭氧的分解也越快。常温条件下臭氧在水中的半衰期约为 15～30min，如表 7-1 所示。

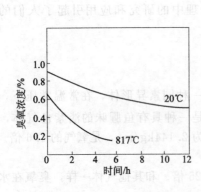

图 7-9 臭氧在空气中的分解速率

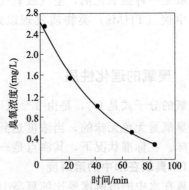

图 7-10 臭氧在蒸馏水中的分解速率

表 7-1 臭氧在水中分解的半衰期

温度/℃	1	10	14.6	19.3	14.6	14.6	14.6
pH 值	7.6	7.6	7.6	7.6	8.5	9.2	10.5
半衰期/min	1098	109	49	22	10.5	4	1

由于臭氧不易储存，因此在实际应用中需边生产边应用。

臭氧在水中的分解借助于 OH^- 的催化作用，经过氧化氢而形成氧：

$$O_3 + H_2O \longrightarrow HO_3^+ + OH^- \longrightarrow 2HO_2^- \qquad (7\text{-}22)$$

$$O_3 + HO_2^- \longrightarrow OH^- + 2O_2 \qquad (7\text{-}23)$$

$$OH^- + HO_2^- \longrightarrow H_2O + O_2 \qquad (7\text{-}24)$$

总反应式为：

$$2O_3 \xrightarrow{\ OH^-\ } 3O_2 + 288.9\text{kJ} \qquad (7\text{-}25)$$

7.2.1.3　臭氧的氧化能力

臭氧是一种很强的氧化剂，其氧化还原电势与 pH 有关。在酸性溶液中，$E^{\ominus} = 2.07\text{V}$，其氧化性略次于氟。在碱性溶液中，$E^{\ominus} = -1.24\text{V}$，氧化能力略低于氯。

研究指出，在 pH = 5.6～9.8，水温 0～39℃ 范围内，臭氧的氧化效力不受影响。利用臭氧的强氧化性进行城市给水消毒已有近百年的历史。臭氧的杀菌力强，速度快，能杀灭氯所不能杀灭的病毒和芽孢，而且出水无异味，但投量不足时也可能产生对人体有害的中间产物。在工业废水处理中，可用臭氧氧化多种有机物和无机物，如酚、氰化物、有机硫化物、不饱和脂肪族以及芳香族化合物等，因此在水处理中应用广泛。

臭氧之所以表现出强氧化性，是因为分子中的氧原子具有强烈的亲电子或亲质子性，臭氧分解产生的新生态氧原子也具有很高的氧化活性。除铂、金、铱、氟以外，臭氧几乎可以与元素周期表中的所有元素反应。臭氧可与 K、Na 反应生成氧化物或过氧化物；臭氧可以将过渡金属元素氧化到较高或最高氧化态，形成更难溶的氧化物，人们常利用此性质把污水中的 Fe^{2+}、Mn^{2+} 及 Pb、Ag、Cd、Hg、Ni 等重金属离子除去。此外，可燃物在臭氧中燃烧比在氧气中燃烧更加猛烈，可获得更高的温度。

7.2.1.4　臭氧的毒性和腐蚀性

高浓度臭氧是有毒气体，对眼及呼吸器官有强烈的刺激作用。正常大气中含臭氧的浓度是 $(1\sim4)\times10^{-8}$。空气中臭氧浓度为 0.1mg/L 时，眼、鼻、喉会感到刺激；浓度为 1～10mg/L 时，会感到头痛，出现呼吸器官局部麻痹等症状；浓度为 15～20mg/L 时，可能致死。一般从事臭氧处理工作的人员所在的环境中，臭氧浓度的允许值是 0.1mg/L。

臭氧具有强腐蚀性，因此与之接触的容器、管路等均应采用耐腐蚀材料或作防腐处理。耐腐蚀材料可用不锈钢或塑料。

7.2.2　臭氧氧化降解有机物的机理

在水溶液中，臭氧同化合物（M）的反应有两种方式：臭氧分子直接进攻和臭氧分解形成的自由基的反应。

7.2.2.1　分子臭氧的反应

臭氧分子的结构呈三角形，中心氧原子与其他两个氧原子间的距离相等，在分子中有一个离域 π 键，臭氧分子的特殊结构使得它可以作为偶极试剂、亲电试剂及亲核试剂，臭氧与有机物的反应大致分成 3 类。

（1）打开双键，发生加成反应

由于臭氧分子具有一种偶极结构，因此可以同有机物的不饱和键发生 1-3 偶极环加成反应，形成臭氧化中间产物，并进一步分解形成醛、酮等羰基化合物和 H_2O_2。

（2）亲电反应

亲电反应发生在分子中电子云密度高的点。对于芳香族化合物，当取代基为给电子基团（—OH、—NH₂ 等）时，与它邻位或对位的 C 具有高的电子云密度，臭氧化反应发生在这些位置上；当取代基是得电子基团（如—COOH、—NO₂ 等）时，臭氧化反应比较弱，发生在这类取代基的间位碳原子上，臭氧化反应的产物为邻位和对位的羟基化合物，如果这些羟基化合物进一步与臭氧反应，则形成醌或打开芳环，形成带有羧基的脂肪族化合物。

（3）亲核反应

亲核反应只发生在带有得电子基团的碳上。

分子臭氧的反应具有极强的选择性，仅限于同不饱和芳香族或脂肪族化合物或某些特殊基团上发生。

7.2.2.2 自由基反应

溶解性臭氧的稳定性与 pH 值、紫外光照射、臭氧浓度及自由基捕获剂浓度有关。臭氧分解决定了自由基的形成，并导致自由基反应的发生。

（1）Hoigne、Staehelin 和 Bader 机理

臭氧分解反应以链反应方式进行，包括下面的基本步骤，其中①为引发步骤，②~⑥为链传递反应，⑦和⑧是链终止反应。自由基引发反应是速率决定步骤，另外，羟基自由基·OH生成过氧自由基 O_2^-·或 HO_2·的步骤也具有决定作用，消耗羟基自由基的物质可以增强水中臭氧的稳定性。

$$① \qquad O_3 + OH^- \xrightarrow{k_1} HO_2 \cdot + O_2^- \cdot \tag{7-26}$$

$$①' \qquad HO_2 \cdot \xrightarrow{k_1'} O_2^- \cdot + H^+ \tag{7-27}$$

$$② \qquad O_3 + O_2^- \cdot \xrightarrow{k_2} O_3^- \cdot + O_2 \tag{7-28}$$

$$③ \qquad O_3^- \cdot + H^+ \xrightarrow{k_3} HO_3 \cdot \tag{7-29}$$

$$④ \qquad HO_3 \cdot \xrightarrow{k_4} \cdot OH + O_2 \tag{7-30}$$

$$⑤ \qquad \cdot OH + O_3 \xrightarrow{k_5} HO_4 \cdot \tag{7-31}$$

$$⑥ \qquad HO_4 \cdot \xrightarrow{k_6} HO_2 \cdot + O_2 \tag{7-32}$$

$$⑦ \qquad HO_4 \cdot + HO_4 \cdot \xrightarrow{k_7} H_2O_2 + 2O_3 \tag{7-33}$$

$$⑧ \qquad HO_4 \cdot + HO_3 \cdot \xrightarrow{k_8} H_2O_2 + O_3 + O_2 \tag{7-34}$$

（2）Gorkon、Tomiyasn 和 Futomi 机理

该机理包括一个两电子转移过程或一个氧原子由臭氧分子转移到过氧化氢离子的过程，反应步骤如下：

$$⑨ \qquad O_3 + OH^- \xrightarrow{k_9} HO_2 \cdot + O_2^- \cdot \tag{7-35}$$

$$⑩ \qquad HO_2^- + O_3 \xrightarrow{k_{10}} O_3^- \cdot + HO_2 \cdot \tag{7-36}$$

$$⑪ \qquad HO_2 \cdot + OH^- \xrightarrow{k_{11}} O_2^- \cdot + H_2O \tag{7-37}$$

$$⑫ \qquad O_3 + O_2^- \cdot \xrightarrow{k_{12}} O_3^- \cdot + O_2 \tag{7-38}$$

$$⑫' \qquad O_3^- \cdot + H_2O \xrightarrow{k_{12}'} \cdot OH + O_2 + OH^- \tag{7-39}$$

$$⑬ \qquad O_3 + \cdot OH \xrightarrow{k_{13}} O_2^- \cdot + HO_2 \cdot \tag{7-40}$$

$$⑭ \qquad O_3^- + \cdot OH \xrightarrow{k_{14}} O_3 + OH^- \tag{7-41}$$

$$⑮ \qquad \cdot OH + O_3 \xrightarrow{k_{15}} HO_2 \cdot + O_2 \tag{7-42}$$

$$⑯ \qquad \cdot OH + CO_3^{2-} \xrightarrow{k_{16}} OH^- + CO_3^- \tag{7-43}$$

$$⑰ \qquad CO_3^- + O_3 \xrightarrow{k_{17}} 产物(CO_2 + O_2^- + O_2) \tag{7-44}$$

7.2.3 臭氧的制备

臭氧的制备方法有多种，如光化学法、电化学法、辐照法和无声放电法。辐照法用得极少，水处理工业中一般采用无声放电法制取臭氧。

7.2.3.1 光化学法

此方法是利用光波中的紫外线使氧气分子 O_2 分解并聚合成臭氧 O_3，大气上空的臭氧层即是由此产生的。波长 $\lambda = 185nm$ 的紫外光效率最高，但目前低压汞紫外灯的电-光转换效率很低，仅为 $0.6\% \sim 1.5\%$，按此折合成的电耗高达 $600kW \cdot h/kgO_3$，即 $1.5kgO_3/(kW \cdot h)$，工业应用价值不大。但紫外法产生臭氧的优点是对湿度、温度不敏感，具有很好的重复性；同时，可以通过灯功率线性控制臭氧浓度、产量。这两个特性对于臭氧用于人体治疗和作为仪器的臭氧标准源是非常合适的。

7.2.3.2 电化学法

电化学法是利用直流电源电解含氧电解质产生臭氧气体的方法。电解法臭氧发生器产生的臭氧具有臭氧浓度高、成分纯净、在水中溶解度高的优势，在医疗、食品加工与养殖业及家庭方面具有广泛的应用前景，在降低成本与电耗的条件下电解法臭氧发生器将与目前广泛应用的无声放电法臭氧发生器形成激烈竞争。

7.2.3.3 无声放电法的原理

无声放电法生产臭氧的原理及装置如图 7-11 所示。

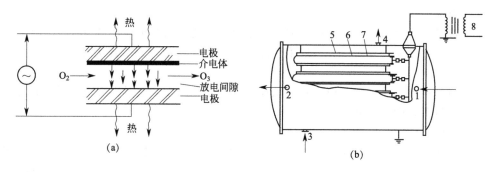

图 7-11 无声放电法生产臭氧的原理及装置

(a) 无声放电法制备臭氧的原理；(b) 管式（卧式）臭氧发生器

1—空气或氧气进口；2—臭氧化空气出口；3—冷却水进口；4—冷却水出口；
5—不锈钢管；6—放电间隙；7—玻璃管；8—变压器

在一个内壁涂石墨的玻璃管外套一个不锈钢管。将高压交流电加在石墨层和不锈钢管之间（间隙 $1 \sim 3mm$），形成放电电场。由于介电体（玻璃管）的阻碍，只有极小的电流通过电场，即在介电体表面的凸点上发生局部放电，形成均匀的蓝紫色电晕，因不能产生电弧，故称之为无声放电。当氧气或空气通过放电间隙时，在高速电子流的轰击下，一部分氧原子转变为臭氧，其反应如下：

$$O_2 + e \longrightarrow 2O + e \tag{7-45}$$

$$3O \longrightarrow O_3 \tag{7-46}$$

$$O_2 + O \Longleftrightarrow O_3 \tag{7-47}$$

上述可逆反应表示生成的臭氧又会分解为氧气，分解反应也可能按下式进行：

$$O_3 + O \longrightarrow 2O_2 \tag{7-48}$$

臭氧分解速率随臭氧浓度增大和温度升高而加快。在一定的浓度和温度下，生成和分解达到动态平衡。因此，通过放电区域的氧气只有一部分能够转变成臭氧，这种含臭氧的空气称为臭氧化空气。理论上，以空气为原料时臭氧的平衡浓度为 $3\% \sim 4\%$，以纯氧为原料时，臭氧化空气中的臭氧含量增加 1 倍，可达到 6%～8%。从经济上考虑，一般以空气为原料时控制臭氧浓度不高于 1%～2%，以氧气为原料时则不高于 1.7%～4%。

氧气生产臭氧的总反应如下：

$$3O_2 \Longrightarrow 2O_3 - 288.9kJ \tag{7-49}$$

每生产 1kg 臭氧需要耗电 0.836kW・h，相当于单位电耗的生产能力为 $1.2kgO_3/(kW・h)$。由于 95% 左右的电能变成光能和热能被消耗掉，因此实际耗电量大得多，用空气生产 1kg 臭氧的实际电耗为 15～20kW・h。

在臭氧制备中，单位电耗的臭氧产率，实际值只有理论值的 10% 左右，其余能量均变为热量，放电产生大量的热量使电极温度升高，从而促使臭氧加速分解，更加剧了臭氧生产能力的下降，因此，为了保证臭氧发生器正常工作和抑制臭氧热分解，提高臭氧浓度、降低电耗，必须采用适当的冷却方式对电极进行冷却。常用水作冷却剂。

7.2.3.4 影响臭氧产率的主要因素

（1）电极电压

根据研究，单位电极表面积的臭氧产量与电极电压的二次方成正比，电压越高，产量越高。但电压过高很容易造成介电体被击穿并损伤电极表面，因此一般采用 15～20kV 的电压。

（2）电极温度

臭氧的浓度随电极温度的升高而明显下降。为提高臭氧浓度，必须采取有效的冷却措施，降低电极温度。

（3）介电体

单位电极表面的臭氧产量与介电体的介电常数成正比，与介电体厚度成反比。因此，应采用介电常数大、厚度薄的介电体。一般采用厚度为 1～3mm 的硼玻璃作为介电体。

（4）交流电频率

提高交流电的频率可增加放电次数，从而可提高臭氧产量，而且对介电体的损伤较小，但需要增加调频设备，国内目前仍采用 56～60Hz 的电源。

（5）放电间隙

放电间隙越小，越容易放电，产生无声放电所需要的电压越小，耗电量越小。但间隙过小，对介电体或电极表面的要求越高，管式臭氧发生器一般采用 2～3.5mm 的放电间隙。

（6）原料气的含氧量

原料气的含氧量高，制备臭氧所需的动力少，用空气和用氧气制备同样数量的臭氧所消耗的动力相比，前者要高出后者一倍左右。原料气选用空气或氧气，需作经济比较决定。

（7）原料气中的水分和尘粒

原料气中的水分和尘粒对过程不利，当以空气为原料时，在进入臭氧发生器之前必须进行干燥和除尘预处理。空压机采用无油润滑型，防止油滴带入。干燥可采用硅胶、分子筛吸附脱水，除尘可用过滤器。

7.2.4 臭氧发生器

臭氧不稳定，因此通常在现场随制随用。目前大规模生产臭氧的方法是以空气为原料制造臭氧，采用无声放电的方法，经过净化的空气进入臭氧发生器，通过高压放电环隙，空气中的部分氧分子激发分解成氧原子，氧原子与氧原子（或氧原子与氧分子）结合而生成臭氧。

由于原料来源方便，所以采用比较普遍。典型的臭氧处理闭路系统如图 7-12 所示。空气经压缩机加压后，经过冷却及吸附装置除杂，得到的干燥净化空气再经计量进入臭氧发生器。要求进气露点在 -50℃ 以下，温度不能高于 20℃，有机物含量小于 15×10^{-6}。

用空气制成的臭氧浓度为 $10～20g/m^3$，用氧气制成的臭氧浓度为 $20～40g/m^3$。研究表明，用空气为原料生产的臭氧化气体会产生氮氧化物，这是一种有害物质，所以限制了臭氧法在饲料、食品工业中的应用。

含质量分数为1%～4%的臭氧空气就是水处理所使用的臭氧化空气。通常用于氧化的投加量为1～3g/m^3，接触时间5～15min；用于杀菌所需的投加量为1～3g/m^3，接触时间不少于5min。

无声放电臭氧发生器的种类很多，按其结构可分为管式、板式和金属格网式三种。因板式发生器只能在低压下操作，所以目前多采用管式臭氧发生器。管式臭氧发生器又有单管、多管、卧式和立式等多种。

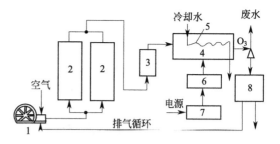

图7-12　典型的臭氧处理闭路系统
1—空气压缩机；2—净化装置；3—计量装置；
4—臭氧发生器；5—冷却系统；6—变压器；
7—配电装置；8—接触器

图7-13所示为多管卧式臭氧发生器的结构示意图。它的外形像列管式热交换器，内有几十组至上百组相同的放电管。放电管的两端固定在两块管板上，管外通冷却水。每根放电管均由两根同心圆管组成，外管为金属管（不锈钢管或铝管），内管为玻璃管（内壁涂石墨）作为介电体。内、外管之间留有1～3mm的环形放电间隙。在金属圆筒内的两端各焊一个孔板，每孔焊上一根放电管。整个金属圆筒内形成两个通道；两块孔板与圆筒端盖的空间，一块作为进水分配室，另一块作为臭氧化空气收集室，并与放电间隙连通；两块孔板和不锈钢外壁之间为冷却水通道，冷却水带走放电过程中产生的热量。

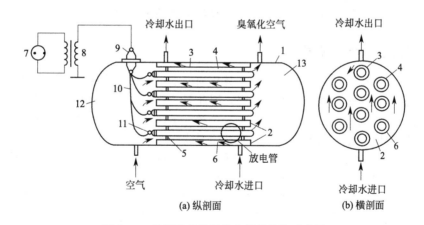

(a) 纵剖面　　　　　　　　　　(b) 横剖面

图7-13　多管卧式臭氧发生器的结构示意图
1—金属圆筒；2—孔板；3—不锈钢管；4—玻璃管；5—定位环；6—放电间隙；7—交流电源；
8—变压器；9—绝缘瓷瓶；10—导线；11—接线柱；12—进气分配室；13—臭氧化空气收集室

管式发生器可承受0.1MPa的压力，当以空气为原料，采用50Hz的电源时，臭氧浓度可达15～20g/m^3。电能比耗为16～18kW·h/kgO$_3$。

多管卧式臭氧发生器的组装形式分集装式和组合式两种。集装式为小型装置，适合于小型水处理工艺使用；组合式则适合于中、大型给水处理厂及水处理工艺使用。如图7-14所示。

管式臭氧发生器在安装时应注意如下几点：

① 发生器应水平安装，罐体的水平允许误差不大于±2mm，罐体找正后，将支脚用螺栓牢固地固定在地脚基础上后，方可进行二次灌浆。

② 发生器的冷却水管、空气管等与罐体中心线应相互垂直或水平，其允许偏差不应大于±2mm。

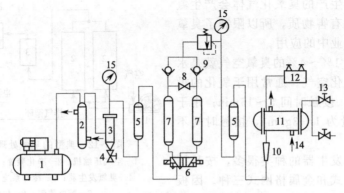

图 7-14 臭氧发生装置工艺组合示意图

1—无油空压机组；2—冷却器；3—旋风分离器；4—调压阀；5—过滤器；
6—二位电通电磁阀；7—干燥器；8—旋塞；9—止回阀；10—流量计；
11—臭氧发生器单元；12—变压器；13—控制阀；14—冷却水入口；15—压力表

③ 发生器所有构件的连接处均应接合严密，罐体表面光滑，油漆完好，无锈蚀、无刺等。罐体接地线应安装正确，状况良好。

④ 电气柜设在室内，并应绝缘良好。电气室内空气应流通，其相对湿度不大于 90%。其环境温度不超过 40℃，应无影响绝缘的蒸汽、腐蚀性气体或灰尘、大片水滴，以免影响发生器的正常运行。

⑤ 发生器的附属设备（如冷凝器、干燥器、冷却器等）就位前，应按施工图核对管口方位、地脚螺栓孔和基础的位置是否正确，并检查各管路是否畅通。

7.2.5 臭氧接触氧化反应器

水的臭氧处理是在接触反应器内进行。臭氧加入水中后，水为吸收剂，臭氧为吸收质，在气液两相进行传质，同时发生臭氧氧化反应，因此属于化学吸收。接触反应器的作用主要有两个：①促进气、水扩散混合；②使气、水充分接触，迅速反应。应根据臭氧分子在水中的扩散速率和与污染物的反应速率来选择接触反应器的形式。

用于水的臭氧处理的接触反应器的类型很多，常用的有鼓泡塔、螺旋混合器、蜗轮注入器、射流器等。水中污染物种类和浓度、臭氧浓度与投量、投加位置、接触方式和时间、气泡大小、水温与水压等因素对反应器性能和氧化效果都有影响。选择何种反应器取决于反应类型。当扩散速率较大，而反应速率为整个氧化过程的速率控制步骤时，臭氧接触氧化反应器的结构应有利于反应的充分进行。属于这一类的污染物有合成表面活性剂、焦油、氨氮等，反应器可采用多孔扩散板反应器、塔板式反应器等，以保持较大的液相容积和反应时间。当反应速率较大，而扩散速率为整个氧化过程的速率控制步骤时，臭氧接触氧化反应器的结构应有利于臭氧的加速扩散。属于这一类的物质有酚、氰、亲水性染料、铁、锰、细菌等，可采用传质效率高的螺旋反应器、蜗轮注入器、喷射器等作反应器。

7.2.5.1 鼓泡塔

鼓泡塔式臭氧接触氧化反应器的结构如图 7-15 所示。其运行方式为：气水两相可顺流接触或逆流接触，还可采用多级串联的方式实现逆流与顺流的交叠使用。整个装置可连续运行或间断批量运行。鼓泡塔式臭氧接触氧化器适合于由反应速率控制的操作和要求大液体容积的系统使用。

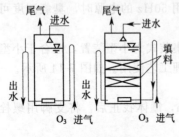

图 7-15 鼓泡塔式臭氧
接触氧化反应器

鼓泡塔式臭氧接触氧化器的运行优点是能耗较低，其理论电耗为 $2\sim3kW\cdot h/gO_3$。但其运行缺点较多，主要有：①喷头堵塞时布气不均匀；②混合差，易返混；③接触时间长；④价格高。

根据塔内件的不同，鼓泡塔式臭氧接触氧化反应器可分为板式塔和填料塔两种。

（1）板式塔

根据塔板的形式，塔板式反应器可分为筛板塔和泡罩塔两种，如图 7-16 所示。

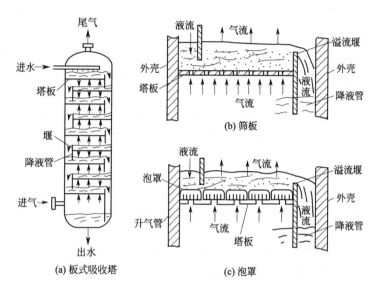

图 7-16 塔板式反应器

在塔内设有多层塔板，每层塔板上设溢流堰和降液管。塔板上开有许多筛孔的称为筛板塔；设置泡罩的称为泡罩塔。气流从底部进入，上升的气流经筛板或泡罩被分散成细小的气泡，与板上的水层接触后逸出液相，然后再与上层液体接触。废水从顶部进入，在塔板上翻过溢流堰，经降液管流到下层筛板，然后从底部排出。塔板上溢流堰的作用是使塔板上的水层维持一定深度，将降液管出口淹没在液层中形成水封，防止气流沿降液管上升。

（2）填料塔

填料塔式臭氧接触氧化反应器如图 7-17 所示，气水逆流通过填料空隙，可连续或间断批量运行。填料塔的传质效果好，传质能力随气水流量及填料类型而不同，主要适用于反应速率由气相或液相传质速率控制的过程。

运行实践表明，填料塔式臭氧接触氧化反应器的主要优点是气水比适应范围广，但其缺点是：耗能高，理论电耗为 $15\sim40kW\cdot h/gO_3$；价格贵；易堵塞；填料表面积垢后，维护困难。

7.2.5.2　固定混合器

固定混合器也叫静态混合器或管式混合器，图 7-18 是其结构示意图，是在一段管子内安装许多螺旋桨叶片，相邻两片螺旋桨叶片有着相反的方向，水流在旋转分割运行中与臭氧接触而产生许多微小旋涡，使气水得到充分的混合，因此非常适合于受传质速率控制的水处理过程。气水在混合器内可以顺流接触，也可逆流接触，并可连续运行。这种固定混合器的主要优点是：设备体积小，占地少；接触时间短；处理效果稳定；易操作，管理方便；无噪声，无泄漏；用料省，价格低；传质能力强，臭氧利用率可达 80% 以上，且耗能较少，设备费用低。其缺点是：流量不能显著变化；设备运行过程中的能耗较大，理论电耗为 $4\sim5kW\cdot h/gO_3$。

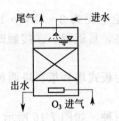

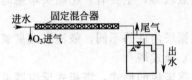

图 7-17　填料塔式臭氧接触氧化反应器　　　　　　　图 7-18　固定混合器

7.2.5.3　蜗轮注入器

图 7-19 所示为蜗轮注入器的结构示意图。在蜗轮注入器内，由于气水两相强制混合，因此具有较强的传质能力，非常适合于受传质速率控制的水处理过程。多用于部分投加，淹没深度<2m。

蜗轮注入器的主要优点是：水力损失小，臭氧向水中转移压力大；混合效果好；接触时间较短；体积较小。其主要缺点是：流量不能显著变化；耗能较多，理论电耗为 $7\sim10kW\cdot h/gO_3$；在运行过程中有噪声。

7.2.5.4　喷射式反应器

喷射式臭氧接触反应器是气液两相强制或抽吸通过孔道而接触，进而发生反应，两相通过强制混合时具有较大的接触面积和较强的传质能力，非常适合于受传质速率控制的各种水处理过程。

根据气液两相的接触情况，喷射式反应器可分为部分投加或全部投加两种，图 7-20 所示分别为全部水量喷射和部分水量喷射的喷射器示意图。

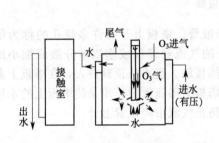

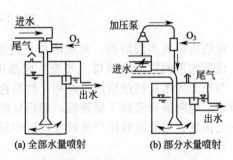

图 7-19　蜗轮注入器　　　　　　　　　　　　图 7-20　喷射式臭氧接触反应器

喷射式臭氧接触氧化反应器的优点是：混合好；接触时间短；设备小，占地少。其缺点是：流量不能显著变化；耗能较多，对于全部水量喷射的喷射器，其理论电耗为 $15\sim20kW\cdot h/gO_3$；对于部分水量喷射的喷射器，其理论电耗为 $4\sim10kW\cdot h/gO_3$。

7.2.5.5　多孔扩散式反应器

多孔扩散式反应器有穿孔管、穿孔板和微孔滤板等。臭氧化空气通过设置在反应器底部的多孔扩散装置分散成微小气泡后进入水中。根据气和水的流动方向不同，又可分为同向流和异向流两种，如图 7-21 所示。为改善气水接触条件，反应器中可装填瓷环、塑料环等填料。

同向流反应器是最早应用的一种反应器，其缺点是底部臭氧浓度大，原水杂质浓度也大，大部分臭氧在底部被易于氧化的杂质消耗掉。而上部臭氧浓度低，水中残余的杂质又较难被氧化，出水往往不够理想，臭氧利用率较低，一般在 75% 左右。当臭氧用于消毒时，宜采用同向流反应器，这样可以使大量的臭氧早与细菌接触，以避免大部分臭氧被水中其他杂质消耗掉。

异向流反应器可以使低浓度的臭氧与杂质浓度高的水相接触，臭氧利用率可达 80%。目前这种反应器应用更为广泛。

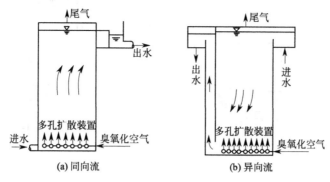

图 7-21　多孔扩散式反应器

7.2.6　臭氧接触反应装置设计

在设计臭氧接触反应装置前，一般需要进行试验以确定设计参数。动态臭氧氧化试验流程如图 7-22 所示。

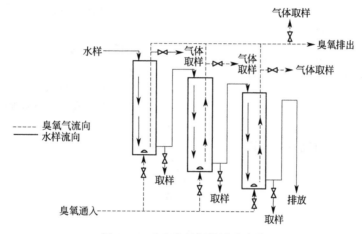

图 7-22　动态臭氧氧化试验流程

在水处理系统中，大多数采用鼓泡塔。鼓泡塔中，废水一般自塔顶进入，经喷淋装置向下喷淋，从塔底出水；臭氧则从塔底的微孔扩散装置进入，呈微小气泡上升而从塔顶排出。气水逆流接触完成处理过程。鼓泡塔也可以设计成多级串联运行。当设计成双级时，一般前一级投加需臭氧量的 60%，后一级为 40%。鼓泡塔内可不设填料，也可加设填料以加强传质过程，如图 7-23 所示。无试验资料时臭氧接触反应装置的主要设计参数见表 7-2。

表 7-2　无试验资料时臭氧接触反应装置的主要设计参数

处理要求	臭氧投加量/(mgO$_3$/L 水)	去除效率/%	接触时间/min
杀菌及灭活病毒	1~3	90~99	数秒至 10~15min,按所用接触装置类型而异
除臭、味	1~2.5	80	>1
脱色	2.5~3.5	80~90	>5
除铁除锰	0.5~2	90	>1
COD	1~3	40	>5
CN$^-$	2~4	90	>3
ABS	2~3	95	>10
酚	1~3	95	>10

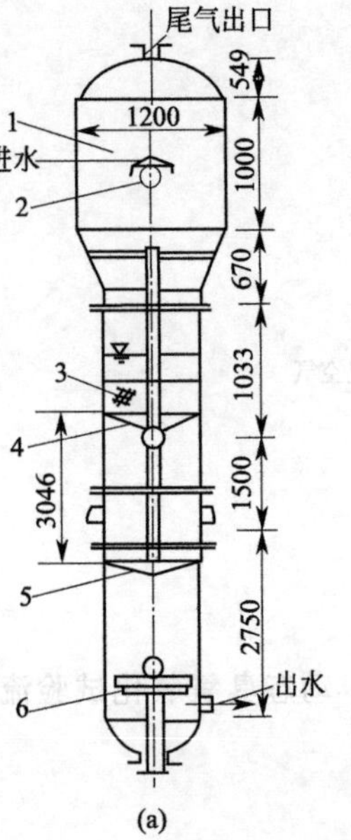

图 7-23 鼓泡塔详图

(a) 加填料；(b) 无填料

1—进水喷淋器；2—观察窗；3—活性炭
填料；4—鲍尔环填料；5—筛板；6—布气板

鼓泡塔的设计计算如下：

(1) 塔体尺寸计算

$$V_T = \frac{Q_S t}{60} \quad (7\text{-}50)$$

$$F = \frac{Q_S t}{60 H_A} \quad (7\text{-}51)$$

$$D = \sqrt{\frac{4F}{x}} \quad (7\text{-}52)$$

$$K = \frac{D}{H_A} \quad (7\text{-}53)$$

$$H_T = (1.25 \sim 1.35) H_A \quad (7\text{-}54)$$

式中 V_T——塔的总体积，m^3；

t——水力停留时间，min；

Q_S——水流量，m^3/h；

F——塔截面面积，m^2；

H_A——塔内有效水深，一般可取 $4 \sim 5.5m$；

D——塔径，m；

K——塔的径高比，一般采用 1：($3 \sim 4$)；如计算的 $D > 1.5m$ 时，为使塔不致过高，可将其适当分成几个直径较小的塔，或设计成接触池；

H_T——塔总高，m。

(2) 臭氧化空气的布气系统计算

$$c = \frac{Q_S d_0}{1000} \quad (7\text{-}55)$$

$$Q_g = \frac{1000c}{Y_1} \quad (7\text{-}56)$$

$$Q'_g = \frac{Q_g(273+20) \times 0.103}{273 \times 0.18} = 0.614 Q_g \quad (7\text{-}57)$$

$$n = \frac{Q'_g}{\omega f} \quad (7\text{-}58)$$

$$\omega' = \frac{d - aR^{1/4}}{b} \quad (7\text{-}59)$$

式中 c——每小时投配的总臭氧量，kgO_3/h；

d_0——水中所需的臭氧投加量，kgO_3/m^3 水；

Q_g——水中所需投加的臭氧化气的流量，m^3/h；

Y_1——发生器所产生的臭氧化气的浓度，一般在 $10 \sim 20g/m^3$ 范围内；

Q'_g——水中所需投加的发生器工作状态下（$t = 20℃$，$P = 0.08MPa$）臭氧化气的流量，m^3/h；

n——微孔扩散元件数；

f——每只扩散元件的总表面积，m^2；陶瓷滤棒为 ndl（d 为棒的直径，l 为棒的长度），微孔扩散板为 $\frac{nd^2}{4}$（d 为扩散板的直径）；

ω——气体扩散速率，m/h；依微孔材料及其微孔孔径和扩散气泡的直径而定；

ω'——使用微孔钛板时的气体扩散速率，m/h；

d——气泡直径，一般为 1～2mm；

R——微孔孔径，一般为 20～40μm；

a、b——系数，使用钛板时，$a=0.19$，$b=0.066$。

（3）所需臭氧发生器的工作压力计算

$$H > 0.98h_1 + h_2 + h_3 \tag{7-60}$$

式中　H——臭氧发生器的工作压力，kPa；

h_1——塔内水柱高度，m；

h_2——布气元件的压力损失，kPa；

h_3——臭氧化气输送管道的压力损失，kPa。

7.2.7　尾气处理

臭氧是有毒气体，从臭氧接触反应器排出的尾气中残存臭氧的体积分数一般为（500～3000）$\times 10^{-6}$，应对这部分尾气进行妥善处理，以防止对周围大气环境造成污染。尾气处理方法有活性炭吸附法、药剂法、焚烧法等，其工艺条件和优缺点比较如表 7-3 所示。

表 7-3　各种臭氧尾气处理方法的比较

处理方法	工艺条件	优缺点
活性炭吸附法	活性炭固定床，适用于低浓度臭氧	设备简单、较经济，使用周期短，饱和后需要更新或再生
药剂法	分还原法和分解法 还原法可采用亚铁盐、亚硫酸钠、硫代硫酸钠等 分解法可采用氢氧化钠等	比较简单，但费用较高
焚烧法	加热温度大于 270℃	简单、可靠，但能耗高

7.2.8　臭氧-过氧化氢组合工艺

臭氧氧化法的处理成本较高，而且受臭氧生产能力的限制；双氧水价格比臭氧低，且来源广泛，而且双氧水诱发臭氧产生羟基自由基的速率远比 OH$^-$ 快。因此，将臭氧氧化与过氧化氢氧化组合，既可提高氧化效果，又可降低过程的运行费用。

试验研究表明，影响 H_2O_2-O_3 组合工艺的主要因素为废水的 pH 值、投加的氧化剂总量和 H_2O_2、O_3 的比例。试验结果表明：

① 臭氧-过氧化氢组合工艺处理废水，在中性条件下反应速率最高。

② H_2O_2/O_3 的质量比对处理工艺有较大的影响，废水的 COD 去除率随 H_2O_2/O_3 质量比的增加而增加，通常试验条件下，以染料中间体 H 酸废母液为例，当 $H_2O_2/O_3 = 0.2\sim0.3$ 时，处理效果最好，当 H_2O_2/O_3 不小于 0.4 时处理效率变慢。

③ 总有效臭氧投加量对处理效果的影响是明显的。以 H 酸废水的处理为例，采用 H_2O_2-O_3 联合氧化法完全分解其中的有机物，需要很高的氧化剂投加量，但为改善废水的可生化性，改善生物降解性能，只需投加约为完全氧化所需量的 1/4 左右，废水已具有可生化性。因此，用 H_2O_2-O_3 联合氧化法作为生物处理的预处理方法是完全可行的。

此外，带磺酸基团的有机物通过和羟基自由基反应降低了极性和水溶性，因此可以提高传统的混凝沉淀处理效果。

臭氧氧化技术在近年来得到了较多的研究和发展，出现了新的臭氧氧化形式。除了前述几种形式外，还有 O_3-固体催化剂、O_3-H_2O_2/UV、O_3/UV 等，其中 O_3-固体催化剂是一种新型的臭氧氧化技术，它以固体状的物质，如活性炭、金属盐及其氧化物等为催化剂，加强臭氧氧化反应。

7.2.9 臭氧氧化法在水处理中的应用

水经臭氧处理，可达到降低 COD 浓度、杀菌、增加溶解氧、脱色除臭、降低浊度等几个目的。将混凝或活性污泥法与臭氧氧化法联合，可以有效去除色度和难降解有机物。紫外线照射可以激活 O_3 分子和污染物分子，加快反应速率，增强氧化能力，降低臭氧消耗量。因此臭氧氧化法在水处理工业中得到了广泛的应用。目前臭氧氧化法存在的缺点是电耗大，运行成本高。

7.2.9.1 饮用水处理

臭氧是氧的同素异构体，具有极强的氧化能力。水源中有机污染的主要来源是动植物残骸的腐败分解、工矿企业排放的废水及人类生产生活排放的污水，污染物的种类包括腐殖酸、木质磺酸、合成洗涤剂、有机负荷等，这些有机污染物中分子量在 $10^3 \sim 10^6$ 的约占 $50\% \sim 60\%$，其余小分子有机物占 $40\% \sim 50\%$，它们分别以悬浮、胶体和溶解性离子三种形态存在。采用混凝、过滤处理只能除去大部分悬浮、胶体状的有机物，活性炭、大孔树脂吸附去除有机物的效果虽好，但成本高；传统的加氯氧化处理经济、方便，但用氯处理过的自来水存在可疑致癌物三氯甲烷、四氯化碳等卤代有机物，给人们的健康带来威胁；二氧化氯的氧化能力比氯强，适用 pH 值范围广，不产生卤代有机物，但其生产工艺复杂、成本高，且运输不方便；臭氧的氧化能力强、反应快，就地生产就地使用，原料易得，使用方便，不产生二次污染，广泛应用于各行业的水处理中。欧洲的一些主要城市的自来水厂基本普及了臭氧氧化法处理。

（1）去除铁和锰

天然水体中都不同程度地含有铁和锰，它们以可溶性的还原态存在，饮用水中含有一定量的铁和锰虽然对人体并无危害，但超过一定值时会使水产生异味和颜色，增加水垢，在服装等用品上产生锈斑，甚至堵塞水管和用水设备，应该控制饮用水中铁和锰的浓度。

臭氧对 Fe^{2+} 的氧化比对 Mn^{2+} 的氧化更容易进行，对于地下水和有机成分少的水来说，完全氧化铁和锰的臭氧投加量接近于理论值 $0.43 mgO_3/mgFe$ 和 $0.88 mgO_3/mgMn$。溶解性的铁、锰变成固态物质后，可以通过沉淀和过滤除去。

有色地表水中含有的有机物质会阻碍臭氧对铁、锰的去除，因此臭氧氧化法除铁、锰主要应用于地下水和水库蓄水的处理。

（2）去除色度

饮用水处理的重要作用之一就是脱色，带有一定色度的供水不仅令人感官不愉快，而且往往同时伴有臭、味的出现，很容易引起人们的反感。臭氧氧化能力强，脱色时不必向水中投加其他化学药剂即可使水得到深度脱色处理。大部分地表水表现出的色度是由水中的腐殖质引起的，这些物质是高分子、多官能团、含氮的环状化合物，由于存在羧基和酚状羟基而使其具有酸性。臭氧氧化开始时，其羟基和侧链被氧化成羧基化合物、挥发酸和二氧化碳，这时观察到的脱色大致可解释为酚的羟基被氧化成醌，进一步的臭氧氧化反应使其分子断裂并生成染色较弱的白腐酸，大剂量投加臭氧的情况下，可以破坏芳香环。一般认为臭氧投量为 $1 \sim 3 mgO_3/mgC$ 时，基本上可以达到脱色的目的。有研究表明，对于色度为 $20 \sim 50 Pt$-Co 单位的水，投加 $1 mgO_3/L$ 的臭氧可以使色度降低 $10 Pt$-Co 单位。据估计地表水中含有的腐殖质或某些颜料引起的色度很小（小于 $0.25 Pt$-Co 单位），引起颜色的合成有机化合物的可氧化性较强，均可通过臭氧氧化得到除色。

去除色度往往是包括臭氧氧化反应在内的几十个步骤组成的一个处理序列完成的，例如先是臭氧氧化，然后用活性炭过滤，由臭氧氧化步骤（臭氧剂量为 $8 \sim 13 mg/L$）去除 $20\% \sim 60\%$ 的色度，经活性炭过滤后，脱色效果可达到 $90\% \sim 95\%$。也有人将臭氧氧化反应放在过滤步骤之后，同样取得了满意的脱色效果。

（3）控制臭和味

臭和味是反映于人们鼻和舌的感觉，有时很难区分，因而往往混为一谈。使饮用水产生臭和味的化合物有几个来源：①原水中存在的，如 Fe^{2+}、水中微生物水草和藻类的代谢物、有机物腐烂分解的产物；②水处理的副产物，原水中存在的化合物在处理过程中转化成产生臭味的物质，这些变化主要由氯氧化过程引起，某些化合物的氯氧化产物也可能形成臭味并产生二次污染；③供水系统中形成的化合物，如供水管网内微有机体生长释放的臭味化合物，残余氧化剂与处理水中有机物的反应产物，供水材料溶出物的味道等。

臭氧去除臭和味的效果与臭和味的来源及引起臭味的物质结构有关。通常，对由有机体的生命活动引起的臭味，臭氧的去除效果良好，一般投量只要 $1\sim 3mgO_3/L$，接触时间 15min。投加臭氧还可以避免因加氯产生的氯酚异味。不饱和化合物易于被臭氧氧化，从而消除由它们产生的臭味。对于含有大量有机物的水，臭氧的除臭效果不稳定并且同处理条件有关，如果此时不加大臭氧投量，往往导致生成醛类有机物，使水具有水果味。为了保证出水水质和控制出水的臭味，一些研究者用臭氧/UV、臭氧/H_2O_2 联合氧化法以及臭氧氧化/吸附过滤（砂滤或GAC 过滤）联用法使单独臭氧氧化难以除去的臭味化合物获得满意的去除效果。图 7-24 为东京某水厂的净水工艺流程图。在机械加速澄清池之后，设有臭氧和活性炭处理装置，处理水经最终砂滤过滤后供给用户。

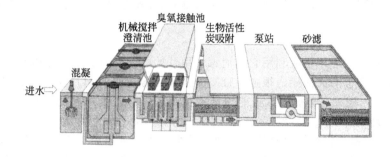

图 7-24 东京某水厂的净水工艺流程图

（4）去除合成有机化合物

水源水中含有的有机物来源于自然界和人类活动，在进入水处理厂前它们已经经历了生命或非生命的转化。它们在原水中的含量很少，其中与人类活动有关的一部分，往往被称作有机微污染物，这部分有机物同饮用水水质及人类健康密切相关，必须加以去除或降低它们在饮用水中的浓度。

通过臭氧氧化反应可以降解多种有机微污染物，其中包括脂肪烃及其卤代物、芳香族化合物、酚类物质、有机胺化合物、染料和有机农药等。臭氧对这些有机微污染物的去除情况与有机物的结构及臭氧投量有关。在一般水厂里，只有臭氧氧化反应速率常数大于 $10^3 mol\cdot s^{-1}$的物质才能得到明显的去除，而另外一些物质经臭氧氧化后生成了分子量更小的降解产物，因此原水 TOC 的变化并不明显，但这些降解产物的极性更强，处理水的可生化性得到了改善，臭氧氧化的产物很容易在后续处理中得到去除，例如在臭氧氧化后，用活性炭（GAC）过滤可以同时达到去除铁、锰和微污染有机物的目的。

根据研究，臭氧对微污染水源水中的微量有机物（如 3,4-苯并[a]芘、茚并芘等）有较好的去除效果。表 7-4 给出了法国巴黎某水厂臭氧去除微量有机物的效果。

表 7-4 法国巴黎某水厂臭氧去除微量有机物的效果

污染物名称	原水含量/(mg/L)	臭氧投量/(mg/L)	接触时间/h	处理水含量/(mg/L)
3,4-苯并[a]芘	3.3	1.31	4	0.03
		1.71	4	0.0
茚并芘	3.2	0.64	4	0.0

(5) 颗粒的去除

臭氧具有助絮凝作用。用微孔筛滤去大颗粒后，投加臭氧或同时加入絮凝剂，则可形成一些新的颗粒，它们很容易通过过滤除去。臭氧的助絮凝作用体现在：使小颗粒变成大颗粒；使溶解性的有机物形成胶体粒子；在后续的沉淀、浮选或过滤时提高 TOC 或浊度的去除率；减少去除浊度或 TOC 所需的絮凝剂用量；加快絮凝沉降速度。

臭氧的助絮凝作用已成功用于采用传统"絮凝-沉降-过滤"工艺和直接过滤工艺的水处理厂。臭氧可以促进那些可絮凝物质的去除，从而可以节省絮凝剂、污泥处理及处置的费用。

(6) 藻类的去除

水源水中大量存在包括藻类在内的浮游生物，会干扰水处理厂的处理效果，藻类还是饮用水臭味的来源之一，它们存在于供水网线内，可能导致其他微生物的生成，恶化饮用水水质，因此必须予以去除。臭氧是强氧化剂，可以致死藻类或限制它们的生长，对于动物性浮游生物的灭活效果好。有研究表明，浮游生物只有灭活后才能易于去除，臭氧氧化可以提高后续絮凝、过滤对藻类的去除效果，减少絮凝剂用量。臭氧浮选法将臭氧的氧化性应用于浮选过程中，该装置占地面积小，可以采用简单的臭氧浮选-双介质过滤方式处理高浊度和藻类过度繁殖的水。

(7) 消毒

臭氧在水处理中的应用是从利用它的消毒作用开始的，目前臭氧仍是加药消毒法中最有效的消毒剂。臭氧对细菌的灭活能力很强，12℃的溶液只需投加 $1\mu gO_3/L$，不超过 1min 即可使细菌减少 99.99%；病毒对臭氧的抵抗能力通常比细菌强，寄生虫菌的抗臭氧能力超过病毒，臭氧消毒的平均剂量为 1mg/L（0.5～2.0mg/L）时，对滤过性病毒灭活非常有效，臭氧剂量达到 2mg/L 时可以保证将饰贝科软体动物幼虫及水生生物如水蚤、轮虫等杀死。臭氧的消毒效果与温度和 pH 值的关系不大，主要受水的浊度和溶解性有机物的影响。目前，发达国家普遍采用臭氧进行饮用水的消毒处理。

(8) 控制消毒产物

水源水的预氯化及传统水处理工艺的氯化消毒能产生可疑致癌物三卤甲烷类化合物（THMs），投加足够量的臭氧虽然可以使处理水的 THMs 减少，但这样做并没有实际意义。可以利用臭氧的强氧化性，以预臭氧化取代预氯化，破坏形成 THMs 的前体物质（THM-FP），同时原水的可生化性得到增强，与后续的过滤（GAC 过滤、砂滤）及生物处理相结合，能够达到减少氯化消毒出水中三卤甲烷类有机物生成的目的。预臭氧化将减少消毒段的投氯量。臭氧氧化时，THMs 前体的去除效果与臭氧投量、pH 值、碱度和有机物的性质有关，H_2CO_3 的存在有利于 THMs 前体的去除。

7.2.9.2 工业废水处理

臭氧作为强氧化剂，在工业废水处理中有着广泛的应用，主要用于炼油废水酚类化合物的去除，电镀含氰废水的氧化，含染料废水的脱色，洗涤剂的氧化以及废水中合成表面活性物质的处理等。

(1) 臭氧降解污水中的氨氮

目前含氨氮废水的处理技术有合成硝化法、离子交换法、空气蒸汽气提法、液膜法、氯化或吸附以及湿式催化氧化法等。其中 O_3 在碱性条件下的湿式催化氧化过程是一种处理含氨氮废水比较有效的技术，它可以作为既含有机物又含无机污染物废水的预处理，也可以作为废水的深度后处理以进一步降解废水中的污染物。含氨氮废水用 NH_4Cl 配制，试验是在温度为 283～313K 和 pH 值为 7～10 的条件下进行，初始 O_3 浓度为 0.0002mol/L，氨的初始浓度为 0.0006～0.002mol/L。氨氮的臭氧氧化反应计量比在 5～6 之间，即每破坏 1mol 氨所需的 O_3 约为 5～6mol，且随着 pH 值的增加而减少。虽然 pH 值增加，O_3 的自分解速率加快，但 O_3 自分解与 O_3 氧化 NH_3 的竞争结果是 O_3 对氨的氧化比 O_3 的自分解速率快，从而使计量比下降。这表明在高 pH 值时增加的 O_3 与 NH_3 的反应足以补偿自分解消耗的 O_3，能更有效地利用 O_3。

在高 pH 值时，可以诱发产生一种氧化能力更强的 $\cdot OH$ 自由基，NH_3 的降解既存在直接的 O_3 分子氧化，还存在 $\cdot OH$ 自由基氧化反应。在 pH 值较低时，以直接臭氧氧化控制机制为主，在 pH 值高时，以自由基氧化控制机制为主，且 $\cdot OH$ 自由基氧化速率更快，可能的反应机理为：

$$O_3 + OH^- \longrightarrow HO_2^- + O_2 \tag{7-61}$$

$$O_3 + HO_2^- \longrightarrow \cdot OH + O_2^- + O_2 \tag{7-62}$$

$$O_3 + NH_3 \longrightarrow Os(含 NO_3^- 或 NO_2^- 的产物)(pH 值低时，O_3 直接氧化为主) \tag{7-63}$$

$$\cdot OH + NH_3 \longrightarrow Os(含 NO_3^- 或 NO_2^- 的产物)(pH 值高时，\cdot OH 自由基氧化为主) \tag{7-64}$$

由于废水是利用 NH_4Cl 药剂配制，溶液中既存在 NH_3 分子（游离氨），也存在着 NH_4^+（氨离子），而 O_3 和 $\cdot OH$ 自由基可氧化游离 NH_3 分子，不能氧化 NH_4^+，根据平衡关系，pH 值增加，溶液中的游离 NH_3 分子增加，有利于反应进行。因此，氨氮的 O_3 湿式氧化降解应在碱性（pH 值 9～10）条件下进行，废水中的氨氮最终氧化产物主要是 NO_3^- 而不是 NO_2^-。

此外，臭氧可以降解生产芳香族氟化物所排放废水中的苯胺、硝基苯等有机污染物。研究结果表明，臭氧投加量为 249.6mg/L 时，苯胺浓度由 211.4mg/L 降到 4.148mg/L，硝基苯浓度由 130mg/L 降到 14.42mg/L，去除率分别为 95.7% 和 88.9%。当臭氧投加量增加到 400mg/L 时，苯胺、硝基苯浓度已降到 2.143mg/L 和 6.02mg/L。

（2）炼油厂废碱液脱色除臭

炼油厂废碱液经碳化初分后，该料液中含硫酸钠 3% 左右，含油量为 1000～5000mg/L，高时可达 1000～20000mg/L，含酚量为 5000～10000mg/L，有时高达 20000mg/L，pH 值为 8～9。碳化液经除油、脱酚操作后其废水颜色仍呈棕褐色，并有较明显的臭味。废水的颜色主要由石油产品中的焦性没食子酸类物质所造成，这类物质在碱性环境下即使是微量也会使水呈深褐色，必须对这类物质采取针对性的处理方法才能有效地脱除废水的颜色；废水臭味主要由硫醇、硫醚、硫酚等硫化物引起，这种硫化物即使浓度在 1μg/L 以下都能闻到臭味，也必须加以去除。在鼓泡塔内通入 2～10mg/L 的臭氧化空气对除油、脱酚后的废液进行气液鼓泡接触，臭味可以 20min 之内完全脱除，颜色可在 1h 内由深褐色变为浅黄色，再经 2h 变为基本无色，鼓泡塔温度维持在废水工艺温度 70～80℃ 之间为宜。经臭氧处理以后的废水含酚量由 36.4mg/L 降至 2.2mg/L。臭氧氧化脱色、除臭技术，可除去碳化液中绝大部分的杂酚、硫醇、硫醚等有害物质，大大减轻后续工艺中除尘装置的负荷，同时也去除了碳酸钠产品中的有机杂质和有色物质，提高产品应用价值。

（3）印染废水处理

臭氧用于处理印染废水，主要是用来脱色。染料分子中存在不饱和原子团，能吸收一部分可见光，从而产生颜色。这些不饱和原子团称为发色基团。重要的发色基团有乙烯基、偶氮基、氧化偶氮基、羧基、硫羧基、硝基、亚硝基等。由于臭氧具有很强的氧化能力，一般能将不饱和原子团中的不饱和键打开，使发色基团被破坏，生成相对分子质量较小的有机酸和醛等，从而失去显色能力，达到脱色的目的。

臭氧氧化法能将含活性染料、阳离子染料、酸性染料、直接染料等水溶性染料的废水几乎完全脱色，对不溶性染料（悬浮体染料）如硫化染料也具有较好的脱色效果。

例如某厂排出的印染废水主要含有活性、分散、还原染料和涂料，其中活性染料占 40%，分散染料占 15%。废水主要来源于退浆、煮炼、染色、印花和整理工段，废水经生物处理后，再用臭氧氧化法进行脱色。处理水量为 600m³/d。

采用臭氧接触反应器2座，塔高6.2m，塔径1.5m，内填聚丙烯波纹板，底部进气，顶部进水。臭氧投加量为$50g/m^3$，接触时间20min。进水pH=6.9，COD浓度为201.5mg/L，色度为66.2倍，悬浮物含量为157.9mg/L，经臭氧处理后，COD、色度、悬浮物的去除率分别为13.6%、80.9%和33.9%。

（4）含氰废水处理

臭氧能快速氧化游离氰和一些络合氰化物。

氰与臭氧的反应为：

$$2KCN+3O_3 = 2KCNO+2O_2\uparrow \qquad (7-65)$$

$$2KCNO+H_2O+3O_3 = 2KHCO_3+N_2\uparrow+3O_2\uparrow \qquad (7-66)$$

按上述反应，处理到第一阶段，每去除1mg CN^-需臭氧1.84mg。此阶段生成的CNO^-毒性为CN^-的1%；处理到第二阶段，每去除1mg CN^-需臭氧4.6mg。臭氧氧化法处理含氰废水的工艺流程如图7-25所示。

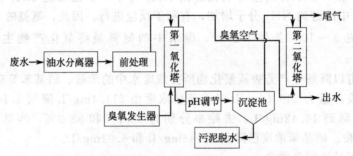

图7-25　臭氧氧化法处理含氰废水的工艺流程

如采用臭氧加紫外线照射，可将含铁氰络合物浓度为4000mg/L的废水处理到铁氰络合物浓度为0.3mg/L。

（5）含酚废水处理

臭氧对酚的氧化作用和二氧化氯相同，但臭氧的氧化能力为氯的2倍，并且不产生氯酚。但将酚完全氧化成二氧化碳是不经济的，可以利用臭氧将酚的苯环打断生成易生物降解的物质后，再与生物法联合处理。

（6）合成表面活性物质处理

臭氧氧化合成表面活性物质，在初始浓度为15~100mg/L时，前10min臭氧耗量为1~1.5倍表面活性物质的去除量（去除率65%~85%），但如果废水混有其他难氧化有机物，则去除表面活性物质的需臭氧量将增大到5倍。

7.3　过氧化氢氧化

过氧化氢又称双氧水，是一种绿色氧化剂，其应用领域不断扩大，如日用化工领域中液体洗衣剂、牙膏、口腔清洁等；食品工业中用于食品无菌包装中包装材料或容器的灭菌消毒、食品纤维的脱色；高纯双氧水用作硅晶片和集成电路元件等的清洗剂等。在治理环境污染中，过氧化氢一直是国内外的研究热点。

7.3.1　过氧化氢的主要物理化学性质

过氧化氢的分子式为H_2O_2，相对分子质量为34。过氧化氢分子是由两个OH所组成的，即结构是H—O—O—H，单分子不是直线形的，气态过氧化氢的每个氧原子连接的H原子位于像半展开的书的两页纸面上，在分子绕着 O—O 键内旋转时，势垒较低。液态的过氧化氢通过氢键进行缔合的现象比 H_2O 更强。晶体过氧化氢的二面角小于 111.5° 和略大于 90°。纯过氧化氢是一种蓝色的黏稠液体，具有刺鼻臭味和涩味，沸点为 152.1℃，冰点为 0.89℃，比水重得多（−4.16℃时的密度为 $1.643g/cm^3$）。它的许多物理性质与水相似，可与水以任意比例混合，过氧化氢的极性比水强，在溶液中存在强烈的缔合作用。3% 的过氧化氢水溶液在医药上称为双氧水，具有消毒、杀菌作用。

过氧化氢分子中氧的价态是 −1，它可以转化成 −2 价，表现出氧化性，可以转化为 0 价态，而具有还原性，因此过氧化氢具有氧化还原性。过氧化氢在水溶液中的氧化还原性由下列电势决定：

$$H_2O_2 + 2H^+ + 2e \longrightarrow 2H_2O \qquad E^\ominus = 1.77V \tag{7-67}$$

$$O_2 + 2H^+ + 2e \longrightarrow H_2O_2 \qquad E^\ominus = 0.68V \tag{7-68}$$

$$HO_2^- + H_2O + 2e \longrightarrow 3OH^- \qquad E^\ominus = 0.87V \tag{7-69}$$

所以在酸性溶液和碱性溶液中它都是强氧化剂，只有与更强的氧化剂如 MnO_4^- 反应时，它才表现出还原性而被氧化。

（1）过氧化氢的氧化性

纯过氧化氢具有很强的氧化性，遇到可燃物即着火。

在水溶液中，过氧化氢是常用的氧化剂，虽然从标准电极电位看，在酸性溶液中 H_2O_2 的氧化性更强，但在酸性条件下 H_2O_2 的氧化反应速率往往较慢，碱性溶液中的氧化反应速率却是快速的。在用 H_2O_2 作为氧化剂的水溶液反应体系中，由于 H_2O_2 的还原产物是水，而且过量的 H_2O_2 可以通过热分解除去，所以不会在反应体系内引进不必要的物质，去除一些还原性物质时特别有用。

（2）过氧化氢的还原性

过氧化氢在酸性或碱性溶液中都具有一定的还原性。在酸性溶液中，H_2O_2 只能被高锰酸钾、二氧化锰、臭氧、氯等强氧化剂所氧化，在碱性溶液中，H_2O_2 显示出强还原性，除还原一些强氧化剂外，还能还原如氧化银、六氰合铁（Ⅲ）等一类较弱的氧化剂。H_2O_2 氧化的产物是 O_2，所以它不会给反应体系带来杂质。

试验已经证实，许多过氧化氢参与的反应都是自由基反应。

（3）过氧化氢的不稳定性

H_2O_2 在低温和高纯度时表现的比较稳定，但若受热温度达到 426K 以上便会猛烈分解，它的分解反应也就是它的歧化反应：

$$2H_2O_2 \longrightarrow 2H_2O + O_2 \uparrow \tag{7-70}$$

不论是在气态、液态、固态或者在水溶液中，H_2O_2 都具有热不稳定性，已提出了的分解机理包括游离基学说、电离学说等多种解释。根据反应电动势，过氧化氢在酸性溶液中的歧化程度较在碱性溶液中稍大，但在碱性溶液中的歧化速率要快得多。溶液中微量存在的杂质，如金属离子（Fe^{3+}、Cr^{3+}、Cu^{2+}、Ag^+）、非金属、金属氧化物等都能催化 H_2O_2 的均相和非均相分解。研究认为，杂质可以降低 H_2O_2 分解活化能，而且即使在低温下，H_2O_2 仍能分解。光照、贮存容器表面粗糙（具有催化活性）都会使 H_2O_2 分解。

为了抑制过氧化氢的催化分解，需要将它贮存在纯铝（>99.5%）、不锈钢、瓷料、塑料或其他材料制作的容器中，并且在避光、阴凉处存放，有时还需要加一些稳定性物质，如微量锡酸钠、焦磷酸钠等来抑制所含杂质的催化分解作用。研究结果表明，无论是用 Cl_2、MnO_4^-、Ce^{4+} 等氧化水溶液中的 H_2O_2，还是用 Fe^{3+}、MnO_2、I_2 等引起 H_2O_2 的催化分解，所有释放出来的氧分子全部来自 H_2O_2 而不是来自水分子。

7.3.2 过氧化氢的制备

（1）过氧化物法

要得到少量的 H_2O_2，可以方便地将 Na_2O_2 加到冷的稀硫酸或稀盐酸中来实现。

$$Na_2O_2 + H_2SO_4 + 10H_2O \xrightarrow{\text{低温}} Na_2SO_4 \cdot 10H_2O + H_2O_2 \tag{7-71}$$

19 世纪中叶，生产 H_2O_2 主要用 BaO_2 为原料，可以分别通过下面两个反应进行。

$$BaO_2 + H_2SO_4 = BaSO_4 \downarrow + H_2O_2 \tag{7-72}$$

$$BaO_2 + CO_2 + H_2O = BaCO_3 \downarrow + H_2O_2 \tag{7-73}$$

由于要用到过氧化物，这些方法不是彻底的 H_2O_2 合成工艺。

（2）电解法

1908 年提出的电解-水解法才是真正的过氧化氢合成工艺，该法以铂片作电极，电解硫酸氢铵饱和溶液而制得过氧化氢。

$$2NH_4HSO_4 \xrightarrow{\text{电解}} (NH_4)_2S_2O_8 + H_2 \uparrow \tag{7-74}$$

得到过二硫酸铵，然后加入适量硫酸进行水解，便可得到过氧化氢：

$$(NH_4)_2S_2O_8 + 2H_2SO_4 = H_2S_2O_8 + 2NH_4HSO_4 \tag{7-75}$$

$$H_2S_2O_8 + H_2O = H_2SO_5 + H_2SO_4 \tag{7-76}$$

$$H_2SO_5 + H_2O = H_2SO_4 + H_2O_2 \tag{7-77}$$

总反应为：
$$(NH_4)_2S_2O_8 + 2H_2O \xrightarrow{H_2SO_4} 2NH_4HSO_4 + H_2O_2 \tag{7-78}$$

生成的硫酸氢铵可复用于电解工序。本法工艺流程短，电流效率高，电耗低，长期在工业上得到广泛应用，产品 H_2O_2 浓度为 31.2%。

（3）2-乙基蒽醌法

20 世纪 70～80 年代开始发展起来的生产 H_2O_2 的新方法是乙基蒽醌法，此法是以 2-乙基蒽醌和钯（或镍）为催化剂，由氢和氧直接合成 H_2O_2：

$$H_2 + O_2 \xrightarrow{\text{2-乙基蒽醌-钯}} H_2O_2 \tag{7-79}$$

反应机理为 2-乙基蒽醌在钯的催化下被氢气还原为 2-乙基蒽酚：

$$\tag{7-80}$$

而 2-乙基蒽酚同氧气反应即得 H_2O_2：

$$\tag{7-81}$$

同时，2-乙基蒽醌复出，反应实质是 2-乙基蒽醌起着传输氢的作用。本法技术已相当成熟，为国内外普遍采用。获得的 H_2O_2 浓度可达 100%，本法的缺点是产品需经净化、蒸发和精馏等精制处理，钯催化剂费用大，蒽醌多次使用后会降解。

（4）空气阴极法

用碳和活性物质蒽醌等并以纤维素为骨架，制成空心电极，在 NaOH 稀溶液中它便是一种气体扩散电极，可使空气中的氧迅速而大量地溶解在碱性电解质中，通电后氧原子被还原成负氧离子，在阴极上与 H_2O 直接生成 HO_2^-：

阴极反应：
$$O_2 + H_2O + 2e \xrightarrow[\text{NaOH}]{\text{通电}} HO_2^- + OH^- \tag{7-82}$$

阳极反应：
$$2OH^- \xrightarrow{\text{NaOH}} \frac{1}{2}O_2\uparrow + H_2O + 2e \tag{7-83}$$

总反应：
$$\frac{1}{2}O_2 + OH^- \longrightarrow HO_2^- \tag{7-84}$$

电解生成一定浓度的 $NaHO_2$，用热法磷酸处理后，在酸性溶液中释放出 H_2O_2，Na^+ 则以磷酸盐的形式成为副产品。本法只消耗空气、水和电力，生产成本很低，工艺和设备极为简单，而且作业很安全，无二次污染，产品质量比蒽醌法要高。气体扩散电极目前的寿命已超过一年。

（5）异丙醇法

以异丙醇为原料，过氧化氢或其他过氧化物为引发剂，用空气（或氧气）进行液相氧化，生成过氧化氢和丙酮。蒸发使 H_2O_2 与有机物及 H_2O 分离，再经溶剂萃取净化，即可得 H_2O_2 成品，此法可同时得到副产品丙酮，反应式为：

$$(CH_3)_2CHOH + O_2 \longrightarrow CH_3COCH_3 + H_2O_2 \tag{7-85}$$

本法在国外已工业化，但投资较大，产品分离、精制方法尚不完善，因而还没有广泛应用。

（6）氢与氧直接合成法

据称氢与氧直接合成 H_2O_2 是今后最有希望的工艺，各国都在进行研究并已取得重大进展。该工艺的特点是：用几乎不含有机溶剂的水作反应介质；活性炭载体的 Pt-Pd 作催化剂及水介质中溴化物作助催化剂；反应温度为 $0\sim25℃$；反应压力为 $3\sim17MPa$；反应物中 H_2O_2 浓度达 $13\%\sim25\%$；反应可连续进行并控制了运转中导致爆炸的因素等；设备费用只有蒽醌法的一半。目前正在进一步研究用空气代替氧气的合成方法。

7.3.3 过氧化氢在环境工程中的应用

（1）过氧化氢预氧化技术

过氧化氢的标准氧化还原电位（$1.77V$、$0.88V$）仅次于臭氧（$2.07V$、$1.24V$），高于高锰酸钾、次氯酸和二氧化氯，能直接氧化水中的有机污染物和构成微生物的有机物质。同时，其本身只含氢和氧两种元素，分解后成为水和氧气，使用中不会在反应体系中引入任何杂质；在饮用水处理中过氧化氢分解速率很慢，同有机物作用温和，可保证较长时间的残留消毒作用；又可作为脱氯剂（还原剂），不会产生有机卤代物。因此，过氧化氢是较为理想的饮用水预氧化剂和消毒剂。单独使用过氧化氢杀死原水中大肠杆菌（10 个/mL）的最低有效浓度为 $5\sim10mg/L$，灭活病毒的浓度为 $6\sim10mg/L$，接触时间为 2h。由于国外饮用水卫生标准中过氧化氢最高允许浓度为 $3mg/L$，这就使其消毒的应用受到限制。但若加入催化剂 Ag^+ 或 Cu^{2+}（$0.2mg/L$），过氧化氢仅投加 $3mg/L$，即可在 $5\sim10min$ 内杀死全部大肠杆菌，而且出水中过氧化氢、Ag^+、Cu^{2+} 全部满足卫生标准。若加入金属螯合剂（如氨基三醋酸钠盐 NTA），则过氧化氢与金属离子混合物杀灭微生物的能力将进一步增强。NTA 与金属离子混合后再作用于微生物，效果最好。目前国外过氧化氢预氧化和消毒采用催化剂银、铜、铁离子，虽然投量在卫生标准以下，但效果难以令人满意。二氧化锰（尤其是水合二氧化锰）具有较强的促使过氧化氢分解的催化活性，而且本身也具有较强的吸附和氧化能力，其催化活性与制备方法有关，含有氧化铜的水合二氧化锰催化活性最高。采用人工锰砂催化过氧化氢预氧化，高锰酸盐平均去除率为 38.6%，氨氮平均去除率为 35.8%，出水中过氧化氢含量大大低于国外饮用水标准，因此采用二氧化锰作催化剂不会增加出水中的铁、锰，并能够去除原水中的铁和锰，原水中铁、锰的含量分别为 $0.6mg/L$、$0.7mg/L$ 时，出水含量分别降至 $0.2mg/L$、$0.3mg/L$，满足国家饮用水卫生标准。

（2）过氧化氢氧化处理含硫废水

许多工业废水中含有硫化物，采用过氧化氢氧化法可以有效控制硫化物的排放。如焦油精馏厂废水，其典型组分为：硫化物 500mg/L、酚类 1200mg/L、氨 1000mg/L、石油可萃取物 500mg/L、pH=8.5～9。该废水经油水分离后，投加 35% 的 H_2O_2，投加比控制在 H_2O_2：S^{2-}=2:1（摩尔比），可将硫化物的浓度降至 120mg/L。玻璃纸厂废水，pH=11、硫化物浓度为 65mg/L，调节 pH 值为 7.5，按 H_2O_2：S^{2-}=1.5:1（摩尔比）的比例投加 35% 的过氧化氢，反应 1h，硫化物的含量可降低到 13mg/L，反应 3h 可将硫化物浓度降到 5mg/L，如果同时加入 2mg/L 的 Fe^{3+}，则反应 2h 可将硫化物的含量降到 0.1mg/L。

（3）过氧化氢氧化强化活性炭的废水处理效果

活性炭作为优良的吸附剂广泛用于水处理。在废水处理中，活性炭吸附一般只适用于浓度较低的废水或深度处理，对于高浓度的有机废水采用过氧化氢氧化与活性炭吸附相结合，取得了良好的效果。西安某厂染色废水的处理结果表明，吸附与氧化联用工艺的脱色率和 COD_{Cr} 去除效果大大优于单独采用过氧化氢或活性炭处理染色废水的效果。H_2O_2 在活性炭表面迅速分解放出的原子氧或生成的羟基自由基可以氧化吸附于活性炭表面的染料分子，从而延长了活性炭的工作周期。

沈阳某厂用好氧方法处理糠醛生产废水，COD_{Cr} 值约为 2320mg/L，取 50mL 水样，加一定量的 H_2SO_4 和 33% 和 H_2O_2，加热回流，冷却后用 $Ca(OH)_2$ 调节 pH 值至 6.7～7.0，经砂滤除去固体物，滤液经活性炭吸附后测定 COD_{Cr} 值。硫酸和过氧化氢的投加量对 COD_{Cr} 去除率有影响：当硫酸含量低时，可能会有部分有机化合物发生磺化反应，不利于活性炭吸附，当含酸 0.4mL 时，在酸催化下，糠醛更容易被过氧化氢氧化生成有色聚合物，从而被活性炭吸附。研究结果表明，最佳试验条件为：0.4mL H_2SO_4、0.5mL H_2O_2、反应温度 100℃、加热时间 5min，活性炭吸附过滤出水的 COD_{Cr} 最低，去除率达到 80%，在此条件下处理的水样再通过离子交换树脂柱后，出水清澈，pH 值约为 7.0，COD_{Cr} 降至 156mg/L，总的 COD_{Cr} 去除率高达 93.3%，达到国家有关规定的标准。

（4）过氧化氢法处理含氰污水

1984 年，世界上第一套工业规模处理含氰污水的过氧化氢氧化装置在巴布亚新几内亚的 OKTedi 矿山金氰化厂建成投产，该工艺由德国的 De-gussa 工程有限公司设计。由于该工艺具有操作简单、投资省、生产成本低等优点，日前，国外已有二十多家矿山采用了这一污水处理工艺，主要用于处理炭浆厂的含氰矿浆、低浓度含氰排放水、过滤液、尾矿库的含氰排放水和回用水以及堆浸后的贫矿堆和剩余堆浸液等。我国三山岛金矿于 1995 年应用过氧化氢法处理酸化（回收氰化钠后）含氰尾酸，其工艺流程如图 7-26 所示。

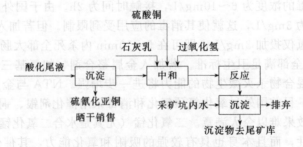

图 7-26 过氧化氢法处理酸化含氰尾液工艺流程

主要工艺控制参数为：处理量 2.5～6m³/h，pH=9.5～11，石灰用量 10kg/m³，硫酸铜添加量为 200g/m³（配成 10% 的溶液），过氧化氢的添加量为浓度 27% 双氧水 1～3L/m³。反应时间>90min。实践证明，含氰污水经酸化法回收 NaCN 后，在残留氰化物 CN^- 为 5～50mg/L 的情况下，以过氧化氢法处理，废水中氰化物很容易达到 0.5mg/L 以下，重金属浓度也符合相关标准。

7.3.4　Fenton 试剂的催化机理及氧化性能

1894 年，法国科学家 H. J. H. Fenton 发现 H_2O_2 在 Fe^{2+} 催化作用下具有氧化多种有机物的能力，后人为了纪念他，将亚铁盐和 H_2O_2 的组合称为 Fenton 试剂。Fenton 试剂中的 Fe^{2+} 作为同质催化剂，而 H_2O_2 具有强烈的氧化能力，特别适用于处理高浓度难降解、毒性大的有机废水。但直到 1964 年，H. R. Eisen Houser 才首次使用 Fenton 试剂处理苯酚及烷基苯废水，开创了 Fenton 试剂应用于工业废水处理领域的先例。后来人们发现这种混合体系所表现出的强氧化性是因为 Fe^{2+} 的存在有利于 H_2O_2 分解产生羟基自由基·OH 的缘故，为进一步提高对有机物的去除效果，以标准 Fenton 试剂为基础，通过改变偶合反应条件，可以得到一系列机理相似的类 Fenton 试剂。

（1）催化机理

对于 Fenton 试剂的催化机理，目前公认的是 Fenton 试剂能通过催化分解产生羟基自由基（·OH）进攻有机物分子，并使其氧化为 CO_2、H_2O 等无机物质。这是由 Harber Weiss 于 1934 年提出的。在此体系中羟基自由基·OH 实际上是反应氧化剂，反应式为：

$$Fe^{2+} + H_2O_2 + H^+ \longrightarrow Fe^{3+} + H_2O + \cdot OH \tag{7-86}$$

由于 Fenton 试剂在许多体系中确有羟基化作用，所以 Harber Weiss 机理得到了普遍承认，有时人们把上式称为 Fenton 反应。

（2）氧化性能

Fenton 试剂之所以具有非常高的氧化能力，是因为 H_2O_2 在 Fe^{2+} 的催化作用下，产生了羟基自由基·OH，羟基自由基·OH 与其他氧化剂相比具有更强的氧化电极电位，具有很强的氧化能力，故能使许多难生物降解及一般化学氧化法难以氧化的有机物有效分解，羟基自由基·OH 具有较高的电负性或电子亲和能。

对于多元醇（乙二醇、甘油）以及淀粉、蔗糖、葡萄糖之类的碳水化合物，在羟基自由基·OH 的作用下，分子结构中各处发生脱 H（原子）反应，随后发生 C=C 键的开裂，最后被完全氧化为 CO_2。对于水溶性高分子物（聚乙烯醇、聚丙烯醇钠、聚丙烯酰胺）和水溶性丙烯衍生物（丙烯腈、丙烯酸、丙烯醇、丙烯酸甲酯等），羟基自由基·OH 加成到 C=C 键，使双键断裂，然后将其氧化成 CO_2。对于饱和脂肪族一元醇（乙醇、异丙醇）和饱和脂肪族羧基化合物（如乙酸、乙酸乙基丙酮、乙醛）等主链稳定的化合物，羟基自由基·OH 只能将其氧化为羧酸，由复杂大分子结构物质氧化分解成直碳链小分子化合物。

对于酚类有机物，低剂量的 Fenton 试剂可使其发生偶合反应生成酚的聚合物，大剂量的 Fenton 试剂可使酚的聚合物进一步转化成 CO_2。对于芳香族化合物，羟基自由基·OH 可以破坏芳香环，形成脂肪族化合物，从而消除芳香族化合物的生物毒性。

对于染料，羟基自由基·OH 可以直接攻击发色基团，打开染料发色官能团的不饱和键，使染料氧化分解。色素的产生是因为不饱和共轭体系对可见光有选择性的吸收，羟基自由基·OH 能优先攻击其发色基团而达到漂白的效果。

（3）Fenton 试剂的作用机理

标准 Fenton 试剂是由 H_2O_2 与 Fe^{2+} 组成的混合体系，标准体系中羟基自由基的引发、消耗及反应链终止的反应机理可归纳如下：

$$Fe^{2+} + H_2O_2 \longrightarrow Fe^{3+} + OH^- + \cdot \; OH \tag{7-87}$$

$$Fe^{2+} + \cdot OH \longrightarrow Fe^{3+} + OH^- \tag{7-88}$$

$$HO_2 \cdot + Fe^{3+} \longrightarrow Fe^{2+} + O_2 + H^+ \tag{7-89}$$

$$HO \cdot + H_2O_2 \longrightarrow H_2O + HO_2 \cdot \tag{7-90}$$

$$Fe^{2+} + \cdot OH \longrightarrow Fe^{3+} + HO_2^- \tag{7-91}$$

$$Fe^{3+} + H_2O_2 \longrightarrow Fe^{2+} + HO_2 \cdot + H^+ \tag{7-92}$$

7.3.5 Fenton 试剂的类型

Fenton 试剂自出现以来就引起了人们的关注并进行了广泛的研究。为进一步提高其对有机物的氧化性能，以标准 Fenton 试剂为基础，发展了一系列机理相似的类 Fenton 试剂，如改性-Fenton 试剂、光-Fenton 试剂、电-Fenton 试剂、配体-Fenton 试剂等。

（1）标准 Fenton 试剂

标准 Fenton 试剂是由 Fe^{2+} 和 H_2O_2 组成的混合体系，它通过催化分解 H_2O_2 产生羟基自由基·OH 来攻击有机物分子夺取氢，将大分子有机物降解成小分子有机物或 CO_2 和 H_2O，或无机物。

反应过程中，溶液的 pH 值、反应温度、H_2O_2 浓度和 Fe^{2+} 的浓度是影响氧化效率的主要因素，一般情况下，pH 值为 3～5 为 Fenton 试剂氧化的最佳条件，pH 值的改变将影响溶液中 Fe 的形态和分布，改变催化能力。降解速率随反应温度的升高而加快，但去除效率并不明显。在反应过程中，Fenton 试剂存在一个最佳的 H_2O_2 和 Fe^{2+} 投加量比，过量的 H_2O_2 会与羟基自由基·OH 发生反应式(7-90)；过量的 Fe^{2+} 会与羟基自由基·OH 发生反应式(7-91)，生成的 Fe^{3+} 又可能引发反应式(7-92)而消耗 H_2O_2。

（2）改性-Fenton 试剂

利用 Fe(Ⅲ) 盐溶液、可溶性铁以及铁的氧化矿物（如赤铁矿、针铁矿等）同样可使 H_2O_2 催化分解产生羟基自由基·OH，达到降解有机物的目的，这类改性-Fenton 试剂，因其铁的来源较为广泛，且处理效果比标准 Fenton 试剂的处理效果更为理想，所以得到了广泛应用。使用 Fe(Ⅲ) 代替 Fe(Ⅱ) 与 H_2O_2 组合产生羟基自由基·OH 的反应式基本为：

$$Fe^{3+} + H_2O_2 \longrightarrow [Fe(HO_2)]^{2+} + H^+ \tag{7-93}$$

$$[Fe(HO_2)]^{2+} \longrightarrow Fe^{2+} + HO_2 \cdot \tag{7-94}$$

$$Fe^{2+} + H_2O_2 \longrightarrow Fe^{3+} + OH^- + \cdot OH \tag{7-95}$$

为简单起见，上述反应中铁的络合体中都省了 H_2O。当 pH>2 时，还可能存在下面的反应：

$$Fe^{3+} + OH^- \longrightarrow [Fe(OH)]^{2+} \tag{7-96}$$

$$[Fe(OH)]^{2+} + H_2O_2 \longrightarrow [Fe(HO)(HO_2)]^+ + H^+ \tag{7-97}$$

$$[Fe(HO)(HO_2)]^+ \longrightarrow Fe^{2+} + HO_2 \cdot + OH^- \tag{7-98}$$

（3）光-Fenton 试剂

在 Fenton 试剂处理有机物的过程中，光照（紫外光或可见光）可以提高有机物的降解效率，如当用紫外光照射 Fenton 试剂处理部分有机废水时，COD 的去除率可提高 10% 以上。这种紫外光或可见光照射下的 Fenton 试剂体系称为光-Fenton 试剂。在光照射条件下，除某些有机物能直接分解外，铁的羟基络合物〔pH 值为 3～5 左右，Fe^{2+} 主要以 $[Fe(OH)]^{2+}$ 形式存在〕有较好的吸光性能，并吸光分解，产生更多的羟基自由基·OH，同时能加强 Fe^{3+} 的还原，提高 Fe^{2+} 的浓度，有利于 H_2O_2 催化分解，从而提高污染物的处理效果。其反应式如下：

$$[Fe(HO)]^{2+} + h\nu \longrightarrow Fe^{2+} + \cdot OH \tag{7-99}$$

$$Fe^{2+} + H_2O_2 \longrightarrow Fe^{3+} + OH^- + \cdot OH \tag{7-100}$$

$$Fe^{3+} + H_2O_2 \longrightarrow [Fe(HO_2)]^{2+} + H^+ \tag{7-101}$$

$$[Fe(HO_2)]^{2+} \longrightarrow Fe^{2+} + HO_2 \cdot \tag{7-102}$$

（4）配体-Fenton 试剂

当在 Fenton 试剂中引入某些配体（如草酸、EDTA 等），或直接利用铁的某些螯合体〔如

$K_3Fe(C_2O_4)_3 \cdot 3H_2O$],可影响并控制溶液中铁的形态分布,从而改善反应机制,增加对有机物的去除效果,由此得到配体-Fenton 试剂。另外,在光照条件下,一些有机配体(如草酸)有较好的吸光性能,有的还会分解生成各种自由基,大大促进反应的进行。

Mazellier 在用 Fenton 试剂处理敌草隆农药废水时,引入草酸作为配体,可形成稳定的草酸铁络合物 $\{[Fe(C_2O_4)]^+$、$[Fe(C_2O_4)_2]^{2-}$ 或 $[Fe(C_2O_4)_3]^{3-}\}$,草酸铁络合物的吸光度的波长范围宽,是光化学性很高的物质,在光照条件下会发生下述反应 $\{$以$[Fe(C_2O_4)_3]^{3-}$为例$\}$:

$$[Fe(C_2O_4)_3]^{3-} + h\nu \longrightarrow Fe^{2+} + 2C_2O_4^{2-} + C_2O_4^- \cdot \tag{7-103}$$

$$C_2O_4^- \cdot + [Fe(C_2O_4)_3]^{3-} \longrightarrow Fe^{2+} + 3C_2O_4^{2-} + 2CO_2 \tag{7-104}$$

$$C_2O_4^- \cdot + O_2 \longrightarrow O_2^- \cdot + 2CO_2 \tag{7-105}$$

$$O_2^- \cdot + Fe^{2+} + 2H^+ \longrightarrow Fe^{3+} + H_2O_2 \tag{7-106}$$

因此,随着草酸浓度的增加,敌草隆的降解速率加快,直到草酸浓度增加到与 Fe^{3+} 浓度形成平衡时,敌草隆的降解速率最大。

(5)电-Fenton 试剂

电-Fenton 系统就是在电解槽中,通过电解反应生成 H_2O_2 和 Fe^{2+},从而形成 Fenton 试剂,并让废水进入电解槽,由于电化学作用,使反应机制得到改善,提高试剂的处理效果。

Panizza 用石墨作为电极电解酸性 Fe^{3+} 溶液,处理含萘、蒽醌-磺酸生产废水,通过外界提供的 O_2 在阴极表面发生电化学作用生成 H_2O_2,再与 Fe^{2+} 发生催化反应产生羟基自由基 $\cdot OH$,其反应式如下:

$$O_2 + 2H_2O + 2e \longrightarrow 2H_2O_2 \tag{7-107}$$

$$Fe^{2+} + H_2O_2 \longrightarrow Fe^{3+} + \cdot OH + OH^- \tag{7-108}$$

电催化反应在碱性条件下更有利于阴极产生 H_2O_2,其反应式为:

$$O_2 + H_2O + 2e \longrightarrow HO_2^- + OH^- \tag{7-109}$$

$$HO_2^- + OH^- - 2e \longrightarrow H_2O_2 \tag{7-110}$$

7.3.6 影响 Fenton 反应的因素

根据 Fenton 试剂的反应机理可知,羟基自由基 $\cdot OH$ 是氧化有机物的有效因子,而 $[Fe^{2+}]$、$[H_2O_2]$、$[OH^-]$ 决定了羟基自由基 $\cdot OH$ 的产量,影响 Fenton 试剂处理难降解难氧化有机废水的因素包括 pH 值、H_2O_2 投加量及投加方式、催化剂的种类及催化剂的投加量、反应时间和反应温度等,每个因素之间的相互作用是不同的。

(1)pH 值

pH 值对 Fenton 系统的影响较大,pH 值过高或过低均不利于羟基自由基 $\cdot OH$ 的产生,当 pH 值过高时会抑制反应式(7-108)的进行,使生成羟基自由基 $\cdot OH$ 的数量减少;当 pH 值过低时,会使反应式(7-108)中 Fe^{2+} 的供给不足,也不利于羟基自由基 $\cdot OH$ 的产生。大量的试验数据表明,Fenton 反应系统的最佳 pH 值范围为 3~5,该范围与有机物的种类关系不大。

(2)H_2O_2 投量与 Fe^{2+} 投量之比

H_2O_2 投量和 Fe^{2+} 投量对羟基自由基 $\cdot OH$ 的产生具有重要的影响。由反应式(7-108)可知,当 H_2O_2 与 Fe^{2+} 投量较低时,羟基自由基 $\cdot OH$ 产生的数量相对较少,同时,H_2O_2 又是羟基自由基 $\cdot OH$ 的捕捉剂,H_2O_2 投量过高会引起反应式(7-90)的出现,使最初产生的 $\cdot OH$ 减少。另外,若 Fe^{2+} 的投量过高,则在高催化剂浓度下,反应开始时从 H_2O_2 中非常迅速地产生大量的活性羟基自由基 $\cdot OH$。羟基自由基 $\cdot OH$ 同基质的反应不那么快,使消耗的游离 $\cdot OH$ 积聚,这些 $\cdot OH$ 彼此相互反应生成水,致使一部分最初产生的 $\cdot OH$ 被消耗掉,所以 Fe^{2+} 投量过高也不利于羟基自由基 $\cdot OH$ 的产生,而且 Fe^{2+} 投量过高会使水的色度增加。在实际应用当中应严格控制 Fe^{2+} 投量与 H_2O_2 投量之比。研究证明，该比值同处理的有机物种类有关，不同有机物的最佳 Fe^{2+} 投量与 H_2O_2 投量之比不同。

(3) H_2O_2 投加方式

保持 H_2O_2 总投加量不变，将 H_2O_2 均匀地分批投加，可提高废水的处理效果。其原因是：H_2O_2 分批投加时，$[H_2O_2]/[Fe^{2+}]$ 相对降低，即催化剂浓度相对提高，从而使 H_2O_2 和羟基自由基·OH 产率增大，提高了 H_2O_2 的利用率，进而提高了总的氧化效果。

(4) 催化剂投加量

$FeSO_4 \cdot 7H_2O$ 是催化 H_2O_2 分解生成羟基自由基·OH 最常用的催化剂。与 H_2O_2 相同，一般情况下，随着用量的增加，废水 COD 的去除率增大，而后呈下降趋势。其原因是：在 Fe^{2+} 浓度较低时，Fe^{2+} 的浓度增加，单位量 H_2O_2 产生的羟基自由基·OH 增加，所产生的羟基自由基·OH 全部参加了有机物的反应；当 Fe^{2+} 的浓度过高时，部分 H_2O_2 发生无效分解，释放出 O_2。

(5) 反应时间

Fenton 试剂处理高浓度难降解有机废水的一个重要特点就是反应速率快。一般来说，在反应的开始阶段，COD 的去除率随时间的延长而增大，经过一定的反应时间后，COD 的去除率接近最大值，而后基本维持稳定。这是因为：Fenton 试剂处理有机物的实质就是羟基自由基·OH 与有机物发生反应，羟基自由基·OH 的产生速率及其与有机物的反应速率的大小直接决定了 Fenton 试剂处理高浓度难降解有机废水所需时间的长短，所以 Fenton 试剂处理高浓度难降解有机废水与反应时间有关。

(6) 反应温度

温度升高，羟基自由基·OH 的活性增大，有利于羟基自由基·OH 与废水中有机物发生反应，可提高废水 COD 的去除率；而温度过高会促使 H_2O_2 分解为 O_2 和 H_2O，不利于羟基自由基·OH 的生成，反而会降低废水 COD 的去除率。陈传好等研究发现 Fe^{2+}-H_2O_2 处理洗胶废水的最佳温度为 85℃；冀小元等通过试验证明 H_2O_2-Fe^{2+}/TiO_2 催化氧化分解放射性有机溶剂（TBR/OH）的理想温度为 95～99℃。

7.3.7 Fenton 试剂在废水处理中的应用

(1) 处理染料废水

染料废水成分复杂、色度深、大多数污染物有毒且难降解，采用传统生化处理很难使其成分达标，其中脱色处理是难题之一。陆文明等研究了模拟活性染料废水和实际活性染料废水的处理效果，发现采用 Fenton 试剂处理后废水的颜色和 COD 去除率均很好。汪兴涛等研究了光-Fenton 试剂对不同类型染料废水的脱色效果，结果表明该法对脱色对象具有选择性，对单偶氮染料效果颇佳。Kuo 用 Fenton 法对分散染料、活性染料、酸性染料和碱性染料等有代表性的染料废水进行脱色处理，均取得较好的效果。

由于 Fenton 试剂处理难生物降解或一般化学氧化难以奏效的燃料废水时有其他方法无法比拟的优势，所以有着广阔的应用前景，既可作为废水深度处理的预处理，也可作为最终深度处理，达到出水水质要求。

(2) 处理含酚废水

含酚废水是一种来源广、水质危害严重的工业废水，产生含酚废水的工业企业很多，如焦化厂、煤气厂，以及用酚作原料与合成酚的各种企业都可产生含酚废水。酚能使蛋白质凝固，使细胞失去活力，尤其对神经系统有较大的亲合力，高浓度的酚能引起急性中毒，甚至死亡；低浓度的酚能引起累积性慢性中毒；长期饮用被酚污染的水，会引起头晕、贫血及神经系统病症。含酚废水对水源地、水生生物的影响颇为严重，因此防治含酚废水的污染引起了世界各国的普遍重视。

程丽华等采用Fenton试剂对7种酚类物质进行处理，结果表明Fenton试剂与酚类物质的反应非常快，除与硝基酚和邻硝基酚所需用时间稍长之外，其他几种酚类物质均可以在20min之内达到95%以上的去除率。

（3）处理丙烯腈废水

丙烯腈作为一种重要的化工原料，广泛用于制造腈纶纤维、丁腈橡胶、ABS工程塑料和合成树脂等领域，但在其生产和使用过程中有大量的废水排放，其中丙烯腈浓度达到1000~1400mg/L，是环境中重要的有害污染物之一，不仅破坏水体的生态系统，还危害人类的健康。

李锋等采用Fenton试剂对模拟丙烯腈废水进行处理，结果表明用Fenton试剂对高浓度丙烯腈废水做前期预处理效果很好。

（4）处理垃圾填埋渗滤液

利用Fenton试剂对垃圾填埋渗滤液进行处理是近年来的研究热点之一，但由于渗滤液的成分十分复杂，而且水质水量变化很大，一般的生化（厌氧或好氧）处理工艺难以奏效，因此人们开始研究其他可替代的处理方法。Fenton试剂法作为其中的一种技术能够将有毒有害的有机污染物变成无害的无机物，如氧化成二氧化碳和水。张晕等采用Fenton试剂对早晚期两种不同的垃圾渗滤液进行了处理，结果表明经过Fenton试剂的处理，两种渗滤液的COD均有较高的去除率。

7.4 氯氧化

氯氧化法广泛用于废水处理，如处理含氰废水、医院污水、含酚废水等，常用的含氯药剂有液氯、漂白粉、次氯酸钠、二氧化氯等。各药剂的氧化能力用有效氯含量表示。有效氯指化合价大于-1的具有氧化能力的那部分氯。作为比较基准，取液氯的有效氯含量为100%，几种含氯药剂的有效氯含量如表7-5所示。

表7-5 几种含氯药剂的有效氯含量

化学式	相对分子质量	含氯量/%	有效氯/%	化学式	相对分子质量	含氯量/%	有效氯/%
液氯 Cl_2	71	100	100	亚氯酸钠 $NaClO_2$	90.5	39.2	156.8
漂白粉 $CaCl(OCl)$	127	56	56	氧化二氯 Cl_2O	87	81.7	163.4
次氯酸钠 $NaOCl$	74.5	47.7	95.4	二氯胺 $NHCl_2$	86	82.5	165
次氯酸钙 $Ca(OCl)_2$	143	49.6	99.2	三氯胺 NCl_3	120.5	82.5	177
一氯胺 NH_2Cl	51.5	69	138	二氧化氯 ClO_2	67.5	52.8	262.5

7.4.1 液氯氧化

氯气是一种黄绿色气体，具有刺激性，有毒，相对分子质量为空气的2.5倍，密度为3.21kg/m³（0℃，0.1MPa），极易被压缩成琥珀色的液氯。

在所有含氯的氧化药剂中，液氯是普遍使用的氧化剂，既可作用消毒剂，也可以氧化污染物。

7.4.1.1 液氯氧化的反应机理

氯易溶于水，在20℃，0.1MPa时，其溶解度为7160mg/L。当氯溶于水中时，可发生水解反应生成次氯酸和盐酸：

$$Cl_2 + H_2O \Longrightarrow HClO + HCl \qquad (7-111)$$

生成的次氯酸（HClO）是弱酸，进一步在水中发生离解：

$$HClO \Longrightarrow ClO^- + H^+ \tag{7-112}$$

氯的标准氧化还原电势较高，为 1.359V，次氯酸根的标准氧化还原电势也较高，为 1.2V，因此两者均具有很强的氧化能力，可与水中的氨、氨基酸、含碳物质、亚硝酸盐、铁、锰、硫化氢及氰化物等起氧化作用；同时还是传统的杀菌剂，可用于控制臭味、除藻、除铁、除锰、去色及杀菌等。

反应式(7-112)的平衡常数为

$$K_i = \frac{[H][ClO^-]}{[HClO]} \tag{7-113}$$

在不同温度下次氯酸的解离平衡常数如表 7-6 所示。

表 7-6　不同温度下次氯酸的解离平衡常数

温度/℃	0	5	10	15	20	25
$K_i/10^{-8}$(mol/L)	2.0	2.3	2.6	3.0	3.3	3.7

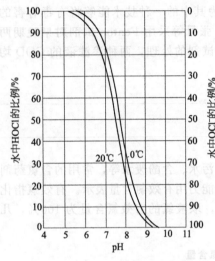

图 7-27　不同 pH 值和温度时水中 HOCl 和 OCl⁻ 的比例

水中 HClO 和 ClO⁻ 的比例与水的 pH 值和温度有关，可以根据式(7-113)进行计算，其大致比例关系见图 7-27。例如，在水温 20℃ 的条件下，pH 等于 7.0 时，水中 HClO 约占 75％，ClO⁻ 约占 25％；pH 等于 7.5 时，水中 HClO 和 ClO⁻ 各约占 50％。水的 pH 值提高，则 ClO⁻ 所占比例增大；在 pH 值大于 9 的条件下，水中的氯基本以 ClO⁻ 形式存在。水的 pH 值降低，则 HClO 所占比例增大；在 pH 值小于 6 的条件下，水中的氯基本以 HClO 形式存在。

水中的氨能够与 HClO 发生反应，生成氯胺：

$$NH_3 + HClO \Longrightarrow NH_2Cl + H_2O \tag{7-114}$$

$$NH_2Cl + HClO \Longrightarrow NHCl_2 + H_2O \tag{7-115}$$

$$NHCl_2 + HClO \Longrightarrow NCl_3 + H_2O \tag{7-116}$$

以上各式中的 NH_2Cl、$NHCl_2$ 和 NCl_3 分别是一氯胺、二氯胺和三氯胺（三氯化氮），统称为氯胺。氯胺的存在形式同氯与氨的比例和水的 pH 值有关。在 $Cl_2:NH_3$ 的质量比≤5:1、pH 值为 7～9 的范围内，水中的氯胺基本上都是一氯胺。在 $Cl_2:NH_3$ 的质量比≤5:1、pH 值为 6 的条件下，一氯胺仍占优势（约 80％）。三氯胺只在水的 pH 值小于 4.5 的条件下才存在。一氯胺的生成速率很快，在数分钟之内即可完成反应。

氯胺也具有氧化性，但比游离氯的氧化能力弱，在同等浓度下需要较长的反应时间。

液氯与水中的有机物发生反应是以亲电取代反应为主，反应的结果是生成大量的有机氯化物，如三氯甲烷。三氯甲烷是一种致癌物，这就使得液氯在给水处理，特别是饮用水处理中的应用受到限制。

7.4.1.2　加氯设备

工业用氯氧化所用的氯源大多采用液氯，由液氯瓶直接供给。采用液氯氧化的加氯设备主要包括：加氯机、氯瓶、加氯检测与自控设备等，加氯系统如图 7-28 所示。采用氯胺氧化的除加氯系统外，还有加氨系统。

（1）加氯机

一般用于氧化时，加氯点在混凝或吸附以前。加氯量根据原水水质情况而定，一般控制在 1.0～2.0mg/L；用作杀菌时，水中的加氯量应为需氯量和余氯量之和。在缺乏试验资料时，杀菌的加氯量可采用 $1.0 \sim 2.0 \mathrm{mg/L}$。

为了保证加氯安全和计量准确，在安装和使用加氯机时应注意如下几点：

① 加氯管道均应按设计要求采用耐腐蚀材料，并确保严密不漏。氯瓶不得直接与水射器相连。氯瓶上部应设置淋水管，淋水水温不得超过 $40℃$。

② 转子加氯机应牢固安装在基础上，不得采用悬挂方式。

③ 转子加氯机解体后，应对旋风分离器和减压阀进行内部清洗，并应重新整定减压阀弹簧。

④ 加氯点必须设在水面以下，加氯管必须安装牢固。

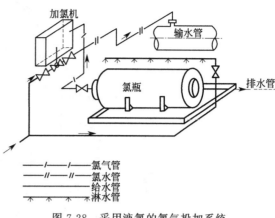

图 7-28 采用液氯的氯气投加系统

（2）氯瓶

使用时液氯瓶中的液氯先在瓶中汽化，再通过氯气管送到加氯机。使用中的氯瓶放置在磅秤上，用来判断瓶中残余液氯质量并校核加氯量。由于液氯的汽化是吸热过程，氯瓶上面设有自来水淋水设置，当室温较低氯瓶汽化不充分时用自来水中的热量补充氯瓶吸热。加氯量大时为提高氯瓶的出氯量，可增加在线氯瓶数量或设置液氯蒸发器。

（3）加氯检测与自控设备

加氯检测与自控设备由余氯自动连续检测仪和自动加氯机构成。自动加氯机可以根据处理水量和所检测的余氯对加氯量自动进行调整。

（4）加氨设备

氨的投加一般采用液氨，加氨设备和系统与投加液氯的系统相似。也有采用硫酸铵或氯化铵的，使用固体药剂需先配置成水溶液再投加。液氨可以采用真空投加或压力投加。采用压力投加时，压力投加设备的出口压力应小于 $0.1\mathrm{MPa}$。真空投加的可以采用加氯机。加氨所用水射器的进水要用软化水或酸性水，以防止投加口结垢堵塞，并应有定期对投加点和管路进行酸洗的措施。

7.4.1.3 加氯机

加氯机分为手动和自动两大类。加氯机的功能是：从氯瓶送来的氯气在加氯机中先流过转子流量计，再通过压力水的水射器使氯气与水混合，把氯溶在水中形成高含氯水。氯水再被输送至加氯点投加。为了防止氯气泄漏，加氯机内多采用真空负压运行。国内早期采用转子加氯机手动投加，现已多用自动加氯机投加，其中大型加氯机为柜式，加氯容量小于 $10\mathrm{kg/h}$ 的多为挂墙式。自动加氯机的控制有手动和自动方式，其中自动方式可有流量比例自动控制、余氯反馈自动控制、复合环（流量前馈加余氯反馈）自动控制三种模式。

（1）ZJ 型转子加氯机

图 7-29 所示为 ZJ 型转子加氯机示意图。ZJ 型转子加氯机由旋风分离器、弹簧膜阀、转子流量计、水射器等组成。氯瓶中的氯气首先进入旋风分离器，通过弹簧膜阀和控制阀进入转子流量计后被水射器抽出，与管道中的压力水混合，氯溶解于水中，并随水流至加氯点。

（2）REGAL 型加氯机

REGAL 型加氯机主要由旋风式过滤器、真空调压阀及水射器等组成。氯瓶中的氯气由旋风式过滤器进入真空调压阀后，被水射器抽出，与管道中的压力水混合后，氯溶解于水中，并输送至加氯点，整机组装在一块安装板上，使用方便，可悬挂在加氯点的墙壁上，加氯量可通过真空调压阀进行调节。

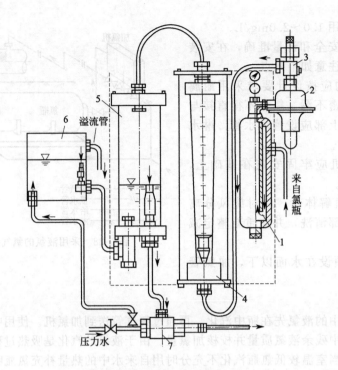

图 7-29 ZJ 型转子加氯机

1—旋风分离器；2—弹簧膜阀；3—控制阀；

4—转子流量计；5—中转玻璃罩；6—平衡水箱；7—水射器

目前使用的 REGAL 型加氯机有两个款式，组成略有不同，其构造分别见图 7-30 和图 7-31。

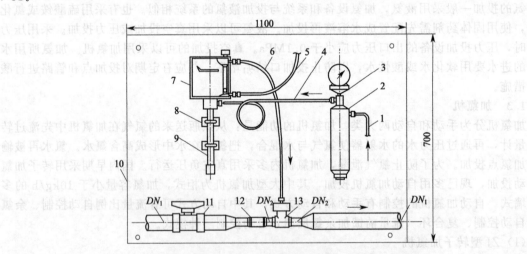

图 7-30 REGAL210 型加氯机外形与安装尺寸（单位：mm）

1—接氯瓶管；2—旋风式过滤器；3—压力表；4—送氯银管；5—通大气软管；
6—输气软管；7—真空调压阀；8—支架；9—歧管组件；
10—安装板；11—进水阀；12—连接管；13—水射器

(3) J 型加氯机

J 型加氯机由氯压表、流量计、定压调整旋钮、过滤器、调节阀、水射器等组成，整机装在一个底板上，设备紧凑，使用方便。

氯瓶中的氯气经过滤器过滤和定压调节阀调整至适当压力后，进入流量计，并经过单向阀

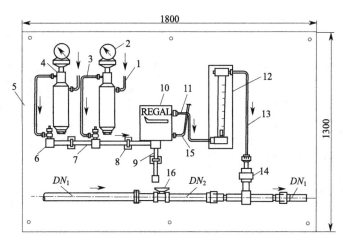

图 7-31 REGAL2100 型加氯机外形与安装尺寸（单位：mm）

1—接气瓶管；2—压力表；3—送气银管；4—旋风式过滤器；5—安装板；6—角阀；7—排气管；8—支架；
9—歧管组件；10—真空调压阀；11、13—输气管；12—流量计；14—水射器；15—通大气软管；16—进水阀

后被水射器抽出，与管道中的压力水混合，氯溶解于水中并随水流至加氯点。

J 型加氯机外形与安装尺寸如图 7-32 所示。

（4）JK 型加氯机

JK 型加氯机主要由减压阀流量控制器及水射器组成，该机可根据不同工艺需要做适当配置，安装灵活，使用方便。

JK 型加氯机在工作时，氯气经减压阀进入流量控制器后，被水射器抽出，与管道中的压力水混合成适当浓度的氯水后，输至加氯点，加氯量的控制可通过调整流量控制器来实现。

JK 型加氯机的设备构造如图 7-33 所示。半吨氯瓶的安装如图 7-34 所示。JK 型加氯机进行多点加氯时的安装如图 7-35 所示。

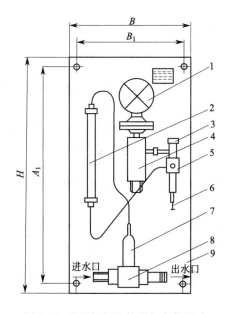

图 7-32 J 型加氯机外形与安装尺寸

1—氯压表；2—流量计；3—定压调节旋钮；
4—过滤器；5—定压调节阀；6—定压阀拉杆；
7—单向阀；8—水射器；9—整机底板

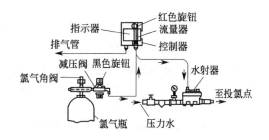

图 7-33 JK 型加氯机的设备构造

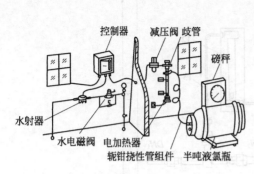

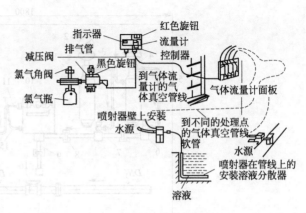

图 7-34　半吨氯瓶的安装　　　　　　图 7-35　JK 型加氯机进行多点加氯时的安装方式

（5）MJL 型加氯机

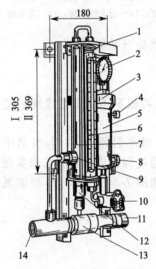

图 7-36　MJL 型加氯机外形及安装
1—流量计止回阀；2—压力表；3—隔离器；
4—进氯接头；5—旋流分离器；6—转子流量
计；7—稳压管；8—排污螺母；9—安全阀；
10—控制针阀；11—压力水接头；12—稳压
管止回阀；13—水射器；14—氯水出口

MJL 型加氯机主要由分离器、流量计、稳压管、水射器等组成。氯气经分离器、控制针阀进入流量计，并经稳压管稳压后被水射器抽出，与压力水混合后输至加氯点，加氯量可通过调整控制针阀来调整。

MJL 型加氯机外形及安装如图 7-36 所示。MJL 型加氯机在安装时应注意以下几点：

① 加氯机应垂直安装。

② 进氯管采用紫铜管 Φ10mm，壁厚 1.0～1.5mm。

③ 压力水管及氯水混合液出水管可采用硬塑料管（或橡胶管）。

④ 与混合液出口管相连接的输送管要求从出口处保持 2m 以上的平直段。

⑤ 加氯点处氯水混合液管应插入水中 1m 以上，以防氯气逸出。

（6）转子真空加氯机

转子真空加氯机由过滤器、转子流量计、真空玻璃瓶及水射器等部件构成，氯气通过过滤器、转子流量计进入真空玻璃瓶内，在水射器的作用下使玻璃瓶内的氯气减压，并被吸入水射器中，与压力水混合后输送至加氯点。

转子真空加氯机的构造如图 7-37 所示。

转子真空加氯机可挂墙垂直安装。水射器的出口管应有 2～3m 的直管段，入口处应安装压力表。

（7）74 型全玻璃加氯机

74 型全玻璃加氯机的构造如图 7-38 所示。氯气由总阀减压后，经单向阀由氯压计出氯孔进入加氯机的混合室，经水射器的吸氯孔由压力水将氯水送至加氯点。加氯量可通过调整氯瓶总阀和补充水调节阀的开启度来调整。

74 型全玻璃加氯机的主件由硬质玻璃制成，具有耐腐蚀、价格低等特点，但应加装防护罩，以避免由于操作不当而产生破碎。

7.4.2　化合氯氧化

液氯氧化的优点是：经济有效，使用方便。

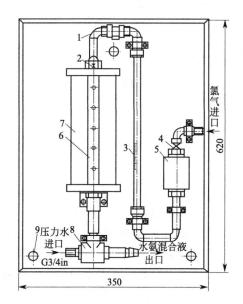

图 7-37 转子真空加氯机的构造

1—弯管；2—进气阀；3—转子流量计；
4—控制阀；5—过滤器；6—出氯管；
7—真空瓶；8—水射器；9—安装螺孔

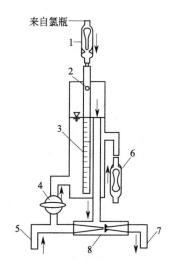

图 7-38 74型全玻璃加氯机的构造

1—进氯止回阀；2—出氯孔；3—氯压计刻度；
4—补充水调节阀；5—压力水进水管；6—空气
补充止回阀；7—出氯管；8—水射器

除液氯外，工业用氯氧化所用的氯源也可采用次氯酸钠溶液、漂白粉等。漂白粉和漂白精等在水溶液中也会生成次氯酸根离子，因此也具有氧化能力。其反应方程式如下：

$$CaCl(ClO) \Longrightarrow ClO^- + Ca^{2+} + Cl^- \tag{7-117}$$

$$Ca(ClO)_2 \Longrightarrow 2ClO^- + Ca^{2+} \tag{7-118}$$

次氯酸钠也是传统的杀菌剂，其氯化作用是通过次氯酸（HClO）起作用，反应式如下：

$$NaClO + H_2O \longrightarrow HClO + NaOH \tag{7-119}$$

与液氯相比，次氯酸钠具有价格低廉、使用方便、安全等特点，因而在给水处理中有着广泛的使用。

采用漂白粉作氯源时，首先需将漂白粉配制成一定浓度的澄清溶液，再计量投加。采用次氯酸钠作氯源时，可将次氯酸钠溶液通过计量设备直接注入水中。但由于次氯酸钠易分解，因此通常采用次氯酸钠发生器现场制取，就地投加，不宜长期储存。

（1）CLF 型次氯酸钠发生器

CLF 型次氯酸钠发生器的构造如图 7-39 所示。由于其电解装置采用阳阴极间小极距，因此电流效率高；另外，由于电解时间加长，所用食盐溶液的浓度可以较低，因而具有省盐省电的优点。CLF 型次氯酸钠发生器主要用于工业含氰废水、医院污水、工业有机废水、循环冷却水及饮用水的杀菌消毒工作。

饱和食盐溶液经稀盐池被稀释至 3% ～ 4%，经次氯酸钠发生器后生成次氯酸钠消毒溶液。被处理水经格栅除去杂物和大颗粒悬浮物后，由水泵抽出，与加入的次氯酸钠在消毒反应池杀菌消毒合格后排走。污水净化处理工艺流程如图 7-40 所示。

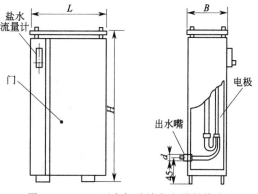

图 7-39 CLF 型次氯酸钠发生器的构造

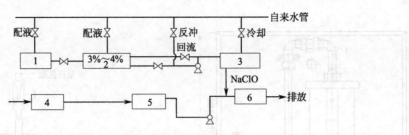

图 7-40　污水净化处理工艺流程

1—饱和盐液池；2—3%～4%盐液池；3—次氯酸钠发生器；4—格栅；5—污水调节池；6—消毒反应池

（2）GXQ 型次氯酸钠发生器

GXQ 型次氯酸钠发生器由电解槽、电源整流器、自控装置、冷却水及盐水系统、储液槽等组成，如图 7-41 所示。电解槽为管状，多管并联形式，电解槽体用聚氯乙烯制作，以外接自来水作为电解槽的冷却水；消毒液储箱为半封闭式，用于饮用水消毒时应增加聚乙烯衬套。

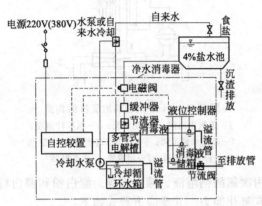

图 7-41　GXQ 型次氯酸钠发生器的工艺组成

GXQ 型次氯酸钠发生器为整体组装，自控连续运行，适用于中、小型水处理厂、医院、游泳池及生活污水的消毒，也可用于含硫、酚、印染等工业废水的净化处理。

（3）SMC 型次氯酸钠发生器

SMC 型次氯酸钠发生器是采用低浓度氯化钠溶液经电解产生次氯酸钠溶液的小型设备，一般用于小型污水厂的消毒处理或电镀含氰废水的处理。

SMC 型次氯酸钠发生器分为 SMC-Ⅰ 型和 SMC-Ⅱ型两种。SMC-Ⅰ型为多管状电极，并配有有机玻璃制成的管状混合器。器内安有不同旋转方向的叶片，水流在混合器内经叶片多次交叉变位、组合，实现废水与药剂的均匀混合；SMC-Ⅱ型管状次氯酸钠发生器的电极为双极性管状电极，并配有次氯酸钠自然循环箱、盐水箱及电源整流、控制设备，可实现次氯酸钠溶液的连续生产和投加。

图 7-42 所示为 SMC-Ⅱ型管状内冷次氯酸钠发生器的工艺组成。

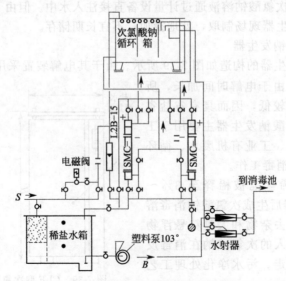

图 7-42　SMC-Ⅱ型管状内冷次氯酸钠发生器的工艺组成

（4）WL 型次氯酸钠发生器

WL 型次氯酸钠发生器通过管式循环电解槽电解低浓度食盐水，产生次氯酸钠消毒剂，对水体进行消毒，杀菌效果好，安全方便。整套设备由储液箱、盐溶解箱、次氯酸钠发生器及整流器等组成。设备部件标准，互换性好，自动化程度较高，管路采用 ABS 工程塑料制造，密封性好，耐腐蚀性好。

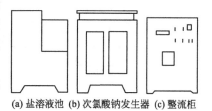
(a) 盐溶液池 (b) 次氯酸钠发生器 (c) 整流柜
图 7-43　WL 型次氯酸钠发生器的构造

WL 型次氯酸钠发生器广泛应用于生活饮用水、工业循环水及游泳池水等的消毒和杀菌，医院污水、生活污水等带菌污水的杀灭病菌、病毒处理，含氰工业废水的氧化处理，造纸、纤维、印染等工业污水的脱色处理及餐具、病房等的消毒处理。

WL 型次氯酸钠发生器的构造如图 7-43 所示。

7.4.3　氯氧化法在废水处理中的应用

（1）含氰废水处理

含氰废水主要来源于电镀行业和某些化工行业。废水中含有氰基（—C≡N）的氰化物，如氰化钠、氰化钾、氰化铵等，简单氰盐易溶于水，离解为氰离子（CN^-），游离氰离子的毒性很高。氰的络合盐可溶于水，以氰的络合离子形式存在，如 $Zn(CN)_4^{2-}$、$Ag(CN_2)^-$、$Fe(CN)_6^{4-}$、$Fe(CN)_6^{3-}$ 等。络合牢固的铁氰化物和亚铁氰化物，由于不易析出 CN^-，表现出的毒性较低。

氯氧化氰化物分两阶段进行：

第一阶段，在碱性条件下（pH 为 10～11）将 CN^- 氧化成氰酸盐：

$$CN^- + ClO^- + H_2O \Longrightarrow CNCl + 2OH^- \tag{7-120}$$

$$CNCl + 2OH^- \Longrightarrow CNO^- + Cl^- + H_2O \tag{7-121}$$

第一阶段要求 pH=10～11。因为式（7-120）中，中间产物 CNCl 是挥发性物质，其毒性和 HCN 相等。在酸性介质中，CNCl 稳定；在 pH<9.5 时，式（7-121）反应不完全，而且要几小时以上。在 pH=10～11 时，式（7-121）反应只需 10～15min。

虽然氰酸盐的毒性只有 HCN 的 0.1%，但从保证水体安全出发，应进行第二阶段的处理，以完全破坏碳氮键。

第二阶段的反应如下：

$$2CNO^- + 3ClO^- \Longrightarrow CO_2\uparrow + N_2\uparrow + 3Cl^- + CO_3^{2-} \tag{7-122}$$

式（7-122）的反应在 pH=8～8.5 时最有效，这样有利于形成的 CO_2 气体挥发出水面，促进氧化过程进行。如果 pH>8.5，CO_2 将形成半化合态或化合态 CO_2，不利于反应向右移动。在 pH=8～8.5 时，完成氧化反应需半小时左右。

在我国，碱性氯化法处理电镀含氰废水大多数采用一级氧化处理，处理工艺流程有间歇式和连续式。图 7-44 所示为一级氧化连续处理含氰废水的工艺流程。

含氰废水用泵从调节池经两个管状混合器送入反应池。在第一个混合器前加碱液，由 pH 自动控制计控制废水 pH 在 10～11。在第二个混合器前加次氯酸钠溶液，投加量由氧化还原电势（ORP）计自动控制，一般 ORP 在 300mV 左右。为加速重金属氢氧化物的沉淀，在沉淀池中加入一定量的高分子絮凝剂。沉淀池出水在中和池中进行中和，将 pH 值调整到 6.5～8.5 后排放。

采用二级氧化连续处理含氰废水的工艺流程如图 7-45 所示。碱液和次氯酸钠在泵前投入，控制一级反应器中的 pH≥10。随后在二级反应中投加酸和次氯酸钠，将 pH 控制在 8～8.5。待反应结束，用沉淀法或气浮法进行固液分离。

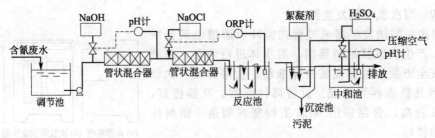

图 7-44 一级氧化连续处理含氰废水的工艺流程

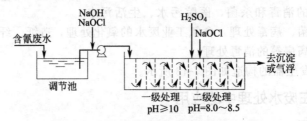

图 7-45 二级氧化连续处理含氰废水的工艺流程

（2）含硫废水处理

氯氧化硫化物的反应如下：

部分氧化：

$$H_2S+Cl_2 \Longrightarrow S+2HCl \tag{7-123}$$

完全氧化：

$$H_2S+3Cl_2+2H_2O \Longrightarrow SO_2+6HCl \tag{7-124}$$

将 1mg/L 的硫化物部分氧化成硫时，需氯量为 2.1mg/L；完全氧化成 SO_2 时，需氯量为 6.3mg/L。

（3）含酚废水处理

利用液氯或漂白粉氧化酚，所用氯量必须过量数倍，否则将产生氯酚，发出不良气味。酚的氧化反应为：

$$\underset{\text{OH}}{\bigcirc} +8Cl_2+7H_2O \longrightarrow \underset{CH-COOH}{\overset{CH-COOH}{\mid}} +2CO_2+16HCl \tag{7-125}$$

如用 ClO_2 处理，则可能使酚全部分解，而无氯酚味，但费用较氯昂贵。

7.4.4 二氧化氯氧化法

二氧化氯氧化是在表面催化剂存在的条件下，利用二氧化氯在常温常压下催化氧化废水中的有机污染物，或直接氧化有机污染物，或将大分子有机污染物氧化成小分子有机污染物，提高废水的可生化性，较好地去除有机污染物。在降低 COD 的过程中，打断有机物分子中的双键发色团，如偶氮基、硝基、硫化羟基、碳亚氨基等，达到脱色的目的，同时有效提高 BOD/COD 值，使之易于生化降解。这样，二氧化氯催化氧化反应在高浓度、高毒性、高含盐量废水中充当常规物化预处理和生化处理之间的桥梁。高效表面催化剂（多种稀有金属类）以活性炭为载体，多重浸渍并经高温处理。

7.4.4.1 二氧化氯的物理化学性质

二氧化氯的分子式为 ClO_2，相对分子质量是 67.45，熔点是 $-59℃$，沸点 11℃。二氧化氯气体呈黄绿色，具有令人不愉快的刺激性气味，与氯气相似，相同浓度时其颜色比氯气略暗。二氧化氯在自然界中几乎完全以游离单体形态存在。气态 ClO_2 的密度是空气的 2.4 倍。当温度低于 10℃ 时，气态 ClO_2 液化成红褐色液体，当温度降到 -59℃ 时，则变成橙黄色固体。

（1）溶解度

二氧化氯易溶于水，在水中的溶解度是氯的 5 倍。常温下其水溶液呈黄绿色，二氧化氯在水中的扩散速度相当快，在水中的溶解度与其分压和水的温度有关。

（2）稳定性

二氧化氯是一种不稳定气体，可以分解成氯气和氧气，并放出热，当其分压达到 300mmHg 时分解速率极快，因此只能贮存在 1% 的水溶液中。大多数情况下二氧化氯需要现场生成，生产与贮存时二氧化氯浓度控制均在气相中进行。二氧化氯可以用惰性气体或水蒸气稀释后在低于 100mmHg 分压的条件下保存，在此蒸气压及 40～70℃ 条件下，这种气体至少可以稳定存在 5s，从发生器中出来的二氧化氯转移到水中仅需大约 0.5s，一旦进入溶液，二氧化氯就变得稳定了，在约 5℃、避光下，只要贮存容器中充满液体，这种水溶液就可以贮存几个月，二氧化氯的浓度几乎不发生变化。

（3）二氧化氯的氧化性

二氧化氯的性质极不稳定，遇水能迅速分解，生成多种强氧化剂，如 $HClO_3$、$HClO_2$、$HClO$、Cl_2、O_2 等，这些氧化物组合在一起产生多种氧化能力极强的活性基团（即自由基），能激发有机环上的不活泼氢，通过脱氢反应生成 R·自由基（RH 代表有机物），成为进一步氧化的诱发剂。自由基还能通过羟基取代反应，将芳烃环上的 $-SO_3H$、$-NO_2$ 等基团取代下来，从而生成不稳定的羟基取代中间体，易于发生开环裂解，直至完全分解为无机物。它还能将还原性物质如 S^{2-}、SO_3^{2-}、SbO_3^{2-}、$S_2O_3^{2-}$、NO_2^-、CN^- 等氧化，降低其排放浓度。有资料称二氧化氯的氧化能力是次氯酸的 9 倍多，而且氧化产物无 AOX 类物质。按有效氯计，二氧化氯理论上具有的氧化能力相当于氯的 2.6 倍，但在应用试验中，二氧化氯的氧化能力并没有完全用掉，在水中大部分反应只是二氧化氯被还原成亚氯酸盐。

pH 值对二氧化氯的氧化能力影响非常明显，酸性越强二氧化氯的氧化能力就越强。在实际应用中，根据各种环境使被氧化物质处于一定的酸性条件，这样有利于选择性地发挥二氧化氯的氧化作用。

（4）二氧化氯的消毒特性

关于二氧化氯的消毒机理目前有很多解释，一般认为，二氧化氯在与微生物接触时通过附着在细胞壁上，然后穿过细胞壁与含硫基的酶反应而使细菌死亡。当二氧化氯用于水消毒时，其投加量为 0.1～1.3mg/L。

二氧化氯除对一般的细菌有灭杀作用外，对大肠杆菌、异养菌、铁细菌、硫酸盐还原菌、脊髓灰质炎病毒、肝炎病毒、兰伯氏贾第虫胞囊等也有很好的灭杀作用。

（5）毒性

ClO_2 溶液具有较强的刺激性，气体可以通过皮肤吸收，引起组织及血细胞的损坏，刺激眼睛引起视力减退；吸入二氧化氯可对呼吸道产生影响，引起支气管痉挛和肺水肿，导致剧烈头痛。这些病症可能存在一定的潜伏期。对人体来说，接触 ClO_2 的安全限是 0.1mg/L，允许暴露 8h；45mg/L 对眼睛和鼻子有刺激，需要戴上口罩等防护面具。

ClO_2 制剂保存时应避免与强还原剂和强酸性物质接触，防止药效降低，甚至发生意外事故。不能用铁制容器盛放或配制溶液，防止损坏容器、降低药效，宜选用塑料容器进行操作。试验证明，0.01% 的 ClO_2 制剂对铝、铜有轻微腐蚀，对碳钢有中度腐蚀。

7.4.4.2　二氧化氯氧化的原理

二氧化氯（ClO_2）在常温下是黄绿色的类氯性气体，溶于水中后随浓度的提高颜色由黄绿色变为橙红色。其分子中具有 19 个价电子，有一个未成对的价电子。这个价电子可以在氯原子与两个氧原子之间跳来跳去，因此它本身就像一个自由基，这种特殊的分子结构决定了 ClO_2 具有强氧化性。ClO_2 在水中会发生下列反应：

$$6ClO_2 + 3H_2O \longrightarrow 5HClO_3 + HCl \tag{7-126}$$

$$2ClO_2 \longrightarrow Cl_2 + 2O_2 \tag{7-127}$$

$$Cl_2 + H_2O \longrightarrow HCl + HClO \tag{7-128}$$

$$2HClO \longrightarrow Cl_2 + H_2O_2 \tag{7-129}$$

$$HClO_2 + Cl_2 + H_2O \longrightarrow HClO_3 + 2HCl \tag{7-130}$$

氯酸（$HClO_3$）和亚氯酸（$HClO_2$）在酸性较强的溶液里是不稳定的，有很强的氧化性，将进一步分解出氧，最终产物是氯化物。在酸性较强的条件下，二氧化氯会分解生成氯酸，放出氧气，从而氧化、降解废水中的带色基团与其他的有机污染物；在酸性较弱的条件下，二氧化氯不易分解污染物，而是直接和废水中的污染物发生作用并破坏有机物的结构。因此，pH值能影响处理效果。

从上式可以看出，二氧化氯迅速分解，生成多种强氧化剂——$HClO_3$、$HClO$、Cl_2、H_2O_2 等，并能产生多种氧化能力极强的活性基团，这些自由基能激发有机物分子中的活泼氢，通过脱氢反应和生成不稳定的羟基取代中间体，直至完全分解为无机物。二氧化氯易于氧化分解废水中的酚、氯酚、硫醇、仲胺、叔胺等难降解的有机物和氰化物、硫化物等。

芳烃类难降解有机物的降解过程可分为 3 个阶段：反应初期，首先出现苯环的羟基化合物，如邻苯二酚、对苯二酚、对苯醌等；第二阶段出现的产物是苯环结构破坏后的二元酸，开始以顺丁烯二酸为主，其浓度较高，随着氧化过程的逐渐进行，碳链继续打开，生成小分子的羟酸，如草酸和甲酸，并以草酸为主；第三阶段为深度氧化阶段，中间产物锐减，产物以二氧化碳为主。即有机物结构降解的趋势为：

苯环类有机物→苯环烷基化→开环生成羟酸→二氧化碳。

经液相色谱定性分析证明：

苯酚的催化氧化反应主要中间产物为：草酸、顺丁烯二酸、对苯二酸、对苯醌等；

邻氯苯酚的催化氧化反应中间产物为：草酸、顺丁烯二酸、对苯二酚、邻苯二酚、对苯醌等；

苯胺的催化氧化中间产物主要为：草酸、顺丁烯二酸、对氨基苯酚、对苯醌等。

由此可知，二氧化氯作催化剂的催化氧化过程对含有苯环的废水有相当好的降解作用，COD 去除率也较高，但在有机物降解过程中有一些中间产物产生，主要是草酸、顺丁烯二酸、对苯酚和对苯醌等，这就导致 COD 的去除率相对较低，但大大提高了 BOD/COD 的值，使废水的可生化性大大加强，实现了高浓度难降解有机废水的预处理目的。

二氧化氯的氧化能力比氯要强，从理论上讲是氯的 2.6 倍。它与有机物作用时，发生的是氧化还原反应而不是取代反应。反应的结果是把高分子有机物降解为有机酸、水和二氧化碳，二氧化氯则被还原成氯离子，几乎不形成三氯甲烷等致癌物质，这是与氯氧化法相比最突出的优点。

在用二氧化氯处理水体时，大约有 50%～70%参与反应的 ClO_2 转化为 ClO_2^- 和 Cl^- 而残留在水中，因此水体中的 ClO_2^- 作为一个中间产物是难以避免的。由于过量的 ClO_2^- 对人体健康有潜在的影响，因此国外对水中总氯氧化物（ClO_2、ClO_2^- 和 ClO_3^-）的含量有限制标准，一般在 0.5～0.8mg/L。

用于氧化的二氧化氯投加量以控制总氯氧化物为指标，一般常用 1.0～1.5mg/L；用于杀菌的投加量为 0.40～0.45mg/L，水中残留的总氯氧化物量应不超过 0.2mg/L。

7.4.4.3 二氧化氯发生器

二氧化氯（ClO_2）在常温常压下是黄绿色气体，极不稳定，在空气中浓度超过 10%或在水中浓度大于30%时具有爆炸性。因此使用时必须以水溶液的形式现场制取，立即使用。二氧化氯易溶于水，不发生水解反应，在10g/L以下时没有爆炸危险，水处理所用的二氧化氯的浓度低于此值。

二氧化氯的氧化能力优于次氯酸钠，但存在生成氯取代有机物的问题，适用于小规模废水处理装置。

采用二氧化氯处理工业给水时，一般都采用二氧化氯发生器。二氧化氯发生器从发生原理上讲，可分为两大类：电解法和化学法。

（1）电解法二氧化氯发生器

电解法制备二氧化氯类似于离子膜烧碱的生产，用离子膜将电解槽隔成3个、4个或7个隔室，氯化钠和氯酸钠溶液进入中央缓冲隔室中，用阴性活性渗透膜与阳性活性渗透膜分隔成阴极室和阳极室。盐酸进入阳极室而水进入阴极室。氯酸根离子和氯离子穿过阳极室与盐酸反应生成二氧化氯和氯气，同时钠离子穿过阴极室生成氢气及氢氧化钠。离子膜法适合于二氧化氯的小规模生产，在实际应用中，由于二氧化氯不便贮存，所以该法只能与使用设备配套。电解法制备 ClO_2 运行费用高，与化学法相比应用较少。电解法的化学反应式为：

$$NaCl + NaClO_3 + 3H_2O \xrightarrow{\text{电解}} 2ClO_2\uparrow + 2NaOH + 2H_2\uparrow \tag{7-131}$$

电解法二氧化氯发生器是根据电极反应的原理，以钛板为电极板，表面覆有氧化钌涂层，部分新产品还加有氧化铱，通过电解食盐水的方法，现场制取含有二氧化氯和次氯酸钠的水溶液，在总有效氯（具有氧化能力的氯）中，二氧化氯的含量一般在10%～20%，其余为次氯酸钠（根据二氧化氯发生器的行业标准，在所生成的二氧化氯水溶液的总有效氯中，二氧化氯的含量大于10%的为合格产品）。因此，该种发生器实际上是二氧化氯和次氯酸钠的混合发生器，产物中二氧化氯占小部分，次氯酸钠占大部分。

图7-46所示为KW型二氧化氯发生器的构造示意图，它主要由电解槽、直流电源、盐溶解槽及配套管道、阀门、仪表等组成。将一定浓度的食盐溶液加入到电解槽阳极室，同时将清水加入到电解槽阴极室，接通直流电源（12V），电解槽发生电解即可产生 ClO_2、Cl_2、O_3、H_2O_2 等混合气。混合气经水射器负压管路吸入到水中。

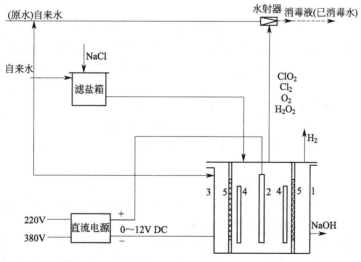

图7-46 KW型二氧化氯发生器的构造示意图
1—电解槽；2—阳极；3—阴极；4—中性电极；5—隔膜

KW型二氧化氯发生器整体性强，耐腐蚀性好，运行可靠，适用于各类水质的消毒杀菌和灭藻工作，对电镀废水的破氰处理、印染废水的脱氧处理、含酚废水的脱酚处理和石油管道中硫酸还原菌的灭除都有较好的处理效果。

电解法生产设备复杂，一次性投资较大，运行费用高，易损坏，应用较少，应用最多的是化学法。目前已开发了十几种化学法生产二氧化氯的方法，但基本上都是通过在强酸性介质存在下还原氯酸盐这一途径制得。

(2) 化学法二氧化氯发生器

化学法二氧化氯发生器是以亚氯酸钠（$NaClO_2$）或氯酸钠（$NaClO_3$）为原料，经化学反应来制取二氧化氯。因所用原料不同，发生器的构造、反应原理也不同。在理想条件下，利用亚氯酸钠或氯酸钠可以得到纯二氧化氯水溶液，但实际上，由于反应物的转化有一定的限度，药剂剩余和各种副反应的发生，在水处理或输送过程中可发生二氧化氯的转化、氧化还原或分解反应，生成 ClO_2^- 和 ClO_3^-，后氯化过程还可能带入 Cl_2。因此，实际 ClO_2 水溶液中还经常含有一定数量的 ClO_2^-、ClO_3^-、Cl_2。

① 硫酸法（R3 法，氯化物法） 硫酸法是二氧化氯的主要工业化生产路线之一，于 19 世纪 50 年代开发成功。该法是将氯酸钠和食盐溶液按一定比例混合，在 35～40℃，采用质量浓度为 93% 的硫酸还原氯酸钠制得二氧化氯，工业生产中反应液的酸度一般为 4.5～50mol/L。其主要反应为：

$$NaClO_3 + NaCl + H_2SO_4 \longrightarrow ClO_2 + 0.5Cl_2 + Na_2SO_4 + H_2O \tag{7-132}$$

此法二氧化氯的制取是在反应器内进行的。分别用泵把氯酸盐稀溶液（约 10%）和酸的稀溶液泵入反应器中，两者可迅速反应，得到二氧化氯水溶液。酸用量一般过量，以使反应充分。

此法的优点是所生成的二氧化氯不含游离氯，属于纯二氧化氯，但因为氯酸钠的价格较高，所产二氧化氯的费用较高。

② 盐酸法（R5 法） 欧洲普遍采用盐酸法生产二氧化氯，此法的优点是不需要专门的还原剂，氯酸钠和盐酸直接反应就可以获得二氧化氯。工业上最著名的盐酸法为开斯汀法，反应如下：

$$NaClO_3 + 2HCl \longrightarrow ClO_2 + 1/2Cl_2 + NaCl + H_2O \tag{7-133}$$

副反应为：
$$NaClO_3 + 6HCl \longrightarrow 3Cl_2 + NaCl + 3H_2O \tag{7-134}$$

根据式(7-133)，此方法中亚氯酸盐转化为二氧化氯的只有 80%，另外 20% 转化为氯化钠。盐酸法与硫酸法相比的优点是结晶盐为氯化钠，而且盐的沉析量较 Na_2SO_4 小得多，反应压力较低，一般为 0.98～2.94kPa，反应温度也低，一般为 35～85℃，而工业化生产中二氧化氯发生器的实际反应温度为 20～80℃。由于盐酸法的反应速率比硫酸法快得多，因此与硫酸法相比，反应液酸度也较低，但生产成本较高，同样的生产规模，盐酸法的投资约为硫酸法投资的 2 倍。但由于盐酸法可以合理利用原料，因此制得的二氧化氯也最为便宜。

盐酸法二氧化氯发生器的外形与纯二氧化氯发生器（亚氯酸盐加酸制取法）相似。

③ 亚氯酸钠加氯制取法 该法以亚氯酸钠（$NaClO_2$）和液氯（Cl_2）为原料，其反应如下：

$$Cl_2 + H_2O \Longrightarrow HClO + HCl \tag{7-135}$$
$$2NaClO_2 + HClO + HCl \Longrightarrow 2ClO_2 \uparrow + 2NaCl + H_2O \tag{7-136}$$

总的反应式为：
$$2NaClO_2 + Cl_2 \Longrightarrow 2ClO_2 + 2NaCl \tag{7-137}$$

为了防止未起反应的亚氯酸盐进入所处理的水中，需要加入比理论值更多的氯，使亚氯酸盐反应完全，其结果是在产物中有部分游离氯。

此法中二氧化氯的制取是在瓷环反应器内进行的。从加氯机出来的氯溶液与用计量泵投加的亚氯酸盐稀溶液共同进入反应器中，经过约 1min 的反应，就得到二氧化氯水溶液，再把它加入到待处理的废水中。该法在国外应用较多，但因价格较高，在我国还很少使用。

图 7-47 所示为 HTSC-Y 型二氧化氯发生器的构造示意图。HTSC-Y 型二氧化氯发生器是用化学法制备二氧化氯的设备。化学药剂盐酸溶液和氯酸钠由计量泵定量打入二氧化氯发生器，经化学反应生成二氧化氯溶液，并在压力水的作用下进入压力水管道，输送至加药点。

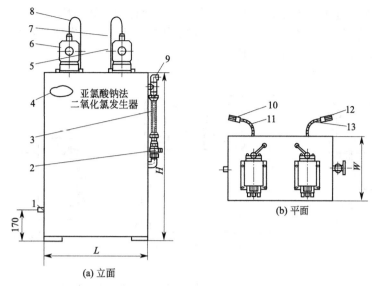

图 7-47 HTSC-Y 型二氧化氯发生器的构造与外形尺寸

1—进水管；2—控制阀；3—转子流量计；4—铭牌；5、6—计量泵；

7、8—出液软管；9—消毒液出口；10、12—止回阀过滤器；11、13—进液软管

图 7-48 所示为 H 型二氧化氯发生器的构造示意图。H 型二氧化氯发生器由供料系统、反应系统、温控系统和发生系统等组成。在负压条件下，将氯酸钠水溶液与盐酸定量输送到反应系统中，经过加温曝气反应，产生 ClO_2 和 Cl_2 的混合气体，经吸收系统形成一定浓度的二氧化氯混合液，通入被处理水中进行消毒杀菌等处理。

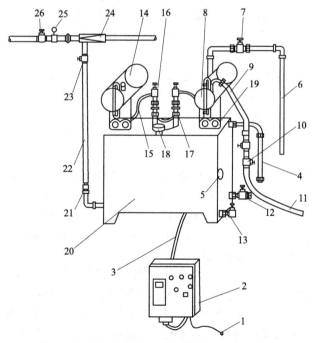

图 7-48 H 型二氧化氯发生器的构造及外形图

1—电源插头；2—温控器；3—电源线；4—液位管；5—搬动孔；6—抽酸管；7—抽酸管阀门；8—盐酸罐；

9—连通管；10—进气阀门；11—进气管；12—排污阀；13—排水阀；14—CTA 溶液罐；15—给料管；16—滴定管

及调节阀；17—球阀；18—加水口；19—安全阀；20—主机；21—单向阀；22—出气管；23—出气管阀门；

24—水射器；25—压力表；26—截止阀

H 型二氧化氯发生器具有工艺新颖，操作简单，运行费用低等特点。

图 7-49 所示为华特 908 型二氧化氯发生器的构造示意图，该发生器由供料系统、反应系统、温控系统等组成，发生器外壳为 PVC 材料。

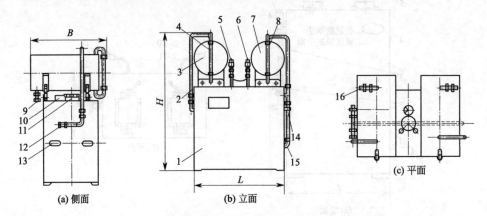

图 7-49 华特 908 型二氧化氯发生器的构造示意图
1—箱体；2—真空管；3—氯酸钠罐；4、8、15—液位计；5、6—流量计（滴定阀）；
7—盐酸罐；9—排污阀；10—进水口；11—安全阀；
12—二氧化氯混合气体出口；13—把手；14—空气进口；16—进料口

当发生器运行时，氯酸钠水溶液与盐酸在负压条件下，由供料系统定量地输送到反应器中，并在一定温度下经负压曝气反应生成二氧化氯和氯气的混合气体，然后通入待处理的水中。

华特 908 型二氧化氯发生器采用化学法负压曝气工艺，结构合理，体积小，操作方便，可用于自来水、自备井水、二次供水的消毒；工业循环冷却用水、游泳池水的杀菌消毒；对石油管道中硫酸还原菌的杀灭，工业废水、生活污水的脱色、去臭，含氰、含酚废水的无害化处理，都是理想的药剂。

④ 二氧化硫法（马蒂逊法）　此法是将二氧化硫气体通入氯酸钠溶液中，通常在氯酸钠溶液中加入硫酸酸化，著名的马蒂逊法就是二氧化硫法的代表，至今仍然用于生产。硫酸的加入量通常控制在 $0.9 \sim 6 mol/L$，反应如下：

$$2NaClO_3 + SO_2 \longrightarrow Na_2SO_4 + 2ClO_2 \tag{7-138}$$

$$2NaClO_3 + SO_2 + H_2SO_4 \longrightarrow 2NaHSO_4 + 2ClO_2 \tag{7-139}$$

在生产中使用含氯酸钠 $45\% \sim 47\%$ 的溶液和 75% 的硫酸，反应温度保持在 $75 \sim 90℃$，通入 SO_2 与空气的混合气体，可实现连续稳定的生产。若在反应物料中加入相当于氯酸钠质量 $5\% \sim 10\%$ 的氯化钠，二氧化氯的产率可达 $95\% \sim 97\%$。如果二氧化硫气体来源可靠，采用该工艺操作极为简便，生产成本也比较低廉，用二氧化硫法制二氧化氯在生产过程中可以不加硫酸，但在反应开始时必须加入适量的硫酸。

⑤ 甲醇法（R8 法）　此法使用的是液态还原剂，反应温度可控制在 $60℃$，在氯酸钠的质量浓度为 $100g/L$，硫酸质量浓度为 $400 \sim 500g/L$ 的条件下进行反应。采用反应-蒸发-结晶相结合的反应器，反应压力仅为 $0.132MPa$，在反应物沸点下发生，反应的全过程都在液相中进行。加入反应器的反应液沿器壁的切线方向流动，使反应生成的二氧化氯被同时扩散的水蒸气稀释冷凝，也可用空气来搅拌物料，促使二氧化氯从液相中释放出来并起到稀释气体产物的作用，主要反应为：

$$6NaClO_3 + 4H_2SO_4 + 2CH_3OH \longrightarrow 6ClO_2 + 4H_2O + 2Na_3H(SO_4)_2 + HCOOH + CO_2 + 4H^+$$

$$\tag{7-140}$$

此法转化率高，反应压力低，反应平稳，操作十分安全，所得二氧化氯基本上不含氯气，适用于高档纸浆的漂白。

（3）稳定性二氧化氯的生产

由于二氧化氯的稳定性差，光和热极易使其分解，一般情况下现配现用，这就限制了二氧化氯的应用。20世纪70年代初，美国开发成功了稳定二氧化氯，销售市场遍及欧美及亚洲，在日本、东南亚深受欢迎。20世纪80年代末期，该产品进入我国市场。

稳定性二氧化氯是在二氧化氯的基础上经过特殊加工而制成的化合物或混合物。稳定性二氧化氯无色、无味、无腐蚀性、不挥发、不分解，性质稳定，便于贮存和运输，使用安全，是一种选择性较强的氧化剂。其工艺流程为：原料混合→酸化→二氧化氯吸收→成品→贮存、使用。

目前市场上常见的稳定性二氧化氯产品有液态和固态两种。当使用的吸收剂为硫酸钠、过碳酸钠、硼酸盐、过硼酸盐等惰性溶液时，可制得含二氧化氯2%以上的液体稳定性二氧化氯；当吸收剂（吸附剂）为硅酸钙、分子筛、无纺布等多孔性固体物质时，可制得固体稳定性二氧化氯产品。各个生产厂家都根据自己的原材料来源选用各自不同的稳定性二氧化氯发生方法。目前，国内外生产稳定性二氧化氯主要是致力于对吸附剂的选择及吸收设备自动控制系统的改进。

稳定性二氧化氯在使用前需再加活化剂，如柠檬酸，活化后的药剂应当天用完。因其价格较贵，只用于个别小规模水处理厂。

7.4.4.4　二氧化氯氧化在水处理中的应用

一般而言，二氧化氯氧化的处理工艺为：

高浓度难降解有机废水→前预处理→二氧化氯催化氧化→配水→生化。

① 前处理采用混凝、沉淀、气浮、微电解、中和、预曝气等物化处理方法。经过这些物化处理法去除悬浮物，降低了废水的COD，调节了pH值，使废水能更适合进行二氧化氯氧化。

② 二氧化氯氧化部分降低了废水的COD，提高了废水的BOD/COD值，使之能更好地进行生化处理，在物化处理与生化处理之间充当了桥梁作用。

③ 对二氧化氯氧化出水进行配水是为了降低含盐量，使之能更好地进行生化处理。

④ 生化处理的目的是实现高浓度难降解有机废水的达标排放，最大限度地去除有机物。

（1）氧化饮用水中的铁离子和锰离子

在pH值大于7.0的条件下，二氧化氯能迅速氧化水中的铁离子和锰离子，形成不溶解的化合物，其反应式如下：

$$2ClO_2 + 5Mn^{2+} + 6H_2O \longrightarrow 5MnO_2\downarrow + 12H^+ + 2Cl^- \tag{7-141}$$

二氧化锰不溶于水，可过滤掉。二氧化氯能迅速将Fe^{2+}氧化为Fe^{3+}，以氢氧化铁的形式沉淀析出：

$$ClO_2 + 5Fe(HCO_2)_2 + 13H_2O \longrightarrow 5Fe(OH)_3\downarrow + 10CO_2\uparrow + 21H^+ + Cl^- \tag{7-142}$$

当二氧化氯加注率为1.2mg/L时，在混凝剂加注前5min投加，其去除锰的效率最高，对消毒水色度影响最低。结果说明二氧化氯氧化二价锰需要有一定的接触时间，完成氧化后，还需足够的絮凝时间才能达到高效的去除。二氧化氯对自来水中的铁和锰都能去除。二氧化氯还能氧化有机结合体中的铁。根据国外资料，氧化溶解的金属锰，需要2.45倍（按质量计）的二氧化氯；氧化溶解的金属铁，需要1.2倍（按质量计）的二氧化氯。相比之下，氯气氧化溶解在水中的锰需要几天的时间，而且还不能氧化被有机物螯合的溶解于水中的铁。

（2）给水处理中氧化有机污染物及控制氯消毒副产物

二氧化氯对水中残存有机物的氧化以氧化反应为主，不产生氯酚，并可将致癌物氧化成无致癌性的物质。此外，它还能降解灰黄霉素、腐殖酸，且降解产物不以三氯甲烷形式出现，二氧化氯对有机物的氧化降解，与氯所不同的最大特点是，它不会生成有机氯代物。二氧化氯可以控制三卤甲烷（THMs）的形成，减少总有机卤化物的生成，这是液氯消毒法所不能实现的。二氧化氯在水中与有机物的反应具有选择性，如与氨就不发生反应。它用于有机物污染水源水处理时有机物经过氧化，降解为以含氯基团（羟酸）为主的产物，而没有氯代产物，因此其投量一般较低。而氯则不同，氯与氨反应生成一氯胺、二氯胺及三氯胺。氨与氯反应时，其他有机物也迅速发生反应生成氯代衍生物，大大增加了氯的消耗。

二氧化氯对水中的色、味的去除能力也很强，可将水中的 2，3，6-三氯苯甲醚（TCA）、2-异丙基-3-甲氧基吡嗪（IPMP）和 2-甲基异冰片（MIB）等的怪异味去除，这些化合物哪怕只有 $1\sim3\mu g/L$ 也会产生很大的怪异味。

二氧化氯具有较强的氧化作用，因而有较好的脱色作用。如太湖流域的某河流在初春时其原水色度为 17 度，采用传统的反应、沉淀、过滤、液氯消毒工艺只能脱色 4 度，即达到 13 度，而当投加二氧化氯时，色度有显著降低，如当预投加二氧化氯 0.5mg/L 时，色度可降低至 11 度；当预投加二氧化氯 1.0mg/L 时，色度可降低至 10 度；当预投加量 1.5mg/L 或大于 1.5mg/L 时，色度可降低至 9 度，即传统水处理工艺的脱色效率只有 23.5%，而二氧化氯对低色度的原水，其脱色效率可以达到 47.0%。

二氧化氯对经水传播的病源微生物，如病毒、芽孢、异养菌、硫酸盐还原菌等均有很好的消毒效果，对孢子、蠕虫、水虱等的杀灭及对病毒的消毒都比液氯有效。它主要的作用是对细胞壁有较好的吸附和透过性能，可有效氧化细胞内含巯基的酶，快速控制微生物蛋白质的合成。

在处理水中的还原性物质时，随电子的转移会产生 ClO_2^-、ClO_3^- 等有机和无机氧化物。试验表明，$ClO_2+ClO_2^-+ClO_3^-$ 在水中的总量控制在 1mg/L 以下便对人体无害，而实际应用中二氧化氯的剂量均控制在 0.5mg/L 以下。

二氧化氯用于配水系统消毒，尤其在含铁细菌的水中要比氯优越，这是由于有机物结合的铁细菌不与氯反应，用过量的氯（如大于 5mg/L）也难以控制铁细菌。而二氧化氯能有效控制生物膜的聚集，使附着的铁细菌暴露受到氧化灭除。饮用水中毒杆菌的去除是卫生学效果的一项重要指标。$0.2\sim0.25mg/L$ 的二氧化氯可在几分钟内将其杀灭。水中的酚及其化合物来源于工业污染、腐烂的植物及藻类，二氧化氯处理不会产生氯酚味，且能有效去除这些臭味。

（3）在印染废水处理中的应用

印染废水因其色泽深、组分复杂而成为我国现行工业废水治理的难题之一，目前所采用的生化法、吸附法、物化法等处理方法均不能使之达标排放。采用混凝-二氧化氯处理工艺可取得较好的效果。

浙江省嘉兴市某厂在生产医药中间体和染料的过程中会产生大量的高浓度难降解有机废水。废水水质为：pH=2～3，COD 浓度为 15000～20000mg/L，色度为 600 倍，挥发酚浓度为 14.9mg/L，水量为 $4m^3/h$。该厂先采用二氧化氯催化氧化处理，在提高废水的可生化性和降低废水色度后，再采用生化处理。处理后，废水的水质为：pH=6～8，COD 浓度降低至 180mg/L 以下，色度降低至 50 倍以内，挥发酚的浓度降低至 0.1mg/L 以内，COD 的去除率达 98.8% 以上，色度去除率达 99.2% 以上，挥发酚的去除率达 92.6% 以上。

（4）二氧化氯的消毒、杀菌、除藻作用

二氧化氯对水处理系统中的沉淀、澄清、过滤设备以及配水管网中的藻类异养菌、铁细菌、硫酸盐还原菌等都有较好的去除杀灭效果，投加二氧化氯将有利于水处理设施的运行和维护。

二氧化氯在工业冷却循环水系统中主要用来杀菌、灭藻和控制系统中菌、藻的滋生，投加量可按补充水量来匹配，一般处理取 $3\sim5g/m^3$。ClO_2 不与氨和氨基化合物反应，不与水中的酚类产生怪味酚，非常适用于合成氨厂和炼油厂的冷却水处理。使用 ClO_2 比使用 Cl_2 杀菌，平均残留细菌数相对减少 69%，费用降低 20%。

二氧化氯可以用于医院污水的杀菌、消毒，一般处理中，二氧化氯的投加量为 $30mg/L$，二级处理中的投加量为 $15mg/L$。

7.5　高锰酸钾氧化

高锰酸钾是一种无机强氧化剂，有 $KMnO_4$ 参加的氧化还原反应，其机理相当复杂，且反应种类繁多，影响反应的因素也多，因此，对同一个反应，介质不同，其反应机理也可能不同，如 MnO_4^- 与芳香醛的反应，酸性介质中按氧原子转移机理进行，而碱性介质中则按自由基机理进行。另外，对某一个反应有时也很难用单一机理来说明，如 MnO_4^- 与烃的反应，反应过程中虽发生了氢原子的转移，但产物却生成了自由基，因此反应过程中又包含有自由基反应。在国际上高锰酸钾已有 100 多年的生产历史，我国高锰酸钾的生产是在 20 世纪 50 年代开始的，目前主要用作医药、化工的基本原料，在生活用水处理以及石油、采矿、生产用水和污水处理等方面作为氧化剂和消毒剂使用，在分析化学领域也有着广泛的应用。

高锰酸钾在水溶液中遇到还原性物质分解释放出新生态氧，可以使微生物的组织受到破坏，因此高锰酸钾具有极强的灭菌能力，在医疗和某些特殊环境消毒时普遍采用。

7.5.1　高锰酸钾的主要物理化学性质

高锰酸钾的分子式为 $KMnO_4$，俗称灰锰氧、PP 粉，是一种有结晶光泽的紫黑色固体，易溶于水，在水溶液中呈现出特有的紫红色。高锰酸钾的热稳定性差，加热到 476K 以上就会分解放出氧气：

$$2KMnO_4 \xrightarrow{\triangle} K_2MnO_4 + MnO_2 + O_2 \uparrow \qquad (7\text{-}143)$$

$KMnO_4$ 在水溶液中不够稳定，有微量酸存在时，发生明显分解而析出 MnO_2，使溶液变浑浊；在中性或碱性溶液中，$KMnO_4$ 的分解速率较慢，因此 $KMnO_4$ 在中性或碱性溶液中较为稳定；光对 $KMnO_4$ 的分解具有催化作用，高锰酸钾溶液通常需保存在棕色瓶中，加热沸腾后 $KMnO_4$ 分解反应速率加快。

高锰酸钾中 Mn 的价态是 +7 价，是锰的最高氧化态，因此高锰酸钾是一种氧化剂，还原产物可以是 MnO_4^{2-}、MnO_2 或 Mn^{2+}，几种反应的标准电极电位如下：

$$MnO_4^- + e \longrightarrow MnO_4^{2-} \qquad E^\ominus = 0.564V \qquad (7\text{-}144)$$

$$MnO_4^- + 2H_2O + 3e \longrightarrow MnO_2 + 4OH^- \quad E^\ominus = 0.588V \qquad (7\text{-}145)$$

$$MnO_4^- + 8H^+ + 5e \longrightarrow Mn^{2+} + 4H_2O \quad E^\ominus = 1.51V \qquad (7\text{-}146)$$

介质的酸、碱性影响 MnO_4^- 的还原反应产物。根据标准电极电势，在酸性介质中 $KMnO_4$ 是强氧化剂，它可氧化 Cl^-、I^-、Fe^{2+}、SO_3^{2-}，还原产物为 Mn^{2+}，溶液呈淡紫色，如果 MnO_4^- 过量，它可能和反应生成的 Mn^{2+} 进一步反应，析出 MnO_2；在中性、微酸性或微碱性介质中，高锰酸钾氧化性减弱，与一些还原剂反应，产物为 MnO_2，是棕黑色沉淀；在碱性介质中，MnO_4^- 的氧化性最弱，但仍可以用作氧化剂，还原产物是 MnO_4^{2-}，溶液呈绿色。

高锰酸钾是一种大规模生产的无机盐，常用于漂白毛、棉、丝以及使油类脱色，广泛用于容量分析中，它的稀溶液（1%）可以用于浸洗水果、碗、杯等用具的消毒和杀菌，5% 的 $KMnO_4$ 溶液可治疗轻度烫伤。

7.5.2 高锰酸钾的制备

(1) 锰酸钾歧化法

以软锰矿 MnO_2 和苛性钾为原料，在 $473 \sim 543K$ 条件下加热熔融并通入空气，可将 $+4$ 价锰氧化成 $+6$ 价的锰酸钾 K_2MnO_4：

$$2MnO_2 + 4KOH + O_2 \longrightarrow 2K_2MnO_4 + 2H_2O \tag{7-147}$$

然后再向 K_2MnO_4 的碱性溶液中通入 CO_2 气体或加入 HAc，使得 MnO_4^{2-} 歧化，从而制得 $KMnO_4$。

$$3K_2MnO_4 + 2CO_2 \longrightarrow 2KMnO_4 + MnO_2 + 2K_2CO_3 \tag{7-148}$$

但用此法制备 $KMnO_4$ 的产率最高只有 66.7%，还有约 1/3 没有转化，锰被还原成 MnO_2。

(2) 电解法

制备 $KMnO_4$ 最好的方法就是电解氧化 K_2MnO_4。以镍板为阳极，铁板为阴极，将含有约 $80g/cm^3$ 的 K_2MnO_4 溶液进行电解，可以得到 $KMnO_4$。这种电解氧化法不但产率高，而且副产品 KOH 可以用于锰矿的氧化焙烧，比较经济。反应原理如下：

阳极反应： $\qquad 2MnO_4^{2-} - 2e \longrightarrow 2MnO_4^{-} \tag{7-149}$

阴极反应： $\qquad 2H_2O + 2e \longrightarrow H_2 \uparrow + 2OH^{-} \tag{7-150}$

总反应： $\qquad 2K_2MnO_4 + 2H_2O \longrightarrow 2KMnO_4 + 2KOH + H_2 \uparrow \tag{7-151}$

(3) 氧化剂氧化法

用氯气、次氯酸盐等为氧化剂，把 MnO_4^{2-} 氧化成 MnO_4^{-}，例如：

$$2K_2MnO_4 + Cl_2 \longrightarrow 2KMnO_4 + 2KCl \tag{7-152}$$

7.5.3 高锰酸钾在水处理中的应用

(1) 高锰酸钾去除微污染有机物

高锰酸钾在酸性溶液中具有强氧化性，在中性水溶液中的氧化性要比在酸性水溶液中弱，但对中性天然水体中的微污染物，无论是低相对分子质量、低沸点有机污染物，还是高相对分子质量、高沸点有机污染物的氧化去除效果均很好，明显优于酸性和碱性条件下的效果，有机污染物种类中的 50% 以上在中性条件下经高锰酸钾氧化后被全部去除，剩余的有机污染物浓度也很低。在酸性和碱性条件下，高锰酸钾对低相对分子质量、低沸点有机污染物有良好的去除效果，但对高相对分子质量、高沸点有机污染物的去除效果很差，有些有机污染物浓度反而高于原水，最高者增高达数倍。

高锰酸钾在中性条件下的最大特点是反应生成二氧化锰，由于二氧化锰在水中的溶解度很低，会以水合二氧化锰胶体的形式从水中析出。正是由于水合二氧化锰胶体的作用，使高锰酸钾在中性条件下具有很高的除微污染物的效能，能与水中的 Fe^{2+}、Mn^{2+}、S^{2-}、CN^{-}、酚及其他致臭味有机物很好地反应，选择适当投量，它能杀死很多藻类和微生物。与臭氧处理一样，出水无异味。其投加与监测均很方便。

在生产应用中，高锰酸钾的投加量根据需要通过特制的设备控制在 $0.5 \sim 2.0mg/L$。水中有机污染物浓度越高，污染越严重，高锰酸钾处理效果越显著。

(2) 高锰酸钾氧化助凝效果

水中有机成分对胶体的稳定性有重要影响，有机物吸附在胶体颗粒表面，形成有机保护膜，不但使胶体表面电荷密度增加，而且阻碍了胶体颗粒间的结合。水中有机物对胶体的保护作用导致混凝剂投量大幅度提高。高锰酸钾及其复合药剂通过破坏有机物对胶体的保护作用，强化胶体脱稳，形成以新生态二氧化锰为核心的密实絮体，显示出氧化助凝效果。

（3）高锰酸钾控制氯化副产物

高锰酸钾预氧化降低水中三氯甲烷的作用机理是：高锰酸钾与水中三氯甲烷的前驱物反应，在反应过程中生成许多中间产物，一些中间产物不是三氯甲烷的前驱物；部分有机物被彻底氧化，使水中 TOC 降低，同时它也可以起助凝作用，改善絮凝工艺对有机污染物的去除，这些因素都使水中三氯甲烷浓度降低。另外，经高锰酸钾氧化后，也有部分氧化中间产物是三氯甲烷的前驱物，从而出现随高锰酸钾投量增加，水中三氯甲烷浓度也增加的现象。最终加氯前水中三氯甲烷前驱物的种类和数量是决定二氯甲烷浓度的关键因素。

采用高锰酸钾预氧化替代预氯化之后，水中的三氯甲烷浓度受许多因素影响，如氯化反应时间、水样的 pH 值、后投氯量和水温等。在适宜的高锰酸钾投量下，水中的三氯甲烷可以降低大约 40%。

（4）高锰酸钾对致突变物的去除与控制

国内研究用高锰酸钾去除地面水中的有机物，试验表明，在中性条件下，对有机物和致突变物质的去除率均很高，明显优于在酸性和碱性条件下的效果。反应过程中产生的新生态水合 MnO_2 具有催化氧化和吸附作用。用高锰酸钾作为氯氧化的预处理，可以有效地控制氯酚和氯仿的形成。

（5）高锰酸钾对硫化氢和氰离子的去除

在稀的中性水溶液中，高锰酸钾氧化硫化氢的化学计算关系式为：

$$4KMnO_4 + 3H_2S \Longrightarrow 2K_2SO_4 + 3MnO + MnO_2 + 3H_2O + S \tag{7-153}$$

与氰离子的反应为：

$$2MnO_4^- + 3CN^- + H_2O \xrightarrow[\text{pH}=12.4]{Ca(OH)_2} 3CNO^- + 2MnO_2 + 2OH^- \tag{7-154}$$

$$2MnO_4^- + CN^- + 2OH^- \xrightarrow[\text{pH}=12\sim14]{} 2MnO_4^{2-} + CNO^- + H_2O \tag{7-155}$$

高锰酸盐对无机物的氧化速率比对一般有机物的氧化快得多，铜离子对氧化反应有明显的催化作用。

7.6 高铁酸钾氧化

高铁酸钾（K_2FeO_4）是 20 世纪 70 年代以来开发的新型水处理剂，它作为水处理剂具有如下特点：

（1）良好的氧化除污功效

高铁酸钾是一种比高锰酸钾、臭氧和氯气的氧化能力更强的强氧化剂，适用 pH 值范围广，整个 pH 值范围内都具有很强的氧化性，可以有效去除有机污染物及无机污染物，尤其对其中难降解有机物的去除具有特殊功效；利用其强氧化功能，选择性氧化去除水中的某些有机污染物质，尤其在用于饮用水的深度处理方面更具有高效、无毒副作用的优越性，且试剂价格远低于高锰酸钾。

（2）优异的混凝作用与助凝作用

高铁酸钾被还原的最终产物新生态 Fe(Ⅲ) 是一种优良的无机絮凝剂，它的氧化和吸附作用又具有重要的助凝效果，可去除水中的细微悬浮物，尤其对那些纳米级悬浮颗粒物更具有高效絮凝的作用。

（3）优良的杀菌作用

高铁酸钾比次氯酸盐的氧化杀菌能力强，FeO_4^{2-} 的还原产物 Fe^{3+} 具有补血功能，消毒过程不会产生二次污染，然而目前世界上普遍采用的氯源杀菌剂使用时有可能产生致癌、致畸的三卤甲烷等有机氯代物，而且残留的起杀菌作用的 HClO 能渗透到人体细胞组织破坏生理功能，导致大量 Cl^- 沉积在人体内有害健康，高铁酸钾是一种理想的氯源杀菌剂的替代品。

(4) 高效脱味除臭功能

高铁酸钾能迅速有效地除去生物污泥中产生的硫化氢、甲硫醇、氨等恶臭物质，高铁酸钾集通常用于污泥脱臭的多种化学物质的优点于一身，它能升高 pH 值，氧化分解恶臭物质，氧化还原过程产生的不同价态的铁离子可与硫化物生成沉淀而去除，氧化分解释放的氧气促进曝气，将氨氧化成硝酸盐，硝酸盐能取代硫酸盐作为电子受体，避免恶臭物生成。因此，高铁酸钾是一种集氧化、吸附、絮凝、助凝、杀菌、除臭于一体的新型高效多功能水处理剂。

高铁酸钾自发现以来一直有人从事其实验室的制备及工业化生产研究，但至今仍未形成人们所认可的成熟工艺，这主要是因为高铁酸钾的制备方法比较复杂，操作条件苛刻，产品回收率偏低，稳定性差，严重限制了它在水处理工程中的推广应用。但高铁酸盐正以其独特的水处理功能吸引越来越多的学者研究其制备及应用开发，制备工艺不断优化，产品纯度和产率逐渐提高，应用领域逐步拓宽，具有十分广阔的应用前景。

7.6.1 高铁酸钾的物理化学性质

高铁酸钾是一种黑紫色有光泽的晶体粉末，干燥的高铁酸钾在常温下可以在空气中长期稳定存在，198℃以上则开始分解，在水溶液中或者含有水分时很不稳定，极易分解，其水溶液呈紫红色。在晶体中，FeO_4^{2-} 呈略有畸变扭曲的空间四面体结构，铁原子位于四面体的中心，四个氧原子位于四面体的四个顶角上，而且这四个氧原子在动力学上是等价的。高铁酸钾晶体属于正交 β-K_2FeO_4 晶系，与硫酸钾、高锰酸钾、铬酸钾有相同的晶型。在水溶液中，它的四个氧原子等价，慢慢地与水分子中的氧原子进行交换，逐渐分解放出氧气。

高铁酸钾溶于水后，Fe(Ⅵ) 在水中分解并不直接转化为 Fe(Ⅲ)，而是经过+5、+4 价的中间氧化态逐渐还原成 Fe(Ⅲ)，而且 Fe(Ⅵ) 还原成 Fe(Ⅲ) 过程中产生正价态水解产物，这些水解产物可能具有比三价铝、铁等水解产物更高的正电荷及更大的网状结构，各种中间产物在 Fe(Ⅵ) 还原成 Fe(Ⅲ) 过程中产生聚合作用，生成的 Fe(Ⅲ) 很快形成 $Fe(OH)_3$ 胶体沉淀，这种具有高度吸附活性的絮状 $Fe(OH)_3$ 胶体可以在很宽的 pH 值范围内吸附絮凝大部分阴阳离子、有机物和悬浮物。

在酸性或中性溶液中，高铁酸根离子瞬间分解，被水还原成三价铁化合物，但其氧化性仍然存在。而在碱性溶液中高铁酸钾的稳定性较好，其分解速率受外界条件的影响较大，溶液的pH 值和含碱量是两个主要因素，在 pH＝10～11 时，FeO_4^{2-} 表现非常稳定，当 pH＝8～10 时，FeO_4^{2-} 的稳定性也较好，在 pH＝7.5 以下时，FeO_4^{2-} 的稳定性急剧下降。

此外，无机离子的存在对高铁酸钾溶液的稳定性也有很大的影响，比如三价铁盐的存在能促进高铁酸钾快速分解，但 Fe^{3+} 并不像普通的催化剂，而很可能与高铁酸钾作用生成了某种铁的中间价态物质；低温的高铁酸钾溶液在磷酸根存在下迅速分解，但在碱性条件下磷酸根离子使高铁酸钾稳定；SO_4^{2-} 与高铁酸钾持续稳定反应使高铁酸钾分解。光对高铁酸盐溶液的稳定性没有明显影响。

高铁酸钾不溶于通常的有机溶液，如醚、氯仿、苯和其他一些有机溶剂。它也不溶于含水量低于 20％的乙醇，当含水量超过这个限度，它可迅速地将乙醇氧化成相应的醛和酮。高铁酸钾在整个 pH 值范围内都具有极强的氧化性，在酸性和碱性溶液中，电对 Fe(Ⅵ)/Fe(Ⅲ)的标准电极电位分别为 2.20V 和 0.72V，相应的电极反应如下：

$$FeO_4^{2-}+8H^++3e \Longrightarrow Fe^{3+}+4H_2O \tag{7-156}$$

$$FeO_4^{2-}+4H_2O+3e \Longrightarrow Fe(OH)_3 \downarrow +5OH^- \tag{7-157}$$

其电极电位明显高于电对 Mn(Ⅶ)/Mn(Ⅳ) 及 Cr(Ⅵ)/Cr(Ⅲ) 相应的标准电极电位 $[E^{\ominus}(MnO_4^-/MnO_2)=1.679V$，pH＝1 时；$E^{\ominus}(MnO_4^-/MnO_2)=0.588V$，pH＝14 时。

$E^{\ominus}(Cr_2O_7^{2-}/Cr^{3+})=1.33V$，酸性介质；$E^{\ominus}(Cr_2O_7^{2-}/Cr(OH)_3)=-0.12V$，碱性介质]。可见，高铁酸钾是比高锰酸钾和重铬酸钾更强的氧化剂，可以氧化苯甲醇、脂肪醇、苯酚、苯胺、苄胺、肟、腙、硫醇、1,4-氧硫杂环己烷，甚至烃类等有机化合物，硫化物、氨、氰化物等无机化合物。

7.6.2 高铁酸钾的制备

（1）次氯酸盐氧化法

次氯酸盐氧化法又称为湿法。该法是以次氯酸盐和铁盐为原料，在碱性溶液中反应，生成高铁酸钠，然后加入氢氧化钾，将其转化为高铁酸钾。高铁酸钠在氢氧化钠浓溶液中的溶解度较大而高铁酸钾在氢氧化钠溶液中的溶解度较小，因此可从中分离出高铁酸钾晶体。反应原理如下：

$$2FeCl_3+10NaOH+3NaClO \Longrightarrow 2Na_2FeO_4+9NaCl+5H_2O \tag{7-158}$$

$$Na_2FeO_4+2KOH \Longrightarrow K_2FeO_4+2NaOH \tag{7-159}$$

该法于1950年由Hrostowski和Scott提出，采用该法制得的产品纯度可达到96.9%，但产率较低，不超过10%～15%。Thomposn等对上述方法的制备与纯化两个过程进行了改进，以硝酸铁为铁源原料，对粗产品依次用苯、乙醇、乙醚洗涤处理，产品纯度保持在92%～96%，产率提高到44%～76%。相对来说，次氯酸盐法生产成本较低，设备投资少，可制得较高纯度的高铁酸钾晶体，但存在设备腐蚀严重，对环境污染较大等问题。

目前，国内外关于高铁酸钾制备的报道大多以Thomposn等提出的制备方法为基础，针对某些环节的具体问题提出了一些改进措施，如在制备过程中加入少量$NaSiO_3 \cdot 9H_2O$、$CuCl_2 \cdot 2H_2O$等稳定剂，以防止制备液中高铁酸钠分解；采用强制高速离心初分再用砂芯漏斗抽滤的方法可较好地实现粗产品与母液的分离，提高了时效和产率，产率可达60%～76%。

田宝珍等利用湿法制备高铁酸钾晶体后的残留母液制取次氯酸盐混合溶液，并采用该混合溶液氧化Fe(Ⅲ)→Fe(Ⅵ)的方法，制得纯度达90%以上的高铁酸钾晶体。他们还采用钾钠混合碱法制得了更高浓度的次氯酸盐溶液，使铁盐溶液氧化反应快速完成，所得溶液比较稳定，过滤操作方便快捷，同时大大提高了Fe(Ⅲ)→Fe(Ⅵ)的转化率和产率，而且回收利用了废碱液，降低了生产成本。

Williams和Riley对此法做了较大改进，它们将氯气通入氢氧化钾溶液中制得饱和次氯酸钾溶液，用它氧化Fe(Ⅲ)→Fe(Ⅵ)，这样就绕过了中间产物高铁酸钠而直接制得高铁酸钾，同时也简化了纯化步骤，提高了时效和产率，产率在75%以上，但纯度有所降低，在80%～90%之间。Lionel等在此基础上做了进一步改进，对制备与纯化工艺进行了优化，使之更快速高效，明显缩短了沉降、过滤和洗涤所需的时间，同时也减少了纯化工艺中有机溶剂的用量，产率达67%～80%，纯度高达97%～99%。

采用次氯酸盐法可成功地从电镀废水中制得高铁酸钾及其他絮凝物质，利用这种方法处理含铁电镀废水，既可有效利用铁资源，又能消除其对环境的污染，开辟了废料综合利用，以废治废的新途径。

（2）电解法

电解法制备高铁酸钾是通过电解以铁为阳极的碱性氢氧化物溶液来实现的，反应式如下：

阳极反应：
$$Fe+8OH^- \longrightarrow Fe_xO_y \cdot nH_2O \tag{7-160}$$

$$Fe+8OH^- \longrightarrow FeO_4^{2-}+4H_2O+6e \tag{7-161}$$

$$Fe^{3+}+8OH^- \longrightarrow Fe_xO_y \cdot nH_2O \tag{7-162}$$

$$Fe^{3+}+8OH^- \longrightarrow FeO_4^{2-}+4H_2O+3e \tag{7-163}$$

阴极反应：
$$2H_2O \longrightarrow H_2\uparrow+2OH^--2e \tag{7-164}$$

$$总反应： \quad Fe + 2OH^- + 2H_2O \longrightarrow FeO_4^{2-} + 3H_2 \uparrow \tag{7-165}$$

$$2Fe^{3+} + 10OH^- \longrightarrow 2FeO_4^{2-} + 2H_2O + 3H_2 \uparrow \tag{7-166}$$

$$FeO_4^{2-} + 2K^+ \longrightarrow K_2FeO_4 \tag{7-167}$$

雷鹏等通过隔膜电解 $30\% \sim 50\%$ NaOH 溶液，并在阳极液中加入少量特效活化助剂，阳极和阴极分别采用 $10cm \times 7cm$ 的低碳钢板和金属镍板，外加电压约为 $10V$，控制适宜的电解时间和条件，可以获取高铁浓度为 $0.0233mol/L$、总铁浓度为 $0.0282mol/L$ 的复合药液，其中不含铁的固体形态。该法操作简单，原材料消耗少，灵活方便，但电耗高，副产品较多。要制备稳定的纯高铁酸盐，不仅需要复杂的提纯过程，而且效率也较低。此方法更适合现场制备和投加的工艺过程，具有实际应用价值。

（3）熔融法

熔融法又称干法，采用过氧化物高温氧化铁的氧化物制得高铁酸钾。E. Matinez-Tamayo 等人在研究 $Na_2O_2/FeSO_4$ 反应体系时发现在氮气流中于 $700℃$ 反应 $1h$，得到产物高铁酸盐。反应式为：

$$2FeSO_4 + 6Na_2O_2 \longrightarrow 2Na_2FeO_4 + 2Na_2O + 2Na_2SO_4 + O_2 \uparrow \tag{7-168}$$

$$Na_2FeO_4 + 2KOH \longrightarrow K_2FeO_4 + 2NaOH \tag{7-169}$$

Na_2O_2 有极强的吸湿性，混合 $Na_2O_2/FeSO_4$ 过程应在密闭、干燥的环境中进行。然后在 N_2 气流中加热反应，得到含 Na_2FeO_4 的粉末，用 $5mol/L$ 的 NaOH 溶液溶解，离心 $10min$，快速过滤，收集滤液，加入 KOH 固体至饱和，高铁酸钾以结晶形式析出，然后过滤、醇洗、真空低温干燥得成品。其反应物少，副反应少，可得纯度较高的高铁酸钾。

俄罗斯科学家曾提出在氧气流下，温度控制在 $350 \sim 370℃$，煅烧 Fe_2O_3 和 K_2O_2 混合物制备 K_2FeO_4 晶体，反应式如下：

$$2Fe_2O_3 + 6K_2O_2 \longrightarrow 4K_2FeO_4 + 2K_2O \tag{7-170}$$

通入干燥的氧气，K_2O 转化为 K_2O_2，使 K_2O_2 得到充分的利用。采用过氧化钾代替过氧化钠作为氧化剂，简化了反应过程，后处理过程变得简单，产品质量得到提高。由于过氧化物氧化反应为放热反应，温度升高快，容易引起爆炸，因此需严格控制操作条件。

7.6.3 高铁酸钾在水处理中的应用

7.6.3.1 用于生活饮用水的杀菌消毒

1974 年 Murmann 与 Robinson 首次发现高铁酸钾具有明显的杀菌作用。投加 $6mg/L$ 的高铁酸钾处理 $30min$，可以将原水中 20 万 ~ 30 万个/mL 细菌去除至 100 个/mL，达到生活饮用水标准。后来的研究表明，高铁酸钾对大肠杆菌也有良好的灭活作用，其灭活效率随 pH 值降低而升高。用高铁酸钾氧化二级污水处理厂出水时发现，接触时间和高铁酸钾浓度对灭活 f2 病毒有重要影响，影响程度随 pH 值而变化，并且高铁酸钾的灭活效率优于 HClO 和 ClO$^-$。

高铁酸钾对 Qβ 噬菌体的灭活作用受到高铁酸钾浓度和接触时间的影响，并且高铁酸钾褪色后仍有灭活作用。说明高铁酸钾分解后生成的中间价态氧化成分具有长时间的氧化效应。研究还发现，带正电的微生物对高铁酸钾的抵抗性强于带负电的微生物；f2 病毒对高铁酸钾的抵抗性等于或略低于大肠杆菌的抵抗性。

高铁酸盐的杀菌效率可以通过与其他氧化剂联合使用而得到提高。试验证明，投加 $2mg/L$ 的臭氧可以杀死水中 99% 的肠型菌素，但如果用 $5mg/L$ 的高铁酸钾进行预处理，$1mg/L$ 的臭氧便可以杀死肠菌总数的 99.9%。$5mg/L$ 的高铁酸钾足以使二级处理废水中的肠菌总数降至 $2.2MPN/400mL$ 的水平。

高铁酸盐的杀菌能力可以描述为：

$$[N_0/c_0]^{-n} \cdot N = k \tag{7-171}$$

式中　c_0——高铁酸根浓度；

$\qquad$ N_0——试验开始时细菌数，个/mL；

$\qquad$ N——杀菌 30min 后的细菌数，个/mL；

$\qquad$ n、k——常数，对大肠杆菌，$n=1.89$，$k=4.0\times10^{-10}$。

与有些高铁酸盐一样，高铁酸钾也是性能极好的磁性材料，制备以高铁酸盐为核心消毒剂的磁控释放体系，可在外界磁场的作用下方便地改变消毒剂的释放量，以满足特种条件下对特种水质消毒杀菌的要求。

7.6.3.2　用于饮用水水源的除藻

高铁酸盐可有效杀死藻类，尤其对水华蓝绿藻效果很好，其他藻类也能大部分杀灭。用自制的高铁复合药剂处理夏季水华地表水，药剂与藻类充分接触并伴之剧烈的机械搅拌，除藻率可达 70%～90%，药剂投加量少，见效快，无残留毒性，对饮用水的安全无威胁。杀藻机理为破坏细胞壁、细胞膜，进入细胞体内，由表及里导致细胞死亡。

7.6.3.3　用于水中化学污染物的去除

（1）氧化去除水中的污染物

高铁酸钾可以选择性的氧化水中的许多有机物。研究表明，高铁酸钾在氧化 50% 的苯、醇类（如正己醇）的同时，能够有效降低水中的联苯、氯苯等难降解有机物的浓度，其氧化效能主要取决于高铁酸钾与水中污染物的摩尔比。过量的高铁酸钾投加量将使有机污染物的氧化去除更为有效。而对于那些还原性较强的污染物质，高铁酸盐表现出更为突出的氧化降解功效。

在 pH 值为 11.2 的条件下，采用 75mg/L 和 167mg/L 的高铁酸钾，10min 内可以分别将水中 10mg/L 的 CN^- 氧化降解至 0.082mg/L 和 0.062mg/L，去除效率分别达 99.18% 和 99.38%。按照 15∶1 的投加比例，高铁酸钾能够将水中的苯酚完全氧化降解。高铁酸盐对富里酸也具有良好的氧化去除效能，质量比为 12 倍的高铁酸盐能够去除 90% 的富里酸。可见，高铁酸盐是一种十分优异的选择性强氧化水处理药剂。

作为一种高效氧化剂，高铁酸盐可以有效去除饮用水中的优先污染物。试验结果证明，以 30mg/L 高铁酸盐氧化 40min，水中 0.1mg/L 的三氯乙烯降至 0.03mg/L，去除率大于 70%。如果在 20NTU 的浑浊水中，同样的高铁酸盐投加量可以将水中 0.1mg/L 的三氯乙烯全部去除，也可以将其中 100% 的萘、84.4% 的溴二氯甲烷、61% 的二氯苯和 12.8% 的硝基苯去除。这说明高铁酸盐的氧化与絮凝的协同作用对去除水中优先有机污染物是十分有效的。

高铁酸盐作为氧化剂用于废水处理也具有明显效果。比如，按 1∶1（摩尔比）投加高铁酸钾，可以将废水中的 BHP［N-亚硝基（羟脯氯酰基）胺］氧化为碳基形态；过量的高铁酸钾能将废水中的 BHP 完全降解为 CO_2。可见，高铁酸盐作为一种强氧化剂，对选择性去除给水与废水中的有机污染物具有重要的应用价值。

（2）絮凝去除废水中的污染物

高铁酸钾在水处理絮凝方面比其他普通无机絮凝剂更为有效，这主要是由于高铁离子在其被还原生成 Fe^{3+} 的过程中，经历了具有六价到三价不同电荷离子的中间形态的演变，因而表现出独特的絮凝作用。通过高铁酸盐的絮凝处理，水中的固体悬浮物可以被非常有效地去除。试验结果表明，适量的高铁酸钾加入量能够将一般地表水中 99% 的可沉淀悬浮物和 94% 的浑浊度除去，这比同样条件下的三价铝盐和三价铁盐的絮凝效果好得多。高铁酸盐对废水中的悬浮物同样具有较高的去除效果。

由于在氧化还原过程中 $Fe(OH)_3$ 的生成和絮凝作用，水中共存的某些无机和有机污染物含量同时被显著降低。用高铁酸钾处理废水中放射性核素的烧杯试验表明，高铁酸钾对去除水中的镭和钚均有明显效果。在 pH 值为 11.0～12.0 的条件下，向废水中加入 5mg/L 的高铁酸钾，经二级处理后可以将水中的总放射活性从 3700pCi/L 降至 40pCi/L，满足废水排放的放射性残留标准。此过程对水中的有机污染物同样具有优良的去除效果。

7.6.3.4 用于生物污泥脱味除臭

高铁酸盐能迅速将生物污泥中产生的恶臭物质控制到可接受的程度，有效去除生物污泥中的 H_2S、CH_3SH 和 NH_3 等恶臭物质，将 NH_3 氧化成 NO_3^-，将 H_2S、CH_3SH 氧化成 SO_4^{2-}，处理后的污泥可以用作化学肥料和土壤调节剂，有利于废物资源化。

高铁酸钾其他潜在的用途还有：利用其氧化性能在化学工业中用于氧化磺酸、亚硝酸盐、亚铁氰化物和其他无机物；在造纸工业中制成氧化淀粉用于纸张表面施胶；在纺织工业中制成氧化淀粉用于精整；在冶金工业炼锌时除锰、锑和砷；在轻工业中用于香烟过滤嘴的制备，以及用于控制冷凝循环水中生物黏垢的生成等。

7.6.4 高铁酸钾氧化处理苯酚的机理

高铁酸钾在整个 pH 值范围内都具有极强的氧化性，在酸性和碱性溶液中，电对 $Fe(Ⅵ)/Fe(Ⅲ)$ 的标准电极电位分别为 2.20V 和 0.72V，相应的电极反应如下：

$$FeO_4^{2-}+8H^++3e \Longrightarrow Fe^{3+}+4H_2O \tag{7-172}$$

$$FeO_4^{2-}+4H_2O+3e \Longrightarrow Fe(OH)_3 \downarrow +5OH^- \tag{7-173}$$

根据 Rush 等人的研究结果，高铁酸钾在水中的分解历程是由 $Fe(Ⅵ)$ 生成 $Fe(Ⅴ)$、$Fe(Ⅳ)$、过氧化氢等中间态物质和它们之间的络合物，直至最后生成 $Fe(Ⅲ)$ 的氢氧化物并放出氧气。在此过程中可产生原子态氧，进而可产生一系列自由基，其反应式如下：

$$FeO_4^{2-}+H_2O \longrightarrow Fe(OH)_3+[O] \tag{7-174}$$

$$[O]+H_2O \longrightarrow 2 \cdot OH \tag{7-175}$$

$$2 \cdot OH \longrightarrow H_2O_2 \tag{7-176}$$

$$2H_2O_2 \longrightarrow 2H_2O+O_2 \uparrow \tag{7-177}$$

新生成的羟基自由基的氧化能力更强，$\cdot OH+H^++e \longrightarrow H_2O$ 反应体系的标准电极电位为 $E^\ominus=2.80V$。因此，高铁酸钾与水中有机物的反应十分复杂，既有高铁酸钾的直接氧化反应，也有新生自由基的氧化反应。

当苯环上的氢原子被其他基团取代后，受其影响，苯环的电子云分布不均，其不均匀程度越高，越容易被氧化。羟基是强的致活作用基团，所以酚类芳香族化合物的氧化率高。根据共振论观点，苯酚可用下列几个共振式表示：

$$\tag{7-178}$$

$$\tag{7-179}$$

在后三个共振式中，由于氧原子的孤电子对离域到苯环上，分别使酚羟基的邻、对位带有负电荷。但这种带有正负电荷的共振式在整个杂化体中所做的贡献较小。苯酚的氧原子上的 p 轨道与苯环上的 π 轨道形成 p-π 共轭，增加了苯环的电子云密度，特别是邻位和对位比间位电子云密度要高，易受亲电试剂进攻，所以苯酚氧化后容易生成邻苯醌和对苯醌。

氧化时，先形成苯氧自由基，它很活泼，可以被继续氧化成醌，但也可能进行其他的自由基反应：

$$\tag{7-180}$$

苯醌氧化后开环生成羧酸，进一步氧化可生成二氧化碳和水。试验发现，向苯酚溶液中加入高铁酸盐后，溶液 pH 值降低。

苯酚的氧原子上的 p 轨道与苯环上的 π 轨道形成 p-π 共轭，增加了苯环的电子云密度，特别是邻位和对位比间位电子云密度要高。孤电子对与苯环的共轭作用有利于苯酚的离解，使之生成酚盐负离子和正的氢离子，而且该负离子的负电荷可离域到苯环上，使酚羟基的邻、对位上带有负电荷：

$$(7\text{-}181)$$

但这与前者不同，后三个共振式只有负电荷的离域，而没有正电荷的分离，这种共振式对稳定负电荷起很大的作用。因此，共振对酚盐负离子的稳定作用比对酚的稳定作用更强，这表明酚可以离解，生成稳定的酚盐负离子。OH^- 的浓度增大，有利于酚盐负离子的生成，进而促进 $Fe(OH)_3$ 胶体对苯酚的吸附作用。可见，含 O、N 或 S 原子的有机配体具有路易斯（Lewis）碱官能团，易被高度吸附活性的絮状 $Fe(OH)_3$ 胶体所吸附。因此，高铁酸盐去除苯酚类有机污染物是氧化机理与吸附机理共同作用的结果。

参 考 文 献

［1］ 廖传华，柴本银，黄振仁．反应过程与设备［M］．北京：中国石化出版社，2008.
［2］ 唐受印，戴友芝．水处理工程师手册［M］．北京：化学工业出版社，2001.
［3］ 张晓键，黄霞．水与废水物化处理的原理与工艺［M］．北京：清华大学出版社，2011.
［4］ 孙德智，于秀娟，冯玉杰．环境工程中的高级氧化技术［M］．北京：化学工业出版社，2002.

第8章

湿式空气氧化

空气氧化是在常温条件下利用空气中的氧气对废水中的溶解性物质进行氧化而使污染物得到治理的方法。但由于常温条件下的反应速率较慢，反应过程需要的时间较长，大大限制了其应用。为此，在常温空气氧化的基础上发展了湿式空气氧化技术。

湿式空气氧化法（Wet Air Oxidation，简称 WAO 法）是以空气为氧化剂，将水中的溶解性物质（包括无机物和有机物）通过氧化反应转化为无害的新物质，或者转化为容易从水中分离排除的形态（气体或固体），从而达到处理的目的。通常情况下氧气在水中的溶解度非常低（0.1MPa、20℃时氧气在水中的溶解度约为 9mg/L），因而在常温常压下，这种氧化反应的速率很慢，尤其是对高浓度的污染物，利用空气中的氧气进行的氧化反应就更慢，需借助各种辅助手段促进反应的进行（通常需要借助高温、高压和催化剂的作用）。一般来说，在 10～20MPa、200～300℃条件下，氧气在水中的溶解度会增大，几乎所有污染物都能被氧化成二氧化碳和水。

8.1 湿式空气氧化技术及其特点

湿式空气氧化工艺是最早由美国的 F. J. Zimmer Mann 于 1944 年提出的一种处理有毒、有害、高浓度有机废水的水处理方法，它是在高温（125～320℃）和高压（0.5～20MPa）条件下，以空气中的氧气为氧化剂（后来也使用其他氧化剂，如臭氧、过氧化氢等），在液相中将有机污染物氧化为 CO_2 和水等无机物或小分子有机物的化学过程。

高温、高压及必须的液相条件是这一过程的主要特征。在高温高压下，水及作为氧化剂的氧的物理性质都发生了变化，如表 8-1 所示。由表 8-1 可知，从室温到 100℃ 范围内，氧的溶解度随温度的升高而降低，但在高温状态下，氧的这一性质发生了改变，当温度大于 150℃时，氧的溶解度随温度升高反而增大，氧在水中的传质系数也随温度升高而增大。因此，氧的这种性质有助于高温下进行氧化反应。

湿式空气氧化过程大致可分为两个阶段：前半小时内，因反应物浓度很高，氧化速率很快，去除率增加快，此阶段受氧的传质控制。此后，因反应物浓度降低或产生的中间产物更难以氧化，使氧化速率趋缓，此阶段受反应动力学控制。

温度是湿式空气氧化过程的关键影响因素，温度越高，化学反应速率越快；温度的升高还可以增加氧的传质速率，减小液体的黏度。压力的主要作用是保证氧的分压维持在一定的范围内，以确保液相中有较高的溶解氧浓度。

表 8-1 不同温度下水和氧的物理性质

温度/℃ 性质	25	100	150	200	250	300	320	350
水								
蒸汽压/MPa	0.033	1.05	4.92	16.07	41.10	88.17	116.64	141.90
黏度/Pa·s	922	281	181	137	116	106	104	103
密度/(g/mL)	0.944	0.991	0.955	0.934	0.908	0.870	0.848	0.828
氧(5atm,25℃)								
扩散系数/$m^2 \cdot s^{-1}$	22.4	91.8	162	239	311	373	393	407
亨利常数/(1.01MPa/mol)	4.38	7.04	5.82	3.94	2.38	1.36	1.08	0.9
溶解度/(mg/L)	190	145	195	320	565	1040	1325	1585

湿式空气氧化是针对高浓度有机废水（含有毒有害物质）处理的一种污水处理技术，因而具有其独特的技术特点和运行要求。WAO 法的主要特点有：

① 它可以有效地氧化各类高浓度的有机废水，特别是毒性较大、常规方法难降解的废水，应用范围较广；

② 在特定的温度和压力条件下，WAO 法对 COD 处理效率很高，可达到 90％以上；

③ WAO 法的处理装置较小，占地少，结构紧凑，易于管理；

④ WAO 法处理有机物所需的能量几乎就是进水和出水的热焓差，因此可以利用系统的反应热加热进料，能量消耗少；

⑤ WAO 法氧化有机污染物时，C 被氧化成 CO_2，N 被氧化成 NO_2，卤化物和硫化物被氧化为相应的无机卤化物和硫氧化物，因此产生的二次污染较少。

正因为此，WAO 法在处理浓度太低而不能焚烧、浓度太高又不能进行生化处理的有机废水时具有很大的吸引力。但是，湿式氧化法的应用也存在一定的局限性：①该法要求在高温、高压条件下进行，系统的设备费用较大，条件要求严格，一次性投资大；②设备系统要求严，材料要耐高温、高压，且防腐蚀性要求高；③仅适用于小流量的高浓度难降解有机废水，或作为某种高浓度难降解有机废水的预处理，否则很不经济；④对某些有机物如多氯联苯、小分子羧酸难以完全氧化去除。

20 世纪 70 年代以前，湿式氧化技术主要用于城市污水处理的污泥和造纸黑液的处理；20 世纪 70 年代以后，湿式氧化技术发展很快，广泛应用于含氰废水、含酚废水、活性炭再生、造纸黑液，以及难降解有机物质和城市污泥及垃圾渗滤液的处理，装置数目和规模增大，并开始了催化湿式氧化的研究与应用。

目前，湿式氧化技术在国外已广泛用于各类高浓度废水及污泥的处理，尤其是毒性大，难以用生化方法处理的农药废水、染料废水、制药废水、煤气洗涤废水、造纸废水、合成纤维废水及其他有机合成工业废水的处理，也用于还原性无机物（如 CN^-、SCN^-、S^{2-}）和放射性废物的处理。国内从 20 世纪 80 年代才开始进行 WAO 法的研究，先后对造纸黑液、含硫废水、含酚含氰废水、农药与印染废水进行了试验探索。

8.2 湿式空气氧化的机理及动力学研究

8.2.1 湿式空气氧化的机理

国外学者提出了湿式空气氧化法去除有机物的机理，认为氧化反应属于自由基反应，通常分为三个阶段，即链的引发、链的引发或传递以及链的终止。

第一阶段，链的引发。由反应物分子生成最初自由基，活性分子断裂产生自由基需要一定的能量，为此常采用三种方法引发自由基，即利用引发剂、特殊光谱和热能。反应历程为：

$$RH+O_2 \longrightarrow R\cdot+HOO\cdot \tag{8-1}$$
$$2RH+O_2 \longrightarrow 2R\cdot+H_2O_2(RH 为有机物) \tag{8-2}$$
$$H_2O_2+M \longrightarrow 2\cdot OH(M 为催化剂) \tag{8-3}$$

第二阶段，链的引发或传递。即自由基与分子相互作用的交替过程，此过程易于进行。

$$RH+\cdot OH \longrightarrow R\cdot+H_2O \tag{8-4}$$
$$R\cdot+O_2 \longrightarrow ROO\cdot \tag{8-5}$$
$$HO_2\cdot+RH \longrightarrow ROOH+H\cdot \tag{8-6}$$

第三阶段，链的终止。自由基经过碰撞生成稳定分子，消耗自由基使链中断的过程。

$$R\cdot+R\cdot \longrightarrow R-R \tag{8-7}$$
$$ROO\cdot+R\cdot \longrightarrow ROOR \tag{8-8}$$
$$ROOH+ROO\cdot \longrightarrow ROH+RO_2+O_2 \tag{8-9}$$

反应中生成的·OH、RO·、ROO·等自由基攻击有机物 RH，引发一系列的链式反应，生成其他低分子酸和二氧化碳。式（8-2）中 H_2O_2 的生成说明湿式氧化反应属于自由基反应机理，但自由基的生成并不仅仅只通过上述反应，还有许多不同的解释。Li 等认为，有机物的湿式氧化反应是通过下列自由基的生成而进行的。

$$O_2 \longrightarrow O\cdot+O\cdot \tag{8-10}$$
$$O\cdot+H_2O \longrightarrow 2\cdot OH \tag{8-11}$$
$$RH+\cdot OH \longrightarrow R\cdot+H_2O \tag{8-12}$$
$$R\cdot+O_2 \longrightarrow ROO\cdot \tag{8-13}$$
$$ROO\cdot+RH \longrightarrow R\cdot+ROOH \tag{8-14}$$

从式（8-10）～式（8-14）可以看出，首先是形成·OH，然后·OH 与有机物 RH 反应生成低级酸 ROOH，ROOH 再进一步氧化成 CO_2 和 H_2O。

尽管式（8-1）～式（8-9）中·OH 的作用并不明显，但主张这一反应机理的 Shibaeva 等都证实了反应（8-12）的存在，并认为·OH 的形成促进了 R·自由基的生成。由上述反应可知，氧化反应的速率受制于自由基的浓度，初始自由基形成的速率及浓度决定了氧化反应"自动"地进行的速率。由此可以得到启发，在反应初期加入双氧水或一些含 C—H 键的化合物作为启动剂，或加入过渡金属化合物作催化剂，可加速氧化反应的进行。

8.2.2 湿式空气氧化的动力学研究

湿式空气氧化过程的反应动力学模型归纳起来可分为半经验模型和理论模型两大类。

(1) 半经验模型

Jean-Noel Foussard 等提出了湿式空气氧化的半经验模型，认为污泥的湿式氧化为一级反应，其反应动力学模型为：

$$-\frac{da}{dt}=k_a a \tag{8-15}$$

$$-\frac{db}{dt}=k_b b \tag{8-16}$$

式中　a——易氧化有机物浓度；

　　　b——不易氧化有机物浓度；

k_a、k_b——反应速率常数，一般采用实测的方法确定。

(2) 理论模型

湿式空气氧化过程的理论模型的基本形式为：

$$-\frac{\mathrm{d}c}{\mathrm{d}t}=k_0\exp\left(\frac{-E_a}{RT}\right)[C]^m[O]^n \tag{8-17}$$

式中　　k_0——指前因子；

$\quad\quad E_a$——反应活化能，kJ/mol；

$\quad\quad T$——反应温度，K；

$\quad\quad [C]$——有机物的浓度，mol/L；

$\quad\quad [O]$——氧化剂的浓度，mol/L；

$\quad\quad t$——反应时间，s；

$\quad m$、n——反应级数；

$\quad\quad R$——气体常数，8.314J/(mol·K)。

Shanablen 于 1990 年对活性污泥的湿式氧化进行动力学求解，得：

$\quad\quad k_0=1.5\times10^2, E_a=54\text{kJ/mol}, m=1, n=0, T=273\sim576\text{K}, p=24\sim35\text{MPa}$。

反应动力学研究对设计湿式氧化工艺是很有必要的。由于湿式氧化涉及的反应形式复杂，参数多，中间产物多，要根据基元反应推导精确反应速率方程还不可能，习惯上常用可测的综合水质指标如 COD 来表征有机物含量，并且假设反应是一级反应。这一假设对大多数废水而言是可行的。

8.3　湿式空气氧化的影响因素

湿式空气氧化的处理效果取决于废水的性质和操作条件（温度、氧分压、时间、催化剂等），其中反应温度是最主要的影响因素。

（1）反应温度

大量研究表明，反应温度是湿式氧化系统处理效果的决定性影响因素，温度越高，反应速率越快，反应进行得越彻底。温度升高，氧在水中的传质系数也随着增大，同时，温度升高使液体的黏度减小，降低表面张力，有利于氧化反应的进行。不同温度下的湿式氧化效果如图8-1 所示。

从图 8-1 可以看出：

① 温度越高，时间越长，有机物的去除率越高。当温度高于 200℃ 时，可以达到较高的有机物去除率。当反应温度低于某个限定值时，即使延长反应时间，有机物的去除率也不会显著提高。一般认为湿式氧化的温度不宜低于 180℃，通常操作温度控制在200～340℃。

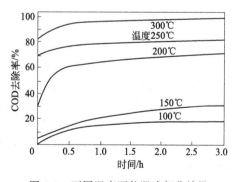

图 8-1　不同温度下的湿式氧化效果

② 达到相同的有机物去除率，温度越高，所需的时间越短，相应的反应容积越小，设备投资也就越少。但过高的温度是不经济的。常规湿式氧化处理系统，操作温度在 150～280℃ 范围内。

③ 湿式氧化过程大致可以分为两个速率阶段。前半小时，因反应物浓度高，氧化速率快，去除率增加快，此后，因反应物浓度降低或中间产物更难以氧化，致使氧化速率趋缓，去除率增加不多。由此分析，若将湿式氧化作为生物氧化的预处理，则以控制湿式氧化时间为半小时为宜。

（2）反应时间

对于不同的污染物，湿式氧化的难易程度不同，所需的反应时间也不同。对湿式氧化工艺而言，反应时间是仅次于温度的一个影响因素。反应时间的长短决定着湿式氧化装置的容积。

试验与工程实践证明，在湿式氧化处理装置中，达到一定的处理效果所需的时间随着反应温度的提高而缩短，温度越高，所需的反应时间越短；压力越高，所需的反应时间也越短。根据污染物被氧化的难易程度以及处理的要求，可确定最佳反应时间。一般而言，湿式氧化处理装置的停留时间在 0.1~2.0h 之间。若反应时间过长，则耗时耗力，去除率也不会明显提高。

（3）反应压力

气相氧分压对湿式氧化过程有一定影响，因为氧分压决定了液相中的溶解氧浓度。若氧分压不足，供氧过程就会成为湿式氧化的限制步骤。研究表明，氧化速率与氧分压成 0.3~1.0 次方关系，增大氧分压可提高传质速率，使反应速率增大，但整个过程的反应速率并不与氧传质速率成正比。在氧分压较高时，反应速率的上升趋于平缓。但总压影响不显著。控制一定的总压的目的是保证呈液相反应。温度、总压和气相中的水蒸气量三者是偶合因素，其关系如图 8-2 所示。

由此可知，在一定温度下，压力愈高，气相中水蒸气量就愈小，总压的低限为该温度下水的饱和蒸汽压。如果总压过低，大量的反应热就会消耗在水的汽化上，当进水量低于汽化量时，反应器就会被蒸干。湿式氧化系统应保证在液相中进行，总压力应不低于该温度下的饱和蒸汽压，一般不低于 5.0~12.0MPa。如果压力过低，大量的反应热就会消耗在水的蒸发上，这样不但反应温度得不到保证，而且反应器有蒸干的危险。因此，随着反应温度的提高，必须相应地提高反应压力。

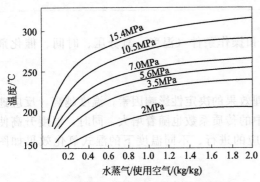

图 8-2　每千克干燥空气的饱和水蒸气量与温度、压力的关系

（4）废水的性质与浓度

废水的性质是湿式氧化反应的影响因素之一。不同的污染物，其湿式氧化的难易程度不同。废水有机物氧化效率与物质的电荷特征和空间结构密切相关。

对于有机物，其可氧化性与有机物中氧元素含量（O）在相对分子质量（M）中的比例或者碳元素含量（C）在相对分子质量（M）中的比例具有较好的线性关系，即 O/M 值愈小，C/M 值愈大，氧化愈容易。研究表明，低相对分子质量的有机酸（如乙酸）的氧化性较差，不易氧化；脂肪族和卤代脂肪族化合物、氰化物、芳烃（如甲苯）、芳香族和含非卤代基团的卤代芳香族化合物等的氧化性较好，易氧化；不含非卤代基团的卤代芳香族化合物（如氯苯和多氯联苯等）的氧化性较差，难氧化。另外，不同的废水有各自不同的反应活化能和氧化反应过程，因此湿式氧化的难易程度也大不相同。

废水浓度影响湿式氧化工艺的经济性，一般认为湿式氧化适用于处理高浓度废水。研究表明，湿式氧化能在较宽的浓度范围内（COD 浓度为 10~300g/L）处理各种废水，具有较佳的经济效益。

（5）进水的 pH 值

在湿式氧化工艺中，由于不断有物质被氧化和新的中间体生成，使反应体系的 pH 值不断变化，其规律一般是先变小，后略有回升。因为 WAO 工艺的中间产物是大量的小分子羧酸，随着反应的进一步进行，羧酸进一步被氧化。温度越高，物质的转化越快，pH 值的变化越剧烈。废水的 pH 值对湿式氧化过程的影响主要有 3 种情况：

① 对于有些废水，pH 值越低，其氧化效果越好。例如王怡中等在研究湿式空气氧化农药废水的试验中发现，有机磷水解速率在酸性条件下大大加快，并且 COD 去除率随着初始 pH

值的降低而增大。

② 有些废水在湿式氧化过程中，pH 值对 COD 去除率的影响存在一极值点。例如，Sada-na 等采用湿式空气氧化法处理含酚废水，pH 值为 3.5～4.0 时，COD 的去除率最大。

③ 对于有机废水，pH 值越高，其处理效果越好。例如 Imamure 发现，在 pH＞10 时，NH_3 的湿式空气氧化降解显著。Mantzavions 在湿式空气氧化处理橄榄油和酒厂废水时发现，COD 的去除率随着初始 pH 值的升高而增大。

因此，废水的 pH 值可以影响湿式空气氧化的降解效率，调节废水到适合的 pH 值点，有利于加快反应的速率和有机物的降解，但是从工程的角度来看，低的 pH 值对反应设备的腐蚀增强，对反应设备（如反应器、热交换器、分离器等）的材质的要求高，需要选择价格昂贵的不锈钢、钛钢等材料，使设备投资增加。同时，低的 pH 值易使催化剂活性组分溶出和流失，造成二次污染，因此在设计湿式空气氧化的流程时要两者兼顾。

（6）搅拌强度

在高压反应釜内进行反应时，氧气从气相至液相的传质速率与搅拌强度有关。搅拌强度影响传质速率，当增大搅拌强度时，液体的湍流程度也增大，氧气在液相中的停留时间延长，因此传质速率增大。当搅拌强度增大到一定时，搅拌强度对传质速率的影响很小。

（7）燃烧热值与所需的空气量

湿式氧化通常也称湿式燃烧。在湿式氧化反应系统中，一般依靠有机物被氧化所释放的氧化热维持反应温度。单位质量被氧化物质在氧化过程中产生的热值即燃烧值。湿式氧化过程中还需要消耗空气，所需空气量可由废水降解的 COD 值计算获得。实际需氧量由于受氧的利用率的影响，常比理论值高出 20％左右。虽然各种物质和组分的燃烧热值和所需空气量不尽相同，但它们消耗每千克空气所能释放的热量大致相等，一般约为 2900～3500kJ。

（8）氧化度

对有机物或还原性无机物的处理要求，一般用氧化度来表示。实际上多用 COD 去除率表示氧化度，它往往是根据处理要求选择的，但也常受经济因素和废物物料的特性所支配。

（9）反应产物

一般条件下，大分子有机物经湿式氧化处理后，大分子断裂，然后进一步被氧化成小分子的含氧有机物。乙酸是一种常见的中间产物，由于其进一步氧化较困难，往往会积累下来。如果进一步提高反应温度，可将乙酸等中间产物完全氧化为二氧化碳和水等最终产物。选择适宜的催化剂和优化工艺条件，有利于湿式空气氧化的中间产物彻底氧化。

（10）反应尾气

湿式空气氧化系统排出的氧化气体成分，随着处理物质和工艺条件的变化而不同。湿式空气氧化气体的组成类似于重油锅炉烟道气，其主要成分是氮和二氧化碳。氧化气体一般具有刺激性臭味，因此应进行脱臭处理。排出的氧化气体中含有大量的水蒸气，其含量可根据其工作状态确定。

8.4　湿式空气氧化的工艺流程与设备

8.4.1　湿式空气氧化的工艺流程

湿式空气氧化法是在高温（150～350℃）和高压（0.5～20MPa）条件下，利用氧气或空气（或其他氧化剂，如 O_3、H_2O_2、Fenton 试剂等）将废水中的有机物氧化分解成为无机物或小分子有机物的过程。高温可以提高 O_2 在液相中的溶解性能，高压的目的是抑制水的蒸发以维持液相，而液相的水可以作为催化剂，使氧化反应在较低的温度下进行。

湿式空气氧化自 1958 年开始，经多年发展和改进，对于处理不同的有机物，出现了不同的工艺流程。

（1）Zimpro 工艺

Zimpro 工艺是应用最广泛的湿式氧化工艺流程，是由 F. J. Zimmermann 在 20 世纪 30 年代提出、40 年代在实验室开始研究，于 1950 年首次正式工业化的。到 1996 年大约有 200 套装置用于处理废水，大约一半用于城市活性污泥处理，大约有 20 套用于活性炭再生，50 套用于工业废水的处理。

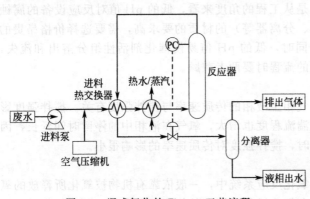

图 8-3　湿式氧化的 Zimpro 工艺流程

Zimpro 工艺流程如图 8-3 所示。反应器是鼓泡塔式反应器，内部处于完全混合状态，在反应器的轴向和径向完全混合，因而没有固定的停留时间，这一点限制了其在对废水水质要求很高场合时的应用。虽然在废水处理方面，Zimpro 流程不是非常完善的氧化处理技术，但可以作为有毒物质的预处理方法。废水和压缩空气混合后流经热交换器，物料温度达到一定要求后，废水从下向上流经反应器，废水中的有机物被氧化，同时反应释放出的热量使混合液体的温度继续升高。反应器内流出的液体温度、压力均较高，在热交换器内被冷却，反应过程中回收的热量用于大部分废水的预热。冷却后的液体经过压力控制阀降压后，液体在分离器分离为气、液两相。反应温度通常控制在 420~598K，压力控制在 2.0~12MPa 的范围内，温度和压力与所要求的氧化程度和废水的情况有关。用于污泥脱水的温度一般控制在 420~473K 范围内，而在 473~523K 范围内，比较适宜活性炭再生和处理生物难降解的废水。废水在反应器的平均停留时间为 60min，在不同的应用中停留时间可从 40min 到 4h。

（2）Wetox 工艺

Wetox 工艺是由 Fassell 和 Bridges 在 20 世纪 70 年代设计成功的，由 4~6 个有连续搅拌小室组成的阶梯水平式反应器组成，如图 8-4 所示。此工艺的主要特点是每个小室内都增加了搅拌和曝气装置，因而有效改善了氧气在废水中的传质情况，这种改进是从以下 5 个方面进行的：

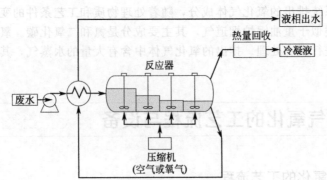

图 8-4　湿式氧化的 Wetox 工艺流程

① 通过减小气泡的体积，增加传质面积；
② 改变反应器内的流形，使液体充分湍流，增加氧气和液体的接触时间；
③ 由于强化了液体的湍流程度，气泡的滞膜厚度有所减小，从而降低了传质阻力；

④ 反应室内有气、液相分离设备，因而有效增加了液相的停留时间，减少了液相的体积，提高了热转化的效率；

⑤ 出水的液体用于进水液体的加热，蒸气通过热交换器回收热量，并被冷却为低压的气体或液相。

该装备的主要工作温度在 480～520K 之间，压力在 4.0MPa 左右，停留时间在 30～60min 范围内，适用于有机物的完全氧化降解或作为生物处理的预处理过程。Wetox 工艺广泛用于处理炼油、石油化工废液、碘化的线性烷基苯废液等，而且也可用于电镀、造纸、钢铁、汽车工业等的废液处理。

Wetox 工艺的缺点是使用机械搅拌的能量的消耗、维修和转动轴的高压密封问题。此外，与竖式反应器相比，反应器水平放置将占用较大的面积。

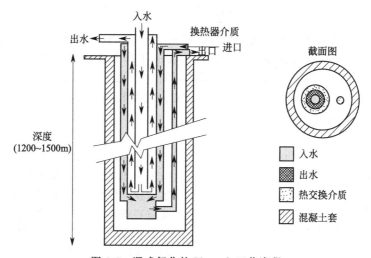

图 8-5 湿式氧化的 Vertech 工艺流程

（3）Vertech 工艺

Vertech 工艺主要由一个垂直在地面下 1200～1500m 的反应器及两个管道组成，内管称为入水管，外管称为出水管，如图 8-5 所示。

可以认为这是一类深井反应器，其优点是湿式氧化所需要的高压可以部分由重力转化，因而减少物料进入高压反应器所需要的能量。在反应器内废水和氧气向下在管道内流动时，进行传质和传热过程。反应器内的压力与井的深度和流体的密度有关。当井的深度在 1200～1500m 之间时，反应器底部的压力在 8.5～11MPa，换热管内的介质使反应器内的温度可达到 550K，停留时间约为 1h。此工艺首次在 1993 年开始运行，处理能力为 23000t/a，反应器入水管的内径为 216mm，出水管的内径为 343mm，井深为 1200m。但在操作过程中有一些困难，例如深井的腐蚀和热交换。废水在入水管随着深度的增加压力逐渐增加，内管的入水与外管的热的出水进行热交换而使温度升高。当温度为 450K 时氧化过程开始，氧化释放的热量使入水的温度逐渐增加。废水氧化后上升到地面，此时出水压力减小，与入水和热交换管的液体进行热交换后温度降低，从反应器流出的液体温度约为 320K。虽然此工艺有较好的降解效果，但流体在反应器内需要一定的停留时间才能流出较长的反应器。

（4）Kenox 工艺

该工艺的新颖之处在于是一种带有混合和超声波装置的连续循环反应器，如图 8-6 所示。该装置的主反应器由内外两部分组成，废水和空气在反应器的底部混合后进入反应器，先在内筒体内流动，之后从内、外筒体间流出反应系统。内筒体内设置有混合装置，便于废水和空气的接触。当气、液混合物流经混合装置时，有机物与氧气充分接触，有机物被氧化。超声波探

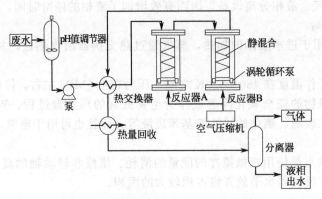

图 8-6 湿式氧化的 Kenox 工艺流程

测装置安装在反应器的上部,超声波穿过有固体悬浮物的液体,利用空化效应在一定范围内瞬间产生高温和高压,从而可加速反应进行。反应器的工作条件为:温度控制在 473～513K 之间,压力控制在 4.1～4.7MPa 之间,最佳停留时间为 40min。通过加入酸或碱,使进入第一个反应器的废水的 pH 值在 4 左右。此工艺的缺点是使用机械搅拌,能耗过高,高压密封易出现问题,设备维护困难。

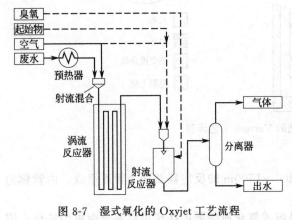

图 8-7 湿式氧化的 Oxyjet 工艺流程

(5) Oxyjet 工艺

Oxyjet 工艺流程如图 8-7 所示。此工艺采用射氧装置,极大地提高了两相流体的接触面积,因而强化了氧在液体中的传质。在反应系统中气液混合物流入射流混合器内,经射流装置作用,使液体形成了细小的液滴,实际上产生大量气液混合物。液滴的直径仅有几个微米,因此传质面积大大增加,传质过程被大大强化。此后气液混合物流过反应器,在此有机物快速地被氧化。与传统的鼓泡反应器相比,该装置可有效缩短反应所需的停留时间。在反应管之后,又有一射流反应器,使反应混合物流出反应器。

Jaulin 和 Chornet 使用射流混合器和反应管氧化苯酚,工作温度为 413～453K,停留时间为 2.5s,苯酚的降解率为 20%～50%。

Gasso 等研究使用射流混合器和反应管系统,并加入一个小型的用于辅助氧化的反应室。在温度为 573K、停留时间为 2～3min 时,处理纯苯酚和液体,TOC 降解率为 99%。他们又发现,此工艺适用于处理农药废水、含酚废水等。

归纳起来,湿式空气氧化技术的发展有三个方向:第一,开发适于湿式氧化的高效催化剂,使反应能在比较温和的条件下,在更短的时间内完成;第二,将反应温度和压力进一步提高至水的临界点以上,进行超临界湿式氧化;第三,回收系统的能量和物料。

由于湿式氧化为放热反应,因此反应过程中还可以利用其产生的热能。目前应用的 WAO 废水处理的典型工艺流程如图 8-8 所示,废水通过储罐由高压泵打入换热器,与反应后的高温氧化液体换热后,使温度升高到接近于反应温度后进入反应器。反应所需的氧由压缩机打入反应器。在反应器内,废水中的有机物与氧发生放热反应,在较高温度下将废水中的有机物氧化成二氧化碳和水,或低级有机酸等中间产物。反应后气液混合物经分离器分离,液相经热交换器预热进料,回收热能。高温高压的尾气首先通过再沸器(如废热锅炉)产生蒸汽或经热交换器预热锅炉进水，其冷凝水由第二分离器分离后通过循环泵再打入反应器，分离后的高压尾气送入透平机产生机械能或电能。为保证分离器中热流体充分冷却，在分离器外侧安装有水冷套筒。分离后的水由分离器底部排出，气体由顶部排出。

从湿式氧化工艺的经济性分析认为，这一典型的工业化湿式氧化系统适用于 COD 浓度为 $10\sim300g/L$ 的高浓度有机废水的处理，不但处理了废水，而且实现了能量的逐级利用，减少了有效能量的损失，维持并补充湿式氧化系统本身所需的能量。

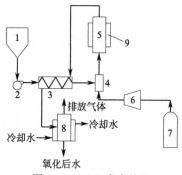

图 8-8　WAO 废水处理
的典型工艺流程
1—污水储罐；2—加压泵；3—热交换器；4—混合器；5—反应器；6—气体加压泵；7—氧气罐；8—气液分离器；9—电加热套筒

8.4.2 湿式氧化的主要设备

从以上湿式氧化主要工艺的介绍可以看出，不同应用领域的湿式氧化工艺虽然有所不同，但基本流程极为相似，基本包括以下几点。

① 将废水用高压泵送入系统中，空气（或纯氧）与废水混合后，进入热交换器，换热后的液体经预热器预热后送入反应器内。

② 氧化反应是在氧化反应器内进行的，反应器也是湿式氧化的核心设备。随着反应器内氧化反应的进行，释放出来的反应热使混合物的温度升高，达到氧化所需的最高温度。

③ 氧化后的反应混合物经过控制阀减压后送入换热器，与进水换热后进入冷凝器。液体在分离器内分离后，分别排放。

完成上述湿式氧化过程的主要设备包括：

（1）反应器

反应器是湿式氧化过程的核心部分，湿式氧化的工作条件是高温、高压，而且所处理的废水通常有一定的腐蚀性，因此对反应器的材质要求较高，需要有良好的抗压强度，且内部的材质必须耐腐蚀，如不锈钢、镍钢、钛钢等。

（2）热交换器

废水进入反应器之前，需要通过热交换器与出水的液体进行热交换，因此要求热交换器有较高的传热系数、较大的传热面积和较好的耐腐蚀性，且必须有良好的保温能力。对于含悬浮物多的物料常采用立式逆流管套式热交换器，对于含悬浮物少的有机废水常采用多管式热交换器。

（3）气液分离器

气液分离器是一个压力容器。当氧化后的液体经过换热器后温度降低，使液相中的氧气、二氧化碳和易挥发的有机物从液相进入气相而分离。分离器内的液体，再经过生物处理或直接排放。

（4）空气压缩机

在湿式氧化过程中，为了减少费用，常采用空气作为氧化剂。当空气进入高温高压的反应器之前，需要使空气通过热交换器升温和通过压缩机提高空气的压力，以达到需要的温度和压力。通常使用往复式压缩机，根据压力要求来选定段数，一般选用 3～6 段。

8.5　湿式空气氧化的应用

湿式空气氧化法的关键在于产生足够的自由基供给氧化反应。虽然该法可以降解几乎所有的有机物，但由于反应条件苛刻，对设备的要求很高（需要高温高压），燃料消耗大，因而不适合大量废水的处理。

目前，全世界范围内有 200 套以上的湿式空气氧化装置在运行，主要用于处理制药工业中的废水及污泥处理等。应用湿式氧化工艺处理废水时，可根据需要采用一个独立的 WAO 废水处理系统，将废水直接处理达标，也可通过催化氧化，使废水中的有机物低分子化处理后，再与常规活性污泥或厌氧消化法结合使用，经处理后废水达标排放。

(1) 处理活性污泥

生物法处理废水后，会产生大量的活性污泥，这些活性污泥的处理是一个很困难的问题。通常的方法是活性污泥经过干燥床或真空过滤脱水后，填埋或焚烧。采用填埋法会产生新的污染问题且需有较大的污泥回收面积；焚烧法将需要大量的能源消耗费用。

城市污泥的湿式氧化处理是湿式氧化技术最成功的应用领域，目前有 50% 以上的湿式氧化装置用于活性污泥的处理。将湿式氧化用于城市污水处理厂剩余污泥的处理，可以强化对微生物细胞的破坏，提高污泥的可生化性，提高后续污泥的厌氧消化效果，改善脱水性能，便于填埋，且污泥量大大减少，处理费用明显降低。湿式氧化过程中的操作温度和压力对活性污泥的氧化程度有很大的影响，氧化的终产物依赖氧化的程度。

在湿式氧化处理活性污泥方面也有大量的基础研究报道，许多研究人员对污泥中的一些特定结构物的氧化进行了大量的研究，发现了一些规律。例如 Telezke 等用湿式氧化技术处理不同的活性污泥，发现淀粉很容易被降解；木质素在 200℃ 以下不易降解，在 200℃ 以上和淀粉一样易降解；蛋白质和粗的纤维素在 200℃ 以下不易被氧化，在 200℃ 以上它们与淀粉一样容易被氧化。在活性污泥中少量的糖可以在 150～175℃ 被氧化，并且多糖的水解作用起了很重要的作用。在湿式氧化处理后，除粗纤维素以外，其他物质都能在滤液中被发现。

对低压下的湿式氧化研究表明，大部分硫被氧化为硫酸盐，不在滤液中；有机氮转化为硝酸盐和氨，大部分存在于滤液中。在低压下，大部分的固体还存在，通过各种干燥方式，固体物被分离出来。

Wilhelmi 和 Knopp 对含有六氯五价化合物和八氯五价化合物等有毒化合物高污染的市政污泥采用湿式氧化处理进行研究，经低温低压的湿式氧化系统处理后，其有毒化合物可去除 99% 左右。

(2) 处理酒精蒸馏废水

制糖厂中废糖蜜是生产酒精的重要原材料。糖蜜稀释后经过酵母发酵，发酵后的废液含有 6%～12% 的酒精，而酒精回收后的液体（包括冲洗水和釜留物）颜色为黑褐色，而且体积是所生产酒精的 6～15 倍。废水中有机物含量高（COD 为 60～200kg/m³）且组成复杂，污染严重，处理难度大。由于在制糖过程中使用 SO_2 漂白，因此废水中含有高浓度的硫，使得不经过稀释生物处理很困难。关于采用湿式氧化工艺处理酒精蒸馏废水的机理也有大量的报道，例如 Daga 等研究了在温度为 150～230℃，氧分压为 0～2.5MPa 下采用湿式氧化处理酒精蒸馏废水的动力学，研究结果表明，反应分两步进行，当氧分压在 1MPa 以上时，氧反应指数为 1；当氧分压在 1MPa 以下时，氧反应指数在 0.3～0.6 范围内。当在 200℃ 时，氧的溶解度增加，氧化速率增加，反应的活化能是 45.34kJ/mol。

Shal 等采用两步法处理酒精蒸馏废水，首先采用湿式氧化使废水的 COD 降低，然后再用好氧活性污泥法处理废水。Chowdhury 和 Rose 研究了使用催化剂和无催化剂处理酒精废水的效果。在无催化剂的条件下，压力对氧化有明显的影响，降解率为 84%，而在催化剂存在的条件下，压力对氧化的影响较小，降解率为 95%。

与活性污泥法相比，处理同一种废水，湿式氧化法的投资高约 1/3，但运行费用却低得多。若利用湿式氧化系统的废热产生低压蒸汽，产生蒸汽的收益可以抵偿 75% 左右的运行费用，其净运行费只占活性污泥法的 15% 左右。若能从湿式氧化系统回收有用物料，其处理成本将更低。

（3）处理造纸废水

造纸废水碱度大、颜色深，废水中含有高浓度的有机物、悬浮物、硫化物、有机酸、木质素、树脂酸、酚、不饱和脂肪酸等，COD 高，但 BOD 值很低，可生化性差。造纸废水排放量很大，每吨纸浆大约会产生 $300m^3$ 的废水，是轻工行业主要废水污染来源。回收造纸尾液中的化学物质，尤其是碱液可有效降低出水的 COD 值，使出水达到排放标准。回收有用的化学物质和能量是经济可行的，并改善了工作条件。传统的处理造纸废水的方法是先蒸发，然后在炉内焚烧。回收的化学物质是一些可溶性的盐，能量是以蒸汽的形式回收，但是化学物质和能量回收率不令人满意。湿式氧化是一种有前景的处理造纸黑液的方法。第一个湿式氧化工艺的专利是在 180℃、有压缩空气存在的高压反应器内处理硫酸溶液，在 1958 年湿式氧化工艺首次应用于处理硫酸溶液的实际生产中。自此以后，湿式氧化是回收液相中的化学物质和能量的长期的有效方法，并且有较好的经济可行性。在溶液中存在的钠盐以碳酸钠形式被回收，硫以无机盐的形式被回收。采用湿式氧化工艺的工厂可回收 99.9% 的纸浆中的化学物质和高压蒸汽的能量。

以湿式氧化工艺处理造纸黑液是研究最多的问题，例如 Teletzke 讨论了采用湿式氧化回收造纸工厂的化学物质的可行性。Galassi 等采用 O_3 作为氧化剂，在温度为 280～380℃ 的条件下处理 COD 为 3.47g/L 的造纸黑液。Prasad 和 Joshi 等研究了氧分压为 0.3～1.0MPa 的湿式氧化动力学，发现在 275℃、氧分压为 0.3MPa 时，90% 的 COD 被降解。

湿式氧化处理造纸废水需在 120～317℃ 的高温、20MPa 的压力下进行，条件较苛刻。为了降低操作条件，人们对催化剂进行了大量研究，例如使用几种金属催化剂（CuO、MnO_2、ZnO、SeO_2），发现 SeO_2 的催化效果最好。

（4）处理染料废水

染料废水一般含有苯系、萘系、蒽醌系、卤化物、硝基物、苯胺和酚类等有机物，这些物质多数是极性物质，易溶于水，成分复杂，浓度高，毒性大，有机物浓度高，有时甚至高达数万毫克每升，色度高，难降解物质多。近年来抗氧化、抗生物降解型新染料的出现，使染料废水的处理难度日益增加，传统的化学和生化处理方法均难以有效处理，尤其对难降解有机物处理效果较差。

研究表明，湿式空气氧化能有效去除染料废水中的有毒成分，分解有机物，提高废水的可生化性。活性染料和酸性染料适合湿式氧化，而直接染料稍难以氧化。在温度为 200℃、总压为 6.0～6.3MPa，进水 COD 浓度为 3280～4880mg/L 的条件下，活性染料、酸性染料和直接耐晒黑染料废水的 COD 去除率分别为 83.6%、65% 和 50%。

曾新平等采用湿式氧化工艺对染料生产的废水进行处理，该厂生产的分散蓝 60$^\#$ 染料属蒽醌型分散染料，是以蒽醌酸酐与二甲基甲酰胺、甲基丙胺在乙醇溶剂中缩合而成的，回收溶剂后排放的废水中含有大量蒽醌系、乙醇等原料和中间体，有机物浓度高，可生化性差，属于典型的高浓度难降解有机废水。在进水 COD 浓度为 46710mg/L，反应温度为 225℃、氧浓度为理论供氧量的 1.25 倍，反应时间为 2h 时，COD 的去除率达 72.1%，同时废水的可生化性从 0.15 上升到 0.69，色度从 5 万倍降到 50 倍以下。说明湿式氧化对该废水具有较好的处理效果，该处理工艺可以作为生化处理前的预处理。

（5）处理农药废水

随着人口的增长，农业生产越来越重要，农药工业已经成为提高农业产量的一个重要手段。在农药生产中，由于农药品种多、生产历程长、反应步骤多，原材料、合成工艺、产品化学结构之间的差异较大，生产过程中排放大量浓度高、毒性大、成分复杂的废水。其中含有苯类、苯胺类、烃类、酚类、有机磷、氨氮、重金属、石油，常用的生物法处理农药废水效果不理想，且需要大量的水稀释后才能进行处理。

国外已有研究者采用湿式氧化对多种农药废水进行了处理，发现这是一种十分有效的处理方法。Ishii 等用湿式氧化法处理含有机磷和有机硫的农药废水，在温度为 180～230℃、压力为 7～15MPa 的条件下，使有机硫转化为硫酸、有机磷转化为磷酸。美国的兰达尔曾对多种农药废水进行了湿式氧化处理，当温度在 204～316℃ 范围内，废水中烃类有机物及其卤化物的分解率达 99% 以上，氯化物如多氯联苯（PCB）、DDT 等通过湿式氧化，毒性也降低了 99%，大大提高了处理后出水的可生化性，使得后续的生物处理得以顺利进行。美国密执安州专业化学公司开发了用湿式氧化法处理农药和除草剂废水，具有明显的效果。

国内应用湿式氧化法处理杀螟松农药中间体甲基氯化物废水，已经实现小试、中试，获得了最佳反应条件，为工业化装置的设计和运转提供了依据。采用湿式氧化法处理乐果废水，在温度为 225～240℃，压力为 6.5～7.5MPa，停留时间为 1～1.2h 的条件下，有机磷的去除率为 93%～95%，有机硫的去除率为 80%～88%，COD 的去除率为 40%～45%。

（6）处理氰化物、氰酸盐等废水

氰化物主要来源于电镀工厂、金属提炼、石油炼制等生产中。氰化钠用于制药、农业化肥、染料中间体。这些生产中的废水中有一些没有反应的氰化物。除了腈以外，在丙烯腈生产中的废水也受到广泛的关注，因为废水中的丙烯腈、乙腈、丙烯醛、无机氰化物、硫酸铵和其他高浓度有机物都有较强的毒性。

为减少氰化物和丙烯腈的含量，通常采用物理和化学方法处理这类物质，目的是减少氰化物和丙烯腈的含量。采用臭氧氧化丙烯腈虽然效果较好，但是液相中的臭氧会对微生物产生不良作用，这是因为臭氧对微生物有害，故不适用于后续的生物处理。而 WAO 可以有效地处理煤制气、金属电镀行业的含氰废水，氰化物的降解率可达 98%～99%。

湿式氧化可以作为完整的处理阶段，将污染物浓度一步处理到排放标准值以下。但是为了降低处理成本，也可以作为其他方法的预处理或辅助处理。常见的组合流程是湿式氧化后进行生物氧化。国外多家工厂采用此两步法流程处理丙烯腈生产废水。经湿式氧化处理，COD 浓度由 42000mg/L 降至 1300mg/L，BOD_5 的浓度由 14200mg/L 降至 1000mg/L，氰化物的浓度由 270mg/L 降至 1mg/L，BOD_5/COD 的比值由 0.2 提高至 0.76 以上。再经活性污泥法处理，COD 的总去除率达 99%，BOD_5 的总去除率达 99.9%，氰化物的总去除率达 99.6%。

（7）活性炭的再生

活性炭是一种广泛用于吸附分离过程的吸附剂，活性炭的再生对吸附过程的经济效益是很重要的。用于活性炭再生的方法有：生物处理、溶剂萃取、热再生、酸处理等。许多研究者对不同的活性炭再生方法进行了经济可行性的评价。例如，Loven 采用不同的方法对活性炭的再生进行了研究，并评价了这些方法的经济可行性，研究发现当污染物是难降解的有机物时，生物处理法使活性炭再生是不可行的。而采用溶剂萃取时，只有在活性炭上所吸附的物质有高的回收价值时，此方法才是经济可行的，但是当污染物与活性炭发生化学吸附时，用溶剂萃取法除去污染物也是相当困难的。采用超临界流体使活性炭再生时，如果污染物与活性炭的表面是化学吸附的，此方法也很难去除污染物而使活性炭再生。当吸附是放热过程时，对于热再生法、蒸汽再生法和湿式氧化法工艺再生，效果较好，这是因为高压下活性炭的吸附能力很低。热处理和湿式氧化工艺使活性炭再生的同时也降解了所吸附污染物浓度。热处理再生（温度在 650～1000℃）除了有腐蚀以外，炭的丢失率大约为 10%～60%。

湿式氧化工艺是进行活性炭再生的一种较好的方法，它的再生包括热再生和氧化再生两部分。湿式氧化再生活性炭的优点是不需要脱水过程，炭的丢失率低于 7%，与热再生法相比，费用低。对湿式氧化活性炭再生的研究大多集中在用湿式氧化进行活性炭再生的温度、反应时间等工艺条件的探索上。例如 Charest 和 Cornet 采用湿式氧化工艺对活性炭的再生进行了动力学研究，当温度在 200℃ 以上、氧分压在 3MPa 以下时，炭和氧反应的指数在 0～1 之间，反应的活化能是 33.49kJ/mol。Mundale 等对湿式氧化活性炭再生的步骤进行了研究，指出湿式氧化再生活性炭的过程是：在活性炭表面吸附物质的脱附，脱附物质从活性炭的内部向外部进行传质，然后再从活性炭的外表面向溶液中传质，氧得以从相反方向从气相向液相传输，最后溶解氧和液相中的脱附物质相撞，发生反应。另一种传质方式是气液传质过程，即氧在液相中传质到活性炭的表面，然后氧化活性炭表面的有机物。

采用湿式氧化工艺进行活性炭再生，不仅炭的丢失率小（1%～7%），而且可氧化降解吸附在活性炭表面上的有机物，从而减少了后续的处理过程和费用。

（8）应用湿式氧化产能

湿式氧化有机物的过程中会产生热量，可以应用这些能量来产生蒸汽。湿式氧化产能的优点是不会产生对大气有污染的 N、S 化合物，而且湿式氧化工厂回收能量的效率也高于传统的煤炭燃烧炉的效率。湿式氧化还可以将没有能量利用价值的污泥和废水转化为能量更低的物质，同时回收能量。Flynn 等探讨了湿式氧化工厂中不同形式的能量回收方式，其中以热回收的能量最为有效，可以将热量转化为蒸汽、锅炉热的入水和其他的用途。除此之外，利用反应放出的气体使涡轮机膨胀产生机械能或电能，虽然能量转化率有些低，但也是能量转化的一种有效方式。

湿式氧化还可以从各类低能残余物质如农业和林业中各种副产品及废水中的化学物质中经济有效地回收部分能量。

经过大量的研究和工业应用，已经证明了湿式氧化是一种处理特殊废水的有效方法，湿式氧化在处理废水方面具有以下主要特点：

① 适应性强，能处理低发热量的污泥，也能处理高发热量的有机废水。对于一般处理系统难降解的有机物有很好的处理效果，因此特别适用于难处理和有毒高浓度的有机废水及废物。

② 反应过程迅速，反应时间通常在 1h 以内，而且反应进行得较彻底，残留物数量和体积均较小。

③ 湿式氧化装置和生物处理法联用，可以解决其他处理流程难以处理的一些困难问题。

④ 湿式氧化处理装备完全是系统化、装备化的运行设备，布置紧凑，易于调节，管理方便，反应在密闭容器内进行，空气污染等易控制。

尽管湿式氧化是一种新型的废水处理工艺，并且也存在一些缺点，但它在处理某些特殊废水方面具有良好的经济可行性和广阔的市场前景。

8.6 催化湿式氧化技术

由于传统的湿式氧化技术需要较高的温度和压力，相对较长的停留时间，尤其是对于某些难氧化的有机化合物反应要求更为苛刻，致使设备投资和运行费用都较高。为降低湿式空气氧化的反应温度和反应压力，同时提高处理效果，在传统湿式氧化技术的基础上进行了一些改进，主要有：

① 催化化学的发展为湿式氧化提出了一条新的发展思路，即可以使用催化剂降低反应的活性能，从而在不降低处理效果的情况下，降低反应温度和压力。为了降低反应所需的温度和压力，并且提高处理效果，发展了使用高效、稳定的催化剂的催化湿式氧化法（Catalytic Wet Air Oxidation，简称 CWAO 法）。

② 将废液温度升高至水的临界温度以上，利用超临界水良好的特性来加速反应进程，即超临界湿式氧化技术（Supercritical Wet Oxidation，简称 SCWO）或超临界水氧化技术（Supercritical Water Oxidation，简称 SCWO）。

③ 在反应中加入比氧气的氧化能力更强的氧化剂，如过氧化氢、臭氧等，这种湿式氧化

技术也叫过氧化物氧化技术（Wet Peroxide Oxidation，简称 WPO 法）。

这些改进技术受到了广泛重视并且已经开展了大量的研究和应用工作，其中最为成熟和广泛应用的是催化湿式空气氧化技术，它是在传统的湿式空气氧化技术处理工艺中，加入适当的催化剂来降低反应的温度和压力，提高氧化分解的能力，缩短反应的时间，并减小了设备的腐蚀，降低了成本。

催化湿式氧化法是依据废水中的有机物在高温高压下进行催化燃烧的原理来净化处理高浓度有机废水的，其最显著的特点是以羟基自由基为主要氧化剂与有机物发生反应，反应中生成的有机自由基可以继续参加·OH 的链式反应，或者生成有机过氧化物自由基后进一步发生氧化分解反应直至降解为最终产物 CO_2 和 H_2O，从而达到氧化分解有机物的目的。

催化湿式氧化法在各种有毒有害和难降解的高浓度废水处理中非常有效，具有较高的实用价值。日本及其他发达国家，把该技术视为第二代工业废水处理高新技术，专门用于解决第一代常规技术（如生物处理、物化处理等）难以解决的 21 世纪新技术。

8.6.1 催化湿式氧化常用的催化剂

高活性催化剂的应用是催化湿式氧化反应的重要因素。催化剂的运用大大提高了湿式氧化的速度和程度，这是因为加入的催化剂能降低反应的活化能，并改变反应的历程。

（1）催化剂的筛选

由于催化剂具有选择性，有机化合物的种类和结构不同，适应的催化剂也不同，因此需要对催化剂进行筛选评价。

对有机物湿式氧化，多种金属具有催化活性，目前应用于湿式氧化法的催化剂主要包括过渡金属及其氧化物、复合氧化物和盐类。已有多种过渡金属氧化物被认为具有湿式氧化催化活性，其中贵金属系（如以 Pt、Pd 为活性成分）催化剂的活性高，寿命长，适应性强，但价格昂贵，应用受到限制，所以在应用研究中一般比较重视非贵金属催化剂，其中过渡金属如 Cu、Fe、Ni、Co、Mn 等在不同的反应中都具有较好的催化性能。表 8-2 列出了一些催化湿式氧化法中常用的催化剂。

表 8-2 催化湿式氧化法中常用的催化剂

类别	催化剂
均相催化剂	$PdCl_2$、$RuCl_3$、$RhCl_3$、$IrCl_4$、K_2PtO_4、$NaAuCl_4$、NH_4ReO_4、$AgNO_3$、$Na_2Cr_2O_7$、$Cu(NO_3)_2$、$CuSO_4$、$CoCl_2$、$NiSO_4$、$FeSO_4$、$MnSO_4$、$ZnSO_4$、$SnCl_2$、Na_2CO_3、$Cu(OH)_2$、$CuCl$、$FeCl_2$、$CuSO_4$-$(NH_4)_2SO_4$、$MnCl_2$、$Cu(BF_4)_2$、$Mn(AC)_2$
非均相催化剂	WO_3、V_2O_5、MoO_3、ZrO_4、TaO_2、Nb_2O_5、HfO_2、OsO_4、CuO、Cu_2O、Co_2O_3、NiO、Mn_2O_3、CeO_2、Co_3O_4、SnO_2、Fe_2O_3
非均相催化剂复合氧化物	CuO-Al_2O_3、MnO_2-Al_2O_3、CuO-SiO_2、CuO-ZrO-Al_2O_3、RuO_2-CeO_2、RuO_2-Al_2O_3、RuO_2-ZrO_2、RuO_2-TiO_2、Mn_2O_3-CeO_2、Rh_2O_3-CeO_2、IrO_2-CeO_2、PdO-TiO_2、Co_3O_4-$BiO(OH)$、Co_3O_4-CeO_2、Co_3O_4-$BiO(OH)$-CeO_2、Co_3O_4-$BiO(OH)$-Lu_2O_3、CuO-ZnO、SnO_2-Sb_2O_4、SnO_2-MoO_3、Fe_2O_3-Sb_2O_4、SnO_2-Fe_2O_3、Fe_2O_3-Cr_2O_3、Fe_2O_3-P_2O_5、Cu-Mn-Fe 氧化物、Cu-Mn 氧化物、Cu-Mn-Zn 氧化物、Co-Mn 氧化物、Co-Cu 氧化物、Cu-Mn-Co 氧化物

（2）催化剂性能的主要评价指标

催化剂的性能与其化学结构和物理结构密切相关，与主催化剂和载体的化学成分、配比以及结合状态有关。催化剂的性能主要有以下几个方面：

① 活性。催化剂的活性是催化剂加快化学反应速率能力的一种量度，常以催化反应的比速率常数来表示。

② 选择性。催化剂对复杂化学反应有选择地发生催化作用的性能称为催化剂的选择性。选择性有两种表示方法，一种是主产物的产率，一种是主副反应速率常数之比。

③ 稳定性。指催化剂在使用条件下维持一定活性水平的时间，通常以寿命表示，包括耐热稳定性、机械稳定性和抗毒稳定性等。

④ 流通性。即催化剂在使用中的流体力学特性和传质状态。

在试验研究过程中，催化剂的活性与稳定性是最应关心的问题。

根据所用催化剂的状态，可将催化剂分为均相催化剂和非均相催化剂两类。均相催化剂与反应物处于同一物相之中，而非均相催化剂多为固体，与反应物处于不同的物相之中，因此，催化湿式氧化也相应地分为均相催化湿式氧化和非均相催化湿式氧化。均相催化剂一般比非均相催化剂活性高，反应速率快，但流失的金属离子会造成二次污染。

8.6.2　均相催化湿式氧化

均相催化湿式氧化是通过向反应溶液中加入可溶性的催化剂，在分子或离子水平上对反应过程进行催化。均相催化的特点是反应温度更为温和，反应性能更专一，有特定的选择性。

催化湿式氧化的最初研究集中在均相催化剂上，当前最受重视的均相催化剂都是可溶性过渡金属的盐类，其中铜盐效果较为理想。这是由于在结构上，Cu^{2+} 外层具有 d^9 电子结构，轨道的能级和形状都使其具有显著的形成络合物的倾向，容易与有机物和分子氧的电子结合形成络合物，并通过电子转移使有机物和分子氧的反应活性提高。

对于铜的催化湿式氧化机理，Sandana 等通过催化氧化苯酚，提出了如下自由基反应机理：

（1）链的引发

$$HO-R-H+Cu\text{-}cat \xrightarrow{k_1} O=R\cdot-H+\cdot H-Cu\text{-}cat \tag{8-18}$$

（2）链的传递

$$O=R\cdot-H+O_2 \xrightarrow{k_2} O=RH-OO\cdot \tag{8-19}$$

$$O=RH-OO\cdot+HO-R-H \xrightarrow{k_3} HO-R-OOH+O=R\cdot-H \tag{8-20}$$

（3）过氧化氢物分解

$$HO-R-OOH+2Cu\text{-}cat \xrightarrow{k_4} Cu\text{-}Cat\cdots R(OH)-O\cdot+\cdot OH\cdots Cu\text{-}Cat \tag{8-21}$$

（4）链的终止

$$Cu\text{-}Cat\cdots R(OH)-O\cdot+R(OH)-H \xrightarrow{k_5} R(OH)-OH+O=R\cdot-H+Cu\text{-}cat \tag{8-22}$$

$$\cdot OH\cdots Cu\text{-}Cat+R(OH)-H \xrightarrow{k_6} O=R\cdot-H+HOH+Cu\text{-}cat \tag{8-23}$$

式中，OH—R—H、O=R·—H、O=RH—OO·分别代表酚、酚氧基、过氧基，—OO·处于邻位和对位，酚氧基可通过脱去一个电子或氢形成。试验中发现酚盐离子不起作用，自由基主要通过脱氢形成。因此，铜离子的加入主要是通过形成中间络合产物，脱氢以引发氧化反应自由基链。

在均相湿式氧化系统中，催化剂与废水是混溶的。为了避免催化剂流失所造成的经济损失和对环境的二次污染，需进行后续处理以便从水中回收催化剂。因此，流程会比较复杂，提高了废水的处理成本。因此，人们开始研究催化剂的固定问题，即非均相催化湿式氧化技术。

8.6.3　非均相催化湿式氧化

8.6.3.1　非均相催化湿式氧化机理

对非均相催化湿式氧化机理的研究也大多将湿式氧化归结在自由基氧化这一范畴。Sadana 等人以负载型 CuO 为催化剂除酚时发现，酚的催化氧化是一自由基反应过程，且这种自由基反应存在诱导期，反应速率受 pH 值影响。这一过程的大致经历如下：链引发→链传递→过氧化氢物分解。研究还发现自由基主要通过底物脱氢而形成，底物首先与铜离子形成中间络合物，脱氢后生成自由基，以引发氧化反应。

Mantzavinors 等人以负载型过渡金属和贵金属氧化物为催化剂氧化聚乙二醇时认为自由基氧化反应包括引发期、传递期和终止期 3 个阶段。在引发期氧攻击有机物 RH 形成 R·，在传递期 R·与氧结合形成过氧化物自由基 ROO·，它使原始有机物 RH 脱氧形成新的自由基 R·和过氧化氢物，这是限速步骤。过氧化氢物分解生成低分子醇、酮、酸和 CO_2 等，大多数情况下，两个过氧化物自由基相遇产生链中止。非均相催化剂 $Me^{(n-1)+}$ 和 Me^{n+} 通过下式的氧化-还原催化循环引起过氧化氢物分解：

$$还原：ROOH+Me^{(n-1)+} \longrightarrow RO·+Me^{n+}+OH^- \tag{8-24}$$
$$氧化：ROOH+Me^{n+} \longrightarrow ROO·+Me^{(n-1)+}+H^+ \tag{8-25}$$

非均相催化湿式氧化机理与均相催化湿式氧化机理一样，尚有很多未被发现的领域，新的氧化机理的发现及现有氧化机理的试验验证均尚有大量工作。

8.6.3.2　非均相催化湿式氧化用催化剂

在非均相催化湿式氧化中，催化剂以固态存在，与废水分离方便，而且催化剂具有活性高，易分离，稳定性好等优点。因此，自 20 世纪 70 年代开始，催化湿式氧化的研究重点集中在高效稳定的非均相催化剂上。

非均相催化剂主要有贵金属系列、铜系统和稀土系列三大类。

（1）贵金属系列催化剂

在多相催化氧化中，贵金属对氧化反应具有高活性和稳定性，已经被大量应用于石油化工和汽车尾气治理行业。其典型制备方法是：用浸渍法负载（浸涂）贵金属，如含 Pt 催化剂是将 H_2PtCl_3 溶于 0.2ml/L 盐酸中，然后用水稀释成一定浓度的含 Pt 溶液，将预先处理过的活性氧化铝载体浸于含 Pt 的溶液中，取出在空气条件下于 120℃ 干燥，并在 450℃ 焙烧 4h，然后用氢气在 500℃ 还原 8h。

用 Pt、Pd 等贵金属为活性组分制成的催化剂不仅有合适的烃类吸附位，而且还有大量的氧吸附位，随表面反应的进行，能快速发生氧活化和烃吸附。而由过渡元素等非贵金属组成的催化剂则通过晶格氧传递达到氧化有机物的目的，液相中的氧不能及时得到补充，需在较高的温度条件下才能加速氧的循环，因此，一般非贵金属催化剂的起燃温度要比贵金属的起燃温度高得多。大量的研究表明，贵金属系列催化剂的活性和稳定性较好，如 Imamura 等用几种金属（Ru、Rh、Pt、Ir、Pd、Cu、Mn）与载体（NaY 沸石、γ-Al_2O_3、ZrO_2、TiO_2、CeO_2）制备的催化剂处理丙醇、丁酸、苯酚、乙酰胺、乙酸、甲酸等有机废水，发现 Ru 的催化活性最好，CeO_2 是最优的载体，而且 Ru/γ-Al_2O_3 的 TOC 降解率超过了 Cu 系均相催化剂。Okitsu 等用不同的贵金属 Pt、Pd、Ru、Rh、Ag 等，以 Al_2O_3 和 TiO_2 为载体处理 p-氯苯酸，试验发现 Pt/Al_2O_3 的降解效率最好，在 150℃，反应 30min，TOC 的去除率达 90%。Gomes 等采用 Pt/C 催化剂降解羧酸，如乙酸、丙酸、丁酸，在 200℃、0.9MPa 氧分压下反应 2h，COD 的去除率为 60%。Klinghoffer 等采用 Pt/Al_2O_3 催化剂在鼓泡反应器内以乙酸为模型化合物进行研究，发现此催化剂中贵金属 Pt 的溶解低于 0.01%，具有良好的稳定性。Rivas 等在氧气和氮气情况下，用 0.5% 的 Pt/Al_2O_3 催化剂降解马来酸，当 Pt/Al_2O_3 在氮环境下，170℃ 反应 1h，马来酸的去除率在 50% 以上，研究发现氧气的压力对马来酸的降解率没有起到直接的作用，而且在试验中催化剂没有出现溶解现象。Maugans 等采用 4.45% 的 Pt/TiO_2 催化剂降解苯酚，在 150~200℃、34~82 个大气压（3.5~8.4kPa），催化剂用量为 0~4g/L，反应 120min 后，试验发现苯酚几乎全部被降解，只有少量稳定的有机酸存在，并且氧浓度增加使反应速率降低。Qin 等采用 RuO_2/Al_2O_3 催化剂在 230℃、1.5MPa 下，反应 2h，发现此催化剂对氨的降解有明显的活性，最后产物为 N_2 和少量的 NO_3^-。Dobrykin 等采用 CeO_2/γ-Al_2O_3、Fe_2O_3/γ-Al_2O_3、MnO_2/γ-Al_2O_3、Zn-Mn-Al-O、Pt/Al_2O_3、Ru/CeO_2、Ru/C 催化剂降解含 N 有毒、有害的有机废水，发现 Ru/C 的催化活性最好，且无 NO_x 和 NH_3 产生，处理后废水的有毒组分小于 1%。

在催化湿式氧化研究及应用方面，日本位于世界前列，其中大阪瓦斯公司的催化剂制备和应用技术已相当成熟。他们开发的催化剂以 TiO_2 或 ZrO_2 为载体，在其上负载百分之几的 Fe、Co、Ni、Ru、Rh、Pd、Ir、Pt、Au、Tu 中的一种或多种活性组分。催化剂有球形和蜂窝状两种，可用于处理制药、造纸、印染等工业废水。

（2）铜系列催化剂

贵金属系列催化剂已得到实际应用。为降低价格，目前研究的重点为非贵金属催化剂。由于 Cu 系催化剂在均相催化氧化过程中表现出了高活性，因此人们对非均相 Cu 系催化剂也进行了大量的研究。Levec 和 Pintar 在 130℃ 和低压的情况下研究了 $CuO-ZnO/Al_2O_3$ 为催化剂处理含酚废水。试验表明，酚的去除率与酚的浓度成正比，与氧分压成 0.25 次方的关系，活化能为 84kJ/mol。Sadana 等以 γ-Al_2O_3 为载体，在其上负载 10%CuO 的催化剂处理酚，在 290℃、氧分压为 0.9MPa 的条件下，反应 9min 后，有 90% 的酚转化为 CO_2 和 H_2O；此催化剂对顺丁烯二酸和乙酸的氧化也有很好的催化活性。Kochetkoa 等采用各种工业催化剂，如 Ag/沸石、Co/沸石、Bi/Fe、Bi/Sn、Mn/Al_2O_3、Cu/Al_2O_3 等来氧化含酚废水，发现 Cu/Al_2O_3 的催化活性最高。他们在 Al_2O_3 载体上加入碱性的 TiO_2 和 CoO 来加强催化效果，结果表明，其催化活性与 Co 的含量有密切关系。Fortuny 等以苯酚为目标物，分别用 2% CoO、Fe_2O_3、MnO、ZnO 和 10%CuO 作活性成分，用 γ-Al_2O_3 作载体，制备出两种金属共负载型催化剂，于 140℃、0.9MPa 氧分压下，在反应器内反应 8d，试验表明几种催化剂的降解效果都较好，其中 $ZnO-CuO/\gamma$-Al_2O_3 的催化活性最好。

国内也对铜系催化剂进行了一些研究，尹玲等考察了铜、锰、铁复合物催化剂的催化效果，发现 Cu：Mn：Fe＝0.5：2.5：0.5 催化剂（摩尔比），对高浓度的丁烯氧化脱氢酸洗废水的湿式氧化处理有很好的催化活性，而且此催化剂对丙烯腈、乙酸、乙酸联苯胺、硝基酚都有很好的处理效果。Lei 等在 2L 的高压釜中进行了静态的催化湿式氧化处理纺织废水的研究，发现 CuO 的催化活性最好。宾月景等对比 Cu、Ce、Cd 和 Co-Bi 四类催化剂降解染料中间体 H-酸，其中 Cu/Ce（3：1）催化剂的效果最好，在 200℃、3.0MPa 氧分压下，pH＝12，反应 30min 后，COD 的去除率在 90% 以上。谭亚军等在 200~230℃、3.0MPa 氧分压下对染料中间体 H-酸配水进行了研究，发现 Cu 系催化剂的活性明显优于其他过渡金属氧化物，且稳定性也较好。

大量研究表明，非均相 Cu 系催化剂在处理多种工业废水的催化湿式氧化中已经显示出较好的催化性能，但是催化剂在使用过程中存在着严重的催化剂活性组分溶出现象。这种溶出将造成催化剂流失、活性下降，不能重复使用，同时流失会造成二次污染。

（3）稀土系列催化剂

稀土元素在化学性质上呈现强碱性，表现出特殊的氧化还原性，而且稀土元素离子半径大，可以形成特殊结构的复合氧化物，在催化湿式氧化过程中可以减少溶出量，稳定性好，目前正在开展较多的研究。

CeO_2 是催化湿式氧化过程中应用最广泛的稀土氧化物，其作用表现在以下几个方面：

① 提高贵金属的表面分散度，其出色的"储氧"能力可起到稳定晶型结构和阻止体积收缩的作用。

② CeO_2 能改变催化剂的电子结构和表面性质，从而提高催化剂的活性和稳定性。

Oliviero 等以苯酚和丙烯酸为研究对象，研究加入 CeO_2 对 Ru/C 催化剂的活性是否有促进作用，试验发现 CeO_2 具有"储氧"作用，并且 Ru 微粒与 CeO_2 之间作用的多少是处理苯酚和丙烯酸效果的关键。日本科学家用含 Ce 的氧化物催化剂降解 NH_3，发现 Co/Ce（20%）和 Mn/Ce（20%~50%）降解 NH_3 效果较好，而且 Mn/Ce 的催化活性优于均相 Cu 系催化剂。

Leitenburg 等以乙酸为研究对象，使用催化剂 CeO-ZrO$_2$-CuO 和 CeO$_2$-ZrO$_2$-MnO，发现 Cu（或 Mn）与 CeO$_2$ 的协同作用能提高催化活性，并且使催化剂的溶出量减少，催化剂的稳定性较好。Yao 等研究了多种 Ce 的化合物处理含环己烷和环己酮废水，发现 CeO$_2$/γ-Al$_2$O$_3$ 催化剂的催化性能最好，Ce 基化合物催化剂具有许多催化剂无法比拟的在酸性介质中稳定的特点。

（4）催化剂载体

催化剂活性组分要负载在高比表面积的载体上才能很好地发挥作用，载体的选择对催化剂活性有很大影响。普遍采用的载体形式是 γ-Al$_2$O$_3$ 晶体，γ-Al$_2$O$_3$ 作为载体不仅能提供大的表面积，而且还可以增强活性成分的催化能力。

另一种载体是将不锈钢箔压成波状而制成的整体型合金载体，比 γ-Al$_2$O$_3$ 载体有更高的热稳定性。

另外，人们还对其他高比表面积的载体材料进行了广泛的研究，如 TiO$_2$ 和 CeO$_2$ 为载体的贵金属催化剂都有很高的比表面积，表现出良好的催化性能。Fornasiero 等研究了以 CeO$_2$-ZrO$_2$ 固溶体为载体的 Pt、Rh 催化剂，发现加入 ZrO$_2$ 后，催化活性相应提高。

8.6.3.3 非均相催化剂的制备

催化剂的制备与预处理过程对于催化剂的性质起着非常关键的作用，制备过程应选择适宜的条件并协调各参数。常用的催化剂制备方法有沉淀法、浸渍法、离子交换法、机械混合法、熔融法、金属有机络合物法和冷冻干燥法等。另外材料科学的许多制备方法，如溶胶凝胶法、共沉淀法、高温溶胶分解等，经一定的改进均可成为制备催化湿式氧化用催化剂的方法，共沉淀法和浸渍法是最常用的两种制备湿式氧化催化剂的方法。

（1）沉淀法

沉淀法借助于沉淀反应，用沉淀剂将可溶的催化剂组分转化为难溶的化合物，经过滤、洗涤、干燥、焙烧成型等工艺，制备成品催化剂。沉淀法是广泛应用的一种制备多相催化剂的方法，几乎所有的固体催化剂至少有一部分是由沉淀法制备的。如：用浸渍法制备负载型催化剂时，其中载体就是由沉淀法制备而来的。沉淀法可使催化剂各组分均匀混合，易于控制孔径大小和分布而不受载体形态的限制。

沉淀法中最常用的沉淀剂是氨水和（NH$_4$）$_2$CO$_3$，这是由于铵盐在洗涤和热处理时易于去除，而用 KOH 和 NaOH 作沉淀剂常会遗留 K$^+$ 和 Na$^+$ 于沉淀中，且 KOH 的价格也很昂贵。

（2）浸渍法

制备金属或金属氧化物催化剂时，最简单且常用的方法是浸渍法。浸渍法是将固体载体浸泡到含有活性成分的溶液中，当多孔载体与溶液接触时，由于表面张力的作用而产生的毛细管压力，使溶液进入毛细管内部，然后溶液中的活性组分再在毛细管内表面上吸附。达到平衡后将剩余液体除去（或将溶液全部浸入固体），再经干燥、焙烧、活化等步骤即可得到成品催化剂。浸渍法广泛用于负载型催化剂的制备，尤其是低含量的贵金属负载型催化剂。该法省去了过滤、成型等工序，还可选择适宜的催化剂载体为催化剂提供所要求的物理结构（如比表面积、孔径分布、机械强度等）。此外，采用该法制备催化剂可以使金属活性组分以尽可能细的形式铺展在载体表面，从而提高金属活性组分的利用率，降低金属的用量，减少制备成本。

浸渍法分为过量浸渍法和等体积浸渍法。前者有利于活性组分在载体上的均匀分布，后者有利于控制活性组分在载体上的负载量，尤其适用于低含量、贵金属负载型催化剂的制备。

催化剂浸渍的时间、pH 值、干燥和焙烧时间、涂层的先后顺序对催化剂性能都有影响。以 Pt/Al$_2$O$_3$ 为例，在 Al$_2$O$_3$ 上浸渍 H$_2$PtCl$_4$ 水溶液，H$_2$PtCl$_4$ 水溶液的 pH 值不同，对 Pt 的吸附量有影响，当 pH>4 时，Pt 的吸附量降低；pH=7～9 时，Pt 的吸附量降低到 0；pH<4 时，Al$_2$O$_3$ 会溶解；pH=4 时，Pt 在 Al$_2$O$_3$ 上的吸附达到最大。因此，最好的吸附条件是 pH=4。

控制制备条件可以改变双金属催化剂中金属离子在载体上的分布。金属离子在载体上的分布对催化剂的活性、选择性和稳定性有很大影响，控制双金属离子分布的方法有：

① 改变浸渍溶液的 pH 值、浓度和浸渍时间；

② 采用先涂内层，后涂外层的方法制得分层催化剂；

③ 两种溶液共浸渍。

溶液浓度高，pH 值低，浸渍时间长，有利于金属离子向 Al_2O_3 内部扩散和分布；反之，金属离子将趋于在表面富集。

Nuan 研究了 Pt-Rh 和 Pd-Rh 双金属催化剂的表面贵金属相互作用对催化性能的影响，将单铂、单钯催化剂分别与单铑催化剂机械混合，与相应的共浸渍催化剂进行比较，前者有更好的催化活性。

8.6.3.4 催化剂的失活

催化湿式氧化中催化剂的流失主要是由于受 pH 值的影响，使催化剂的活性组分溶出造成的。Levec 和 Pinta 在试验中发现，废水的 pH 值对氧化液相中的有机物有重要影响。Miro 等用 CuO/Al_2O_3 催化剂在不同的 pH 值情况下处理苯酚废水，发现 pH 值对催化剂的失活起了决定性作用。Zhang 等用 Pd/Al_2O_3 和 $Pd-Pt/Al_2O_3$ 处理酸性的漂白废水，发现催化剂在不同的 pH 值条件下，反应 3h，Pd 和 Pt 的溶出量与 pH 值有密切关系。在酸性条件下，反应速率低，失活率高；当 pH＝7 时，Pd 和 Al_2O_3 的流失最小。他们又对 $Pd-Pt-Ce/Al_2O_3$ 催化剂进行了研究，当 pH＝7 时，催化剂没有流失，因此催化剂的流失可以通过调节合适的 pH 值减少或避免。

催化湿式氧化催化剂的积炭失活即催化剂的污染失活，是由于反应过程中产生的 C、N 等物质在催化剂的表面沉积引起的。Belkacermi 等用催化剂 Mn/Ce、Cu/沸石降解高浓度的乙醇发酵废水，在一定的时间内，Mn/Ce 催化剂降解率很高，然后催化剂出现失活现象。ESCA 扫描催化剂的表面，发现有炭沉积现象，因而阻碍了液相中的反应物与催化剂表面的接触。

8.6.4 催化湿式氧化在有机废水处理中的应用

由上述可以看出，催化湿式氧化的特点可归纳为：

① 催化湿式氧化是一种有效的处理高浓度、有毒、有害、生物难降解废水的高级氧化技术。

② 由于非均相催化剂具有好的活性、稳定性、易分离等优点，已成为催化湿式氧化研究开发和实际应用的重要方向。

③ 在非均相催化剂中，贵金属系列催化剂具有较高的活性，能氧化一些很难处理的有机物，但是催化剂成本高，通过加入稀土氧化物可降低成本，而且能够提高催化剂的活性和稳定性；Cu 系催化剂活性较高，但是存在严重的催化剂流失问题。催化剂在使用过程中有失活现象。

④ 上述大量研究结果报道表明，催化湿式氧化有广泛的应用前景。催化湿式氧化催化剂向多组分、高活性、廉价、稳定性的方向发展。

（1）处理石化废水

北京东方化工厂丙烯酸废水处理中采用了催化湿式氧化工艺，在丙烯氧化法制丙烯酸过程中，有大量的废水产生。废水中含有乙酸、甲基丙烯酸、丙烯酸、甲醛、乙醛等有机物，其 COD 高达 $(3\sim3.5)\times10^4 mg/L$，废水呈强酸性，处理较为困难。曾采用活性污泥法、焚烧法进行处理，但都不尽如人意。从 20 世纪 70 年代开始催化湿式氧化处理的研究发现，湿式氧化处理该类废水具有显著的效果和优越性。研究中发现，该废水的热值为 1380J/g，最适合于湿式氧化法处理，其运行费用相对较低，采用 Pt 的质量分数为 0.5% 的催化剂，在反应温度

270℃，反应压力 7.0MPa，气液体积比为 150 的条件下，对 COD 高达 32g/L 的丙烯酸废水进行湿式氧化处理，处理后排水的 COD 浓度接近 100mg/L 以下，有机物的去除率达 99％以上。

（2）处理农药废水

辽宁绿源公司生产农药中间体，其废水的 COD 浓度为 20.40g/L，呈强酸性（pH 值为 1），有恶臭气味，所含有机物毒性大，并含有较高浓度的无机盐，常规的生化法无法治理。杨民等采用催化湿式氧化技术，开展了处理该种废水的小试研究，在反应压力为 4.2MPa，反应温度为 245℃，$V_{空气}$∶V_{H_2O}＝300 时，使用稀土双活性组分的 WT 型催化剂，其 COD 去除率可达 91.3％。经催化湿式氧化反应处理后，废水的 $BOD_5/COD>0.5$，废水中的有毒物质已被分解掉或转化为无机物质，大分子有机物大部分已被降解为可生物降解的小分子有机物，这些均有助于后续的生化处理过程。

（3）处理焦化废水

日本大阪瓦斯公司采用非均相催化湿式氧化技术处理焦化废水，其中试装置规模为 6t/d，催化剂以 TiO_2 或 ZrO_2 为载体，在其上负载百分之几的 Fe、Co、Ni、Ru、Pd、Ir、Pt、Cu、Au 中的一种或几种活性组分制得催化剂，为避免堵塞，使用蜂窝状。该装置连续运行 11000h 的结果表明，催化剂无失效现象。现已扩大试验规模达 60t/d。根据强化的催化剂性能测试，该催化剂可连续处理同类焦化废水或性质相同的焦化废水，可连续运行 5 年再生一次。

一般的焦化废水处理流程为：脱酚→脱氨→活性污泥→凝聚沉淀→硝化反硝化脱氮→砂滤→活性炭过滤，流程长，占地多，操作复杂。若用催化湿式氧化，可一段完成。以规模为 1000m³/d、进水 COD 浓度为 6000mg/L、进水 NH_3 浓度为 5000mg/L 的焦化废水为对象，要求出水 COD 浓度为 20mg/L、NH_3 浓度为 20mg/L 时，装置投资与运行费用均大大低于传统工艺。

（4）处理化工废水

日本触媒化学工业株式会社采用非均相催化湿式氧化技术处理化工废水，其催化剂的制备方法为，首先用共沉淀、焙烧等步骤制得 Ti-Zr、Ti-Si、Ti-Zn 等复合氧化物的粉末，掺加淀粉等黏合剂捏制成蜂窝状载体，孔径为 2～20mm，壁厚为 0.5～3mm，孔隙率为 50％～80％。然后用浸渍法在其上负载百分之几的 Mn、Fe、Co、Ni、Ce、W、Cu、Ag、Au、Pt、Pd、Rh、Ru、Ir 或其水不溶性化合物制成催化剂，对 COD 为 40g/L、总氮为 2.5g/L、SS 为 10g/L 的废水，在温度 240℃、压力 4.9MPa、水空间流速 1L/h 的条件下，COD、总氮、氨氮的去除率分别为 99.9％、99.2％、99.9％。

应用该催化剂的中试装置于 1989 年建成，排水处理量为 50m³/d，主要设备包括：隔膜式除热型反应器（触媒充填量为 1m³）、气液分离器、热媒循环系统、蒸汽发生器、压力与流量调节阀、自动控制系统。废水为含有低级脂肪酸、醛类的化工废水，COD 浓度为 25000mg/L，TOC 浓度为 11000mg/L，在温度 250℃、压力 7.0MPa、$O_2/COD=1.05$、液体空间流速 2L/h 的条件下，处理效率可达 99.9％以上，能满足直接排放的要求。建成以来，运行良好，效果稳定，未见到催化剂的失活现象。应用本工艺，可回收 COD 氧化所放热量的 40％。

参 考 文 献

[1] 张晓健，黄霞. 水与废水物化处理的原理与工艺 [M]. 北京：清华大学出版社，2011.
[2] 唐受印，戴友芝. 水处理工程师手册. 北京：化学工业出版社，2001.
[3] 马承愚，彭英利. 高浓度难降解有机废水的治理与控制 [M]. 北京：化学工业出版社，2007.
[4] 王郁，林逢凯. 水污染控制工程 [M]. 北京：化学工业出版社，2008.
[5] 孙德智，于秀娟，冯玉杰. 环境工程中的高级氧化技术 [M]. 北京：化学工业出版社，2002.

第**9**章

超临界水氧化法

对于高浓度难降解工业废水，传统处理方法都是以消耗大量外部能源或物质去摧毁水中的含能物质（COD/BOD）或使其絮凝沉淀，其最终结果实际上是一种污染的转移，即在使废水得到净化的同时却消耗了大量的外部能源并产生 CO_2 而污染大气或消耗外部物质产生新的污染物。这与可持续发展的战略是相悖的。在当前大力要求实行可持续发展的形势下，进一步探索开发适合高浓度难降解工业废水处理的可持续发展的新工艺新方法显得更加迫切。

对于包括工业废水在内的所有废弃物，以前由于认识上的错位而将其直接排放，实际上，所有的废弃物都可认为是"放错了地方的资源"，比如废水中的化学需氧量物质 COD 含有大量的化学能，可将其作为能源与资源的载体，回收利用其中潜在的有机能源。基于这种理念，国内外提出了用于高浓度难降解工业废水治理的超临界水氧化法。

超临界水氧化（Supercritical Water Oxidation，SCWO）污水处理工艺是美国麻省理工学院 Medoll 教授于 1982 年提出的一种能完全、彻底地将有机物结构破坏的深度氧化技术。当水的温度和压力升高到临界点以上时，水就会处于既不同于气态、也不同于液态或固态的超临界状态。超临界水的介电常数与常温常压下的极性有机溶剂相似，可与一些有机物以任意比例互溶。同时，一般在水中溶解度不大的气体也可与超临界水互溶，以均相状态存在。在水的超临界状态下，通过氧化剂（氧气、臭氧等）可在几秒钟内将废水中的有毒有害物质彻底氧化分解为 CO_2、H_2O 和无机盐，具有分离效果好、有机污染物降解彻底、热能可回收利用、无二次污染等特点，特别适用于高浓度难降解有毒有害废水的处理。

目前世界上很多发达国家如美国、德国、法国和日本等已应用该项技术进行高浓度难降解有机物的治理。我国的一些研究者近年来也对醇类、酚类、苯类、含氮及含硫等有机废水进行了超临界水氧化的试验研究，取得了满意的效果。

9.1 超临界水及其特性

9.1.1 超临界水

通常情况下，水以蒸汽、液态和冰三种常见的状态存在，且属极性溶剂，可以溶解包括盐类在内的大多数电解质，但对气体的溶解度则大不相同，有的气体溶解度高，有的气体溶解度微小，对有机物则微溶或不溶。液态水的密度几乎不随压力升高而改变，但是如果将水的温度和压力升高到临界点（$T \geqslant 374.3℃$，$p \geqslant 22.1MPa$）以上，则会处于一种不同于液态和气态的新的状态——超临界态，该状态的水即称为超临界水，水的存在状态如图9-1所示。在超临界条件下，水的性质发生了极大的变化，其密度、介电常数、黏度、扩散系数、电导率和溶解性能都不同于普通水。

9.1.2 超临界水的特性

（1）超临界水的密度

超临界水可以通过改变压力和温度使其控制在气态和液态之间。临近临界点时，水的密度随温度和压力的变化而在液态水（密度为 $1g/cm^3$）和低压水蒸气（密度小于 $0.0011g/cm^3$）之间变化，临界点的密度为 $0.326g/cm^3$。典型的超临界水氧化是在密度近似 $0.1g/cm^3$ 时进行的。超临界水的密度与温度、压力的变化关系如图9-2所示。

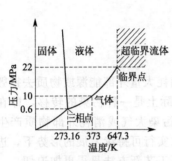

图 9-1 水的存在状态

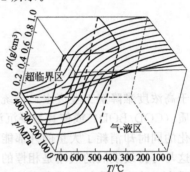

图 9-2 超临界水的密度与温度、压力的变化关系

（2）超临界水的氢键

水的一些宏观性质与水的微观结构有密切联系，它的许多独特性质是由水分子之间的氢键的键合性质来决定的，因此，要研究超临界水，应该对处于超临界状态下的水中的氢键进行研究。

Kalinichev 等通过对水结构的大量计算机模拟得到了水的结构随温度、压力和密度的变化而变化的规律，温度对氢键的总数的影响极大，使其速率降低，并破坏了水在室温下存在的氧的化学结构；在室温下，压力的影响只是稍微增加了氢键的数量，同时稍微降低了氢键的线性度。Ikushima 认为，当水的温度达到临界点时，水中的氢键相比亚临界区时有显著的降低；Walrafen 等提出，当温度上升到临界温度时，饱和水蒸气中的氢键的增加值等于液相中氢键的减少值，此时液相中的氢键约占总量的 17%。Gorbuty 等利用 IR 光谱研究了高温水中氢键度 X 与温度 T 的关系，其关系式为

$$X = -8.68 \times 10^4 (T + 273.15) + 0.581 \tag{9-1}$$

式(9-1)描述了在温度为 280～800K 和密度为 $0.7～1.9g/cm^3$ 范围内 X 的数值。该式表征了氢键对温度的依赖性，在 298～773K 的范围内，X 与温度大致呈线性关系。在 298K 时，水的 X 值约为 0.55，意味着液体水中的氢键约为冰的一半，而在 673K 时，X 约为 0.3，甚至到 773K 时，X 值也大于 0.2。这表明在较高的温度下，氢键在水中仍可以存在。

（3）超临界水的介电常数

在常温、常压水中，由于存在强的氢键作用，水的介电常数较大，约为 80。但随着温度、压力的升高，水的介电常数急剧下降。在温度为 130℃、密度为 $900kg/m^3$ 时，水的介电常数为 50；在温度为 260℃、密度为 $800kg/m^3$ 时，水的介电常数为 25；而在临界点时，水的介电常数约为 5，与己烷（介电常数为 2）等弱极性溶剂的值相当。

总的来说，水的介电常数随密度的增加而增大，随压力的升高而增加，随温度的升高而减

少。介电常数 $\varepsilon(p)_T$ 和 $\varepsilon(T)_p$ 的变化是单调的，它们的偏微分在临界区呈指数增加，而在临界点趋向无穷。水的介电常数的负倒数 $(-1/\varepsilon)$ 对温度和压力的偏微分，既限定了影响高温高压溶质热力学行为的溶剂的静电性质，又控制着临界区溶质的热力学行为。

介电常数的变化会引起超临界水溶解能力的变化。当水在超临界状态时，如 673.15K 和 30MPa 时，其介电常数为 1.51。这样，超临界水的介电常数大致相当于标准状态下一般有机物的值，此时水就难以屏蔽掉离子间的静电势能，溶解的离子便以离子对形式出现。超临界水表现出更近似于非极性有机化合物的性质，成为对非极性有机化合物具有良好溶解能力的溶剂。相反，它对于无机物的溶解度则急剧下降，导致原来溶解在水中的无机物从水中析出。

（4）超临界水的离子积

水的离子积与密度和温度有关，但密度对其影响更大。密度越大，水的离子积越大，在标准条件下，水的离子积是 10^{-14}，在超临界点附近，由于温度的升高，使水的密度迅速下降，导致离子积减小。比如在 450℃ 和 25MPa 时，密度为 $0.17g/cm^3$，此时离子积为 $10^{-21.6}$，远小于标准条件下的值。而在远离临界点时，温度对密度的影响较小，温度升高，离子积增大，因此在 100℃ 和密度为 $1g/cm^3$ 时，水将是高度导电的电解质溶液。

（5）超临界水的黏度

液体中的分子总是通过不断地碰撞而发生能量的传递，主要包括：①分子自由平动过程中发生的碰撞所引起的动量传递；②单个分子与周围分子间发生频繁碰撞所导致的动量传递。黏度反映了这两种碰撞过程中发生动量传递的综合效应。正是这两种效应的相对大小不同，导致了在不同区域内水黏度的大小变化趋势不同。一般情况下，液体的黏度随温度的升高而减小，气体的黏度随温度的升高而增大。常温、常压液态水的黏度约为 $0.001Pa\cdot s$，是水蒸气黏度的 100 倍。而超临界水（450℃、27MPa）的黏度约为 $0.298\times10^{-2}Pa\cdot s$，这使得超临界水成为高流动性物质。

（6）超临界水的热导率

液体的热导率在一般情况下随温度的升高略有减小，常温常压下水的热导率为 $0.598W/(m\cdot K)$，临界点时的热导率约为 $0.418W/(m\cdot K)$，变化不是很大。

热导率与动力黏度具有相似的函数形式，但热导率的发散特征比动力黏度强，并且没有局部最小值。

（7）超临界水的扩散系数

表 9-1 常见无机盐和氧化物在超临界水中的溶解度

化合物	压力/MPa	温度/℃	溶解度/(mg/kg)
Al_2O_3	100	500	1.8
$CaCO_3$	24.0	440	0.02
CuO	31.0	620	0.015
	25	450	0.010
Fe_2O_3	100	500	90
$Mg(OH)_2$	24.0	440	0.02
K_2HPO_4	26.8	450	<7
	29.5	450	17
KOH	27.7	450	331
	25.3	475	154
	22.1	525	60
$LiNO_3$	24.7	475	433
	27.7	475	1175
KNO_3	24.8	475	275
	27.6	475	402
NaCl	27.0	450	500
	27.6	500	304
	30.0	500	200

超临界水的扩散系数虽然比过热蒸汽的小，但比常态水的大得多，常态水（25℃、0.1MPa）和过热蒸汽（450℃、1.35MPa）的扩散系数分别为 $7.74\times10^{-6}\,cm^2/s$ 和 $1.79\times10^{-3}\,cm^2/s$，而超临界水（450℃、27MPa）的扩散系数为 $7.67\times10^{-4}\,cm^2/s$。

根据 Stocks 方程，在密度较高的情况下，水的扩散系数与黏度成反比关系。高温、高压下水的扩散系数除与水的黏度有关外，还与水的密度有关。对于高密度水，扩散系数随压力的增加而增加，随温度的增加而减少；对低密度水，扩散系数随压力的增加而减少，随温度的增加而增加，并且在超临界区内，扩散系数出现最小值。

(8) 超临界水的溶解度

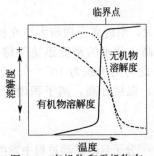

图 9-3 有机物和无机物在 SCWO 条件下的溶解度曲线

重水的 Raman 光谱结果表明在超临界状态下水中只剩下少部分氢键，这些结果意味着水的行为与非极性压缩气体相近，而其溶剂性质与低极性有机物近似，因而烃类化合物在水中通常有很高的溶解度。如：在临界点附近，有机化合物在水中的溶解度随水的介电常数减小而增大。在 25℃ 时，苯在水中的溶解度为 0.07％（质量分数），在 295℃ 时上升为 35％，在 300℃ 即超越苯-水混合物的临界点，只存在一个相，任何比例的组分都是互溶的。同时，在 375℃ 以上，超临界水可与气体（如氮气、氧气或空气）及有机物以任意比例互溶。

无机盐在超临界水中的溶解度与有机物的高溶解度相比非常低，随水的介电常数减小而减小，当温度大于 475℃ 时，无机物在超临界水中的溶解度急剧下降，无机盐类化合物则析出或以浓缩盐水的形式存在。一些常见无机盐和氧化物在超临界水中的溶解度见表 9-1。图 9-3 所示为有机物和无机物在超临界水氧化条件下的溶解度曲线。

9.2 超临界水氧化反应

9.2.1 超临界水氧化

超临界水氧化（Supercritical Water Oxidation，简称 SCWO）是超临界流体（Supercritical Fluid，简称 SCF）技术中一项较新的氧化工艺。超临界水具有很好的溶解有机化合物和各种气体的特性，因此，当以氧气（或空气中的氧气）或过氧化氢作为氧化剂与溶液中的有机物进行氧化反应时，可以实现在超临界水中的均相氧化。

在超临界水氧化反应过程中，有机物、氧气（或空气中的氧气）和水在超临界状态下（压力大于 22.1MPa，温度高于 374.3℃）完全混合，可以成为均一相，在这种条件下，有机物开始自发发生氧化反应，在绝热条件下，所产生的反应热将使反应体系的温度进一步升高，在一定的反应时间内，可使 99.9％ 以上的有机物被迅速氧化成简单的小分子，最终碳氢化合物被氧化成为二氧化碳和水，含氮元素的有机物被氧化成为 N_2 及 N_2O 等无害物质，氯、硫等元素也被氧化，以无机盐的形式从超临界流体中沉积下来，超临界流体中的水经过冷却后成为清洁水。

采用超临界水氧化技术，超临界水同时起着反应物和溶解污染物的作用，使反应过程具有如下特点：

① 许多存在于水中的有机质将完全溶解在超临界水中，并且氧气或空气也与超临界水形成均相，反应过程中反应物成单一流体相，氧化反应可在均相中进行。

② 氧的提供不再受 WAO 过程中的界面传递阻力所控制，可按反应所需的化学计量关系，

再考虑所需氧的过量倍数按需加入。

③ 因为反应在温度足够高（400～700℃）时，氧化速率非常快，可以在几分钟内将有机物完全转化成二氧化碳和水，水在反应器内的停留时间缩短，反应器的尺寸可以减小。

④ 有机物在 SCWO 中的氧化较为完全，可达99%以上。

⑤ 在废水进行中和及反应过程中可能生成无机盐，无机盐在水中的溶解度较大，但在超临界流体中的溶解度却极小，因此无机盐可在 SCWO 过程中被析出排除。

⑥ 当被处理的废水或废液中的有机物质量分数超过10%时，就可以依靠反应过程自身的反应热来维持反应器所需的热量，不需外界加热，而且热能可回收利用。

⑦ 设备密闭性好，反应过程中不排放污染物。

⑧ 从经济上来考虑，有资料显示，与坑填法和焚烧法相比，超临界水氧化法处理有机废弃物的操作维修费用较低，单位成本较低，具有一定的工业应用价值。

超临界水氧化反应的过程实际上是超临界水中有机物热力燃烧（Hydrothermal Ignition）的过程，RobertoM. Serikawaa 等曾建成了容积为4000mL 的超临界水氧化反应器，为使反应器内达到超临界状态，反应器外层包裹有电加热套筒，用宝石制成观察孔观察超临界水氧化反应过程中热力火焰（Hydrothermal Flames）的形成过程，并观察超临界流体的相变过程。试验中使用2%浓度的有机废水（2-丙醇），进入超临界水氧化反应器进行氧化反应，所选用的氧化剂为空气。在 100℃、350℃时，进入反应器的水流柱可以清楚地看到，当反应器内温度、压力分别达到 374℃、25MPa 时，反应器中的水成为超临界状态，水流柱中的有机物进入初始燃烧阶段，水柱变成黑色（有未燃尽的碳化合物），出现热力火焰燃烧（Hydrothermal Flames Ignition）现象。随着反应器内温度的升高，有机物燃烧更加剧烈，更加彻底，水又变得完全透明。当温度超过 400℃，就不能分离出可视的相态了，有机物充分溶解到超临界流体中，成为超临界流体相，流体中的有机物被彻底氧化分解。

一般超临界水氧化反应过程中，氧气的含量往往超过理论需求量，通常用过剩系数（m）来表示。氧气浓度为理论需求量的 1.1 倍，其过剩系数为 1.1。Toberto M. Serikawaa 等的试验还发现，在超临界水氧化反应过程中，反应器中的空气过剩系数从 1.1 上升到 2.4 时，热力火焰有不同变化。当空气过剩系数为 1.1 时，可以观察到较弱的稳定的蓝色火焰，随着空气含量的逐渐升高，这些较弱的火焰变得越来越强烈；当过剩系数超过 1.8 时，可以清晰地观察到明亮的红色火焰，在产生稳定的蓝色火焰或零星的火焰以及红色火焰的这些操作中，有机碳去除率大于 99.9%；当过剩系数为 2.0 时，超临界水氧化热力火焰更加强烈；当过剩系数达到 2.4 时，热力火焰变成灼热白色火焰，其热效率必然提高。

目前，超临界水氧化反应用的氧化剂通常为氧气或空气中的氧气。如果使用过氧化氢（H_2O_2）作为氧化剂，过氧化氢水溶液与含有机物水溶液混合，进入反应器中，过氧化氢（H_2O_2）热分解产生的氧气作为氧化剂，在温度、压力超过水的临界点（$T \geqslant 374.3℃$、$p \geqslant 22.1MPa$）下发生氧化反应。使用过氧化氢（H_2O_2）作为氧化剂可以省去高压供气设备，减少工程投资，但氧化效率会受到影响，运行费用较高。

9.2.2 催化超临界水氧化

9.2.2.1 催化超临界水氧化

催化超临界水氧化技术（Catalytic Supercritical Water Oxidation，简称 CSCWO）是指在超临界水氧化反应体系中加入催化剂，通过催化剂的作用来提高反应速率，缩短反应时间，降低反应过程中的温度和压力等。引入催化剂的目的就是改变反应历程，实现反应过程能力的提高，减小反应器体积，降低反应器及整个反应系统的成本，达到节能与高效的目的。目前，催化超临界水氧化技术处理废水的研究是超临界水氧化反应研究的一个重要发展方向。与超临界水氧化相比较，催化超临界水氧化研究和应用的范围更广。有研究报道，在加入催化剂、反应温度为400℃，停留时间为5min的条件下乙酸去除率能够从不到40%提高到95%以上。一个成功的催化超临界水氧化过程依赖于催化剂（催化剂组成、制造过程、催化剂形态）、反应物、反应环境、过程参数以及反应器形状等的优化组合，催化超临界水氧化技术的影响因素及其相互之间的作用如图9-4所示。可见，影响催化超临界水氧化的因素较多，相互之间的关系复杂。

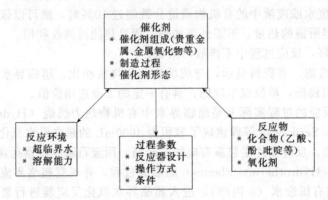

图 9-4　催化超临界水氧化技术的影响因素及其相互之间的作用

在有催化剂存在的情况下，不论是湿式氧化还是超临界水氧化，其处理效果均有所不同。四种不同技术处理效果的比较见表9-2。

表 9-2　四种不同技术处理效果的比较

处理技术		COD/(mg/L)	停留时间/min	温度/℃	去除率/%
湿式氧化	乙酸	5000	60	24	15
	氨	1000	60	220~270	5
	苯酚	1400	30	250	98.5
湿式催化氧化	乙酸	5000	60	248	90
	氨	1000	60	263	50
	苯酚	2000	60	200	94.8
超临界水氧化	乙酸	1000	5	395	14
	氨	100	0.1	680	10
	苯酚	480	1	380	99
催化超临界水氧化	乙酸	1000	5	395	97
	氨	1000	0.1	450	20~50
	苯酚	1000	0.1	100	99.9

综合表9-2的数据可以看出，对于乙酸而言，分别采用湿式氧化和催化湿式氧化进行处理时，在初始浓度、停留时间和温度相同的情况下，其去除率由15%上升到90%；而采用超临界水氧化和催化超临界水氧化分别进行处理时，在初始浓度、停留时间和温度相同的情况下，其去除率则由14%上升到97%。这充分说明了在有催化剂存在的条件下，乙酸的去除率明显提高。同样地，对于氨和苯酚而言，也可以得到类似的结论。对于湿式氧化、催化湿式氧化、超临界水氧化和催化超临界水氧化四种技术的处理效果进行比较不难发现，催化超临界水氧化技术的处理效果最好，因为其具有反应物浓度高、停留时间短和去除率高的特点，在很短的时间内可达到很高的去除率。

某些有机物在超临界水中催化和非催化氧化反应效率的比较见表9-3。

表 9-3　某些有机物在超临界水中催化和非催化氧化反应效率的比较

反应时间/s	非催化氧化				催化氧化			
	转化率/%		TOC 去除率/%		转化率/%		TOC 去除率/%	
	15	30	15	30	15	30	15	30
乙酸	0.02	0.03	0.03	0.03	0.080	0.98	0.80	0.98
丙醇	0.0	0.0	0.0	0.0	0.09	0.98	0.09	0.98
苯甲酸	0.0	0.01	0.0	0.01	0.63	1.1	0.59	0.73
苯酚	0.12	0.42	0.04	0.16	0.96	—	0.95	—

注：表中"—"为没有得到有关数据。

在超临界水氧化反应过程中应用催化剂能加快反应速率，其机理主要从两个方面来解释，一是降低了反应的活化能，二是改变了有机物氧化分解的反应历程。因此催化超临界水氧化研究的一个重要目标是针对不同的有机化合物，对催化剂进行筛选评价，找到在超临界水中既稳定又具有活性的催化剂。

9.2.2.2　催化反应分类

催化反应可分为两类，一类是均相催化，另一类是非均相催化。

（1）均相催化反应

催化剂与超临界水为同一相，一般以金属离子充当催化剂，均相催化的特点为反应温度较低，反应性能专一，有较强的选择性。在均相催化氧化系统中，催化剂混溶于水溶液中，为避免催化剂流失所造成的经济损失以及对环境的二次污染，需进行后续处理以便从出水中回收催化剂。该流程较为复杂，提高了废水处理的成本。

（2）非均相催化反应

催化剂与超临界水为不同相。使用非均相催化剂时，催化剂多为固相，催化剂与水溶液的分离比较简便，可使处理流程大大简化。从 20 世纪 70 年代后期以来，研究人员便将注意力转移到高效稳定的非均相催化剂上。固体催化剂的研究，主要为贵重金属系列、铜系列和稀土系列 3 大类。

9.2.2.3　超临界水氧化催化剂的性质

（1）催化剂的活性

对很多催化剂的选择是基于以往催化亚临界水氧化反应，也称为催化湿式氧化过程的研究。在传统的催化湿式氧化反应过程中，均相和非均相催化剂的应用都较多。催化湿式氧化可以提高反应转化率和总有机碳的氧化效率，因此研究人员认为在超临界水氧化过程中催化剂也能发挥类似的作用。过渡金属氧化物和贵重金属被广泛用作催化氧化反应中的活性成分。研究人员发现，V、Cr、Ce、Mn、Ni、Cu、Zn、Zr、Ti、Al 的氧化物和贵重金属 Pt 在催化超临界水氧化中表现出较好的催化活性。但是，其中的很大一部分金属氧化物，其固体表面在较短时间内就发生了改变而使活性下降，利用分散在支撑介质上的贵重金属催化剂时，也观察到了明显的失活。因此，催化剂的稳定性是催化剂在超临界水氧化反应中需要考虑的重要参数。

（2）催化剂的稳定性

超临界水氧化所用的催化剂包括支撑催化剂的支撑介质如经离子交换的沸石、分布在支撑介质上的活泼金属、过滤金属氧化物。在超临界水氧化过程中，沸石和分布在支撑介质上的活泼金属催化剂也会表现出不适应性。如当以 Pt 为催化剂时，Pt 一般被分布在一些氧化物的支撑介质上，如 Al_2O_3、TiO_2 和 ZrO_2 等，当铂被均匀分布在介质表面上时，表现出较强的催化活性。在超临界水氧化环境中，这种分散的铂变得较易流动并易聚集，导致表面积急剧减少而失活。而 Ni/Al_2O_3 在超临界水氧化反应过程中的失活是由于其物理强度不足而发生的软化和膨胀。

对金属氧化物催化剂存在的不同情况，在使用金属氧化物作为催化剂时，会由于其中的氧化物发生水解反应而失活，在反应流出液中可以检测到较高浓度的金属离子。而其他一些金属，如 Mn、Zn、Ce 等的氧化物表现出较高的稳定性。在超临界水氧化中，催化剂金属氧化物的稳定性是与它们的物化性质紧密相关的。

（3）催化剂积炭和中毒

催化超临界水氧化过程的一个优点是可以防止催化剂表面的积炭。由于超临界水对有机物有很强的溶解能力并且有很好的流动性，因此与气相催化氧化相比，其在催化剂表面的积炭很少。催化剂中毒是由于杂质在催化剂活性中心的物理和化学吸附造成的。在试验研究中，可使用高纯度的反应物来避免催化剂中毒。这时，催化剂的失活主要是由于其物化性质的不稳定所造成的。但当用于实际体系时，体系中所含杂质引起催化剂中毒失活的影响也不能忽略，这方面尚需进行进一步的研究。

9.3 超临界水氧化反应动力学、反应路径和机理

9.3.1 超临界水氧化反应动力学

对超临界水氧化动力学的研究是为了更好地认识超临界水氧化本身反应的机理，在工程应用中可以进行过程控制和经济评价。

目前，超临界水氧化的动力学研究主要集中在宏观动力学和利用基元反应来帮助解释所得到的宏观动力学结果。一般采用幂指数方程法和反应网络法。

（1）幂指数方程法

大多数文献都用幂指数型经验模型拟合动力学方程，幂指数方程只考虑反应物浓度，不涉及中间产物，其方程式为

$$-\frac{dc}{dt}=k_0\exp\left(-\frac{E_a}{RT}\right)[C]^m[O]^n[H_2O]^p \tag{9-2}$$

式中　　c——某组分的浓度，mol/L；

t——反应时间，s；

E_a——反应活化能，kJ/mol；

k_0——频率因子；

$[C]$——反应物浓度，mol/L；

$[O]$——氧化剂的浓度，mol/L；

$[H_2O]$——水的浓度，mol/L；

m、n、p——反应级数。

有研究者报道，反应物的反应级数 $m=1$，氧的反应级数 $n=0$。也有人认为 $m\neq1$，$n\neq0$；也有人认为反应物的级数与反应物的浓度有关。因为在反应系统中有大量水存在，尽管水是参加反应的，但其浓度变化很小，故可将 $[H_2O]$ 合并到 k_0 中去。这样就不再在式（9-2）中出现，可把式（9-2）改写为

$$-\frac{dc}{dt}=k[C]^m[O]^n \tag{9-3}$$

$$k=k_0\exp\left(-\frac{E_a}{RT}\right) \tag{9-4}$$

式中　k——反应速率常数。

由于多种反应共同存在时可能造成相互影响，为便于试验和分析，迄今为止的大多数研究限于单个有机物在超临界水中氧化的反应动力学研究。

有机物的超临界水氧化反应动力学的研究一般分为两类，一类是小分子脂肪烃类等简单有

机物的氧化动力学研究，另一类是芳香烃类等复杂有机物的氧化动力学研究。

对简单有机物的动力学研究主要集中于氢气、乙醇、一氧化碳、甲烷、甲醇、异丙醇等。通过对这些简单有机物氧化动力学的比较可发现，这些有机物的氧化速率对有机物是一级反应，对氧气是零级反应，并且动力学方程与试验结果符合得较好。

含有苯环或杂原子的有机物往往是剧毒、难降解的污染物，对环境的污染较大，并且一般来说，它们比直链烃类难氧化，取代基的增加尤其是杂原子取代基的增加使这些有机物更难氧化或难于用其他方法处理，所以对这类难氧化的有机物的动力学研究便显得重要起来。难降解有机物的超临界水氧化反应动力学参数见表9-4。

表 9-4　难降解有机物的超临界水氧化反应动力学参数

有机物	反应温度/℃	反应压力/MPa	活化能/(kJ/mol)	反应级数		
				有机物	O_2	H_2O
苯酚	300~420	18.8~27.8	12.34	1.0	0.5	—
	420~480	25.5	12.4	0.85	0.5	0.42
邻氯苯酚	300~420	18.8~27.8	11	0.88	0.5	0.42
	310~400	7.5~24.0	—	1或2	0	—
	340~400	14.0~24.0	—	0.6	0.4	—
邻甲酚	350~500	20.0~30.0	29.1	0.57	0.25	1.4
吡啶	426~525	27.2	50.1	1.0	0.2	—

由表9-4可见，在难降解有机物的动力学方程中，有机物的反应级数为0.5~1.0级，氧化剂的反应级数则为0.2~0.5级，而水的反应级数差别较大。这是因为在试验中水溶液浓度的改变一般是通过压力来实现的，而压力的改变可能影响反应速率常数、反应物浓度和水溶液浓度，对不同有机物的氧化反应，改变压力对上述各方面的影响程度是不同的，因此，只有在保持其他条件不变的情况下只改变水溶液浓度，才能得到符合实际情况的水的反应级数。

（2）反应网络法

反应网络法的基础是一个简化了的反应网络，其中包括中间控制产物的生成或分解步骤。初始反应物一般经过以下三种途径进行转换。

① 直接氧化生成最终产物。

② 先生成不稳定的中间产物，再生成最终产物。

③ 先生成相对稳定的中间产物，再生成最终产物。

因此，超临界水氧化反应会有不同的反应路线及途径，也称串联反应、评选反应。在超临界水氧化反应动力学应用过程中，应确定中间产物，掌握形成中间产物的规律。在超临界水氧化反应中，通常认为，有机物的氧化途径为

$$A + O_2 \xrightarrow{k_1} C \quad k_2 \searrow B \nearrow k_3 \tag{9-5}$$

式中，A为初始反应物和不同于B的中间产物；B为中间产物；C为氧化最终产物。

假设氧化反应速率对A、B均为一级反应，氧浓度看作常数（因氧过量较大），则可推出三维速率方程

$$\frac{[A+B]}{[A+B]_0} = \frac{k_2}{k_1+k_2-k_3} e^{-k_2 t} + \frac{k_1-k_3}{k_1+k_2-k_3} e^{-(k_1+k_2)t} \tag{9-6}$$

式（9-6）中下标0表示初始浓度，设$[B]_0 = 0$。通用方程需要三个动力学参数k_1、k_2、k_3，其中，k_1、k_2可由初始速率数据确定。当缺乏试验数据时，Li等建议可选用性质类似化合物的试验数据作近似。大多数情况下，反应 A → C 的活化能范围为54~78kJ/mol。k_2/k_1比值范围为0.15~1.0。含高位短链醇和饱和含氧酸的废水，如活性污泥和啤酒废水，一般具有较高的活化能和k_2/k_1值。用已知的试验数据检验该通用模型，表明该模型既适用于湿式

氧化，也适用于某些有机物的超临界水氧化。

9.3.2 超临界水氧化反应路径和机理

认识反应机理对于反应动力学模型的建立是很重要的，而反应机理与反应路径又是紧密联系的。超临界水氧化技术的早期研究一般不涉及氧化机理的研究，后来氧化反应路径、反应机理才逐渐成为人们所关注的问题。影响反应机理的因素众多，而超临界水的一系列特殊性质又使反应机理的研究增加了难度。在超临界水中，有机物可发生氧化反应、水解反应、热解反应、脱水反应等。而有无催化剂、催化剂类型、不同反应条件下水的性质都对反应机理有较大影响。许多研究者认为决定有机废水超临界水氧化反应速率的往往是其不完全氧化生成的小分子化合物（如一氧化碳、乙醇、氨、甲醇等）的进一步氧化。$CO + \frac{1}{2}O_2 \longrightarrow CO_2$ 被认为是有机物转化为二氧化碳的速率控制步骤，而后期的深入研究发现许多有机物氧化所生成的二氧化碳并非完全由一氧化碳转化而成。许多有机物在氧化过程中一氧化碳的浓度并不存在一最大值也有力地证明了这一点。氨因其稳定性较好被一些学者认为是有机氮转化为分子氮的控制步骤。

比较典型的超临界水氧化机理是 Li 在湿式空气氧化、气相氧化的基础上提出的自由基反应机理，他认为在没有引发物的情况下，自由基由氧气攻击最弱的 C—H 键而产生，机理如下所示

$$RH + O_2 \longrightarrow R\cdot + HO_2 \tag{9-7}$$
$$RH + HO_2\cdot \longrightarrow R\cdot + H_2O_2 \tag{9-8}$$
$$H_2O_2 + M \longrightarrow 2\cdot OH \tag{9-9}$$
$$\cdot OH + RH \longrightarrow R\cdot + H_2O \tag{9-10}$$
$$R\cdot + O_2 \longrightarrow ROO\cdot \tag{9-11}$$
$$ROO\cdot + RH \longrightarrow ROOH + R\cdot \tag{9-12}$$

式(9-9)中 M 为界面，而式(9-12)中生成的过氧化物相当不稳定，它可进一步断裂直至生成甲酸或乙酸。Li 等在此基础上提出了几类具有代表性的有机污染物在超临界水中氧化的简化模型。

(1) 烃类化合物氧化反应

把乙酸当作中间控制产物，反应途径为

$$C_m H_n O_r + \left(m + \frac{n}{4} - \frac{r}{2}\right)O_2 \xrightarrow{k_1} mCO_2 + \frac{n}{2}H_2O$$

$$\underset{k_2}{\searrow} qCH_3COOH + qO_2 \overset{k_3}{\nearrow}$$

上式中的 $C_m H_n O_r$ 既可是初始反应物，也可是不稳定的中间产物；CO_2 和 H_2O 是最终产物，CH_3COOH 是中间产物。

烃类化合物在超临界水中经过一系列反应，一般先断裂成比较小的单元，其中含有一个碳的有机物经过自由基氧化过程一般生成 CO 中间产物。在超临界水中，CO 氧化成 CO_2 的途径主要有两个：

$$2CO + O_2 \longrightarrow 2CO_2 \tag{9-13}$$
$$CO + H_2O \longrightarrow CO_2 + H_2 \tag{9-14}$$

当温度低于 430℃时，式(9-14)起主要作用，这样就能产生大量 H_2，经过一系列氧化过程生成 H_2O，总的反应途径为

$$2H_2 + O_2 \longrightarrow 2H_2O \tag{9-15}$$

一些复杂有机化合物在超临界水氧化过程中，决定其反应速率的往往是被部分氧化生成的小分子化合物的进一步氧化，如 CO、氨、甲醇、乙醇和乙酸等。如式（9-13）被认为是有机碳转化为 CO_2 的速率控制步骤。

（2）含氮化合物氧化反应

现已证实 N_2 为主要的氧化最终产物。NH_3 通常是含氮有机物的水解产物，N_2O 是 NH_3 继续氧化的产物。在较高的温度下，560~670℃时生成 N_2O 比 NH_3 更有利，在 400℃ 以下则以生成 NH_3 或 NH_4^+ 为主。NH_3 的氧化活化能为 156.8kJ/mol。N_2O 的氧化活化能尚未见报道。在低温下，可能由 NH_3 的生成和分解速率来决定 N 元素的转化率；在高温下，反应中间产物更多，尚有待进一步的研究。低温下含氮有机物的超临界水氧化途径为

$$C_mN_qH_nO_r + pO_2 \xrightarrow{k_1} mCO_2 + yN_2 + xH_2O$$

$$\xrightarrow{k_2} q_1NH_3 + O_2 \xrightarrow{k_3}$$

$$\xrightarrow{k_4} q_2CH_3COOH + q_3O_2 \xrightarrow{k_5}$$

上式中的 $C_mN_qH_nO_r$ 既可是初始反应物，也可是不稳定的中间产物。

尿素在超临界水中能完全氧化，没有 NO_x 产生，但却生成了大量的氨，说明氨比较难氧化，是有机氮转化为分子氮的控制步骤。若在 650℃氧化，且停留时间为 20s 时，尿素可完全氧化成 CO_2 和氮气。Webley 等的研究结果表明，氨的氧化受反应器类型的影响较大，在填充式反应器中活化能低，反应速率大约是管式反应器的 4 倍。这也与自由基反应机理相一致。

Kililea 等也发现，氨（NH_3）、硝酸盐（NO_3^-）、亚硝酸盐（NO_2^-）以及有机氮等各种形态的氮在适当的超临界水条件中均可转化为 N_2 或 N_2O，而不生成 NO_x。其中 N_2O 可通过加催化剂或提高反应温度进一步去除，而生成 N_2：

$$4NH_3 + 3O_2 = 2N_2 + 6H_2O \tag{9-16}$$

$$4HNO_3 = 2N_2 + 2H_2O + 5O_2 \tag{9-17}$$

$$4HNO_2 = 2N_2 + 2H_2O + 3O_2 \tag{9-18}$$

（3）含硫化合物氧化反应

$$有机硫 + O_2 \xrightarrow{k_1} CO_2 + SO_4^{2-} + H_2O$$

$$\xrightarrow{k_2} S_2O_3^{2-} \xrightarrow{k_3} SO_3^{2-} + O_2 \xrightarrow{k_4}$$

（4）含氯化合物氧化反应

在短链氯化物中，把氯仿看作中间控制产物，因此，可类似地写出其超临界水氧化的反应途径。

$$C_mCl_3H_nO_r + pO_2 \xrightarrow{k_1} mCO_2 + sHCl + xH_2O$$

$$\xrightarrow{k_2} q_1CH_3Cl + q_2O_2 \xrightarrow{k_3}$$

$$\xrightarrow{k_4} q_3CH_3COOH + q_4O_2 \xrightarrow{k_5}$$

氧化的最终产物为 H_2O、CO_2 和 HCl。在湿式氧化的试验中发现，在大量水存在的条件下，氯化物水解成甲醇和乙醇的速率加快，因此中间控制产物中还可能有甲醇和乙醇。

Yang 等在 310~400℃、7.5~24MPa 的条件下研究了对氯苯酚在水中的氧化反应，主要气相产物为 CO_2，其次是 CO 以及微量的乙烯、乙烷、甲烷和氢气，主要的液相产物是盐

酸。在试验条件下，对氯苯酚的分解率可达 95%。

由以上分析可知，Li 所提出的有机物氧化反应路径及机理对简单有机物在超临界水中的氧化及有机物的湿式空气氧化是适用的，但不能解释所有芳香烃等复杂有机物在超临界水中的氧化。这可能是由于目前尚未清楚的超临界水的结构和超临界水的一系列特殊性质影响了反应所引起的。

迄今为止，对有机物在超临界水中氧化反应机理的研究一般集中在较简单的有机物氧化反应模型的建立上。这是因为复杂有机物的氧化总是经过反应中间产物氧化成最终产物的。显然，对常见的一些反应中间产物的氧化进行模拟，将为复杂有机物的氧化提供重要信息。

早期的氧化反应模型一般是以试验为基础，应用已有的燃烧反应模型，加上压力修正、超临界流体性质的修正而建立的，但这种超临界水氧化反应模型对试验的预测性较差。如甲烷氧化模型不能很好地预测甲烷在超临界水中氧化的转化率；一氧化碳、甲醇的氧化模型在预测一氧化碳、甲醇在临界区域的氧化时效果较差。

此外 Brock 和 Klein 用集总方法模拟了乙醇、乙酸在超临界水中的氧化反应，他们把基元自由基反应根据反应类型进行分类（如氢吸附、异构化等），其中可调整的参数依赖于动力学数据。从某种意义上说，这是一个半经验半模拟的模型。因超临界水氧化工业化装置所处理的废水是极其复杂的，多种反应同时进行，每种反应的机理又不一定相同，几种方法运用于这样的反应可能具有更大的优越性。

综上所述，迄今为止，有机物在超临界水中氧化的反应机理还有待加强，建立符合实际情况的机理模型还需对超临界水的微观组成、微观结构做进一步了解。这种模型的建立将对控制反应中间产物的生成、选择最优反应条件及减少中试试验有着重要意义。

9.4　超临界水氧化过程的工艺计算及流程

9.4.1　超临界水氧化的需氧量及反应热

超临界水氧化反应过程中需要消耗氧气，所需要的氧气量可以由有机污染物降解的 COD 值来计算，计算结果为理论需氧量，根据所需要的氧气量再折算成用气量。实际应用中，需要的空气量比理论值高。在超临界水氧化反应中，用消耗氧气的质量来表示反应过程中的反应热，即按照有机废水或污泥常用指标（COD 值，有机污染物氧化成为 CO_2 和 H_2O 过程中所消耗的氧量）。另外，尽管各种物质和组分的反应热值和所需空气量是不相同的，但它们消耗每千克空气所释放的热量却大致相同，约为 2900～3400kJ。因此，对于废水或污泥的反应热值，可近似用 COD 值间接计算，当测得废水或污泥的 COD 值时，就可以求出超临界水氧化反应所需的氧气量 A 和发热量 Q，其计算公式为

$$A = COD \times 10^{-3} \tag{9-19}$$

式中，A 为需氧量，kg/L；COD 为废水化学需氧量指标，g/L。

若采用空气量计算，则除以空气中氧的质量分数 0.23，式 (9-19) 可写为

$$A = \frac{COD \times 10^{-3}}{0.23} = COD \times 4.35 \times 10^{-3} \tag{9-20}$$

式中，A 为空气量，kg/L。

超临界水氧化反应发热量的计算式为

$$Q = AH \tag{9-21}$$

式中，Q 为氧化每升废水或污泥所产生的反应热值，kJ/L；H 为消耗 1kg 空气的发热量，kJ/kg。

例如，某高浓度废液的发热量 H 为 3050kJ/kg，则氧化反应热值为

$$Q = COD \times 4.35 \times 10^{-3} \times 3050 = COD \times 13.267 kJ/L$$

9.4.2　超临界水氧化的工艺流程

超临界水氧化反应的氧化剂可以是纯氧气、空气（含 21％的氧气）或过氧化氢等。在实际运行过程中发现，使用纯氧气可大大减小反应器的体积，降低设备投资，但氧化剂成本提高；使用空气作为氧化剂，虽然运行成本降低，但反应器等设备的体积加大，相应增加设备的投资，并且由于电力需求过大，而不适于工业化应用。使用过氧化氢作氧化剂，虽然反应器等设备体积有所减小，但氧化剂成本有所提高。另外，由于受市场双氧水浓度的限制，过氧化氢氧化能力较差，有机物分解效率将会降低。因氧气易于工业化操作，用电少，整体运转费用低，便于工业化运行，其工艺流程如图 9-5 所示。

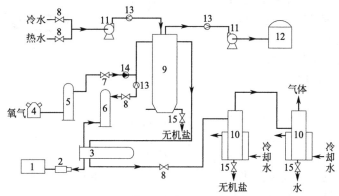

图 9-5　超临界水氧化的工艺流程

1—污水池；2—高压柱塞泵；3—内浮头式换热器；4—氧
气压缩机；5—氧气缓冲罐；6—液体缓冲罐；7—气体调
节阀；8—液体调节阀；9—超临界水氧化反应器；10—分
离器；11—高压柱塞泵；12—燃油贮罐；13—液体单向阀；
14—气体单向阀；15—防堵阀门

由图 9-5 可见，将废水放置于一污水池中，用高压柱塞泵将废液打入热交换器，废水从换热器内管束中通过，之后进入缓冲罐内，同时启动氧气压缩机，将氧气压入一氧气缓冲罐内。废水与氧气在管道内混合之后进入反应器，在高温高压条件下，使水达到超临界状态，废水中的有机污染物被氧化分解成无害的二氧化碳、水，含氮化合物被分解成氮气等无害气体，硫、氯等元素则生成无机盐，由于气体在超临界水中溶解度极高，因此在反应器中成为均一相，从反应器顶部排出，无机盐等固体颗粒由于在超临界水中溶解度极低而沉淀于反应器底部，超临界水与气体的混合流体通过热交换器冷却后进入分离器，为使分离更加彻底，往往再串联一级气液分离器。分离器的下半部分安装有水冷套管，使超临界流体进一步降温，水蒸气冷凝。

在超临界水氧化系统中，有机成分几乎可以完全被破坏（达到 99％以上），有机物主要被氧化成为 CO_2 和 H_2O。这主要是因为在超临界条件下，氢键比较弱，容易断裂，超临界水的性质与低极性的有机物相似，导致有机物具有很高的溶解性，而无机物的溶解性则很低。如在 25℃水中 $CaCl_2$ 的溶解度可达到 70％（质量分数），而在 500℃、25MPa 时仅为 3×10^{-6}；NaCl 在 25℃、25MPa 时的溶解度为 37％（质量分数），550℃时仅为 120×10^{-6}；而有机物和一些气体如 O_2、N_2、CO_2 甚至 CH_4 的溶解度则急剧升高。氧化剂 O_2 的存在，则加速了有机物分解的速率。连续式超临界水氧化的工艺流程为：废水→高压→换热→反应→分离（固液分离和气液分离），如图 9-6 所示。

在 SCWO 过程中，废水中的碳氢氧有机化合物最后将都被氧化成为水和二氧化碳，含氮

化合物中的氮被氧化成为 N_2 和
N_2O，因 SCWO 的氧化温度与焚烧
法相比相对较低，并不像焚烧法，氮
和硫会生成 NO_x 和 SO_x。由于 SC-
WO 对废水有机物的完全氧化将放出
大量的反应热，除了在开工阶段需外
加热量外，在正常运转时，SCWO 可
通过产品水与原料水进行间接换热，
无需外加热量。另外，由于这些反应
本身是放热反应，所以，为考虑过程
能量的综合利用，可将反应后的高温
流体分成两部分：一部分流体用来加
热经压缩升压后的稀浆至超临界状
态；另一部分高温流体用来推动透平
机做功，将氧化剂（空气或氧气等）
压缩至反应器的进料条件。SCWO 一般
适合于含有机物 1%～20%（质量分数）
的废水，有机物含量过低时，将不能满
足自供热量操作，而需要外热补充。如
果有机物含量超过 20%～25%时，焚烧
法也不失为一种好的替代方案。图 9-7
是 Modell 提出的连续式超临界水氧化处
理废水的工艺流程，图中标出了有代表
性的几个参数，但没有示出换热过程。

由于这项技术具有工业化前景，所
以关于这方面的报道很多，包括各种超
临界水氧化技术的应用和开发，一些发
达国家已经建立了超临界水氧化的中试

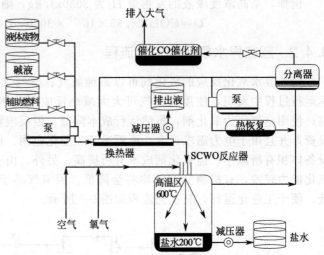

图 9-6 连续式超临界水氧化的工艺流程

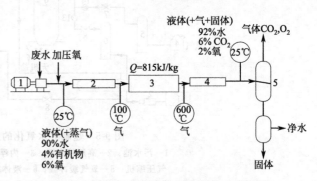

图 9-7 超临界水氧化处理废水的工艺流程
1—高压泵；2—预热反应器；3—绝热
反应器；4—冷却器；5—分离器

装置，结合研究结果，超临界水氧化的工业开发也在同步进行，包括反应器设计、特殊材料试
验、反应后无机盐固体的分离、热能回收和计算机控制等内容。

目前，美国、德国、日本、法国等发达国家先后建立了几十套工业装置，主要用于处理市
政污泥、火箭推进剂、高毒性废水废物等。

9.5 超临界水氧化装置

9.5.1 超临界水氧化试验装置

超临界水氧化试验装置可分为间歇式和连续式两种。

(1) 间歇式试验装置

间歇式装置是指一次性进水和氧（空）气，进行氧化的试验装置。20 世纪 80 年代在奥斯
汀得克萨斯州立大学的 Baleonss 研究中心，建立了一套小型间歇式 SCWO 试验装置，专门在
亚临界状态下进行工业废水的试验。条件为：压力 27.6MPa，温度 300～600℃，废水在反应
器内的停留时间为 1.0～10.0min。反应器为 1/4in（内径，1in＝0.0254m）的不锈钢盘管，见

图 9-8，配备热电偶和压力转换器，整体装在一个振动器和一个电动机传动齿轮上，将旋管配热砂浴和水骤冷器。首先将反应器放在热砂中连续振动，30s 内可达到稳定状态。在给定时间内反应结束后，从热砂中移走反应器，关闭振动器，在 3～4s 内将温度降到约为 40℃，压力降至 0.7MPa，然后在常压下骤冷至 25℃。从热砂中移走反应器到骤冷结束，大约要在 3～10s 内完成。反应器内废水体积和充氧量随反应时间而定。依据试验方案中的各种情况，计算出总有机物的去除率，从而确定废水或污泥的氧化深度。

鞠美庭等建立了一套间歇式 SCWO 试验装置，如图 9-9 所示，该装置由手动计量泵、氧气瓶、高压反应釜、冷凝管等组成。反应釜的容积为 0.5L，设计压力为 32MPa，设计温度为 525℃。JB3 型手动高压计量泵的读数精确到 0.01mL。

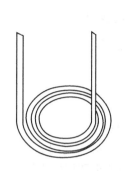

图 9-8　间歇式旋管反应器
（用砂浴加热旋管，用水骤冷）

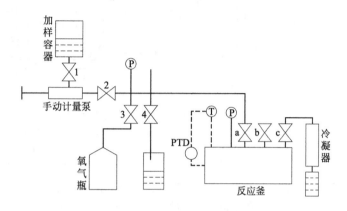

图 9-9　间歇式 SCWO 试验装置示意图

在装置上的试验操作步骤如下：

① 反应装置试漏。将阀门 1、2、4、b、c 均关闭，打开阀门 3 和 a，充氧气至反应釜中，若能维持氧气压力半小时不变，则证明釜不漏气，否则检查各部件，直到不漏气为止。在加样容器中装入水，关闭阀门 1、3、4、b、c，打开阀门 2，用手动计量泵升压到 30MPa，观察压力是否改变，若压力改变，则检查各阀门及管线接头处，直至不漏气为止。

② 加入所需的水量，充氧气至 2.0MPa，维持 5min 不变，由阀门 b 放空后再次充氧，调节充入釜中氧气的压力达 2.0MPa，关闭阀门 b、c。开冷凝水，设定温度，开始加热。

③ 当达到反应所需的温度和压力时，加快搅拌速率，加大冷凝水流量，在加样容器中装入苯酚溶液，用手动计量泵升压至与釜内压力相等时，打开阀门 a，由手动计量泵上的刻度读取所加入苯酚水溶液的体积，关闭阀门 a。当达到反应时间时，打开阀门 c，用容器接收冷凝液，冷凝液经适当稀释后，采用 4-氨基安替比林直接光度法测定其挥发酚含量。

（2）连续式试验装置

连续式装置是指能够不间断进水和氧（空）气进行反应的试验设备。Schanableh 等设计了一种连续流动超临界水氧化反应试验装置，如图 9-10 所示。反应装置的核心是一个由两个同心不锈钢管组成的高温高压反应器。被处理的废水先被匀

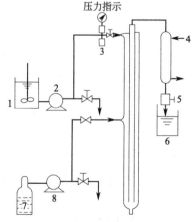

图 9-10　连续流动超临界水
氧化反应试验装置

1—废水罐；2—高压泵；3—压力控制器；
4—冷却器；5—减压阀；6—收集器；
7—氧气罐；8—压缩机

浆，然后用一个小高压泵将其从反应器上部输送到高压反应器，进入反应器的废水先被预热，在移动到反应器中部时与加入的氧化剂混合，进行氧化反应，生成的产物从反应器下端的内管入口进入热交换器。反应器内的压力由减压器控制，其值通过压力计和一个数值式压力传感器测定。在反应器的管外安装有电加热器，并在不同位置设有温度监测装置。整个系统的温度、流速、压力的控制和监测都设置在一个很容易操作的面板上，同时有一个聚碳酸酯制造的安全防护层来保护操作者，在反应器的中部、底部和顶部都设有取样口。

林春绵等设计了一套用于处理萘酚废水的 SCWO 连续试验装置，如图 9-11 所示。

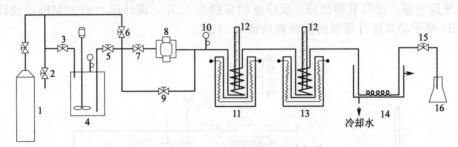

图 9-11　超临界水中有机物氧化分解装置

1—氧气钢瓶；2—放空阀；3—气相阀；4—氧气饱和槽；5—液相阀；6—鼓泡阀；

7—进料阀；8—高压柱塞泵；9—旁通阀；10—精密压力表；11—预热器；

12—水银温度计；13—反应器；14—水冷槽；15—回压阀；16—锥形瓶

试验装置操作如下：将一定浓度的萘酚水溶液置于氧气饱和槽 4 中，开启阀门 5 和 6，让来自钢瓶 1 的氧气在不断鼓泡和搅拌下饱和萘酚溶液，氧气量由饱和槽的饱和压力来控制。关闭阀门 6，开启阀门 7，饱和了氧气的萘酚水溶液由高压柱塞泵 8 以一定的流量先后送入预热器 11 和反应器 13。预热器和反应器均由长 6m，$\Phi 8mm \times 2mm$ 的 1Cr18Ni9Ti 不锈钢管绕制而成。流量可通过旁通阀 9 来调节。预热和反应温度由加热电压来控制，并由水银温度计 12 显示。反应压力由阀门 9 和 15 来调节，并由精密压力表 10 来指示。反应流出液经水冷槽 14 冷却后由锥形瓶 16 收集，计量并取样分析。

鞠美庭等设计了一套用于处理苯酚溶液的 SCWO 连续式试验装置，如图 9-12 所示。该装置的处理量为 0.5~3L/h，设计压力为 35MPa，最高设计温度为 650℃。

试验中，用纯氧作氧化剂。纯氧钢瓶中压力在试验过程中维持在 10.5~13.5MPa 之间，反应温度由混合器中的热电偶测出。系统压力由背压阀设定和控制。

反应条件稳定 30min 后，取液体样进行分析，并分别测量溶氧水、含酚水和反应出口物流的流量，据此求出反应器出口混合物料的含酚量及反应停留时间等参数。

9.5.2　超临界水氧化工业装置

超临界水氧化工业装置为连续式运转装置，根据处理废水性质的不同，装置的工艺设计也不同。

美国 EWT 公司于 1985 年在美国得克萨斯州奥斯汀为 Huntsman 公司建成并投产了一套处理能力为 950L/d 含 10% 有机物废水的 SCWO 装置，这是世界上第一套有较大处理废物能力的工业化装置，如图 9-13 所示。所处理的废物中含有长链有机物和胶，总有机碳（TOC）超过 50g/L。此装置使用管式反应器，长 200m，操作温度为 540~600℃，压力为 25~28MPa，进料量为 1100kg/h。试验表明，各种有毒、有害物质的去除率均在 99.99% 以上，反应后排水中 TOC 的去除率在 99.988% 以上，排出气体中 NO_x 为 0.6×10^{-6}，CO 为 60×10^{-6}，CH_4 为 200×10^{-6}，SO_2 为 0.12×10^{-6}，氨低于 1×10^{-6}，均符合当地直接排放标准。该装置处理废物的成本仅为原来该公司使用焚烧法处理费用的 1/3。

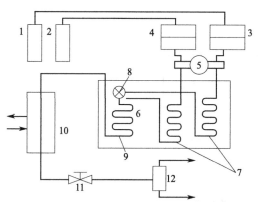

图 9-12　连续式 SCWO 试验装置示意图

1—氧气贮罐；2—氮气贮罐；3—贮水罐；4—废水罐；
5—计量泵；6—砂浴；7—预热器；8—混合器；9—盘
管反应器；10—冷却器；11—背压阀；12—气液分离器

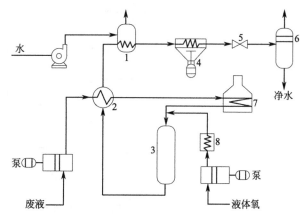

图 9-13　日处理 24t 废水的 SCWO 工业装置

1—废热锅炉；2—热交换器；3—反应器；4—空气冷却器；
5—减压阀；6—气液分离器；7—加热锅炉；8—汽化器

（1）有机废水处理装置

20 世纪 90 年代中期 Modar 公司建成并投产了一套用于处理含氯化物固体废物的 SCWO 装置。Modar 公司还为 GNI 集团设计了一套处理能力为 18926L/d 的 SCWO 装置，并在得克萨斯州的迪尔帕克建成投产。同时 Modar 公司向 Abitibi-Price 公司的造纸和纸浆生产厂发送 SCWO 技术许可证，在多伦多建成一套 SCWO 装置，用于纸浆和造纸废水处理。这些装置被称为 Modar 工艺。美国海军用 Modar 工艺处理军用危险废物。美国 NASA 在其艾姆斯（A-mes）研究中心用 SCWO 工艺处理污泥。Modar 工艺如图 9-14 所示。

这套工艺装置的特点是：有机物和含氮化合物分解率高（大于 99.99%），可分离无机盐类和金属等无机物固体并进行回收，同时将 CO_2、O_2、N_2 和 H_2O 排出，有机物浓度在 5%～10% 时，便可维持自燃温度。

Modell 教授按如图 9-15 所示的工艺设计了各种工业中试规模和实验室规模的 SCWO 装置。若反应温度为 550～600℃，反应时间为 5s，COD 去除率即可达 99.99%。延长反应时间可降低反应温度，但将增大反应器体积，增加设备投资，为获得 550～600℃ 的高反应温度，污水的热值应有 2000kJ/kg，相当

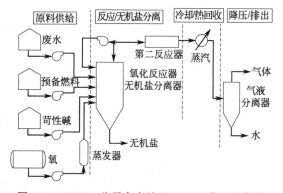

图 9-14　Modar 公司废水处理 SCWO 装置示意图

于有机物含量 10%（质量分数）的水溶液。对于有机物浓度更高的污水，则要在进料中添加补充水。

（2）活性污泥处理装置

生化法处理污水产生大量的污泥，这些污泥常用焚烧法、密度分离法来处理。SCWO 法是替代这些方法的新型高效技术。根据美国三大公司（Modell Development Corp、Eco-Waste Technologies 和 Modar Inc）的工艺，综合出一套处理造纸厂污泥的 SCWO 工业装置，如图 9-16 所示。

该装置的工艺流程为：污泥进入混合罐中均化和再循环，压力约为 0.7MPa。均化后混合物的部分与加压的氧混合后送入预热器，然后送入反应器和冷却器。用于预热的能量由设在外

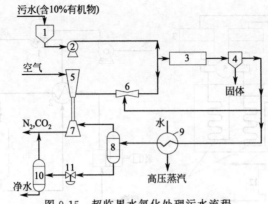

图 9-15　超临界水氧化处理污水流程

1—污水槽；2—污水泵；3—氧化反应器；4—固体分离器；5—空
气压缩机；6—循环用喷射泵；7—膨胀透平机；8—高压气液分离器；
9—蒸汽发生器；10—低压气液分离器；11—减压阀

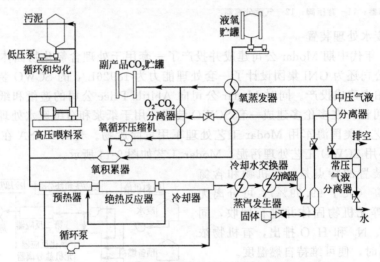

图 9-16　SCWO 法处理制浆造纸厂污泥的 SCWO 工业装置

部的热传递装置中的流体循环获得。该装置提供再生的热交换，从而免除了对辅助燃料的需求。在冷却器中可提取足够的能量，以便为预热液和补偿外部装置的热损失提供能量。污泥中含 10% 的固形物，在氧化反应后从冷却器出来的流体温度为 330℃，压力为 25.2MPa，可产生 8～10MPa 的蒸汽。该蒸汽被分离成气相和液相，如果有固相存在，则将其捕集并随液相带出。液相被送入固液分离器中，分离出的固体被减压和贮存，液相被减压，气态的 CO_2 从中压气液分离器的顶部除去，气态的 CO_2 被液化。来自中压气液分离器的水相被减压至大气压，这时有很少的气态 CO_2 和水蒸气被释放出来。这些气体一般是洁净的，可达排放标准。如果含有复杂成分，可将它通过一个活性炭床过滤吸附后排放。

气液分离器的水相流出物是含有溶解的氧化钠和硫酸钙（一般总溶解固形物低于 0.2%）的清洁水（一般 COD＜50mg/L）。该水相流出物能被脱盐（例如通过反渗透膜或具有盐结晶器的闪蒸装置）以回收高纯水。来自第一段气液固分离器的气相是过量氧和产品 CO_2 的混合物。CO_2 被通过一种液化方法液化，并从过量氧中分离出来；过量氧被压缩至操作压力，与补充的氧混合再循环利用。液体 CO_2 被送入副产品贮罐，再送入气体加工站纯化后工业应用。

1994 年 Modell 教授任总裁的 Modec 环境公司在德国的卡尔斯鲁厄（Karslruhe）郊外为药商联合公司设计并建设了一套 SCWO 装置。该装置也能处理市政污泥和其他用户提供的废水废物。Modec 公司的 SCWO 工艺可用于建设 5～30t（干基）中小规模废物处理装置，该装置的特点是使用管式反应器，适用于处理污泥之类的浆液状物质。Modec 公司设计的新型反应器能避免固体沉降且能消除腐蚀。将此反应器与预热器、冷却换热器联用，构成组合反应系统，将此系统的流出物在一套对流式套管换热器中冷却到 35℃，然后通入相分离器，并进行气、液、固分离，如图 9-17 所示。

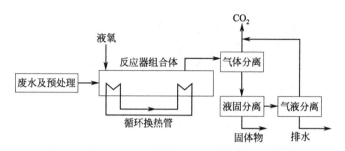

图 9-17　Modec 公司的 SCWO 工业装置流程框图

Modec 公司设计的反应器有如下特点：
① 避免了易形成沉积物的滞流区。
② 采用足以使大部分固体保持悬浮状态的高流速。
③ 采用在线清洗设备将固体残余物在硬化前从反应器中清除出去。

具体措施有以下几种：避免滞流区的简单方法是保持反应器的直径恒定，即不膨胀、不收缩、无三通。中试装置反应器的设计给水量为 1～2L/min，入口流速为 0.5～1.0m/s，最高速度为 5～10m/s。在线清洗设备的水流速度为 5～10m/s，压力为 3×10^5Pa。在线清洗设备可周期性地经反应器入口清洗反应器内部，由此防止结垢、沉积、阻塞。用再生式换热器预热，不需辅助燃料，即利用冷却换热器的热量预热物料。套管式换热器的循环水压力为 250×10^5Pa。当处理热值为 800kJ/kg 的废弃物进入反应器时，其自燃能量能维持平衡，不需外部辅助燃料加热，当处理热值为 2000kJ/kg 的废弃物进入反应器时，可提供 310℃ 及 80×10^5Pa 的蒸汽发电。

9.6　反应器

9.6.1　反应器的分类

在超临界水氧化装置的整体设计中，最重要和最关键的设备是反应器。反应器结构有多种形式，分别叙述如下：

（1）三区式反应器

由 Hazelbeck 设计的三区式反应器结构如图 9-18 所示，整个反应器分为反应区、沉降区、沉淀区三个部分。

反应区与沉降区由蛭石（水云母）隔开，上部为绝热反应区。反应物和水、空气从喷嘴垂直注入反应器后，迅速发生高温氧化反应。由于温度高的流体密度低，因此反应后的流体向上流动，同时把热量传给刚进入的废水。而无机盐由于在超临界条件下不溶，导致向下沉淀。在底部漏斗有冷的盐水注入，把沉淀的无机盐带走。在反应器顶部还分别有一根燃料注入管和八根冷/热水注入管。在装置启动时，分别注入空气、燃料（例如燃油、易燃有机物）和热水（400℃左右），发生放热反应，然后注入被处理的废水，利用提供的热量带动下一步反应继续进行。当需要设备停车时，则由冷/热水注入管注入冷水，降低反应器内温度，从而逐步停止反应。

设计中需要注意的是反应器内部从热氧化反应区到冷溶解区，轴向温度、密度梯度的变化。在反应器壁温与轴向距离的相对关系中，以水的临界温度处为零点，正方向表示温度超过374℃，负方向表示温度低于374℃。在大约200mm的短距离内，流体从超临界反应态转变到亚临界态。这样，反应器中高度的变化可使被处理对象的氧化以及盐的沉淀、再溶解在同一个容器中完成。

另有文献表明，反应器内中心线处的转换率在同一水平面上是最低的，而在从喷嘴到反应器底的大约80%垂直距离上就能实现所希望的99%的有机物去除率。

在实际设计中，除了考虑体系的反应动力学特性以外，还必须注意一些工程方面的因素，如腐蚀、盐的沉淀、热量传递等。

（2）压力平衡式反应器

压力平衡式反应器是一种将压力容器与反应筒分开，在间隙中将高压空气从下部向上流动，并从上部通入反应筒的装置。这样反应筒的内外壁所受的压力基本一样，因此可减少内胆反应筒的壁厚，节约高价的内胆合金材料，并可定期更换反应筒，见图9-19。

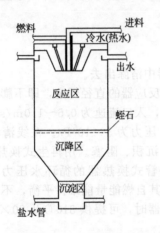

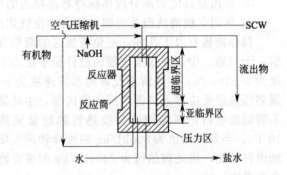

图 9-18　三区式反应器结构　　　　　图 9-19　压力平衡和双区 SCWO 反应器

废水与空（氧）气、中和剂（NaOH）从上部进入反应筒，当反应由燃料点燃运转后，超临界水才进入反应筒。反应筒在反应中的温度升至600℃，反应后的产物从反应器上部排出。同时，无机盐在亚临界区作为固体物析出。冷水从反应筒下部进入，形成100℃以下的亚临界温度区，随超临界区中无机盐固体物不断向下落入亚临界区，而溶于流体水中，然后连续排出反应器。该反应器已经在美国建立了 2t/d 处理能力的中试装置。反应器内反应筒内径250mm，高 1300mm，运转表明，该反应器运转稳定，且能连续分离无机盐。

（3）深井反应器

1983 年 6 月在美国的克罗拉多州建成了一套深井 SCWO/WAO 反应装置，如图 9-20 所示。深井反应器长 1520m，以空气作氧化剂，每日处理 5600kg 有机物。由于废水中 COD 浓度从 1000mg/L 增加到 3600mg/L，后又增加了 3 倍空气进气量。该井可进行亚临界的湿式（WAO）处理，也可以进行超临界水氧化（SCWO）处理。这种反应装置适用于处理大流量的废水，处理量为 0.4～4.0m³/min。由于是利用地热加热，可节省加热费用，并能处理 COD 值较低的废水。

（4）固气分离式反应器

该反应器为一种固体-气体（SCWO 流体）分离同用的反应器，如图 9-21 所示。由图可见，为了连续或半连续除盐，需加设一固体物脱除支管，可附设在固体物沉降塔或废液分离器的下部。来自反应器的超临界水（含有固体盐）从入口 2 进入废液分离器 1，经废液分离出固

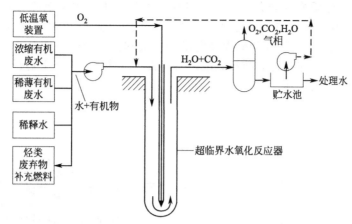

图 9-20　Vertox 超临界水反应器模式

（超临界水氧化反应器深度 3045~3658m，反应器直径 15.8cm，

流量 379~1859L/min，超临界反应区压力 21.8~30.6MPa，

温度 399~510℃，停留时间 0.1~2.0min）

体物后，主要流体由出口 3 排出。同时带有固体物的流体向下经出口 4
进入脱除固体物支管 5。此支管的上部温度为超临界温度，一般在 450℃
以上，同时夹带水的密度为 0.1g/cm³，而在支管底部，将温度降至
100℃以上，水的密度约为 1g/cm³。利用水循环冷却法沿支管长度进行
冷却，或将支管暴露于通风的环境中，或在支管周围缠绕冷却蛇管（注
入冷却液）等。通过入口 6 可将加压空气送到夹套 7 内，并通过多孔烧
结物 8 涌入支管中，这样支管内空气会有所增加。通过阀门 9 和阀门
10，可间断除掉盐类。通过固体物夹带的或液体中溶解的气体组分的膨
胀过程，可加速盐类从支管内排出。然后将阀门 10 关闭，阀门 9 打开，
重复此操作。

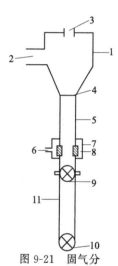

图 9-21　固气分
离式反应器

1—废液分离器；2—含
有固体物的处理液入口；
3—分离出固体物的流
体出口；4—出口；5—支
管；6—空气入口；7—夹
套；8—多孔烧结物；
9,10—阀门；
11—支管下部分

　　日本 Organo 公司设计了一种与废液分离器联用的固体接收器，如
图 9-22 所示。在冷却器 2 和压力调节阀 3 之间的处理液管 1 上装设一台
旋风分离器 4，其入液口和出液口分别与处理液管 1 的上流侧和下流侧
相连，固体物出口经第一开闭阀 6 而与固体物接收器 5 相连接。开闭阀
6 为球阀，固体物能顺利通过，且能防止在此阀内堆积。固体物接收器 5
是立式密闭容器，用来收集经废液分离器分离后的产物，上部装有一排
气阀 7，接收器下部装有球阀 8。试验证明，该装置适用于流体中含有微
量固体物的固液分离，这种形式可较好地保护压力调节阀 3 不受损伤。

　　（5）多级温差反应器

　　为解决反应器和二重管内部结垢及使用大量管壁较厚的材料等问题，
日本日立装置建设公司开发了一种使用不同温度、有多个热介质槽控温
的 SCWO 反应装置，如图 9-23 所示。

　　该装置由反应器 1 和多个热介质槽 2，以及后处理装置 3 所组成。反应器为 U 形管，由进
料管 4、弯曲部 5 和回路 6 所组成，形成连续通路。浓缩污泥或污水经加压泵 7 以 25MPa 压力
送入进料口 8。浓缩污泥经超临界水氧化所得处理液由出料口 9 排出。多个热介质槽 2 在常压
下存留温度不同的热介质，按其温度顺序串联配置成组合介质槽，介质温度从左至右依次分别
为 100℃、200℃、300℃、400℃ 和 500℃。前两个热介质槽最好用难热劣化的矿物油作为热介
质，其余三个则用熔融盐作为热介质。超临界水氧化装置开始运转时需用加热设备启动。存留

最高温度热介质的热介质槽（最右边一个）可使浓缩污泥中的水呈超临界状态,当其温度为500℃时,弯曲部5因氧化放热,而温度达到600℃。经压缩机12并由进氧口11供给氧气。后处理装置3包括气液分离器13和液固分离器14。处理液和灰分分别经两条管线排出。由此可见,该反应器加热、冷却装置的结构简单,而且热介质槽2在常压下运行,所需板材不必太厚,材料费和热能成本均较低。

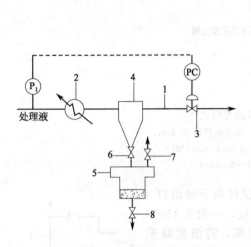

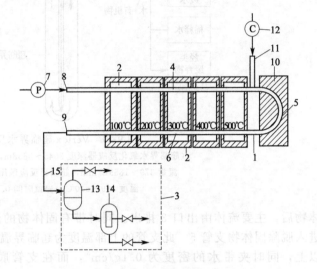

图 9-22 与固体接收器联用的 SCWO 装置

1—处理液管；2—冷却器；3—压力调节阀；
4—旋风分离器；5—固体物接收器；6—第
一开闭阀；7—第二开闭阀；8—排出阀

图 9-23 多级温差反应器

1—反应器；2—热介质槽；3—后处理装置；4—进料管；
5—弯曲部；6—回路；7—加压泵；8—进料口；9—出料口；
10—绝热部件；11—进氧口；12—压缩机；13—气液分离器；
14—液固分离器；15—管线

(6) 波纹管式反应器

中国科学院地球化学研究所的郭捷等设计了带波纹管的 SCWO 反应器,并获得实用新型专利,该反应器如图 9-24 所示,内置喷嘴结构如图 9-25 所示。

由图 9-24 可见,经过反应器外部第一级加热至接近临界温度而在临界温度以下的高温高压污水和高压氧分别通过设在超临界反应器上端的污水入口 1 和氧气入口 2 同时进入设置在反应器上端的内置喷嘴 3,并通过喷嘴内部下端设置的喷孔 4 形成喷射,射流设计有一定的角度,使污水和氧气互相碰撞雾化并通过喷嘴底部形成的喷雾区,正好落入下设波纹管 5 的超临界水反应区 19 中。喷嘴内部设有一测温孔 6,用于插入热电偶以测量反应器内部的温度。此时从反应器下端的加热管 7 的冷凝段将反应器外部的能量传至波纹管 5 外部的洁净水区域 8,此区域的水在加热管 7 的加热下重新成为超临界水,利用超临界水良好的传热性质,将加热管 7 传来的能量和波纹管 5 内的废水、氧气的混合物进行强化换热,使污水和氧气在临界温度以上进行反应。反应产物经亚临界区管程 14,在冷却水 17 的热交换作用下,温度降至临界温度以下,水变为液态,一同进入反应器中的固、液、气分离区 10,在这里通过剩余氧出口 11,将氧气分离出来供循环使用。反应后的高温、高压、高热焓值的水通过洁净水出口 12 流出,而反应后沉降的无机盐从无机盐排出口 13 排出。在反应器外壳和波纹管之间设有一 Al_2O_3 陶瓷管状隔热层 15,在陶瓷管内壁设有一钛制隔离罩 16,并在 Al_2O_3 陶瓷管外壁和外层承压厚壁钢管 18 间设置有适当间距以流通冷却水 17。和高压污水同样压力的冷却水在污水和高压氧进入反应器的同时也通过冷却水入口 20 进入冷却水 17,通过一管状金属隔层 22 和反应出水进行一定的热交换,同时反应区热量也有少部分传至冷却水,使其成为一种超临界态,由于超临界水具有较高的定压比热容（临界点附近趋近于无穷大）,是一种极好的热载体和热缓冲介质，可保证承压钢管温度恒定，不超出等级要求，直到外壳承压钢管温度恒定，保证设备的安全使用，随后带走一部分热量，从冷却水出口 21 流出。

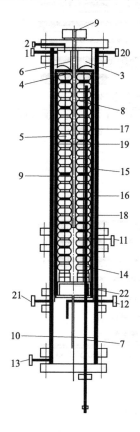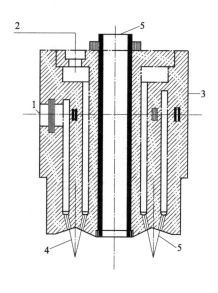

图 9-24 波纹管式反应器

1—污水入口；2—氧气入口；3—内置喷嘴；
4—喷孔；5—波纹管；6—测温孔；7—加热管；
8—洁净水区域；9—电热偶；10—固、液、气
分离区；11—剩余氧出口；12—洁净水出口；
13—无机盐排出口；14—亚临界区管程；
15—Al₂O₃陶瓷管状隔热层；16—钛制隔离罩；
17—冷却水；18—承压厚壁钢管；19—超临界
水反应区；20—冷却水入口；21—冷却水出口；
22—管状金属隔层

图 9-25 内置喷嘴结构

1—污水进口；2—氧气进口；3—金属
框；4—喷嘴孔；5—测温口

（7）中和容器式反应器

在用 SCWO 法处理过程中，被处理的物料往往含有氯、硫、磷、氮等，在反应过程中副产盐酸、硫酸和硝酸，对反应设备有强烈腐蚀。为解决设备腐蚀，往往用 NaOH 等碱中和，但产生的 NaCl 等无机盐在超临界水中几乎不溶，而是沉积在反应设备和管线内表面，甚至发生堵塞。日本 Organo 公司通过改善碱加入点和损伤条件解决了超临界水氧化过程中反应系统的酸腐蚀和盐沉积问题。

图 9-26 所示为容器型超临界水氧化反应器。可见，反应器处理液经排出管排出，处理液经冷却、减压和气液分离后，其 1/3 经管线而循环回到反应器，在排出管适当位置（TC6、TC7）添加中和剂溶液，这样就能防止酸腐蚀和盐沉积。

（8）盘管式反应器

盘管式超临界水氧化反应器如图 9-27 所示，中和剂溶液添加位置在 T4～T5 之间，此处

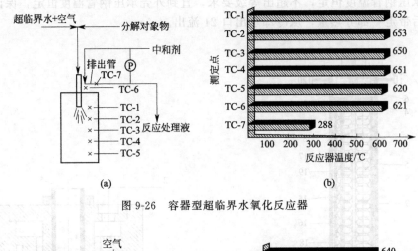

图 9-26 容器型超临界水氧化反应器

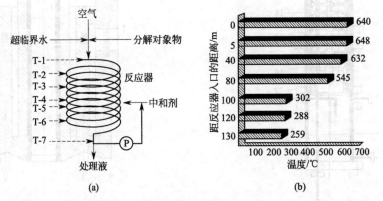

图 9-27 盘管式超临界水氧化反应器

的处理液温度为 525℃, 添加时中和剂溶液温度为 20℃, 由反应器温度分布结果可见, 当加入中和剂溶液后, 500℃ 以上的处理液温度迅速降低到 300℃ 左右。试验结果表明, 三氯乙烯分解率在 99.999% 以上, 且无酸腐蚀和盐沉积。

(9) 射流式氧化反应器

为了强化超临界水氧化处理过程的传热与传质特性, 提高处理效果, 同时避免反应器内腐蚀及盐堵的发生, 南京工业大学廖传华等开发了一种新型射流式超临界水氧化反应器, 并获得发明专利。该反应器如图 9-28 所示, 在反应器内设置一射流盘管 [如图 9-28 (b) 所示], 与氧化剂进口连接。在射流盘管上均匀分布着一系列射流列管, 列管上开有小孔。在反应过程中, 氧化剂从列管上的这些射流孔进入反应器。列管上射流孔的分布密集度自下而上减小, 并且所有列管均匀分布在反应器的空间里, 这样既可节约氧化剂, 又可使氧化剂充分与超临界水相溶, 反应更加完全。

根据反应器内射流盘管安装的位置, 可将反应器分为反应区与无机盐分离区。射流盘管的上部区域为反应区, 氧化剂经高压泵 (或压缩机) 加压至一定压力后, 从氧化剂进口经射流盘管分配进入射流列管, 沿列管上的小孔以射流方式进入待处理的超临界废水中。氧化剂射流进入超临界废水中时具有一定的速度, 将导致反应器内超临界废水与氧化剂之间产生扰动, 从而形成了良好的搅拌效果, 既强化了超临界废水与氧化剂之间的传热传质效果, 提高了反应速率, 又可避免反应过程中产生的无机盐在反应器壁与射流列管上产生沉积。反应器的顶部设有控压阀, 用于控制反应器内的压力不超过反应器的设计压力, 以保证安全。反应产生的无机盐由于在超临界水中溶解度极小而大量析出, 在重力作用下沉降进入反应器下部。射流盘管的下部区域为无机盐分离区, 通过反应器底部设置的无机盐排放阀定时清除。

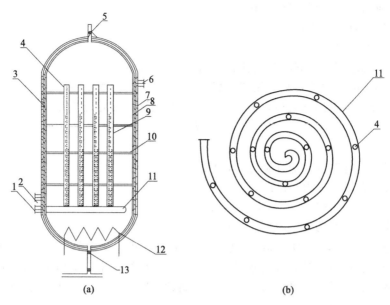

图 9-28　射流式超临界水氧化反应器

1—氧化剂进口接管；2—废水进口接管；3—反应器筒体；4—氧化剂列管；
5—控压阀；6—清水出口接管；7—绝热层；8—陶瓷衬里；9—氧化剂喷射
孔；10—支撑板；11—氧化剂盘管；12—加热器；13—无机盐排放阀

与进出口管道相比，反应器的直径较大，由高压泵输送而来的超临界废水在反应器中由下向上的流速很小，可近似认为其轴向流是层流，且无返混现象，因此具有较长的停留时间，可以保证超临界反应充分进行。在运行过程中，由于受开孔方向的限制，氧化剂只能沿径向射流进入超临界水中，也就是说，在某一径向平面内，由于射流扰动的作用，氧化剂能高度分散在超临界水相中，因此有大的相际接触表面，使传质和传热的效率较高，对于"水力燃烧"的超临界水氧化反应过程更为适用。当反应过程的热效应较大时，可在反应器内部或外部装置热交换单元，使之变为具有热交换单元的射流式反应器。为避免反应器中的液相返混，当高径比较大时，常采用塔板将其分成多段式以保证反应效果。另外，该反应器还具有结构简单、操作稳定、投资和维修费用低、液体滞留量大的特点，因此适用于大批量工业化应用。

超临界水氧化过程所用的氧化剂既可以是液态氧化剂（如双氧水，采用高压泵加压），也可以是气态氧化剂（如氧气或空气，用压缩机加压），氧化剂的状态不同，进入反应器的方式也不一样：液态氧化剂以射流方式从射流孔进入超临界水中，此时反应器称为射流式反应器；如果氧化剂是气态，则以鼓泡的方式从射流孔进入超临界水中，此时反应器称为射流式鼓泡床反应器。无论是液态氧化剂的射流式反应器，还是气态氧化剂的射流式鼓泡床反应器，其传热传质性能对于超临界水氧化过程的效率具有较大的影响。

9.6.2　反应器的设计

一般将超临界水氧化器分为：顶部、主筒体、圆台体、底部四个部分。

（1）反应器主筒体壁厚的计算

在超临界水氧化反应器的设计过程中，按照《钢制压力容器》（GB 150—2011）中的计算式对反应器的筒体壁厚进行计算，公式的适用范围为 $p_c \leqslant 0.4 [\sigma]^t \phi$。

反应器为内部受压，其主筒体厚度的计算式为

$$\delta = \frac{p_c D_i}{2 [\sigma]^t \phi - p_c} \tag{9-22}$$

式中　δ——反应器圆筒计算厚度，mm；

　　p_c——反应器设计压力，MPa；

　　D_i——反应器圆筒内直径，mm；

　　$[\sigma]^t$——设计温度下反应器圆筒的计算许用应力，MPa；

　　ϕ——焊接系数，焊接系数选用双面焊对接头、100%无损检测，$\phi=1.0$。

在计算出了反应器的厚度之后，需对其应力进行核算，其应力核算式为

$$\sigma^t = \frac{p_c(D_i + \delta_c)}{2\delta_e} \tag{9-23}$$

式中　σ^t——设计温度下圆筒的计算应力，MPa；

　　p_c——反应器设计压力，MPa；

　　D_i——反应器圆筒内直径，mm；

　　δ_e——反应器圆筒的有效厚度，mm。

按照《钢制压力容器》（GB 150—2011）中的要求，σ^t 小于或等于 $[\sigma]^t\phi$ 才能符合要求。

在计算出反应器的厚度后，还必须考虑加工材质的腐蚀速率，根据试验，不同的废水适合使用不同的材质，在计算厚度的基础上还应考虑腐蚀的厚度，两者之和才是反应器的厚度。

（2）反应器长度的计算

通过小试或中试，可以确定某种废水完全氧化所需的反应时间，由 C. H. Oh 和 R. J. Kochan 研究的报告所述，超临界水氧化反应器内可以看作是以推流反应方式进行，因此，反应所需的长度为

$$L = Vt \tag{9-24}$$

式中　L——反应器有效长度，m；

　　V——超临界混合流体流速，m/min；

　　t——反应时间，min。

$$V = \frac{Q_1 + Q_2}{A} \tag{9-25}$$

式中　Q_1——超临界水的流量，m^3/min；

　　Q_2——氧化剂的流量，m^3/min；

　　A——反应器的截面积，m^2。

$$A = \frac{\pi D^2}{4} \tag{9-26}$$

式中　D——反应器的直径，m。

为了使反应更加彻底，反应器实际长度 L_1 与有效长度 L 的关系式为

$$L/0.8 = L_1 \tag{9-27}$$

H. E. Harner 等的研究表明，反应器内应有 200mm 的过渡区间。

9.7　基于超临界水氧化过程的多联产能源系统流程

与传统水处理方法相比，超临界水氧化过程的设备投资和运行成本都相对较高，大大限制了该技术在工业废水深度治理方面的应用。一般认为，要拓展超临界水氧化技术的应用领域，首先须从催化剂的角度出发，通过缩短反应时间和降低反应条件而减小设备的投资与运行费用。然而，采用催化剂首先必须要考虑可能会导致的二次污染等问题，其次，针对不同的处理对象，所需催化剂的种类也不同，这势必增大催化剂开发与生产的难度，也从另一方面降低了超临界水氧化过程的经济性。

　　适宜采用超临界水氧化技术处理的废水一般为高浓度难降解的有机废水，其 COD 浓度均较高（一般为 20000~400000mg/L，传统方法无法处理），实际上，COD 含有大量的化学能，是一种"放错了地方的资源"，在反应过程中其与氧化剂作用放出大量的反应热，使反应器内的温度逐步上升。因此，由反应器出来的经处理后的水含有大量的热能和压力能，如果听任这部分能量排放，既可能使处理后的废水不能达标排放（因为由原废水带入的无机盐和反应过程中产生的无机盐在超临界水中的溶解度极小，将会沉积析出，而在常态水中其溶解度较大，将导致排出的水中因含盐量过大而无法达标），还可能重新造成热污染并导致严重的浪费。

　　在节能技术成为全球第五能源、"节能减排"受到全球重视的今天，加强能量的回收及其有效利用是提高超临界水氧化装置经济效益的一个有效途径。由于超临界水氧化过程中从反应器出来的高温高压水含有大量的热能和压力能，因此可分别针对热能和压力能的特点，对超临界水氧化系统进行优化，在模拟计算的基础上，综合考虑系统热平衡网络，实现超临界水氧化系统的热集成，将超临界水氧化过程与其他系统和设备进行耦合，通过回收过程中的能量并联产其他能源，可实现"节能减排"并提高过程经济效益的目的。

　　工业生产中，可实现热量和压力能回收利用的方法很多，针对超临界水氧化反应过程的特点，可根据不同的需要分别将超临界水氧化过程与热量回收系统、透平系统及蒸发过程等耦合联用，实现超临界水氧化过程中能量的综合利用并联产其他能源，在提高过程经济性的同时也满足"节能减排"的要求。

9.7.1　与热量回收系统的耦合

　　超临界水氧化反应的工艺过程要求将待处理的废水与氧化剂分别加热加压至设定的操作温度（380~700℃）和操作压力（25~40MPa），因此超临界水氧化反应过程一般需要消耗大量的能量。为了将进料液加热到设定的温度，加热器的功率要求非常大，在工业应用中难以实现，针对于此，廖传华等提出了一种静态加热方法，即用延长加热时间的方法以减小所需的加热功率。这种方法虽可通过延长加热时间降低加热器的功率，但并不能减少所需的热量消耗，同时，从反应器 4 出来的超临界水具有较高的温度（一般均在 400℃左右，废水的 COD 浓度越大，则温度越高，因为 COD 物质在反应过程中放出大量的热量，使反应后水的温度进一步升高）。为了减少加热废水和氧化剂所需的热量，廖传华等提出了如图 9-29 所示的超临界水氧化与热量回收系统耦合的工艺流程。

　　将待处理废水经高压柱塞泵 1 加压至设定压力，用加热器 3 加热至设定的温度，达到超临界状态后，进入反应器 4。氧化剂经高压柱塞泵（对于液态氧化剂）或压缩机（对于气态氧化剂）7 加压至指定的压力后进入反应器 4，与待处理废水混合并发生超临界水氧化反应，废水中的有机物、氨氮及总磷等反应后被降解成二氧化碳、氮氧化物及无机盐，废水中的主要污染物被去除，达到排放标准或回用要求。如果反应器 4 内的温度达不到工艺要求，即可启动反应器 4 附设的加热器对混合液进行加热。在超临界状态下，反应过程中产生的无机盐等在水中的溶解度非常小，因此沉积在反应器 4 的底部，可通过间歇启闭反应器 4 下部的两个阀门而排出。反应过程产生的 CO_2 等气体在超临界状态下与水互溶。

　　为充分利用系统的热量，将由反应器 4 出来的高温高压水分为两股，一股（绝大部分）首先经过第一换热器 2 与由高压柱塞泵 1 加压后的废水进行热量交换，充分利用高温水的热量对冷废水进行预热，以减小后续加热器 3 和反应器 4 所附设加热器的负荷；从第一换热器 2 出来的废水虽然与冷废水进行了热量交换，但仍具有较高的温度，因此采用第三换热器 8 对其进行冷却，再经第二气液分离器 9 实现气液分离后即可达标排放或回用。另一部分经过第二换热器 5 冷却后，由第一气液分离器 6 实现气液分离后即可达标排放或回用。第二换热器 5 的作用是对高温高压水进行冷却，同时产生满足需要的热水或蒸汽，另供它用。

用这种处理方法处理的废水，一般没有明显的毒性和危害，其 COD 浓度约为一般为 20000mg/L。随温度升高而反应速度增大，这种 COD 含有大量的能量和热量……随着气温升高……

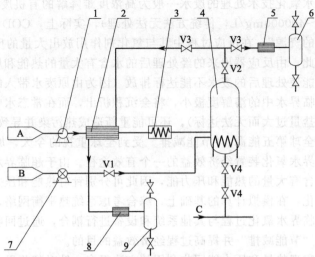

图 9-29 超临界水氧化与热量回收系统耦合的工艺流程
1—高压柱塞泵；2—第一换热器；3—加热器；4—反应器；5—第二
换热器；6—第一气液分离器；7—压缩机或高压柱塞泵；8—第三换
热器；9—第二气液分离器；V1,V2,V3,V4—阀门；
A—待处理废水；B—氧化剂；C—除盐用清水

这种耦合工艺由于充分利用由反应器 4 出来的水的热量对废水进行了预热，可有效减小加热器 3 所需的负荷；第二换热器 5 和第三换热器 8 在完成冷却任务的同时又能产生热水或蒸汽，可满足其他的工艺需求。因此过程的经济性有了明显的提高。从反应器 4 出来的分别流经第一换热器 2 和第二换热器 5 的流量可根据工艺过程的需要进行优化调整，以取得最大的经济效益。

9.7.2 与热量回收系统和蒸发过程的耦合

超临界水氧化过程需在较高的温度（380～700℃）和压力（25～40MPa）条件下才能进行，因此从超临界水氧化反应器 4 出来的经处理后的水仍处于超临界状态，也就是说，从超临界水氧化反应器出来的经处理后的水含有大量的热能和压力能，因此在图 9-29 所示的超临界水氧化与热量回收系统耦合的工艺流程中设置了第一换热器 2，利用从反应器 4 出来的高温水的热量对经高压柱塞泵 1 加压后的废水进行预热，以充分回收高温水的热量，减小后续加热器 3 的负荷。这种方法能有效降低过程的运行费用，提高过程的经济效益。

如前所述，采用超临界水氧化技术处理高浓度难降解有机废水时，由于废水中均含有一定浓度的化学耗氧量物质（一般以 COD 值的大小表示），从资源的角度看，所有这些化学耗氧量物质均是以另一种形式存在的有用资源，在反应器 4 中与氧化剂发生反应，放出大量的热，使由反应器 4 出来的水的温度进一步升高。试验结果表明，由反应器 4 出来的水的温度与待处理废水中 COD 值的大小有关：废水的 COD 浓度越大，则反应过程中放出的热量越多，由反应器 4 出来的水的温度越高，利用第一换热器 2 对待处理的冷废水预热的效果越好，后续的加热器 3 的负荷也越小。因此，针对一定浓度的待处理废水，如果能从工艺流程上进行优化，在进入反应器 4 发生超临界水氧化反应之前对待处理废水进行增浓，使其 COD 值增大，则在反应器 4 中放出的反应热就会相应增大。

基于这一考虑，廖传华等设计了如图 9-30 所示的超临界水氧化与热量回收系统和多效蒸发过程耦合的工艺流程，在高压柱塞泵 1 之前设置了一蒸发装置 9，待处理废水在经高压柱塞泵 1 加压之前，先用离心泵将其泵入蒸发装置 9 中。运行过程中，将蒸发浓缩后的待处理废水经高压柱塞泵 1 加压至设定压力，用加热器 3 加热至设定的温度，达到超临界状态后，进入反应器 4。氧化剂经高压柱塞泵（对于液态氧化剂）或压缩机（对于气态氧化剂）5 加压至指定的压力后，进入反应器 4，与待处理废水混合并发生超临界水氧化反应，废水中的有机物、氨氮及总磷等经过反应后被降解成二氧化碳、氮氧化物及无机盐，废水中的主要污染物被去除，达到排放标准或回用要求。如果反应器 4 内的温度达不到工艺要求，即可启动反应器 4 附设的加热器对混合液进行加热。在超临界状态下，反应过程中产生的无机盐等在水中的溶解度非常小，因此沉积在反应器 4 的底部，可通过间歇启闭反应器 4 下部的两个阀门而排出。反应过程中产生的 CO_2 等气体在超临界状态下与水互溶。

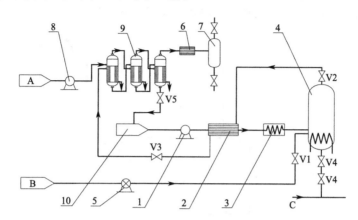

图 9-30 超临界水氧化与热量回收系统和多效蒸发过程耦合的工艺流程图

1—高压柱塞泵；2—第一换热器；3—加热器；4—反应器；5—高压柱塞泵或压缩机；6—第二换热器；7—气液分离器；8—离心泵；9—多效蒸发器；10—缓冲罐；V1，V2，V3，V4，V5—阀门；A—待处理废水；B—氧化剂；C—除盐用清水

待处理水中所含的化学耗氧量物质（COD）在反应器 4 中与氧化剂反应放出大量的反应热，使由反应器 4 出来的水的温度进一步升高。由反应器 4 出来的高温水经第一换热器 2 对待处理废水进行预热后，出来的水仍具有较高的温度（一般不低于 200℃），如果任其排放，不仅造成巨大的浪费，还会导致热污染的形成，因此可将其引入蒸发装置，充分利用其热量对冷废水进行预热并增浓。

随着蒸发过程的进行，高温水将自身的热量传递给冷废水，使冷废水不断蒸发而产生蒸汽。产生的蒸汽与作为蒸发热源的热水混合经第二换热器 6 冷凝并经气液分离器 7 分离出其中含有的气体成分，即可达标排放或回用。由于部分水分的蒸发，废水中化学耗氧量物质的浓度也就逐步升高，从蒸发器底部出来后，再经高压柱塞泵 1 加压和加热器 3 加热后进入反应器 4 与氧化剂发生反应。因为在蒸发装置中部分水蒸发成为蒸汽，整个超临界水氧化处理系统的处理负荷变小了，相应的反应器等设备的体积也减小了；由于反应器 4 所处理废水的化学耗氧量物质（COD）的浓度提高了，反应过程放出的热量增多，通过第一换热器 2 回收的热量也多，后续加热器 3 的负荷也小。可见，采用这种耦合工艺流程，既可减少设备的投资费用，又能降低过程的运行成本，能显著提高过程的经济效益。

9.7.3 与热量回收系统和透平系统的耦合

在图 9-29 所示的流程中，由反应器 4 出来的水的温度和压力均较高，采用与热量回收系统耦合的方法虽可实现热量的综合利用，但对高压水所含有的压力能却没能实现有效利用，如果任其排放，将会造成较大的浪费。因此，廖传华等提出了如图 9-31 所示的超临界水氧化与热量回收系统及透平系统耦合的工艺流程，以期实现对反应器 4 出来的高温高压水所含的热量及压力能的综合利用。

　　将待处理废水经高压柱塞泵 1 加压至设定压力，用加热器 3 加热至设定的温度，达到超临界状态后，进入反应器 4。氧化剂经高压柱塞泵（对于液态氧化剂）或压缩机（对于气态氧化剂）5 加压至指定的压力后，进入反应器 4，与待处理废水混合并发生超临界水氧化反应，废水中的有机物、氨氮及总磷等经过反应后被降解成二氧化碳、氮氧化物及无机盐，废水中的主要污染物被去除，达到排放标准或回用要求。如果反应器 4 内的温度达不到工艺要求，即可启动反应器 4 附设的加热器对混合液进行加热。在超临界状态下，反应过程中产生的无机盐等在水中的溶解度非常小，因此沉积在反应器 4 的底部，可通过间歇启闭反应器 4 下部的两个阀门而排出。反应过程产生的 CO_2 等气体在超临界状态下与水互溶。

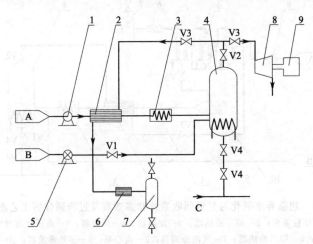

图 9-31　超临界水氧化与热量回收系统及透平系统耦合的工艺流程

1—高压柱塞泵；2—第一换热器；3—加热器；4—反应器；
5—高压柱塞泵或压缩机；6—第二换热器；7—气液分离器；
8—透平机；9—发电机；V1、V2、V3、V4—阀门；A—待
处理废水；B—氧化剂；C—除盐用清水

　　在图 9-31 所示的工艺流程中，为了充分利用从反应器 4 出来的高温高压水的热量和压力能，仍将从反应器 4 出来的高温高压水分成两股，其中一股（绝大部分）经第一换热器 2 与由高压柱塞泵 1 加压后的废水进行热交换，利用反应器 4 出来的高温水的热量对冷废水进行预热，以减小后续加热器 3 的负荷；经第一换热器 2 换热后的水仍具有较高的温度，因此经第二换热器 6 进行冷却，并由气液分离器 7 进行气液分离后即可达标排放或直接回用。这一点与图 9-29 中完全相同。不同的是，在图 9-31 中作者用一透平机 8 和发电机 9 取代了图 9-29 中的第二换热器 5 和第一气液分离器 6，其目的是利用透平机 8 回收由反应器 4 来的高压水的压力能。

　　采用透平机 8，让由反应器 4 来的高温高压水在透平机 8 中减压膨胀，具有较高压力的水因减压膨胀，压力变小，体积变大，因此产生可驱动其他装置的有用功。如前所述，采用超临界水氧化技术对高浓度难降解有机废水进行治理，首先需将待处理废水经高压柱塞泵 1 加压至临界压力以上，这需要消耗大量的能量。采用透平机 8 后，则可利用回收的有用功驱动发电机 9 以补充对废水进行加压用的高压柱塞泵 1 和对氧化剂进行加压用的高压柱塞泵（对于液态氧化剂）或压缩机（对于气态氧化剂）5 所消耗的能量，从而降低整个系统的有用功耗，提高过程的经济效益。

　　图 9-29 所示的超临界水氧化与热量回收系统耦合的工艺流程仅回收利用超临界水氧化反应过程中由反应器 4 出来的高温高压废水所含的热量，因此其能量回收过程比较单一，系统相对也比较简单。图 9-31 所示的超临界水氧化与热量回收系统和透平系统耦合的工艺流程是在

图 9-29 所示的超临界水氧化与热量回收系统耦合的基础上，增加了一透平机 8 和发电机 9，这样耦合之后，既可回收超临界水氧化过程中由反应器 4 出来的高温高压水的热量，以降低加热过程所需的能量，又可回收高温高压水的压力能，以降低加压过程所需的能量，因此更能显著提高过程的经济效益。

9.7.4　与热量回收系统及透平系统和蒸发过程的耦合

采用多效蒸发装置，充分利用由反应器 4 出来的高温高压水的热量，对废水进行预热蒸浓，不仅可以降低整个超临界水氧化处理系统的负荷，减小反应器等设备的体积，降低过程的设备投资费用，还可提高反应过程中放出的热量，进一步减小后续加热过程的能量消耗，进而降低过程的运行成本，对提高过程的经济效益具有显著的作用。为此，廖传华等在图 9-30 和图 9-31 的基础上，设计了如图 9-32 所示的超临界水氧化与热量回收系统及透平系统和蒸发过程耦合的工艺流程。

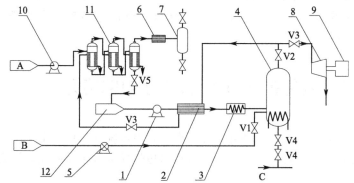

图 9-32　超临界水氧化与热量回收系统及透平系统和蒸发过程耦合的工艺流程
1—高压柱塞泵；2—第一换热器；3—加热器；4—反应器；5—高压柱塞
泵或压缩机；6—第二换热器；7—气液分离器；8—透平机；9—发电机；
10—离心泵；11—多效蒸发器；12—缓冲罐；V1,V2,V3,V4,V5—阀门
A—待处理废水；B—氧化剂；C—除盐用清水

在图 9-32 中，待处理废水首先用离心泵 10 输入多效蒸发器 11 中，从多效蒸发器 11 出来的废水经高压柱塞泵 1 加压至设定的压力，用加热器 3 加热至设定的温度，达到超临界状态后，进入反应器 4。氧化剂经高压柱塞泵（对于液态氧化剂）或压缩机（对于气态氧化剂）5 加压至指定的压力后，进入反应器 4，与待处理废水混合并发生超临界水氧化反应。如果反应器 4 内的温度达不到工艺要求，即可启动反应器 4 附设的加热器对混合液进行加热。在反应器 4 中，废水中的有机物、氨氮及总磷等经过反应后被降解成二氧化碳、氮氧化物及无机盐，废水中的主要污染物被去除，达到排放标准或回用要求。超临界状态下，反应过程中产生的无机盐等在水中的溶解度非常小，因此沉积在反应器 4 的底部，可通过间歇启闭反应器 4 下部的两个阀门而排出。反应过程中产生的 CO_2、N_2 或 N_2O 等气体在超临界状态下与水互溶，一起从反应器 4 的顶部排出。

将从反应器 4 出来的高温高压水分为两股，其中一股直接进入透平机 8 内膨胀，将其压力能转化为有用功，驱动发电机 9 以补充高压柱塞泵 1 和高压柱塞泵（对于液态氧化剂）或压缩机（对于气态氧化剂）5 所消耗的能量；另一股经第一换热器 2 对废水进行预热，以降低后续加热器 3 的负荷。从第一换热器 2 出来的水仍具有一定的温度，此时将其引入多效蒸发器 11，与由离心泵 10 泵送来的冷废水并流通过多效蒸发器 11，利用其热量将废水蒸发浓缩，提高其中化学耗氧量物质（COD）的浓度，最后与由废水蒸发产生的蒸汽一并进入第二换热器 6 冷却，并经气液分离器 7 分离出其中的气体后即可达标

排放或回用。蒸浓后的废水经高压柱塞泵 1 加压，经第一换热器 2 预热后进入加热器 3，由加热器 3 进一步加热到设定的温度后，进入反应器 4 与由 5 加压后的氧化剂混合并发生反应。如此循环反复，直至处理任务完成。

在本流程中，分别采用第一换热器 2 和多效蒸发器 11 以充分回收利用由反应器 4 出来的高温高压水的热量，利用透平机 8 和发电机 9 回收利用由反应器 4 出来的高温高压水的压力能，而且由于多效蒸发器 11 对待处理废水进行了蒸浓，既降低了后续装置的处理负荷，又增加了反应器 4 内放出的反应热，因此采用本流程既可有效降低系统的设备投资费用，又能大幅降低过程的运行费用，明显提高了过程的经济效益。

需要说明的是，在图 9-31 和图 9-32 所示的耦合流程中，均在反应器 4 后设置了透平机 8 和发电机 9，其目的是回收利用由反应器 4 出来的高温高压水的压力能。实际上，由反应器 4 出来的水的温度和压力均较高，呈超临界态，因此采用透平装置回收其压力能的过程实质上就是超临界发电系统。超临界状的水进入透平机 8 中膨胀做功，将超临界水的热量转化为动能，通过汽轮机将动能转化为机械能，再由发电机将机械能转化为电能。与传统发电技术相比，超临界发电技术具有效率高、节能、环保等优点，是未来发电技术的发展趋势。

9.8 超临界水氧化技术在废水处理中的应用

对于多数有毒废液、高浓度难降解有机废水，利用传统的物化、生化法处理不甚奏效或处理过程烦琐，且运行费用较高、投资较大，但利用超临界水氧化反应处理污染物，可以使处理效果大大提高。

在超临界水均相氧化体系中，按照有机物的分子结构，被研究的对象可以分为如下几种：

① 酚类化合物　酚及其衍生物是一类典型的污染物，在超临界水氧化技术中得到了相当程度的重视，因为工业排放的废水中常常含有这类化合物。

② 氯烃类化合物　利用传统的方法很难处理含有氯烃类有机物的废水，在超临界水条件下，溶液中的氯离子会形成腐蚀环境，影响氯烃类化合物的有效处理。因此，它可以作为超临界水氧化的一个特例。

③ 含氮类化合物　硝基苯、硝基苯胺等含氮类化合物在超临界水氧化过程中具有其特殊性，并且在工业废水中经常遇到。根据氧化反应进度，在反应产物中可以分别得到 NO、NO_2 和 N_2。

④ 有机氧化物　有机醇、有机酸和有机酮等常规化合物普遍存在于工业废液中，如甲醇、乙醇、异丙醇、丁醇、乙酸和甲乙基酮等。这类有机物的超临界水氧化的结果显示了该技术的优势。

⑤ 军事材料　对于有害军事废弃物，如高能材料和化学武器废弃物，从安全和经济的角度考虑，超临界水氧化可能是解决传统处理方法中存在问题的一个好手段。

在 SCWO 过程中的反应历程是十分复杂的，虽然最后的氧化产物是水和二氧化碳，但有机物在氧化过程中会生成许多中间化合物。由于某种原因中间产物数目很多，弄清楚详细的反应历程是十分困难的，通常是除了有机物直接氧化成为二氧化碳和水之外，把氧化反应还分为生成稳定的中间产物和不稳定的中间产物两类。不稳定的中间产物由于其活化能小，很容易被进一步氧化，对整个氧化过程不起控制作用。而那些稳定的中间产物由于其活化能大，可以在体系中相对地稳定存在，它们可以成为在整个氧化历程中的反应控制步骤。如乙酸，它在许多

SCWO 体系中可以被检测到，所以有许多作者把 SCWO 的动力学研究建立在稳定的中间产物乙酸的氧化上。如含氮的有机化合物，它们的最终氧化产物是氮气，但它们可能生成氨和一氧化氮，在 550℃ 以上的温度，一氧化氮生成的可能性大，但在 400℃ 左右的温度下，中间产物氨的生成占主导地位，所以有以氨作为稳定的中间产物来建立动力学模型的。含氯的化合物多半把在氧化过程中生成氯甲烷作为稳定的中间产物，在酚的衍生物的 SCWO 过程中，常常可以检测到酚类的二聚体，而检测不到乙酸的存在，因此对酚类常以酚的二聚体作为稳定的中间产物来建立动力学模型。

SCWO 过程中所处理的废水往往是有机混合物，要将各组分的氧化反应动力学一一加以测定是一项烦琐的工作，对于含碳的有机混合物常用总有机碳 TOC、化学需氧量 COD、总耗氧量 TOD 等来表示其浓度，并且多以单位体积的质量来表示。如果不能获得所处理废水的有代表性组分的动力学数据时，常采用稳定的中间产物的动力学数据来估算和设计反应器。

多数研究表明，对于有机物在超临界流体中进行氧化反应时的反应级数是 1，对于氧的反应级数的报道有些不一致，数据在 0~1 之间，可能取 0.5 能较好地描述试验数据。对于水的反应级数的测定工作不多，有报道取 0.7 的。

超临界水氧化处理法作为污染物处理手段，与一般的湿式氧化法、催化氧化法相比，有如下特点：

① 废物经湿式氧化处理后，通常还需再经生化处理方能使有害物质完全转化成 CO_2 等无毒物质；采用催化湿式氧化法处理有毒废物后所残留的化合物仍可能有毒性；超临界水氧化法则是一种较为经济而彻底的处理方法。

② 超临界水氧化处理法一般采用管式反应装置，其投资费用要比湿式氧化法和催化湿式氧化法所使用的高压反应釜费用低。

③ 超临界水氧化处理法还具有操作费用低的优点。湿式氧化法和催化湿式氧化法处理每吨有机物的操作费用一般为 2000 美元，相当大的费用用在燃料消耗上。超临界水氧化法的主要能耗则用在装置启动时的燃料消耗上。据 Worthy 报道，超临界水氧化技术每处理 1t 有机污染物的费用一般为 66~110 美元。

(1) 电子工业废液处理

随着电子工业的发展，大量电子元器件废液、废弃物成为一大污染物。这些污染物为：显像液 TMAH（四甲基氢氧化铵）、洗净液 APM（氨、过氧化氢）、干燥剂 IPA（异丙醇）、剥离剂 DMSO（二甲基亚砜）、MSA（甲亚磺酸）和 N-甲基吡啶烷酮以及表面活性剂，HCl、HF、HNO_3、H_2SO_4 等。

目前该类废液处理通常采用焚烧法，但存在着运行费用高、热能不能回收利用等问题。生产过程中，为了有效处理该类废水，并回收处理水，1998 年 8 月日本新日铁集团半导体公司在千叶县馆山建成一套用 SCWO 方法处理电子产品生产废液的工业装置，处理能力为 35t/d，计划 4 年收回投资，处理费用较低，并能创造一定的经济效益。其处理工艺流程如图 9-33 所示。

由图 9-33 可见，在超临界水氧化反应过程中，氨和 TMAH 浓缩后进入超临界水氧化反应装置，该处理装置可以使废水中有机物处理效率达到 99.9% 以上，含氮化合物处理后生成 N_2，不会产生 NO_x 污染。处理后的水达到电子元器件生产厂补充水的要求，可以回用，不需排放。

(2) 处理含氮有机废水

含氮有机废水属于难降解废水，处理比较困难，采用超临界水氧化法可以较好地解决该问题。首先，含氮有机物在亚临界水和超临界水氧化过程中都会产生氨。其次，在氧作为氧化剂的超临界水氧化环境中，甚至在高于 600℃ 条件下，氨是相对稳定的。

SCWO 法在中<!-- faded top text -->

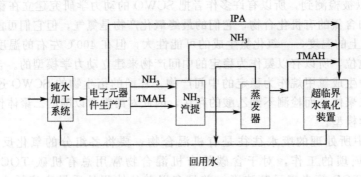

图 9-33 SCWO 法处理电子元器件生产厂废水工艺流程

常压下，在低于 640℃及无催化剂存在下，氨转化率几乎为零，在温度 680℃、压力 24.8MPa、反应时间为 10s 时，将 Inconel 合金小球装入反应器，氨转化率可以达到 40%。使用硝酸盐作为氧化剂，也能提高氨在超临界水中的氧化速率。例如，在温度 500℃、压力 30MPa，反应时间为 30s 时，HNO_3/NH_3 比为 0.65 条件下，氨在超临界水中会完全氧化。

用 SCWO 法且在无催化剂存在下，反应温度为 450℃及过量氧，氨转化率几乎为零；当使用 MnO_2/CeO_2 催化剂时，氨转化率高达 96%，显示出催化剂的促进效果。

（3）处理含吡啶废水

含吡啶的废水溶液同样属于难降解废水，曾用如下一些方法处理：焚烧、催化燃烧、生物氧化、吸附、光催化氧化等，这些方法大都会产生 NO_x 气体等，造成二次污染。但用超临界水氧化法，特别是用超临界水催化氧化法（CSCWO）处理被吡啶及其衍生物污染的废水或废物，不仅净化效率高，而且无二次污染。

试验结果表明，使用催化剂具有如下一些优点。

① 吡啶的超临界水氧化反应过程中，添加多相催化剂，可大大提高吡啶的氧化降解效率。

② 在所研究的催化剂中，发现含铂催化剂是最有效的催化剂，甚至在低至 370℃下，吡啶都能完全转化。铂催化剂的作用是有利于生成硝酸盐离子和氧化亚氮化合物，而 MnO_2 催化剂的作用是有利于生成氮气分子和硝酸盐离子。

③ $MnO_2/\gamma\text{-}Al_2O_3$ 催化剂在该超临界水氧化反应过程中，由于苛刻的反应条件显得不太稳定，但 $Pt/\gamma\text{-}Al_2O_3$ 催化剂就不存在这个问题，这是因为其稀释浓度高和载体上铂具有较强的抗氧化能力。

（4）处理喹啉

喹啉是一种化学结构稳定、极难处理的有机化合物，用间歇式超临界水氧化反应器（47mL）进行试验研究，使用 $ZnCl_2$ 作为催化剂，由试验结果可得出如下结论：

① 在 400~500℃时，喹啉与超临界水的反应为一级反应。

② 在 $ZnCl_2$ 催化剂存在条件下，喹啉与超临界水反应的活化能为 112kJ/mol，约比杂环芳烃中 C—C 键能（490kJ/mol）和 C—N 键能（445kJ/mol）低 3 倍，说明使用 $ZnCl_2$ 催化剂可以降低反应活化能。

③ 在反应开始阶段，喹啉的 1,2-位置 C—N 键断裂，随着超临界水氧化反应的进行，喹啉的烃侧链断裂，致使烃的种类增加，由此促进喹啉环烷基化。

④ $ZnCl_2$ 催化剂能有效地催化喹啉消失、促进脱氮，中间产物苯胺中氨基快速脱除而生成苯酚，这意味着有可能也按离子型机理进行反应。在高温高压条件下，使用催化剂可使喹啉更完全地脱氮而生成氨。

（5）处理尿素废水

用超临界水氧化法（SCWO）处理尿素废水，由试验结果可得出如下结论：

① 尿素废水若采用焚烧法处理，尿素转化为 NO_x，从烟囱中排出，造成大气污染。采用超临界水氧化反应过程可将尿素完全转化为氮、二氧化碳和水。

② 在超临界水氧化反应温度低于 550℃时，主要产物为氨。在 650℃左右时，主要产物为氮气。温度越高，压力越大，尿素破坏程度越大。

③ 在试验研究中发现，反应物流中凯氏氮浓度为 $123.6 \sim 784.5$mg/L，氧气浓度为 $100\% \sim 200\%$，反应温度为 823.2K，反应压力为 30MPa，反应时间为 166s 条件下，尿素废水中有机氮的去除率为 95.2%。但随着反应温度的降低，有机氮去除率将降低。

（6）处理硝基苯废水

赵朝成和赵东风利用容积为 500mL 的超临界水氧化反应器对硝基苯废水处理进行了试验研究，由试验结果可得出如下结论：

① 超临界水氧化技术可有效地深度处理硝基苯废水，使之生成无毒、无害的水、二氧化碳等。

② 反应时间是影响硝基苯脱除率的主要因素，在反应温度为 390℃，反应器内压力为 28MPa 时，若反应时间为 3min，硝基苯的去除率为 92.8%；若反应时间为 6min，硝基苯的去除率为 99.0%；若反应时间为 10min，硝基苯的去除率为 99.9%。

③ 反应温度对硝基苯的脱除率具有较大影响，除临界点附近（$390 \sim 400$℃）外，硝基苯脱除率随温度升高而增大。

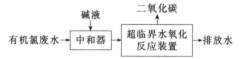

图 9-34　有机氯废水超临界水氧化法处理工艺流程

④ 反应压力对硝基苯的脱除率影响较小，超临界水氧化反应试验压力在 $22 \sim 30$MPa 之间，当控制压力为 $25 \sim 29$MPa 时，硝基苯脱除率达到最大值。

（7）处理有机氯化物废水

日本 Organo 公司和美国 Modar 公司采用超临界水氧化处理废水中的有机氯化物，在反应压力为 $24.6 \sim 28.1$MPa，反应温度为 500℃左右条件下，用超临界水氧化法处理有机氯废水，其有机污染物去除率高达 $99.53\% \sim 99.99997\%$，可见去除效率非常高。其处理量为 28kg/d，处理工艺流程如图 9-34 所示。由图 9-34 可见，该废水呈酸性，适当调节 pH 值大于 5，在废水中加入中和剂，处理后的水和气体分别排放。

对超临界水氧化法处理后的排水和排气进行分析测试，结果表明，即使处理有机氯浓度高达 7% 的有机氯废水，处理后排水和排气中的有机氯含量也在排放标准范围内（向水体排放的标准为 3μg/L，向大气排放的标准为 150μg/L），作为有机氯废水中剧毒污染物的二噁英在处理后的排水和排气中也未检测到。由此可见，采用超临界水氧化法处理有机氯废水是一种非常可靠的方法，对环境是友好的。

1994 年日本某公司建成一套 1t/d 超临界水氧化中试装置，主要用于处理二甲基亚砜和三氯乙烯等液态氯化物，通过处理，有机氯能完全分解。

（8）处理二噁英类废水

所谓二噁英（Dioxins），通常指"多氯二苯并对二噁二烯"（PCDD）和"多氯二苯并呋喃"（PCDF），它们都是由两个苯环通过 $1 \sim 2$ 个氧原子进行并列结合的，苯环上部分氢原子被氯原子所置换。二噁英类中 2,3,7,8,-四氯二苯并对二噁二烯的毒性最强，约为氰化钾毒性的 1000 倍。

处理二噁英类污染物的方法有多种，其中包括焚烧法、固化法、生物法、化学分解法等。

这些方法各有优缺点，但都不理想，而且运行费用较高。相比之下，超临界水氧化法处理二噁英类污染物是较为理想的技术。

二噁英类在水中溶解度极低，常温情况下其在水中的溶解度仅为 7.2×10^{-6} mg/L。但在脂肪酸等油分中可以溶解。超临界水的介电常数很低，具有有机物溶剂的特性，二噁英类易溶解在超临界水中。此外，在超临界状态下，水、氧气和二噁英类都成为均一相，因此可在很短时间内（甚至几秒钟）使二噁英氧化分解。正因为如此，超临界水氧化法处理二噁英类污染物，大大优于其他有关方法。超临界水氧化法试验的结果也证实了这一点。

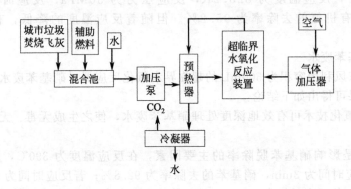

图 9-35　超临界水氧化法处理二噁英飞灰装置的工艺流程

日本节能中心接受日本工业技术院物质工学工业技术研究所转让的超临界水处理焚烧炉飞灰中二噁英类的研究成果，并进一步进行了实用化研究试验，于 1996～1999 年间建成固定安装型和可移动型两种用超临界水分解二噁英类的工业示范装置，其中一套固定安装型二噁英类分解装置建在日本筑南市焚烧设施系统内。该分解装置高约 15m，二噁英类分解反应器的容积为 30L，处理能力为 150kg/d（焚烧飞灰），超临界水氧化法处理二噁英飞灰装置的工艺流程如图 9-35 所示。将含二噁英类的焚烧飞灰与水、辅助燃料相混合（当有机物热值较低时，需加入辅助燃料，如异丙醇），制成混合浆液，用高压泵将此浆液打入预热器中加热，并向超临界水反应器不断注入。同时启动空气压缩机，将空气压入超临界水氧化反应器中，反应器内压力达到 25MPa 以上，在反应器内有机物与空气反应（即热力燃烧），产生大量反应热，通过此热量将水加热到超临界状态，随即将飞灰中的二噁英类分解。超临界水氧化装置的工作状况是：在温度为 500～600℃，反应压力约为 25MPa，反应时间为 1～5min 条件下，二噁英类降解率可以达到 99.95％以上。处理后的排水经过冷却降到超临界温度以下后排放。经测试，排放的水和气体中均不含有二噁英成分。

（9）处理军工及火箭发射场废水

在美国和德国，政府、大学、国家实验室和公司开展广泛合作，采用超临界水氧化技术对火箭发射场推动剂、鱼雷燃料、毒气、芥子气、化学武器试剂处理等进行了深入研究和积极开发。美国和德国已建的超临界水氧化中试装置见表 9-5。

表 9-5　美国和德国已建的超临界水氧化中试装置

投资机构	处理对象
美国海军(Navy)	舰艇垃圾
美国爱可废料技术公司(Eco Waster Technology)	各种废水、生物残渣、石油精炼残渣、聚合物废液
美国摩达股份公司(Modar Incorparated)	氯化有机废水、腐蚀性废水

续表

投资机构	处理对象
美国陆军(US Army)	烟雾及染料标志剂、催泪气体
美国能源部爱达荷国家工程实验室(Idahe National Lab)	混合放射性塑料
美国空军(US Air Force)	从火箭卸下的Ⅰ级危害性推进剂
美国柯劳好夫化学技术研究所(Kraunhofer Institute for Chemical Technology)	六氯化苯、军火、制药废液
德国卡而斯鲁阿核科学中心(Kemforschungsen Karlsruhe Gmb.)	含金属废液
美国国防高级研究项目局(Defense Advanced Research Projects Agency)	化学武器废液、国防其他危害性废液、舰船危害性废液

9.9 超临界水氧化设备的腐蚀与防护

超临界水氧化设备接触处理的废水、污泥的成分极为复杂，其中含有的 Cl^-、H^+、F^-、Na^+、S^{2-} 等离子在高温、高压及富氧状况下对设备有较强的腐蚀性。从试验和运行中发现，许多在常温常压下具有极强耐腐蚀性能的不锈钢材质在高温高压下受到严重腐蚀。因此，材料的腐蚀问题成为超临界水氧化大规模应用的一大障碍。为此，国内外学者一刻也没有停止对超临界水氧化材质的试验研究，寻找抗腐蚀性能好、经济实用的各类金属材质。

自20世纪80年代末以来，美国、德国、日本、法国等国家的二十多所大学及科研单位参与了超临界水氧化条件下材料腐蚀的研究，其中以美国的麻省理工学院（Massachussetts Institute of Technology）和德国的卡尔斯鲁厄研究中心（Forschungszentrun Karlsruhe）两大中心的研究成果最为突出；我国从20世纪90年代开始从事超临界水氧化介质中材料耐腐蚀的试验研究。

9.9.1 超临界水氧化反应过程中金属材质腐蚀的分类

根据试验观察到的现象，超临界水氧化反应过程中金属材质的腐蚀分为全面腐蚀、局部腐蚀和晶间腐蚀三大类。

（1）全面腐蚀

全面腐蚀是指腐蚀作用发生在整个金属表面上，它可以是均匀的，也可以是不均匀的。就腐蚀对设备造成的危害而言，全面腐蚀相对危害较小，因全面腐蚀面积大，不会造成局部缺陷、应力集中而破裂。只要压力容器壁厚具有足够的腐蚀承受厚度，就能够保证容器在使用寿命内具有足够的强度。

（2）局部腐蚀

局部腐蚀通常分为点蚀和缝蚀两种。

点蚀也称孔蚀，是局部腐蚀的一种，在金属表面形成的具有一定深度的坑状或点状腐蚀，凹处的大小及深度不同，点蚀不仅减弱了设备材质的承载能力，而且会造成应力集中和降低材料的疲劳寿命，是造成承压设备破裂爆炸的发生点。

缝蚀是局部腐蚀的一种，在超临界水氧化过程中，由于盐或固体在金属表面的沉积等原因，会发生氧化反应；另外超临界水氧化反应过程中还存在水解等反应，造成金属表面出现长缝状腐蚀。这些缝隙腐蚀的缝隙宽度最大可以达到0.1mm。

缝隙腐蚀可在许多介质中发生，在高氯离子水溶液超临界水氧化反应过程中许多金属材料表面都出现了缝隙腐蚀。

（3）晶间腐蚀

根据姜锡山的研究，晶间腐蚀是电解质溶液沿金属晶粒边缘进行的腐蚀，这种腐蚀在表面上看不到任何变化，但金属结构性能急剧下降，危险性巨大。

9.9.2 材质腐蚀的分析方法

腐蚀科学研究同其他任何一门学科一样，在研究和防止金属腐蚀的过程中，仅靠人们的感觉器官去认识和感知已不能满足需要，必须依靠一定的测试方法和测试仪器。因为没有它们，就不可能归纳导致金属腐蚀的原因和规律，不可能为建立科学的腐蚀理论提供可靠的依据，也不可能为新材料的开发和生产工艺的改进提供指导性的依据，更不可能探究防止和减少腐蚀的途径并给出有效的措施。现在，腐蚀研究测试方法多种多样且各有利弊，因此选用何种简便而有效的测试方法十分重要。结合超临界水氧化反应的实际情况，主要采用重量法、金相显微镜观察、扫描电子显微镜（SEM）观察等方法。

（1）重量法

重量法是一种测量相对简便、数据可靠的评价腐蚀的方法，它是利用试验样片在腐蚀前后质量的变化来测定腐蚀速率的。

重量法包括增重法和失重法。增重法是在腐蚀试验后连同腐蚀产物一起称重；失重法则是清除全部腐蚀产物后称重。一般采用失重法。

为了使各次不同试验及不同样片的数据能够进行比较，通常采用平均腐蚀速率 $v[g/(m^2 \cdot h)]$ 表示，计算公式为

$$v = \frac{W_0 - W_1}{At} \tag{9-28}$$

式中　W_0——试样原始质量，g；

$\quad\quad W_1$——腐蚀试验后清除腐蚀产物的试样质量，g；

$\quad\quad A$——试样的面积，m^2；

$\quad\quad t$——腐蚀试验进行的时间，h。

由于材料的密度不同，即使均匀腐蚀，这种腐蚀速率单位并不能表征材质腐蚀损耗深度，另外，不同材料间的数据不能进行比较。为此可引用另一计算公式，将平均腐蚀速率换算成腐蚀深度表示，即 mm/a，这两类腐蚀速率间的换算公式为

$$B = 0.278 \frac{v}{\rho} \tag{9-29}$$

式中　B——以深度计的腐蚀速率，mm/a；

$\quad\quad \rho$——材料的密度，g/cm^3。

样片经清理后，用分析天平（精度为 0.1mg）称量（W_0），腐蚀后的试样用超声波清洗器在异丙醇中清洗，清除表面腐蚀产物，干燥后，用同样的步骤得到腐蚀后的质量（W_1）；根据测得的样片表面积可计算出其密度，通过上式计算腐蚀速率。

（2）金相显微镜观察

宏观表面观察是通过观察记录材料表面的颜色与状态，腐蚀产物的颜色、形态、类型等特征及介质的变化判别腐蚀类型，是一种很有价值的定性方法，但观察结果严重依赖于观察者的经验及主观判断，而且结果粗略。光学金相显微镜检查是对宏观检查的进一步发展，是利用金相显微镜对腐蚀样片的表面进行观察。金相显微镜的光学原理是利用凸透镜成像原理，肉眼所看到的是通过物镜和目镜两次放大的样片的图像。使用光学显微镜可以判断腐蚀的程度，其最大放大倍数为 110 倍，并可用数码相机拍摄样片放大照片。

（3）扫描电子显微镜观察

扫描电子显微镜（Scanning Electron Microscope，SEM）是借助电子束在样片表面作扫描所获得的信息进行微区观察的一种显微镜。与光学显微镜相比，它没有凸透镜的球面差及色差（波长差）等缺陷，且高低放大倍数连续可调，采用二次电子成像，具有很高的空间分辨率，使其观察金相组织更方便，还能相当清楚地显示诸如点蚀、选择性腐蚀及应力腐蚀的主体形貌；它在腐蚀领域中发挥着越来越大的作用，扫描电子显微镜的最大放大倍数为 10 万倍，工作电压为 20～30kV，主要用来观察腐蚀试样的形貌。

9.9.3 国内外超临界水氧化材质腐蚀试验研究

Mitton 等指出，在超临界和亚临界条件下的去离子水已可以观察到腐蚀的存在，但在含氯体系中的腐蚀则要严重得多，因此研究的重点集中于含氯体系的腐蚀情况。对于 316 不锈钢、Hastelloy C-276 和 Monel 400 合金，Li 等指出在 500℃下的腐蚀速率大于 400℃时的速率。Boukis 等认为，在超临界条件下，生成的腐蚀产物不溶于水而在金属表面形成薄层，在薄层下面腐蚀的速率得以减缓。同时，Brock 等还观察到，在含氯体系中，氧气的加入会加重腐蚀，同时更高的压力也会使腐蚀速率加快。研究表明，超临界及亚临界水氧化条件下的腐蚀属于局部腐蚀（点蚀和间隙腐蚀），Mitton 等认为应力腐蚀裂缝可能是导致材料失效的原因。通过对一系列的高镍合金和不锈钢的腐蚀试验进行研究，表明这些材料在 SCWO 条件下均表现出不同程度的腐蚀，在含氯的亚临界和超临界体系中均表现出快速的失效，Hastelloy C-276 在亚临界下也出现失效，但在超临界条件下，虽然其腐蚀现象还比较明显，但还是有人对 Hastelloy、Nictofer 和 Haynes 系列合金的腐蚀性能进行了研究。王保峰等对超临界水氧化设备使用的 6 种不锈钢进行了试验研究，发现 1Cr18Ni9Ti、316、U2、SAF2507、Saniero 28 和 Ni 825 型号不锈钢在超临界水氧化状况下都存在某种程度的腐蚀。通过测试发现，高合金不锈钢 Saniero 28 和镍基合金 Ni 825 有较好的耐腐蚀性，而 1Cr18Ni9Ti 的耐腐蚀性能较差。

9.9.3.1 高氯水溶液超临界水氧化反应材质腐蚀

表 9-6　7 种典型材质分析结果

编号	金属材料		元素					
			C	Ni	Cr	Mo	Ti	其他
1	镍合金	1Ct18Ni9Ti	0.12	9	18	—	0.8	—
2		316	0.14	12	17.5	2.6	—	—
3		0Cr18Ni12To	0.08	11.6	18.1	3.5	—	—
4		QL-C15(Cr-Ni)	0.05	15	12	4.5	9.0	—
5	纯钛	纯钛	0.06				99.9	—
6		铸钛	0.08				99.9	—
7	铸铁	铸铁镀层	3.2	—	—	—	—	2.0(Si)

注：表中除 Fe 外，其余单位均为%（质量分数）。

无论是在化工生产过程中，还是废水处理过程中，含 Cl^- 水溶液在高温高压条件下是腐蚀极强的一种介质。彭英利等为加工超临界水氧化反应器，处理含盐浓度高（15% 氯化钠）、有机物浓度高（COD≥100000mg/L）的农药厂的除草剂废水，需要对加工材质进行耐腐蚀试验。彭英利等选择了十几种材质进行试验，将不同材质金属制成挂片悬挂在超临界水氧化反应器中，在 $T_c = 600℃$、$p_c = 28MPa$ 和过量氧条件下，进行了 200h 以上的试验。对其中 7 种典型材质进行分析，其分析结果如表 9-6 所示，所选的 7 种金属试片中，有 4 种是镍基合金，2

种是纯钛金属，另外1种是铸铁外镀氧化锆镀层。

（1）试验结果及分析

① 不锈钢及铬-镍合金的腐蚀

a.1Cr18Ni9Ti　该钢号不锈钢在常温下具有较好的耐酸性能，是一种用途较广的不锈钢，1Cr18Ni9Ti 在高氯离子水溶液超临界水氧化反应过程之后，从外观上看，表面失去光泽、变暗。通过放大倍数为 110 倍的金相光学显微镜可以观察到表面已经被腐蚀得凹凸不平，并且表面有盐的沉积物形成。通过电子扫描显微镜（放大 1000 倍）对 1Cr18Ni9Ti 表面观察，可看到表面存在分层状的腐蚀，为全面腐蚀，经过试验前后称重计算，该钢号不锈钢的平均腐蚀速率为 58.2mm/a。

b.316　即 00Cr17Ni12Mo2，该钢号不锈钢也是一种常用的不锈钢，在常温下其耐酸性能优于 1Cr18Ni9Ti，这种普遍认为性能优良的不锈钢，在高氯离子水溶液超临界水氧化反应过程之后，仍受到一定程度的腐蚀，从外观上看，表面失去光泽、变暗。通过金相光学显微镜（放大 110 倍）可以观察到表面腐蚀较 1Cr18Ni9Ti 轻，并且表面有沉积物形成。通过电子扫描显微镜（放大 2500 倍）观察，发现 316 不锈钢的表面有小而浅的点蚀（直径约为 8～12μm）。经过试验前后称重计算，该钢号不锈钢的腐蚀速率为 51.0mm/a。

c.0Cr18Ni12Ti　该钢号钢材是一种镍基合金不锈钢，具有较强的耐酸抗高温性。经过高氯离子水溶液超临界水氧化反应过程之后，表面失去光泽、凹凸不平，并且出现黄色斑迹。通过金相光学显微镜（放大 110 倍）可观察到表面有沉积盐生成。通过电子扫描显微镜（放大 1500 倍）观察，发现表面有晶间腐蚀现象，在晶间缝隙周围有沉积盐存在。经过试验前后称重计算，该钢号不锈钢的腐蚀速率为 4.53mm/a。

d.QL-C15　QL-C15 钢号钢材是一种新研制的镍基合金不锈钢，其组成元素成分属于镍基合金不锈钢，且经特殊工艺处理，具有较强的耐氯、耐酸和抗高温性能。经过高氯离子水溶液超临界水氧化反应过程之后，表面不失去光泽、未出现黄色斑点、斑迹。通过金相光学显微镜（放大 110 倍）观察发现表面比较平整，有沉积盐存在。通过电子扫描显微镜（放大 1500 倍）观察，发现表面有横沟，为砂纸打磨痕迹，仍有极少量点蚀（直径 10μm 左右），表面有沉积盐存在。经过试验前后称重计算，该钢号不锈钢的平均腐蚀速率为 0.128mm/a，最大腐蚀量为 0.189mm/a。

从上述 4 种常见镍基合金材质样片在超临界水氧化反应中的试验结果来看，QL-C15 不锈钢是所有材料中腐蚀速率最小的金属，挂片试验结果的腐蚀速率分别是 58.2mm/a、51.0mm/a、4.53mm/a 和 0.128mm/a，腐蚀最严重的是 1Cr18Ni9Ti 和 316。

e.纯钛　纯钛是一种金属钛含量占 99% 以上的金属，具有较强的耐高温、耐酸性能，经过高氯离子水溶液超临界水氧化反应之后，表面失去光泽，通过金相光学显微镜（放大 110 倍）可看见表面受到严重腐蚀，样品表面呈黄色；通过电子扫描显微镜（放大 2000 倍）观察，发现纯钛表面已经严重腐蚀，色泽变暗，凹凸不平，可以观察到沉积盐存在。经过试验前后称重计算，该钢号不锈钢的腐蚀速率为 +0.0016g/h，即出现增重现象。

f.铸钛　为了增加纯钛产品的耐腐蚀性能，选用铸钛代替纯钛。铸钛比纯钛更具有耐热、耐磨损性能。在经过 600℃ 高温的超临界水氧化反应过程之后，仍受到一定程度的腐蚀，从外观上看，表面失去光泽。通过金相光学显微镜（放大 110 倍）可观察到表面凹凸不平，有大范围黄色斑迹，有沉积盐存在。通过电子扫描显微镜（放大 1000 倍）观察，发现铸钛表面凹凸不平，可以观察到沉积盐存在，并有一些点蚀（直径约为 15～25μm）。经过试验前后称重计算，该钢号不锈钢的腐蚀速率为 0.45mm/a。

② 铸铁镀层　铸铁具有极强的耐磨损性能，并且在常温常压下有较好的耐氯腐蚀性能，但在超临界水中不具有耐腐蚀性能。在铸铁件表面镀一层氧化锆（ZrO）进行试验。据熊炳昆等研究报道，氧化锆具有耐高温的特性，熔点为 2677℃，软化点为 2390～

2500℃，耐酸性与温度有关：常温下在浓硫酸中不易溶解，但在超临界水氧化状态下对硫酸及盐溶液是否溶解未见报道。经过高酸和高氯离子水溶液超临界水氧化反应过程之后，发现该材质的耐腐蚀性能并不理想，表面不仅失去光泽、凹凸不平，并且表面几乎被黄色斑迹覆盖。通过金相光学显微镜可观察到有大量沉积盐和黄色斑迹生成。通过电子扫描显微镜（放大 2500 倍）观察，发现表面有较明显的点腐蚀，在点腐蚀凹处有明显的层状氧化锆层脱落。

（2）腐蚀结果分析

将镍基合金、纯钛金属及铸铁镀氧化锆不同的试片结果进行分析比较，见表 9-7。由表可见；镍基合金的耐腐蚀性能较好。按照常规的金属抗腐蚀判别标准，在 SCWO 条件下，当腐蚀速率不大于 0.9mm/a，属于耐腐蚀金属；腐蚀速率为 1.0～10mm/a，属于腐蚀性金属；腐蚀速率大于 10mm/a，属于严重腐蚀性金属。QL-C15（Cr-Ni）合金最大腐蚀速率为 0.19mm/a，是所进行的材料试验中耐腐蚀能力最好的金属，可以用于制造超临界水氧化关键设备——反应器，其次是 0Cr18Ni12Ti 合金等；钛金属一般适用于耐氯高温反应，但在含硫水溶液超临界水氧化过程中有蠕变现象，不能选用；从理论上分析，铸铁表层镀氧化锆层具有耐高温和耐硫酸的性能，但是在含氯水溶液超临界水氧化试验中发现，腐蚀最为严重，一旦镀层破坏，腐蚀速率最快。

表 9-7 600℃和 32MPa 条件下几种材料超临界水氧化腐蚀情况

种类	材料种类	光学显微镜观察	电子显微镜观察	平均腐蚀速率	
				$/[g/(m^2 \cdot h)]$	/(mm/a)
镍基合金	1Cr18Ni9Ti	有大范围黄斑,表面氧化严重,并有沉积物存在	表面有层状腐蚀,并有沉积物存在	0.024	58.2
	316	有少量黄斑,表面有许多沉积物	表面有点蚀存在（直径 8~12μm）	0.021	51.0
	QL-C15(Cr-Ni)	腐蚀较轻,有沉积物存在	存在盐沉积,存在点腐蚀现象	0.000075	0.189
纯金属	纯钛	表面呈现凹凸不平,有沉积盐生成	全面腐蚀,有蠕变现象	0.0026	—
	铸钛	表面呈现凹凸不平,有沉积盐生成	全面腐蚀,有蠕变现象	0.015	0.45
铸铁镀氧化锆层		呈现大量沉积盐及黄色斑迹	严重的点蚀,氧化锆层脱落	—	—

（3）超临界水氧化腐蚀机理分析

① 氢脆现象 由于氢的作用导致金属材料塑性及韧性降低的过程称为氢脆。郑津洋等研究认为低碳钢在高温高压的环境中，钢中的碳（Fe_3C）能与 H_2 反应生成甲烷，会造成金属表面严重脱碳和出现裂纹，使金属强度大大下降。粉煤浆水溶液超临界水氧化反应处于高温、高压条件下，王保峰等研究过水蒸气对合金高温氧化的加速作用，认为水蒸气可以通过以下反应加速不锈钢腐蚀。

$$3H_2O + 2Fe \longrightarrow Fe_2O_3 + 3H_2 \uparrow \tag{9-30}$$

$$3H_2 + Cr_2O_3 \longrightarrow 2Cr + 3H_2O \tag{9-31}$$

$$Fe_2O_3 + 4Cr + 5H_2O \longrightarrow 2FeCr_2O_4 + 5H_2 \uparrow \tag{9-32}$$

其中，$FeCr_2O_4$ 是没有保护性的腐蚀产物。由此可见，超临界水对 Fe-Cr-Ni 合金是有腐蚀作用的，并且，按这三个反应式，腐蚀过程中还产生 H_2，所以有可能造成合金的氢脆。0Cr18Ni12Ti 金属试样在含氢离子水溶液超临界水氧化反应过程中的腐蚀可以说明氢脆是存在的。

② 金属表面钝化现象 合金在超临界水氧化反应过程中，由于高温和富氧环境下，合金处于钝化状态，形成保护膜（Cr_2O_3）。对于弱酸性溶液的高温水溶液介质，当 $3 < pH < 7$ 时，

Beverskog 和 Puigdomenech 的研究表明，合金表面已形成的保护膜（Cr_2O_3）会变成无保护性的六价铬化合物，反应式如下：

$$2Cr_2O_3 + 3O_2 + 4H_2O \Longrightarrow 4HCrO_4^- + 4H^+ \tag{9-33}$$

同时，在临界温度状态下，介质中的氢离子和阴离子按下式反应：

$$M_xO_y + 2yH^+ \Longrightarrow xM^{2y/x+} + yH_2O \tag{9-34}$$

$$M_xO_y + 2yH^+ + 2yL^- \Longrightarrow xML_{2y/x} + yH_2O \tag{9-35}$$

上式中的 M 为金属，$L_{2y/x}$ 为酸根离子，其中式（9-34）为酸溶解反应，式（9-35）为络合溶解反应，合金表面的氧化物发生溶解，进而氢离子对合金基体发生电化学腐蚀（即 $M + nH^+ \longrightarrow M^{n+} + n/2H_2\uparrow$），因而超临界温度状态下发生过钝化溶解腐蚀。

根据以上分析，超临界水氧化条件下合金容易钝化溶解而腐蚀，还包括氢离子作用下的酸溶解和阴离子作用下的盐溶解。金属被氢所氧化，成为可溶性的金属离子，或者被阴离子所离解，成为可溶性的盐。酸溶解导致均匀腐蚀，而盐溶解则会引起各种形式的腐蚀。

③ 吸氧腐蚀　在超临界水氧化反应过程中，反应器内氧始终处于过饱和状态，即始终有氧存在，氧的电位表达式为：

$$E_{O_2} = E^\ominus + \frac{2.3RT}{4F}\lg\frac{p_{O_2}}{[OH^-]^4} \tag{9-36}$$

由式（9-36）可以看出，随着温度和氧分压（与压力成正比）的增加，电位值也增大。当 $E^\ominus = 0.401V$、$p_{O_2} = 4.8MPa$、$T = 623K$、溶液 pH = 7（中性）时，计算得到 $E_{O_2} = 1.336V$。

铬、镍、铁等金属的标准电位分别为：$E_{Cr^{3+}/Cr} = -0.744V$，$E_{Ni^{2+}/Ni} = -0.250V$，$E_{Fe^{3+}/Fe} = -0.4402V$。由于氧的电位分别大于铬、镍、铁等金属的电位，因此在超临界水氧化反应器中必然存在吸氧腐蚀，其反应式为

$$O_2 + 2H_2O + 4e \longrightarrow 4OH^- \tag{9-37}$$

$$Cr - 3e \longrightarrow Cr^{3+} \tag{9-38}$$

$$Ni - 2e \longrightarrow Ni^{2+} \tag{9-39}$$

$$Fe - 3e \longrightarrow Fe^{3+} \tag{9-40}$$

④ 氯氧化的腐蚀　在含氯水溶液超临界水氧化反应过程中，其金属腐蚀现象明显比其他一些溶液严重，溶液中始终存在 Cl^-，其电位为 $E_{ClO^-/Cl^-} = 1.81V$，比较相关的电位大小为

$$E_{ClO^-/Cl^-} = 1.81 > E_{Ni^{2+}/Ni} = -0.250 > E_{Fe^{3+}/Fe} = -0.4402 > E_{Cr^{3+}/Cr} = -0.744$$

由于存在巨大的电位差，金属 Cr、Ni 及 Fe 被氯氧化腐蚀的可能性完全存在，在超临界水氧化反应过程中必然存在着如下的反应式

$$ClO^- + e \longrightarrow Cl^- + O^2 \tag{9-41}$$

⑤ 钛金属的腐蚀机理　从钛原子结构来看，其原子序数是 22，核外电子排布为 $1s^2 2s^2 2p^6 3s^2 3p^6 3d^2 4s^2$，容易失去 4s 和 3d 电子，形成 +1~+4 价的钛离子，所以有多种价态的钛氧化物和盐，如 TiO、Ti_2O_3、Ti_3O_5、TiO_2。在超临界水氧化反应初始阶段，钛的表面会形成保护性氧化膜，随着反应的进行，保护性氧化膜在高温下的水溶液中会被络合溶解。根据超临界水的特性，无机盐在水中的溶解度很小，溶解产物不溶于水或者说溶解产物在超临界温度下由水中析出，则在表面出现腐蚀产物沉积。由于沉积层的阻隔作用，使钛基体与溶液间的传质受到限制，引起沉积层下缺氧，导致沉积层下发生金属钛的电化学溶解，即

$$Ti - 2e = Ti^{2+} \tag{9-42}$$

或

$$Ti - 3e = Ti^{3+} \tag{9-43}$$

　　从金相显微镜观察来看，由于钛表面氧化膜的络合溶解及腐蚀产物的沉积，因而会形成闭塞电池的条件，使沉积层下钛基体形成闭塞电池腐蚀，导致钛表面氧化膜的络合溶解及腐蚀产物的形成。

9.9.3.2　超临界苯酚水中的合金钢腐蚀研究

　　卢建树等对四种不锈钢，即 321、316L、Sanicro 28 和 Ni 825 镍合金在 $400\sim420℃$、25MPa 和 $330\sim350℃$、25MPa 条件下，对苯酚水的氧化分解进行了测试研究。

　　(1) 试验方法

　　试样为 1Cr18Ni9Ti、316L、Sanicro 28、Ni825 四种。

　　试样厚度为 $1\sim3mm$，面积为 $3.5\sim7.2cm^2$。将两片相同试样用 03 号金相砂纸打磨，在异丙醇中用超声清洗，干燥后称重。

　　试验用废水为苯酚 (1%) 水，酸性试验的 pH 值为 6.3，最终流出液的 pH 值为 3.5。碱性试验的 pH 值为 9.5，分解后流出液的 pH 值为 $6\sim7$。

　　在连续式 SCWO 试验装置上将试样置于 180mL 的反应釜中，进行试验。温度为 $400\sim420℃$ 或 $330\sim350℃$，压力为 $23\sim25MPa$，以氧气过量和 200mL/h 流量进行水氧化腐蚀。每次试验为 7d，白天 12h 连续供液分解，夜间 12h 保温保压静态维持，7d 后称重测试。

　　(2) 结果分析

　　① 在超临界碱性苯酚液中的腐蚀分析　在四种试样中，以 1Cr18Ni9Ti 腐蚀最严重，腐蚀速率为 $63\mu m/a$，从各种试样表面形貌观测，各合金都有一定程度的腐蚀，见表 9-8。

表 9-8　四种合金在 SCWO 中的表面腐蚀情况

合金	腐蚀时间	表面腐蚀情况
1Cr18Ni9Ti	7d	表面呈黑中带黄的腐蚀层，有孔蚀
316L	7d	表面有明显的腐蚀产物层，但较薄，未见孔蚀
Sanicro 28	7d	表面磨痕清晰可见，腐蚀极小，无孔蚀
Ni 825	7d	表面磨痕清晰可见，腐蚀极小，无孔蚀

　　② 在超临界酸性苯酚液中的腐蚀分析　除 1Cr18Ni9Ti 外，3 种合金在酸性条件下的失重依然较少，但比碱性条件下略多。从表面形貌可看出，316L 表面为暗黄色，有孔蚀发生。Sanicro28 和 Ni 825 表面呈淡黄色，原磨痕清晰可见，未发现孔蚀现象。3 种合金的腐蚀失重情况为：316L 为 $-0.8mg/cm^2$，Sanicro 28 为 $-0.4mg/cm^2$，Ni 825 为 $0.3mg/cm^2$。

　　③ 在亚临界氧化时的腐蚀　除 1Cr18Ni9Ti 外，3 种合金在亚临界状态（$330\sim350℃$、$23\sim25MPa$）下，316L 表面尚有明显均匀腐蚀和局部腐蚀，Sanicro 28 表面呈黄色并有红色花斑，有明显的腐蚀迹象，但试样表面光泽仍存在，无孔蚀现象。Ni 825 表面覆盖浅棕色膜，无明显腐蚀。

9.9.3.3　GH132 管在超临界航天推进剂废水氧化反应中的腐蚀

　　张丽等研究了 GH132 高温合金管在 $180\sim520℃$ 和 27.2MPa 下的 SCWO 反应法处理航天推进剂废水中的腐蚀行为，结果表明，当温度大于 180℃ 时，试样在试验 151h 后失效，在 $340\sim370℃$ 的均匀腐蚀速率最大，导致试样管壁减薄量超过 $100\mu m$。当温度超过临界点后，试样管的腐蚀程度显著降低，只有轻微的浅点蚀。经分析，发现在亚临界温度段内试样中的 Fe、Cr、Ni 溶解生成氧化物、氢氧化物，导致均匀腐蚀逐渐加快，而在超临界温度段内腐蚀产物的溶解度降低，对基体表面的保护作用增强。

　　(1) 试验方法

　　GH132 管试样为抚顺钢铁厂生产的高温合金。试验前，先对试样材料进行晶粒度评定、测量、清洗、干燥（24h）。

　　超临界水介质为航天推进剂废水＋H_2O_2（浓度为 20000mg/L）。航天推进剂废水系用纯度为98%的偏二甲肼 [（CH$_3$)$_2$NH$_2$] 与去离子水配制而成。

试验压力为27.2MPa，温度设为180～200℃、260～310℃、340～370℃和大于374.2℃等试验段。

（2）结果分析

试验结果按亚临界（小于375℃）和超临界（大于380℃）分析。

① 亚临界温度段　在亚临界温度段内发生的腐蚀现象可按温度的逐渐提高分为四类。

a. 温度大于180℃时，试样管开始发生轻微腐蚀；

b. 温度大于260℃时，开始发生均匀腐蚀，在260～310℃时，产生20μm的浅点蚀现象；

c. 温度在260～290℃时，会产生径向贯穿试样的裂纹，导致试管泄漏；

d. 温度超过310℃后，腐蚀产物中的Cr^{3+}开始发生过钝化溶解，使腐蚀加重，试样表面浅点密度和深度显著增大，且在340～370℃的均匀腐蚀速率最大，试样减薄程度最大。

② 超临界温度段　在超临界温度（$T>374.2$℃）后，试样只有轻微的浅点蚀，试样管壁明显减薄，同时表面出现2μm厚的膜状腐蚀产物，表明在超临界温度段内腐蚀发生的程度明显减缓，其原因可能是在超临界温度后，水的离子积迅速减小，pH值增大，对试样的腐蚀能力迅速下降，生成的氧化物和离子性腐蚀产物等无机物在超临界温度段内的溶解度急剧降低，沉积在基体表面上，对基体形成保护作用，使试样在超临界区域的腐蚀程度较亚临界区域减轻。

参 考 文 献

[1]　张晓键，黄霞. 水与废水物化处理的原理与工艺 [M]. 北京：清华大学出版社，2011.

[2]　唐受印，戴友芝. 水处理工程师手册 [M]. 北京：化学工业出版社，2001.

[3]　马承愚，彭英利. 高浓度难降解有机废水的治理与控制 [M]. 北京：化学工业出版社，2007.

[4]　王郁，林逢凯. 水污染控制工程 [M]. 北京：化学工业出版社，2008.

[5]　孙德智，于秀娟，冯玉杰. 环境工程中的高级氧化技术 [M]. 北京：化学工业出版社，2002.

第❿章

焚烧

通常将有机物浓度较高、适合焚烧处理的工业废水称为有机废液。有机废液的来源十分广泛，从城市生活废水到石油化工、冶金、造纸、制革、发酵酿造、制药、纺织印染工业废水。有机废液直接排放会对环境造成严重污染，必须进行处理后才能排放。高浓度有机废液的主要处理方法有生化降解法、高级氧化法（湿式氧化法超临界氧化法）和焚烧法等。生化降解法对废液浓度比较敏感，适合对 BOD 值较高的废液进行处理，但处理后废水的 COD 仍较高；超临界水氧化法对设备要求非常高，且在超临界状态下材料存在严重的腐蚀问题；湿式氧化法能耗高，要求设备耐高温、高压和腐蚀，处理量小。高浓度有机废液的可生化性差，使用上述常规方法很难处理。焚烧法处理废水是在高温条件下，使有机废液中的可燃组分与空气中的氧进行剧烈的化学反应，将其中的有机物转化为水、二氧化碳等无害物质，同时释放能量，产生固体残渣。焚烧也是利用空气中的氧来氧化废水的一种方法，与湿式氧化不同，它只是提高反应温度，并不提高压力。

对于高浓度的有机废液，由于其中所含的 COD 浓度较高，本身具有一定的热熔值，如采用焚烧法进行处理，还可将有机废液本身所含的热量加以回收利用，达到废物综合利用的目的。同时焚烧处理还具有有机物去除率高（99％以上）、适应性广等特点，所以在发达国家已得到广泛应用。目前国内也越来越重视焚烧法处理高浓度难降解有机废液，相继建成了技术成熟的焚烧处理装置，用于处理难生化处理、浓度高、毒性大、成分复杂的有机废液。

有机废液的焚烧过程是集物理变化、化学变化、反应动力学、催化作用、燃烧空气动力学和传热学等多学科于一体的综合过程。有机物在高温下分解成无毒、无害的 CO_2、水等小分子物质，有机氮化物、有机硫化物、有机氯化物等被氧化成 SO_x、NO_x、HCl 等酸性气体，但可以通过尾气吸收塔对其进行净化处理，净化后的气体能够满足足国家规定的《大气污染物综合排放标准》。同时，焚烧产生的热量可以回收或供热。因此，焚烧法是一种使有机废液实现减量化、无害化和资源化的处理技术。一般有机废液焚烧处理的工艺流程包括预处理、高温焚烧、余热回收及尾气处理等几个阶段。预处理主要包括废液的过滤、蒸发浓缩、调整黏度等，其目的是为后续的焚烧过程提供最优的条件。

不同有机废液焚烧处理的工艺流程根据废液性质的不同而有所不同：对于 COD 值很高、热值也很高的有机废液，可以直接进入焚烧炉进行焚烧处理，而对于热值不是很高的废液，则可以添加辅助燃料帮助废液进行焚烧；对于含水分比较高的有机废液，可以先进行蒸发浓缩，然后再进行焚烧。当废液中不含有害的低沸点有机物时，可考虑采用高温烟气直接浓缩的方法，但对于含有有害的低沸点组分的有机废液应采用间接加热的浓缩法。

工业生产中产生的废水种类极其多，可根据废水的化学组成将其分为 3 类：①不含卤素有机废液。该类废液中的有机化合物仅含有 C、H、O，有时还含有 S。废液中含水较少时自身可燃，可作为燃料（如废弃的有机溶剂），燃烧产物为 CO_2、H_2O 和 SO_2，燃烧产生的热量可通过锅炉或余热锅炉回收。②含卤素有机废液。废液中的有机化合物包括 CCl_4、氯乙烯、溴甲烷等。废液的热值取决于卤素的含量。在焚烧处理时，根据其热值的高低确定是否需要辅助燃料。废液在焚烧炉内氧化后，将产生单质卤素或卤化氢（HF、HCl、HBr 等），根据需要可将其去除或回收。③含高盐有机废液。含有高浓度无机盐或有机盐的这类废液在燃烧后会产生熔化盐，因此在设计时，耐火材料、燃烧温度的选择以及停留时间的确定将成为主要考虑的因素，由于该类废液通常热值较低，需要辅助燃料以达到完全燃烧。

10.1 焚烧处理流程及其特点

10.1.1 焚烧处理流程

有机废液焚烧处理的一般工艺流程为：

有机废液→预处理→高温焚烧→余热回收→烟气处理→烟气排放

（1）预处理

由于有机废液的来源及成分不同，通常都要进行预处理使其达到燃烧要求。

① 一般的有机废液中都含有固体悬浮颗粒，而有机废液常采用雾化焚烧，因此在焚烧前需要过滤，去除有机废液中的悬浮物，防止固体悬浮物阻塞雾化喷嘴，使炉体结垢。

② 不同工业废液的酸碱度不同。酸性废液进入焚烧炉会造成炉体腐蚀，而碱性废液更易造成炉膛的结焦结渣。因此有机废液在进入焚烧炉前需进行中和处理。

③ 低黏度的有机废液有利于泵的输送和喷嘴雾化，所以可采用加热或稀释的方法降低有机废液的黏度。

④ 喷液、雾化过程在废液焚烧过程中十分重要。雾化喷嘴的大小、嘴形直接关系到液滴的大小和液滴凝聚，因此需要选好合适的喷嘴和雾化介质。

⑤ 不适当的混合会严重限制某些能作为燃料的废物的焚烧，合理的混合能促进多组分废液的焚烧。混合组分的反应度和挥发性是提高混合方法效果的重要因素，混合物的黏性也十分重要，因为它影响雾化过程。合理的混合方法可以减少液滴的微爆现象。

（2）高温焚烧

有机废液的焚烧过程大致分为水分的蒸发、有机物的汽化或裂解、有机物与空气中氧的燃烧反应三个阶段。焚烧温度、停留时间、空气过剩量等焚烧参数是影响有机废液焚烧效果的重要因素，在焚烧过程中要进行合适的调节与控制。

① 大多数有机废液的焚烧温度范围为 900～1200℃，最佳的焚烧温度与有机物的构成有关。

② 停留时间与废液的组成、炉温、雾化效果有关。在雾化效果好、焚烧温度正常的条件下，有机废液的停留时间一般为 1～2s。

③ 空气过剩量的多少大多根据经验选取。空气过剩量大，不仅会增加燃料消耗，有时还会造成副反应。一般空气过剩量选取范围为 20%～30%。

④ 对于工业废液中出现的挥发性有机化合物，可采用催化焚烧的方式，即对焚烧的废液进行催化氧化后再焚烧，此举可以降低运行温度，减少能量消耗。对于抗生物降解的有机废液，可以采用微波辐射下的电化学焚烧，它不会产生二次污染，容易实现自动化。

（3）余热回收

余热回收是将高浓度有机废液焚烧产生的热量加以回收利用，既节能又环保。常用的余热利用设备主要包括余热锅炉、空气换热器等。余热锅炉多用在废液热值高且处理量大的废液焚烧系统中。在废液处理规模较小的废液焚烧处理系统中多利用空气换热器，将空气预热后输送至焚烧炉中，达到余热利用的目的。余热利用需要尽量避免二噁英类物质合成的适宜温度区间（300～500℃）。

余热回收装置并不是废液焚烧炉的必要组件，其是否安装取决于焚烧炉的产热量，产热量低的焚烧炉安装余热回收装置是不经济的。废热回收设计还需考虑废液燃烧产生的 HCl、SO_x 等物质的露点腐蚀问题，要控制腐蚀条件，选用耐腐蚀材料，保证其不进入露点区域。

（4）烟气处理

由于有机废液成分复杂，多含有氮、磷、氯、硫等元素，焚烧处理后会产生 SO_2、NO_x、HCl 等酸性气体，不但污染大气，而且还降低了烟气的露点，造成炉膛腐蚀和积灰，影响锅炉的正常运行。因此，焚烧装置必须考虑二次污染问题，产生的烟气必须经过脱酸处理后才能排放到大气中。美国环境保护署（EPA）要求所有焚烧炉必须达到以下三条标准：①主要危险物 P、O、H、C 的分解率、去除率≥99.9999%；②颗粒物排放浓度 34～57mg/dscm；③烟气中 HCl/Cl_2 比值为 $21～600×10^{-6}$（体积比），干基，以 HCl 计。我国出台的《危险废物焚烧污染控制标准》（GB 18484—2001），对高浓度有机废液等危险废物焚烧处理的烟气排放进行了严格的规定。

烟气脱酸的方式主要有三种：湿法脱酸、干法脱酸和半干法脱酸。高浓度有机废液焚烧系统中采用何种方式脱酸与废液的成分有关。当废液中 N、S、Cl 等成分的含量少时，可以采用干法脱酸；当废液中含有大量 N、S、Cl 等成分时，可采用湿法脱酸；一般情况下，国内废液焚烧系统多采用半干法脱酸。半干法脱酸是干法脱酸和湿法脱酸相结合的一种烟气脱酸方法，结合了干法和湿法的优点，构造简单，投资少，能源消耗少。

高浓度废液在焚烧过程中会产生飞灰等颗粒物，因此在烟气排放前还须对其进行除尘处理，降低烟尘排放。烟气除尘多采用除尘器进行去除，常用除尘器主要有旋风除尘器、袋式除尘器、静电除尘器等。在上述除尘器中，袋式除尘器在高浓度有机废液焚烧系统中的应用率较高，它主要是通过精细的布袋将烟气进行过滤，从而去除烟气中的飞灰，除尘效率能够达到99%以上。袋式除尘器必须采取保温措施，并应设置除尘器旁路。为防止结露和粉尘板结，袋式除尘器宜设置热风循环系统或其他加热方式，维持除尘器内温度高于烟气露点温度 20～30℃。袋式除尘器应考虑滤袋材质的使用温度、阻燃性等性能特点，袋笼材质应考虑使用温度、防酸碱腐蚀等性能特点。

10.1.2　有机废液焚烧存在的问题

焚烧法处理高浓度废液具有占地面积小、焚烧处理彻底等特点，具有广泛的应用前景，但必须同时解决以下几个不可避免的问题：

（1）焚烧过程中有害物质的排放

废液中含有聚氯乙烯、氯苯酚、氯苯、PCB（印刷电路板）等类似结构的物质，在焚烧过程中会反应生成二噁英。二噁英的排放不易控制是高浓度有机废液焚烧处理工艺应用的一个难点。二噁英的排放难以控制的主要原因是二噁英的形成机理至今仍未研究透彻，一般抑制二噁英的生成可采取以下方法：

① 提高焚烧温度，一般应≥800℃，并保证烟气的停留时间，保证焚烧炉充分燃烧。在焚烧炉中，利用 3T+1E（指温度、时间、扰动和过剩空气系数）综合控制的原则，确保废液中的有害成分充分分解；②加入辅助燃料煤，利用煤中的硫抑制二噁英的生成；③尽可能充分

燃烧以减少烟气中的碳含量；④使冷却烟道尾部的烟气温度迅速下降，尽量减少其在 300～500℃温度段的停留时间，避免二噁英在此温度段的再合成；⑤高效的烟气除尘设施，由于烟气的飞灰中可能吸附有二噁英，必须加以去除。目前一般是采用袋式除尘器进行除尘，收集的飞灰经进一步固化后，安全填埋；⑥利用活性炭部分吸附尾气中的二噁英。

（2）结焦结渣

结焦结渣是熔化了的飞灰沉积物在受热面上的积聚，其本质是床层颗粒燃烧产生大量热量，使温度超过了灰渣的变性温度而发生的黏结成块现象。造成焚烧炉结焦结渣的原因很多，如灰分的组成及其熔点的高低、焚烧温度、碱金属盐类、燃烧器布置方式及其结构、辅助燃料的混合比例及其特性等。减轻结焦结渣的方法有：①适当降低焚烧温度；②预处理时除去碱金属盐类；③设计最佳的燃烧器喷射高度；④向其中添加高岭土、石灰石、Fe_2O_3 粉末等添加剂来抑制结焦结渣。

（3）炉体腐蚀

炉体腐蚀的主要形式为露点腐蚀和应力腐蚀。炉体腐蚀的主要原因有：①焚烧产生的酸性物质如 H_2S、SO_2、NO_x 等与水蒸气结合形成酸液，附着在炉壁上造成化学和电化学腐蚀；②炉体受热不均产生的热应力。主要的防护措施有：①在尾气炉前端加衬防护衬里；②使用耐腐蚀性能强的炉体材料。

（4）二次废水

焚烧装置产生的废水主要为洗涤尾气产生的烟气除尘废水，主要污染指标为 COD、SS，一般经沉淀处理后排放。

（5）处理成本与投资效益

废液焚烧技术之所以在我国受到较少的关注，其原因就在于其投资大，收益低，因此需要解决有机废液焚烧中的各种问题，改进焚烧技术，降低成本。

利用焚烧法处理高浓度有机废液处理成本高的原因主要有如下两点：

① 项目初投资大。相对于其他高浓度有机废液处理技术，焚烧处理高浓度有机废液系统包括焚烧系统和烟气处理系统，所需的设备多，且部分设备需进口，因此初投资大。

要降低项目的初投资，主要是进一步发展高浓度废液焚烧技术，大力推行焚烧处理设备的国产化，降低对进口设备的依赖。

② 处理废液的热值波动范围较大，很多高浓度废液的焚烧处理必须添加辅助燃料，造成处理成本高。一般认为 COD≥100000mg/L、热值≥10450kJ/kg 的有机废液，在有辅助燃料引燃的条件下能够自燃，适宜用焚烧法处理。

要解决此问题，就需要提前对高热值有机废液进行分析，对于热值≥10450kJ/kg 的有机废液直接入炉焚烧；对于热值≤10450kJ/kg 的高浓度有机废液，可以浓缩后再入炉焚烧，也可以采用其他的处理技术进行处理。

10.2 焚烧炉

高浓度有机废液的焚烧设备多种多样，对于不同的工业废水，可以采用不同的炉型。常用的有机废液焚烧设备有液体喷射焚烧炉、回转窑焚烧炉、流化床焚烧炉等。

10.2.1 液体喷射焚烧系统

针对高浓度难降解有机污染物的处理通常选用液体喷射焚烧系统。液体喷射焚烧系统由以下几部分组成：①废液预处理系统；②废液雾化系统；③助燃及燃烧系统（焚烧炉）；④尾气处理系统；⑤电气控制系统。其工艺流程如图 10-1 所示。

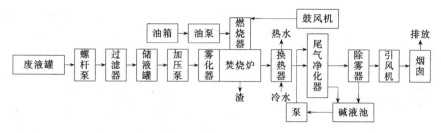

图 10-1　废液焚烧处理工艺流程

废液焚烧各系统的功能分别为：

①废液预处理系统　为防止废液雾化器的堵塞，需要对废液进行预处理，通过螺杆泵将废液加压通过过滤网以去除废液中较大的固体颗粒物，之后进入储液罐。废液在储液罐内存放一定的时间，使废液中密度较大的颗粒物、重组分能够沉淀到储罐底部，同时也可达到使废液水质均匀混合的目的。储罐底部装有排污阀，以便定期清除罐内沉淀物。经过滤后的废液用加压泵送入雾化器。

② 废液雾化系统　对于废液焚烧炉来说，废液的雾化效果直接影响着废液的燃烧速率和燃净效果，废液雾化系统主要包括雾化泵和废液喷枪。加压泵也为螺杆泵，具有耐腐蚀、运行稳定的特点，系统内设有计量装置，用来计量废液的处理量。

③ 助燃系统　当废液中水分较多且热值较低时，废液不能维持自身的燃烧，需采用辅助燃料助燃。助燃系统的主要设备有燃料油箱、油泵、油料燃烧器。油料由油泵加压送入燃烧器，经喷雾雾化后喷入炉膛燃烧，同时炉膛内鼓入一次风，保证废液与油料燃烧正常的空气量。空气量不能过大，过大会带走炉内的热量，使燃烧不能正常进行；空气量也不能过小，过小会使燃烧不完全。一般空气量取理论需求量的 1.2～2.0 倍即可。

④ 焚烧炉炉体　焚烧炉炉体是整个焚烧系统的核心部分，液体喷雾焚烧炉用于处理可以用泵输送的液体废弃物，其简易结构如图 10-2 所示。通常为内衬耐火材料的圆筒（水平或垂直放置），配有一级或二级燃烧器（2、6）。废液通过喷嘴雾化为细小液滴，在高温火焰区域内以悬浮态燃烧。可以采用旋流或直流燃烧器，以便废液雾滴与助燃空气充分混合，增加停留时间，使废液在高温区内充分燃烧。废液雾滴在燃烧室内的停留时间一般为 0.3～2.0s，焚烧炉炉温一般为 1200℃，最高温度可达 1650℃。良好的雾化是达到有害物质高分解率的关键，常用的雾化技术有低压空气、蒸汽和机械雾化。一般高黏度废液应采用蒸汽雾化喷嘴，低黏度废液可采用机械雾化或空气雾化喷嘴。为了防止焚烧爆炸性部分液体汽化时产生爆炸现象，在炉膛顶部设置有卸爆阀 5；同时为了清除炉内的残渣，设有排渣炉门 7。

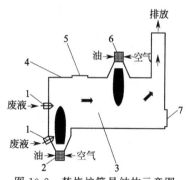

图 10-2　焚烧炉简易结构示意图
1—废液雾化器；2——级燃烧器；3—炉膛；4—炉壁；5—卸爆阀；6—二级燃烧器；7—排渣炉门

⑤ 尾气处理系统　尾气处理系统主要包括吸收塔、除雾器、尾气引风机、碱液池、碱液泵等。焚烧炉排出的烟气首先经过热交换器将烟气中的热能回收利用，同时也降低了烟气的温度，降温后的烟气进入吸收塔，用碱液洗涤除去烟气中的酸性组分及残余的细粉尘。经过净化处理后的烟气流进除雾器。除雾器内装有填料，含水蒸气的烟气流经除雾器时，与塔内填料不断撞击，使烟气中的小液滴吸附在填料表面，随着烟气的流动，液滴不断扩大形成水流，最后从除雾器底部排出。除雾器的烟气由引风机通过烟囱排放，最终达到《危险废物焚烧污染控制标准》。

液体喷射焚烧炉用于处理可以用泵输送的液体废弃物，主要分为卧式和立式两种。

（1）卧式液体喷射焚烧炉

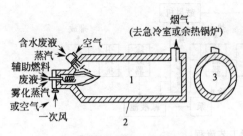

图 10-3 典型的卧式液体喷射焚烧炉炉膛
1—炉膛；2—耐火衬里；3—炉膛横截面

图 10-3 所示为典型的卧式液体喷射焚烧炉炉膛，辅助燃料和雾化蒸汽或空气由燃烧器进入炉膛，火焰温度为 1430～1650℃，废液经蒸汽雾化后与空气由喷嘴喷入火焰区燃烧。燃烧室停留时间为 0.3～2.0s，焚烧炉出口温度为 815～1200℃，燃烧室出口空气过剩系数为 1.2～2.5，排出的烟气进入急冷室或余热锅炉回收热量。卧式液体喷射焚烧炉一般用于处理含灰量很少的有机废液。

(2) 立式液体喷射焚烧炉

典型的立式液体喷射焚烧炉如图 10-4 所示，适用于焚烧含较多无机盐和低熔点灰分的有机废液。其炉体由碳钢外壳与耐火砖、保温砖砌成，有的炉子还有一层外夹套以预热空气。炉子顶部有重油喷嘴，重油与雾化蒸汽在喷嘴内预混合后喷出。燃烧用的空气先经炉壁夹层预热后，在喷嘴附近通过涡流器进入炉内，炉内火焰较短，燃烧室的热强度很高，废液喷嘴在炉子的上部，废液用中压蒸汽雾化，喷入炉内。大多数废液的最佳燃烧温度为 870～980℃。在很短的时间内，有机物燃烧分解。在焚烧过程中，某些盐、碱的高温熔融物与水接触会发生爆炸。为了防止爆炸的发生，采用了喷水冷却的措施。在焚烧炉炉底设有冷却罐，由冷却罐来的烟气经文丘里洗涤器洗涤后排入大气。

有机废液喷射焚烧炉的优点是：①可处理的废液种类多，处理量适用范围广；②炉体结构简单，无运动部件，运行维护简单；③设备造价相对较低。其缺点是无法处理黏度非常高而无法雾化的高浓度有机废液。

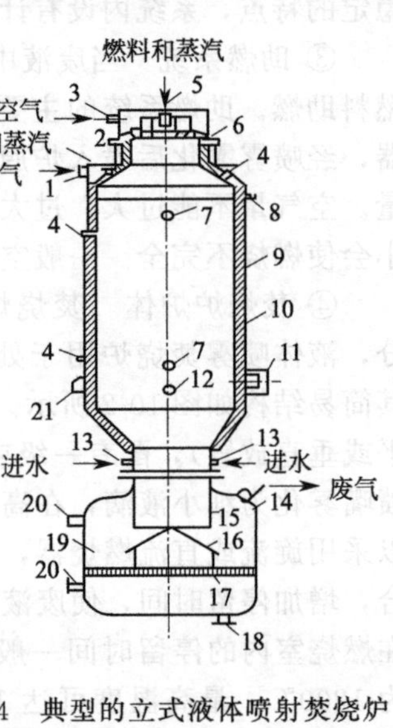

10.2.2 回转窑焚烧炉

回转窑焚烧炉是采用回转窑作为燃烧室的回转运行的焚烧炉，用于处理固态、液态和气态可燃性废物，对组分复杂的废物，如沥青渣、有机蒸馏釜残渣、焦油渣、废溶剂、废橡胶、卤代芳烃、高聚物，特别是含 PCB 的废物等都很适用。美国大多数危险废物处置厂采用这种炉型。该炉型的优点是可处理废物的范围广，可以同时处理固体、液体和气体废物，操作稳定，焚烧安全。但其管理复杂，维修费用高，一般耐火衬里每两年更换 1 次。

典型的回转窑焚烧炉炉膛/燃烬室系统如图 10-5 所示，废液和辅助燃料由前段进入，在焚烧过程中，圆筒形炉膛旋转，使废液和废物不停翻转，充分燃烧。该炉膛外层为金属圆筒，内层一般为耐火材料衬里。回转窑焚烧炉通常稍微倾斜放置，并配以后置燃烧器。一般炉膛的长径比为 2～10，转速为 1～5r/min，安装倾角为 1°～3°，操作温度上限为 1650℃。回转窑的转动将废物与燃气混合，经过预燃和挥发将废液转化为气态和残态，转化后气体通过后置燃烧器的高温度（1100～1370℃）进行完全燃烧。气体在后置燃烧器中的平均停留时间为 1.0～3.0s，空气过剩系数为 1.2～2.0。

回转窑焚烧炉的平均热容量约为 $63×10^6$ kJ/h。炉中焚烧温度（650～1260℃）的高低取决于两方面：一方面取决于废液的性质，对于含卤代有机物的废液，焚烧温度应在 850℃ 以上，对于含氰化物的废液，焚烧温度应高于 900℃；另一方面取决于采用哪种除渣方式（湿式

图 10-4 典型的立式液体喷射焚烧炉
1—废液喷嘴部分空气进口；2—废液喷嘴进口；3—燃烧器空气入口；4—视镜；5—燃料喷嘴；6—点火口；7—测温口；8—上部法兰；9—耐火衬里；10—炉体外筒；11—人孔；12—取样口；13—冷却水进口；14—废气出口；15—连接管；16—锥形帽；17—带叶片挡板；18—排液器；19—冷却罐；20—防爆孔；21—支座

或干式）。

回转窑焚烧炉内的焚烧温度由辅助燃料燃烧器控制。在回转窑炉膛内不能有效地去除焚烧产生的有害气体，如二噁英、呋喃和 PCB 等，为了保证烟气中有害物质的完全燃烧，通常设有燃烬室，当烟气在燃烬室内的停留时间大于 2s、温度高于 1100℃ 时，上述物质均能很好地消除。燃烬室出来的烟气到余热锅炉回收热量，用以产生蒸汽或发电。

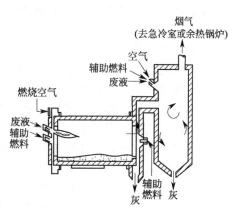

图 10-5　典型的回转窑焚烧炉炉膛/燃烬室系统

10.2.3　流化床焚烧炉

流化床焚烧炉内衬耐火材料，下面由布风板构成燃烧室。燃烧室分为两个区域，即上部的稀相区（悬浮段）和下部的密相区。

流化床焚烧炉的工作原理是：流化床密相区床层中有大量的惰性床料（如煤灰或砂子等），其热容量很大，能够满足有机废液的蒸发、热解、燃烧所需大量热量的要求。由布风装置送到密相区的空气使床层处于良好的流化状态，床层内传热工况十分优越，床内温度均匀稳定，维持在 800～900℃，有利于有机物的分解和燃烬。焚烧后产生的烟气夹带着少量固体颗粒及未燃尽的有机物进入流化床稀相区，由二次风送入的高速空气流在炉膛中心形成一旋转切圆，使扰动强烈，混合充分，未燃尽成分在此可继续进行燃烧。

与常规焚烧炉相比，流化床焚烧炉具有以下优点。

① 焚烧效率高。流化床焚烧炉由于燃烧稳定，炉内温度场均匀，加之采用二次风增加炉内的扰动，炉内的气体与固体混合强烈，废液的蒸发和燃烧在瞬间就可以完成。未完全燃烧的可燃成分在悬浮段内继续燃烧，使得燃烧非常充分。

② 对各类废液适应性强。由于流化床层中有大量的高温惰性床料，床层的热容量大，能提供低热量、高水分的废液蒸发、热解和燃烧所需的大量热量，所以流化床焚烧炉适合焚烧各种水分含量和热值的废液。

③ 环保性能好。流化床焚烧炉采用低温燃烧和分级燃烧，所以焚烧过程中 NO_x 的生成量很小，同时在床料中加入合适的添加剂可以消除和降低有害焚烧产物的排放，如在床料中加入石灰石可中和焚烧过程中产生的 SO_x、HCl，使之达到环保要求。

④ 重金属排放量低。重金属属于有毒物质，升高焚烧温度将导致烟气中粉尘的重金属含量大大增加，这是因为重金属挥发后转移到粒径小于 $10\mu m$ 的颗粒上，某些焚烧实例表明，铅、镉在粉尘中的含量随焚烧温度呈指数增加。由于流化床焚烧炉焚烧温度低于常规焚烧炉，因此重金属的排放量较少。

⑤ 结构紧凑，占地面积小。由于流化床燃烧强度高，单位面积的废弃物处理能力大，炉内传热强烈，还可实现余热回收装置与焚烧炉一体化，所以整个系统结构紧凑，占地面积小。

⑥ 事故率低，维修工作量小。由于流化床焚烧炉没有易损的活动零件，所以可减少事故和维修工作量，进而提高焚烧装置运行的可靠性。

然而，在采用流化床焚烧炉处理含盐有机废液时也存在一定的问题。当焚烧含有碱金属盐或碱土金属盐的废液时，在床层内容易形成低熔点的共晶体（熔点在 635～815℃ 之间），如果熔化盐在床内积累，则会导致结焦、结渣，甚至流化失败。如果这些熔融盐被烟气带出，就会黏附在炉壁上固化成细颗粒，不容易用洗涤器去除。解决这个问题的办法是：向床内添加合适的添加剂，它们能够将碱金属盐类包裹起来，形成像耐火材料一样的熔点在 1065～1290℃ 之间的高熔点物质，从而解决了低熔点盐类的结垢问题。添加剂不仅能控制碱金属盐类的结焦问题，而且还能有效控制废液中含磷物质的灰熔点。但对于具体情况，需进行深入研究。

流化床焚烧炉运行的最高温度通常决定于：①废液组分的熔点；②共晶体的熔化温度；③加添加剂后的灰熔点。流化床废液焚烧炉的运行温度通常为760～900℃。

流化床焚烧炉可以两种方式操作，即鼓泡床和循环床，这取决于空气在床内空截面的速度。随着空气速度的提高，床层开始流化，并具有流体特性。进一步提高空气速度，床层膨胀，过剩的空气以气泡的形式通过床层，这种气泡将床料彻底混合，迅速建立烟气和颗粒的热平衡。以这种方式运行的焚烧炉称为鼓泡流化床焚烧炉，如图10-6所示。鼓泡流化床内空截面烟气速度一般为1.0～3.0m/s。

当空气速度更高时，颗粒被烟气带走，在旋风筒内分离后，回送至炉内进一步燃烧，实现物料的循环。以这种方式运行的称为循环流化床焚烧炉，如图10-7所示。循环流化床内空截面烟气速度一般为5.0～6.0m/s。

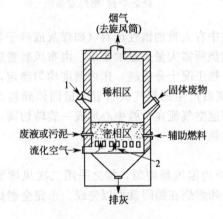

图 10-6　鼓泡流化床焚烧炉
1—预热燃烧器；2—布风装置
（工艺条件：焚烧温度760～1100℃；
平均停留时间1.0～5.0s；
过剩空气100%～150%）

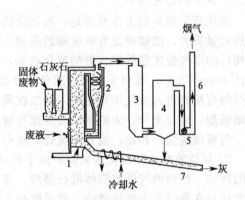

图 10-7　循环流化床焚烧炉系统
1—进风口；2—旋转分离器；3—余热利用锅炉；
4—布袋除尘器；5—引风机；6—烟囱；
7—排渣输送系统；8—燃烧室

循环床焚烧炉可燃烧固体、气体、液体和污泥，采用向炉内添加石灰石来控制 SO_x、HCl、HF 等酸性气体的排放，而不需要昂贵的湿式洗涤器，HCl 的去除率可达 99% 以上，主要有害有机化合物的破坏率可达 99.99% 以上。在循环床焚烧炉内，废物处于高气速、湍流状态下焚烧，其湍流程度比常规焚烧炉高，因而废物不需雾化就可燃烧彻底。同时，由于焚烧产生的酸性气体被去除，因而避免了尾部受热面遭受酸性气体的腐蚀。

循环流化床焚烧炉排放烟气中 NO_x 的含量较低，其体积分数通常小于 100×10^{-6}。这是由于循环床焚烧炉可实现低温、分级燃烧，从而降低了 NO_x 的排放。

循环流化床焚烧炉运行时，废液、固体废物与石灰石可同时进入燃烧室，空截面烟气速度为 5.0～6.0m/s，焚烧温度为 790～870℃，最高可达 1100℃，气体停留时间不低于 2s，灰渣经水间接冷却后从床底部引出，尾气经废热锅炉冷却后，进入布袋除尘器，经引风机排出。

表 10-1 为几种常规焚烧炉与流化床焚烧炉的比较结果。可以看出，流化床焚烧炉（包括鼓泡流化床焚烧炉和循环流化床焚烧炉）在处理废液方面具有明显的优越性。正是由于流化床焚烧炉的上述优点，在工业发达国家，它已被广泛用于处理各种废弃物。

表 10-1 各种废液焚烧炉的比较

项 目	旋转窑焚烧炉	液体喷射焚烧炉	鼓泡流化床焚烧炉	循环流化床焚烧炉
投资费用构成	￥￥＋洗涤器＋燃烬室		￥＋洗涤器＋额外的给料器＋ 基础设施投资	
运行费用构成	￥￥＋更多的辅助燃料＋ 回转窑的维修＋洗涤器		￥＋额外的给料器的维修＋ 更多的石灰石＋洗涤器	
减少有害有机 成分排放的方法	设燃烬室	炉膛内高温	燃烧室内高温	不需过高温度
减少 Cl、S、P 排放的方法	设洗涤器	42％采用洗涤器	设洗涤器	在燃烧室内 加石灰石
NO$_x$、CO 排放量	很高	很高	比 CFB 高	低
废液喷嘴数量	2		5	1(为基准)
废液给入方式	过滤后雾化	过滤后雾化	过滤后雾化	直接加入无需雾化
飞灰循环	无	无	最大给料量的 10 倍	给料量的 50～100 倍
燃烧效率	高(需采用燃烬室)	高	很高	最高
热效率/％	＜70		＜75	＞78
碳燃烧效率/％			＜90	＞98
传热系数	中等	中等	高	最高
焚烧温度/℃	700～1300	800～1200	760～900	790～870
维修保养	不易	容易	容易	容易
装置体积	大(＞4×CFB 体积)	居于回转窑和鼓炮床间	较大(＞2×CFB 体积)	较小

注：CFB 表示循环流化床焚烧炉；￥表示循环流化床焚烧炉的费用（作为比较基准），￥￥表示循环流化床焚烧炉费用的两倍。

10.3 有机废液的热值估算

焚烧炉的选型和设计是焚烧处理有机废液的关键。有机废液中由于含有相当数量的可燃有机物，所以具有一定的发热值。有机废液的热值是辅助燃料配比、焚烧炉设计和产生余热量计算的必需参数。

若有机废液中的有机成分单一，可通过有关资料直接查取该组分的氧化方程及发热值。如果已知有机废液中有机组分各元素的含量，也可根据下式来计算有机废液的低位发热值：

$$Q_{dw}^y = 337.4C + 603.3(H - O/8)95.13S - 25.08W^t (kJ/kg) \tag{10-1}$$

式中，C、H、O、S、W^t 分别是有机物中碳、氢、氧、硫的质量分数和有机废液的含水率。

然而，有机废液是生产过程中产生的废弃物，组分复杂、不易点燃，利用对煤进行工业分析的方法确定有机废液的元素组成和发热值是难以实现的。通常采用监测指标 COD 值来计算有机废液的发热值。通常所说的 COD 值是指使用强氧化剂将有机物氧化为最简单的无机物（如 CO_2 和 H_2O）所耗的氧量，即化学需氧量。它可以表征有机废液中有机物的含量，所以它与有机废液的发热值存在着必然的联系。不少学者通过对一些有代表性有机物的标准燃烧热值进行分析发现，虽然它们的标准燃烧热值相差很大，但燃烧时每消耗 1gCOD 所放出的热量却比较接近，所以可以取这些有机物燃烧时每消耗 1gCOD 所放出热量的平均值 13.983kJ 作为 1gCOD 的热值，通常认为约等于 14kJ/g。利用这一平均值计算有机废液的高位发热值所产生的最大相对误差为 -10％ 和 +7％，这样的误差在工程计算时是允许的。

有机废液在焚烧前应首先测定废液的低位发热值，或通过测定 COD 值以估算出其热值。进行有机废液焚烧处理时，辅助燃料的消耗量直接关系到处理成本的高低，所以对于 COD 值等于 235g/L 左右的有机废液，其低位热值为 3300kJ/kg，由于其本身所具有的热量不足以满足自身蒸发所需的热量，焚烧过程中不能向外提供热量，此时焚烧过程的辅助燃料耗量很大，从经济上分析采用焚烧的方法进行处理将是不利的，对于低位热值可达 6300kJ/kg 的有机废液，如果采用适当燃用低热值废料的流化床焚烧炉就可在点燃后不加辅助燃料进行焚烧处理。

10.4 理论空气量与烟气组成

焚烧所需理论空气量、焚烧后产生的理论烟气量和理论烟气焓是焚烧炉产生余热量计算的必需参数。

10.4.1 理论空气量

有机废液焚烧时理论空气量与 COD 值的关系式为：

$$COD = K_{O_2} V^\circ \rho_{O_2} \tag{10-2}$$

式中　K_{O_2}——空气中氧气的体积比，约为 0.21；

　　　V°——有机废液焚烧时所需的理论空气量（标准状态下），m^3/kg；

　　　ρ_{O_2}——氧气在标准状态下的密度，g/m^3，其值为 1429.1。

所需的理论空气量计算式为：

$$V^\circ = \frac{COD}{K_{O_2} \rho_{O_2}} = \frac{COD}{0.21 \times 1429.1} = \frac{COD}{300.111} \tag{10-3}$$

10.4.2 理论烟气组成

理论烟气量由三部分组成：有机物燃烧产物（主要为二氧化碳、二氧化硫、产生的水蒸气和生成的氮氧化物）、理论空气量中原有的氮气和水蒸气、有机废水中水分蒸发产生的水蒸气，如下式：

$$V^\circ_y = V_{yj} + 0.79V^\circ + 0.0161V^\circ + 1.24P/100 \tag{10-4}$$

式中　V°_y——有机废水焚烧的理论烟气量（标准状态下），m^3/kg；

　　　V_{yj}——有机物焚烧产物的体积，m^3/kg；

　　　P——废液的含水量，%。

将 $V_{yj} = 1.163COD/1000$ 代入式(10-3) 和式(10-4)，整理得：

$$V^\circ_y = 0.003849COD + 0.0124P \tag{10-5}$$

10.4.3 理论烟气焓

理论烟气焓是有机废液焚烧产生的理论烟气量所具有的焓值，是焚烧炉设计时热力计算必需的参数。通常情况下某一温度的理论烟气焓是根据烟气的成分和各种组分的比热容计算确定的，如下式：

$$I^\circ_y = V^\circ_{RO_2}(CT)_{RO_2} + V^\circ_{N_2}(CT)_{N_2} + V^\circ_{H_2O}(CT)_{H_2O} \tag{10-6}$$

式中　I°_y——理论烟气焓，kJ/kg；

　　　$V^\circ_{RO_2}$——烟气中三原子气体（CO_2 和 SO_2）的量，m^3/kg（标准状态）；

　　　$V^\circ_{N_2}$——理论烟气中氮气的量，m^3/kg（标准状态）；

　　　$V^\circ_{H_2O}$——理论烟气中水蒸气的量，m^3/kg（标准状态）；

　　　C——气体的比热容，kJ/($m^3 \cdot ℃$)，可根据气体种类和温度计算或查表获得；

　　　T——烟气的温度，℃。

　　由于有机废液的组成复杂，焚烧后产生的烟气成分难以确定，所以利用上述方法计算理论烟气焓难以实现，而是采用最常用的有机废液监测指标 COD 值的方法来估算理论烟气焓。平均来说，焚烧 1gCOD 产生 $0.00058664m^3$（标准状态）的三原子气体、$0.00054727m^3$（标准状态）的水蒸气、$0.000066763m^3$（标准状态）的氮气，同时每消耗 1gCOD 就从空气中带入焚烧产物 $0.00263237m^3$（标准状态）的氮气和 $0.000053647m^3$（标准状态）的水蒸气。考虑到有机废液本身所含的水量 P 在焚烧时也产生水蒸气进入理论烟气量中，所以 COD 与理论烟气量所具有的焓值的关系如下：

$$I_y^\circ = COD \times [5.8664 \times 10^{-4} (CT)_{RO_2} + 26.9913 \times 10^{-4} (CT)_{N_2}] + [6.00918 \times 10^{-4} COD + 0.0124P](CT)_{H_2O} \tag{10-7}$$

　　在有机废液焚烧炉设计的适用温度和 COD 浓度范围内，水分含量在 >42% 的情况下，由上式计算的理论烟气焓所产生的相对误差 ≤15%，这对于焚烧炉设计时的热力计算是能够接受的。

10.5 焚烧技术的应用

　　目前发达国家采用焚烧法处理高浓度有机废液所采用的焚烧炉大多是以燃油或燃气为辅助燃料（中国以柴油或重油为主），技术相对成熟。意大利某公司处理高浓度含盐废水，废液由染料母液和压滤头遍洗液组成，该废水的 COD 浓度为 130g/L，含盐量为 6%～7%。处理方法为：先将废水送入二效蒸发器进行蒸发浓缩，浓缩后的废液送入焚烧炉焚烧。反应区温度为 900～1000℃，废液在炉内的停留时间为 3～4s 时，有机物完全氧化分解，其烟道排放的烟气符合国家标准。德国某公司将高浓度含盐废液和不可生化处理的染料、农药废水中和后蒸发浓缩，得到含水量为 30% 的结晶盐浓缩液，将该浓缩液进行焚烧处理，焚烧过程中以天然气为辅助燃料。当反应温度为 900～1000℃，停留时间约为 3s 时，有机物得到有效分解。

　　自 20 世纪 80 年代以来，我国的石油化学工业、电子工业等得到了极大的发展，高浓度难降解工业废水的产量逐年增加，造纸厂、农药厂、制药厂及印染企业等都排放大量的高浓度难降解有机废液，一般的生化法很难彻底处理这些高浓度有机废液，而高级氧化技术还很难应用到实际工程中，于是焚烧法逐渐开始受到青睐。如东北制药总厂较早采用硅砖砌成的圆形炉膛卧式液体喷射炉，以氯霉素的副产物邻硝基乙苯作燃料，处理维生素 C 石龙酸母液，实现了以废治废、节约能源的目的。年处理 COD 在 400t 以上，烟气经水洗后达到国家排放标准。河北某农药厂排放的精馏塔残釜液原混入生化处理废水中，基本不能生化降解，后采用回转窑焚烧炉处理生产过程中的废液，处理能力为 1.1t/d，使用柴油作为辅助燃料，在油料/废水为 1∶3、燃烧温度为 900～1000℃、燃烧时间为 3s 的情况下，可使有机废液得到彻底分解。平顶山尼龙 66 盐厂在生产过程中产生的己二酸、己二胺废水含有多种有机化合物，并且含有 1% 左右的钠盐，治理过程中采用流化床焚烧炉来处理，将己二酸废水雾化后送入稀相区内焚烧，而将己二胺废水送入密相区进行焚烧，以煤为辅助燃料。当采用加入一定量的添加剂防止低熔点钠盐影响流化后，焚烧取得良好效果。

　　丑明等采用焚烧法处理了焦化污水，焦化污水经预处理除去 S^{2-} 后进入焚烧炉内，用焦炉煤气作燃料在焚烧炉内进行焚烧，污水中的有机物在高温下变成 CO_2 和水，使 COD、酚类、CN^- 等从根本上得到治理，产生的热废气经余热锅炉换热，产生蒸汽，可供生产上使用。对污水量较大的情况，可采用膜分离技术先把污水浓缩、分离、循环回收，浓缩的污水去焚烧炉焚烧。焚烧法还用于含酚废水的处理。

参 考 文 献

[1] 唐受印，戴友芝. 水处理工程师手册 [M]. 北京：化学工业出版社，2001.

[2] 王郁，林逢凯. 水污染控制工程 [M]. 北京：化学工业出版社，2008.

[3] 张晓健，黄霞. 水与废水物化处理的原理与工艺 [M]. 北京：清华大学出版社，2011.

[4] 陈金思，金鑫，胡献国. 有机废液焚烧技术的现状及发展趋势 [J]. 安徽化工，2011，37（5）：9-11.

[5] 陈金思，施银燕，胡献国. 废液焚烧炉的研究进展 [J]. 中国环保产业，2011，(10)：22-25.

[6] 张绍坤. 焚烧法处理高浓度有机废液的技术探讨 [J]. 工业炉，2011，33（5）：25-28.

[7] 别如山，杨励丹，李季，等. 国内外有机废液的焚烧处理技术 [J]. 化工环保，1999，(3)：148-154.

第11章

电化学法

电化学法是利用直流电来进行化学反应，将电能转化为化学能的方法。将含有电解质的废水通过电解槽，在直流电场的作用下，使其中的有害成分或在阳极氧化或在阴极还原或发生二次反应，即电极反应产物与溶液中某些成分发生作用，使污染物分别生成不溶于水的沉淀物，或生成气体从水中逸出，从而使废水得以净化。

电化学法处理废水应用起始于 20 世纪 40 年代，但由于投资大，电力缺乏，因而发展缓慢。直到 20 世纪 60 年代，随着电力工业的发展，电化学法才被真正地用于废水处理。近年来，由于电化学法在污水净化、垃圾渗滤液、制革废水、印染废水、石油和化工废水等领域的应用研究进展，引起人们对这一方法的广泛关注。电化学法被称为"环境友好"工艺，具有其他方法不可比拟的优点：

① 在废水处理过程中，主要试剂是电子，不需要添加氧化剂，没有或很少产生二次污染，可给废水回用创造条件。

② 能量效率高，反应条件温和，一般在常温常压下即可进行。

③ 兼具气浮、絮凝、杀菌作用，可通过去除水中悬浮物和选用特殊电极来达到去除细菌的效果，可以使处理水的保存时间持久。

④ 反应装置简单，工艺灵活，可控制性强，易于自动化，费用不高。

11.1 电化学反应的原理及其分类

电化学反应法处理废水的实质就是直接或间接地利用电解作用，把水中的污染物除去，或将其变成无毒或低毒的物质。用来发生电化学反应的装置称为电解槽。按电势高低区分电极，与电源正极相连的电势高，称为电解槽的正极；与电源负极相连的电势低，称为电解槽的负极。若按电极上发生反应区分电极，与电源正极相连接的电极把电子传给电源，发生氧化反应，称为电解槽的阳极；与电源负极相连接的电极从电源接受电子，发生还原反应，称为电解槽的阴极。当接通电源时，在电解槽的阳极上发生氧化反应，而在电解槽的阴极上发生还原反应。这是因为在发生电化学反应时，阴极能接纳电子，起氧化剂的作用，而阳极能放出电子，起还原剂的作用。电极材料的选择十分重要，选择不当会使电解效率降低，能耗增加。

用于废水处理的电化学技术，按除去的杂质及产生的电化学作用，可分为电化学氧化法、电化学还原法、电气浮法、电解凝聚法（电絮凝法）等。

11.1.1 电化学氧化法

电化学氧化法主要用于有毒难生物降解有机废水的处理，根据不同的氧化作用机理，可分为直接阳极氧化、间接阳极氧化。

（1）直接阳极氧化

直接阳极氧化主要是依靠在阳极上发生的电化学反应选择性氧化降解有机物，使废水中的污染物被氧化、破坏。在实际操作中，为了强化阳极的氧化作用，通常加入一定量的食盐，进行氯氧化作用，这时阳极的直接氧化作用和间接氧化作用往往同时起作用。

电化学氧化法主要用来处理废水中的氰、酚等。例如电解处理含氰废水时，一般采用翻腾式电解槽或回流式电解槽，阳极可选用石墨，阴极可采用普通钢板。为防止有毒气体逸出，电解槽应采用全封闭式。

当废水中含氰浓度低时，电极反应的副产物比例增加，使电流效率下降，同时由于电解质减少，电阻增加，也使电流效率下降。所以操作时要向废水中投加一定量的食盐，一方面可使溶液的导电性增加，另一方面由于 Cl^- 在阳极放电，产生氯氧化剂，强化了阳极的氧化作用。据有关资料，处理含氰浓度为 $25\sim100mg/L$ 的废水，需加食盐量约为 $2\sim3g/L$，电流密度一般低于 $9A/dm^2$。反应的 pH 值一般控制在 $10\sim12$ 时，能使剧毒的氯化氰迅速水解，减少其向空气中逸出的危险。

直接阳极氧化过程伴随着氧气析出，氧的生成使氧化降解有机物的电流效率降低，能耗升高，因此，阳极材料的影响很大。阳极材料的开发，即希望阳极对所处理的有机物表现出高的反应速率和良好的选择性已成为该方法应用的关键。

（2）间接阳极氧化

间接阳极氧化是通过阳极发生氧化反应产生的强氧化剂间接氧化水中的有机物，达到强化降解的目的。由于间接电氧化既在一定程度上发挥了阳极氧化作用，又利用了产生的氧化剂，因此处理效率比直接阳极氧化法大为提高。间接阳极氧化分为以下两类。

一类是直接利用阴离子。如将氯离子在阳极上直接电氧化产生新的氯或进一步形成次氯酸根，从而使水中的有机物发生强烈的氧化而降解。使用氯气或次氯酸盐体系，一个潜在的缺点是一些有机物在降解过程中可能被氯化，产生有毒含氯有机物中间产物，毒性增强，造成二次污染。通过电生成臭氧、过氧化氢这类氧化中间物来处理有机污染物的方法，由于其良好的环境意义而受到重视，尤其电生成芬顿试剂方法应用效果明显。

另一类是利用可逆氧化还原电对间接氧化有机物。氧化还原电对能将有机物降解为二氧化碳和一氧化碳，转化率为 98%，总的平均电流效率可达 75%。

11.1.2 电化学还原法

电解槽的阳极可放出电子，相当于还原剂，能使废水中的重金属离子还原出来，沉积在阴极，再回收利用。它还可以将六价铬（$Cr_2O_7^{2-}$ 或 CrO_4^{2-}）及五价砷（AsO_3^- 或 AsO_4^{3-}）分别还原为 Cr^{3+} 及 AsH_3，然后再回收或除去。

用电解法去除废水中的铬，常用翻腾式电解槽，一般采用普通钢板为阳极。含铬废水在电解过程中产生的废渣主要为三价铁和三价铬，所以电解槽后应设置沉渣池和沉渣脱水干化设备。干化后的含铬沉渣可加工抛光石膏，也可作为铸石原料的附加料，此法具有处理效果稳定、操作简单、设备占地面积小等优点，但电能消耗大、耗费钢材多、运行费用高。

近年来，由于人们对石墨颗粒、延展型金属、石墨毡、细丝状金属、石墨纤维、网状玻碳认识的进一步加深，使旋转电极、网状电极、多孔三维电极、填料床电极，电沉积法得到较快发展并且已经商业化。填充床电极是目前常用的电极。

三维电极的概念还包括流化床和循环式微粒填充床电极，大多数将三维电极用于金属离子的去除都与床式反应器有关。反应器的阳极可以使用三维电极，也可以使用平板电极以利于氧化析出。由于三维电极在稀溶液中既具有较高的比表面积又具有较好的传质效果，因此其处理效率较高。使用该类电极，金属离子的浓度可以在几分钟的停留时间内从 100×10^{-6} 下降到 0.1×10^{-6}。与传统的废水处理系统相比，操作成本也得到了降低。在某些情况下去除效率更高，时空产率增大。

填充床电极技术已经在含铜离子和汞离子的废水处理过程中得到应用，出口金属离子浓度达到 1×10^{-6} 以下时，能量消耗达到了 $1 kW \cdot h/m^3$ 的要求。对于还原能力较弱的金属离子（如锌离子和镉离子）溶液，在低浓度下，由于极氢副反应的存在，电流效率有所下降。

11.1.3　电气浮法

电气浮工艺是一种运用电化学方法去除固态颗粒、油污的废水处理单元操作方法，其上浮原理是在电解废水时，由于水的电解和有机物的电解氧化，在阴、阳两极表面上会有气体，如氢气、氧气、二氧化碳、氯气等微小气泡逸出，它们在上升过程中，可黏附水中的杂质微粒和油类浮到水面。利用此原理来处理废水的方法称为电气浮法或电解上浮法。电解时不仅有气泡上浮作用，同时还有絮凝、共沉、电化学氧化、电化学还原等作用。

电气浮法主要用于除去废水中悬浮的固体颗粒和油状物，脱除重金属离子，也可用于从乳制品废水中回收蛋白质。与常用的加压溶气气浮法相比，电气浮法具有如下优点：

① 电解产生的气泡微小，直径一般为 $8 \sim 15 \mu m$，与废水中杂质的接触面积大，气泡与絮粒的吸附能力强。通过调节电流、电极材料、pH 值和温度可以改变产气量及气泡大小以满足各种需要。

② 电解过程中阳极表面会产生中间产物（如羟基自由基、原生态氧），它们对有机物有一定的氧化作用。有氯离子存在时阳极产生的氯气有氧化作用，氯气水解产生的次氯酸根也有氧化作用，它们对水体中的有机物有降解作用，提高了 COD 的去除效率。

③ 处理废水中的污染物范围广、泥渣量少、工艺简单、设备占地少等。

电气浮工艺的缺点是电能消耗量大。据研究，若采用脉冲电流，电耗可大幅度降低。与其他方法配合使用则比较经济。

电气浮法通常采用不溶性电极，常用电极有石墨、不锈钢、二氧化铅、金属氧化物钛基电极等。通常将电解装置安装在水处理池底部，水缓慢流过电解池，气泡与悬浮物接触后吸附，达到分离目的。

电极形式以网状结构较为理想。电极联结方式采用串联、并联或混合联结方式。电流密度兼顾反应速率和能耗，一般为 $0.5 \sim 1.5 A/dm^2$，能耗为 $0.2 \sim 0.4 kW \cdot h/m^3$，槽压为 10V，最大处理速率为 $150 m^3/h$。

电气浮工艺既可单独用于分离水中的有害成分，也可作为单元与化学混凝、电絮凝、pH 值调节法、过滤技术等联合使用。电气浮法已应用于含油废水、化纤废水、电镀废水、印染废水等的处理，还可用于浮选矿石。采用电絮凝-电气浮工艺处理印染废水可有效降低化学耗氧量物质（COD），而且脱色好，COD 的去除率可达 60% 以上，色度去除率超过 90%。若原水的 COD 值高，色度过深，可在废水中投加 NaCl（或海水），电解产生的氯气和次氯酸根能促进氧化脱色作用。化纤废水成分复杂，含有多种表面活性剂及硫化物、半纤维素及其他有机物，采用化学混凝-电气浮工艺可一次性去除废水中的污染物，去除率高。

11.1.4　电解凝聚法

电解凝聚法是以铝、铁等金属制造的阳极在直流电的作用下受到电化学腐蚀，产生的具有可溶性的三价铝离子和二价铁离子以离子状态进入溶液中，经水解反应后生成的多核羟基络合物以及氢氧化物作为混凝剂对水中悬浮物及胶体进行凝聚处理。同时，阳极的氧化作用和阴极的还原作用，能除去水中多种污染物，如许多可溶性有机物可通过阳极氧化作用而除去，二价铁可氧化为三价的氢氧化铁再沉淀除去。

电絮凝主要包括 3 个过程：①牺牲阳极电解氧化产生混凝剂；②在水中胶体颗粒的脱稳；③脱稳胶体形成絮凝体。在直接电压作用下，电絮凝过程的反应如下：

在阳极首先铝或铁电极氧化溶解为金属离子：

$$Al - 3e \longrightarrow Al^{3+} \tag{11-1}$$
$$Fe - 2e \longrightarrow Fe^{2+} \tag{11-2}$$
$$Fe^{2+} - e \longrightarrow Fe^{3+} \tag{11-3}$$

如果在碱性条件下，则生成氢氧化物：

$$Al^{3+} + 3OH^- \longrightarrow Al(OH)_3 \tag{11-4}$$
$$Fe^{2+} + 2OH^- \longrightarrow Fe(OH)_2 \tag{11-5}$$
$$Fe^{3+} + 3OH^- \longrightarrow Fe(OH)_3 \tag{11-6}$$

如果在酸性条件下，发生的反应则为：

$$Al^{3+} + 3H_2O \longrightarrow Al(OH)_3 + 3H^+ \tag{11-7}$$

此外，在阳极还发生氧气析出反应：

$$2H_2O - 4e \longrightarrow O_2 \uparrow + 4H^+ \tag{11-8}$$

与此同时，在阴极发生氢气析出反应：

$$2H_2O + 2e \longrightarrow H_2 \uparrow + 2OH^- \tag{11-9}$$

氧气和氢气的析出具有气浮作用。电极有板式和其他形式，以单极式或复极式联结。

铝离子和铁离子是很有效的固体悬浮物絮凝剂，铝离子能形成大的 Al-O-Al-OH 网状物，可以化学吸附 F^- 这样的污染物。铝通常用于水处理，铁常用于废水处理。

电絮凝的优点是絮凝效率高，装置紧凑，占地面积少，操作简单、费用低，可自动化操作，可除去的污染物广泛，反应迅速，适用 pH 值范围广，形成的沉渣密实。缺点是电耗量大，极板需消耗大量的金属。

电流密度、氯离子、pH 值、温度以及供电方式都会对电絮凝的结果产生影响。

电流密度增大虽然可减少操作单元，但是能量损失和电流效率下降是重要的问题。电流密度一般选择为 $20 \sim 25 A/m^2$。在 NaCl 的存在下，溶液电导增大使电能消耗下降，同时可生成有效氯对水进行消毒。pH 值的影响较大，不仅铁和铝的氢氧化物的溶解性受 pH 值的影响，而且如果溶液中存在其他离子，如氯离子，可使电流效率下降。一般来说，对于去除污染物，铝电极要求的 pH 值为中性，铁电极以碱性为宜。高温下可提高溶液的电导率，从而降低电耗。为了防止电极钝化，根据供电方式一般要采取不同的电极换向方法。

近年来，根据供电方式的不同发展了脉冲电絮凝和交流电絮凝，在反应器电极方面发展了活性碳纤维（ACF)-铁复合电极、笼式电极、堆积床电极、旋转电极，使电絮凝有了更大的经济性。例如，传统电絮凝法处理染料废水的电流效率为 70% 左右，耗铁量为 $0.5 kg/m^3$ 左右，耗电量为 $0.6 \sim 0.8 kW \cdot h/m^3$，COD 去除率约为 70%。使用脉冲电极，电极上反应时断时续，有利于扩散，降低电位，减小能耗和铁耗，铁耗量可降低一半，同时防止了电极钝化。使用活性碳纤维（ACF)-铁复合电极直接处理染料废水，脱色率可达 95% $\sim$ 100%，COD 的去除率约为 80%。

电絮凝还能同时去除水中的有机物、细菌、浊度、有毒重金属等物质。与化学絮凝相比，由于阴极可以析出氢气而具有浮选作用，因此不需要添加化学剂，因而不会发生 SO_4^{2-}、Cl^- 的大量聚集；与生物处理法相比，电絮凝运行时间短，不需要培养微生物，只需要电子来实施水处理。因此电絮凝技术近年来发展很快，在印染、食品、化纤、石油、染料、市政等废水处理中得到了广泛应用。

11.1.5 微电解法

其原理是当铁碳合金的铸铁浸入水中，构成无数个 Fe-C 微原电池，在酸性溶液中，阴极反应所产生的氢与废水中的许多物质发生还原反应，破坏水中污染物的原有结构，使其易被吸附或絮凝沉淀；阳极铁被氧化成二价或三价铁，在碱性条件下生成 $Fe(OH)_2$ 或 $Fe(OH)_3$ 絮状沉淀，能吸附水中的悬浮物，有效去除废水中的污染物，使废水得到净化。

11.2 电化学反应器

电化学反应器种类繁多，结构复杂，不同的应用领域所应用的反应器结构和形式均不完全一样，而反应器结构及电极结构是影响电化学反应中电流效率的重要因素之一。

根据所用电极的种类，电化学反应器可大致分为两类：二维反应器和三维反应器。

11.2.1 二维反应器

依据工作电极和移动电极的形式，二维反应器可分为平板式、振动式、圆筒式、旋转圆盘式等，用于有机物降解、金属回收等。

（1）平板式

这是最简单的电化学装置，也称其为电解槽，是在一个固定体积的容器内平行放置阳极和阴极，在电流作用下，阳极与阴极分别发生阳极反应与阴极反应。为强化传质过程，常常采用向反应器内鼓入空气的方法，以提供必要的搅拌。

在这种结构中，调整阳、阴极的表面积，可使阴、阳极面积相差最高达 15 倍，且阴、阳极之间常选择一些膜材料相隔。图 11-1(a) 是典型的此类反应器的结构，图 11-1(b) 是常见的电极结构排布图。

这类结构的电化学反应器广泛用于氯碱、硫酸、有机电合成等工业领域，也可应用于环境污染物的去除、重金属的回收等。

（2）圆筒式

这种反应器内的电极均是圆柱状的，一般中间较小的圆柱作为阳极，外部较大的柱体作为阴极，阳、阴极之间常用离子交换膜分开，这种反应器提供了较大的阳极表面积，如图 11-2(b) 所示。

实际应用中，一系列圆筒式电极结构集中安装在普通的电解槽内。同时，在适当的位置注入空气，以增强电解质的流动，如图 11-2(a) 所示。

利用所提供的较大的阳极表面积，这种类型反应器已成功应用于重金属离子 Cr(Ⅲ) 转化为 Cr(Ⅵ) 的工程应用中，可直接利用电化学过程将 Cr(Ⅲ) 转化为 $Cr_2O_7^{2-}$，避免了 Cr(Ⅵ) 有毒离子的产生。其主要电化学反应为：

阳极（常用 PbO_2 电极）：$2Cr^{3+} + 7H_2O - 6e \longrightarrow Cr_2O_7^{2-} + 14H^+$ 　　　　　(11-10)

阴极（常用镍电极）：　　　　$6H^+ + 6e \longrightarrow 3H_2 \uparrow$ 　　　　　　　(11-11)

总反应：　　　　　　$2Cr^{3+} + 7H_2O \longrightarrow Cr_2O_7^{2-} + 8H^+ + 3H_2 \uparrow$ 　　　(11-12)

实际应用中，常常先使 Cr_2O_3 溶于铬酸中转化为 Cr(Ⅲ)，再进行上述电化学过程。

$$6H^+ + Cr_2O_3 \Longrightarrow 2Cr^{3+} + 3H_2O \qquad (11-13)$$

这类反应器常选用 PbO_2 电极，可有效降低阳极氧的逸出。大阳极面积使阳极电流密度

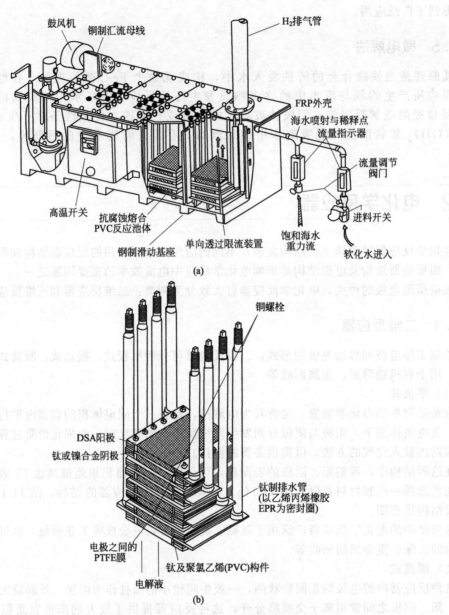

图 11-1　平板式电化学反应器结构图

（a）平板式电化学反应器基本结构；（b）平板式电化学反应器电极结构

较低。

（3）旋转圆盘式

　　这类电化学反应器多用于小规模回收、精制重金属，如感光行业回收银。反应器阳极常采用石墨、钛基镀铂等惰性电极，阴极常采用不锈钢圆盘。图 11-3 是进行金属回收的旋转圆盘电极反应器结构图，图 11-4 是回收粉末金属的工艺过程。

11.2.2　三维反应器

　　三维电化学反应器使用三维电极，由于宏观上三维电极相当于扩大了电极作用面积，因而三维电化学反应器亦称床式结构。根据所加入粒子的特性，三维反应器可强化阳极过程或强化阴极过程。图 11-5 是加入阳极颗粒的三维电极结构，可用于电镀重金属回收。

在有机废水处理方面,三维结构被认为是最具发展前景的电化学结构。

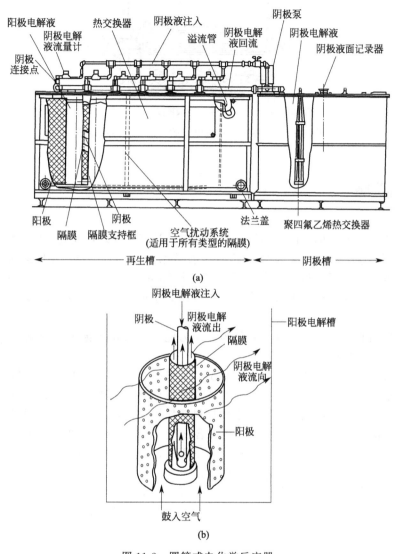

图 11-2　圆筒式电化学反应器
(a) 圆筒式电化学反应器结构示意图;(b) 圆筒式电化学反应器电极结构

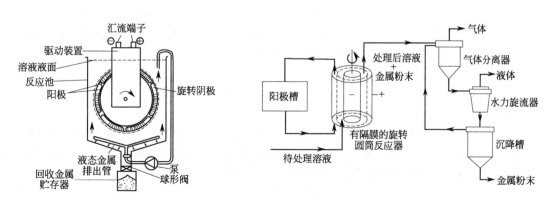

图 11-3　紧凑式旋转圆盘反应器结构示意图　　　　图 11-4　连续去除和生产粉末金属流程示意图

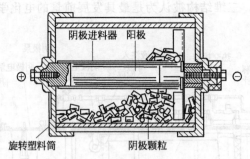

阴极进料器　阳极

旋转塑料筒　　阴极颗粒

图 11-5　一种应用三维电极的三维反应器示意图

11.3　电解槽

电解槽是结构最为简单,但应用最为广泛的电化学废水处理反应器。电解槽的阳极可分为不溶性阳极和可溶性阳极两类。不溶性阳极一般是用铂、石墨制成,在电解过程中不参与反应,只起传导电子的作用。可溶性阳极采用铁、铝等可溶性金属制成,在电解过程中本身溶解,放出电子而氧化成正离子进入溶液。这些金属离子或沉积在阴极,或形成金属氢氧化物,作为混凝剂起凝聚作用。

常用的电极材料有铁、铝、碳、石墨等,作为电解浮选用阳极可选用氧化钛、氧化铝等,作为电凝聚用阳极常选用铁。

电解法的特点是:装置紧凑,占地面积小,节省一次投资;自动控制水平高,易于实现自动化;药剂投加量少,废液产生量少;通过调节电解槽的电压和电流,可以适应较大幅度的水量与水质变化冲击。但其电耗和可溶性阳极材料消耗较大,副反应多,电极易钝化。

废水的 pH 值对于电解操作很重要。例如含铬废水用电解法处理时,pH 值低则处理速度快,电耗少;而含氰废水采用电解法处理时,则要求在碱性条件下进行,以防止有毒气体氰化氢的挥发;氰离子浓度越高,要求 pH 值越大。

在电解凝聚过程中,要使金属阳极溶解,产生活性凝聚体,需控制 pH 值在 5～6。进水的 pH 值过高,易使阳极发生钝化,放电不均匀,并停止金属溶解过程。

11.3.1　电极反应

(1) 阳极氧化反应

在电解槽中,阳极与电源的正极相连,能使废水中的有机和部分无机污染物直接失去电子而被氧化成无害物质,发生直接氧化作用。此外,水中的 OH^- 和 Cl^- 在阳极放电生成氧气和氯气,新生态的氧气和氯气均能对水中的有机和无机污染物进行氧化。

$$4OH^- - 4e = 2H_2O + O_2\uparrow \qquad (11-14)$$
$$2Cl^- - 2e = Cl_2\uparrow \qquad (11-15)$$

(2) 阴极还原反应

在电解槽中,阴极与电源的负极相连,能使废水中的离子直接得到电子被还原,发生直接还原作用,还原水中的金属离子。此外,在阴极还有 H^+ 接收电子还原成氢气,这种新生态的氢气也具有很强的还原作用,能使废水中的某些物质被还原。

$$2H^+ + 2e = H_2\uparrow \qquad (11-16)$$

(3) 电解混凝作用

电解槽用铁或铝作阳极,通电后受到电化学腐蚀,具有可溶性。铝或铁以离子状态溶入溶液中，经过水解反应而生成羟基络合物，这类络合物可起混凝作用，将废水中的悬浮物与胶体杂质通过混凝加以去除。

（4）电解气浮作用

电解时，在阴极和阳极表面上产生 H_2 和 O_2 等气体，这类气体以微气泡形式逸出，其比表面积很大，在上升过程中可以黏附水中的杂质及油类浮至水面，产生气浮作用。

利用电解可以处理：①各种离子状态的污染物，如 CN^-、AsO_2^-、Cr^{6+}、Cd^{2+}、Pb^{2+}、Hg^{2+} 等；②各种无机和有机的耗氧物质，如硫化物、氨、酚、油和有色物质等；③致病微生物。

11.3.2 法拉第电解定律

电解过程中的理论耗电量可以用法拉第定律进行计算。试验表明，电解时电极上析出或溶解的物质质量与通过的电量成正比，并且每通过 96500C 的电量，在电极上发生任一电极反应而改变的物质质量均相当于 1mol。这一定律称为法拉第电解定律，是 1834 年由英国科学家法拉第（Faraday）提出的。

$$G = \frac{1}{nF}MW = \frac{1}{nF}MIt \tag{11-17}$$

式中　G——析出或溶解的物质质量，g；

　　　M——物质的摩尔质量，g/mol；

　　　W——电解槽通过的电量，C，等于电流强度与时间的乘积；

　　　I——电流强度，A；

　　　t——电解时间，s；

　　　n——电解反应中析出物质的电子转移数；

　　　F——法拉第常数，为 96500C/mol。

在电解实际操作中，由于存在非目的离子的放电及某些副反应，所以消耗的实际电量往往比理论值大很多。真正用于目的物质析出的电量只是全部电量的一部分，这部分的百分率称为电流效率，常用 η 表示：

$$\eta = \frac{G'}{G} \times 100\% = \frac{nFG'}{MIt} \times 100\% \tag{11-18}$$

式中　η——电解槽的电流效率；

　　　G'——实际操作中析出或溶解的物质质量，g。

当式(11-18)中各参数已知时，就可以求出一台电解装置的生产能力。

电流效率是反映电解过程特征的重要指标。电流效率越高，表示电流的损失越小。电解槽的处理能力取决于通入的电量和电流效率。两个尺寸大小不同的电解槽同时通入相等的电流，如果电流效率相同，则它们处理同一废水的能力也是相同的。

影响电流效率的因素很多，以石墨阳极电解食盐水产生 NaClO 过程为例，在电解过程中除了 $Cl^- \longrightarrow Cl_2$ 的主过程以外，还伴随着下列次要过程和副反应：①阳极 OH^- 放电析出 O_2；②因存在浓差极化现象，阳极表面因 H^+ 积累受到侵蚀，$[O] + C \longrightarrow CO_2$；③$ClO^-$ 变为 ClO_3^-；④ClO^- 被还原为 Cl^-；⑤Cl_2 逸出；⑥盐水中 SO_4^{2-} 放电析出 O_2；⑦电化学腐蚀等。这些过程的存在均使电流效率降低。实际运行表明，电流效率 η 随 Cl_2 中 CO_2 含量和溶液 pH 值的增加而下降，随电流密度和极水比（阳极面积与电解液体积之比）的增高而提高。

11.3.3 分解电压与极化现象

为了使电解槽开始工作，电解时必须提供一定的电压。当电压超过某一阈值时，电解槽中才出现明显的电解现象。这个电压阈值为发生电解所需的最小外加电压，称为分解电压。分解电压主要受理论分解电压、浓差极化和化学极化电压以及电解槽内阻的影响。

（1）理论分解电压

电解槽本身相当于原电池，该原电池的电动势与外加电压的电动势方向正好相反，所以外加电压必须首先克服电解槽的这一反电动势。当电解质的浓度、温度一定时，理论分解电压值可由能斯特方程计算得出，为阳极反应电势与阴极反应电势之差。实际电解发生所需的电压要比这个理论值大。

（2）浓差极化和化学极化电压

电解过程中，离子的扩散运动使得在靠近电极的薄层溶液内形成浓度梯度，产生浓差电池。另外，在两极电解时析出的产物也构成原电池，形成化学极化现象。它们形成的电势差也与外加电压的方向相反。分解电压需要克服浓差极化和化学极化电压。浓差极化可采用搅拌使之减弱，但无法消除。

（3）电解槽内阻

当电流通过电解液时，废水中所含离子的运动会受到一定的阻力，需要一定的外加电压予以克服。溶液电导率越大，极间距越小，溶液电阻越小，电压损耗就越小。

实际上，影响分解电压的因素很多，电极性质、电极产物、电流密度、电极表面状况和温度等都对分解电压有影响。

电解的电能消耗等于电量与电压的乘积。一个电解单元的极间工作电压 U 可分为下式中的四个部分：

$$U=U_理+U_过+U_损+U_j \tag{11-19}$$

式中　$U_理$——电解质的理论分解电压，当电解质的浓度、温度一定时，$U_理$值可由能斯特方程计算，为阳极反应电位与阴极反应电位之差；$U_理$是体系处于热力学平衡时的最小电位，实际电解发生所需的电压要比这个理论值大，超过的部分称为过电压 $U_过$；

　　　$U_过$——过电压，$U_过$包括克服浓差极化的电压，影响过电压 $U_过$ 的因素很多，如电极性质、电极产物、电流密度、电极表面状况和温度等；

　　　$U_损$——电流通过电解溶液时产生的电压损失，$U_损=IR_s$，R_s 为溶液电阻，溶液的电导率越大，极间距越小，R_s 越小；工作电流 I 越大，产生的电压损失也越大；

　　　U_j——电极的电压损失，电极面积越大，极间距越小，电阻率越小，电压损失 U_j 越小。

由上述分析可知，为降低电能消耗，必须选用适当的阳极材料，设法减小溶液电阻，减少副反应，防止电解槽腐蚀。

11.3.4　电解槽的分类及构造

一般工业废水连续处理的电解槽多为矩形。按电解槽中的水流方式，电解槽可分为回流式、翻腾式和竖流式三种。按电极与电源母线的连接方式可分为单极式和双极式两种。

（1）回流式电解槽

图 11-6(a) 所示是回流式电解槽的平面图。图 11-7 所示为单电极回流式电解槽的结构示意图。槽内设置若干块隔板，多组阴、阳电极交替排列，构成许多折流式水流通道。电极板与总水流方向垂直，水流沿着极板间作折流运动，因此水流的流线长，接触时间长，死角少，离子能充分地向水中扩散，阳极钝化也较为缓慢。但这种槽型的施工、检修以及更换极板都比较困难。

（2）翻腾式电解槽

翻腾式电解槽［如图 11-6（b）所示］是废水处理中常采用的一种，它在平面上呈矩形，用隔板分成数段，每段中的水流方向与极板面平行，并以上下翻腾的方式流过各隔板。

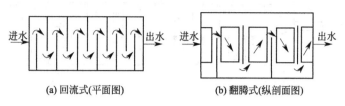

图 11-6 电解槽形式

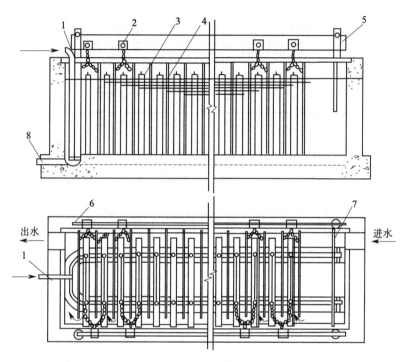

图 11-7 单电极回流式电解槽

1—压缩空气管；2—螺钉；3—阳极板；4—阴极板；5—母线；6—母线支座；7—水封板；8—排空阀

图 11-8 所示为翻腾式电解槽的结构示意图。由于水流在槽中极板间做上下翻腾流动，电极的利用率较高，施工、检修、更换极板都很方便。极板分组悬挂于槽中，极板（主要是阳极板）在电解消耗过程中不会引起变形，可避免极板与极板、极板与槽壁相互接触，减少了漏电的可能，因此实际生产中多采用这种槽型。但翻腾式电解槽的缺点是流线短，不利于离子的充分扩散，槽的容积利用系数低。

（3）竖流式电解槽

竖流式电解槽的水流在槽内呈竖向流动。根据水流在槽内的流动方向，可将其又分降流式（从上而下）和升流式（从下而上）两种。前者有利于泥渣的排除，但水流与沉积物同向运动，不利于离子的扩散，且槽内的死角较多。后者的水流与沉积物逆向接触，在固体颗粒周围形成无数细小湍流，有利于离子的扩散，改善了电极反应条件，电耗小。但竖流式电解槽的水流路径短，为增加水流路程需采用高度较大的极板，使池子的总高度增加。

按照极板电路的布置可分为单极式和双极式，如图 11-9 所示。单极式电解槽在生产上应用极少，因为可能由于极板腐蚀不均匀等原因造成相邻两极板接触，引起短路事故。双极式电解槽电路两端的极板为单电板，与电源相连。中间的极板都是感应双电极，即极板的一面为阳

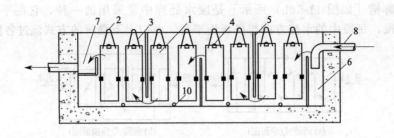

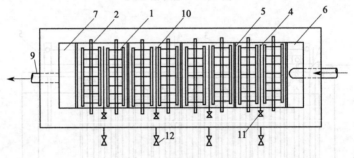

图 11-8 翻腾式电解槽

1—电极板；2—吊管；3—吊钩；4—固定卡；5—导流板；6—布水槽；7—集水槽；
8—进水管；9—出水管；10—空气管；11—空气阀；12—排空阀

极，另一面为阴极。在双极式电解槽中极板腐蚀较均匀，相邻极板相接触的机会少，即使接触也不致发生短路而引起事故。这样便于缩小极板间距，提高极板有效利用率，减少投资和节省运行费用等。

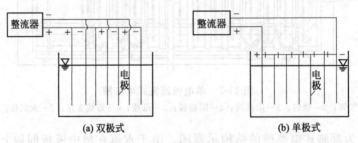

图 11-9 电解槽极板电路

电解槽极板间距的设计与多种因素有关，应综合考虑，一般为 30～40mm。间距过大则电压要求高，电损耗增大；间距过小，不仅材料用量大，而且安装不便。

电解槽电源的整流设备应根据电解所需的总电流和总电压进行选择。电解所需的电压和电流，既取决于电解反应，也取决于电极与电源的连接方式。

对单极式电解槽，当电极串联时，也可用高电压、小电流的电源设备，若电极并联，则要用低电压、大电流的电源设备。采用双级式电解槽仅两端的极板为单电板，与电源相连。中间的极板都是感应双电极，即极板的一面为阳极，另一面为阴极。双极式电解槽的槽电压决定于相邻两单电极的电位差和极板对的数目。电流强度决定于电流密度以及一个单电极（阴极或阳极）的表面积，与双电极的数目无关。因此，可采用高电压、小电流的电源设备，投资少。另外，在单极式电解槽中，有可能由于极板腐蚀不均匀等原因造成相邻两极板接触，引起短路事故。而在双极式电解槽中极板腐蚀较均匀，即使相邻极板发生接触，则变为一个双电极，也不会发生短路现象。因此采用双极式电极可缩小极间距，提高极板的有效利用率，降低造价和运行费用。

11.3.5 电解槽的工艺设计

电解槽的设计，主要是根据废水流量及污染物种类和浓度，合理选定极水比、极距、电流密度、电解时间等参数，从而确定电解槽的尺寸和整流器的容量。

（1）电解槽有效容积 V

$$V = \frac{QT}{60} \tag{11-20}$$

式中 Q——废水设计流量，m^3/h；

T——操作时间，min。

对连续式操作，T 即为电解时间 t，一般为 20～30min；对间歇操作，T 为轮换周期，包括注水时间、沉淀排空时间及电解时间 t，一般为 2～4h。

（2）阳极面积 A

阳极面积 A 可由选定的极水比和已求出的电解槽有效容积 V 推得，也可由选定的电流密度 i 和总电流 I 推得。

（3）电流 I

电流 I 应根据废水情况和要求的处理程度由试验确定。对含 Cr^{6+} 废水，也可用下式计算：

$$I = \frac{KQc}{S} \tag{11-21}$$

式中 K——每克 Cr^{6+} 还原为 Cr^{3+} 所需的电量，Ah/gCr（$1Ah=3600C$），一般为 4.5 Ah/gCr 左右；

c——废水含 Cr^{6+} 浓度，mg/L；

S——电极串联数，在数值上等于串联极板数减 1。

（4）电压 U

电解槽的槽电压 U 等于极间电压 U_1 和导线上的电压降 U_2 之和，即：

$$U = SU_1 + U_2 \tag{11-22}$$

式中 U_1——极间电压，一般为 3～7.5V，应根据试验确定；

U_2——导线上的电压降，一般为 1～2V。

选择整流设备时，电流和电压值应分别比设计值放大 30%～40%，用以补偿极板的钝化和腐蚀等原因引起的整流效率降低。

（5）电能消耗 N

$$N = \frac{UI}{1000Qe} \tag{11-23}$$

式中 e——整流器的效率，一般取 0.8 左右。

最后对设计的电解槽作核算，使

$$A_{实际} > A_{计算} \tag{11-24}$$

$$i_{实际} > i_{计算} \tag{11-25}$$

$$t_{实际} > t_{计算} \tag{11-26}$$

除此之外，设计时还应考虑如下问题：

① 电解槽的长宽比取（5～6）:1，深宽比取（1～1.5）:1。电解槽进出水端要有配水和稳流措施，以均匀布水并维持良好流态。

② 冰冻地区的电解槽应设在室内，其他地区可设在棚内。

③ 空气搅拌可减少浓差极化，防止槽内积泥，但增加 Fe^{2+} 的氧化，降低电解效率。因此空气量要适当，一般每立方米废水用空气量 0.1～0.3m^3/min。空气入池前要除油。

④ 阳极在氧化剂和电流的作用下，会形成一层致密的不活泼而又不溶解的钝化膜，使电阻和电耗增加。可以通过投加适量的 NaCl，增加水流速度或采用机械去膜以及电极定期（2d）换向等方法防止钝化。

⑤ 耗铁量主要与电解时间、pH 值、盐浓度和阳极电位有关，还与实际操作条件有关，如 i 太高，t 太短，均使耗铁量增加。电解槽停用时，要放清水浸泡，否则极板氧化加剧，增加耗铁量。

11.4 电解法在水处理中的应用

11.4.1 电解氧化法处理废水

电解氧化是指废水中的污染物在电解槽的阳极失去电子，发生氧化分解，或者发生二次反应，即电极反应产物与溶液中的某些成分相互作用，而转变为无害成分。前者是直接氧化，后者则为间接氧化。利用电解氧化可以处理阴离子污染物如 CN^-、$[Fe(CN)_6]^{3-}$、$[Cd(CN)_4]^{2-}$ 和有机物，如酚、微生物等。

适合电解法去除的无机污染物主要包括有毒重金属离子、有毒无机盐，如氰化物、硫氰酸盐、砷和耗氧无机物，如亚硫酸盐、硫化物、氨等。这些无机污染物往往在高浓度时对生物处理有毒性。

11.4.1.1 电解氧化法处理含氰废水

电镀等行业排出的含氰和重金属废水，按浓度不同可大致分为三大类：① 低氰废水，含 CN^- 低于 200mg/L；② 高氰废水，含 CN^- 200～1000mg/L；③ 老化液，含 CN^- 1000～10000mg/L。电解除氰一般采用石墨板作阳极，普通钢板作阴极，并用压缩空气搅拌。为提高废水的电导率，宜添加少量的食盐溶液。

电解氧化法处理氰化物有直接氧化和间接氧化两种方式，其优点是能减少氧化剂的用量，避免二次污染，并且可以同步回收溶解性金属离子。

（1）直接氧化

在阳极上发生直接氧化反应：

$$CN^- \xrightarrow{pH\geqslant 10} OCN^- \longrightarrow CO_2 + N_2 \tag{11-27}$$

（2）间接氧化

氰化物的间接氧化主要是通过媒质进行，如投加氯化钠后，Cl^- 在阳极放电产生氯气（Cl_2），Cl_2 水解生成次氯酸（HClO），HClO 电离产生的 ClO^- 能把氰化物（CN^-）氧化成为 CNO^-，最终氧化为 N_2 和 CO_2。若溶液碱性不强，将会生成中间态的 $CNCl$。间接氧化的速率比直接氧化的电极反应速率要快，而且运行费用较低。

在阴极析出 H_2 并有部分金属离子发生还原反应：

$$2H^+ \longrightarrow H_2 \tag{11-28}$$

$$Cu^{2+} \longrightarrow Cu \tag{11-29}$$

$$Ag^+ \longrightarrow Ag \tag{11-30}$$

电解条件由含氰浓度、氧化速率、电极材料等因素确定。能有效去除氰化物的电极材料包括铜电极、不锈钢电极、镀铂钛电极、镁和石墨电极。但这些电极易污染，污染后电极的氧化反应效率很低。早期的氰化物处理采用铜电极箱式电解器，运行温度很高，为 100℃，电流强度为 400A/m²，经处理后，能使初始浓度为 10000～20000mg/L 的氰化物降低到小于 1mg/L。但是电极的溶解速度很快。近年来，因镍作为阳极材料在碱性条件下有良好的抗腐蚀能力和高的电流效率而被广泛应用于氰化物的处理。

电解除氰有间歇式和连续式流程，前者适用于废水量小，含氰浓度大于 100mg/L，且水质水量变化较大的情况；反之，则采用连续式处理流程。连续式电解处理流程如图 11-10 所示。调节池和沉淀池的停留时间各为 $1.5\sim2.0\text{h}$。

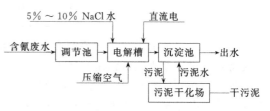

图 11-10　连续式电解处理流程

据国内一些实践经验，当采用翻腾式电解槽处理含氰废水，极板间距为 $18\sim20\text{mm}$，极水比为 $2.5\text{dm}^2/\text{L}$，电解时间为 $20\sim30\text{min}$，阳极电流密度为 $0.31\sim1.65\text{A/dm}^2$，食盐投加量为 $2\sim3\text{g/L}$，直流电压为 $3.7\sim7.5\text{V}$ 时，可使 CN^- 的浓度从 $25\sim100\text{mg/L}$ 降至 0.1mg/L 以下。当废水中的 CN^- 含量为 25mg/L 时，电耗约为 $1\sim2\text{kW}\cdot\text{h/m}^3$；当 CN^- 浓度为 100mg/L 时，电耗约为 $5\sim10\text{ kW}\cdot\text{h/m}^3$。

11.4.1.2　电解氧化法处理有机污染物

根据处理目的，电解处理有机物可分为两大类，一类是有机物完全分解，即彻底氧化为二氧化碳和水，这种过程可以通过直接氧化和间接氧化完成，但能耗较高，设备成本也较高；第二类是从经济角度考虑，只将难生物降解的有机污染物或毒性物质转化为可生物降解的物质，提高其可生化性，再通过后续的生物法将其去除。目前电解法处理有机污染物主要用在有生物毒性和难降解有机物的去除方面。

在处理染料和印染废水时，可以用不溶性阳极氧化。阳极的氧化能力与电极的材料有很大的关系，氧化镁、氧化钴、石墨等外加钛涂层都很有效。另外，通过投加氯化钠，产生的氯能起间接氧化作用，对含氮染料有很强的去除能力。也可以用溶解性阳极电凝聚。溶解性的阳极能形成有絮凝能力的氢氧化物，对染料颗粒起吸附沉淀作用。常用的溶解性阳极材料为钢。

此外，阴极可以直接还原染料达到脱色目的，这种还原效果比阳极氧化效果明显，但是此过程可能会产生胺类物质。

11.4.2　电解还原法处理无机污染物

电解还原主要用于处理阳离子污染物，如 Cr^{6+}、Hg^{2+} 等。目前在生产应用中，都是以铁板为电极，由于铁板溶解，金属离子在阴极还原沉积而回收除去。

电解还原法处理含铬废水常用翻腾式电解槽，电极采用铁电极。

在电解过程中，铁板阳极溶解产生亚铁离子：

$$\text{Fe}-2\text{e}=\text{Fe}^{2+} \tag{11-31}$$

亚铁离子是强还原剂，在酸性条件下，可将废水中的六价铬还原成三价铬：

$$\text{Cr}_2\text{O}_7^{2-}+6\text{Fe}^{2+}+14\text{H}^+=2\text{Cr}^{3+}+6\text{Fe}^{2+}+7\text{H}_2\text{O} \tag{11-32}$$

$$\text{CrO}_4^{2-}+3\text{Fe}^{2+}+8\text{H}^+=\text{Cr}^{3+}+3\text{Fe}^{3+}+4\text{H}_2\text{O} \tag{11-33}$$

从上述反应可知，还原 1 个六价铬离子，需要 3 个亚铁离子，理论上阳极铁板的消耗量应是被处理六价铬离子的 3.22 倍（质量比）。

在阴极，氢离子获得电子生成氢气：

$$2\text{H}^++2\text{e}=\text{H}_2\uparrow \tag{11-34}$$

此外，废水中的六价铬直接被还原成三价铬：

$$\text{Cr}_2\text{O}_7^{2-}+6\text{e}+14\text{H}^+=2\text{Cr}^{3+}+7\text{H}_2\text{O} \tag{11-35}$$

$$\text{CrO}_4^{2-}+3\text{e}+8\text{H}^+=\text{Cr}^{3+}+4\text{H}_2\text{O} \tag{11-36}$$

从上述反应可知，随着反应的进行，废水中的氢离子浓度因不断消耗而逐渐降低，使

OH⁻ 的浓度增高，废水的碱性逐渐增加，当其达到一定的浓度时，三价铬和三价铁便以氢氧化物的形式沉淀。反应方程式如下：

$$Cr^{3+} + 3OH^- === Cr(OH)_3 \downarrow \tag{11-37}$$

$$Fe^{3+} + 3OH^- === Fe(OH)_3 \downarrow \tag{11-38}$$

试验证明，电解时阳极溶解产生的亚铁离子是六价铬还原为三价铬的主要因素，而在阴极直接将六价铬还原为三价铬是次要的。

理论上还原 $1gCr^{6+}$ 需电量 3.09Ah，实际值约为 3.5～4.0Ah。电解过程中投加 NaCl 能增加溶液的电导率，减少电能消耗。但当采用小极距（<20mm）处理低铬废水（<50mg/L）时，可以不加 NaCl。采用双电极串联方法可以降低总电流，节约整流设备的投资。据国内某厂的经验，当极距为 20～30mm，极水比为 2～$3dm^2$/L，投加食盐 0.5～2.0g/L 时，将含铬 50mg/L 及 100mg/L 的废水处理到 0.5mg/L 以下时，电耗分别为 0.5～1.0 kW·h/m³ 及 1～2kW·h/m³。

利用电解法氧化还原上述废水，效果稳定可靠，操作管理简单，但需要消耗电能和钢材，运行费用较高。这是因为在电解过程中，阳极腐蚀严重，阳极附近消耗大量的 H^+，使 OH^- 的浓度变大，进而放电生成氧，它容易氧化铁板形成钝化膜，这种不溶性的钝化膜的主要成分为 $Fe_2O_3 \cdot FeO$，其反应式如下：

$$4OH^- - 4e === 2H_2O + O_2 \uparrow \tag{11-39}$$

$$3Fe + 2O_2 === FeO + Fe_2O_3 \tag{11-40}$$

上述两式的综合式为：

$$8OH^- + 3Fe - 8e === Fe_2O_3 \cdot FeO + 4H_2O \tag{11-41}$$

钝化膜的形成阻碍亚铁离子进入废水中，从而影响处理效果。因此，为了保证阳极的正常工作，应尽量减少阳极的钝化，其主要方法有：①定期用钢丝清洗电极；②定期交换使用阴、阳极，利用电解时阴极产生 H_2 的撕裂和还原作用，去除钝化膜；③投加 NaCl 电解质，不仅可以增加电导率、减少电耗，而且生成的氯气可以使钝化膜转化为可溶性的氯化铁，NaCl 的投加量一般为 0.5～2.0g/L。

为了加速电解反应，防止沉渣在电解槽中淤积，一般采用压缩空气搅拌。空气用量为 0.2～0.3m³/（min·m³ 水）。电解生成的含铬污泥含水率高，应在电解槽后设置沉渣和脱水干化设备。干化后的含铬沉渣应尽量综合利用，例如加工抛光石膏，作为铸石原料的附加料等。

电解法处理含铬废水的优点是：效果稳定可靠，操作管理简单，设备占地面积小。其缺点是：需要消耗电能，消耗钢材，运行费用较高，沉渣综合利用问题有待进一步研究解决。

图 11-11 所示为 HB 型含铬废水电解一元化处理装置的外形示意图。该装置主要由电解槽、沉淀槽、过滤槽、可控硅电源整流及控制器构成。阴、阳极均为普通钢板，在直流电的作用下，铁质阳极被溶解而产生的亚铁离子与废水中的 Cr^{6+} 发生还原反应，生成的氢氧化铬和氢氧化铁沉淀分离后，含铬废水即可达标排放。

HB 型含铬废水电解处理装置有两个特点：一是将电解、沉淀、过滤三道工序组成整体，使处理过程一体化；二是采用"小极距"电解槽，运行中无需投加食盐和压缩空气搅拌。处理后沉淀槽出水含悬浮物量一般可为 10～20mg/L，经过滤后可供一般生产使用。

HB 型含铬废水电解处理装置可用于中、小型电镀车间低浓度含铬废水的处理。对于含铬浓度大于 50mg/L 的废水，可采用加大电流或多台并联运行的方法。

采用 HB 型含铬废水电解处理装置处理时，进水中的 Cr^{6+} 浓度为 50mg/L，pH 值约为 4～6，处理后出水中的 Cr^{6+} 浓度为 0.1mg/L，处理液的 pH 值约为 4～6。

HB 型含铬废水电解处理装置的工作环境要求为：温度 -20～40℃，相对湿度≤85%，海拔≤100m，周围无强磁场及剧烈振动。在此环境下，HB 型含铬废水电解处理装置的电耗约

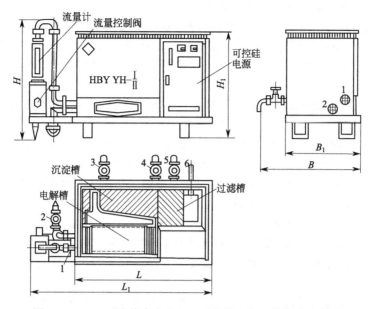

图 11-11　HB 型含铬废水电解一元化处理装置的外形示意图

1—废水进口；2—电解槽排泥阀；3—沉淀槽排泥电磁阀；4—沉淀槽排泥阀；5—过滤槽排泥阀；6—处理水排放阀

为 $1.0\mathrm{kW \cdot h/m^3}$ 废水。

HB 型含铬废水电解处理装置在安装时应注意如下几点：

① 设备应安放在室内，非冰冻地区在室外使用时应加装顶盖或棚罩。

② 处理设备的安放要水平，基础找正后应使设备的水平偏差不大于 $\pm 2\mathrm{mm}$。电解槽安放地坪应低于四周地面约 $100\mathrm{mm}$。

③ 电解槽、整流电源及水泵外壳应用铜线接地，接地线要安装正确，接地面积要充足。

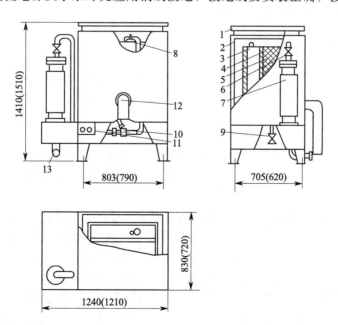

图 11-12　GJH 型含铬废水电解处理装置的示意图

1—顶盖；2—外壳；3—溶盐箱；4—电解槽；5—电极表；6—废水调节器；7—废水流量计；8—废水溶盐龙头；
9—排空阀；10—加盐水射器；11—接线柱；12—排水管 D_g50（塑料）；13—进水管 D_g32（塑料）

④ 连接管道一般可采用硬聚氯乙烯管子及管件。

图 11-12 所示为 GJH 型含铬废水电解处理装置的示意图。该装置由电解槽、可控硅整流器、水射器等组成。电解槽用普通碳钢板作电极。在直流电的作用下，铁质阳极被电解溶析，产生的亚铁离子与废水中的 Cr^{6+} 发生反应，生成氢氧化铬和氢氧化铁，经沉淀分离后废水即可达标排放。

GJH 型电解处理装置可用于电镀厂连续处理各种低浓度含铬废水，也可用于含铁氰化钾废水的处理。

采用 GJH 型电解处理装置处理时，进水中的 Cr^{6+} 浓度为 25～50mg/L，pH 值约为 4～6，处理后出水中的 Cr^{6+} 浓度≤0.5mg/L，处理液的 pH 值约为 6～8。

GJH 型电解处理装置的电解时间、电解流速和电解工作电压与电极材料有关。当采用钢板作电极时，电解时间为 3～6min，电解流速为 6.5～13m/h，电解工作电压为 80～150V；当采用碳钢切屑作为电极时，其电解时间为 3min，电解流速为 13m/h，电解工作电压为 120～150V。钢的消耗量为 0.18～0.35kg/m^3 废水。电解过程中食盐的投加量为 0.25～0.50kg/m^3 废水。

GJH 型电解处理装置的工作环境要求温度为 -20～40℃，相对湿度≤85%，无腐蚀性空气与爆炸尘埃。

GJH 型含铬废水电解处理的工艺流程如图 11-13 所示。处理装置在安装时需注意如下几点：

含铬废水 → 调节池 → 电解槽 → 沉淀池 → 清水排放

图 11-13　GJH 型含铬废水电解处理的工艺流程

① 处理设备应安装在室内，电解槽安放地坪应低于周围地面约 100mm。
② 安装电解槽的填充电极时，隔膜板一定要插到底。当填加碳钢切屑或废钢板时，必须采用防止隔膜板提起或变形的措施。隔膜板不允许有切屑相互搭接等短路现象。
③ 电解槽、整流电源外壳及水泵外壳应有铜线接地，接地面积分别为 6.0mm^2 和 1.0mm^2。
④ 连接管线宜采用硬聚氯乙烯管子及管件。

11.4.3　电解凝聚与电解气浮

采用铁、铝阳极电解时，在外电流和溶液的作用下，阳极溶解出 Fe^{3+}、Fe^{2+} 或 Al^{3+}，它们分别与溶液中的 OH^- 结合成不溶于水的 $Fe(OH)_3$、$Fe(OH)_2$、$Al(OH)_3$。这些微粒对水中胶体粒子的凝聚和吸附活性很强，利用这种凝聚作用处理废水中的有机或无机胶体的过程叫电解凝聚。

当电解槽的电压超过水的分解电压时，在阳极和阴极将产生 O_2 和 H_2，这些微气泡表面积很大，在其上升过程中易黏附废水中的胶体微粒、乳化油等共同上浮。这种过程叫电解气浮。

在采用可溶性阳极的电解槽中，电解凝聚和电解气浮作用是同时存在的。

利用电解凝聚和电解气浮可以处理多种含有机物、重金属的废水。表 11-1 列出了四种废水处理的工艺参数，制革废水和毛皮废水的处理效果见表 11-2。

表 11-1　电解凝聚法对各类废水处理的参数

污水来源	pH 值	电量消耗 /(A·h/L)	电流密度 /(A·min/dm²)	电能消耗 /(kW·h/m³)	电解电压 (单极式)/V	电极金属消耗/(g/m³)	电极材料	极距 /mm	电解时间/min
制革厂	8～10	0.3～0.8	0.5～1	1.5～3	3～5	250～700	钢板	20	20～25
毛皮厂	8～10	0.1～0.3	1～2	0.6～1.0	3～5	150～200	钢板	20	20
肉类加工厂	8～9	0.08～0.12	1.5～2.0	1～1.5	8～12	70～110	钢板	20	40
电镀厂	9～10.5	0.03～0.15	0.3～0.5	0.4～2.5	9～12	45～150	钢板	10	20～30

表 11-2　制革废水和毛皮废水的处理效果　　　　　　　　　　　　　mg/L

水质指标	制革工厂		毛皮工厂		水质指标	制革工厂		毛皮工厂	
	原水	净化水	原水	净化水		原水	净化水	原水	净化水
悬浮物质	800~2500	100~200	300~1500	100~200	表面活性剂	40~85	5~20	10~40	4~11
化学耗氧量	600~1500	350~800	700~2600	500~1500	Cr^{6+}	0.5~10	无	0.5~10	0.2~20
透明度	0~2	10~15	1~5	8~10	Cr^{3+}	30~60	0.5~10	—	—
硫化物	50~100	3~5	0.4~0.7						

肉类加工厂废水含油脂、悬浮物、COD分别平均为800mg/L、1100mg/L和960mg/L，经电解凝聚处理后，上述水质指标分别降低90%~95%、70%和70%。电镀废水经氧化、还原和中和处理后，再用电解凝聚作补充处理，可使各项指标均达到排放与回用标准。

11.4.3.1　铁屑内电解法处理电镀废水

铁屑内电解法处理电镀废水的方法是基于电化学原理：铁屑为铁碳合金，当其浸没在废水溶液中时，就构成一个完整的微电池回路，形成一个内部电解反应。当在铁屑中再加入惰性炭（如石墨、活性炭等）颗粒时，铁屑与炭颗粒接触，就形成大原电池，使得铁屑在受微电池腐蚀的基础上，又受到大原电池的腐蚀，这就加速了铁屑的腐蚀：

$$阳极：\qquad\qquad Fe-2e \longrightarrow Fe^{2+} \qquad\qquad (11\text{-}42)$$

$$阴极：\qquad\qquad 2H^+ + 2e \longrightarrow H_2 \uparrow \qquad\qquad (11\text{-}43)$$

$$有 O_2：\qquad\qquad O_2 + 4H^+ + 4e \longrightarrow 2H_2O \qquad\qquad (11\text{-}44)$$

$$O_2 + 2H_2O + 4e \longrightarrow 4OH^- \qquad\qquad (11\text{-}45)$$

因此用铁屑法处理电镀废水时，将产生下述作用机理。

（1）电场作用

电镀废水中的重金属胶体粒子和细小分散污染物受微电场的作用会产生电泳，向相反电荷的电极移动，并且积聚在电极上，形成大颗粒而除去。

（2）氢的氧化还原作用

从电极反应中得到的新生态氢具有较大的活性，能与电镀废水中的许多组分发生氧化还原作用，有利于废水中杂质的脱除。

（3）铁离子的混凝作用

从阳极得到的Fe^{2+}在有氧和碱性条件下会生成$Fe(OH)_3$，生成的$Fe(OH)_3$是胶体混凝剂。废水中的重金属离子及由微电解作用产生的不溶物可被其吸附凝聚。

（4）铁的还原作用

铁是活泼金属，在一定条件下，它使某些重金属离子被还原而去除。

铁屑内电解法电镀废水处理装置就是基于上述原理，主要用于处理电镀生产过程排放的含Cr^{6+}、Cu^{2+}、Ni^{2+}、Zn^{2+}、Pb^{2+}等废水和酸性、碱性废水，特别适于处理含铬及其他金属

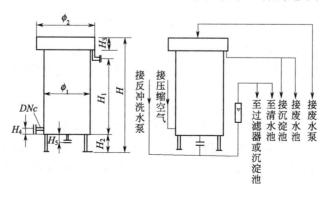

图 11-14　铁屑内电解法电镀废水处理装置的设备构造示意图

离子的综合性电镀废水。图 11-14 为铁屑内电解法电镀废水处理装置的设备构造示意图。

铁屑内电解法电镀废水处理装置在安装时应注意如下几点：

① 电镀废水处理装置一般应安放在室内，非冰冻地区安放在室外时应加装顶盖或棚罩。电解槽安放地坪应低于周围地面约 100mm。

② 处理装置安放应水平，基础找正后应使处理装置的水平偏差不大于 ±2mm。

③ 电解槽、整流电源外壳及水泵外壳应用铜线接地，接地线应安装正确，接地面积要充足。

④ 连接管路可采用硬聚氯乙烯管子和管件。

11.4.3.2 电解凝聚净水

电解凝聚是采用铝板作电极，当在阴、阳极之间加上直流电后，产生电化学反应：

阳极：铝以离子形态进入水中

$$Al - 3e \longrightarrow Al^{3+} \tag{11-46}$$

阴极：

$$O_2 + 2H_2O + 4e \longrightarrow 4OH^- \tag{11-47}$$

在 pH 值适宜的条件下，从阳极进入水中的 Al^{3+} 与水中迁回阳极的 OH^- 反应生成 $Al(OH)_3$：

$$Al^{3+} + 3OH^- \longrightarrow Al(OH)_3 \downarrow \tag{11-48}$$

带正电荷的氢氧化铝胶粒与水中失去稳定的胶体物、重金属离子等凝聚成较大的中性绒体，进而可沉淀分离，并在后续工序中得到去除。

电凝聚过程中，OH^- 向阳极迁移后，可部分失去电子生成 H_2O 和 $[O]$：

$$4OH^- - 4e \longrightarrow 2H_2O + 2[O] \tag{11-49}$$

新生态的 $[O]$ 会对水中的氰化物、氟化物、酚类、有机磷及铁、锰离子等产生氧化作用，并通过电化学沉淀将其除掉。

图 11-15 所示的 DNJ-S 型电解凝聚净水器就是基于上述原理工作的，该装置主要由电凝聚槽、反应槽、斜管沉降分离槽和过滤槽等组成。被处理水进入电凝聚槽后，水中杂质在电化学的作用下发生混凝、氧化、吸附、沉淀等反应，形成凝絮；凝絮水先后进入斜管沉降分离槽和过滤槽，水中的矾花和微细颗粒被去除，净化后的水进入净水池后流出。

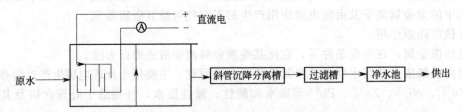

图 11-15 DNJ-S 型电解凝聚净水器工艺示意图

DNJ-S 型电解凝聚净水器可用于离子交换除盐工艺或电渗析工艺的预处理；生活饮用水的制备、脱色、除臭处理；纯净水的深度净化处理；各种工业废水的除油、除氟、除铬、除氧、除汞等的处理。

DNJ-S 型电解凝聚净水器在安装时应注意如下几点：

① DNJ-S 型电解凝聚净水器一般安放在室内，冬季应有防冻措施。

② 净水器安装应水平，基础找正后使净水器的水平偏差不大于 ±2mm。

③ 电解槽、整流电源外壳及水泵外壳应用铜线接地，接地线要安装正确，接地面积要充足。

④ 净水器进水管线、出水管线与净水器器体中心线应相互垂直，管线的水平偏差不大于

$\pm 2mm$。

11.4.4　电解消毒

电解消毒可以分为两大类：间接电解消毒和直接电解消毒。间接电解消毒是利用电解原理在消毒现场制造次氯酸钠或者氯气等消毒剂，然后投加于被消毒液体中，进行消毒。直接电解消毒将被消毒液体直接通过特定的电解消毒装置达到消毒目的。

（1）间接电解消毒

间接电解氯消毒通常现场利用海水或者特制的盐水生产次氯酸钠，电解反应如下：

阳极：

$$2Cl^- - 2e === Cl_2 \uparrow \tag{11-50}$$

阴极：

$$2H^+ + 2e === H_2 \uparrow \tag{11-51}$$

水解反应：

$$H_2O + Cl_2 === HClO + HCl \tag{11-52}$$

总反应：

$$NaCl + H_2O === NaClO + H_2 \uparrow \tag{11-53}$$

（2）直接电解消毒

直接电解消毒的作用机理目前还没有取得共识，综合起来有三种：①次氯酸杀菌，利用天然水体中都含有氯离子，电解反应能生成高效氯系消毒剂；②电场作用，能打破细胞膜，造成细胞水解死亡；③高效氧化剂消毒，电解过程阳极能生成高效的氧化剂，如游离自由基、过氧化物等。

11.5　电化学技术的发展方向

11.5.1　阳极材料

良好的电催化特性是指电极对所期望处理的有机物表现出高的反应速率和好的选择性。根据电催化氧化法处理废水的要求，阳极的组成、结构和应用性能是研究开发的关键。

（1）电极材料的开发

到目前为止，所研究的阳极主要有 Ti/SnO_2（Ti/SnO_2-Sb_2O_5）、Ti/PbO_2、Ta/PbO_2、Ti/Bi_2O_5-PbO_2、Ti/SnO_2-PdO-RuO_2-TiO_2、WO_x、BDD（Boron-doped diamond thin film electrode）、Pt/Ti、Pt、Au 以及石墨电极和玻碳电极。高氧超的 Ti/SnO_2（Ti/SnO_2-Sb_2O_5）、Ti/PbO_2、BDD 电极发展前景较好。

阳极性能与制备方法有关，电极的组成比例、颗粒尺寸、表面结构、比表面积、结合力等对阳极性能影响较大。电极涂层制备方法除了热氧化法、电镀法外，还有溅射高温分解技术、溶胶-凝胶法、电磁加热法等。

（2）电极结构的研究

电催化电极从结构上可分为二维电极和三维电极两大类。

二维电极应用最为广泛的是 DAS 类氧化物涂层电极。DAS 类电极的化学和电化学性质随着氧化物涂层的组成和制备方法而改变，可获得良好的稳定性和催化活性。但是，二维电极的有效面积小，传质效果不好，时空产率较低。因此，有人用拉伸的钛网作为电极的基体来解决这个问题。

三维电极是在二维电极之间装填粒状或其他形状的工作电极材料，致使装填电极表面带电，在工作电极材料表面发生电化学反应。由于电极面积较大，能以较低的电流密度提供较大的电流强度，且粒子间距小，传质过程得以极大改善，时空产率和电流效率大大提高，尤其对低电导率的废水，优势明显。

三维电极可分为固定床电极、流化床电极、多孔电极。目前在理论和应用方面的研究正在起步。从应用角度看，三维电极更具竞争力。

（3）电极应用性能

阳极性能对有机物氧化降解影响很大，如 Ti/PbO_2 阳极，在掺杂不同元素后，性能有很大改变，并且在不同介质中表现出不同的性能。这些性能的研究对阳极选择是至关重要的。

沉积铋的 PbO_2 阳极在含酚溶液中的主要氧化产物是 1，4-苯醌、马来酸和二氧化碳；用铅和铋的高氯酸盐制备的含铋 PbO_2 电极比仅用高氯酸盐制备的电极对酚的降解更有效，纯 PbO_2 电极效率最高。在碱性溶液中，Cl^- 对含铋 PbO_2 电极和纯 PbO_2 电极氧化性能的影响很大。

BDD 电极在酸性介质中对酚的电化学氧化研究结果表明，小于水的分解电位时（$E<1.23V$）在 BDD 电极表面上发生直接电子转移反应，但在电极表面上形成聚合物膜导致电极污染。大于水的分解电位（$E>1.23V$）时电解，通过电生成活性中间体，可能是羟基自由基，发生间接电氧化，可避免电极的污染。降解产物与酚的浓度、电流强度有关。

11.5.2 电化学反应器

因为废水处理往往涉及到稀溶液，有机污染物含量少，废水电导率低，因此如何提高传质效果和电流效率、开发高效的电化学反应器是一个非常紧迫的问题。

传统的电解反应器采用的是二维平板电极，这种反应器的有效电极面积较小，传质问题不能很好解决，不能满足工业应用的要求。三维电极与传统的二维电极相比，能够提高单位体积的有效反应面积，并且因粒子间距小而增大物质传递速度，提高电流效率和时空产率。因此，长期以来用于废水处理的电化学反应器的研究主要集中在三维电极上，先后出现了填充床、流化床、固定床、喷淋床、旋转桶、网状玻碳、网状金属、喷射循环等多种电化学反应器体系。三维电极处理重金属离子废水虽然是一项较为成熟的技术，但三维电极电化学反应器用于有机废水的处理还有许多亟待解决的理论和工程问题。在基础理论研究方面，尽管在电化学反应器模型化、电解槽性能以及应用方面取得了相当进展，但在原子、分子水平上的研究，尤其关于电极表面实际反应历程、反应动力学缺乏深入研究；在工程方面，存在着床内电流电位分布不均和电导率低的问题。床内电流电位分布不均有可能导致反应器的局部区域出现死区或者出现副反应，低电导率需要向体系投加电解质导致操作费用高。由此可见，三维电极反应器要应用于有机废水的处理，就必须运用现代方法和手段深入研究电极表面的物理化学反应历程，在翔实的试验数据基础上建立三维电极反应过程的理论模型，设计科学而紧凑的床体结构，优化各项操作参数，改进填料、接电方式等。

在上述背景下，随着扩散阳极、多孔电极的开发，使用于废水处理的新型电化学反应器的开发取得了进展，这些电极的应用改善了反应器的传质性能，人们开始重新重视传统的滤压式电解槽。滤压式电解槽是最重要的电化学反应器之一，它具有许多优点：①组件可靠性强，结构简单，易规模化；②电位分布均匀；③可单极式和复极式连接，可安装某些片状立体电极（可方便地使用多种催化涂层电极）、湍流促进器、折流板；④容易操作、维护费用低，气体容易排出，温度和流量容易控制；⑤应用广，可用于许多不同的工艺过程，适用于实验室、中试和工业化规模。关于其特性研究不仅具有重要的实际意义，而且也具有十分重要的科学意义。

11.5.3 电化学组合工艺

由于有机废水的复杂性，不可能用单一方法完全处理废水，必须多种方法相结合。例如，电催化氧化法可以很好地降解苯酚污染物，但是酚完全矿化为水和 CO_2 需要 24 年，需消耗大量电能。如果将酚部分氧化，转化为可以被生物法处理的中间产物，就可以降低能耗，如电化学-生化组合工艺。

$$不可生物降解物质 \xrightarrow{\text{电化学转化}} 可生物降解物质 \xrightarrow{\text{生物降解}} CO_2＋生物物质$$

印染废水的特点是水量大、色度深、碱度高，水质复杂多变。近年来，由于化纤织物及印染后整理技术的进步，使聚乙烯醇（PVA）浆料、新型助剂等难生物降解有机物大量进入印染废水中，导致印染废水的可生化性很差，传统的生物处理技术只能有限度地去除印染废水的 COD 和色度，化学混凝法由于较高的运行费用（混凝剂）而在印染废水处理中的应用受到限制。电化学氧化法在处理印染废水方面表现出了突出的优势，但是印染废水中高浓度的悬浮物和胶质固体可以阻止电化学反应，因此这些成分必须在电化学氧化之前除去。考虑到印染废水污染物浓度高，仅用电化学氧化法将消耗大量电能，所以处理印染废水的最佳方案是电化学组合工艺。Kim 等设计的流化床生物膜-化学絮凝-电化学氧化组合工艺，COD 的去除率可达到 95.4%，色度去除率达 98.5%。此外，单元过程的不同组合方式和不同的组合工艺都会影响废水的处理效果。目前，生物和电化学组合工艺已经成为处理复杂难处理废水技术中的一个热点。

11.5.4 生物膜电极

生物膜电极法是近年来发展起来的一项新型水处理技术，具有处理费用低、去除率高、效果稳定、易控制等优点。1988 年，Fuchs 等将生物膜法与电化学法相结合，应用于反硝化脱氮，使废水中的 NH_4^+ 在亚硝化细菌的作用下转化为 NO_2^-，再经电解转化为 N_2。1992 年，Mellor 等首次提出电极-生物膜反应器的概念，将 NO_3^-、NO_2^-、N_2O 还原酶与藏红 T 等具有电子传递能力的染料基质混合后涂布在阴极表面，制成生物膜电极。Sakakibaro 等将脱氮细菌固定在阴极表面，对地面水和饮用水中低浓度硝酸盐进行处理，取得了较好的效果。此后，在生物膜电极的制备、反硝化机理、反硝化工艺条件、反应器结构设计等方面取得了一系列进展。

国内生物膜电极法的研究起步较晚，主要集中在微污染原水脱氮处理工艺和生物膜电极反应器方面。彭永臻等提出了生物膜电极法工艺的过程控制方法和在线模糊控制系统，并系统地介绍了生物膜电极脱氮法模糊控制器的设计及其计算机算法。曲久辉等研究了一种电化学与生物膜集成的固定床-微电解反应器，开发了以无烟煤和颗粒活性炭为介质的复合三维电极-生物膜反应器脱除饮用水中硝酸盐的工艺。

1997 年，Kuroda 等发现，细菌在进行反硝化的同时，以溶液中的有机物作为碳源，可同时除去溶液中的 COD，表明生物膜电极反硝化法具有处理含氮有机废水的可能。近年来，生物膜电极法在污水处理领域取得了令人鼓舞的结果，可用于处理含有硝酸盐和铜离子的废水体系、含 Cr^{3+} 有机废水、高浓度苯胺废水。Lin 等利用电化学氧化和生物膜电极法处理香兰素废水取得了良好效果。

然而，上述的所有废水处理方法都是以生物膜电极反硝化原理为基础，即通过电化学方法在阴极上产生氢气，供阴极上生长的生物膜或固定的反硝化菌作电子供体，在自养的条件下进行生物反硝化。这表明在生物膜电极的应用研究中，目前仅限于含氮废水，对于非含氮废水的体系还没有涉足。从阳极氧化角度来看，充分利用阳极的有机污染物的氧化降解作用，将大大拓宽生物膜电极法的应用范围，这将是生物膜电极技术的重要发展方向。

参 考 文 献

[1] 张晓键，黄霞. 水与废水物化处理的原理与工艺 [M]. 北京：清华大学出版社，2011.

[2] 唐受印，戴友芝. 水处理工程师手册. 北京：化学工业出版社，2001.

[3] 王郁，林逢凯. 水污染控制工程 [M]. 北京：化学工业出版社，2008.

[4] 孙德智，于秀娟，冯玉杰. 环境工程中的高级氧化技术 [M]. 北京：化学工业出版社，2002.

第12章

光化学氧化

光化学反应是指在光或波的作用下进行的化学反应，物质（原子、分子、离子）的基态吸收光子形成激发态，之后发生化学变化到稳定的状态或者变成引发热反应的中间化学产物。根据所用媒介的不同，水处理中的光化学反应可分为光化学氧化和超声氧化。

1972 年 Fujishima 和 Hondia 发现光照的 TiO_2 单晶电极能分解水，引起科技工作者对光诱导氧化还原反应的兴趣，由此推动了有机物和无机物光化学氧化还原反应的发展。

12.1 光化学氧化的机理

光化学氧化又称紫外光催化氧化，是将紫外光辐射（UV）和氧化剂（如臭氧或过氧化氢等）结合使用的方法，在紫外线的照射下使污染物氧化分解，从而实现污水的处理。在紫外光的激发下，氧化剂光分解产生氧化能力更强的自由基（如羟基自由基·OH），从而可以氧化许多单用氧化剂无法分解的难降解有机物。紫外光和氧化剂的共同作用使得光化学氧化无论在氧化能力还是反应速率上，都远远超过单纯使用氧化剂。光化学氧化利用光诱导产生羟基自由基·OH，既可成功用于高浓度难降解有机污染物的降解，也可应用于水中微污染物的去除以及细菌和病毒的灭活，是近年来水处理工程中关注较多的一种新型高级氧化工艺。利用光化学反应治理污染物，包括无催化剂和有催化剂参与的光化学氧化，前者往往利用臭氧和过氧化氢等作为氧化剂，在紫外光的照射下使污染物分解成无害的无机物；后者又称为光催化氧化反应。

12.1.1 光化学氧化的特点

光化学氧化是通过氧化剂在光的辐射下产生氧化能力较强的羟基自由基（·OH）进行的。与其他氧化方法相比，光化学氧化技术具有如下特点。

① 氧化能力强，因为反应过程中产生大量的羟基自由基，对有机物的降解速率快，而且对许多难降解有机物的矿化效果好；

② 光化学氧化的反应条件对温度、压力没有特别要求；

③ 利用光照射可以加强某些氧化剂的氧化能力；

④ 通常不产生二次污染；

⑤ 工艺简单，操作方便；

⑥ 投资大，适于小规模深度处理；

⑦ 作为生物处理技术的前处理，可大大提高难生物降解废水的可生化性。

根据氧化剂的种类不同，光化学氧化系统主要有 UV/O_3、UV/H_2O 及 $UV/H_2O_2/O_3$ 等系统。

12. 1. 2 羟基自由基的性质

羟基自由基具有如下性质：

① 羟基自由基是一种很强的氧化剂，其标准氧化还原电势 $E^\ominus$ 为 2.80V，在常见的氧化剂中仅次于氟（$E^\ominus$ 为 3.06V）；

② 羟基自由基具有较高的电负性或亲电性，其电子亲和能为 569.3kJ，容易进攻高电子云密度点，因此羟基自由基的进攻具有一定的选择性；

③ 羟基自由基还具有加成作用，当有碳碳双键存在时，除非被进攻的分子具有高度活性的碳氢键，否则，将发生加成反应。

由于以上性质，利用羟基自由基进行废水处理时有以下特点：

① 羟基自由基是高级氧化过程的中间产物，作为引发剂诱发后面的链反应，对难降解的有机物质特别适用；

② 羟基自由基能够有选择地与废水中的污染物发生反应；

③ 羟基自由基氧化反应条件温和，容易得到应用。

12. 1. 3 光化学氧化的基本原理

（1）光氧化机理

水中很多有机物可通过直接吸收光而变为激发态分子，也可直接与 O_2 作用或裂解成自由基再与 O_2 作用，这种氧化称为光氧化作用。光氧化与化学氧化的主要区别是，光氧化速率决定于有机物对光的吸收系数、量子产率及光通量的大小，而化学氧化的速率决定于氧化剂或自由基（如 $RO_2\cdot$、$\cdot OH$、O_3）的浓度。水中有机物的光氧化过程常涉及 O_2 分子的参加。由光诱导有机物分子产生自由基则是光氧化最简单的机理之一。在某些反应中涉及三线态氧（$^3O_2$）或自由基负离子（$O_2^-\cdot$）参加的复杂途径。

对光氧化机理尚不完全清楚，只有那些涉及到第一步生成自由基的机理比较清楚，如丙酮和乙醛在阳光作用下可进行 C—C 键的 α—断裂形成自由基对，即：

$$R_1C(O)R_2 \xrightarrow{h\nu} R_1C(O)\cdot + R_2\cdot \tag{12-1}$$

$$RH \xrightarrow{h\nu} R\cdot + H\cdot \tag{12-2}$$

$$R\cdot + O_2 \longrightarrow ROO\cdot \tag{12-3}$$

$$ROO\cdot + RH \longrightarrow ROOH + R\cdot \tag{12-4}$$

$$ROOH \longrightarrow RO\cdot + \cdot OH \tag{12-5}$$

$$RO\cdot + RH \longrightarrow ROH + R\cdot \tag{12-6}$$

$$\cdot OH + R \longrightarrow R\cdot + H_2O \tag{12-7}$$

后继的反应途径为自由基与 O_2 结合形成 $RO_2\cdot$，不再直接受光影响。在上式中如 R_1 或 R_2 为芳香烃或—CHO（醛类），则首先在 C—烷基断裂。其他如亚硝酸酯、烷基卤化物及酰基卤化物也可以断裂形成双自由基，只有氟化物和偶氮链烷除外。

有些光氧化过程明显涉及到三线态氧与有机物的激发三线态作用形成相应的单线态氧（猝灭作用），或者形成一中间的过氧自由基。

酚盐和芳基羧酸盐的阴离子受光激发后可将电子转移给氧而形成自由基，以后自由基再继续氧化下去。如萘乙酸和氯苯氧基乙酸盐溶液直接受波长在 300nm 以下的光照射后的反应如下：

$$ArCH_2CO_2^- \longrightarrow ArCH_2CO_2^{-*} \tag{12-8}$$

$$O_2 + ArCH_2CO_2^{-*} \longrightarrow ArCH_2CO_2 \cdot + \cdot O_2^- \tag{12-9}$$

$$ArCH_2CO_2 \cdot \longrightarrow ArCH_2 \cdot + CO_2 \tag{12-10}$$

$$O_2 + ArCH_2 \cdot \longrightarrow ArCHOH \longrightarrow Ar \cdot + CH_2O \tag{12-11}$$

式中　Ar——萘基或氯苯氧基。

（2）光激发氧化

有机物分子吸收紫外光或可见光，其低能轨道的电子向高能轨道跃迁而成为激发态分子。有机物主要有三种类型的价电子，即 σ 键电子、π 键电子和 n 电子。由于有机物结构不同，所含的价电子类型也不同，从而产生的电子跃迁类型也不同。①饱和烃类分子中只有 σ 键电子，只能产生 $\sigma \rightarrow \sigma^*$ 跃迁，所需吸收峰波长在 150nm 以下；②不饱和烃类分子中既有 σ 键电子，又有 π 键电子，可能发生 $\pi \rightarrow \pi^*$（孤立双键吸收峰波长 200nm）及 $\pi \rightarrow \sigma^*$（吸收峰波长 200~400nm）跃迁，也可能发生 $\sigma \rightarrow \pi^*$ 及 $\sigma \rightarrow \sigma^*$ 跃迁；③各杂原子的有机物分子上有未成键电子（n 电子），容易发生 $n \rightarrow \sigma^*$（吸收峰波长 200nm）及 $n \rightarrow \pi^*$（吸收峰波长 200~400nm）跃迁；④多个双键共轭时，吸收峰波长增大。

在光激发氧化工艺中采用的紫外光波长为 200~400nm，所以只有产生 $\pi \rightarrow \pi^*$ 及 $n \rightarrow \pi^*$ 跃迁的有机物才能有较好的光激发氧化效果。氯苯、五氯酚、六氯苯既有杂原子 Cl，又有共轭双键，可同时产生这两类跃迁；甲苯、乙苯、二甲苯、苯酚、苯胺等上有共轭双键和助色团，则比苯更易激发。

激发分子键长变大、键能减小，键角、极化率、偶极距和酸碱性都发生变化。

（3）光催化氧化

光催化氧化是在水中加入一定量的半导体催化剂（TiO_2 或 CdS），催化剂在紫外光的辐照下产生自由基，氧化有机物。其过程如图 12-1 所示。

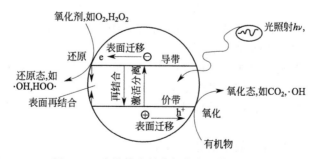

图 12-1　半导体光催化氧化有机物示意图

（4）光敏化氧化

某种物质 M 在某一波长光的照射下往往不起光化学反应，但如果加入另一种物质 S，则 M 可发生反应，称 S 为光敏化剂。S 首先吸收光能而激发，再将激发能量传递给 M 或氧，使 M 起反应；或者 S 吸收光能后，发生光化学反应生成自由基，自由基再与 M 作用，还原成敏化剂。

很多废水中有机物吸收可见光后并不能降解，可是当有敏化剂（如染料）存在时，染料吸收可见光导致有机物氧化、分解。

在光敏化过程中，敏化剂染料吸收可见光后首先跃迁到单线态激发态（^{1}Sense），再通过系间窜越转变到三线态激发态（^{3}Sense）。由于三线态寿命较单线态长，因此，敏化剂吸光后，三线态激发态是其最初产物。除了少数例外，光敏化氧化过程是通过三线态敏化剂进行的。最有效的敏化剂是那些量子产率高、寿命长的三线态。很多染料（亚甲蓝、孟加拉红、曙红）、颜料（叶绿素、血卟啉、核黄素）和芳香族烃类化合物（红萤烯和某些蒽类）都是有效的敏化剂。这些化合物大多数吸收可见光或近紫外光，所以对阳光敏化氧化是有效的。

12.2 光化学氧化系统

提高光化学氧化系统对污染物的去除能力主要表现在光源、水的光吸收系数、光学材料的应用以及反应器结构的改进三方面。

12.2.1 光源

光源在物理学上指能发出一定波长范围的电磁波（包括可见光和紫外线、红外线和 X 光等不可见光）的物体，又称发光体。光是由于处在激发态的原子或分子失活产生的，物质在从激发态到基态的电子转移过程中伴随着光的产生。根据获得激发态的途径不同，光源可分为四种不同的类型：弧光灯、白炽灯、荧光灯和激光。

弧光灯通过电极两端放电激活灯内的气体，气体原子通过与电弧自由电子的碰撞得到激发；白炽灯是通过灯丝通以电流被加热到一个很高的温度，产生热量来供给激发；荧光灯是通过气相放电提供能量使置于管壁上的荧光物质被激发；激光是一束有很高光强和很好方向性的连续光。

在光化学氧化中用得最多的是弧光灯和荧光灯，它们的功率在 $10 \sim 60000$W 之间。汞弧光灯（即汞灯）是光化学反应中应用最多的光源，其在不同光谱段光线的相对强度由汞原子蒸气压力决定。根据蒸气压力的不同，汞灯可分为低压型、中压型和高压型三种类型。低压汞灯的汞蒸气压力为 $1.33 \sim 133.322$Pa，大部分发光区域集中在 253.7nm 处，少量在 184.9nm 处，最佳操作温度为 40℃；中压汞灯的汞蒸气压力为 $0.1 \sim 1.01325$MPa，可在紫外区和可见光区域发射一系列的光谱，辐射的主要波长是 265.4nm、310nm、365nm，操作前要预热；高压汞灯的汞蒸气压力达 20MPa，辐射连续谱线。

紫外灯管除了由石英玻璃制成并且在管内表面涂无磷涂层外，与荧光灯管类似，管内充以汞蒸气和氩。中高压紫外灯可在较高温度下运行（>500℃），一般采用石英玻璃或聚四氟乙烯等将灯管和水流隔开，但当灯管温度过高时，会使最靠近灯管的石英玻璃或聚四氟乙烯表面结垢而污染。

除汞灯外，还有高压氙灯、低压钠灯和镉灯等。

灯管点燃功率与周围介质温度有密切关系，通常把灯管安置于石英套管内，灯管与石英套管间留有环状空气层，既可散热，又可避免低温介质温度的影响。

12.2.2 水的紫外光吸收系数和穿透深度

紫外线的穿透能力较低，当一束平行的紫外光透过水溶液时，由于水的吸收，辐射强度随辐射距离的增大而下降。吸收系数可实测或按比尔-朗伯定律计算：

$$I_1 = I_0 \times 10^{-\alpha z} \qquad (12\text{-}12)$$

式中 I_0——光源强度，$\mu W/cm^2$；

$\quad I_1$——距离（z）处测定的光强度，$\mu W/cm^2$；

$\quad \alpha$——水的吸收系数，cm^{-1}。

紫外光在水中透射时，受水质和水深两个因素的影响。水中的 SS 能散射紫外光而降低光强度。因此，一般要求原水色度<15 度，浊度<5 度，总铁<0.3mg/L。不同水质下紫外线的穿透深度如表 12-1 所示。

表 12-1 254mm 处标准水质数据的比较

水 样	吸收系数 /cm^{-1}	下列水深时的透射率/%			有效穿透深度 /cm
		100mm	50mm	10mm	
蒸馏水	0.000	100	100	100	∞
	0.005	90	94.8	99.0	217
	0.010	80	89.4	97.8	103
	0.016	70	83.7	96.5	65
	0.022	60	77.4	95.0	45
	0.030	50	70.7	93.3	33
	0.040	40	63.2	91.2	25
	0.052	30	54.4	88.7	19
	0.070	20	44.7	85.1	14
给水管中的自来水	0.100	10	31.6	79.4	10
污水厂二级出水	0.2~0.3				3.3~2.5

12.2.3 光强度和剂量

灯管的光强度取决于灯的大小和输出功率。某系统输入为 36W，但平均输出光强度为 10.4W。灯管表面处的光强度可按有效弧长计算。长度为 914mm 的灯管，其有效弧长约为 813nm，直径为 19mm。将灯管表面输出功率 10.4W 除以灯管的有效表面积得 $I_0 = 21430\mu W/cm^2$。

UV 剂量的含义为一定时间内作用于单位面积上的能量，等于光强度与辐照时间（即水从反应器一端流到另一端的时间）的乘积。试验表明，纯水杀菌所需的剂量大多在 6000～13000$\mu W \cdot s/cm^2$，美国曾规定不小于 16000$\mu W \cdot s/cm^2$。如按最远点的剂量为 16000$\mu W \cdot s/cm^2$ 计算，当采用 36W 灯管，90%UV 吸收系数为 0.2cm^{-1} 时，环形水层的厚度为 5cm。

12.2.4 光学材料的应用

位于光路上的反应器壁必须能透过辐射反应物所选择的波长，因此，器壁和灯的冷却套管必须采用合适的玻璃制造，如对于紫外光，石英的透光性比普通玻璃要好。为了获得所需波长的狭窄光，在光源和辐照物间设滤波器。

利用滤光玻璃作为滤光器，可以得到特定波长的光。用窗玻璃或 2mm 厚的 Pyrex 化学玻璃滤波，可得波长大于 300nm 的光；用 10mm 厚的石英玻璃或 Corning9863 玻璃滤波，可得波长为 200～300nm 的光；用 10mm 厚的 Suprasil 玻璃滤波，可得波长为 184.9nm 的光。

为了充分利用反射光线，可在反应器外壁附上铝箔或利用银沉积形成的银镜。随着光学制造技术的完善，各类光学材料广泛应用于反应器设计上，以提高辐射效率。

12.2.5 光化学反应器

最简单的光化学反应器就是把一只灯管浸没到普通反应器中的混合液里，称之为浸没式光化学反应器。但是这种反应器存在严重的缺点，没有充分考虑光效率、灯管外壁沉淀等问题。

光化学反应器的设计首先需要考虑如何提高光效率。由于光化学反应仅在吸收了光的那部分体积中发生，增加有效反应体积可以提高光效率。同时，将灯管和反应液体隔离的器壁会产生沉淀（结膜），减弱进而阻止对反应混合物的辐射，因此需要考虑清洗或减少沉淀。

光化学反应器中光源可以包围反应器，也可以反应器包围光源，根据几何光学的折射原理可以制造出各种高效反应器。目前主要应用的有以下几种：

（1）矩形光化学反应器

矩形光化学反应器如图 12-2 所示，反应器的一个平面用一个管状光源照射，在其后面放置了一个抛物线式的反射器。

（2）辐射网式光化学反应器

如图 12-3 所示，圆柱形反应器处于辐射场的中央，辐射场由安装了适当反射器的 2～16 只灯的一个环形装置产生。

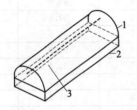

图 12-2　具有抛物面形反射器的矩形光化学反应器

1—抛物面反射器；2—反应器；3—光源

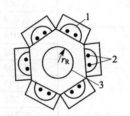

图 12-3　辐射网式光化学反应器截面图

1—抛物面镜；2—光源；3—圆柱形反应器

（3）液膜光化学反应器

如图 12-4 所示，光源置于反应器的中央，反应混合物从一个倒转的浸没式反应器顶部扩散进去，并在反应器外壁的内表面形成液相降膜，这样反应溶液和隔离灯管的器壁不直接接触，不会产生沉淀。

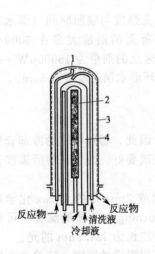

图 12-4　液膜光化学反应器

1—液体分布器；2—光源；
3—降膜；4—冷却液

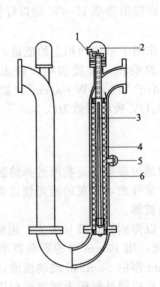

图 12-5　环形内管式 UV 装置

1—塞头；2—保护罩；3—UV 灯；
4—石英套管；5—光电管；6—反应器

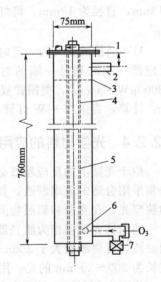

图 12-6　UV/O₃ 氧化试验反应器

1—进水口；2—尾气出口；3—水位线；
4—40W 紫外灯管；5—石英套管；
6—多孔管；7—排水或取样口

水处理用光氧化反应器有两种基本形式，即环形内管式（如图 12-5 所示）和同轴外管式

（如图 12-6 所示）。反应器可以用不锈钢或硬质玻璃制成，反射面应有很高的光洁度。壳体及套管应满足承压要求。

反应器中的水力条件应尽量接近于推流，灯管与水流方向平行布置，管长与水力半径之比宜大于 50。纵向分散会引起短流，使有机物或微生物得不到最小 UV 剂量。

12.3　光化学氧化与其他工艺的组合

单纯用光化学氧化来处理水，由于量子产率不高，处理效率低，设备投资大，运行费用高。为了加速光解速率和提高量子产率，常加入氧化剂。研究表明，紫外光能强烈地加速水中氯气对淀粉和其他有机物的氧化速率。目前的工业应用中，一般都是将光化学氧化与其他氧化剂氧化工艺组合使用。

12.3.1　UV/O$_3$ 氧化反应

臭氧长期以来就被认为是一种有效的氧化剂和消毒剂。J. Hoigne 认为，臭氧与水中溶质的反应类型有两种，即臭氧的直接氧化与臭氧分解形成的自由基型链式反应。

水中的腐殖酸和优先污染物，单独采用 O$_3$ 难以氧化，用 UV 可以强化臭氧的氧化能力。此过程的光的作用可认为有两个：一是，光照射能激发臭氧的活性，或是污染组分经光解后的物质变得容易氧化，但由于各种物质对光的敏感性和光分解程度不一，所以这方面的作用不具一般性，只在特殊条件下对特定的物质有效；二是，光的作用是激发臭氧分解成活性更强的氧化剂，这一作用具有一般性。

12.3.1.1　反应机理

UV/O$_3$ 是将臭氧和紫外光辐射相结合的一种高级氧化过程，它的降解效果比单独使用 UV 或 O$_3$ 都要高，不仅能对有毒的难降解的有机物、细菌、病毒进行有效的氧化和降解，而且还可以用于造纸工业漂白废水的脱色。这是由于紫外光的照射会加速臭氧的分解，从而提高羟基自由基·OH 的产率，而·OH 是比 O$_3$ 更强的氧化剂，因此使水处理效率提高，并且能氧化一些臭氧不能直接氧化的有机物。同时，已有的研究表明，UV/O$_3$ 工艺对饮用水中的三氯甲烷、四氯化碳、芳香族化合物、氯苯类化合物、五氯苯酚等有机污染物也有良好的去除效果。

Glaze 曾指出，当紫外光与臭氧协同作用时，存在额外的高能量输入，当紫外光波长为 180～400nm 时，能提供 300～648kJ/mol 的能量，足够从 O$_3$ 中产生更多的氧化自由基，同时能从反应物和一系列中间产物中产生活化态物质和自由基。

UV/O$_3$ 氧化过程涉及 O$_3$ 的直接氧化和·OH 的氧化作用。Glaze 等提出臭氧的光分解产生羟基自由基·OH 的机理如下：

$$O_3 + UV(或\ h\nu, \lambda < 310nm) \longrightarrow O_2 + O(^1D) \tag{12-13}$$

$$O(^1D) + H_2O \longrightarrow \cdot OH + \cdot OH(湿空气中) \tag{12-14}$$

$$O(^1D) + H_2O \longrightarrow \cdot OH + \cdot OH \longrightarrow H_2O_2(水中) \tag{12-15}$$

尽管现在还不能完全确定 UV/O$_3$ 氧化过程的反应机理，但大多数学者认为：H$_2$O$_2$ 实际上是臭氧光降解的首要产物，由 UV/O$_3$ 过程产生的羟基自由基·OH 与水中的有机物发生反应，逐渐将有机物降解。按照这一理论计算，1mol 的臭氧在紫外光照射下可产生 2mol 的·OH。

臭氧在水中的低溶解度及其相应的传质限制是 UV/O$_3$ 技术发展的主要问题，现有研究大多采用搅拌式的光化学氧化反应器、管状或内圈的光化学氧化反应器来提高传递速率。此外，影响 UV/O$_3$ 反应效果的因素还有：

(1) 光照

臭氧对波长为 253.7nm 的光的吸收系数最大，随着光强的提高，能极大提高反应速率并减少反应时间。

(2) pH 值

在 pH＞6.0 时，臭氧主要以间接反应为主，即以产生的·OH 作为主要氧化剂，能具有更快的反应速率。

(3) 无机物

碳酸盐是自由基的捕获剂，大量存在会严重阻碍氧化反应的进行。

(4) 臭氧投加量

对于不同水质的废水，选择适当的 O$_3$ 投加量，既可避免 O$_3$ 受紫外光辐射分解而降低 O$_3$ 利用率，还可以取得较好的处理效果，降低成本。

12.3.1.2 研究与应用

自 Prengle 等于 20 世纪 70 年代初发现 UV/O$_3$ 工艺可显著加速降解速率开始，人们对光氧化技术进行了大量的研究。M. Cristina Yeber 等采用高级光化学氧化工艺处理造纸难降解废水，发现 UV/O$_3$ 系统可显著提高废水的可生化性，采用活性污泥法进行后续处理可明显提高废水中 COD 和 TOC 的去除率。A. Wenzel 等采用膜式光化学反应器处理垃圾渗滤液，发现 UV/O$_3$ 工艺可有效去除垃圾渗滤液中的难降解污染物，有机物和苯酚的去除率接近 100％，联苯类物质的去除率为 23％～96％，二噁英的去除率高于 74％。吉林化工学院对含多环芳烃（PAH）的焦化废水进行了 UV/O$_3$ 工艺处理研究，在最佳条件下，出水的 COD 值低于 100mg/L，PAH 全部去除。Y. H. Chen 等的研究结果表明，UV/O$_3$ 工艺可显著分解废水中的 2-萘磺酸钠，TOC 的去除率约为 15％时，2-萘磺酸钠可全部分解。

采用 UV/O$_3$ 工艺处理含少量乙醇、乙酸、甘氨酸、甘油和棕榈酸的水，可比单纯采用 O$_3$ 氧化工艺的氧化速率提高 100～1000 倍。采用 UV/O$_3$ 工艺可以有效氧化难解降的多氯联苯、狄氏剂、七氯环氧化物、氯丹、六六六、DDT、马拉硫磷等。对饮用水中多种微量有机物进行 UV/O$_3$ 处理研究表明，作用 2h，有机物的去除率达 65％，还显著降低 200～320nm 的有机物 UV 消光值。

图 12-7 为 UV/O$_3$ 处理含有机物废水的效果。由图可以看出，甲醇、乙醇的总有机碳降解曲线呈 S 形，这是由于反应开始阶段这两种物质生成了比较难于氧化的酮和羧酸。乙酸和丙醇是极稳定的抗氧化物质，经紫外光照射和臭氧氧化作用，可使它们完全氧化分解。

UV/O$_3$ 工艺由于具有较强的氧化能力，对于难降解有机废水的处理尤为适用，美国国家环保局早在 1977 年就规定 UV/O$_3$ 工艺为处理多氯联苯的最佳实用技术，而且 UV/O$_3$ 与其他工艺结合更显示出其高效的去除效率。目前，美国、英国、加拿大、日本等国都有 UV/O$_3$ 工艺装置在运行。

图 12-8 所示为加拿大 Solar Environmental System 中使用的 UV/O$_3$ 工艺。由两个同心石英卷筒组成的氙灯（外径 30mm，内径 17mm，辐射波长 250nm）安装在圆筒形反应器中心轴的位置上（外径 50mm，长 300mm）。圆筒反应器的容积为 3L，辐射溶液由泵形成间歇式循环。O$_3$ 由恒定流速的 O$_2$ 气流流经光源内管时辐射产生，与紫外光源协同对污水进行净化。利用该工艺处理 4-氯酚（12×10^{-4} mol/L）的水溶液，TOC 矿化速率是单纯用 UV 或 O$_3$ 的 2 倍。

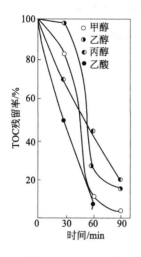

图 12-7 UV/O$_3$ 的氧化效果
(试验条件：水溶液各 1000mL，
其中含各有机物 200mg/L，100W
高压水银灯照射，O$_3$ 浓度
24mg/L，通气速率 1m^3/min)

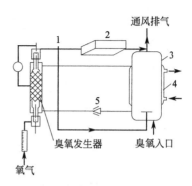

图 12-8 UV/O$_3$ 工艺流程
1—三向阀；2—分光光度计；
3—储罐；4—温度控制；5—水泵

12.3.2 UV/H$_2$O$_2$ 氧化反应

Rajagopalan Venkatadri 和 Robert W. Peter 认为 UV/H$_2$O$_2$ 的反应过程是 H$_2$O$_2$ 在水中经 UV 照射可发生 O—O 键（键能 213.4kJ/mol）断裂而产生·OH 和氧原子，再通过链反应进行光解：

$$H_2O_2 + UV(或\ h\nu, \lambda \approx 200 \sim 280nm) \longrightarrow \cdot OH + \cdot OH \tag{12-16}$$

$$H_2O_2 \longrightarrow HOO^- + H^+ \tag{12-17}$$

$$\cdot OH + H_2O_2 \longrightarrow HOO \cdot + H_2O \tag{12-18}$$

$$\cdot OH + HOO^- \longrightarrow HOO \cdot + OH^- \tag{12-19}$$

$$HOO \cdot + HOO \cdot \longrightarrow H_2O_2 + O_2 \uparrow \tag{12-20}$$

一般·OH 进攻有机物时，是将有机物分子上的 H 提取出来，使之成为一个有机自由基，再由它来引发链反应。

$$\cdot OH + RH \longrightarrow H_2O + R \cdot \tag{12-21}$$

$$R \cdot + H_2O_2 \longrightarrow ROH + \cdot OH \tag{12-22}$$

UV/H$_2$O$_2$ 的联合作用是以产生羟基自由基进而通过羟基自由基反应来降解污染物为主，同时也存在 H$_2$O$_2$ 对污染物的直接化学氧化和紫外光的直接光解作用。该联合工艺能有效降解一些难以生物降解的有机物，如水中低浓度的多种脂肪烃和芳香烃有机污染物。采用 UV/H$_2$O$_2$ 联合工艺，1mol 氧化剂受光引发时将放出最高浓度的·OH，比只采用 UV 处理时的反应速率约快 500 倍，而且有机物完全分解的最终产物不造成二次污染。有研究发现，反应速率与 pH 值有关，酸性越强，反应速率越快。即使从经济上考虑，不将某些难降解的有机物完全光解到最终产物，能将它们先氧化成易于降解的中间产物也足够了。

UV/H$_2$O$_2$ 工艺的特点是：强氧化性，经济上具有优势，运行稳定，操作简便。该工艺适合处理低浓度、低色度（浊度）的废水。

UV/H$_2$O$_2$ 工艺能有效氧化一些难生化降解的有机物，如二氯乙烯、四氯乙烯、三氯甲烷和四氯化碳等；用于脱色处理，脱色对象具有较强的选择性，对单偶氮染料的处理效果最佳；用于去除水中天然存在的有机物；处理漂白纸浆及石油炼制的废水；处理纺织工业的废水等。

应用不同氧化剂和 UV 辐射剂量对给水中的 TOC 和色度的处理效果如表 12-2 所示。

表 12-2　UV 辐射对水生腐殖质的去除率　　　　　　　　　　%

氧化剂	TOC				色度			
	辐射时间/min				辐射时间/min			
	1	5	20	60	1	5	20	60
空气	6	13	23	41	−2	−6	13	41
空气(pH=7)	6	9	16	19	−12	−10	−8	25
空气(pH=3)	0	3	14	15	−5	4	14	35
H_2O_2	43	73	92	100	45	97	98	99
连续曝气	2	2	10	—	6	6	21	—

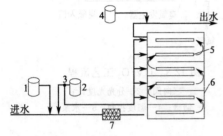

图 12-9　UV/H_2O_2 工艺的系统流程

1—硫酸罐；2—H_2O_2 罐；3—分流器；
4—NaOH 罐；5—UV 灯；6—反应器；7—混合器

图 12-9 所示是美国的 Calgon perox-pure^{TM} 和 Rayox 已商业化的 UV/H_2O_2 工艺的系统流程。该工艺由氧化单元、H_2O_2 供应单元、酸供应单元和碱供应单元四个可移动单元组成。氧化单元由 6 个连续的反应器组成，每个反应器装有一个 15kW 的紫外灯，反应器的总体积为 55L。每个紫外灯安装在一个紫外光可透过的石英管内部，处在反应器的中央，水沿着石英管流动。在废水流进第一个反应器前加入 H_2O_2，也可以用一个喷淋头同时给 6 个反应器投加 H_2O_2。根据需要，可通过加入硫酸使废水的 pH 值控制在 2~5 之间，以去除碳酸氢根、碳酸根，防止其对·OH 的捕获。加入 H_2O_2 的废水经过一个静态混合器进入反应器。为了满足排放标准的要求，需在氧化单元出水中添加碱液来调节 pH 值，使排水的 pH 值达到 6~9。石英管上装备了清洗器，可以定期进行清洗，以减少沉积固体对反应的影响。

Stefan 利用 UV/H_2O_2 工艺先后对含丙酮、甲基叔丁基醚（MTBE）、1,4-杂二氧环己烷等的废水进行处理，对它们氧化的中间产物、机理进行了研究，发现中间产物为酸、醛、羟酮等物质，最后降解为水和二氧化碳。汪兴涛等采用 UV/H_2O_2 工艺对染料废水处理进行了试验研究，发现增加 UV 的强度和 H_2O_2 的浓度有助于废水的脱色，通过对 14 种不同类型染料脱色效果的比较，发现该方法具有较强的选择性。结果表明，在 pH 值为 2.8、H_2O_2 和 TiO_2 的投加浓度分别为 0.1g/L 和 0.4g/L 条件下，反应时间为 6h，三硝基甲苯（TNT）的初始浓度为 50mg/L 时，处理后其浓度为 0.25mg/L，其去除率可达到 99.5%。

硝基炸药是一类难降解的物质，含炸药的废水可用 UV+H_2O_2 处理。被处理的炸药有 TNT、1,3,5-三硝基苯、1,3,5-三氮杂环己烷（RDX，黑索金）、环四亚甲基四硝胺（HMX，奥克托金）、二硝基甲苯（2,4-DNT 和 2,6-DNT）以及苦味酸铵等稀水溶液。试验结果表明，UV+氧化剂联合作用比单独采用 UV 工艺或氧化剂处理的效果都要好，炸药光解速率大为增加。例如单独采用 UV 工艺光解时需 312h 才能达到采用 UV+H_2O_2 联合作用 1~2h 达到的效果。各种炸药（RH）在 UV+H_2O_2 联合作用下，其机理并不单纯是 UV 引发 H_2O_2 生成·OH，而后由·OH 进攻有机物（炸药），而是在 UV 光作用下，H_2O_2 与炸药同时吸收光，可能是·OH 与炸药光解中间产物作用导致其光解加速的。通过比较用活性炭吸附、UV+O_3 组合工艺和 UV+H_2O_2 组合工艺处理 TNT 废水的经济成本，结果表明三种方法中 UV+H_2O_2 组合工艺的费用最省。

12.3.3　UV/H_2O_2/O_3 氧化反应

在 UV/O_3 系统中引入 H_2O_2 对羟基自由基·OH 的产生有协同作用，能够高速产生·OH，从而表现出对有机污染物更高的反应效率。该系统对有机物的降解利用了氧化和光解作用，包括 O_3 的直接氧化、O_3 和 H_2O_2 分解产生的 $\cdot OH$ 的氧化以及 O_3 和 H_2O_2 光解和离解作用。和单纯 UV/O_3 相比，加入 H_2O_2 对 $\cdot OH$ 的产生有协同作用，从而表现出对有机污染物的高效去除。

在 $UV/H_2O_2/O_3$ 反应过程中，羟基自由基 $\cdot OH$ 的产生机理可归纳为以下几个反应方程式：

$$H_2O_2 + H_2O \longrightarrow H_3O^+ + HO_2^- \tag{12-23}$$

$$O_2 + H_2O_2 \longrightarrow O_2 + \cdot OH + HO_2 \cdot \tag{12-24}$$

$$O_3 + HO_2^- \longrightarrow O_2 + \cdot OH + O_2 \cdot \tag{12-25}$$

$$O_3 + O_2 \cdot \longrightarrow O_3 \cdot + O_2 \tag{12-26}$$

$$O_3 \cdot + H_2O \longrightarrow \cdot OH + OH^- + O_2 \tag{12-27}$$

$UV/H_2O_2/O_3$ 工艺在处理多种工业废水或受污染地下水方面已有诸多报道，可用于多种农药（如 PCP、DDT 等）和其他化合物的处理。在成分复杂的难降解废水中，UV/O_3 或 UV/H_2O_2 可能受到抑制，在这种情况下，$UV/H_2O_2/O_3$ 工艺就显示出了优越性，因为它能通过多种反应机理产生 $\cdot OH$，从而受水中色度和浊度的影响程度较低，适用于更广泛的 pH 范围。

图 12-10 所示为美国已商业化的 $UV/H_2O_2/O_3$ 工艺的系统流程，由 UV 氧化反应器、O_3 发生器、H_2O_2 供给池及催化 O_3 分解单元构成。反应器总体积为 600L，被 5 个垂直的挡板分成 6 个室，每个分反应室内布置 4 盏 65W 的低压汞灯，每盏灯都安装在垂直旋转的石英管内。废水流入该装置前首先加入 H_2O_2，最后在混合器中充分混合，最后进入反应器。每个反应器底部都安装有不锈钢曝气器，均匀地将 O_3 扩散到水中，管道静态混合器用于废水和 H_2O_2 的混合。处理后的 CO_2 等气体从顶部排出。

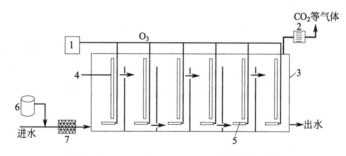

图 12-10 $UV/H_2O_2/O_3$ 工艺的系统流程

1—O_3 发生器；2—O_3 分解器；3—反应器；4—UV 灯；5—O_3 分布器；6—H_2O_2 槽；7—静态混合器

有文献报道，在一个 40L 的中等规模反应器中，当 H_2O_2 与 O_3 的浓度比为 0.34∶1，接触时间为 15min 时，二氯乙烯、四氯乙烯的去除率可达到 90%。

12.3.4　UV/US 氧化反应

将超声（US）引入光化学氧化技术中可提高物质的传递速率，加速光化学氧化反应的速率，改善降解效果。超声波技术本身也是一种处理废水的有效手段，使用的超声波频率范围一般为 $2 \times 10^4 \sim 1 \times 10^7 Hz$。采用光化学氧化技术与超声技术联合降解处理有机物，其降解效率往往比单独采用光化学氧化技术或超声技术处理高。将超声波技术的"空化作用"配以紫外光辐射，可以增强氧化剂的氧化能力，加快反应速率，提高有机物的降解效果。UV/US 氧化技术在处理染料废水方面已被证明有很好的效果。

光化学氧化反应过程中经过一系列反应后产生了大量的羟基自由基 $\cdot OH$。羟基自由基

·OH 是光化学氧化过程中的主要氧化剂，几乎可将废水中的所有有机物氧化并使之最终氧化成 CO_2，对有机物的降解起决定性作用。但由于有机物的光化学氧化过程非常复杂，现阶段还难以定量描述反应过程的每一步骤。

近年来，UV/O_3 工艺与其他工艺相结合的研究较令人关注，如与双氧水、催化剂、活性炭、生化工艺等结合，能有效降低处理费用。Laura Sanchez 等在处理苯胺溶液的 UV/O_3 工艺中引入 TiO_2，研究结果表明，$UV/TiO_2/O_3$ 较 UV/O_3 工艺具有更高的去除效率。Eva. Piera 等采用 $TiO_2/UV/O_3$ 和 $Fe(Ⅱ)/UV/O_3$ 工艺处理 2,4-二氯苯氧基乙酸废水，发现 $TiO_2/UV/O_3$ 和 $Fe(Ⅱ)/UV/O_3$ 工艺都比单独 O_3 氧化和 UV 照射具有更高的去除效率，且 $Fe(Ⅱ)/UV/O_3$ 工艺的去除效率最高。Jesus B. H. 等采用多种高级光化学氧化工艺处理含 ρ-羟基苯甲酸废水，发现 $UV/H_2O_2/O_3/Fe^{2+}$ 系统拥有极好的去除效率，这表明将多种相对简单的氧化工艺联合起来可获得更佳的处理效果。

12.4 光催化氧化

为了进一步提高光化学氧化对有机污染物的去除效率，研究者们在光化学氧化系统中引进催化剂，开发了光催化氧化反应。

根据所用催化剂的状态，可将催化剂分为均相催化剂和非均相催化剂两类。均相催化剂与反应物处于同一物相之中，而非均相催化剂多为固体，与反应物处于不同的物相之中，因此，光催化氧化也相应地分为均相光催化氧化和非均相光催化氧化。均相光催化剂一般比非均相光催化剂活性高，反应速率快，但流失的金属离子会造成二次污染。

12.4.1 均相光催化氧化

均相光催化氧化主要以 Fe^{2+} 或 Fe^{3+} 及 H_2O_2 为介质，通过光-Fenton 反应产生 ·OH，对污染物进行氧化。1894 年 H. J. Fenton 发现由 H_2O_2 和催化剂 Fe^{2+} 构成的氧化体系具有很强的氧化性，后来称之为 Fenton 试剂。1964 年，H. R. Eisenhousdr 首次使用 Fenton 试剂处理苯酚及烷基苯废水，开创了 Fenton 试剂应用于废水处理的先例。

(1) UV/Fenton 氧化的反应机理

Fenton 试剂的氧化机理主要是在酸性条件下，利用亚铁离子作为 H_2O_2 氧化分解的催化剂，生成反应活性极高的 ·OH。·OH 可以进一步引发自由基链反应，从而氧化降解大部分的有机物，甚至使部分有机物达到矿化。整个体系的反应十分复杂，其关键是通过 Fe^{2+} 在反应中起激发和传递作用，使链反应可以持续进行直至 H_2O_2 耗尽。

$$Fe^{2+} + H_2O_2 \longrightarrow Fe^{3+} + OH^- + \cdot OH \tag{12-28}$$
$$Fe^{3+} + H_2O_2 \longrightarrow Fe^{2+} + H^+ + HO_2 \cdot \tag{12-29}$$

1993 年 Ruppert 等人首次在 Fenton 试剂中引入紫外光对 4-CP 进行去除，发现紫外光和可见光都可以大大提高反应速率，随后 UV/Fenton 试剂技术处理有机废水得到了广泛研究。

传统的 UV/Fenton 试剂反应机理认为 H_2O_2 在 UV（$\lambda > 300nm$）光照下产生 ·OH：

$$H_2O_2 + h\nu \longrightarrow 2 \cdot OH \tag{12-30}$$

Fe^{2+} 在 UV 光照下，可以部分转化成 Fe^{3+}，而所转化的 Fe^{3+} 在 pH=5.5 的介质中可以水解生成 $Fe(OH)^{2+}$，$Fe(OH)^{2+}$ 在紫外光照下又可以转化为 Fe^{2+}，同时产生 ·OH：

$$Fe(OH)^{2+} \longrightarrow Fe^{2+} + \cdot OH \tag{12-31}$$

由于上式的存在，使得 H_2O_2 的分解速率远大于 Fe^{2+} 或紫外光催化 H_2O_2 分解速率的简单加和。

（2）UV/Fenton 试剂氧化的反应特点

UV/Fenton 试剂技术具有以下明显的优点：

① 可降低 Fe^{2+} 的用量，保持 H_2O_2 较高的利用率；

② 紫外光和 Fe^{2+} 对 H_2O_2 催化分解存在着协同效应；

③ 可以使有机物矿化程度更充分，因为 Fe^{2+} 与有机物降解过程的中间产物形成的络合物是光活性物质，可在紫外光作用下迅速还原为 Fe^{2+}。

影响 UV/Fenton 试剂反应的因素有：污染物起始浓度、Fe^{2+} 浓度、H_2O_2 浓度和载气。污染物起始浓度越高，表观反应速率越小；Fe^{2+} 浓度需要维持在一定水平，过高则 H_2O_2 消耗过大，过低则不利于 $\cdot OH$ 的产生；保持一定浓度的 H_2O_2 可使反应维持在较高水平；氧气作为载气最好。

（3）UV/Fenton 试剂氧化的应用

目前利用 UV/Fenton 试剂氧化工艺降解的典型有机物包括除草剂 2,4-D、硝基酚、苯酚、苯甲醚、甲基对硫磷等，也有将 UV/Fenton 试剂氧化工艺用于处理垃圾渗滤液的研究。但 UV/Fenton 试剂处理废水的费用高，需要将该工艺与其他废水处理法联用以降低处理费用。如将 UV/Fenton 试剂氧化和生物处理联合，利用 UV/Fenton 试剂氧化提高废水的可生化性，然后利用生物法对废水进一步处理。

（4）均相染料光敏化氧化处理污水

将染料溶解成溶液，投放到待处理水中，所用染料为孟加拉红和亚甲蓝（0.5%），在连续通入空气的条件下利用 450W 高压汞灯或阳光照射，处理城市污水氧化塘的出水。因为高压汞灯是一种连续光谱，在试验中又经过玻璃过滤，实际照射的为可见光。曝气后污水中的染料（亚甲蓝）用膨润土∶染料＝8∶1 的比例使之絮凝沉淀，这样染料可回收使用。实验室研究结果表明，污水中的 COD 去除 2/3，亚甲蓝活性物质（MBAS）的去除率达 99% 以上，胶体和悬浮物造成的浊度下降一半多，并且完全没有大肠杆菌。

对难降解的酚类工业废水，用阳光、空气和染料进行均相光敏化氧化处理，可以获得较好的处理效果。很多染料可作空气、阳光（可见光）的光敏化剂，孟加拉红、亚甲蓝、中性红、天青蓝、亮甲苯基蓝、甲苯胺蓝和吖啶橙等都是有效的敏化剂。对一定浓度的甲酚（50mg/L）水溶液，选用不同敏化剂的空气氧化速率如表 12-3 所示。

表 12-3　甲酚（50mg/L）用不同敏化剂的空气氧化速率

敏化剂/(12mg/L)	反应速率常数 k/min^{-1}	半衰期/min	敏化剂/(12mg/L)	反应速率常数 k/min^{-1}	半衰期/min
亚甲蓝	0.283	2.45	孔雀绿	0.038	18.23
孟加拉红	0.253	2.74	血红卟啉 D-L 盐酸盐	0.193	3.59
2,7-二氯荧光素	0.005	138.6	吖啶橙	0.027	25.7

光解速率与介质的 pH 值、染料浓度、废水浓度、光强度和液层厚度有关。当光强度与液层厚度一定时，对一定浓度染料，废水有一最大光解速率的浓度（50mg/L）；而当废水浓度一定时，光解速率也随染料浓度而变，如 50mg/L 的甲酚溶液，当亚甲蓝的浓度为 5mg/L 时，光降解速率最大。

12.4.2　非均相光催化氧化

非均相光催化氧化主要是指用光敏半导体材料如 TiO_2、ZnO 等作为催化剂，使其在光的照射下激发产生电子-空穴对，吸附在催化剂上的溶解氧/水分子与电子-空穴对作用，产生 $\cdot OH$ 等氧化性强的自由基对有机污染物进行氧化。

1972 年，Fujishima 和 Honda 利用 Pt 电极和 TiO_2 电极在紫外光的照射下将水电解成 H_2 和 O_2，标志着非均相光催化氧化技术研究的开始。自此，非均相光催化氧化技术在环境领域的研究方兴未艾。

12. 4. 2. 1 非均相光催化氧化的原理

半导体能带结构与金属不同的是价带（VB）和导带（CB）之间存在一个禁带，在这个禁带里是不含有能级的。用作光催化剂的半导体大多为金属的氧化物和硫化物，一般具有较大的禁带宽度，有时称为宽带隙半导体。如被经常研究的 TiO_2，禁带宽度为 $3.2eV$。

一般认为当光催化剂吸收一个能量大于禁带宽度（一般位于紫外区）的光子时，位于价带的电子（e）就会被激发到导带，从而在价带留下一个空穴（h^+），这个电子和空穴与吸附在催化剂表面的 OH^- 或 O_2 进一步反应，生成氧化性能很高的羟基自由基（·OH）和氧负离子自由基（$O_2^- ·$），这些自由基和光生空穴共同作用氧化水中的有机物，使之变成 CO_2、H_2O 和无机酸。

$$有机污染物 + O_2 \xrightarrow{\text{半导体、紫外光}} CO_2 + H_2O + 无机酸 \qquad (12-32)$$

与此同时，生成的电子和空穴又会不断地复合，同时放出一定的能量。作为一种有效的催化剂，这就要求电子和空穴的产生速率大于它们的复合速率。

12. 4. 2. 2 非均相光催化氧化的影响因素

影响非均相光催化氧化的因素有无机盐离子干扰、催化剂表面金属沉积和入射光强，而 pH 值及温度对其影响有限。

无机盐离子如硫酸根离子、氯离子、磷酸根离子会与有机物产生竞争吸附，另一些无机盐离子如 CO_3^{2-} 可以作为羟基自由基的清除剂，即发生竞争性反应。竞争吸附和竞争性反应都可以降低反应速率。

很多贵金属在 TiO_2 表面上的沉积有益于提高光催化氧化反应的速率。水溶液中，光催化还原氯铂酸、氯铂酸钠或六羟基铂酸，可使微小铂颗粒沉积在 TiO_2 表面。细小铂颗粒成为电子积累的中心，阻碍了电子和空穴的复合，提高了反应速率。沉积量是很重要的因素，实际操作过程中存在一个最佳沉积量。当沉积量大于这个最佳沉积量时，催化剂活性反而降低。其他贵重金属，如银、金，在 TiO_2 表面的沉积对催化剂的活性也有类似的影响。

空穴的产生量与入射光光强成正比。入射光光强的选择，既要考虑能高效去除污染物，又要尽量地减少能耗，存在一个经济效益分析的问题。

pH 值对光催化氧化的影响包括：表面电荷和 TiO_2 的能带位置。在水中，TiO_2 的等电点大约是 pH=6。当 pH 值较低时，颗粒表面带正电荷；当 pH 值较高时，颗粒表面带负电荷。表面电荷的极性及其大小对催化剂的吸附性能影响很大。

半导体的价带能级是 pH 值的函数。在 pH 值较高时，对 OH^- 的氧化有利，而在 pH 值较低时，则对 H_2O 的氧化有利。所以不管在酸性还是碱性条件下，TiO_2 表面吸附的 OH^- 和 H_2O 理论上都可能被空穴氧化成·OH。但在 pH 值变化很大时，光催化氧化速率的变化也不会超过 1 个数量级。因此，光催化氧化反应速率受 pH 值的影响较弱。

在光催化氧化反应中，受温度影响的反应步骤是吸附、解吸、表面迁移和重排。但这些都不是决定光催化氧化反应速率的关键步骤。因此，温度对光催化氧化反应的影响较弱。

12. 4. 2. 3 非均相光催化剂

在光催化氧化中使用的催化剂大多为 n 形半导体，许多金属氧化物和硫化物都具有光催化性，包括 TiO_2、ZnO、CdS、Fe_2O_3、SnO_2、WO_3 等。由于 TiO_2 化学性质和光化学性质十分稳定，无毒价廉，货源充足，因此使用最为普遍。作为催化剂的 TiO_2 主要有两种类型——锐钛矿型和金红石型。由于晶型结构、晶格缺陷、表面结构以及混晶效应等因素，锐钛矿型 TiO_2 的催化活性要高于金红石型。

实际应用中大多将催化剂固定后使用，主要有两种形式：固定颗粒体系和固定膜体系。固定颗粒体系是指将二氧化钛或二氧化钛前驱物负载于成型的颗粒上；固定膜体系是将二氧化钛或二氧化钛前驱物涂覆在基材上，从而在基材表面形成一层二氧化钛薄膜。

半导体的光催化特性已被许多研究所证实，但从太阳光的利用效率来看，还存在以下主要缺陷：一是半导体的光吸收波长范围较窄，主要在紫外区，太阳光的利用比例较低；二是半导体载流子的复合率很高，因此量子效率较低。采用以下方法可以提高半导体光催化剂的性能：

（1）半导体表面贵金属沉积

贵金属在半导体表面的沉积一般并不形成一层覆盖物，而是形成原子簇，聚集尺寸一般为纳米级，其对半导体的表面覆盖率很小。最常用的沉积贵金属是第Ⅷ族的 Pt，其次是 Pd、Ag、Au、Ru 等。这些贵金属的沉积普遍可以提高半导体的光催化活性，包括水的分解、有机物的氧化以及重金属的氧化等。

（2）半导体的金属离子掺杂

在半导体中掺杂不同价态的金属离子可以改变半导体的催化性能，不仅可能加强半导体的光催化作用，还可能使半导体的吸收波长范围扩展至可见光区域。但只有一些特定的金属离子有利于提高光量子效率，其他金属离子的掺杂反而是有害的。

（3）半导体的光敏化

半导体光催化材料的光敏化是延伸激发波长的一个途径，它是将光活性化合物通过物理或化学吸附作用吸附于半导体表面，从而扩大半导体激发波长范围，使更多的太阳光得到利用。

（4）复合半导体

用浸渍法和混合溶胶法等可以制备二元和多元复合半导体，如 TiO_2-CdS、TiO_2-CdSe、TiO_2-SnO_2、TiO_2-PbS、TiO_2-WO_3、CdS-ZnO、CdS-AgI、CdS-HgS、ZnO-ZnS 等。这些复合半导体的光催化性能高于单个半导体。

12.4.2.4　非均相光催化氧化的特点

与均相系统相比，非均相光催化氧化具有如下优点：

① 不需要消耗如 H_2O_2 和 O_3 这样的催化剂；

② 光催化剂在反应过程中不被消耗；

③ 自然光，即太阳光能直接被加以利用。就 TiO_2 而言，其禁带宽度为 3.2eV，其对应的波长为 387.5nm。在地球表面，太阳光（波长大于 300nm）中能激发光催化氧化反应的光大约占 4%。

尽管光催化氧化具有以上很多优点，但离大规模的实际应用还存在一定的距离，其主要缺点有：

① 如采用紫外灯，能耗高。

② 很难将处理后的水与细小催化剂分离。为了使催化剂具有较高的活性，要求催化剂具有很大的比表面积，也就是要有很小的颗粒尺寸，这就给催化剂的分离带来了困难，目前研究较多的解决方法主要有膜分离、催化剂固定化等。

③ 不宜处理高浓度废水。

④ 尽管紫外线具有较高的能量，但其穿透能力很弱，对色度和浊度较高的废水，处理效果不好。

12.5　光催化反应器

光催化反应器是光催化氧化处理废水的反应场所，高效光催化反应器的研制是提高光催化反应效率的关键措施之一。

12.5.1 光催化反应器的分类

目前光催化反应器尚无明确分类，可以由不同的方面进行分类。

按光源的不同，可分为紫外灯光催化反应器和太阳能光催化反应器。目前通常采用汞灯、黑灯、氙灯等发射紫外线。紫外线由于使用寿命不长，通常应用于实验室研究。太阳能光催化反应器节能，但应充分提高太阳光的采集量。

按照 TiO_2 光催化剂的存在形式，可将反应器分为悬浆型和负载型两大类。早期的光催化研究多以悬浆型光催化为主，此类反应器结构较简单，反应器用泵循环或曝气等方式使呈悬浮状的光催化剂颗粒悬浮在液相中，与液相接触充分，反应速率较高，但催化剂难以回收，活性成分损失较大，须采用过滤、离心分离、絮凝等手段解决催化剂的分离问题，反应器只能为分批处理型，其实用性受到了限制。负载型光催化反应器是将 TiO_2 催化剂附着于载体上，不存在后处理问题，可以连续化处理，装置一般比较简单。

负载型光催化反应器按其床层状态，又可分为固定床型和流化床型两种。前者为具有较大连续表面积的载体，将催化剂负载于其上，流动相流过表面发生反应。后者多适合于颗粒状载体，负载后仍能随流动相发生翻滚、迁移等，但载体颗粒较 TiO_2 纳米粒子大得多，易与反应物分离，可用滤片将其封存于光催化反应器中而实现连续化处理。

按光源的照射方式不同，光反应器可分为聚光式和非聚光式两类。聚光式反应器是将光源置于反应室中央，反应器为环状，这种光催化反应器多以人工光源为光源，光效率也较高，但照射面积不可能很大，反应器规模相应也不能很大。非聚光式反应器的光源可以是人工光源也可以是天然的日光，光源以垂直反应面照射为主。从能源利用角度考虑，非聚光式反应器可以直接利用太阳能为光源，有利于降低处理成本。但由于太阳光中的紫外线只占总光源的 3％左右，反应效率不高。如果对 TiO_2 进行改性，使可利用的光谱范围扩大，就可以充分利用太阳光的能量，制成大规模、工业化的反应器。

目前，多种结构的光催化反应器已经被用于光降解研究和实际废水处理中，并且取得了一些成果，但同时也遇到了一些需要解决的问题。这些问题涉及光催化反应器的各个方面，其中，催化剂的存在状态、反应器的几何形状及尺寸和光系统三方面的问题是需要重点考虑的。

（1）催化剂的存在状态

在悬浆型反应器中，反应不但需要大量的催化剂来支持连续的运转，而且后处理复杂，运行成本大。因此，将催化剂粉末颗粒固定在载体上是必要的，但也产生了一些问题，这就是催化剂单位体积的表面积比较低，从而阻碍了质量传递的进行，而且一般载体的透光性不够理想，载体深层的催化剂由于缺乏光照，发挥不出应有的作用。此外，催化剂易于钝化以及由于反应介质对光的吸附和散射导致光能量的不足也是需要考虑的问题。

（2）反应器的形状

目前应用较多的反应器为圆柱形，光源置于容器中心或外围垂直照射。利用太阳光作光源的反应器可设计成平板形，并可设反射面以提高光能的利用率。由于光催化反应本身所具有的特点，反应器的光照面积与溶液体积的比率（A/V）是影响处理效果的重要参数。试验表明，A/V 值越大，反应速率越快，但 A/V 值增大一般意味着占地面积的增加，因而在实际应用中很难仅仅通过提高 A/V 值来实现处理要求。而且，大多数反应器都不能按比例放大到工业化的处理规模，这对于光催化反应器的实用化是很大的障碍。有些反应器即使能够放大，也存在着反应速率慢，运转费用高，操作复杂等缺点。

（3）光系统

光系统包括光源及其辅助设备，对于采用电光源的反应器来说，消耗电能在经济上是一个负担，此外，由于可被利用的紫外光及近紫外光在反应溶液中衰减非常快，因而必须尽可能地提高光液的直接接触面积，这就使反应器的放大设计变得很困难。近年来，随着理论和试验研究的不断深入，直接利用太阳光作为光源得到了人们的重视，太阳光来源广泛，成本低廉，是最有前景的研究方向，但如何提高太阳光的利用效率仍是一个尚待解决的问题。

12.5.2　固定床光催化反应器

固定床光催化反应器是目前研究较多的负载型光反应器，通过化学反应将 TiO_2 粉末固定于大的连续表面积的载体上，反应液在其表面连续流过。固定床的类型主要有平板式、浅池式、环形固定膜式、管式和光化学纤维束式等几种。

（1）平板式光催化反应器

Wyness 的开发小组首先研制了室外非聚焦式平板形光反应器，它充分利用了太阳光中的直射部分和散射部分，使光能的利用率大大提高。试验表明，在某些区域和一定的气候条件（如多云、阴天）下，太阳光中紫外成分的散射部分甚至高于直射部分。因为水蒸气不吸收紫外辐射，所以这种反应器无论晴天或阴天都有相当好的处理效果。

平板式光催化反应器系统见图 12-11。平板为矩形不锈钢，板上部设有布水管，沿管长方向均匀分布着直径为 2～3mm 的小孔。反应液置于不锈钢储液罐内，内置搅拌器不断搅拌以保证溶液充分混合，出口处连接有离心泵，通过泵使反应液流经平板，经降解后又流回到储液罐，循环流动。TiO_2 用玻璃纤维网负载后固定于平板上，接受日光照射。平板与地面成一定角度，试验条件下平板反应器的流动为层流状态。

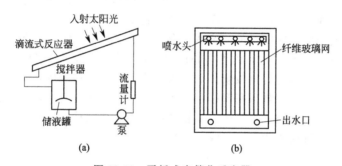

图 12-11　平板式光催化反应器

Wyness 等利用这种反应器在晴天和阴天都成功氧化降解了四氯苯酚，并研究了反应动力学。张彭义等以活性艳红 X-3B 为降解对象，对这种平板形反应器的性能做了评价，并且根据北京地区紫外辐射的实际情况研究了平板倾角和循环流量对平板反应器流动特性和性能的影响，讨论了以太阳光为辐射光源时平板式反应器的最佳倾角，得出平板上液体体积和水膜厚度与倾角、循环流量分别存在的定量关系。

平板式光催化反应器具有较高的太阳光利用率，结构简单，不需要太阳光跟踪系统，适合不同的气候条件，对材质无特殊要求，易于放大或工业推广，具有良好的应用前景，但其水力负荷较低，很难应用于大流量污水的处理。

（2）浅池式光催化反应器

浅池式光催化反应器可以分为室内、室外两种。室内反应器是将 TiO_2 负载于容器底部形成一层 TiO_2 膜或在容器底部铺设一层负载型光催化剂，反应溶液从催化剂上循环流过，并在电光源的照射下发生反应。这种室内的光反应器一般体积较小，仅用作实验室研究。

典型的室外浅池式光催化反应器是由 Wyness 等研制开发的，其规模比室内反应器大得多。它由一系列高度不同的浅池组成，其结构如图 12-12 所示。它利用非聚焦的太阳光为光源，负载了 TiO_2 的玻璃纤维网刚好浸没在水面以下，每个池子都通过一个循环泵和一个浸没在水底的水分布装置搅拌，使水充分与催化剂接触并提供大量溶解氧。试验证明，在相同的入射紫外强度、催化剂负载量和溶液初始浓度条件下，只要气液接触面积与水的体积之比一定，反应速率就保持不变。随着反应初始浓度的降低，反应速率加快。Wyness 等认为，在一定的入射光强度与比表面积（A/V）条件下，确定反应速率常数 K 对于反应器的设计是必要的，因为光催化降解反应与溶液中分子结构有很大关系。

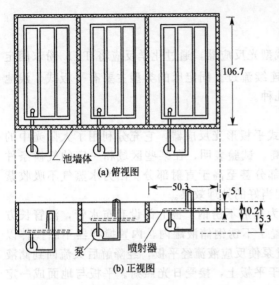

图 12-12　浅池式光催化反应器结构示意图

与平板式反应器相比，浅池式反应器的水力负荷要大得多，加上结构简单，建造方便，因此更有可能应用于工业污水的处理，有着广阔的应用前景。但由于光的透射能力有限，使得反应溶液的深度不能太大，因此，要想提高反应器的处理能力，只能扩大光照面积，这就导致反应器占地面积过大。为此，可以考虑在水面下设置人工光源作为自然光源的补充。

（3）环形固定膜式光催化反应器

这种反应器形状为环形套管式，一般分为内、外两套管，光源置于内管中。催化剂为一层膜，负载于内管外表面或外管内表面，处理水在套管内流动，与催化剂表面接触，在光照条件下被降解。由于膜的稳定性好，机械强度高，适合在工业废水处理中应用，这类反应器越来越受到人们的重视。

对环形固定膜式光催化反应器的研究报道较多，J. Sabate 等设计的环形光化学膜反应器（如图 12-13 所示）为三层套管式，内管中心放置中压汞灯光源，外壁负载有 TiO_2 膜。内管设计成可拆卸式，可以更换不同的负载膜。中腔为反应室，待处理的废水从底部进入，从上部流出。外腔为冷却室。气体用气泵从底部中心鼓入，以气泡形式上升，保持容器内溶解氧浓度恒定。为了增加气液传质接触面积，气体进口管处加了一块玻璃沙芯滤片，这样整个反应器内液体、气体均可保持连续流动的状态，气液传质均匀。

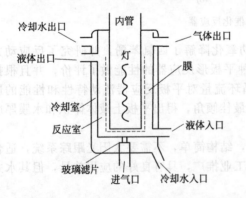

图 12-13　环形固定膜式光催化反应器示意图

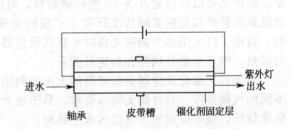

图 12-14　旋转式光催化反应器示意图

张桂兰等设计了一种独特的旋转式光催化反应器进行染料溶液降解试验。如图 12-14 所示，圆筒形反应器固定在轴承上，由电动机经皮带轮带动，可以高速旋转。在反应器中间放置 20W 紫外灯作为光源，圆筒内壁负载有 TiO_2 膜。染料溶液由导管进入反应器，启动电动机，使反应器旋转，待处理的染料溶液由于离心作用在圆筒形反应器的内壁形成液膜，这样避免了反应液与紫外灯灯管的接触。在光照和半导体催化剂的作用下，TiO_2 被紫外灯激发，随后将染料溶液光催化氧化、脱色、降解。脱色率与染料初始浓度、反应器转速、溶液液层厚度及溶液的 pH 值有关。

一种降流式固定膜光催化反应器系统已经开始进入中试阶段，系统结构如图 12-15 所示，反应器主体为一不锈钢圆管，内置紫外灯光源，催化剂固定于圆管内壁。反应液首先在进液罐中充氧搅拌，使反应液与氧气充分混合。溶解氧充足的反应液由泵提升到反应器顶部的布水器，均匀下落流经反应柱后落入反应器底部的收集罐内。反应柱底部也通入氧气搅拌，反应后的溶液一部分循环回流，一部分作为处理水排放。这种配套的循环、混合、搅拌、曝气系统，使反应液与催化剂有效接触时间延长，有利于反应彻底进行。

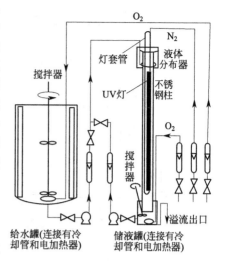

图 12-15　降流式固定膜光催化反应器

12.5.3　管式光催化反应器

这是应用最多的一类反应器，其反应是在由透光性能较好的材料制成的玻璃管或塑料管中进行。TiO_2 催化剂负载于硅胶、玻璃珠、砂石、玻璃纤维等载体中，然后填充于管中；或者直接将 TiO_2 催化剂负载于管壁上；也有直接使用 TiO_2 悬浆的。光源可利用自然光或人工光垂直入射到管壁上。

典型的管式光催化反应器如图 12-16 所示，其外观结构有些像太阳能热水器，由一系列平行的塑料管或玻璃管组成。为了充分利用阳光，反应管的背光面通常安装反光板。

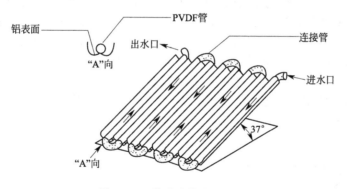

图 12-16　管式光催化反应器

Crittenden 等用太阳光作光源净化地下水取得了较好的效果。所用的管式反应器由塑料管及金属反光板构成。每根塑料管分 4 节，每节长 25cm，管内径为 1/4in，外径为 3/8in。如图 12-17(b) 所示，节与节之间用不锈钢的 T 形三通连接（用作取样端口）。反光板上平行地布置 16 根反应管，管间距为 15cm，反应系统如图 12-17(a) 所示。其中反光板的作用是使反应管的背光面也能发生反应，以提高反应效率，反应器距反光板的距离为 8cm。考虑到试验的地点和持续时间，反应平板应倾斜一定角度放置，有利于吸收最大的太阳辐射。试验结果表明，在晴天或阴天均可获得良好的净化效果。

类似的管式反应器也被应用于人工光源的光催化氧化系统中，其装置如图 12-18 所示，它所使用的是硅胶负载并掺杂了 1%Pt 的 TiO_2，填充管为每节 9.5cm 长的塑料管，用不锈钢的 T 形三通连接。光源为管周围对称放置的 4 盏荧光灯，灯距反应器的垂直距离为 6cm，最大强度波长 310nm。试验结果表明，这种固定床光催化反应器降解三氯乙烯的效果是悬浆式光催化反应器的 16 倍。Angelidis 及 Kobayakawa 等人所用的管式反应器也是采用在管周围放置数量不等的黑光灯或荧光灯的办法，使用起来简单方便。

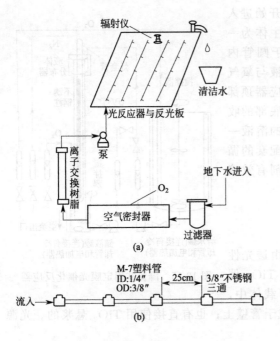

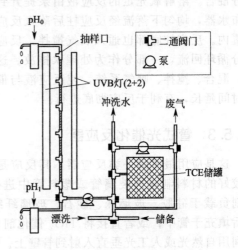

图 12-17 利用太阳光的光催化反应系统示意图
（a）和其中的管式反应器结构图（b）

图 12-18 采用人工光源的管式光
催化反应系统示意图

Hisahiro Einaga 等人设计了用于处理气体污染物的外置光源管式反应器，如图 12-19 所示。反应器包括一根内置玻璃棒（外径为 8mm，长度为 500mm）和一个外置玻璃管（内径 13mm）。内置玻璃棒表面负载有 TiO_2 催化剂粉末。光源为反应器周围放置的 4 盏黑光灯，最大强度波长为 356nm。试验气体为苯、氮气、氧气的混合气体。气体进入反应器前需润湿，做法是将氮气通过加湿器，其含水量由氮气流速和环境温度决定。Noel A. Haimell 等也采用类似的反应器进行了气相光催化氧化降解三氯丁烯的试验，所不同的是玻璃管垂直放置，可同时适合固定床反应和流化床反应。

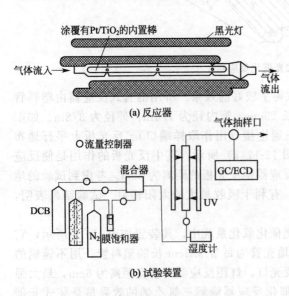

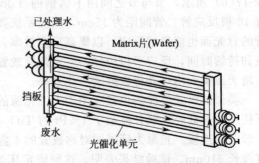

图 12-19 用于处理气体的管式光催化
反应器及试验装置示意图

图 12-20 Matrix 系统
每片（Wafer）结构图

目前工业化的管式光催化氧化装置是 Matrix Photocatalytic Technology 公司制造的 Matrix 系统，如图 12-20 所示。该装置由许多相同单元组成，每个单元长 1.75m、外径 4.5cm，波长为 254nm 的紫外灯放置在轴向石英套筒内，石英套筒被 8 层负载了锐态型 TiO_2 的玻璃纤维网包围，反应单元的最外层是不锈钢外套，每个单元的最大流量为 0.8L/min。该系统用于处理受挥发性有机化合物（VOC）污染的地下水，处理费用（包括设备和运行费用）为 7.6 美元/m^3。

12.5.4 光导纤维式光催化反应器

这是一种专门为光催化反应而设计的反应器，可以看作是固定床光催化反应器的进一步改进。这类反应器应用光导纤维作为向固相 TiO_2 传递光能的媒介。TiO_2 通过适当的方法负载在光导纤维外层，紫外光从光纤一端导入，在光纤内发生折射从而照射 TiO_2 层使催化剂激活。

光导纤维式光催化反应器的结构如图 12-21 所示。反应器主体是 72 根直径为 1mm 包覆有 TiO_2 的光导纤维束，放置在石英反应器内，气体从反应器底部进入提供反应所需的氧。光源为紫外灯，用透镜将光源汇聚，导入石英纤维。光线在纤维中传播，传播过程中照射到负载在其表面的催化剂，反应液在催化剂外部流动并与催化剂作用实现光催化降解的目的。影响反应器效率的主要因素包括光在纤维内传播的一致程度、TiO_2 对折射光的吸收程度以及反应液中待降解物扩散进入 TiO_2 涂层的能力。

这种反应器有其独特的优点：①由于直接将光传导到催化剂，减少了反应器和反应液对光的吸收和散射；②通过光导纤维传导光，减少了光到暴露催化剂的误差，因而提高了光化学转换的量子产率；③可以进行远程传递处理环境中的有毒物质；④单位体积反应液内可被照射的催化剂表面积大；⑤包覆纤维使反应器内的光催化剂分散更好，减少了传质的限制。但这种反应器目前还很不完善，由于光导纤维过细，涂膜和反应器制作过程中操作不便，易发生断裂且不易做得过长，制作成本也较高，因此不易制作成大规模的反应器，导致实际应用上的困难。

为了克服光纤维束反应器不易加工的不足，研究者采用石英管代替纤维管，它们的光传导与反应原理相同，其结构如图 12-22 所示。反应液在石英管外流动，光波在管内传播，传播的同时部分光波被涂在管外的催化剂吸收而将其激活，激活的催化剂与管外的反应液接触而将其降解。此反应器除具有光导纤维反应器的一切优点外，还易于加工。其缺点是由于光传导的困难和光衰弱，可能存在石英管末端无光照的现象，因此石英管不宜过长。光源功率过低，催化性能会受到影响，对此，可适当提高光源功率，或研制一种可以插入石英管内的紫外光源，这既可提高光源的利用率，又可制成适合工业应用的大规模反应器。

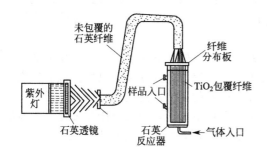

图 12-21　光学纤维式光催化反应器

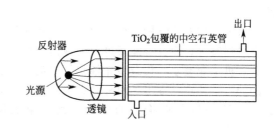

图 12-22　多重石英管式光催化反应器

12.5.5 流化床光催化反应器

提高负载型光催化反应器催化效率的关键是要有尽可能大的催化剂比表面积与充分的光

照。固定床反应器虽然使催化剂固定化而易于操作，但固定化催化剂往往只是一层膜，催化剂的用量不可能很大，待处理的液体或气体难以与催化剂充分接触，存在着漫长的传质过程，因此大规模工业化应用有一定的困难。流化床光催化反应器很好地解决了催化剂与反应液的接触问题。流化床层载体处于不断流动、迁移、翻滚状态，反应液在载体颗粒之间流动，充分利用了催化剂的表面，使催化剂有效比表面积大大提高。同时，与悬浆式反应器相比，载体颗粒较纳米 TiO_2 粉体大得多，易于沉淀分离。由于流化床光催化反应器很适合于工业规模放大，所以作为一种新的光反应器发展方向，越来越多地受到人们的重视。

（1）流化床反应器的基本原理

固体粒子流态化现象是一种由于流体向上流过固体颗粒堆积的床层使得固体颗粒具有一般流体性质的现象。当流体的流量很小时，固体颗粒不因流体的经过而移动，这种状态被称为固定床。在固定床的操作范围内，由于颗粒之间没有相对运动，床层中流体所占的体积分数即床层孔隙率是不变的。但随着流体流速的增加，流体通过固定床层的阻力不断增加，继续增加流体流速将导致床层压降的不断增加，直到床层压降等于单位床层截面积上的颗粒重量。此时由于流体流动带给颗粒的曳力与颗粒的重力平衡，导致颗粒被悬浮，此时颗粒开始进入流化状态。如果继续增加流体流速，床层压降将不再变化，但颗粒间的距离会逐渐增加以减小由于增加流体流量而增大的流动阻力。颗粒间距离的增加使得颗粒可以相对运动，并使床层具备一些类似流体的性质，如较轻的大物体可以悬浮在床层表面；将容器倾斜后，床层表面自动保持水平；在容器的底部侧面开一小孔，颗粒将自动流出等等。这种使固体具备流体性质的现象被称之为固体流态化，相应的颗粒床层称为流化床。一般而言，适合流化的颗粒尺寸在 $3\mu m$ 到 3mm 之间，大至 6mm 左右的颗粒仍可流化，特别是其中含有一些小颗粒的时候。

流化现象是一种由于流体向上流过堆积在容器中的固体颗粒层而使得固体具有一般流体性质的现象，因此，容器、固体颗粒层及向上流动的流体是产生流态化现象的三个基本要素。

（2）液固相流化床光催化反应器

用于光催化氧化反应的液固相流化床反应器结构如图 12-23(a) 所示，它与典型流化床反应器的主要差别在于必须有一个光辐射装置，该装置通常被安装在圆筒形反应器的中心。Aandreas Haarstrick 等用形如图 12-23(b) 的流化床反应器做了废水中与环境相关的有机物降解试验。该装置采用一个 400W 中压汞灯置于圆筒形光反应器中心，中间夹了一个 10mm 厚的冷却水层，外层为流化床层，内装石英砂负载 TiO_2 催化剂。反应器总受光面积为 $0.04m^2$。墙体外面包以铝箔，以蠕动泵作为循环流动的动力。反应器外围辅以温度、pH 值、溶解氧调节装置。

反应过程可为批处理或连续处理型。反应液从容器底部进入，经液体散流片实现均匀流动，负载催化剂在液体的冲击下流化，流动过程中，在光照的条件下反应液得到降解。反应器外的气体处理箱给溶液充氧，并配有温度控制与 pH 值控制，使反应液获得一个合适的溶解氧浓度。

这种反应器的结构符合高比表面积和体积比率的需要，更好地利用了光能，使反应液转化条件得到改善，而且可能通过改变规模来控制和改善光的渗透率。江立文等也用类似的反应器降解有机工业废水，负载型光催化氧化剂依靠水流在反应器的反应区达到充分流化，根据反应器的动力学特点，提出了两种动力学模式，并对其进行了理论分析，为流化床光催化反应器的放大设计提供了理论上的依据。其结果表明，理论计算值与试验值一致，相对误差小于 0.15%。

（3）气固相流化床光催化反应器

对气固相流化床光催化反应器的研究不多，Lynette A. Dibble 等设计了一种小型平板流化床用于净化空气中三氯乙烯（TCE）的研究。反应装置如图 12-24 所示，反应器用硼硅酸玻璃作墙体，10mm 宽，60mm 高，4mm 厚。上部用弹簧夹将上下两部分夹在一起，打开盖子可加入催化剂。上、下两端各有一个玻璃滤片，下部的滤片在气体入口处，是为了使气体均布于反应器并使催化剂床层流化；上部的滤片是为了使气体通过而使催化剂被截留于容器中。光源采用外置式，用一个 4W 荧光灯垂直照射反应器。

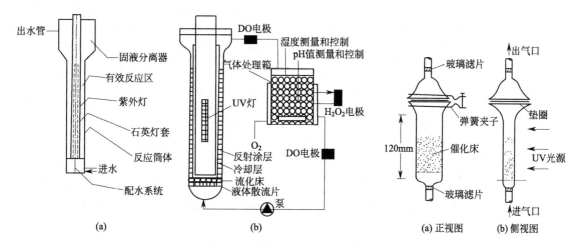

图 12-23 用于光催化氧化的流化床反应器的典型结构（a）和试验装置（b）

图 12-24 用于气体处理的小型流化床反应器

气固相催化反应器需要在潮湿的空气条件下进行，流化床为光能、负载催化剂以及气体反应物提供了连续的有效接触。试验结果表明，每克催化剂能催化的反应速率为 $0.8\mu molTCE/min$，总降解效率为 13%，反应效率高于悬浆式反应器降解水中的 TCE。

本试验中硅胶被证明是一种优良的 TiO_2 载体，通过溶胶-凝胶法获得的硅胶负载 TiO_2 催化剂，其催化性能可与纳米 TiO_2 粉体相比，而且比表面积大，耐磨耐冲击性较强，适合作为流化床光催化反应的载体。

气固相反应中，光催化氧化速率与水蒸气含量有很大关系。Dibble 等用平板流化床做了水蒸气对反应速率影响的试验，结果发现，在水蒸气含量较低时，氧化速率与水蒸气含量无关，但在水蒸气含量较高的环境中，反应受到很大的抑制。所以，气固相流化床反应器的设计中要充分考虑气体的湿度。目前利用光催化氧化法处理气体的报道不多，气体流动性强、密度小，其物理和化学性质与液体完全不同，因此在反应器的制造上也有所不同。但气固相流化床利用气体的流动性作为动力，是比较理想的处理气体的光催化反应器形式。

（4）三相流化床光催化反应器

无论是液固相还是气固相流化床反应器，都只涉及到两相传质过程。对于液固相反应来说，载体的充分流化是一个需要解决的问题，引入空气为反应提供足够的氧也是光催化反应所必须解决的问题。而由于反应液在反应器中需要适当的水力停留时间，因而液相流速不可能太快，这样便不可避免地需要气流的引入，气、液、固三相流化床反应器正好能解决载体的流化问题。

同时含有气、液两相流体的流化床为三相流化床。在三相流化床中，气体并不进入密相，而总是以气泡的形式通过床层；一部分液体进入密相以保持颗粒流化，另一部分液体则以气泡尾涡的形式通过床层。

三相流化床光催化反应装置如图 12-25 所示。反应器主体为双层套管，内管为石英管，内置紫外灯；外层为有机玻璃管。反应液从容器底部进入，在内外套管间流动。气体也从底部进入，通过一个布气板使气体以微气泡形式进入反应器。负载催化剂在气泡的带动下充分流化，气、固、液三相充分接触，气泡带入足够的溶解氧，使反应进行充分、彻底。降解后的反应液从上方流出，一部分回流，一部分作为处理水排放。

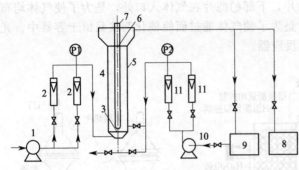

图 12-25 三相流化床光催化反应装置
1—空压机；2—气体流量计；3—布气板；4—流化床反应器；
5—不锈钢外壳；6—紫外线灯；7—冷却管；8—接收器；
9—储水池；10—离心泵；11—液体流量计

与传统的光催化反应器相比，三相流化床反应器有如下优点：①固相催化剂容易分离；②它的结构适合于光催化反应所要求的高比表面积与体积的比率（A/V），而这一比率在固定床反应器中较低；③紫外光能的利用率高，有效光照面积较大；④转化条件易于控制和改善；⑤适合于工业规模应用。

三相流化床反应器的不足之处主要在于催化剂的磨损与消耗。由于负载催化剂长期承受气流与水流的强力冲击，催化剂势必要造成一定的磨损而使光降解能力降低。因此，在选择催化剂载体时，除了考虑其比表面积及耐腐蚀性等因素外，还要考虑其机械强度，只有耐冲击负荷大的载体，才适于用作三相流化床的催化剂载体。

对三相流化床反应器进一步研究后提出了三相循环流化床反应器。三相循环流化床的操作区域位于膨胀床和输送床之间，可看作是气液鼓泡流和液体输送的结合，其特征与两相循环床相似，即大量的固体被带出床层顶部，并在底部有足够的固体颗粒进料来补充以维持稳定的操作。三相循环流化床的出现为三相床在生物化工领域的应用开辟了一个崭新的领域。三相循环流化床具有传质能力强、相含率和固体颗粒循环量可分别控制等优点。另外，床内较大的剪应力有助于一些生物过程中的生物膜更新。但对三相循环流态化领域的研究进展仍较缓慢。

图 12-26 为一典型三相循环流化床的装置图。三相循环流化床的底部由气体分布器和液体分布器组成。液体分布器分为两部分：管状主水流分布器和多孔辅助水流分布器。气、液、固三相混合物并流向上流动。在给定气速下，液体速度超过一定值时，颗粒被夹带到流化床顶部的分布器。在此，气体自动逸出，液固混合物经分离器分离后，液体流回到贮水槽，固体颗粒进入颗粒贮料罐。

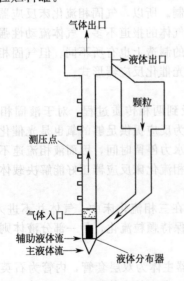

图 12-26 典型三相循环流化床示意图

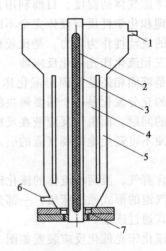

图 12-27 三相内循环流态化光催化反应器
1—出水口；2—紫外灯；3—石英管；
4—反应区；5—回流区；6—进水管；7—环状曝气头

孙德智等根据光催化氧化反应的特点，设计了如图 12-27 所示的三相内循环流态化光催化反应器。反应器最里边的石英套管中是 20W 紫外灯光源；中间是气、液、固三相上流区，由上浮气泡作主要动力；外层是回流区。反应器底部安装环状曝气头，产生气泡；顶部放大段形成缓冲区，使气、液、固分离，处理后的上清液流出反应器。

光催化反应器的研究与设计是光催化氧化法实用化过程中需要解决的焦点问题之一。从本质上说，反应器的设计就是要使光催化反应的光、固、液（气）三相的配比达到最优化，这不仅是指技术上的最优化，同时也包括经济上的最优化，也就是说要达到最佳的技术经济比，使之技术上可行、经济上便宜。要达到这个目的，需要大量的描述反应器行为的动力学数据和反应器模型。从理论角度来看，建立和求解光催化反应器行为的方程是十分困难的，而由于目前的试验研究均落后于理论分析，因而从试验上对这些模型进行验证和考察也是十分困难的，这就阻碍了光催化反应器的研究进展。因此，目前迫切需要对光催化反应器进行更深入的系统的试验研究，以促进光催化反应器的模拟和设计方法的建立与完善。

12.6 光电催化氧化

在光催化反应中，光生电子-空穴的复合一直是限制光催化剂效率的主要因素，光电催化的提出为解决这一难题提供了一个可行的研究方向。光电催化氧化是在用固定态 TiO_2 作阳极，铂作阴极的电化学体系中，用外电路来驱动电荷，使光生电子转移到阴极，利用这种方法抑制电子、空穴的简单复合，提高光催化氧化的量子化效率。

12.6.1 光电催化氧化的原理

光电催化氧化反应可以看作是光催化反应和电催化反应的特例，同时具有光、电催化的特点。它是在光照下在具有不同类型（电子和离子）电导的两个导电体的界面上进行的一种催化过程。说它具有光催化的特点是因为它在光照下能产生新的可移动的载流子，而且这样的载流子和在无光照时的电催化条件下产生的大多数载流子相比具有更高的氧化或还原能力。这些少数的光载流子的过剩能可用来克服电催化反应的大能垒，甚至可以生成可贮有部分由这些少数光载流子产生的过剩电子能的产物。说它具有电催化的特点是因为它和通常的电催化反应一样，也伴随着电流的流动。

光电化学通常研究的是在电化学体系中涉及光能和电能以及化学能相互转化的各种过程，其中最常见的是通过光电化学反应把光能转变为电能或化学能，而其逆过程即由电能或化学能转化为光能（电致化学发光）则是不常见的。光电化学过程和光化学过程一样，同样可以根据光激发起始步骤的不同而分为由电极（相当于催化剂）的光激发而引起的和因电解液（反应物）的光激发而引起的两类过程。在前一种情况下，通常用作光电化学电池电极的不是半导体就是金属。在光电化学反应中，金属由于其结构上的特点，在光照时激发能会迅速转化为热能，大大限制了在金属电极上产生光电效应的可能性。只有半导体电极，由光激发而产生的载流子电子和空穴的浓度不高，因此外加电场可以深入到电极体相，并在近表面区形成一个空间电荷层，而且有可能参与电极/电解液界面的电化学反应，将光能转化成电能或化学能。在后一种通过电解液激发的光电化学情况下，由于溶液中受激发的离子或分子的寿命一般都相对较短，因此，只有在近电极层中的物质，尤其是在表面上吸附的物质才能参与光电化学电极过程。

将光电催化氧化用于去除水中有机污染物，主要是借助外加电压移去光阳极上的光生电子，减少光生电子和光生空穴发生简单复合的概率，通过提高量子化效率达到提高光催化氧化效率的目的。

12.6.2 光电催化氧化反应装置

光电催化反应器目前还处于试用阶段。在水处理过程中，光电催化氧化装置与通常的光催化氧化装置的不同之处是，用导电的固态 TiO_2 催化剂作为光阳极，并在阳极与阴极之间施加一定的外部偏压。姚清明等在石英玻璃上涂上铟锡涂层制成导电玻璃，用溶胶-凝胶法在导电的石英玻璃上制成的纳米结构粒子 TiO_2 膜为光阳极（工作电极，OTE），铂为对电极（AE），饱和甘汞电极为参比电极（SCE）所构成的光电催化反应器如图 12-28 所示，该反应器代表了目前试用的光电催化反应装置的基本结构。

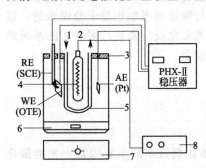

图 12-28 光电催化反应器
1，2—冷却水入口；3—塑料盖；
4—300W 中压汞灯；5—石英夹套；
6—反应器；7—磁力搅拌器；8—灯电源

刘鸿等研制的以 TiO_2/Ni 为工作电极，泡沫镍为对电极，饱和甘汞电极为参比电极的光催化反应装置如图 12-29所示。这种反应装置运用刮浆工艺将 TiO_2（锐钛型）粉末固定于多孔泡沫镍（孔隙率≥95％）上，该电极可以连续使用多次。工作电极与对电极之间用无纺布隔膜隔开，泡沫镍缠绕在石英玻璃的外壁上，泡沫镍的两面均载有 TiO_2，作为工作电极，通过鼓入 N_2 搅动溶液。

利用 TiO_2-活性炭光催化复合膜进行光电催化反应的装置如图 12-30 所示。装置的核心部分是石英玻璃双套管反应器，使用 125W 中压汞灯为光源。TiO_2 光催化复合膜的尺寸为 270mm×80mm，固定在反应器外套管的内壁上。为了进行光电催化试验，在反应器内套管上缠绕了 0.2mm 直径的 Pt 丝作为对电极。该装置采用外循环结构，并在反应区外充氧曝气，提高了水力负荷，使处理能力大大增强。

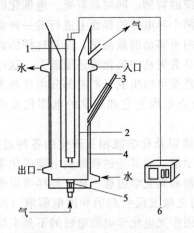

图 12-29 光电催化降解反应装置
1—紫外灯；2—石英管；3—参比电极；
4—反应区；5—曝气头；6—时间继电器

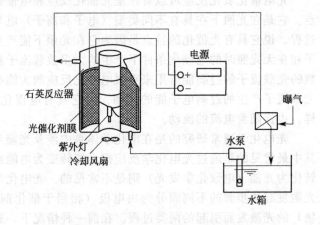

图 12-30 利用 TiO_2-活性炭光催化复合膜的光电催化反应系统

12.7 光催化氧化的应用

光催化氧化技术由于具有能耗低、操作简便、反应条件温和、无二次污染等突出优点，在废水处理中的使用日益受到人们的重视。大量试验结果证明，TiO_2 光催化反应对于工业废水具有很强的处理能力。但值得注意的是，由于光催化反应是基于体系对光能量的吸收，因此要求被处理体系具有良好的透光性。对于高浓度的工业废水，若杂质多、浊度高、透光性差，反应则难以进行。因此该方法在实际废水处理中，适用于后期的深度处理。例如西班牙某工厂对排出的废水首先采用生物法进行前处理，再用光催化法降解，获得了很满意的结果。

光催化氧化降解水中有机污染物的意义还在于可以充分利用太阳，这对于节约能源、保护环境、维持生态平衡、实现可持续发展具有重大意义。

TiO_2 作为光催化剂之一，具有价格低廉、无毒、稳定等特性。利用各种形式的，如附着态 TiO_2、多孔 TiO_2 薄膜、TiO_2/Fe^{3+}、$TiO_2/Fenton$ 试剂等为催化剂，以人工光源或太阳光光源的光催化反应体系，在染料废水、表面活性剂、农药废水、含油废水、氰化物、制药废水、有机磷化合物、多环芳烃等废水处理中，都能有效地进行光催化反应使其转化为 H_2O、CO_2、PO_4^{3-}、SO_4^{2-}、NO_3^-、卤素离子等无机小分子或离子，对 CN^-、$Au(CN)_4^-$、I^-、SCN^-、$Cr_2O_7^{2-}$、Hg、CH_3HgCl 等的去除，也有广泛的研究与应用。

(1) 染料废水

染料废水中残留的染料分子进入水体会造成严重的环境污染，其中有的还含有苯环、氨基、偶氮基团等致癌物质。染料废水具有色度高、COD 值高、成分复杂、pH 值异常等特点，治理难度较大。传统的生物法很难将印染废水处理到允许排放的程度，而光催化氧化法与传统的生物法相比，处理深度大大加强。

在均相染料光敏化氧化系统中，最贵的为敏化剂染料，所以工业上都注意染料的回收或重复使用。因为亚甲蓝为阳离子染料，可以把它黏附在离子交换树脂上作敏化剂，但敏化效率较低，因而导致人们寻求一种染料非均相光敏化氧化剂，其效率应不低于均相染料光敏化氧化剂。例如可用一种海藻酸盐（Ca^{2+}、Sr^{2+}、Ba^{2+}、Al^{3+}）的胶体小球代替离子交换树脂或高聚物，浸染上染料作为非均相光敏化氧化剂来处理酚类废水。采用这种非均相光敏化氧化剂不需要将染料与处理过的水分开，且不引入新的毒性物质到处理水中，因为海藻盐是无毒、可生物降解的碳水化合物，实际上它是一种食品添加剂。这种胶体小球与离子交换树脂颗粒不同，它能稳定染料使之处于活性状态，并延长其使用寿命。胶体小球的机械性能和化学性能在使用条件下都不受到损害，因而可回收再生和重新使用且不严重损害其效率。

(2) 农药废水

有机磷农药废水的处理目前大多采用生化法，但处理后的废水中有机磷含量仍远远高于国家废水的排放标准。TiO_2 光催化降解的研究指出，该方法能将有机磷完全降解为 PO_4^{3-}，COD_{Cr} 的去除率达 70%～90%。

对于某些农药废水的降解，TiO_2 单独存在作为催化剂时难以达到满意的处理效果，此时可以采用其他物质与 TiO_2 复合的方式增加其降解性能。采用活性层包覆法在超细 $SnO_2 \cdot nH_2O$ 胶状粒子表面包覆 TiO_2，制成 TiO_2/SnO_2 复合催化剂（半导体-半导体复合），可以大大提高 TiO_2 的光催化活性。使用相同质量的 SnO_2、TiO_2、TiO_2/SnO_2 粒子作为催化剂降解敌敌畏的试验结果表明，以 TiO_2/SnO_2 粒子作为催化剂，仅用 80min 就可将较低浓度的敌敌畏废水完全降解，有效解决了有机磷农药废水难降解的问题。

农药的光催化降解中，一般原始物质的去除十分迅速，但并非所有污染物最终都能达到完全矿化。如 S-三嗪类物质能迅速光解，最终残留量小于 1×10^{-7}，降解产物是毒性很小的氰尿酸，呈稳定的六元环结构，很难无机化。由于氰尿酸毒性很小，能部分矿化也是很有意义的。另外，对除草剂阿特拉津（Atrazine）、二氯二苯三氯乙烷（即 DDT）、敌杀死等农药的光催化降解都有比较成功的研究。

(3) 表面活性剂

目前广泛使用的合成表面活性剂，随结构的不同，光催化降解性能往往有很大的差异，用 TiO_2 光催化氧化表面活性剂具有无毒、快速、适用底物广、矿化彻底等优点。在对表面活性剂降解的系统研究中发现，含芳环的表面活性剂比仅含烷基或烷氧基的更易断链降解实现无机化，直链部分降解速率极慢。对乙氧基烷基苯酚氧化的研究表明，大部分烃基自由基进攻芳环，少部分氧化乙氧基，而烷基链的氧化可不考虑。虽然表面活性剂中的链烷烃部分采用光催化降解反应还比较难完全氧化成二氧化碳，但随着表面活性剂苯环部分的破坏，表面活性及毒性大为降低，生成的长链烷烃副产物对环境的危害明显减小。

对于含有十二烷基苯磺酸钠废水、含阳离子型氯化苄基十二烷基二甲基胺废水、含非离子型壬基聚氧乙烯废水等以 TiO_2 催化剂进行光降解都取得了较好的效果。目前国内外公认，将此法用于废水中表面活性剂的处理具有很大的吸引力。

（4）酚类物质

酚类化合物也是十分常见的污染物之一，以邻硝基酚、邻氨基酚和对苯二酚 3 种物质为代表的酚类化合物的 TiO_2 光催化降解反应表明，酚类物质较易发生降解，溶液中残留浓度随光照时间增长而减小，在 120min 的试验时间中去除率高达 98%。

水中酚类物质较易发生光催化降解，去除率较高。作为一种很有前途的高效水处理方法，光催化降解法在去除水中其他有机物时，也有很高的去除率。目前还停留在理论研究阶段，实际应用很少。

（5）含油废水

在石油的开采、运输和使用过程中，有相当数量的石油类物质废弃在地面、江湖和海洋中，全世界每年经河流和海上事故进入海洋的石油污染物总量在 1000 万吨以上，对人类及海洋的生态环境造成了严重的污染。对于这种不溶于水且漂浮于水面上的油类及有机污染物的处理也是近年来人们很关注的课题。TiO_2 密度远大于水，为使其能漂泊于水面与油类进行光催化反应，必须寻找一种密度远小于水，能被 TiO_2 良好附着而又不被光催化氧化的载体。

有研究者以煤灰中漂球为载体，钛酸四丁酯为原料，制备了一种负载有纳米级光活性 TiO_2 粉体的漂浮负载型光催化剂，用这种光催化剂在紫外灯照射下光催化降解水面原油。结果表明，漂浮负载型 TiO_2 光催化剂漂浮在水面上能与石油类污染物充分接触，能够有效降解和去除水面的石油污染。

也有学者研究用环氧树脂将 TiO_2 粉末黏附于木屑上或用硅偶联剂将纳米 TiO_2 偶联在硅铝空心微球上，制备漂浮于水面上的 TiO_2 光催化剂，并以辛烷为代表，研究水面油膜污染物的光催化分解，取得了满意效果。另外，以浸涂-热处理的方法在空心玻璃球载体上制备漂浮型 TiO_2 薄膜光催化剂，能按要求控制 TiO_2 的负载量和晶型，得到了一种能降解水体表面漂浮油类及有机污染物的高效光催化剂。用直径 $100\mu m$ 的中空玻璃球负载 TiO_2，制成能漂浮于水面上的 TiO_2 光催化剂，用于降解水面石油污染，进行中等规模的应用研究取得了十分显著的光解效果。

（6）制药废水

制药废水中常常含有硝基苯类化合物，如硝基苯乙酮、多硝基苯、硝基苯酚等，它们是典型的难生物降解的有机污染物，具有致突变、致畸和致癌性，对人体健康和生物生存危害很大。有研究者研究表明，TiO_2/Fenton 试剂体系对含有硝基苯类化合物的制药废水具有显著的光降解作用。经过 120min 光照，其 COD_{Cr} 去除率达到 92.3%，脱色率达到 100%，硝基苯类化合物含量由 8.05mg/L 降至 0.4mg/L，完全达到排放标准。除了 TiO_2 的光降解作用外，在 H_2O_2、紫外光和 Fe^{2+} 的作用下也能发生分解而产生氧化性极强的羟基自由基（·OH），在它们的共同作用下，溶液中产生了大量的羟基自由基，从而使废水中包括硝基苯类物质在内的有机物得到氧化，其效果比单独采用 UV/TiO_2 和 Fenton 试剂系统要好得多。

（7）无机污染物

除有机物外，许多无机物在 TiO_2 表面也具有光化学活性，在一定条件下，用悬浮 TiO_2 粉末作为光催化剂，经光照可以将 $Cr_2O_7^{2-}$ 还原为 Cr^{3+}。有学者研究了不同反应条件下 ZnO/

TiO_2 超细粉末对水溶液中六价铬的还原作用的影响，并探讨了此法在工艺上的可行性。对于含氰废水的处理也是研究得较多的一个内容。以 TiO_2 等为光催化剂将 CN^- 氧化成 OCN^-，再进一步反应生成 CO_2、N_2 和 NO_3^-，可达到完全矿化。用 TiO_2 光催化法从 $Au(CN)_4^-$ 中还原出 Au，同时氧化 CN^- 为 NH_3 和 CO_2，可以将该法用于电镀工业废水的处理，不仅能还原电镀液中的贵金属，而且还能消除电镀液中氰化物对环境的污染，是一种有使用价值的处理方法。通过对氰化物及含氰工业废水通过中间产物 OCN^- 生成 CO_2 和 N_2 的光催化氧化过程的研究，论证了光催化氧化法处理大规模含氰废水的可能性。

光催化技术在环境中的应用目前还处于实验室小型反应向大规模工业化发展的阶段，要投入实际应用还有待继续努力。

12.8 超声氧化

1927 年美国科学家 Richards 和 Loomis 首次提出超声辐照化学效应，他们在普林斯顿大学（Princeton）化学实验室发现超声波有加速二甲基硫酸酯的水解和亚硫酸还原碘酸钾反应的作用，但这一发现未能引起其他学者的重视。直到 20 世纪 80 年代，英国、法国、比利时、加拿大、美国、德国等国家和日本、韩国、印度等大学的实验室和研究所纷纷致力于用超声技术降解水中难降解有机污染物的研究，并取得较多成果。我国对超声技术降解水中有机污染物的研究起步较晚，20 世纪 90 年代中期才有学者开始此方面的研究。目前超声降解有机废水的技术在国内开始受到越来越多的关注。

12.8.1 超声氧化的基本原理

超声波是由一系列疏密相间的纵波构成，并通过液体介质向四周传播。当声能足够高时，在疏松的半周期内，液相分子间的吸引力被打破，形成空化核。空化核的寿命约为 $0.1\mu s$，它在爆炸的瞬间可以在局部产生高温（约 4000K）高压（约 100MPa）和速度约为 110m/s、具有强烈冲击力的微射流，这种现象称为超声空化。这些条件足以使有机物在空化气泡内发生化学键断裂、水相燃烧、高温分解或自由基反应。

超声降解水中有机物是一种物理化学降解过程，主要基于超声空化效应以及由此引发的物理和化学变化，主要有三种途径：自由基氧化、高温热解和超临界水氧化。声波在液体介质中振荡产生空化现象，液体的超声空化过程是集中声场能量并迅速释放的过程，即液体在超声辐射下产生空化气泡，空化气泡相当于一个具有极端物化条件和含有高能量的微反应器。溶液中溶解的气体和蒸汽扩散进入空化泡，空化气泡的长大和破裂会使空化泡内产生约 5200K 的高温，进而导致空化气泡与水体溶液接触处产生约 1900K 的温度，同时会产生超过 50MPa 的压力，并伴有强烈的冲击波和微射流等现象。超声过程中空化气泡最终崩溃时产生的最高温度 T_{max} 和最高压力 P_{max} 可由下列公式表示：

$$T_{max} = T_m \left[\frac{P_m(\gamma - 1)}{P_v} \right] \tag{12-33}$$

$$P_{max} = P_v \left[\frac{P_m(\gamma - 1)}{P} \right]^{(\frac{\gamma}{\gamma - 1})} \tag{12-34}$$

式中　T_{max}、P_{max}——空化气泡崩溃时的中心温度和压力；

T_m——水的环境温度；

P_v——空化气泡最大尺寸时的内部压力，通常为水的蒸汽压；

P_m——空化气泡瞬间崩溃时的压力，即静水压力和声压的总和；

γ——饱和溶液与气体的比热容比（c_p/c_v），γ 与气体压缩时热量的释放有关。

在空化气泡崩溃瞬间产生的高温、高压下，水蒸气可以扩散进入空化气泡发生热解反应，水分子的破裂可以产生自由基（·OH、H·），这些自由基可以降解空化气泡内及其周围局部区域的有机物；而进入气泡内的有机污染物蒸气也可发生类似燃烧的热分解反应；在空化气泡表面层的水分子则可形成超临界水，超临界水具有低介电常数、高扩散性及高传输能力等特性，是一种理想的反应介质，有利于大多数化学反应速率的提高。

超声作用下发生的反应如下：

（1）水离解

高温高压下水蒸气发生的分裂及链式反应为：

$$H_2O \longrightarrow \cdot OH + H \cdot \tag{12-35}$$
$$H \cdot + H \cdot \longrightarrow H_2 \uparrow \tag{12-36}$$
$$H \cdot + O_2 \longrightarrow HO_2 \cdot \tag{12-37}$$
$$HO_2 \cdot + HO_2 \cdot \longrightarrow H_2O_2 + O_2 \uparrow \tag{12-38}$$
$$\cdot OH + \cdot OH \longrightarrow H_2O_2 \tag{12-39}$$
$$H \cdot + \cdot OH \longrightarrow H_2O \tag{12-40}$$
$$H \cdot + H_2O_2 \longrightarrow \cdot OH + H_2O \tag{12-41}$$
$$H \cdot + H_2O_2 \longrightarrow H_2 \uparrow + HO_2 \cdot \tag{12-42}$$
$$\cdot OH + H_2O_2 \longrightarrow HO_2 \cdot + H_2O \tag{12-43}$$
$$\cdot OH + H_2 \longrightarrow H_2O + H \cdot \tag{12-44}$$

（2）在 N_2 存在时

$$N_2 \longrightarrow 2N \cdot \tag{12-45}$$
$$N \cdot + \cdot OH \longrightarrow NO + H \cdot \tag{12-46}$$
$$NO + \cdot OH \longrightarrow HNO_2 \tag{12-47}$$
$$NO + \cdot OH \longrightarrow NO_2 + H \cdot \tag{12-48}$$
$$2NO + H_2O \longrightarrow HNO_2 + HNO_3 \tag{12-49}$$
$$N \cdot + \cdot OH \longrightarrow NO \uparrow + H \cdot \tag{12-50}$$
$$N \cdot + H \cdot \longrightarrow NH \tag{12-51}$$
$$NH + NH \longrightarrow N_2 \uparrow + H_2 \uparrow \tag{12-52}$$
$$N \cdot + O_2 \longrightarrow NO \uparrow + O \cdot \tag{12-53}$$

（3）在氧存在时

$$O_2 \longrightarrow 2O \cdot \tag{12-54}$$
$$H \cdot + O_2 \longrightarrow \cdot OH + O \cdot \tag{12-55}$$
$$O \cdot + H_2 \longrightarrow \cdot OH + H \cdot \tag{12-56}$$
$$O \cdot + HO_2 \longrightarrow \cdot OH + O_2 \uparrow \tag{12-57}$$
$$\cdot OH + \cdot OH \longrightarrow H_2O_2 \tag{12-58}$$
$$O \cdot + H_2O_2 \longrightarrow \cdot OH + HO_2 \cdot \tag{12-59}$$
$$2H \cdot \longrightarrow H_2 \uparrow \tag{12-60}$$

（4）在有机物存在时

$$有机物 + \cdot OH \longrightarrow 产物 \tag{12-61}$$
$$有机物 + H \cdot \longrightarrow 产物 \tag{12-62}$$
$$有机物 + HO_2 \cdot \longrightarrow 产物 \tag{12-63}$$
$$有机物 + O \cdot \longrightarrow 产物 \tag{12-64}$$
$$有机物 \longrightarrow 产物 \tag{12-65}$$

由此可见，超声降解有机物本质上也是自由基氧化机理。

12.8.2 超声降解水中有机污染物效果的影响因素

影响超声降解水中有机污染物效果的因素很多，其中主要的影响因素有超声频率、声功率、超声时间、溶液温度、溶液 pH 值、溶液中溶解气体以及有机物的物理化学性质。

(1) 超声频率的影响

超声频率是超声波的一个重要参数。从超声降解有机物的机理可知，超声降解有机物是一种物理化学降解过程，主要基于超声空化效应以及由此引发的物理和化学变化，主要有三种途径：自由基氧化、高温热解和超临界水氧化。

以自由基氧化为主的降解反应，反应路径分为两步：第一步，空化气泡内水蒸气在高温高压下热解，生成 $\cdot OH$ 和 $HOO \cdot$ 自由基；第二步，$\cdot OH$ 和 $HO_2 \cdot$ 自由基从空化气泡中逸出迁移至空化气泡气液界面形成 H_2O_2 或直接进入本体溶液中同有机污染物反应。这样，H_2O_2 的生成及有机物的降解不仅取决于空化气泡崩溃时释放的能量，还取决于从空化气泡中逸出的 $\cdot OH$ 和 $HO_2 \cdot$ 自由基的数目。低频超声周期长，空化气泡崩溃持续时间长（20kHz 时为 $5 \sim$ 10s，487kHz 时为 $7 \sim 10s$），空化气泡共振半径大（20kHz 时为 $170 \mu m$，487kHz 时为 $6.6 \mu m$），崩溃强烈，可产生较多的自由基。但是产生的自由基一部分又在空化气泡崩溃之前互相结合生成 H_2O 而失活，具体反应为

$$2 \cdot OH \longrightarrow H_2O + 1/2O_2 \uparrow \tag{12-66}$$
$$\cdot OH + HO_2 \cdot \longrightarrow H_2O + O_2 \uparrow \tag{12-67}$$

随着超声频率的增大，空化气泡脉动增强，碰撞更加迅速，更多自由基从空化气泡内逸出，参加有机物的氧化降解反应。由于高频超声声场中空化气泡共振半径小，空化强度减弱，这又将削减化学反应式(12-35)～式(12-42)。因此，以自由基氧化为主的降解反应存在一个最佳操作频率。

以热解为主的降解反应，如果每个空化气泡崩溃时释放出足够的能量断裂有机污染物分子的键，则降解率与超声空化产生的空化气泡的数量有关。当超声强度大于空化阈值（使液体产生空化的最低声强或声压幅值）时，随频率增大，声波波长缩短，空化气泡数量增多，超声降解效率提高。

因此，不同有机物存在各自最佳的超声降解频率。

(2) 溶液性质的影响

溶液的性质如溶液黏度、表面张力、pH 值以及盐效应等都会影响溶液的超声空化效果。

溶液黏度对空化效应的影响主要表现在两个方面，一方面它能影响空化阈值，另一方面它能吸收声能。当溶液黏度增加时，声能在溶液中的黏滞损耗和声能衰减加剧，辐射入溶液中的有效声能减少，致使空化阈值显著提高，溶液发生空化现象变得困难，空化强度减弱。因此，黏度太高不利于超声降解。

随着表面张力的增加，空化核生成困难，但它爆炸时产生的极限温度和压力升高，有利于超声降解。当溶液中有少量的表面活性剂存在时，溶液的表面张力会迅速下降，在超声波作用下有大量的泡沫产生，但气泡爆炸时产生的威力很小，因此不利于超声降解。

溶液 pH 值对溶液的物化性质有较大影响，进而会影响超声降解的速率；对于有机酸碱性物质的超声降解，溶液的 pH 值具有较大的影响。超声降解发生在空化核内或空化气泡的气液界面处，而溶液的 pH 值影响有机物在水中的存在形式，造成有机物各种形态的分布系数发生变化，导致超声降解速率的改变，进而影响有机物的降解效果。因此，溶液的 pH 值调节应尽量有利于有机物以中性分子的形态存在并易于挥发进入气泡核内部。对于有机酸和有机碱的超声降解，应尽量在酸性和碱性条件下进行，这样更有利于有机物分子以更大的比例分布在气相

中；反之，有机物分子以盐的形式存在，水溶性增加，挥发度降低，使得空化气泡内部和气液界面处的有机物浓度降低，不利于超声降解。

在溶液中加入盐，能改变有机物的活度，因此改变有机物在气液界面与本体液相之间浓度的分配，从而影响超声降解速率。例如，20kHz 超声波反应器中加入氯化钠，氯苯、对乙基苯酚以及苯酚的降解速率可以分别提高 60%、70% 和 30%，而且反应速率的提高与污染物在乙醚-水中的分配系数呈正比。这是因为加盐后水相中离子强度增加，更多的有机物被驱赶到气液界面。

（3）溶液温度的影响

溶液温度升高，溶液的黏滞系数和表面张力下降，蒸气压升高，则空化气泡容易产生。同时，随着温度的升高，压力也升高，则空化气泡崩溃瞬间所产生的最高温度和压力均降低，空化强度减弱而导致水中有机物的降解效率降低。大多数研究表明，低温时的超声降解效率高于高温。一般把超声降解温度控制在 10～30℃ 范围内。

（4）溶液中溶解气体的影响

从超声降解理论可知，液体中的微小泡核在超声波作用下被激化而产生空化效应。空化气泡的长大和破裂会产生空化气泡内 5200K 的高温和空化气泡与水体溶液接触处 1900K 的温度，以及超过 50MPa 的压力，并伴有强烈的冲击波和微射流等现象，从而通过自由基氧化、高温热解和超临界水氧化三种主要途径降解水中的有机污染物。因此，在超声辐照过程中，向溶液中鼓气，可产生大量空化成核点，有利于降解效率的提高。同时，空化气泡中气体性质对空化气泡崩溃影响显著。Hua 等研究发现 Ar/O$_2$ 混合气体作为溶液饱和气体声解对硝基酚时，可获得比使用单一 Ar 或 O$_2$ 为溶液饱和气体的降解效果好。

（5）溶液的初始浓度

研究溶液的初始浓度对超声降解反应的影响有利于优化工艺条件。许多学者研究发现，有机物降解速率或降解速率常数随初始浓度的升高而下降，这是因为对非极性易挥发溶质，当溶液浓度升高时，空化气泡内溶质蒸气含量增加，导致空化气泡温度降低，进而影响反应速率；对极性难挥发物质，空化点随着溶液浓度升高而趋于饱和，从而降低反应速率。另有学者发现，有机物的降解速率随初始浓度的升高而增大。如 Hua 等的研究表明高浓度四氯化碳的降解速率高于低浓度时；陆永生、沈虹等用超声辐照含苯废水时，苯的降解速率随苯浓度的增大而提高。因此采用超声降解有机物时，考察初始浓度对降解效果的影响是必要的。

12.8.3 超声降解水中难降解有机污染物的研究及应用

目前，国外学者将超声技术用于水中难降解有机污染物的处理，已进行了包括苯、甲苯、乙苯、氯甲苯等单环芳香族化合物，联苯、菲、蒽、芘等多环芳烃，对硝基苯酚、氯酚、苯酚等酚类化合物，四氯化碳、氯仿、氯乙烯、氯乙烷等氯代烃，1,3-二氯-2-丙烯醇、乙醇等醇类以及氟氯烃、3-氯苯胺、对硫磷、染料等多种有机物的降解研究，并取得了良好的降解效果。

Bhatangar 和 Cheung 用频率为 20kHz、声功率为 0.1kW/L 的超声发生器对浓度范围在 50～350mg/L 的卤代烃及多卤代烃进行了处理，试验结果表明，各种污染物经 40min 处理后，均能得到 72% 以上的去除率。Wu 等用 20kHz 的超声波对初始浓度分别为 8mg/L 和 0.53mg/L 的四氯化碳溶液处理 6min 后，两物质的去除效率均可达到 95% 以上。Francony 研究发现，采用 500kHz 的高频超声降解四氯化碳的效果远高于 20kHz 的低频超声。Cheung 和 Kurup Hirai 等以频率为 20kHz、声功率为 0.64W/mL 的循环式超声器处理初始浓度为 50mg/L 的氟氯烃（CFC11、CFC113），经 40min 降解后，有机物的去除率均达到 90% 左右。

Visscher 等用频率 520kHz 的超声波辐照苯、乙苯、苯乙烯和氯甲苯等溶液，对各物质降解的动力学反应进行了研究，试验表明，以上各物质的降解均为一级降解反应，并得出了四种物质的一级降解动力学常数。Drijvers 的研究结果表明，520kHz 高频超声降解三氯乙烯的效果远高于 20kHz 低频超声。David 等采用频率为 482kHz 的超声波对初始浓度为 0.1mmol/L 的 3-氯苯胺辐照 60min 后，3-氯苯胺完全降解为 CO_2、CO、Cl^- 等无机物。

Hua 等用声强为 $1.2W/cm^2$ 的平行板近场超声反应器对初始浓度为 $10\mu mol/L$ 的对硝基苯酚进行处理，取得了较好的去除效果，对硝基苯酚的降解速率达 $1.2\times10^{-3}s^{-1}$。Gondrex-on 等将频率为 500kHz、电功率为 80W、反应容积为 100mL 的三个超声反应器串联，对初始浓度为 0.1mmol/L 的五氯酚辐照 60min，五氯酚的去除率可达 80% 以上。Pegrier 和 Franco-ny 分别以 20kHz、200kHz、500kHz 和 800kHz 的超声频率辐照初始浓度为 1.0mmol/L 的苯酚，试验结果表明，苯酚的最有效降解的超声频率为 200kHz。

Kotronarou 等用声强为 $75W/cm^2$、频率为 20kHz 的超声波，在 pH 值为 6.0、温度为 30℃ 的条件下，对浓度为 $82\mu mol/L$ 的对硫磷溶液辐照 120min，试验结果表明，对硫磷可被完全降解。Toy 等利用超声辐照，对乙醇、酮类等有机物进行了一定的研究，研究结果表明，此类物质可降解为甲酸、乙酸等小分子有机物。Buttner 等的研究结果表明，甲醇水溶液在 1MHz 的超声波辐照下，通氩气时会产生 H_2、$HCHO$、CO、CH_4 及少量的 C_2H_4 和 C_2H_6；通氧气时会产生 CO_2、CO、$HCOOH$、$HCHO$、H_2O_2 及少量 H_2。

近年来，国内学者在超声降解水中难降解有机物的研究方面也取得了一定的成果。钟爱国、王宏青、李珊等用声强为 $80W/cm^2$、频率为 22kHz 的超声波分别辐照甲胺磷和己甲胺磷溶液的研究结果表明，在通氧气的条件下，初始浓度为 $1.0\times10^{-4}mmol/L$ 的甲胺磷溶液经辐照 120min 后，甲胺磷的去除率达 99.3%；初始浓度为 $(1.0\sim10)\times10^{-4}mmol/L$ 的甲胺磷溶液，在充氧至饱和的条件下，经 60min 辐照处理后，甲胺磷的去除率达 99.6%。

陈伟等利用超声技术及与其他技术联用，对 4-氯酚、氯苯、脂肪酸、丙酸、正丁酸和戊酸等多种有机物进行处理，研究表明，疏水性、易挥发有机物的降解效果优于亲水性及不易挥发有机物。王海、郝宏用频率为 1.7MHz 的高频超声波降解 4-氯酚，研究其降解机理，结果表明，高频超声降解 4-氯酚为一级反应，超声空化效应在降解过程中起主要作用。李永峰等对超声降解氯苯溶液进行了初步研究，通过对降解过程中 pH 值、H^+ 浓度和 Cl^- 浓度的测定，探讨了超声降解反应的一些基本规律，并提出了氯苯水溶液超声降解的机理假设。

国内学者在超声降解印染废水方面也取得了一定的成果。祁梦兰等采用超声化学氧化法对靛蓝染料废水进行预处理，使该废水的 BOD_5/COD 值由 $0.21\sim0.23$ 提高至 $0.44\sim0.51$，有利于后续的生化处理，再经活性污泥法处理后，出水各项指标均达到排放标准。华彬等对酸性红 B 废水的超声降解进行了研究，找出了超声降解率与初始浓度、反应温度、pH 值、辐射时间及曝气等因素的关系。李志键等利用超声波对碱法草浆黑液进行预处理后再经厌氧发酵，研究结果表明，与单级厌氧发酵法相比，经超声波预处理后草浆黑液的 COD 去除率可提高 20% 左右。

12.9 废水的辐射处理

电离辐射产生的 α 粒子、β 粒子、中子、γ 射线、X 射线以及经加速器加速的电子、质子、氘核等，其能量比紫外线高很多倍。辐射作用与最强的化学氧化剂的作用相似，利用辐射技术可以处理不同领域的废水，降低 COD，破坏有毒化合物，杀死微生物，改善污泥沉降和过滤性能。辐射法的成本约为常规法的十倍，利用废核燃料元件作辐射源可以达到以废治废、降低成本的目的。

一般认为，电离辐射作用于水时，依次经历 3 个阶段，即物理、物理化学和化学阶段。在物理阶段，水分子中的电子快速吸收辐射能，如果电子得到的能量足以克服水分子中核电场的束缚，水分子就电离生成 H_2O^+ 和次级电子（e）。这些次级电子还可以继续电离和激发其他分子，本身逐渐慢化成热电子。如果水分子中的电子得到的能量不足以克服水分子核电场的束缚，电子就从低能态向高能态跃迁，生成激发分子。在物理化学阶段，通过解离、慢电子俘获、离子中和和分解、激发分子的离解、离子-分子反应以及激发分子的双分子反应等各种过程生成自由基和水合电子。在化学阶段，各种活性粒子发生反应。

辐射法适用范围广，在射线作用下，任何有机物都可以变成氧化物，只是氧化作用的速率不同。因此，那些不能被生物降解的物质，如酚类、氰酚或含蒽醌染料的废水，原则上都可以用辐射法降解。对含 2，4-二氯酚 0.0033mol/L 和 4-氯-对-甲酚 0.0037mol/L 的废水，用 Co60 产生的 γ 射线照射（供给量为 $1.84×10^5$ rad/h），在吸收 6Mrad 射线后，有机氯完全降解为无机氯化物，酚基消失并生成 H_2O_2，溶液的 pH 值从 7 降到 2，生成的产物更容易用生物法降解。

废水中的表面活性物质妨碍生物净化，用辐射法处理，并不需要完全破坏表面活性物质，而只要把它们变成没有活性的中间产物就足够了。

辐射出水的 COD 或 BOD 变化随水质而异。对较易氧化的溶液，随吸收剂量的增加，其耗氧量减少；对难氧化的有机物，其耗氧量可能增加。对二丁基苯磺酸钠和组分非常复杂的工业废水进行辐射处理的结果都表明，它们的可生化性增高。对含有氰化物、苯酚、有机染料和其他物质的污水和模拟溶液的辐射研究发现，所有这些污染物质在辐射时都被破坏，而且在大多数情况下，氧能加速辐射分解。在有氧存在的条件下，苯酚和氰化物的浓度很高（10^{-2} mol/L）时，用剂量很小的辐射，每吸收 100eV 时的分解产额为数十或数百个分子。

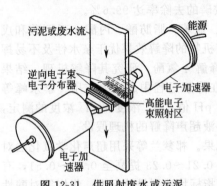

污泥或废水流
能源
逆向电子束
电子分布器
电子加速器
高能电子束照射区
电子加速器

图 12-31　供照射废水或污泥用的高能电子束装置简图

当辐射含有天然有色杂质（如腐殖酸）的有色水或带有各种合成染料的废水时，发现辐照有褪色效应，其褪色能力取决于染料的性质、剂量的大小和氧的存在与否。辐射还可以消除天然水的不良气味。总之，可以认为对污水进行辐射是破坏有机物的通用方法。在辐照作用下，过滤和沉淀有所改善，当吸收剂量约为 $5×(10^2～10^3)$J/kg(0.5～1Mrad) 时，过滤和沉淀效率为 20%～50%。此外，辐射还能对污水和污泥消毒，其杀菌效果取决于剂量。

用于照射废水或污泥的一种高能电子束装置如图 12-31 所示。电离辐射对人体有害，必须注意安全防护。

参 考 文 献

[1]　张晓健，黄霞 . 水与废水物化处理的原理与工艺 [M] . 北京：清华大学出版社，2011.
[2]　唐受印，戴友芝 . 水处理工程师手册 [M] . 北京：化学工业出版社，2001.
[3]　孙德智，于秀娟，冯玉杰 . 环境工程中的高级氧化技术 [M] . 北京：化学工业出版社，2002.
[4]　王郁，林逢凯 . 水污染控制工程 [M] . 北京：化学工业出版社，2008.